GRUND- UND FACHKENNTNISSE GIESSEREITECHNISCHER BERUFE

Technologie des Formens und Gießens

Herausgeber: Rolf Roller

Autoren:

Dipl.-Ing. Manfred Pröm, Oberstudienrat, Stuttgart
Dipl.-Ing. Georg Reuter, Oberstudienrat, Stuttgart
Dipl.-Ing. Hans Roedter, Gießereiberatungsingenieur, Heidenheim
Ing. (grad.) Rolf Roller, Oberstudienrat, Heidenheim

mit über 1000 Abbildungen

Verlag Handwerk und Technik

HT 3942

Autoren der einzelnen Kapitel

Rolf Roller	Einführung
	Formtechnik
	Putztechnik
	Formstofftechnik
	Physik und Chemie
	Zeichenregeln
Manfred Pröm	Gießverfahren
	Steuerungs- und Regelungstechnik
	Elektrotechnik
Georg Reuter	Werkstoffkunde
Hans Roedter	Einguß- und Speisertechnik
	Schmelztechnik

Zeichnerische Ausführung:
Zeichenschule der Berufsbildungsstätte J.M. Voith GmbH, Heidenheim

ISBN 3.582.03942.0

Alle Rechte vorbehalten.
Jegliche Verwertung dieses Druckwerkes bedarf – soweit das Urheberrechtsgesetz nicht ausdrücklich Ausnahmen zuläßt – der vorherigen schriftlichen Einwilligung des Verlages.
Verlag Handwerk und Technik G.m.b.H., Lademannbogen 135, 2000 Hamburg 63 – 1986
Gesamtherstellung: Universitätsdruckerei H. Stürtz AG, Würzburg

Geleitwort

In der Geschichte der industriellen Gießereitechnik hat es sicher noch keine einschneidendere Veränderung der beruflichen Anforderungen an Facharbeiter, Techniker und Meister gegeben wie in den letzen Jahren. Und der Wandlungsprozeß ist noch in vollem Gange.

Für die klassischen Gießereiberufe war das Lehrbuch „Grund- und Fachkenntnisse gießereitechnischer Berufe" der Autoren Chrosciel, Greiner, Richter und Schümmer, weiter entwickelt aus der 1956 erschienenen „Fachkunde für Former" von Frede immer bewährte Grundlage der Wissensvermittlung. Es führte in einer Form, die auch ein Selbststudium möglich machte, beschreibend in die Fertigkeiten und Kenntnisse des Facharbeiters ein und half dem Auszubildenden, die naturkundlichen Grundlagen seines handwerklichen Schaffens zu verstehen.

Mit dem Gießereimechaniker hat der VDG gemeinsam mit den Tarifpartnern und den für die Berufsausbildung zuständigen Institutionen einen neuen Beruf geschaffen, der den Erfordernissen der modernen Gießerei besser entsprechen soll. Der Facharbeiter von morgen soll darauf vorbereitet werden, den Gießereibetrieb als integrierte Produktionsstätte zu verstehen. Er soll für die Bedienung komplexer Maschinen und Anlagen ebenso einsetzbar sein wie für bestimmte Aufgaben der Gütekontrolle, z.B. bei der Formstoffprüfung, im Schmelzbetrieb und in der Rohgußkontrolle. Den unterschiedlichen Fertigungsstrukturen wird durch die Fachrichtungen Handformguß, Maschinenformguß sowie Druck- und Kokillenguß entsprochen.

Die Aufgabe, Berufskenntnisse in kompakter Form durch ein Lehrbuch zu vermitteln, ist heute ungleich schwerer als gestern. Das **vollständig neugefaßte Buch** „Grund- und Fachkenntnisse gießereitechnischer Berufe" kommt genau zur rechten Zeit. Das neue Herausgeber- und Autorenteam hat sich mit hoher Sachkenntnis der schwierigen Aufgabe gestellt, das für den Gießereimechaniker erforderliche Fachwissen in praxisnaher Form niederzulegen. Es war sicher richtig, das Buch mit den Schwerpunkten der Form- und Gießtechnik zu versehen. Daneben fehlen aber auch nicht die Werkstoffkunde, Physik und Chemie und die für den Gießereimechaniker so wichtige Einführung in die Steuerungs- und Regelungstechnik sowie die Elektrotechnik. Ausbildungsbetriebe, Lehrer an Berufsschulen und nicht zuletzt die Auszubildenden selbst werden für das Buch dankbar sein. Mit einem herzlichen Dank an Verlag, Herausgeber und Autoren schließt sich auch die für die Berufsausbildung zuständige Gemeinschaftsorganisation der Gießerei-Industrie an.

Düsseldorf, im Frühjahr 1986

Verein Deutscher Gießereifachleute
Dr.-Ing. G. Engels

Vorwort

„Grund- und Fachkenntnisse gießereitechnischer Berufe" ist der bereits bekannte Titel für ein Standardwerk des Verlages Handwerk und Technik mit vollständig neuem Inhalt. Der vorliegende Band umfaßt die Technologie.

Das Fachrechnen und das Fachzeichnen erscheinen als jeweils eigenständige Bände.

Bedingt durch neue Technologien im Bereich der Form- und Gießtechnik wurde das Berufsbild des Gießereimechanikers mit den Fachrichtungen Handformguß, Maschinenformguß sowie Druck- und Kokillenguß geschaffen.

Für die Auszubildenden dieser Berufe und für den herkömmlichen Former, wurde dieses Buch entsprechend den vorliegenden Lehrplänen geschaffen. Durch seinen umfassenden Inhalt, kann es jedoch allen Gießereifachkräften, Meisterschülern sowie Studenten von Techniker- und Hochschulen das notwendige Grundwissen vermitteln.

Durch die Unterstützung der maßgebenden Firmen und Experten im Bereich des Formens und Gießens konnte ein Buch geschaffen werden, das den aktuellen technischen Stand verkörpert. Diesen Mitarbeitern sind Autoren, Herausgeber und Verlag zu besonderem Dank verpflichtet.

Ebenfalls zu Dank verpflichtet sind wir dem VDG, der uns neben anderer Unterstützung auch durch seine richtungweisenden VDG-Merkblätter eine wichtige Hilfe zuteil werden ließ.

Nicht vergessen werden soll auch die Entstehungsgeschichte dieses Buches. Sie wurde begründet durch die „Fachkunde für Former" von Ludger Frede und weitergeführt durch Philipp Greiner und weitere Autoren unter dem Titel des vorliegenden Buches.

Frühjahr 1986   Rolf Roller

Inhaltsverzeichnis

1	**Einführung**	1
1.1	Geschichtliche Entwicklung des Formens und Gießens	1
1.2	Werdegang eines Gußteils	2
1.3	Grundlagen der Form- und Gießtechnik	5
1.3.1	Formherstellung	5
1.3.2	Form- und Modellteilung	6
1.3.3	Modellarten	8
1.3.4	Farbkennzeichnung der Modelle	10
1.3.5	Modellzugaben	11
1.3.6	Ausheben der Modelle	14
2	**Formtechnik (für verlorene Formen)**	16
2.1	Handformen	17
2.1.1	Formen mit Kästen	17
2.1.2	Formen im Herd	17
2.1.3	Formverfahren nach Art des Formstoffes	18
2.1.4	Handformverfahren mit speziellen Modellarten	23
2.2	Maschinenformverfahren	29
2.2.1	Verdichten bei tongebundenen Formstoffen	30
2.2.2	Verfahren mit aushärtenden Formstoffen	36
2.2.3	Formverfahren mit physikalischer Bindung	41
2.2.4	Trennen von Form und Modellplatte	44
2.2.5	Arbeitsfolge an der Formmaschine	46
2.3	Formanlagen	47
2.4	Modellplatten	53
2.4.1	Unterteilung nach der Befestigung der Modelle auf der Platte	54
2.4.2	Unterteilung nach dem Formsystem	57
2.4.3	Modellplatten mit zusätzlicher Funktion	60
2.5	Spezielle Formverfahren mit Dauermodell oder Verlorenem Modell	63
2.5.1	Formverfahren mit Polystyrolschaumstoffmodellen	63
2.5.2	Feingießverfahren	71
2.6	Formen mit Kernen	76
2.6.1	Kernarten	76
2.6.2	Kernherstellung	85
2.6.3	Kernkästen (Kernformwerkzeuge)	104
2.6.4	Kernschalen und Kernlehren	118
2.6.5	Kernentlüftung	119
2.6.6	Kernarmierungen	120
2.7	Formhilfsstoffe und Formhilfsmittel	121
2.7.1	Formhilfsstoffe	121
2.7.2	Formhilfsmittel	121
3	**Gießverfahren**	122
3.1	Übersicht	122
3.1.1	Gießarten	122
3.1.2	Gießen in Dauerformen	124
3.1.3	Gießeigenschaften der Metallschmelzen	125
3.2	Kokillengießen	127
3.2.1	Verfahren	127
3.2.2	Kokillengießmaschinen und -anlagen	128
3.2.3	Kokillengießen mit Druck	130
3.2.4	Aufbau der Kokille	132
3.2.5	Anschnittgestaltung	134
3.2.6	Wärmebilanzbetrachtung	135
3.3	Druckgießen	138
3.3.1	Verfahren	138
3.3.2	Druckgießmaschinen	139
3.3.3	Druckgießwerkzeug	142
3.3.4	Entlüftung der Form	144
3.3.5	Beheizen und Kühlen von Dauerformen	147
3.3.6	Unterhalt von Druckgießformen	152
3.4	Schleudergießen	156
3.5	Stranggießen	156
4	**Einguß- und Speisertechnik**	157
4.1	Eingußsystem (Schwerkraftguß)	157
4.1.1	Allgemeines	157
4.1.2	Naturgesetze, die Strömungs- und Füllvorgänge der Form beeinflussen	158
4.1.3	Berechnung des Eingußsystems	160
4.1.4	Zurückhalten von Schlacken	162
4.1.5	Gestaltung des Eingußsystems	164
4.1.6	Beispiele für Anschnittmöglichkeiten	165
4.2	Speisertechnik	166
4.2.1	Allgemeines	166
4.2.2	Der Speiser	167
4.2.3	Erstarrungsverlängerung durch exotherme und isolierende Einsätze	173
4.2.4	Vermeidung von Lunkern und Porositäten durch Sondermaßnahmen	174
4.2.5	Sättigungsweite oder Speisungslänge	175
4.2.6	Innenkühlung	175
4.2.7	Beeinflussung der Erstarrungsgeschwindigkeit der Schmelze durch die Formstoffe	175
4.2.8	Einfluß der Formfestigkeit	176
4.2.9	Lunkerarten	176
5	**Schmelztechnik und Schmelzöfen**	178
5.1	Übersicht über die Schmelzöfen	178
5.1.1	Allgemeines über Schmelzöfen	178
5.1.2	Allgemeines zum Schmelzen	179
5.1.3	Der Kupolofen	180
5.1.4	Der Induktionsofen	182
5.1.5	Der Lichtbogenofen	183
5.1.6	Der Drehtrommelofen	183
5.1.7	Der Tiegelschmelzofen	184
5.1.8	Sonderschmelzverfahren und Vergießöfen	184
5.2	Zustellung der Öfen mit Feuerfestmasse	185
5.3	Gattieren und Einsetzen	187

Inhaltsverzeichnis

5.4	Aufgabe der Schlacke und Schlackenführung im Schmelzprozeß	188
5.5	**Schmelzbehandlung**	189
5.5.1	Desoxidation	189
5.5.2	Impfen von Gußeisen bzw. Gußeisen mit Kugelgraphit	189
5.6	**Temperaturmessung**	190
5.7	**Gießpfannen**	190
5.8	**Arbeitssicherheit und Unfallverhütungsvorschriften für den Gießereifacharbeiter**	191
5.8.1	Sicherheit im Schmelzbetrieb	192
6	**Putztechnik**	**193**
6.1	**Auspacken**	194
6.2	**Strahlen**	195
6.3	**Trennen und Schleifen**	198
7	**Formstofftechnik**	**199**
7.1	**Formstoffe**	199
7.1.1	Grundsätzlicher Aufbau der Formstoffe	199
7.1.2	Anforderungen an Formstoffe	199
7.1.3	Formgrundstoffe	200
7.1.4	Formstoffbindersysteme	201
7.1.5	Formstoffzusatzstoffe	206
7.1.6	Form- und Kernüberzugsstoffe	207
7.2	**Formstoffaufbereitung**	209
7.2.1	Aufgabe der Formstoffaufbereitung	209
7.2.2	Möglichkeiten der Formstoffaufbereitung	209
7.2.3	Prozeßstufen der Formstoffaufbereitung	209
7.2.4	Regenerieren von Altformstoffen mit aushärtendem Formstoffbinder	210
7.2.5	Mischen der Formstoffe	211
7.2.6	Fördern, Bevorraten, Kühlen	212
7.2.7	Formstoffsteuerung	213
7.3	**Formstoffprüfung**	214
7.3.1	Aufgaben der Formstoffprüfung	214
7.3.2	Prüfung des Formgrundstoffes	215
7.3.3	Prüfungen mit Probekörpern	216
7.3.4	Formfestigkeitsprüfung	216
7.3.5	Prüfung der Formstoffbestandteile	217
7.3.6	Prüfung der harzgebundenen Formstoffe	217
8	**Werkstoffkunde**	**218**
8.1	**Übersicht über die Werkstoffe**	218
8.1.1	Holz	219
8.1.2	Kunststoffe	220
8.1.3	Metalle	224
8.2	**Eisenwerkstoffe**	227
8.2.1	Roheisenerzeugung	227
8.2.2	Normung von Eisen-Kohlenstoff-Legierungen	229
8.2.3	System Eisen-Zementit	230
8.2.4	System Eisen-Graphit	234
8.2.5	Gußeisen mit Lamellengraphit GG	237
8.2.6	Gußeisen mit Kugelgraphit GGG	239
8.2.7	Austenitisches Gußeisen	241
8.2.8	Hartguß	241
8.2.9	Temperguß GTW und GTS (DIN 1692)	242
8.2.10	Wärmebehandlung von Eisen-Kohlenstoff-Werkstoffen	243
8.3	**Nichteisenmetalle und ihre Legierungen**	246
8.3.1	Leichtmetalle und ihre Legierungen	246
8.3.2	Schwermetalle und ihre Legierungen	252
8.4	**Gußfehler**	256
8.5	**Werkstoffprüfung**	261
8.6	**Korrosion**	264
8.7	**Brennstoffe**	265
9	**Grundlagen der Physik und Chemie**	**267**
9.1	**Abgrenzung Physik – Chemie**	267
9.2	**Physik**	267
9.2.1	Physikalische Größen	267
9.2.2	Allgemeine Eigenschaften der Körper	268
9.2.3	Kräfte	270
9.2.4	Bewegungen	271
9.2.5	Arbeit, Energie, Leistung, Impuls	272
9.2.6	Eigenschaften der flüssigen Körper	273
9.2.7	Eigenschaften der gasförmigen Körper	274
9.2.8	Wärme	275
9.3	**Chemie**	276
9.3.1	Elemente – Chemische Verbindungen	276
9.3.2	Chemische Umsetzungen	277
9.3.3	Säuren – Basen – Salze	279
10	**Steuer- und Regelungstechnik**	**280**
10.1	**Steuern und Regeln**	280
10.2	**Pneumatik**	281
10.3	**Hydraulik**	287
11	**Elektrotechnik**	**292**
11.1	**Grundlagen**	292
11.2	**Der Stromkreis**	293
11.3	**Stromarten**	295
11.4	**Spannungserzeugung**	295
11.5	**Elektromotoren**	297
11.6	**Elektrische Unfälle**	298
12	**Regeln für gießereitechnische Zeichnungen**	**300**
12.1	**Modellplanungszeichnung (Modellfertigungszeichnung)**	300
12.2	**Die Modellaufbauzeichnung**	302
12.3	**Formzeichnung**	303
	Sachwortverzeichnis	304
	Bildquellenverzeichnis	314

1 Einführung

1.1 Geschichtliche Entwicklung des Formens und Gießens

Gußteile als Zeugen der Vergangenheit

Fundstücke aus dem Vorderen Orient zeigen, daß es dem Menschen bereits vor rund 5000 Jahren gelang, Gegenstände aus Metall herzustellen. Die ältesten Funde der Bronzezeit in Europa sind etwa 1000 Jahre jünger. In vielen Museen der Welt sind heute solche gegossenen Zeugen der Vergangenheit zu sehen. Weiterhin geben alte Darstellungen (Bild 1) einen Einblick in die damalige Technik.

1 Mit Blasrohren betriebener Schmelzofen für Gold. Ägyptische Darstellung 2350 v. Chr.

Gießformen aus Lehm, Stein und Metall

Nachdem es gelungen war, das Metall zu erschmelzen, wurden Gießformen notwendig. Häufig wurden sie direkt als Negativformen aus Sandstein, Speckstein, Glimmerschiefer, Serpentin und anderen Gesteinen herausgearbeitet.

Der Gießer der Bronzezeit stellte seine Formen noch selbst her, er war also gleichzeitig der Vorläufer des heutigen Formenbauers, der Kokillen herstellt.

Auch das Problem, mit Hohlräumen zu gießen, wurde schon in dieser Zeit gelöst. Bild 2 zeigt eine Steinform für ein Tüllenbeil mit einem hierzu verwendeten Lehmkern.

2 Gießform für Tüllenbeil, 900 bis 800 v. Chr.

Wachsmodelle für das Wachsausschmelzverfahren

Die direkte Herstellung von Gießformen beschränkte sich vorwiegend auf die einfacheren Formen. Diese Technik setzte dem künstlerischen Drang des Menschen jedoch enge Grenzen. Der größte Teil der gegossenen Kunstwerke konnte nur dadurch hergestellt werden, daß zuerst ein Wachsmodell angefertigt wurde, denn nur durch Ausschmelzen des eingeformten Modells wurde die Herstellung auch hinterschnittener Formen möglich. Aus diesem Verfahren hat sich das hochmoderne Feingießen entwickelt.

Dauermodelle aus Holz und Gips

Seit dem Mittelalter entwickelte sich in Europa die Technik des Formens mit Dauermodellen. Einfachste Modelle dieser Art stellten dabei Schablonenbretter für Glocken und Geschützrohre dar. Komplizierte Modelle wurden auch aus Gips modelliert. Bild 3 zeigt eines der ältesten erhaltenen Gipsmodelle mit mehreren Teilungen zum möglichen Entformen. Nach der Erfindung des Eisengusses erlebte die Herstellung gußeiserner Öfen eine Blütezeit. Bekannte Holzschnitzer fertigten dabei die Modelle für solche Kunstwerke wie in Bild 4 an.

3 Gipsmodell　　4 Ofen aus Gußeisen

1.2 Werdegang eines Gußteils

Die Gießerei als Gesamtbetrieb umfaßt eine große Anzahl von einzelnen Abteilungen, die sich alle direkt oder indirekt mit der Herstellung von Gußteilen beschäftigen. Damit die Zusammenarbeit dieser Abteilungen bezüglich des jeweiligen Gußteils auch funktioniert, bedarf der Arbeitsablauf einer **Organisation**. Außer durch Anweisungen der Gießereileitung geschieht dies vorwiegend durch die **Arbeitsvorbereitung**. Mit Hilfe der Zeichnung und Unterlagen über Fertigungszeiten, Kapazitäten, Materialien, Einrichtungen u. a. werden Begleitpapiere erstellt, die den Verlauf der Arbeiten bis zum Versand oder zur Montage begleiten.

Zum erstenmal entsteht eine Abbildung des zukünftigen Gußteils am Zeichenbrett in der Konstruktion. Im Modell nimmt das Gußteil dann räumliche Formen an und steht dem Former oder Gießereimechaniker als **Formwerkzeug** zur Verfügung. Im folgenden werden die wichtigsten Abteilungen beschrieben, die bei der Herstellung eines Gußteils, unter Verwendung einer verlorenen Form, beteiligt sind.

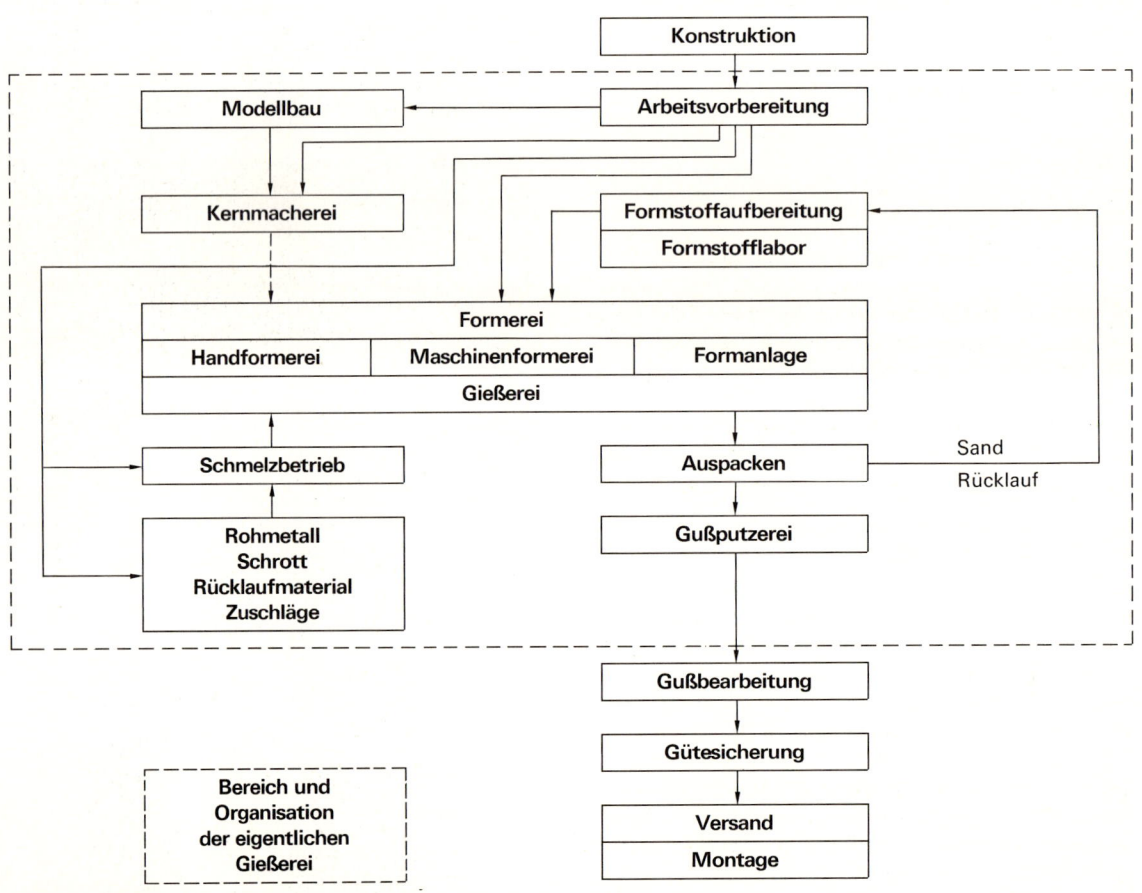

Der Werdegang des Gußteils vom Entwurf bis zum Versand
(unter Verwendung einer verlorenen Form)

Einführung

Werdegang eines Gußteils

Modellbau

Im Modellbau nimmt das Gußteil erstmals dreidimensionale Gestalt an. Der Modellbauer fertigt nach der vorliegenden Zeichnung eine **Modelleinrichtung,** die meist aus Modell und zugehörigen Kernkästen besteht. Modelle werden je nach Gußstückzahl und Formverfahren aus Holz, Kunstharz, Metall, Polystyrolschaumstoff oder Wachs gefertigt. Die Zeichnung, nach der der Modellbauer arbeitet, unterscheidet sich von der Konstruktionszeichnung durch form- und gießereitechnische Ergänzungen wie Kerne u.a. Heute werden auch CNC-Maschinen, wie im Bild gezeigt, eingesetzt.

Formerei

Mit Hilfe des Modells werden in der Formerei die Formen hergestellt. Formen sind Negative, sie enthalten den auszugießenden Hohlraum, der das zukünftige Gußteil ergibt. Die mit Modellen hergestellten Formen bestehen aus Formstoffen, wie z.B. tongebundenem Quarzsand, er erhält seine Festigkeit durch Verdichten. Dies geschieht in der Handformerei durch Aufstampfen und in der Maschinenformerei mit Formmaschinen durch Pressen, Schießen, Rütteln oder durch Impuls, wie im Bild gezeigt. Bei kunstharzgebundenen Formstoffen erfolgt die Verfestigung durch Aushärten.

Kernmacherei

Die Hohlräume eines Gußstückes können durch Kerne gebildet werden. Kerne sind Verkörperungen der Hohlräume und bestehen aus Formstoff. Zur Herstellung der Kerne benötigt man sogenannte Kernkästen, die in der Serienfertigung auch als Kernformwerkzeuge bezeichnet werden. Heute erfolgt das Einbringen des Kernformwerkstoffes in den Kernkasten auf der Maschine durch Schießen. Damit die Kerne in die Form eingelegt werden können, müssen Form und Kern eine Kernlagerung aufweisen. Das Bild zeigt das Einlegen der Kerne.

Formstoffaufbereitung

Formstoffe bestehen im wesentlichen aus dem Formgrundstoff z.B. Quarzsand und dem Formstoffbindemittel z.B. Ton oder Kunstharz. Während man in früheren Zeiten auf Natursande mit geeigneter Zusammensetzung zurückgriff, erfolgt heute die optimale Zusammensetzung in der Formstoffaufbereitung. Neben dem Mischen verfügt jedoch eine Sandaufbereitungsanlage noch über Funktionen, die es erlauben, daß der Formstoff einer abgegossenen Form wiederverwendet werden kann. Der Altsand aus diesem Kreislauf muß dabei gekühlt, zerkleinert und gereinigt werden.

Werdegang eines Gußteils — Einführung

Schmelzen

Das zum Abgießen der Gußteile erforderliche flüssige Metall wird in der Schmelzerei aus Masseln, Rücklaufmaterial und teilweise Schrott erschmolzen. Für Eisengießereien ist der älteste und am meisten verbreitete Schmelzofen der Kupolofen, zunehmend wird jedoch auch hier der Induktionstiegelofen verwendet. Für Stahlguß kommt überwiegend der Lichtbogenofen und für die Nichteisenmetalle der öl-, gas-, oder widerstandsbeheizte Tiegelschmelzofen zur Anwendung. — Seltener wird mit dem Drehtrommelofen erschmolzen.

Gießen

Das Gießen ist der eigentliche Höhepunkt bei der Herstellung eines Gußteils. Allerdings beansprucht der Vorgang als solcher nur kurze Zeit, je nach Gußgewicht liegt die benötigte Zeit für das Füllen einer Form zwischen dem Bruchteil einer Minute und einigen Minuten. Um das flüssige Metall von den Schmelzöfen zu der gießfertigen Form und über das Eingußsystem in das Innere der Form zu bringen, werden Kranpfannen, Stopfenpfannen, Handpfannen oder sonstwie bezeichnete Gießgefäße benützt. Vor dem Gießen erfolgt oft noch eine Behandlung wie beispielsweise das Impfen.

Auspacken

Nach ausreichender Zeit für das Erstarren und Abkühlen der Gußteile erfolgt das Auspacken. Unter Auspacken versteht man das Freilegen des Gußteils von Formkasten und Formstoff. Während dieser Vorgang früher mit Hilfe des Preßluftmeißels erfolgte, geschieht dies heute vorwiegend auf dem Rüttelrost. Der Formstoff fällt dabei durch den Rost und kann der Wiederaufbereitung zugeführt werden, während das Gußteil weiter gekühlt und der Putzerei zugeführt wird. Häufig wird die Form auch aus dem Kasten ausgedrückt und vollends in einer Schwingtrommel ausgepackt.

Gußputzerei

In der Gußputzerei wird das Gußteil von Einguß- und Speisersystem, Gußgrat und Formsandresten befreit. Beim Strahlputzen werden körnige, metallische Strahlmittel mit hoher Geschwindigkeit auf die zu reinigende Oberfläche geschleudert, während beim Naßputzen der Vorgang mit einem Hochdruckwasserstrahl durchgeführt wird. Grate und Unebenheiten werden durch Schleifen beseitigt, hier werden auch bereits Manipulatoren eingesetzt. Bei Stahlguß spielt das Brennschneiden zum Abtrennen des Einguß- und Speisersystems eine wichtige Rolle.

1.3 Grundlagen der Form- und Gießtechnik

1.3.1 Formherstellung

Die Voraussetzung, um ein Gußteil herstellen zu können, ist das Vorhandensein einer Form. Die Form enthält das zukünftige Gußteil als Hohlraum, sie ist deshalb auch das Negativ des Gußteils.

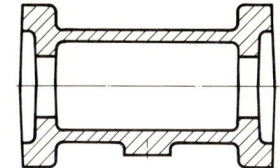

1 Gußteil

Möglichkeiten der Formherstellung

Um den Hohlraum einer Form herzustellen, können zwei grundlegende Möglichkeiten angewandt werden:

- Bei **Dauerformen,** wie sie bei Kokillen- und Druckguß notwendig sind, wird der Hohlraum meist aus einem Stahlblock zerspanend herausgearbeitet. In eine solche Dauerform werden immer wieder Gußteile gegossen und anschließend entformt (Näheres siehe Kap. 3).
- Bei **verlorenen Formen** wird mit Hilfe eines **Modells** der Hohlraum in den **Formstoff** geformt. Das Modell ist wie das Gußteil ein Positiv. Naturmodelle sind hierbei um das Schwindmaß größer, Kernmodelle besitzen außerdem noch Kernmarken.

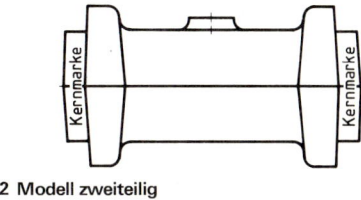

2 Modell zweiteilig

Um den Hohlraum in den Formstoff zu formen, wurden ursprünglich einfache, flache Modelle in den Sand gedrückt und anschließend gezogen. Heute wird der Formstoff auf das Modell geschüttet und entweder durch Verdichten oder durch Aushärten verfestigt. Durch Ziehen des Modells aus der Form oder Abheben der Form vom Modell entsteht dann beim Formen der Hohlraum.

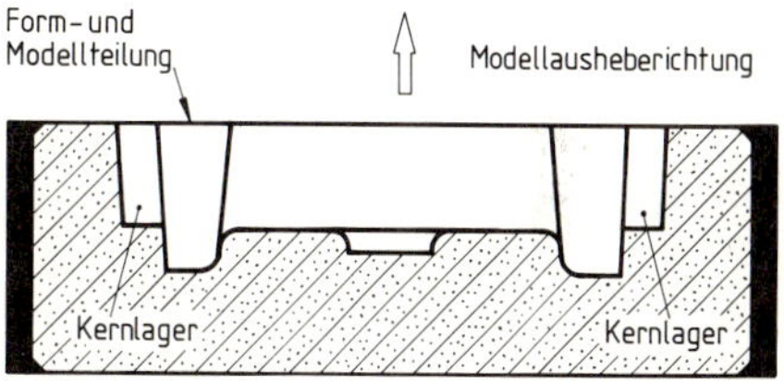

3 Formhälfte

Entformbarkeit der Modelle

Das Entformen der Modelle ist nur möglich, wenn die Form nach oben offen ist. Das kann man auch erreichen, wenn man Form und Modell teilt. Die Teilfläche wird dadurch zur offenen Seite, an der das Modell herausgezogen wird. Formschräge, Lackierung und Trennmittel dienen ebenfalls zur leichteren Entformung der Modelle aus der Form.

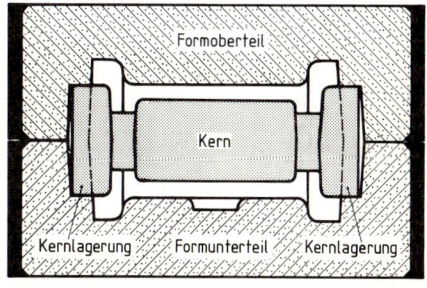

4 Formkasten zweiteilig mit eingelegtem Kern

Formung der Hohlräume durch Kerne

Hohlräume in Gußteilen können durch **Kerne** gebildet werden. Das sind Körper mit der Form des Hohlraumes bestehend aus Formstoff. Die Kerne werden in Kernkästen hergestellt, indem der Formstoff in diese gefüllt und verfestigt wird. An Stelle von Stampfen wird hierzu heute oft Schießen in Verbindung mit chemischer Aushärtung angewandt. Damit der Kern maßgerecht in die Form eingelegt und während des Gießvorganges nicht mehr verrückt werden kann, erhält er eine Kernlagerung. Diese Verlängerung des eigentlichen Hohlraumes wird an Modell und Kernkasten als Kernmarke bezeichnet.

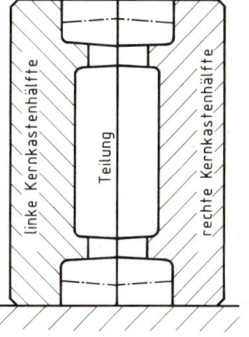 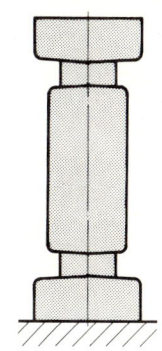

5 Kernkasten zweiteilig   6 Kern entformt

Grundlagen der Form- und Gießtechnik Einführung

1.3.2 Form- und Modellteilung

Zweck der Form- und Modellteilung

Modelle und Formen benötigen eine ebene Fläche zum Aufstampfen und zum Entformen. Diese ebene Fläche muß gleichzeitig die größte Querschnittsfläche sein, die sich von hier aus durch Konus oder Konturänderung verjüngt.

Liegt die ebene Fläche mit größtem Querschnitt nicht an einer Modellaußenseite wie in Bild 1 oder 2, so muß durch Teilung wie beim Beispiel auf der vorangehenden Seite eine solche Aufstampf- und Entformungsebene geschaffen werden.

Konturen, die sich nicht verjüngen, werden als **Hinterschneidungen** bezeichnet und sind so nicht entformbar (Bild 5).

Möglichkeiten der Form- und Modellteilung

Das Formen von Herdplatten in offenen Herdformen ist ein geschichtliches Beispiel für Formen mit einteiligem Modell in einteiliger Form (Bild 1). Heute ist der Normalfall die Verwendung einer zweiteiligen Form mit zweiteiligem Modell (Beispiel vorangehende Seite) oder auch mit einteiligem Modell.

Anstatt einer waagerechten Teilung arbeiten insbesondere manche Formanlagen mit vertikaler Form- und Modellteilung (Bild 4, Näheres Seite 48).

Drei- und mehrteilige Formen, wie in Bild 3 dargestellt, sind Sonderfälle der Handformerei. Durch Formen mit Außenkernen (Beispiel S. 77) oder durch Vollformen (Kapitel 2.5.2) wird diese komplizierte Formerarbeit heute meist vermieden.

Die Beispiele der Bilder 2 und 3 zeigen auch, daß die Anzahl und die Lage von Teilungen an Form und Modell nicht immer übereinstimmen.

Losteile

Die bereits beschriebenen Hinterschneidungen werden oft durch Augen und ähnliche Konturen erzeugt. Kann die Teilung nicht durch diesen Querschnitt gelegt werden, so wird die Kontur als Losteil ausgeführt.

Ein gutes Losteil besitzt eine Schwalbenschwanzführung, das Anstecken der Losteile mit Stiften ist eine schlechte Lösung.

Beim Ausheben des Modells bleibt das Losteil zunächst in der Form. Nach diesem Arbeitsgang wird dann das Losteil, wie in Bild 4b gezeigt, zuerst waagerecht nach innen und dann nach oben ausgeformt.

Bedingt durch die im folgenden angeführten Nachteile werden Losteile meist durch Außenkerne und ähnliche vermieden.

Nachteile von Losteilen:
— sie können beim Formen verstampft werden
— sie erfordern zusätzliche Formerarbeit
— beim Ausheben kann die Form beschädigt werden
— die Losteilführung kann klemmen
— sie verschleißen vor dem Modell
— sie können verloren gehen

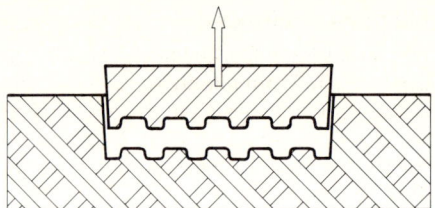

1 Offene Herdform
 Modell einteilig, beim Entformen dargestellt

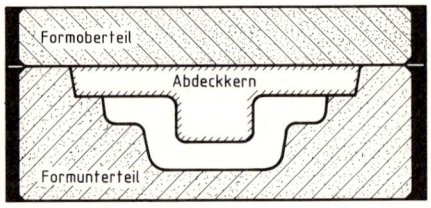

2 Zweiteilige Kastenform
 Modell einteilig, bereits entformt
 Abdeckkern eingelegt

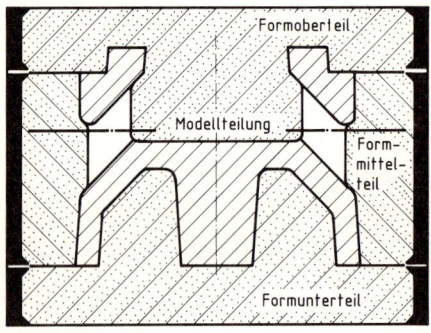

3 Dreiteilige Kastenform mit zweiteiligem Modell, noch nicht entformt

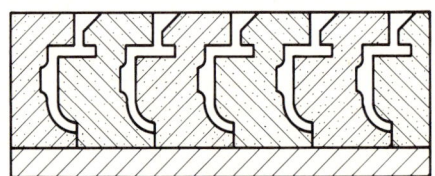

4 Form mit vertikaler Teilung als Formenstrang

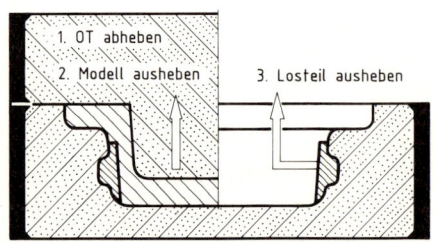

5 Formen mit Losteil
 a) Modell eingeformt   b) Modell ausgeformt

Einführung — Grundlagen der Form- und Gießtechnik

Unebene Teilungen

Häufig liegt bei Gußteilen der größte Querschnitt nicht in einer Ebene. Die Formteilung muß dann wie in Bild 1 durch eine Strichpunktlinie dargestellt, als **unebene Teilung** ausgeführt werden. Um trotzdem eine Aufstampf- und Ausformebene zu erhalten, kann ein **Unterbau** das Modell entsprechend ergänzen (Bild 1 und 3).

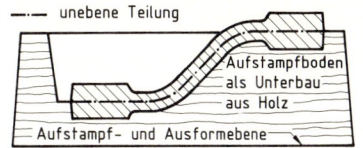

1 Hebel als Naturmodell mit Aufstampfboden ausgeführt

Aufstampfboden (Bild 1)

Für geringe Gußstückzahlen werden in der Handformerei Modelle mit Aufstampfböden und -klötzen eingesetzt. Ein **Aufstampfboden** ist ein Unterbau aus Holz, der größer ist als die Gesamtkontur des Modells.

Der Arbeitsablauf beim Formen wird im folgenden dargestellt. Zur besseren Übersichtlichkeit werden lediglich die wichtigsten Schritte aufgeführt:

— Modell mit Aufstampfboden im Unterteilkasten aufstampfen
— Unterkasten wenden
— Aufstampfboden entformen, Kastenoberteil aufsetzen
— Oberteil aufstampfen
— Formoberteil abnehmen
— Modell aus Formunterteil entformen
— Form zulegen und beschweren

Den fertigen Formschnitt stellt Bild 2 dar.

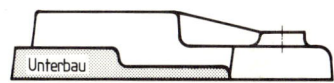

2 Hebel als Naturmodell mit Aufstampfboden ausgeführt

3 Modell für Konsole
Unterbau:
Kern oder Aufstampfklotz oder falsches Teil

Aufstampfklotz (Bild 3)

Ein Aufstampfklotz ist ein Unterbau, der nur eine Teilkontur des Modells unterbaut. Die Arbeitsgänge beim Formen entsprechen denen beim Formen mit einem Aufstampfboden. Der Aufstampfklotz ist ebenfalls aus Holz.

Falsches Teil

Nur ausnahmsweise, bei einem Einzelabguß und bei Fehlen von Aufstampfboden oder -klotz, stellt der Former im ersten Arbeitsgang selbst aus **Formsand** einen Modellunterbau her. In der Form ist der als **falsches Teil** bezeichnete Unterbau ähnlich dem Aufstampfklotz oder Aufstampfboden nach Bild 1 und 3. Die Arbeitsgänge sind deshalb wieder gleich, ebenso die fertige Form (Bild 2 und 4).

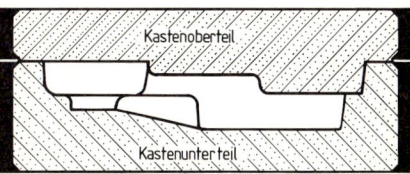

4 Konsole mit Aufstampfklotz oder falschem Teil geformt

Formen mit Außenkern (Bild 5)

Auch der Außenkern stellt einen Unterbau dar und ergibt eine Aufstampf- und Ausformebene. Diese Lösung kommt bei mittleren Gußstückzahlen zur Anwendung.

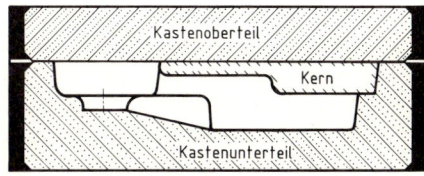

5 Konsole mit Kern geformt

Modellplatten mit Abballung (Bild 6)

Bei großen Stückzahlen kommen **Modellplatten** zur Anwendung. Sie besitzen bereits die unebene Teilung in Form einer **Abballung**. Somit entfallen sowohl Kernkästen als auch Aufstampfböden und -klötze.

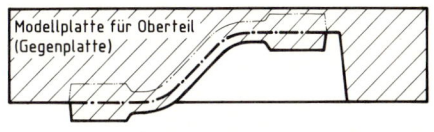

6 Modellplatten für Hebel zu Bild 1 und 2

Grundlagen der Form- und Gießtechnik — Einführung

1.3.3 Modellarten

Zur Herstellung der Formen werden vom Modellbau **Gießereimodelle** bereitgestellt, die sich wie folgt unterteilen lassen:

— **Dauermodelle — verlorene Modelle**

Modelle, die mehr als einmal eingeformt und wieder ausgeformt werden, sind **Dauermodelle**. Dagegen werden verlorene Modelle nur einmal eingeformt und bei Polystyrolschaummodellen vergast oder herausgeschnitten und beim Feingußverfahren herausgeschmolzen, also jeweils zerstört.

— **Naturmodell — Kernmodell**

Ein Modell, das genau dem Gußteil entspricht, ist ein **Naturmodell** (Bild 1). Werden dagegen die wesentlichen Außen- und Innenkonturen durch Kerne gebildet, so handelt es sich um ein **Kernmodell**. Dieses ist an den schwarz gestrichenen Kernmarken (Bild 2) zu erkennen.

— **Hohlbauweise — Massivbauweise**

Kleine oder mittlere Modelle werden ohne Hohlraum, d.h. als **Modell in Massivbauweise** und Großmodelle mit Hohlraum d.h. als **Modell in Hohlbauweise** ausgeführt. Durch Hohlbauweise verringern sich Gewicht und Kosten. Diese Modelle werden in Rahmenbauweise mit Beplankung (Bild 3) oder ähnlich aufgebaut.

— **Korbmodell** (Bild 4)

Korbmodelle sind i.a. ebenfalls Großmodelle in Hohlbauweise. Die Außenseiten sind hierbei als ganzflächige Losteile, sogenannten **Anleger,** am Modellkörper, dem Herzstück oder **Korb** befestigt. Vorteilhaft bei Korbmodellen ist die Vermeidung von Außenkernen und vertikaler Formschräge sowie die Möglichkeit für einen Korb unterschiedliche Anleger zu verwenden.

— **Handmodelle — Maschinenmodelle**

Handmodelle sind für das Handformen und **Maschinenmodelle** für das Formen an Formmaschinen und automatischen Formanlagen bestimmt. Maschinenmodelle sind i.a. Modellplatten. Handmodelle, z.B. Großmodelle haben meist Ausziehvorrichtungen wie Ziehbänder.

— **Modellart nach Teilungen**

Nach der Anzahl der Modellteilungen spricht man von ein-, zwei-, und dreiteiligen Modellen. Die Losteile werden hierbei nicht mitgezählt.

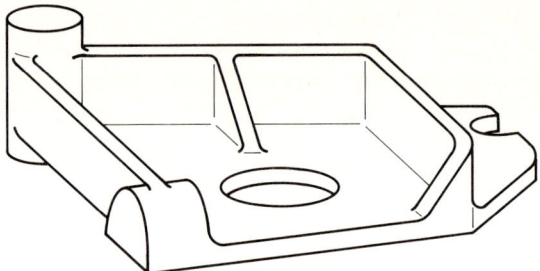

1 Naturmodell

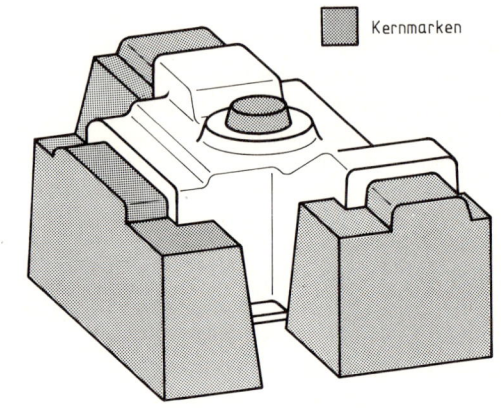

2 Kernmodell

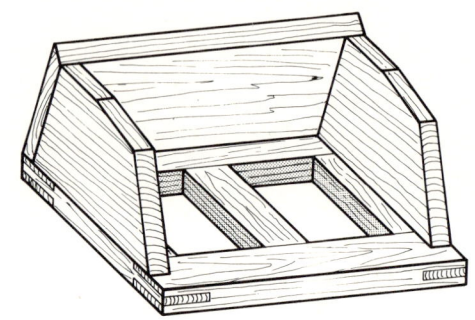

3 Modell in Hohlbauweise (teilweise beplankt)

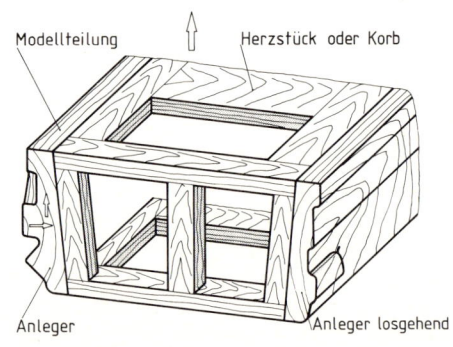

4 Korbmodell-Schema

Einführung — Grundlagen der Form- und Gießtechnik

Modelle in Stückbauweise

Bei der Stückbauweise wird das Gesamtmodell in zwei oder mehrere Stücke unterteilt (Bild 1).

Diese Bauweise wird bei sehr großen und langen Modellen angewendet, damit sie vorteilhafter gebaut, gut transportiert und auch besser aus der Form ausgehoben werden können.

Eine Unterteilung wird auch vorgesehen, wenn bei ebener Einformung eines langen Modells sich das Gußstück bei der Abkühlung und Schwindung krumm ziehen würde.

Hier ist es üblich, daß der Former das Modell gekrümmt einformt, so daß sich das Gußstück während des Schwindungsvorganges gerade zieht.

Für diese „Durchformung" muß der Modellbauer aber das Modell in der Länge einige Male unterteilt herstellen. Die einzelnen Modellteile werden dann vom Former auf ein vorbereitetes gekrümmtes „Sandbett" gelegt und eingeformt (Bild 2).

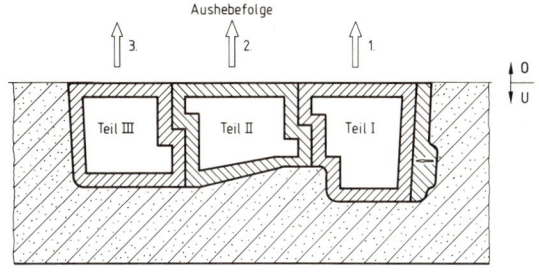

1 Modell in Stückbauweise, oft gleichzeitig als Korbmodell

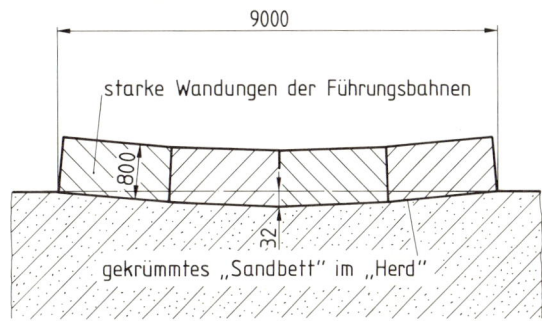

2 Modell in Stückbauweise, für das „Durchformen"

Vollmodell — Teilmodell

Beim **Vollmodell** sind die Konturen vollständig, beim **Teilmodell** nur teilweise ausgeführt. So stellt z.B. eine Schablone nur einen Querschnitt oder Radialschnitt dar. Das Formen mit Teilmodellen: Drehschablonen, Ziehschablonen und Skelettmodellen war noch vor wenigen Jahrzehnten besondere fachliche Qualifikation des Formers. Im Kapitel Handformen sind einige Beispiele dargestellt. Heute ist das Vollformen an die Stelle des Formens mit Teilmodellen getreten. Lediglich zum Formen großer runder Gußteile wird noch in manchen Betrieben das Formen mit Drehschablonen (Bild 3) angewandt.

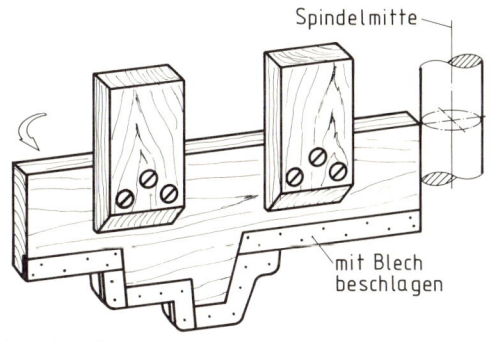

3 Drehschablone

Modellarten nach Werkstoff

Holzmodelle sind bei Güteklasse H3 und H2 aus Weichhölzern und bei den Güteklassen H1 und H1a aus Harthölzern und Hartholzfurnierplatten hergestellt. Holzmodelle kommen für große Abmessungen als Hohlmodelle genauso wie als Maschinenmodelle für hohe Stückzahlen zur Anwendung.

Kunstharzmodelle werden aus Epoxidharz und Polyurethanharz mit Hilfe von Negativen abgegossen. Sie werden für höchste Stückzahlen bis zu einigen zehntausend Abformungen eingesetzt.

Metallmodelle kommen bei Verfahren mit Heißaushärtung wie z.B. Croning zur Anwendung.

Polystyrolschaumstoffmodelle werden beim **Vollformverfahren** in der Form gelassen und durch die Schmelze vergast. Aber auch lackiert, als Dauermodell, setzt sich dieses Modell für Stückzahlen bis meist 10 immer mehr durch.

4 Typisches Holzmodell

1.3.4 Farbkennzeichnung der Modelle

Die Modellackierung hat drei Hauptaufgaben:
- Erleichterung des Aushebens aus der Form
- Schutz vor Formstoff und Witterung
- Kennzeichnung

Die Kennzeichnung eines Modells erfolgt einerseits durch eine Modellnummer, die den Zusammenhang zwischen Modell und Begleitpapieren herstellt. Andererseits kann durch eine Farbkennzeichnung nach DIN 1511 besonders dem Handformer eine einfache Arbeitsanweisung gegeben werden.

Zunächst erkennt der Former am Farbton der **Grundfarbe,** welche Gruppe von Gießmetall verwendet wird (Tabelle A), an den meist gelben oder auch roten Strichen, wo das Gußteil bearbeitet wird und an den schwarzen Flächen, wo der Kern eingelegt wird. Darüber hinaus sind die folgenden Kennzeichnungen für den Handformer besonders wichtig:

Stellen für Abschreckkörper

Eine Materialanhäufung kann im Gußstück zu Lunkern führen. Abhilfe sind Speiser, Kühlkörper für innere Kühlung und Abschreckkörper für äußere Kühlung.

Die Abschreckkörper werden zuerst als Modell angefertigt. Sie müssen dabei an das Modell angepaßt werden. Nach dem Abgießen werden sie vom Former mit dem Modell eingeformt. Damit er die richtige Stelle kennt, wird sie am Modell farblich gekennzeichnet (Bild 1).

Hohlkehlen

Bei Großmodellen mit sehr wenigen Abgüssen wird gelegentlich die Ausführung der Hohlkehlen dem Former überlassen. Am Modell wird dies durch eine gestrichelte Linie und der Angabe des Radius gekennzeichnet.

Dämmteile

Dünne Holzmodelle müssen oft durch eine Leiste gegen Verziehen gesichert werden. Diese Leiste wird zwar abgeformt, darf aber nicht abgegossen werden. Der entsprechende Formhohlraum muß deshalb mit Formsand zugedämmt werden. Solche Teile werden als Dämmteile bezeichnet und mit schwarzen Schrägstrichen gekennzeichnet.

Verlorene Köpfe

Zylinder werden stehend gegossen. Nach oben verlängert und erweitert, erhalten sie einen Aufguß, den man als „verlorenen Kopf" oder „Überkopf" bezeichnet. Er ist gleichzeitig Speiser, Einguß und vielfache Bearbeitungszugabe, deshalb wird er manchmal anstelle von schwarzen Schrägstrichen (Norm) mit gelben Schrägstrichen gekennzeichnet.

A. Unterscheidende Kennzeichnung der verschiedenen Gußwerkstoffe

	Grundfarben		
	für Modelle, Kernkästen, Ziehkanten	am Gußteil zu bearbeitende Flächen	Stellen für Abschreckkörper
Gußeisen mit Lamellengraphit	rot	gelb	blau
Gußeisen mit Kugelgraphit	lila	gelb	rot
Stahlguß	blau	gelb	rot
Temperguß	grau	gelb	rot
Schwermetall	gelb	rot	blau
Leichtmetall	grün	gelb	blau

B. Gemeinsame Kennzeichnung

Kernmarken und Lage des Kernes auf Teilfläche	schwarze Fläche
Sitzstellen loser Modellteile und zu entfernender Schrauben	schwarz umrandet
Hohlkehlen	schwarz gestrichelt unter Angabe des Radius
Dämmteile	in der Grundfarbe des Modells oder unlackiert mit schwarzen Schrägstrichen
zu bearbeitetende Flächen	kleine und mittlere Flächen ganzflächig, sonst Striche
Schablonen	Brettfläche mit Klarlack, Ziehkanten in Grundfarbe
Verlorene Köpfe	schwarze Schrägstriche

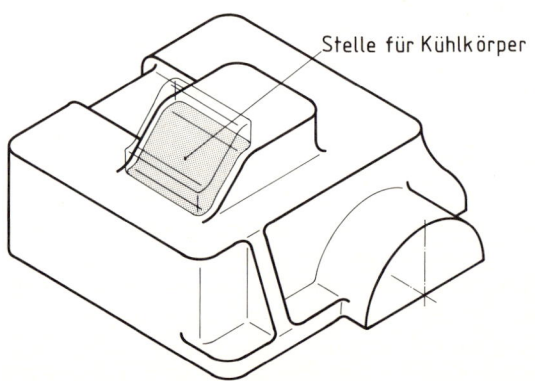

1 Kühlkörper-Kennzeichnung am Modell

Einführung — Grundlagen der Form- und Gießtechnik

1.3.5 Modellzugaben

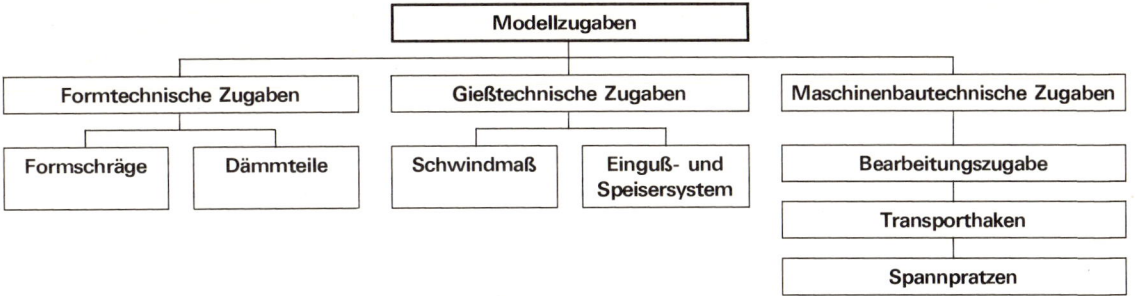

Schwindmaße

Alle geschmolzenen Metalle und Legierungen ziehen sich bei der Abkühlung zusammen. Es handelt sich dabei um eine temperaturabhängige Volumenverminderung. Hierbei wird zwischen drei Phasen unterschieden (Bild 1):
— flüssige Schrumpfung
— Erstarrungs-Schrumpfung
— feste Schwindung

Schwindungsbereiche

— **Die flüssige Schrumpfung**

Diese zuerst einsetzende Schrumpfung ist trotz ihrer Größe ohne Belang, weil sie praktisch innerhalb des Eingußsystems nach der Wirkung der kommunizierenden Röhren ausgeglichen wird.

— **Die Erstarrungs-Schrumpfung**

Diese Phase muß besonders vom Gießer beherrscht werden, hier können sonst bei ungenügender Speisung an Wanddickenanhäufungen Lunker (Schwindungshohlräume) entstehen. Durch gießtechnische Maßnahmen muß der Gießer dafür sorgen, daß die Lunker außerhalb des Gußteiles liegen (Bild 2).

— **Die feste Schwindung**

Diese für den Modellbauer wichtigste Schwindung setzt nach der Erstarrung ein und dauert bis zur Abkühlung auf Raumtemperatur.

Zweck des Schwindmaßes

Um in der Gießerei maßhaltige Gußteile fertigen zu können, muß der Modellbauer die Modelleinrichtungen um den jeweiligen prozentualen Betrag der festen Schwindung des Gußwerkstoffes **größer** herstellen. Damit der Modellbauer rasch und sicher arbeiten kann, benützt er Meß- und Anreißgeräte, bei denen die Maßskalen um das Schwindmaß größer hergestellt sind, sogenannte Schwindmaßstäbe.

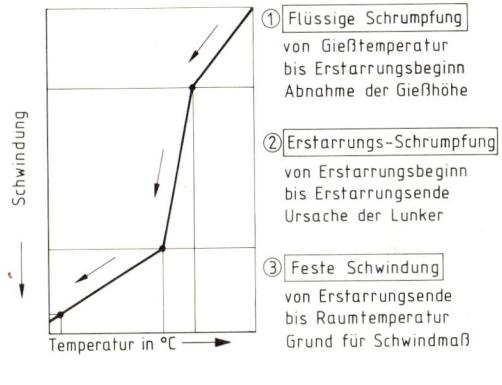

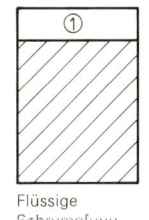  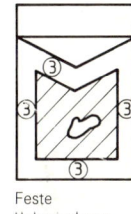

Flüssige Schrumpfung — Erstarrungs-Schrumpfung — Feste Schwindung

1 Bereiche der Schwindung beim Abkühlen von Metallen

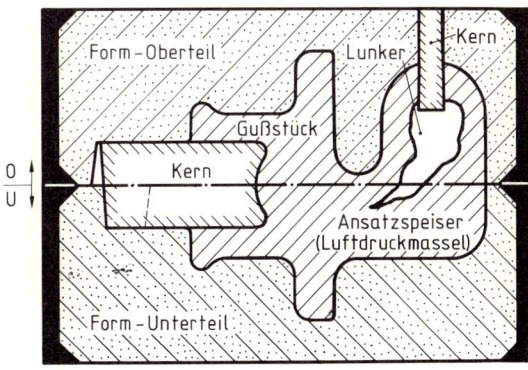

2 Schwindungshohlraum im Speiser

Grundlagen der Form- und Gießtechnik — Einführung

Größe des Schwindmaßes

Die Größe des Schwindmaßes ist ganz besonders vom Gußwerkstoff abhängig, deshalb muß sich der Modellbauer vor dem Bau des Modells über den vorgesehenen Gußwerkstoff informieren, um dann mit dem erforderlichen Schwindmaßstab zu arbeiten.

Anhaltspunkte, nach denen sich der Modellbauer bei der Festlegung der Größe des Schwindmaßes richtet, enthält die Tabelle 6 in DIN 1511.

In Tabelle 1 werden die **durchschnittlichen** Erfahrungswerte der festen Schwindung von allen üblichen Gußwerkstoffen in Prozenten angegeben, erweitert um mögliche Abweichungen.

Gußwerkstoff	Richtwert in %	Mögliche Abweichung in %
Gußeisen		
mit Lamellengraphit	1,0	0,5…1,3
mit Kugelgraphit, ungeglüht	1,2	0,8…2,0
mit Kugelgraphit, geglüht	0,5	0,0…0,8
Stahlguß	2,0	1,5…2,5
Manganhartstahl	2,3	2,3…2,8
Temperguß weiß (GTW)	1,6	1,0…2,0
schwarz (GTS)	0,5	0,0…1,5
Aluminium- Gußlegierungen	1,2	0,8…1,5
Magnesium- Gußlegierungen	1,2	1,0…1,5
Kupferguß (Elektrolyt)	1,9	1,5…2,1
Kupfer-Sn(Zinn)-Leg. **(Bronze)**	1,5	0,8…2,0
Kupfer-„ZnSn"-Leg. **(Rotguß)**	1,3	0,8…1,6
Kupfer-Zn(Zink)-Leg. **(Messing)**	1,2	0,8…1,8
Sondermessing-Guß (Cu-Zn-Mn(Fe-Al))	2,0	1,8…2,3
Mehrstoff-Aluminiumbronzen	2,1	1,9…2,3
Zinkguß-Legierungen	1,3	1,1…1,5
Weißmetall (Blei-Zinn)	0,5	0,4…0,6

1 Schwindmaßrichtwerte und mögliche Abweichungen

Behinderte Schwindung

Der Prozentsatz der Schwindung ist jedoch nicht nur vom Gußwerkstoff abhängig, sondern auch von der konstruktiven Gestalt (Bild 2), den Wanddicken der Gußstücke sowie von den Festigkeitswerten der Gießform.

In der Praxis kommen deshalb auch von der Norm abweichende Schwindmaße zur Anwendung. Wegen unterschiedlicher Wanddicken und wegen Materialanhäufungen an bestimmten Stellen der Gußstücke ist ein gleichzeitiger Ablauf der Erstarrung nicht gewährleistet. Daraus ergeben sich Spannungen, Formveränderungen und manchmal auch Risse am Gußstück.

Eine gießgerechte Konstruktion, welche eine gleichgerichtete Erstarrung durch möglichst gleichmäßige Wanddicken anstrebt, kann solche Auswirkungen vermeiden helfen.

Eine Behinderung der Schwindung wird durch sehr fest verdichtete Formen, getrocknete Formen und durch sehr feste, harte Kerne verursacht. Auch die oft bei großen Kernen notwendigen Kernarmierungen (Kerneisen) können die Schwindung behindern und vermindern.

In kritischen Fällen sollte man sich vorher mit den zuständigen Gießereifachleuten besprechen und sich dann an die angegebenen Erfahrungswerte halten. Nicht selten kann hierbei das Schwindmaß für die Länge anders angegeben sein als für die Breite und Höhe des Modelles.

Absolut unnachgiebige metallische Dauerformen, wie sie für das Kokillen- und Druckgießen erforderlich sind, wirken sich sehr hemmend auf den Schwindungsvorgang aus. Deshalb werden beim Bau von solchen Gießwerkzeugen geringere Schwindmaße als beim Sandguß berücksichtigt (Bild 3).

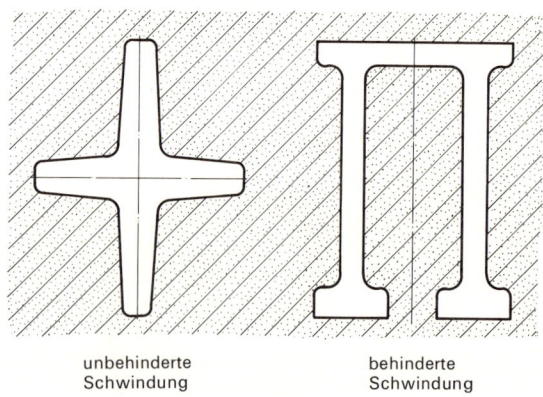

unbehinderte Schwindung   behinderte Schwindung

2 Schwindung und Gußstückform

Gießwerkstoff	Schwindmaße in % für Kokillenguß	Druckguß
Reinaluminium	0,7…1,2	
Aluminium-Legierungen:		
G-Al Si 12, G-Al Si 10 Mg	0,6…0,8	0,5…0,7
G-Al Si 5 Mg, G-Al Si 6 Cu 4, G-Al Si 7 Mg, G-Al Si 7 Cu 3	0,5…0,9	0,5…0,7
G-Al Mg 3, G-Al Mg 5, G-Al Mg 10	0,5…0,9	0,6…1,0
G-Al Cu 3 Ti, G-Al Cu 4 Ti Mg	0,5…0,9	
Magnesium-Legierungen:	0,8…1,2	0,8…1,2
Kupfer-Legierungen:		
Guß-Zinnbronze, Rotguß	1,0…1,4	
Guß-Messing	0,8…1,2	0,7…1,2
Guß-Sondermessing (Al, Mn-legiert)	1,4…2,0	0,8…1,6
Guß-Aluminiumbronze	1,4…2,0	
Blei-Legierungen	0,3…0,6	0,3…0,6
Zinn-Legierungen	0,3…0,6	0,2…0,5
Zink-Legierungen	0,6…1,0	0,4…0,6

3 Schwindmaße für Kokillen- und Druckguß

Einführung — Grundlagen der Form- und Gießtechnik

Formschräge

Durch Neigung der in Ausheberichtung senkrechten Flächen erhalten Modelle und Formen eine **Formschräge**. Dadurch entfällt beim Ausheben ein wesentlicher Teil der Reibung, die Gefahr der Formbeschädigung wird geringer. Die Formschräge, auch Formkonus genannt, wird nach Bild 1 in drei Möglichkeiten ausgeführt. Dabei ergeben sich unterschiedliche Abweichungen vom Zeichnungsmaß N. Meist wird die Formschräge als Materialzugabe ausgeführt. An Kernmarken, Aufstampfböden und Dämmteilen ist die Formschräge größer als an Gußkonturen der Modelle, an Dauerformen geringer. Formschrägen der Modelle und Kernmarken siehe Bild 2 und 3.

Bearbeitungszugaben

Gußteile müssen zur spanenden Bearbeitung durch Drehen, Fräsen, Schleifen usw. eine Zugabe von einigen Millimetern erhalten. Die Flächen, die eine solche Bearbeitungszugabe erhalten sollen, sind in der Zeichnung nach DIN ISO mit Symbolen wie in Bild 4 versehen. Bei zu geringer Zugabe kann durch Verzug, Schwindung u. a. Einflüsse das Werkzeug oft nicht mehr im Material arbeiten. Bei zu großer Zugabe werden die Bearbeitungskosten zu groß. Eine optimale Zugabe richtet sich daher nach folgenden Abhängigkeiten:

— Werkstückgröße
Je größer die Werkstückabmessung, um so größer ist die Bearbeitungszugabe.

— Gußwerkstoff
Bei Stahlguß ist die Zugabe größer als bei Gußeisen, bei Leichtmetall geringer.

— Lage der Bearbeitungsflächen
Die spezifisch leichteren Verunreinigungen der Schmelze wie Schlacke, Oxide und Schaum können sich im Oberteil ablagern, deshalb ist die Bearbeitungszugabe bei Großmodellen im Oberteil oft größer.

— Formverfahren
Handformverfahren, Vollformen weisen mehr Zugabe als Maschinenformverfahren auf.

Maschinenbautechnische Zugaben

Zum Bearbeiten müssen die Gußteile auf dem Maschinentisch festgespannt werden. Hierzu sind oft zusätzliche Auflage- und Spannelemente, wie in Bild 5 links, erforderlich. Zum Transport mit dem Kran sind für große Gußteile häufig Haken und Schwenkzapfen notwendig (Bild 5 rechts).

Gießtechnische Zugaben

Im Kapitel 4 ist das Einguß- und Speisersystem beschrieben. Solche Zugaben machen den größten Anteil aus. Sie können z. B. bei Stahlguß bei einem bestimmten Beispiel 50% des Gußgewichtes betragen.

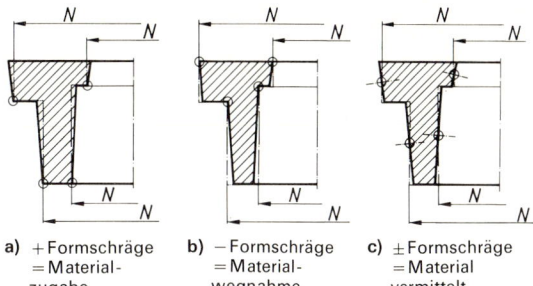

a) +Formschräge = Materialzugabe
b) −Formschräge = Materialwegnahme
c) ±Formschräge = Material vermittelt

1 Die drei Ausführungsmöglichkeiten der Formschräge

Höhe in mm	Schräge in Grad	Höhe in mm	Schräge in mm
bis 10	3°	bis 250	1,5
bis 18	2°	320	2,0
bis 30	1°30′	500	3,0
bis 50	1°	800	4,5
bis 80	0°45′	1200	7
bis 180	0°30′	2000	11
		4000	21

2 Formschrägen an Modellen

Höhe in mm	Schräge in Grad
bis 70	5°
über 70	3°

An den Oberteil-Kernmarken wird in der Regel eine größere Schräge angebracht, z.B. 8°, 10° oder 15°

3 Formschrägen für Unterteil-Kernmarken

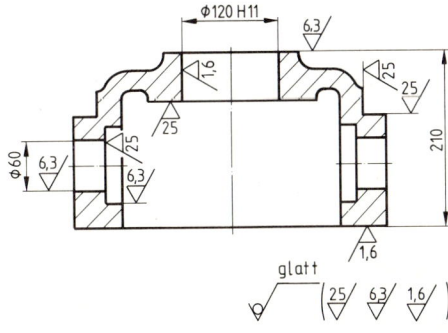

4 Symbole zur Angabe der Oberflächenbeschaffenheit nach DIN ISO 1302 (neu)

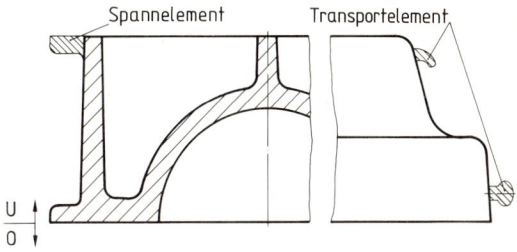

5 Maschinenbautechnische Zugaben (als Schaumstoff-Modellteile)

Grundlagen der Form- und Gießtechnik — Einführung

1.3.6 Ausheben der Modelle

Um gießfertige Hohlformen zu erhalten, muß der Former die eingeformten Dauermodelle wieder entformen. Entsprechend Modellart und Modellgröße stehen ihm dazu verschiedene Möglichkeiten und Hilfsmittel zur Verfügung.

Modellspitze und Modellschraube

An sehr kleinen Handformmodellen aus Holz können keine Aushebevorrichtungen angebracht werden. Hier muß der Former die Modellspitze oder die Modellschraube direkt in das Modell einschlagen oder einschrauben, um damit das Modell leicht vom Formsand loszuklopfen und herauszuheben (Bild 1). Bei dieser Art des Aushebens werden aber die Modelle beschädigt.

Aushebevorrichtungen

Zur Vermeidung von Modellbeschädigung und zum sicheren Ausheben erhalten die **Handmodelle Aushebevorrichtungen**.

Aushebe- und Losschlagplatten sind Stahlplatten, die zum Ausheben entweder ein Gewinde oder ein Langloch (Bild 2) zum Einführen eines Aushebeschlüssels besitzen. Eine zusätzliche Bohrung ist für das Losschlagen des Modells vorgesehen. Die Aussparung für den Aushebeschlüssel muß über dem Modellschwerpunkt liegen, damit das Modell beim Ausheben nicht verkantet.

Ziehbänder sind Stahlbänder mit kleineren Bohrungen zum Anschrauben an das Modell und einer großen Bohrung, die als Tragöse für den Kranhaken dient. Die Ziehbänder werden an zwei, drei oder vier Stellen, symmetrisch zum Schwerpunkt angebracht. Am besten können diese im Innern eines Hohlmodells nach Bild 3 angebracht werden. Gelegentlich werden sie auch außen, z.B. auf Kernmarken aufgesetzt oder eingelassen.

Aushebe- und Losschlagplatten kommen vorwiegend für Handmodelle mittlerer Größe, Ziehbänder für die Großmodelle der Handformerei zur Anwendung. Bei Kleinmodellen werden neuerdings auch Gewindebüchsen verwendet.

Ausheben von Modell-Losteilen

Losteile, die nach dem Ausheben der Modelle in den Sandformen zurückbleiben, können manchmal vom Former nicht mit den Fingern erreicht werden. In solchen Fällen fertigt der Modellbauer einfache Hilfsmittel, mit denen die Losteile dann aus der Form herausgeholt werden.

An Losteilen, welche direkt mit der Hand gezogen werden, bringt der Modellbauer oft Kerben oder Griffstellen an, damit der Former diese Teile besser fassen und sie sicher aus dem Formsand entfernen kann (Bild 4).

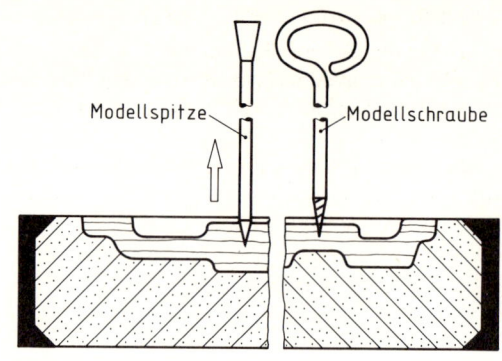

1 Ausheben der Modelle

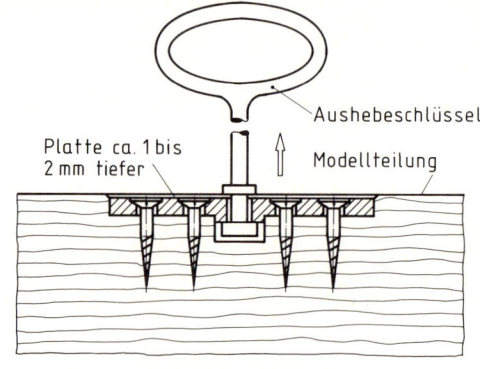

2 Aushebeplatte im Modell montiert

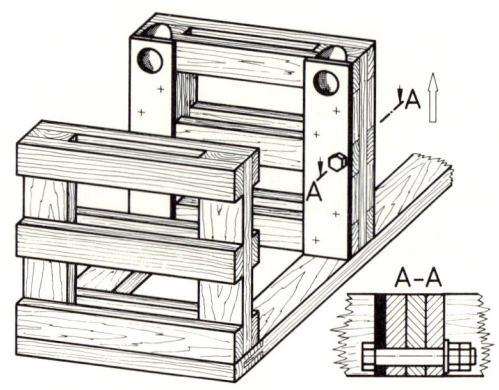

3 Ziehbänder innen montiert (vor der Beplankung)

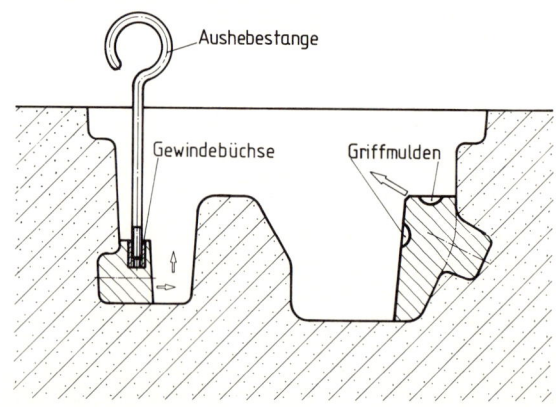

4 Ausheben von Losteilen

Einführung — Grundlagen der Form- und Gießtechnik

Ausheben von montierten Modellen

Bei Modellen, die auf Formplatten montiert sind und auf Formmaschinen geformt werden, kann das Loslösen vom Formsand mit Vibratoren ausgeführt werden.

Entsprechend der verwendeten Formmaschinen werden hierbei die Modelle maschinell entweder nach unten, nach oben oder seitlich aus den Sandformen herausgezogen (Bilder 1 bis 3), bzw. der Formkasten vom Modell abgehoben.

Trennmittel

Die beim Ausheben der Modelle auftretende Haft- und Gleitreibung kann durch Anwenden eines Trennmittels bedeutend vermindert werden.

Das Trennmittel wird vor dem Einformen auf die Dauermodelle aufgebracht, damit sie leichter ausgehoben werden können.

Insbesondere zur Lösung der Ausheberprobleme bei harzgebundenen, ausgehärteten Formsanden, wie dem Aufschrumpfen der Form auf das Modell, werden z.B. Wachslösungen eingesetzt.

Nach dem Auftragen verdunstet hierbei das Lösemittel, so daß das Trennmittel als dünne, feste Schicht auf der Modelloberfläche haften bleibt. Die Trennmittelschicht hält mehrere Abformungen aus und wird bei Bedarf erneut aufgebracht.

Auch Mineralöle wie Petroleum werden vielfach zum Trennen eingesetzt. Da diese in der flüssigen Phase trennen, müssen sie nach jedem Abformen erneuert werden. Solche ölhaltigen Trennmittel (s.S. 336) können in die Poren eindringen und bei Änderung oder Reparatur Schwierigkeiten beim Leimen und Nachlackieren bereiten.

In früherer Zeit war, insbesondere beim Handformen, das Einstäuben mit pulverförmigen Trennmitteln wie Talkum, Graphit und dgl. üblich.

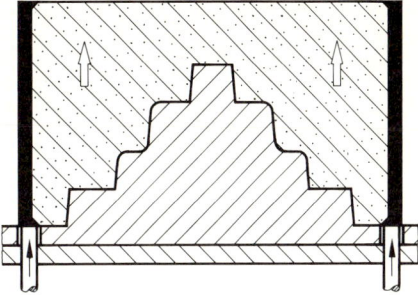

1 Entformen durch Abheben des Formkastens
System Stiftenabhebemaschine

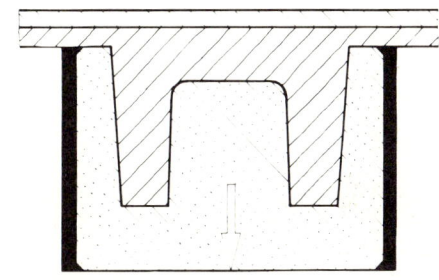

2 Entformen durch Absenken der Form
System Wendeformmaschinen

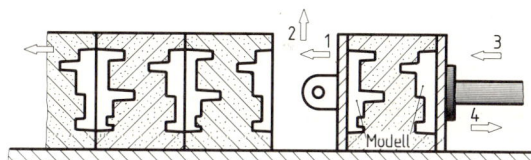

3 Modell wird horizontal entformt

Wiederholungsfragen

1. Nennen Sie die wichtigsten Abteilungen des Gießereibetriebes und ihre Aufgaben.
2. Beschreiben Sie den Kreislauf des Formsandes in der Gießerei.
3. Wodurch unterscheidet sich eine Dauerform von einer verlorenen Form?
4. Welche Voraussetzungen müssen gegeben sein, damit sich ein Modell entformen läßt?
5. Welche Aufgabe hat ein Kern?
6. Welchen Zweck hat die Modellteilung?
7. Warum werden Modelle, die früher dreiteilig geformt wurden, heute mit Außenkern geformt?
8. Welche Nachteile haben Loseteile?
9. Welcher Unterschied besteht zwischen einem Aufstampfboden und einem falschen Teil?
10. Welchen Vorteil hat die Verwendung von Modellplatten mit Abballung (unebene Teilung) gegenüber der Verwendung von Modellen mit Unterbau?
11. Welcher Unterschied besteht zwischen einem Naturmodell und einem Kernmodell?
12. Warum werden Großmodelle meist in Hohlbauweise gebaut?
13. Welche Vorteile hat die Stückbauweise?
14. Welches Verfahren hat das Formen mit Teilmodellen weitgehend ersetzt?
15. Welche Bedeutung hat die Modellfarbe „Rot" zur Kennzeichnung der Modelle?
16. Wie werden bei einem Modell für ein Aluminiumgußteil die zu bearbeitenden Flächen gekennzeichnet?
17. Wie groß ist die Schwindmaßzugabe bei einem Modell für ein Aluminiumgußteil?
18. Wovon ist die Größe der Bearbeitungszugabe abhängig?
19. Warum sollen Handmodelle eine Aushebevorrichtung besitzen?
20. Skizzieren Sie das System des Abhebens bei der Stiftenabhebemaschine.

2 Formtechnik (für verlorene Formen)

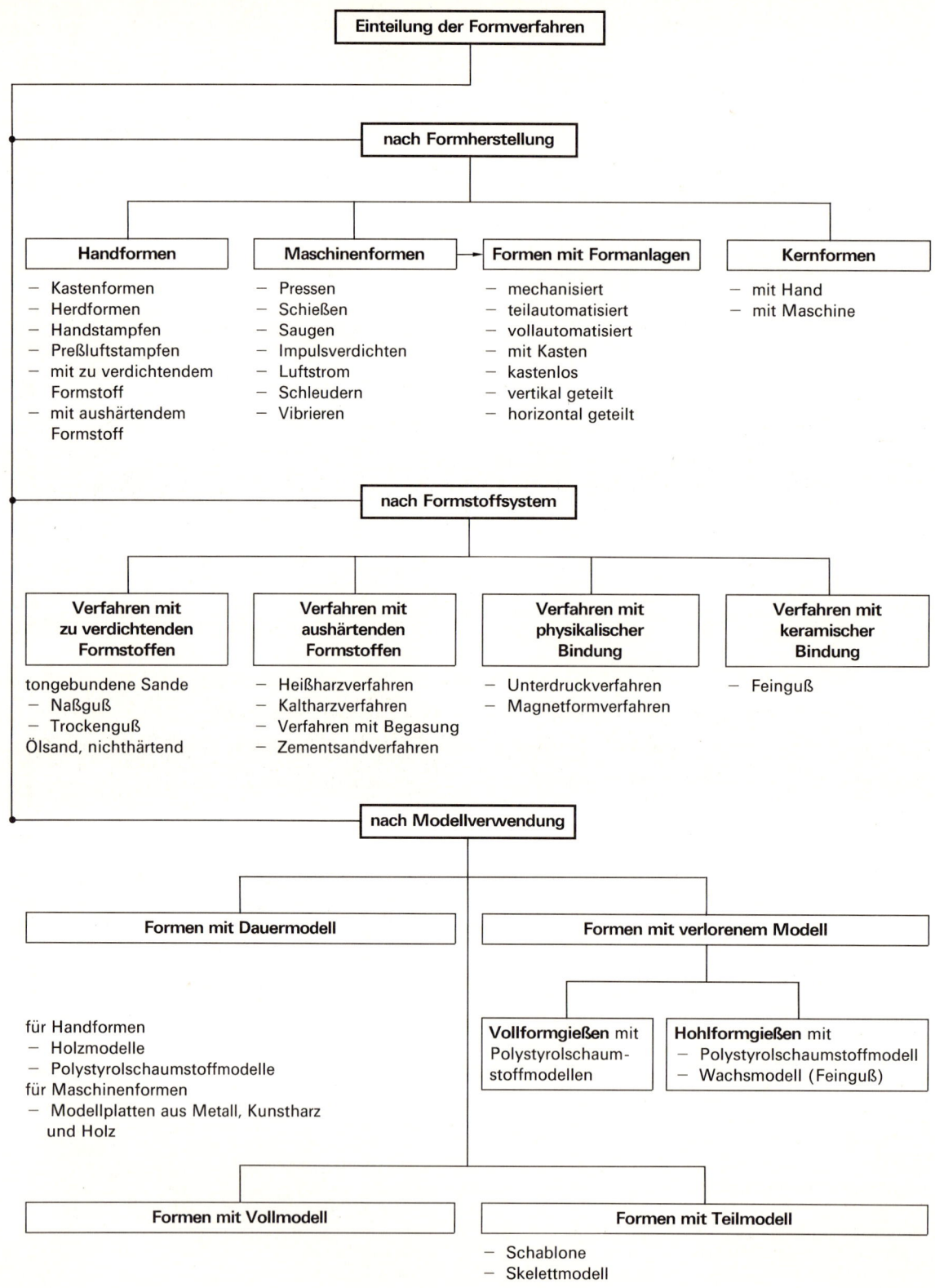

Formtechnik — Handformen

2.1 Handformen

Infolge der Mechanisierung und Automatisierung der Gießereien beschränkt sich das Handformen heute auf
— Einzelabgüsse
— sehr große Formen sowie auf die
— Ausbildung

2.1.1 Formen mit Kästen

Für den Einsatz von Handmodellen kleiner und mittlerer Größe werden zwei- und mehrteilige Formkästen verwendet. Die einzelnen Kästen werden als Kastenunterteil, Kastenoberteil und bei der dreiteiligen Form als Kastenmittelteil bezeichnet. Diese besitzen planparallele Auflageflächen und Stiftführungen, damit die Genauigkeit der Formen zueinander gewährleistet ist. Normalerweise werden für die ein- und zweiteiligen Modelle zweiteilige Formkästen, also ein Kastenunterteil und ein Kastenoberteil verwendet. Aufwendige Modelle können eine dreiteilige Form erforderlich machen. Diese schwierige Formerarbeit wird aber heute vorwiegend durch Verwendung von Außenkernen oder durch Formen mit Schaumstoffmodellen unter Anwendung des Vollformgießens vermieden. Beispiele sind hierzu unter Kernarten Seite 77 und bei den Abschnitten über Formen mit Schaumstoffmodellen zu finden.

1 Aufstampfen einer Kastenform

2 Herstellung einer Herdform durch Schablonieren

2.1.2 Formen im Herd

Bei einer Herdform entfällt der Formkasten für das Formunterteil. An seine Stelle tritt der Boden der Formerei, der durchgehend aus Formsand, z.B. Natursand oder heute meist Zementsand, besteht. Aus diesem Grunde ist auch die Bezeichnung **Bodenformerei** üblich. In Herdformen werden vorwiegend große Gußteile mit Schablonen (Bild 2), Skelettmodellen, Hohlmodellen oder Schaumstoffmodellen geformt. In den meisten Fällen wird das Oberteil mit einem Kasten abgedeckt. Man bezeichnet die Form dann als **verdeckte Herdform** (nächste Seite Bild 1).

3 Herstellung einer Kernarmierung in der offenen Herdform (Plattenbett)

Offene Herdform (Plattenbett)

Wird auf dem Formboden der Formstoff lose aufgeschüttet und nach der Wasserwaage abgezogen, so können flache Modelle eingedrückt und die Form nach dem Entformen offen abgegossen werden. Man bezeichnet diese Form als offene Herdform oder auch als Plattenbett. Dieses sehr alte Handformverfahren beschränkt sich heute auf die Herstellung untergeordneter Teile, wie z.B. Kernarmierungen (Bilder 3 und 4).

4 Einbau der Kernarmierung für Ziehschablonenkern

Handformen — Formtechnik

Verdeckte Herdformen

Wie Bild 2 der vorangegangenen Seite zeigt, entsteht die Herdform für die großen Gußteile, indem zuerst ein Hohlraum ausgehoben wird, der wesentlich größer als der fertige Hohlraum des Unterteiles ist. In den Hohlraum des Formbodens wird dann durch Aufstampfen, Schablonieren oder Schütten je nach Sandart die eigentliche Kontur des Unterteiles geformt. Wegen der bei großen Gußteilen entsprechend großen Auftriebskräfte befindet sich im Oberteil der Ballen. Das Oberteil ist bei der verdeckten Herdform ein Kasten. Er muß entsprechend dem berechneten Auftrieb und der erforderlichen Sicherheit belastet werden.

Formgruben

Die Tiefe eines Formbodens ist beschränkt. Für sehr tiefe Gußformen, wie z. B. für Zylinder benötigt werden, sind deshalb betonierte Formgruben im Einsatz. In diesen wird dann durch Aufstampfen, Schablonieren oder Schütten die eigentliche Form hergestellt. Der tragende Teil der Form wird dabei oft wie in Bild 2 durch Hochmauern erstellt.

2.1.3 Formverfahren nach Art des Formstoffes

Die Arbeitsweise beim Formen ist weitgehend davon abhängig, ob der Formstoff aushärtet, verdichtet wird, fließfähig oder bildsam ist. Aushärtende Sande sind wenig oder nicht bildsam, sie sind dafür fließfähig.

— **Formen mit bildsamen Formstoffen**

Die klassische Handformerei beruht auf der Bildsamkeit und dem Verdichten der Formstoffe. Formtechniken, wie Stampfen und Polieren, sind speziell für bildsame Formstoffe, wie die ton- und ölgebundenen (O.B.B.-Sande) Formstoffe, erforderlich.

— **Formen mit aushärtenden Formstoffen**

Aushärtende Sande werden nur leicht verdichtet. Sie erhalten ihre Festigkeit durch Aushärten. Damit der Formstoff trotzdem an alle Modellkonturen gelangt, muß er fließfähig sein. Das Einformen von Schaumstoffmodellen ist nur mit fließfähigem Formstoff möglich, der leicht angedrückt werden kann. Durch stärkeres Verdichten würde das Modell beschädigt, und ohne Fließfähigkeit würde der Sand nicht an alle Konturen gelangen. Die Arbeitsgänge des Polierens entfallen ebenfalls. Vor dem Wenden, Ausheben oder Bearbeiten ist bei aushärtenden Sanden immer die Zeit der Aushärtung abzuwarten.

1 Durch Kasten abgedeckte Herdform, beschwert und gegossen

2 Hochmauern der Zylinderform in der Formgrube

3 Aufspritzen einer Schamotteschicht auf die Zylinderform vor dem Schablonieren

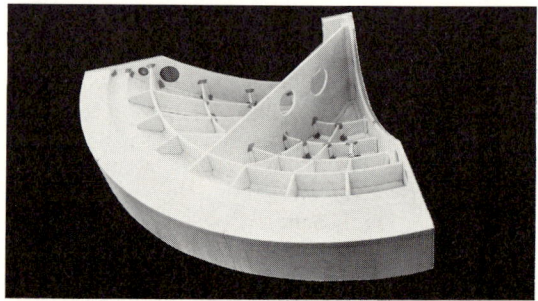

4 Das Einformen von Polystyrolschaumstoffmodellen erfordert kaltaushärtenden, fließfähigen Formstoff

Formtechnik — Handformen

Formtechniken für bildsame Formstoffe
Stampfen

Formstoffe, die ihre Standfestigkeit durch Verdichten erhalten, sind meist tongebundene Sande, seltener ölgebundene. Bei der Verdichtung, die beim Handformen ausschließlich durch Stampfen erzielt wird, verkleinert sich das Volumen um 20% bis 30%. Dadurch verschwinden die Sandzwischenräume, und die Sandkörner können optimal aneinander gebunden werden.

Die Verdichtung durch Stampfen muß gleichmäßig und optimal sein:
— Die Form muß dem Gießdruck standhalten, sie darf sich maßlich nicht verändern (Treiben, Bild 2).
— Die Form muß noch gasdurchlässig sein, damit die Gießgase entweichen können. Notfalls ist Luftstechen erforderlich.

Zur Erreichung der optimalen Verdichtung stehen dem Former folgende Stampfwerkzeuge zur Verfügung:

Spitzstampfer (Bilder 3 und 4) haben eine kleine Stampffläche. Dadurch kann eine starke Verdichtung erreicht werden. Außerdem kann mit ihnen schräg in Ecken und zum Formrand hin gestampft werden.

Plattstampfer (Bild 5) haben eine große Stampffläche. Der Verdichtungsdruck ist dadurch kleiner. Plattstampfer werden vorwiegend für die letzte Lage zum Ebenstampfen herangezogen.

Preßluftstampfer werden für große Handformen benutzt. Das Bild am Kapitelanfang zeigt einen Preßluftstampfer im Einsatz.

Polieren

Polieren als Technik des Formens läßt sich nur bei bildsamen Formstoffen durchführen. Die auf der folgenden Seite abgebildeten Polierwerkzeuge und die dazu beschriebenen Arbeiten finden deshalb nur bei bildsamen Formstoffen ihre Anwendung.

Eine typische Poliertechnik ist das **Einpolieren** (Bild 7) um das Modell. Hierbei handelt es sich um ein Polieren der Teilfläche, wobei der Sand am Modell um ca. 1 mm niedergedrückt wird. Das Modell läßt sich dadurch entformen, ohne daß die Sandkante abreißt. Am Gußteil entsteht hierdurch ein Gußgrat an der Teilfläche. Auch das Ausbessern von beschädigten Kanten geschieht bei bildsamen Formstoffen durch **Anpolieren** von Sand. Bei tongebundenen Sanden kann hierbei die Klebewirkung des Tons durch leichtes Anfeuchten noch erhöht werden.

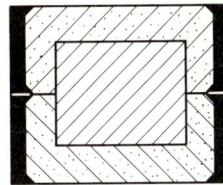
1 Sandverdichtung richtig: Gußstück maßgenau

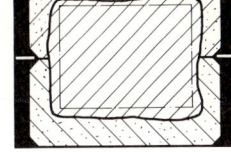
2 Sandverdichtung zu gering und nicht gleichmäßig, Gußstück getrieben

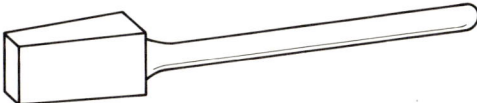
3 Spitzstampfer aus Holz

4 Spitzstampfer aus Rundstahl

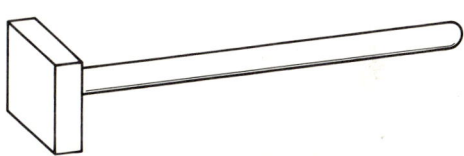
5 Plattstampfer

6 Polieren einer Form und Sandstifte stecken

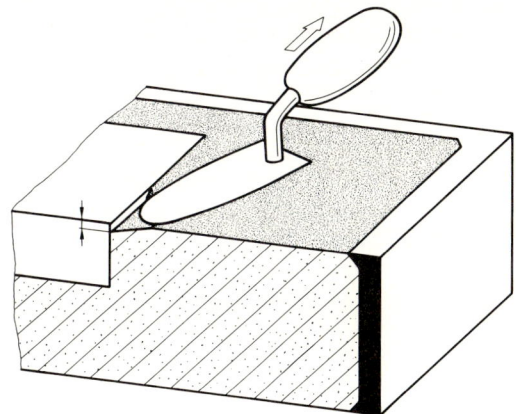
7 Einpolieren

Handformen · **Formtechnik**

Die **Lanzette** besitzt eine spitze Blattseite und eine Löffelseite. Sie wird zum Polieren kleinerer Flächen und zur Herstellung von Anschnitten verwendet.

1 Lanzette

Die **Polierschaufel** wird zum Polieren großer Flächen und zum Schneiden von Kanälen und Eingußtrichtern benutzt. Das Eindrücken von Formstiften ist ebenfalls möglich.

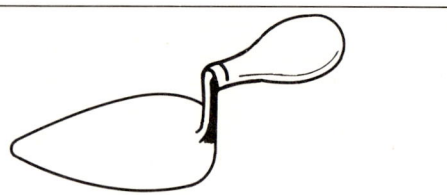

2 Polierschaufel oder Truffel

Mit dem Fuß des **Sandhakens** können Sandteilchen ausgehoben und tiefliegende Flächen poliert werden. Mit dem Schaft können senkrechte Flächen poliert sowie Trichter ausgeschnitten werden.

3 Sandhaken

Zum Polieren schwieriger Konturen und tiefliegender Ecken ist der **Plompfuß** geeignet. Er ist ähnlich dem Vitrier.

4 Plompfuß

Polierlöffel bestehen aus Bronze oder Grauguß. Sie dienen zum Polieren und Ausbessern von Flächen.

5 Polierlöffel

Polierknöpfe können zum Ausbessern und Anbringen von Radien, Hohlkehlen oder Kanten eingesetzt werden. Wenn Radien am Modell bei H3 durch schwarz gestrichelte Linien angegeben sind, werden solche Werkzeuge notwendig.

6 Polierknöpfe

Das **Vitrier** besitzt zwei ovale Polierstücke und ist zum Polieren tiefliegender Ecken geeignet.

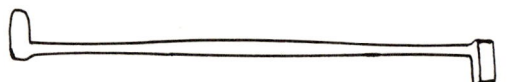

7 Vitrier

Das **Polierschlängel,** auch Polier-S genannt, wird zum Polieren tiefliegender, nicht gerader Flächen verwendet.

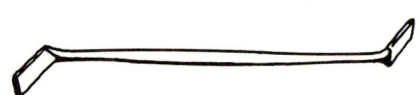

8 Polierschlängel

Formtechnik — Handformen

Beispiel für das Herstellen einer Kastenform mit zu verdichtendem, bildsamem Formstoff

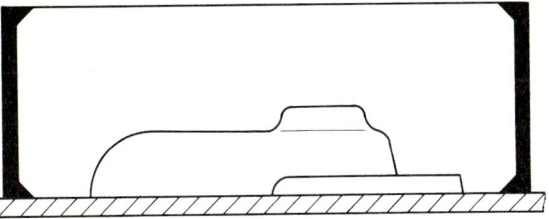

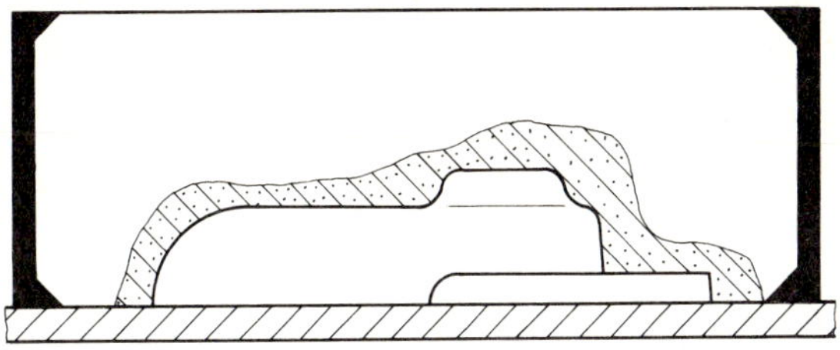

Arbeitsfolge:

1. Auflegen des Unterkastens auf das Stampfbrett (Aufstampfboden). Einlegen des Modellunterteils (mit Hülsen!).
2. Flüssige Trennmittel (Wachsbasis oder Petroleum) oder staubförmige Trennmittel (Graphit, Holzkohlestaub u.a.) aufblasen bzw. aufstauben.
3. Aufsieben von feinem Modellsand etwa 2 cm dick und Andrücken mit der Hand. Ergebnis: feinere Gußoberfläche.
4. Nachfüllen von Füllsand und schichtweises Aufstampfen des Unterkastens.
5. Plattstampfen, Abstreichen, notfalls Luftstechen.

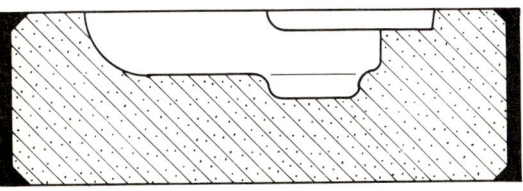

6. Wenden des Unterteilkastens.
7. Polieren der Teilungsebene mit Trennmittel.
8. Unterteil sauberblasen, Oberkasten aufsetzen.

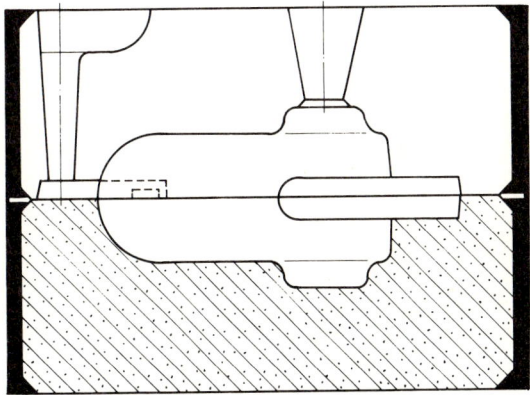

9. Modelloberteil aufsetzen, Einguß- und Speisersystem anordnen.

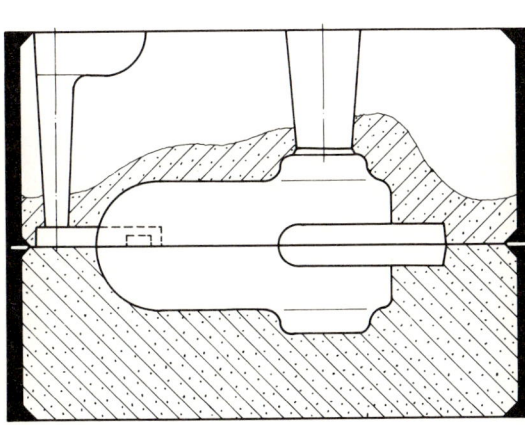

10. Aufsieben von Modellsand, Andrücken an das Modell.
11. Nachfüllen von Füllsand und schichtweises Aufstampfen des Kastens.

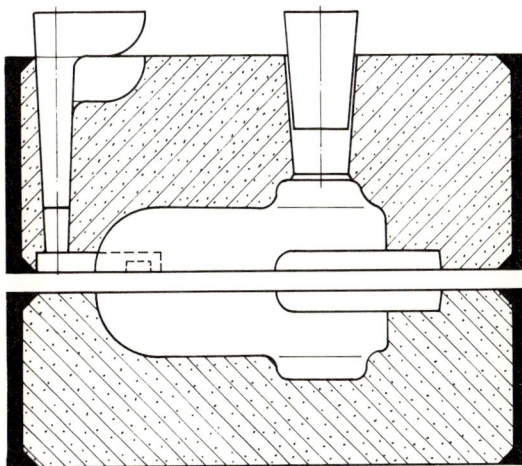

12. Plattstampfen, Abstreichen der Oberfläche, notfalls Luftstechen.
13. Einguß- und Trichterspeisermodelle nach außen herausziehen. Oberkasten abheben und wenden.

Handformen — Formtechnik

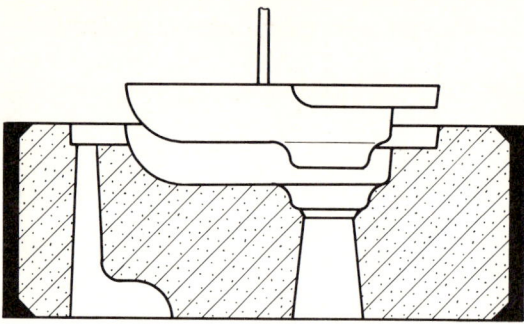
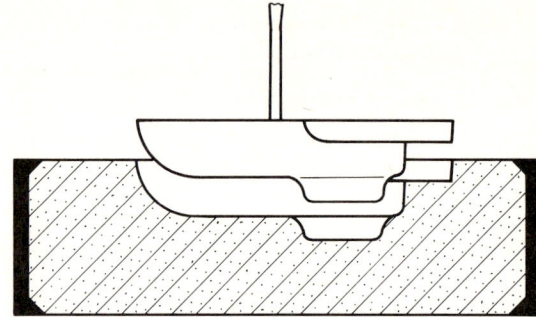

14. Anfeuchten des Sandes am Oberteilmodellrand, Losklopfen und Ausheben mit der Modellspitze.
15. Trichter und Speiser anfasen.
16. Anschnitte im Unterkasten ausschneiden (wenn nicht im Oberteil).

17. Modellunterteil: Anfeuchten des Sandes am Modellrand, mit Modellspitze losklopfen und ausheben.
18. Ausbessern der Form, wenn notwendig, Kanten verstiften.

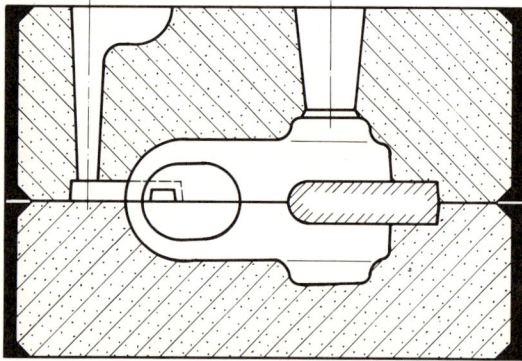
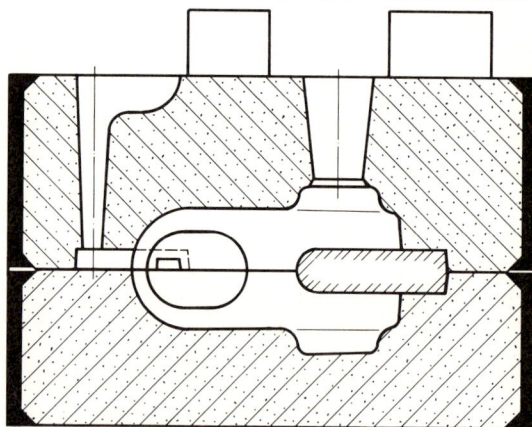

19. Einstauben der Form mit Graphitstaub. Größere Formen werden geschlichtet (Wasser oder Alkoholschlichte).
20. Einlegen des Kernes in den Unterkasten. Luftkanal vom Kernlagerende bis zum Formkastenrand stechen.

21. Zulegen der Form.
22. Beschweren oder Verklammern der Form.
23. Abgießen.

Beispiel für das Herstellen einer Form mit aushärtendem Formstoff

Bei Verwendung von aushärtendem Formstoff entfallen für das vorangegangene Beispiel die Arbeitsgänge des Verdichtens und Polierens. Bei Verwendung eines Vollformmodells aus Schaumstoff (Bild rechts) würden sich die Arbeitsgänge sogar noch weiter wie folgt reduzieren (Näheres siehe Kapitel Vollformen):
— Herdform ausheben.
— Modellunterbau durch Formstoff anschütten, Modell daraufstellen.
— Formstoff lagenweise anschütten und wo notwendig etwas andrücken.
— Einguß- und Speisersystem aufsetzen und weiter lagenweise anschütten.
— Abwarten bis Formstoff (z. B. furanharz- oder phenolharzgebunden) ausgehärtet ist.
— Abgießen.

Schaumstoffmodell in Herdform.
Dünne Wände erfordern aushärtenden Sand

2.1.4 Handformverfahren mit speziellen Modellarten

Formen mit Teilmodellen

Zu den Teilmodellen werden Drehschablonen, Ziehschablonen und Skelettmodelle gezählt. Im Gegensatz zu den Vollmodellen sind bei diesen Modellen die Konturen der Form nur teilweise ausgeführt. Die Arbeitsweise des Handformers ist entsprechend schwierig. Für mittlere Gußgrößen werden Teilmodelle deshalb auch weitgehend durch Schaumstoffmodelle ersetzt. Für sehr große Einzelgußstücke ist jedoch das Arbeiten mit Teilmodellen eine noch immer praktizierte Möglichkeit. Bedingt durch die Größe handelt es sich beim Formen mit Teilmodellen i. allg. um eine verdeckte Herdform.

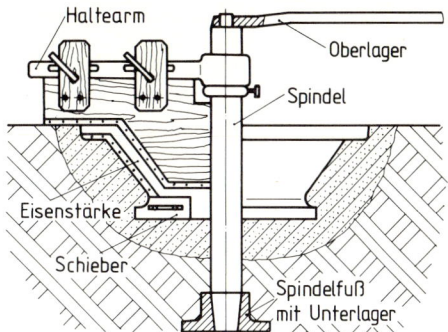

1 Schablonieren des Unterteiles

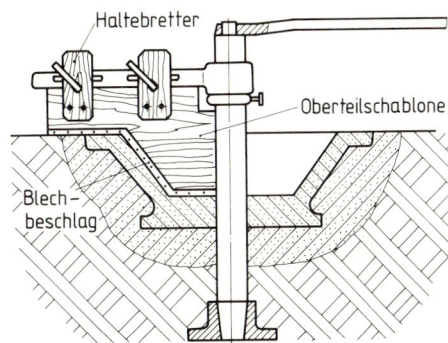

2 Schablonieren der Aufstampfform für das Oberteil

Formen mit Drehschablonen

Durch Drehschablonen werden runde Gußteile hergestellt. Am bekanntesten ist dabei das Schablonieren von Glocken.

Eine Modelleinrichtung zum Schablonieren (Bilder 1 bis 4) besteht aus einem oder mehreren Schablonenbrettern. Ihre Form entspricht einem halben Formquerschnitt. Die Drehachse bildet eine Spindel. Um diese wird die Schablone zusammen mit dem Haltearm gedreht. Zur Befestigung der Schablone am Haltearm sind bereits an der Schablone Haltebretter angeschraubt. Der Durchmesser der Spindel, z.B. 48, 80, 100 oder 160 mm, muß bei der Herstellung des Schablonenbrettes berücksichtigt werden: Die Werkstückradien sind jeweils um den Spindelradius verkürzt, der Spindeldurchmesser wird am Schablonenbrett angeschrieben. Die Arbeitskanten der Schablonenbretter sind mit Blech beschlagen und nach hinten um 30° abgeschrägt. Für die Herstellung einer Schablonenform können entweder Einzelschablonen oder zusammengesetzte Schablonen verwendet werden. Einzelschablonen sind spezielle Schablonen für jeden Arbeitsgang (s. Beispiel nächste Seite). Die nebenstehenden Abbildungen zeigen dagegen eine zusammengesetzte Schablone, wie sie häufig gebaut wird. Die Oberteilschablone ist ein Fichtenbrett. Durch Anschrauben einer sogenannten „Eisenstärke" aus Rotbuche entsteht die Unterteilschablone. Für Hinterschneidungen mit weniger als 25 mm können Eisenschieber verwendet werden. Ansonsten müssen Modellteile aus Holz oder Schaumstoff eingeformt werden.

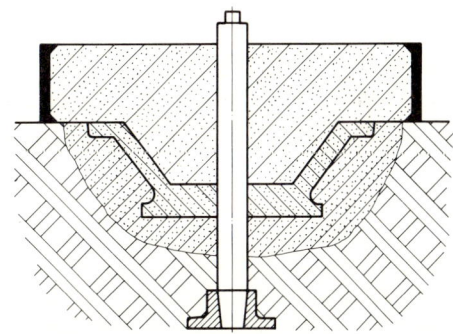

3 Aufstampfen des Oberteilkastens

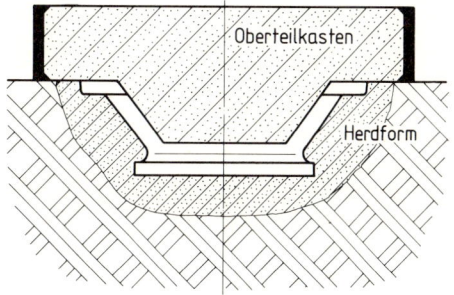

4 Fertige Form

Handformen — Formtechnik

Schablonierverfahren und Formstoff

Auch beim Schablonieren sind die Formtechnik und die Reihenfolge der Arbeitsgänge von der Art des Formstoffes abhängig. Natursand oder genügend tonhaltiger synthetischer Naßgußsand ist wegen seiner Bildsamkeit besonders geeignet. Von den aushärtenden Sanden ist Zementsand noch am ehesten geeignet, da er am wenigsten fließfähig und am meisten bildsam ist. Außer den bereits beim Kastenformen besprochenen Techniken des Stampfens und Polierens ist die Arbeitsfolge anders. Um dies zu erklären, ist für einen Gehäusedeckel zunächst das Verfahren bei Verwendung von aushärtendem Sand und dann auf der folgenden Seite für tongebundenen Sand beschrieben.

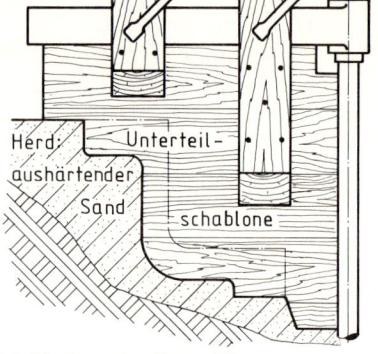

1 Schablonieren der Unterteilform

Schablonierverfahren für aushärtenden Sand

Schablonieren des Unterteiles (Bild 1)

Wird beim Herdformen in aushärtenden Sand gearbeitet, so wird aufbauend von außen nach innen gearbeitet. Man beginnt deshalb mit dem Schablonieren der Unterteilform in den Herd. Wie aus Bild 1 ersichtlich, wird der Herd grob ausgegraben, hierauf wird die formgebende Schicht aus aushärtendem Sand aufschabloniert. Nach dem Aushärten wird die Oberfläche geschlichtet.

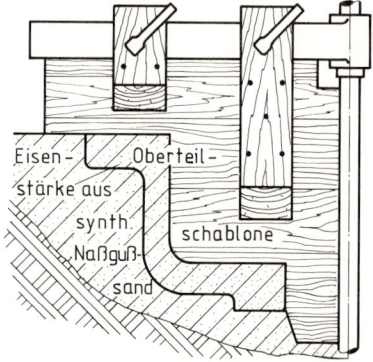

2 Schablonieren der Oberteilaufstampfform

Schablonieren einer Aufstampfform für das OT (Bild 2)

Zur Herstellung eines Kastenoberteiles wird in der Herdform ein Negativ des Oberteiles schabloniert. Diese Negativform wird in der Formerei als Aufstampfform bezeichnet. Um sie zu erhalten, muß eine „Eisenstärke", auch als „Falsches Teil" bezeichnet, auf das Unterteil schabloniert werden. Die Eisenstärke hat jetzt die gleiche Funktion wie ein Modell.

Herstellung des Kastenoberteiles (Bild 3)

Nach dem Schlichten der Eisenstärke kann der Oberteilkasten auf die Herdform aufgesetzt und die Form mit aushärtendem Sand gefüllt werden.

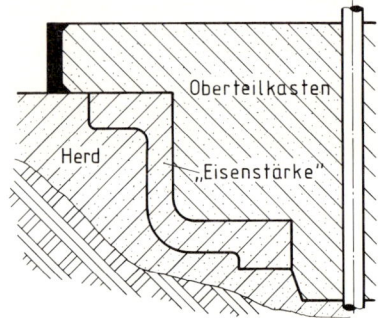

3 Herstellen des Oberteilkastens

Abheben von Kasten und Eisenstärke

Bei aushärtendem Sand wird das Ausheben anders als bei tongebundenem Sand gelöst. Wenn nicht mit genügender Formschräge gearbeitet wird, kann die Eisenstärke aus synthetischem Naßgußsand schabloniert werden. Bei Ausheben ohne Konus wird diese zerstört, da sie nicht so standfest wie die Form aus aushärtendem Sand ist.

Fertigstellen der Form (Bild 4)

Nach dem Ausheben der evtl. zerstörten und nicht mehr benötigten Eisenstärke wird das Oberteil geschlichtet, auf die Herdform gesetzt und genügend belastet.

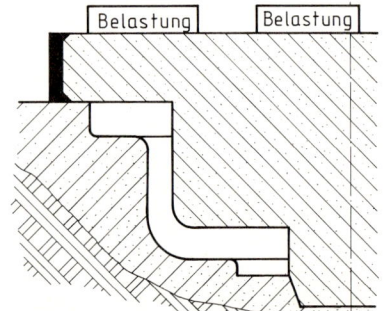

4 Fertige Form

Schablonierverfahren für tongebundenen Formstoff

Schablonieren der OT-Aufstampfform (Bild 1)

Beim Schablonieren in tongebundenen Sand wird von innen nach außen gearbeitet. Man beginnt deshalb mit dem Schablonieren der Aufstampfform für den Oberteilkasten in den Herd.

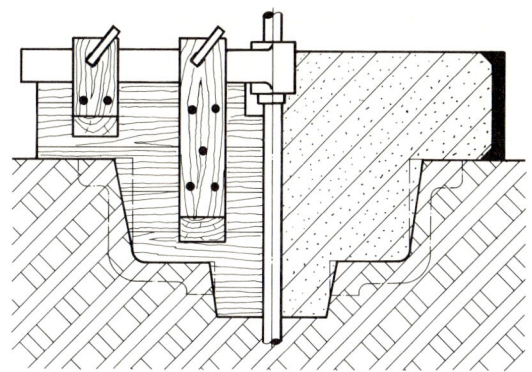

1 Aufstampfform für Oberteil schablonieren 2 Oberteil aufstampfen

Aufstampfen des Oberteiles (Bild 2)

Nach dem Schlichten der Aufstampfform wird der Kasten auf den Herd aufgesetzt. Entsprechend, wie im Kapitel Formherstellung mit bildsamen Formstoffen ausführlich beschrieben, wird der Kasten aufgestampft.

Einsatz der Gegenschablone (Bild 3)

Bei diesem Verfahren bestehen Oberteil und Herd aus tongebundenem Formstoff. Das Ausheben des Oberteiles aus der Aufstampfform ist deshalb, ohne Beschädigung, nur mit genügend großem Aushebekonus möglich. Zu diesem Zweck wird an der Oberteilschablone ein das Nennmaß vergrößernder Konus angebracht. Diese Festlegung bewirkt, daß der Ballen des Oberteiles um diesen Konus ebenfalls größer ist. Aufgrund der Bildsamkeit des Sandes kann nach dem Ausheben die Formschräge wieder abgekratzt werden.

Die hierzu verwendete Schablone bezeichnet man als **Gegenschablone.**

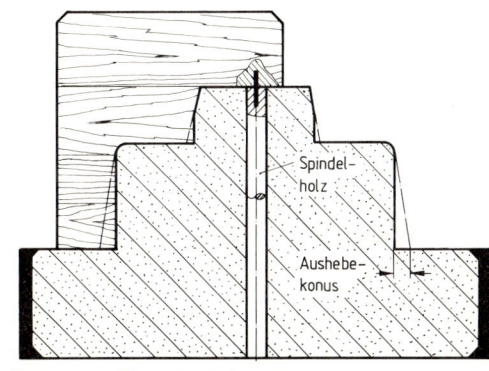

3 Konus vom Oberteil mit Gegenschablone abschablonieren

Im Gegensatz zu den bisher bekannten Schablonen, die zusammen mit der Spindel eingesetzt werden, wird die Gegenschablone außerhalb des Herdes auf das gewendete Kastenoberteil aufgesetzt. Die Gegenschablone hat dazu ihre eigene Drehachse in Form eines eingesetzten Stiftes. Dieser wiederum wird in ein Spindelholz mit Zentrierbohrung eingesetzt, das bei diesem Arbeitsgang in den Spindeldurchgang des Oberteilkastens gesteckt wird. Das Spindelholz muß dem Durchmesser der Spindel entsprechen und ca. 250 mm lang sein.

Schablonieren des Formunterteiles (Bild 4)

Durch Verwendung der Unterteilschablone wird aus der Aufstampfform das Formunterteil herausschabloniert.

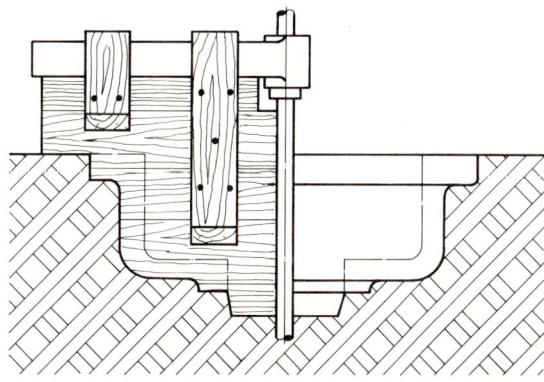

4 Schablonieren des Unterteiles

Fertigstellen der Form

Nach dem Schlichten der Herdform und des Oberteilkastens kann die Form zusammengesetzt und belastet werden.

Das Bild der fertigen Form entspricht bis auf den verwendeten Sand dem vorigen Beispiel für aushärtenden Sand.

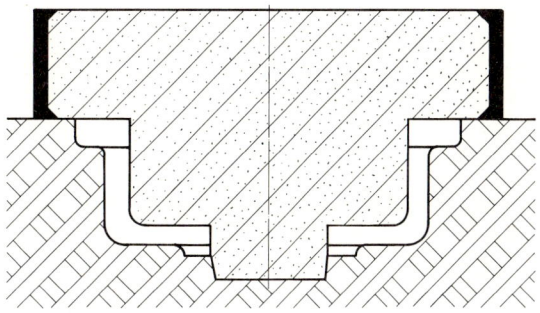

5 Fertige Form

Handformen — Formtechnik

Beispiel einer schwierigen Schablonenform aus Zementsand

Schablonieren des Unterteiles (Bild 1)

Im Herd wird zunächst die grobe Form H ausgehoben. Mit Zementsand wird dann durch die Schablone I die Form des Unterteils aufschabloniert. Bevor das Unterteil aushärtet, müssen noch die vier Rippen als Holz-Modellteil eingeformt werden. Ebenfalls vor der Aushärtung muß mit dem Schieber S eine Hinterschneidung in Form eines Flansches ausgekratzt werden. Das fertige Formunterteil kann nun geschlichtet werden.

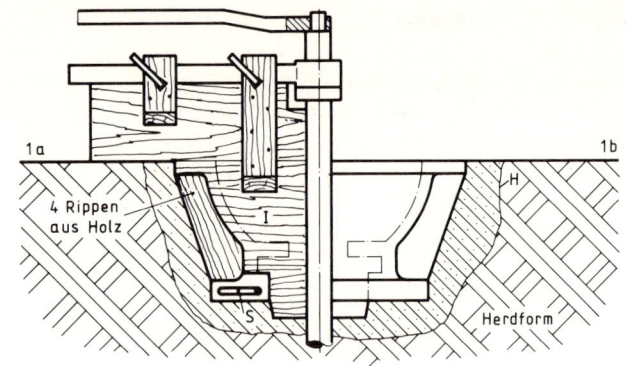

1 Schablonieren des Unterteiles

Herstellen des Kernes (Bild 2)

Der Kern K wird durch Schablonieren in der Herdform hergestellt. Hierzu wird zuerst mit der Schablone II eine Aufstampfform für den Kern schabloniert, indem man die Eisenstärke a aus Naßgußsand herstellt (Bild 2a). In die Aufstampfform wird nun der Zementsand eingefüllt und mit der Schablone III die obere Kontur des Kernes fertigschabloniert (Bild 2b). Nach dem Aushärten des Kernes wird seine Oberseite geschlichtet.

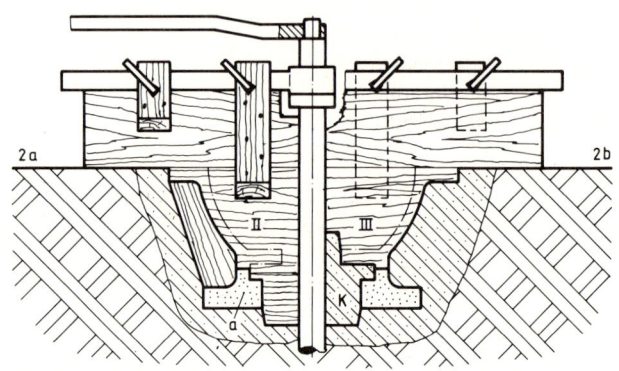

2 Herstellen des Kernes

Herstellen des Oberteiles (Bild 3)

Auch für das Oberteil muß zunächst eine Negativform, die sogenannte Aufstampfform, schabloniert werden. Die bereits teilweise von der Kernherstellung vorhandene Eisenstärke aus Naßgußsand wird mit der Schablone IV vervollständigt (Bild 3a). Ist der Kasten auf die Herdform aufgesetzt, kann das Oberteil gefüllt werden.

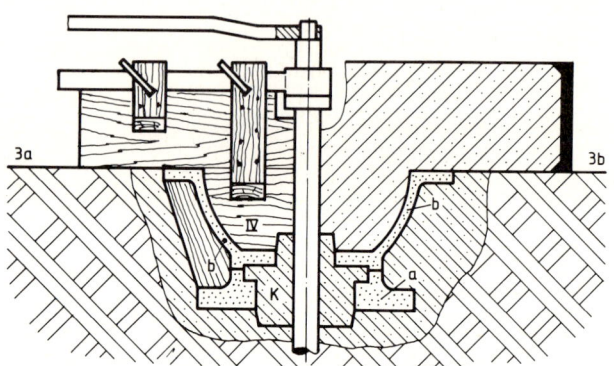

3 Herstellen des Oberteiles

Fertigstellen der Form (Bild 4)

Nach dem Aushärten des Oberteiles kann es abgehoben, gewendet und geschlichtet werden. Dann werden nacheinander die Eisenstärke b, der Kern K, die Eisenstärke a und die Rippen aus der Form ausgehoben. Die Eisenstärke a wird beim Ausheben wegen der Hinterschneidung zerstört. Als Vereinfachung wäre deshalb die Verwendung eines Schaumstoffflansches möglich gewesen. Ist der Kern fertiggeschlichtet, kann er eingelegt werden.

Nach dem Aufsetzen und Belasten des Oberteilkastens ist die Form gießfertig.

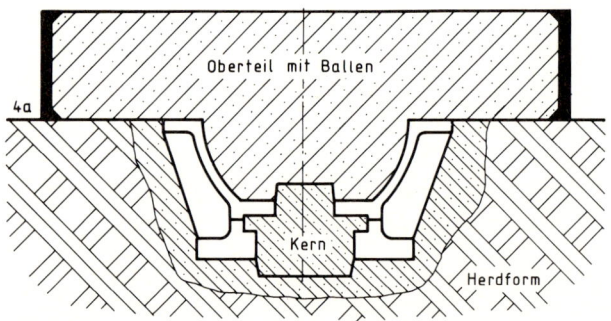

4 Fertige Form

Formtechnik — Handformen

Formen mit Ziehschablonen

Werkstücke mit gleichbleibendem Querschnitt können durch Ziehschablonen hergestellt werden. Die Führung des Schablonenbrettes wird von einem Rahmen übernommen. Das Schablonenbrett stellt einen Querschnitt und der Rahmen einen Längsschnitt durch die Form dar. Die Arbeitsweise ist von der Führung abgesehen die gleiche wie bei der Drehschablone. Mit dem Beispiel einer Krümmerherstellung soll dies erläutert werden („Rahmen" Bild 1).

Schablonieren des Unterteiles (Bild 2)

Aus der Herdform wird zunächst wieder ein genügend großer Hohlraum ausgehoben. In diesen werden die beiden Flanschhälften eingeformt und die Form des Unterteiles mit Schablone I aus aushärtendem Sand darafschabloniert. Die beiden Flanschhälften als Modellteile sind am Rahmen angeschraubt, so daß der Rahmen auf der Oberkante der Herdform aufliegt und an ihm die Flanschhälften in die Form hineinragen.

Schablonieren der Kernaufstampfform (Bild 3)

Wird an den Rahmen c die Eisenstärke a angeschraubt, so kann mit der Schablone II eine Aufstampfform für das Kernunterteil einschließlich des Kernmarkenbereiches schabloniert werden.

Fertigstellen des Kernes (Bild 4)

Die Fließfähigkeit des aushärtenden Sandes führt bei größerem Volumen und steilen Flächen zu Schwierigkeiten beim Schablonieren. Hier verwendet man deshalb einen Aufstampfkasten K zum Einfüllen des Sandes und schabloniert lediglich den oberen Bereich mit der Schablone III. Der Rahmen muß für diesen Arbeitsgang entfernt werden.

Schablonieren der Eisenstärke für OT (Bild 5)

Mit Schablone IV wird auf den Kern eine Eisenstärke schabloniert. Der Rahmen dient wieder als Führung.

Herstellen des Oberteiles (Bild 6)

Nach dem Entfernen des Rahmens können die Flanschoberteile auf die Unterteile und der Kasten auf den Herd gesetzt werden. Nachher kann der Kasten gefüllt werden.

Fertigstellen der Form (Bild 7)

Nach dem Abheben und Wenden des Oberteils können nacheinander die Flanschteile, die Eisenstärke und der Kern entformt werden. Mit Kern einlegen, Kasten aufsetzen und Form belasten ist der Vorgang der Formherstellung beendet.

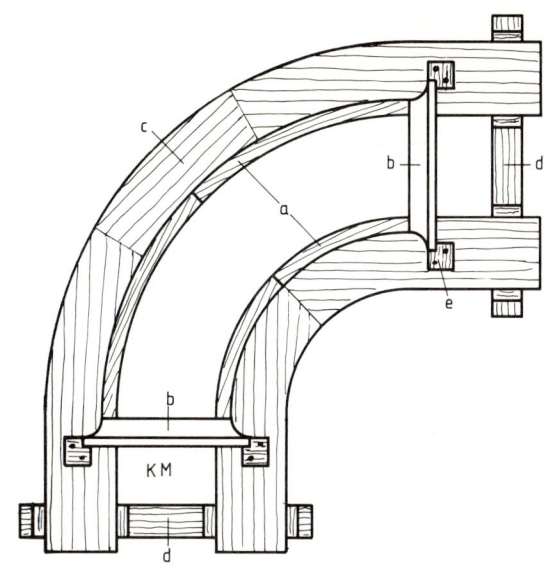

1 Rahmen als Führung der Ziehschablone

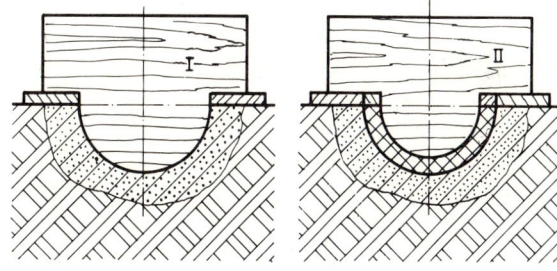

2 Unterteil 3 Kernaufstampfform

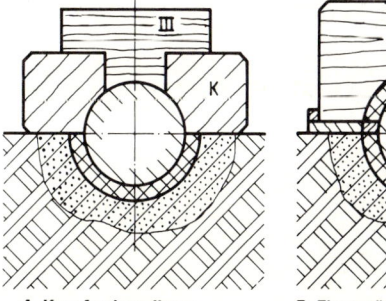

4 Kernfertigstellung 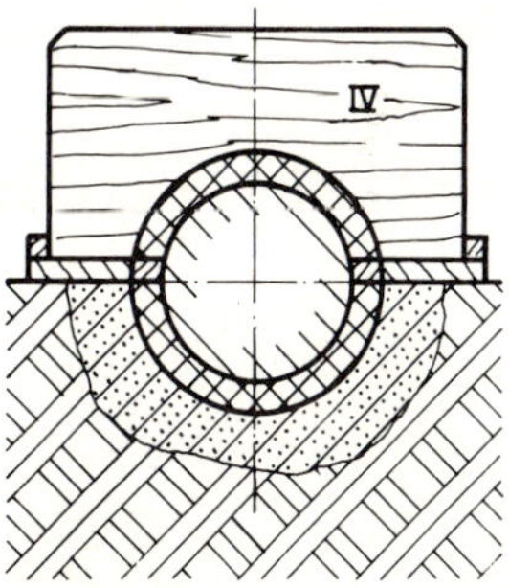 5 Eisenstärke

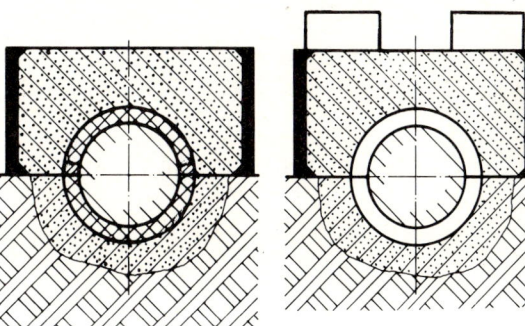

6 Oberteilkasten 7 Fertige Form

Handformen — Formtechnik

Formen mit Skelettmodellen

Beim Skelettmodell wird der sich verändernde Querschnitt in bestimmten Abständen als Modellteil ausgeführt. Zwischen den ausgeführten Querschnitten muß der Former die Verbindung durch Aufstampfen, Polieren und Kratzen herstellen. Teilweise kann er in diesen Konturen auch wieder mit Schablonen arbeiten. Die Bilder dieser Seite zeigen die wichtigsten Arbeitsschritte vom Kontrollaufbau des Skelettmodells in der Modellbauwerkstatt bis zum fertigen Gußteil. Durch Schablonieren mit zwei Spindeln und Verwendung eines Trennkernes kann das Gußteil zweiteilig hergestellt werden. Modelleinrichtungen für solche Gußteile werden heute aus PS-Schaumstoff hergestellt.

Wiederholungsfragen

1. Welche Gußstücke werden auch heute durch Handformverfahren hergestellt?
2. Für welche Formverfahren werden verdeckte Herdformen benützt?
3. Wie wirkt es sich in der Formtechnik aus, ob zur Erstellung einer Form fließfähiger oder bildsamer Formstoff verwendet wird?
4. Welche Arbeitsfolge ist zur Herstellung einer zweiteiligen Kastenform notwendig?
5. Beschreiben Sie die wichtigsten Teile einer Schabloniereinrichtung.

1 Skelettmodell zur Kontrolle aufgebaut

2 Skelettmodell im Herd aufgebaut

3 Fertig geformtes Unterteil

4 Oberteil zum Aufstampfen vorbereitet

5 Oberteil-Innenkontur vor Aufsetzen des fertigen Oberteilkastens

6 Nach den Bildern 1 bis 4 hergestelltes zweiteiliges Gußteil

2.2 Maschinenformverfahren

Vorteile

Maschinenformverfahren werden in den Gießereien vorwiegend für kleine und mittelgroße Gußstücke eingesetzt. Nur mit Formmaschinen bzw. Formanlagen ist es möglich, Gußteile in großen Stückzahlen mit gleichbleibend guter Qualität herzustellen.

Einige Vorteile gegenüber dem Handformen sollen hier aufgezeigt werden:

— Verringerung der Stückzeit je Gußstück durch Wegfall zeitraubender Handarbeit. Verbilligung des Stückpreises
— Übernahme schwerer Körperarbeit (Stampfen, Heben, Wenden usw.) durch die Maschine
— Ausführung von Formarbeit trotz fehlender Facharbeiter
— höhere und gleichmäßigere Sandverdichtung bringt ein Optimum an Festigkeit bei noch guter Gasdurchlässigkeit
— größere Maßgenauigkeit durch Wegfall des Losklopfens von Hand
— bessere Oberfläche durch Wegfall von Flickarbeit. Letztere ist meist eine Folge des Modellaushebens von Hand
— durch größere Maßgenauigkeit und bessere Oberfläche Austauschbarkeit von Massenteilen und Bearbeitung durch Automaten und Transferstraßen. Durch gleichmäßige Spann- und Auflageflächen wird Ausschuß vermieden
— durch geringere Bearbeitungszugaben verringerte Bearbeitungskosten

1 Formautomat

Voraussetzungen

Damit alle vorher erwähnten Vorteile ausgenützt werden können, müssen gewisse Voraussetzungen erbracht werden. Die wichtigste ist, daß die Modelle mit den dazugehörigen Anschnitten, Läufen und teilweise mit Eingußtrichter und Speiser auf einer Modellplatte befestigt werden. Die Modelle und das Eingußsystem können auch aus Metall (Gußeisen, Stahl, Bronze usw.) oder in Kunststoffen gefertigt sein. Solche Modelleinrichtungen sind erheblich teurer als Holzmodelle für die Handformerei, auch sind die Kosten der Maschinenanlagen sehr hoch. Von einer bestimmten Stückzahl an ist jedoch die Herstellung von Gußstücken an solchen Formmaschinen trotzdem billiger als die von Hand, da die Stückzeiten an der Maschine kürzer sind.

Von der **Arbeitsweise der Formmaschine** hängen ab:

— die Ausführung der Modelleinrichtungen und
— zum Teil die Wahl der Werkstoffe

2 Durchlauf-Formmaschine. Preßkraft 2500 kN mit Vielstempelausgleichpreßhaupt

Maschinenformverfahren — Formtechnik

2.2.1 Verdichten bei tongebundenen Formstoffen

Ein wesentlicher Teil der Formen sind tongebundene Formen, sogenannte Grünsandformen, die ihre Festigkeit durch Verdichten erhalten.

Verdichten durch Pressen

Die älteste Art des maschinellen Verdichtens ist das Pressen. Es kommt vorwiegend in Kombination mit einem weiteren Verfahren zur Anwendung. Bei ausschließlicher Verdichtung durch Pressen ist die Anwendung auf vorwiegend flache Formen beschränkt. Vorteilhaft ist jedoch bei den Preßformmaschinen allgemein, daß diese geräuscharm und modellschonend sind.
Folgende Bauarten sind im Einsatz:

Pressen mit Preßhaupt

Bei der herkömmlichen Preßformmaschine, die nach Bild 1 arbeitet, wird durch ein Preßhaupt der Formstoff von oben her verdichtet.

Von Nachteil ist dabei, daß die Verdichtung vom Preßhaupt zum Modell hin abnimmt. Bei der Kombination von Rütteln und Pressen wird nach Bild 1 beim Vorrütteln ein Füllrahmen verwendet und anschließend die Höhe des Füllrahmens durch Rütteln und Pressen verdichtet. An Stelle des Rüttelns werden zunehmend modernere Verdichtungsarten mit dem Pressen kombiniert.

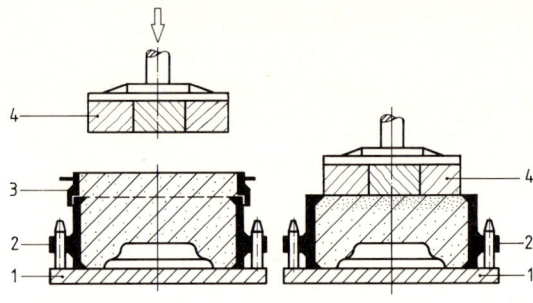

1 Sandverdichten durch Pressen von oben
1 Modellplatte   3 Füllrahmen
2 Formkasten   4 Preßhaupt

Pressen des Modells in den Formstoff

Die Form weist nur dann die höchste Verdichtung entlang der Modellkontur auf, wenn das Modell in den Formstoff gedrückt wird. Wenn das Modell auf einem Träger befestigt ist, der wie in Bild 2 das Modell in den Formraum einpreßt, dann ist die höchste Verdichtung an der Modellseite. Auch hierbei hat es die gleiche Wirkung, ob sich, wie in Bild 2, der Rahmen über den Modellträger schiebt oder der Modellträger in den Rahmen. Dieses System wird z.B. an automatischen Formanlagen mit dem Vakuumschießen kombiniert.

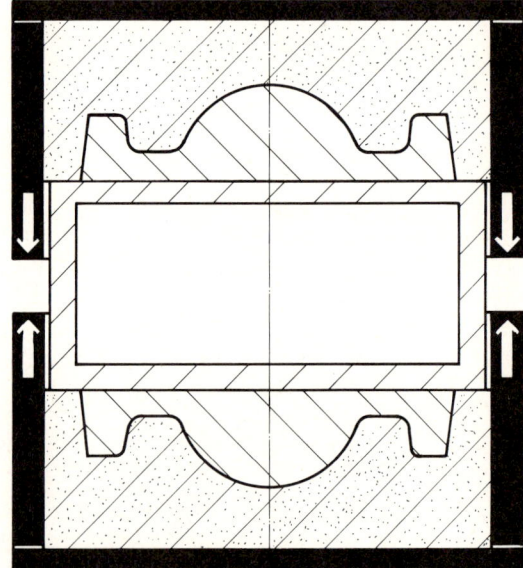

2 Sandverdichtung durch Pressen des Modells in den Formsand

Pressen mit Vielstempelpresse

Bei der Vielstempelpresse ist das Preßhaupt in viele kleine Stempel unterteilt. Jeder dieser einzelnen Stempel preßt die unter ihm liegende Sandsäule auf die annähernd gleiche Dichte zusammen. Dies ist möglich, weil die Stempel einen unterschiedlich langen Hub ausführen, der endet, wenn die optimale Sandverdichtung erreicht ist.

Der einstellbare Formen-Preßdruck beträgt bei den inneren Stempeln 8 bis 16 bar und bei den außenliegenden Stempeln 12 bis 24 bar.

Dieses System ermöglicht bei großen Formen mit unterschiedlichen Querschnitten eine gleichmäßige Verdichtung.

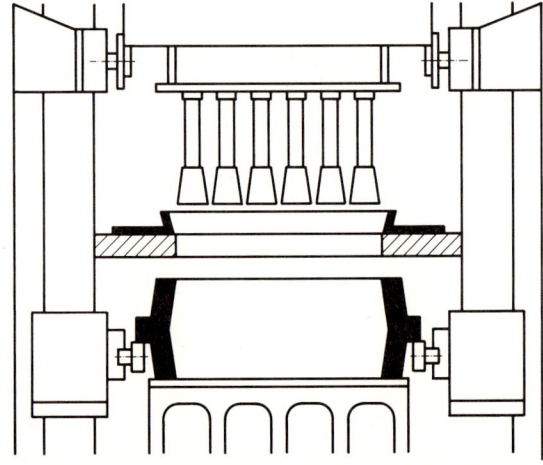

3 Hochdruckpressen mit Vielstempelpresse

Formtechnik — Maschinenformverfahren

Verdichten durch Luft, Gas und Vakuum

Um das geräuschvolle Rütteln durch geräuschärmere Verfahren zu ersetzen, wurden solche entwickelt, die mit Druckluft, Unterdruck oder Verbrennungsdruck den Formsand verdichten. Die folgenden gemeinsamen Vorteile sind bei den einzelnen Verfahren mehr oder weniger stark ausgeprägt.

Gemeinsame Vorteile:
- die höchste Verdichtung entsteht an der Modellkontur
- gute Gasdurchlässigkeit durch die von der Modellkontur nach außen hin abnehmende Verdichtung
- hohe Maßgenauigkeit
- kurze Verdichtungszeiten
- geräuscharme Formherstellung

F = Formkammer
S = Sandzylinder

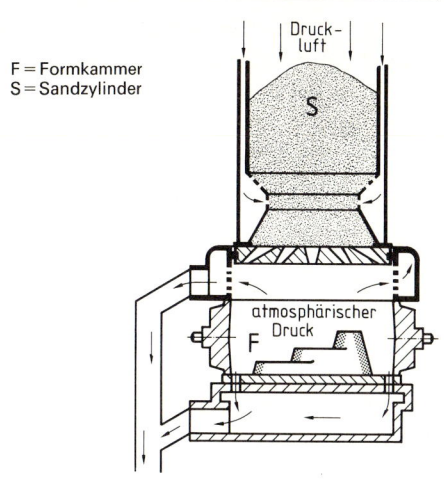

1 Verdichten durch Schießen

Verdichten durch Schießen

Dieses Verfahren wurde von der Kernherstellung übernommen. Beim Schießen wird durch Öffnen eines Ventils der Formsand schlagartig mit Druckluft beaufschlagt und als kompakte Sandsäule vom Sandzylinder in die Formkammer geschossen. Im Kapitel Kernschießen ist der Vorgang ausführlich beschrieben.

Verdichten durch Vakuum

Auch beim Verdichten durch Vakuum wird der Formstoff als kompakte Sandsäule vom Sandzylinder in die Formkammer geschossen. Beim Schießen befindet sich in der Formkammer atmosphärischer Druck und an der Oberseite der Sandsäule ein Überdruck bis 8 bar. Beim Verdichten durch Vakuum befindet sich dagegen in der Formkammer ein Unterdruck von mehreren Zehntel bar und an der Oberseite der Sandsäule der atmosphärische Druck. Durch den vielfachen Druck an der Oberseite der Sandsäule ist bei beiden Verfahren die Wirkungsweise ähnlich. Beim Verdichten durch Vakuum wird deshalb auch von „Vakuumschießen" gesprochen.

gemeinsame Merkmale des Verdichtens durch Schießen und Vakuum
- Einbringen und Verdichten erfolgt in einem Arbeitsgang
- die erforderliche Formverdichtung erfordert zusätzliches Verdichten durch Pressen
- die Luft der Formkammer muß durch Schlitzdüsen abgeführt werden
- beide Verfahren werden mit einer zweiten Verdichtungsart, dem Pressen, kombiniert, um die erforderliche Formverdichtung zu erhalten.

Vorteile des Verdichtens mit Vakuum

Beim Schießen ist es möglich, daß an bestimmten Modellkonturen die Luft vom Formsand eingeschlossen wird und nicht schnell genug entweichen kann. Dadurch wird der Sand daran gehindert, sich homogen an das Modell anzulegen und nach dem Verdichten die modellgetreuen Konturen beizubehalten („spring-back-Effekt"). Durch Vakuum wird das vermieden. Bei der Kombination von Vakuum mit Pressen wird durch die Aufrechterhaltung des Vakuums während des Preßvorganges die Fließfähigkeit des Formsandes erhöht und damit größere Verdichtung und Konturenschärfe erreicht. Bild 2 zeigt eine Kombination von Vakuumverdichtung mit modellseitiger Pressung.

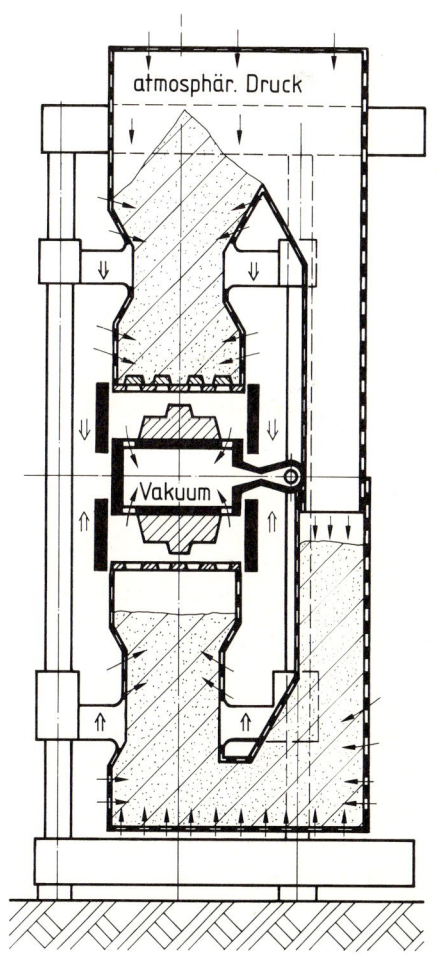

2 Verdichten durch Vakuum, kombiniert mit modellseitiger Pressung. Anwendung bei mittelgroßen, kastenlosen Formen an automatischen Formanlagen

Maschinenformverfahren

Formtechnik

Verdichten durch Vakuum und Vielstempelpresse

Das erste Verfahren, bei dem das Verdichten durch Vakuum mit einer Art des Pressens kombiniert wurde, ist das auf dieser Seite beschriebene Vakuum-Vielstempel-Preßformverfahren.

Wirkungsweise

Durch das Vakuum wird der Formstoff in den Formraum eingesaugt und gleichzeitig durch Druckunterschied zwischen dem Unterdruck und dem atmosphärischen Druck vorverdichtet.

Die endgültige Verdichtung wird durch Vielstempelpressen erzielt.

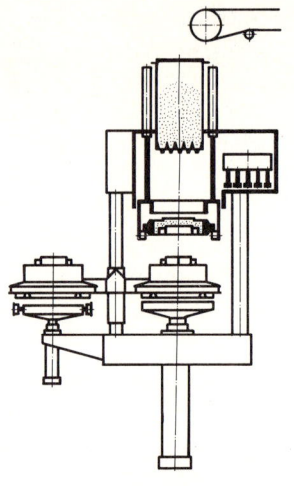

1 Maschine in Grundstellung
Dosierbehälter gefüllt und geschlossen.
Fertige Form ausschieben

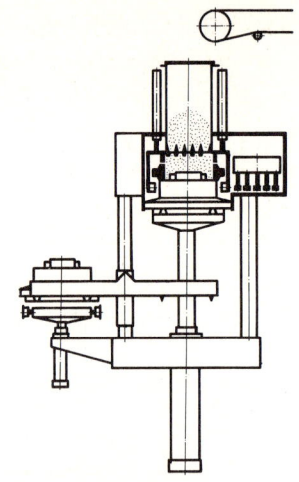

2 Maschine in Füllstellung
Formraum unter Vakuum
Dosierschieber geöffnet.
Formkasten und Füllrahmen füllen

Anwendung

Durch die Kombination werden die bei Vakuumformen und Vielstempelpressen beschriebenen Vorteile miteinander kombiniert. Mittels Vakuum wird vor allem die Modellseite am besten verdichtet, während die Vielstempelpresse unterschiedlich hohe Konturen, gleichmäßig verdichtet. Deshalb ist diese Kombination besonders geeignet für die Herstellung von hohen Teilen mit hohem Schwierigkeitsgrad.

Alternative

Für die beschriebene Maschine mit Vakuumverdichtung stehen noch zwei Alternativen der Kombination zur Auswahl.

Für Formen mit ebenfalls hohen Teilen, jedoch mit nur mittlerer Schwierigkeit kann die Kombination anstelle mit einem Vielstempelpreßhaupt mit einer wasserhinterfüllten Membrane erfolgen. Diese paßt sich ähnlich der Vielstempelpresse an die Kontur an und erzeugt Sandsäulen mit annähernd gleicher Verdichtung.

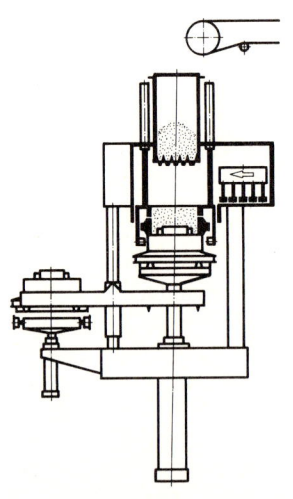

3 Formkasten und Füllrahmen gefüllt und abgesenkt zum Einfahren des Vielstempelpreßhauptes.
Dosierschieber geschlossen

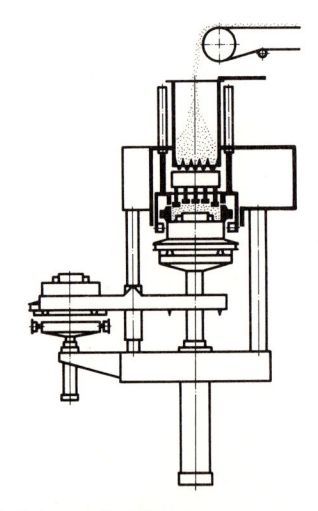

4 Vielstempelpreßhaupt (Wasserkissen) eingefahren
Maschine in Preßstellung.
Dosierbehälter geöffnet und füllen

Formtechnik   **Maschinenformverfahren**

Verdichten durch Impuls

Eine neue Verdichtungsart ist das Verdichten durch Impuls. Der Impuls ($\vec{p} = m \cdot \vec{v}$) wird bewirkt durch eine schlagartige Druckwelle, die zunächst die oberste Schicht des aufgeschütteten Sandes beschleunigt. Wie bei einem Stoß pflanzt sich der Impuls nun von einer Sandschicht zur nächsten fort, bis er am Modell jäh abgebremst wird und der Sand dort seine höchste Verdichtung erhält.

Beim **Gasdruckformverfahren** (Bild 1) wird die Druckwelle durch Zünden eines brennbaren Gas-Luft-Gemisches (Erdgas, Methan, Propan) erzeugt.

Beim **Luftimpulsformverfahren** (Bild 2) wird die Druckwelle durch schlagartiges Öffnen des Ventils eines Druckbehälters erzeugt. Beide Impulsverfahren erzielen die notwendige Verdichtung ohne weiteres Pressen! Beim Luftimpulsformverfahren unterscheidet sich die Ventilbauweise der einzelnen Herstellern: Bild 2 zeigt die Bauweise mit einem massiven Tellerventil im Unterschied zu der Bauweise mit Schlitzventil von Bild 3 bis 6.

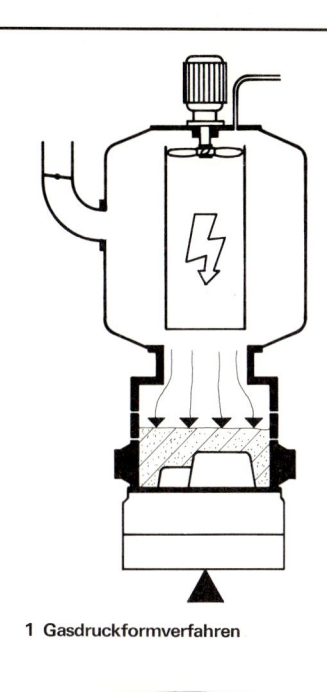

Arbeitsablauf beim Luftimpulsverfahren der Bauart Bild 3 bis 6

— Die Formkammer wird mit losem Formsand gefüllt (Bild 3).

— Die Formkammer mit der Modellplatte wird an das **Luftimpulsaggregat** angehoben (Bild 4). Durch die versetzte Anordnung der jeweiligen Schlitze in Ventilteller und Ventilboden ist das Ventil geschlossen.

— Die Ventilzuhaltung wird gelöst. Das Ventil öffnet sich durch den Behälterdruck schlagartig über der gesamten Kastenfläche. Die expandierende Luft erzeugt eine Druckwelle, die praktisch überall senkrecht auf den Formrücken auftrifft. Die Druckwelle beschleunigt den Formsand. Durch Aufschlagverzögerung des Sandes wird die Bewegungsenergie in Verdichtungsarbeit umgesetzt.
Die Form ist fertig verdichtet.

— Nach Beendigung des Verdichtungsvorganges schließt sich das Ventil wieder. Die Formkammer wird entspannt, das Modell ausgesenkt, die Form weiter transportiert. Für den nächsten Luftimpuls muß nur die Differenz von Ausgleichsdruck und Behälterdruck wieder aufgebaut werden.

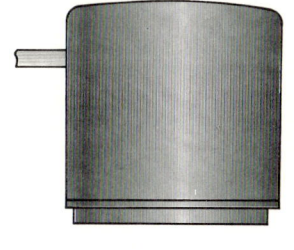

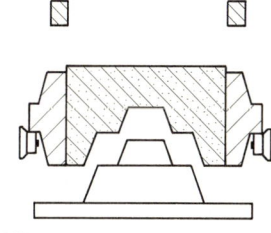

1 Gasdruckformverfahren

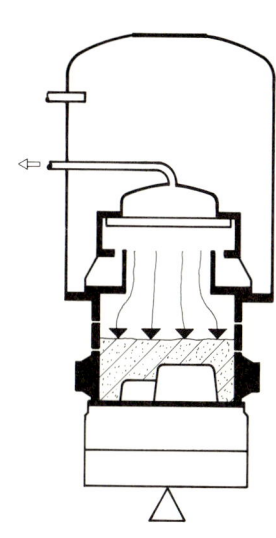

2 Luftimpulsformverfahren

3 Füllen

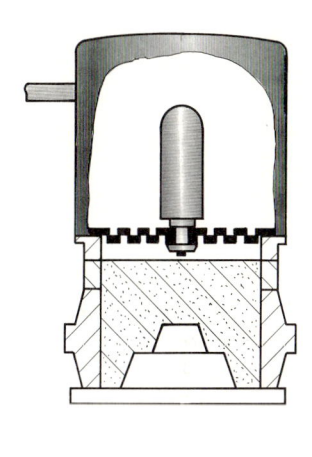

4 Aggregat anfahren

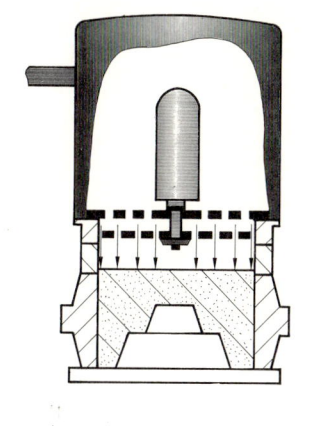

5 Verdichten durch Luftimpuls

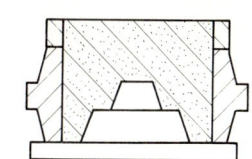

6 Entformen

Maschinenformverfahren   Formtechnik

Luftstrom-Preß-Formverfahren

Merkmale des Verfahrens
- Der Formstoff wird wie beim Inpulsverdichten vor dem Verdichten in den Formkasten geschüttet.
- Beim ersten Verdichtungsteil, dem Verdichten mit Luftstrom, durchströmt Druckluft den Formsand und verdichtet dabei zunehmend zur Modellkontur. Ähnlich wie beim Schießen wird die Luft durch Schlitzdüsen abgeführt.
- Ihre endgültige Festigkeit erhält die Form durch Nachpressen mit ebener Preßplatte oder Vielstempelpresse.

Vorteile des Verfahrens
- Es können Ballen bis zu einem Verhältnis von Ballenhöhe:Ballendurchmesser = 2:1 ausgeformt werden. Das bedeutet, daß Kerne und damit Kosten eingespart werden können.
- Die Formschräge kann auf 0,5° und weniger verringert werden.
- Die erreichte Formhärte ist kaum abhängig von den Sandquerschnitten, so daß auch sehr enge Stege noch mit ausreichender Festigkeit ausgeformt werden können.
- Auch an senkrechten Flächen wird noch eine hohe und gleichmäßige Verdichtung erreicht.

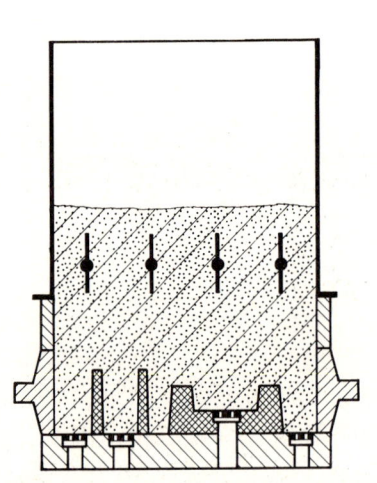

1 Sand einfüllen

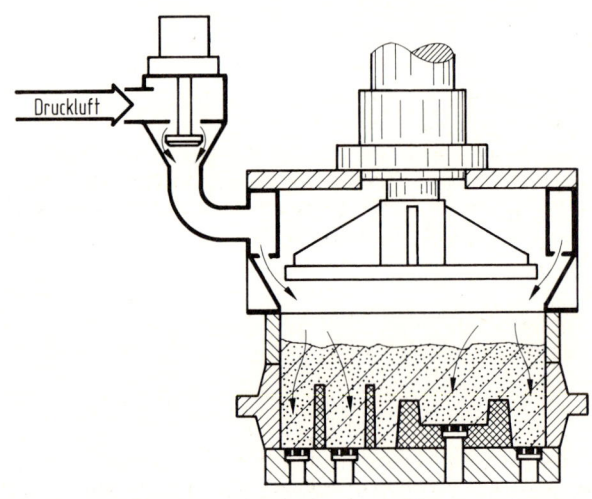

2 Verdichten durch Luftstrom

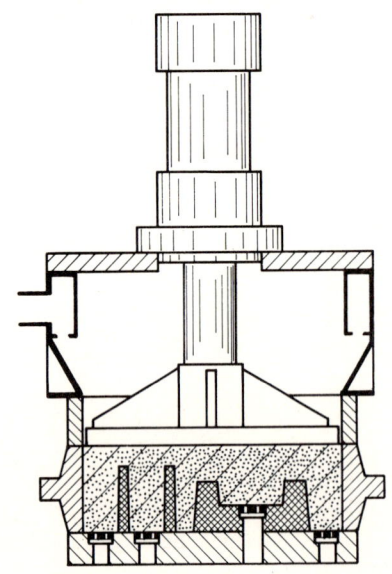

3 Verdichten durch Pressen

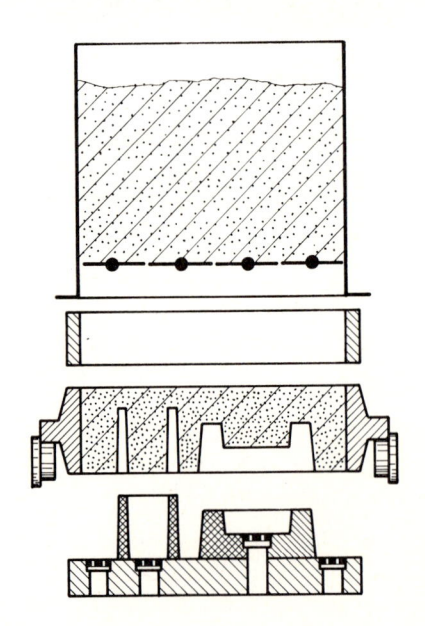

4 Trennen

Formtechnik   **Maschinenformverfahren**

Verdichten durch Rütteln

Auch Rüttelmaschinen besitzen den Vorteil, daß sie modellseitig die Form am stärksten verdichten. Wegen des starken Lärmes und der Beanspruchung von Maschine und Modell entsprechen diese Maschinen jedoch nicht mehr den heutigen Anforderungen, und es wurden die auf den vorangegangenen Seiten beschriebenen Maschinen entwickelt. Da die Rüttelmaschinen bereits seit 1907 gebaut wurden, gehören sie noch einige Zeit zum Inventar der Gießereien. Der Verdichtungsmechanismus arbeitet vereinfacht wie folgt:

- Durch Einleiten der Druckluft wird der Rütteltisch (3) mitsamt Modellplatte (1) und Formkasten (2) nach oben gedrückt, während der Amboß (4) gegen den Federdruck in das Gehäuse (5) gedrückt wird (Bild 1 rechts).

- Nach Entweichen der Druckluft fällt der Rütteltisch mit Modellplatte und Formkasten durch ihr Eigengewicht nach unten, während der Federdruck den Amboß nach oben schleudert. Der Zusammenprall von Rütteltisch und Amboß ergibt den zur Verdichtung notwendigen Stoß (Bild 1 links). Pro Minute führt ein Rüttler ca. 400 bis 450 Schläge aus.

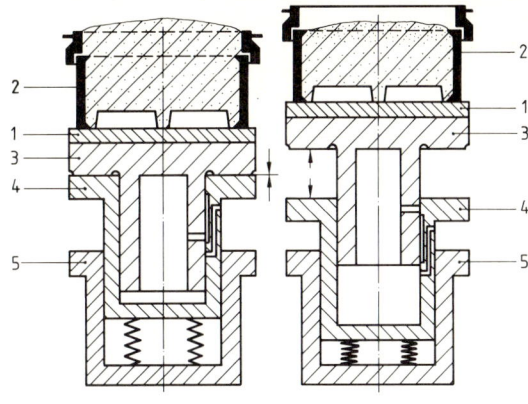

1 Verdichten durch Rütteln
1 Modellplatte
2 Formkasten
3 Rütteltisch
4 Amboß
5 Gehäuse

Verdichten durch Schleudern (Slingern)

In den Formereien sind noch zahlreiche Formmaschinen im Einsatz, die verdichten, indem das Rütteln mit Pressen kombiniert wird. Durch die maximale Verdichtung an der Modellseite beim Rütteln und am Preßhaupt beim Pressen ergibt die Kombination eine sehr gute Gesamtverdichtung. Nachteilig bleiben Lärm und Beanspruchung. Bild 2 zeigt eine solche Rüttelpreßformmaschine. Auf Seite 46 sind die Arbeitsgänge ausführlich beschrieben.

2 Rüttel-Preß-Abhebe-Formmaschine

Verdichten durch Schleudern (Slingern)

Bei diesem Verfahren wird durch ein mit ca. 1500 U/min umlaufendes Flügelrad Sand vom zulaufenden Förderband erfaßt und in die Form geschleudert. Die auftreffenden Sandbällchen verdichten durch den Aufschlag und ergeben besonders am Modell aber auch über die Gesamtform eine gute Verdichtung. Lediglich unter Schoren und vorstehenden Modellkonturen muß nachgestampft werden.

Das Flügelrad sitzt am Ende eines Schwenkarmes und wird von einem mitfahrenden Steuermann oder von Hand gelenkt. Nachteilig ist die notwendige hohe Schleuderzeit, da der Formkasten schichtweise geschleudert werden muß. Vorteilhaft ist die Möglichkeit auch Formkästen mit sehr großer Abmessung zu verdichten.

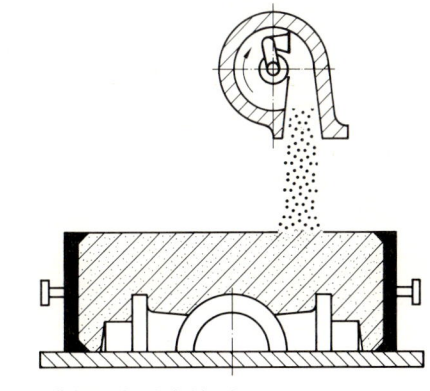

3 Sandverdichten durch Schleudern

Formtechnik — **Maschinenformverfahren**

2.2.2 Verfahren mit aushärtenden Formstoffen

Bei den Verfahren mit aushärtenden Formstoffen wird die Festigkeit im wesentlichen durch das Aushärten eines Kunstharzbinders erreicht. Das Schema in Bild 1 zeigt, bei welchen Verfahren zusätzlich zum Härter noch mit Hitze oder Katalysator gearbeitet wird. Für das Maschinenformen kommen das Croning- und das Kaltharzverfahren, für das Kernformverfahren Croning-, Hot-Box- und Cold-Boxverfahren zur Anwendung.

Verfahren mit kalt aushärtenden Formstoffen

Die Binder für diese Formstoffe sind vorwiegend Furan- oder Phenolharze, die mit stark reagierenden Härtern wie Phosphor- oder Toluolsulfonsäure aushärten. Da zur Reaktion keine weitere Wärme zugeführt werden muß, heißen die Verfahren auch kurz **Kaltharzverfahren** oder No-Bake-Verfahren.

Ihr wesentliches Merkmal ist das Aushärten, d. h., daß nur noch unwesentlich verdichtet werden muß. Die Formen werden meist wie in Bild 2 direkt mit einem Durchlauf-Wirbelmischer gefüllt. Bei dem im Bild dargestellten Mischer gelangt der Sand vom Bunker zur hinteren Mischschnecke und über eine Kugeldrehverbindung in das Mischergehäuse, in dem Werkzeuge mit hoher Drehzahl umlaufen. Harz und Härter werden mit Verdrängerpumpen in den Sand eingespritzt. In Bild 3 ist die Kaltharzanlage bereits so erweitert, daß die Arbeitsgänge Füllen, Aushärten, Wenden usw. in einen Kreislauf einbezogen sind. Die wesentlichen Teile der Anlage sind deshalb Füllstation mit Vibrator, Aushärtestrecke und Karussellwender.

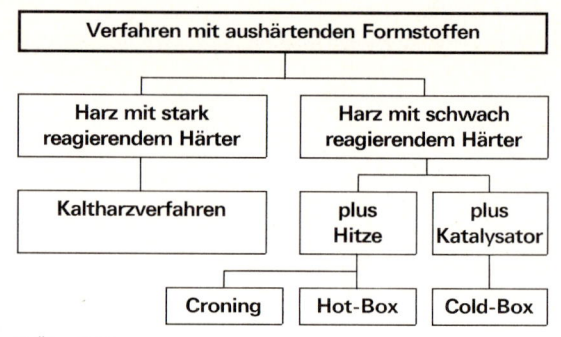

1 Übersicht

2 Durchlauf-Wirbelmischer für Kaltharzverfahren

3 Kaltharzanlage für kastenlose Form

Formtechnik — Maschinenformverfahren

Verfahren mit heißaushärtenden Formstoffen

Maskenformverfahren (Croningverfahren)

Das Maskenformverfahren wurde 1944 von Johannes Croning in Hamburg zum Patent angemeldet. Es ist heute in zahlreichen Gießereien ein wichtiges Verfahren zur Herstellung von Formen. Eine größere Bedeutung als Maskenformen haben jedoch Maskenkerne, die nach dem gleichen Prinzip hergestellt werden.

Formstoff

Trockener, rieselfähiger Quarzsand wird mit Phenolharz, Härter und Calciumstearat beschichtet, so daß jedes Sandkorn mit einer sehr dünnen Schicht umhüllt ist. Dabei wirkt das Calciumstearat als Gleit- und Trennmittel.

1 Füllen mit rieselfähigem Croningsand

Arbeitsablauf

Beschütten

Der trocken umhüllte Formsand wird auf eine Modellplatte (Bild 1), bzw. in einen Kernkasten, der eine Temperatur von 250 bis 350 °C hat, beschüttet bzw. mit Preßluft aufgebracht. Durch die Hitze erweicht das Kunstharz, dessen Schmelztemperatur zwischen 90 und 115 °C liegt, und bindet den Quarzsand in einer Schicht, deren Dicke von der Hitzeeinwirkung abhängig ist.

Abkippen

Nach beendeter Beschüttzeit (ca. 10 bis 70 s bei einmaligem Beschütten, jeweils 35 bis 60 s bei zweimaligem Beschütten) wird der vorhandene Überschuß an Formstoff in das Vorratsgefäß zurückgeschüttet (Bild 2). Dabei fällt nur der Formstoff zurück, der nicht durch die Hitze der heißen Modellplatte zusammengeschmolzen wurde.

2 Abkippen des nicht zur Schale geschmolzenen Formstoffes

Aushärten

Die Masken werden 35 bis 55 s ausgehärtet. Sie sind nun zwischen 8 bis 22 mm dick, je nach Beschüttzeit und Harzart. Sie werden dann auf der Modellplatte in einem Drehofen oder durch Absenken einer Heizhaube auf die Maske, im allgemeinen bei einer Ofentemperatur zwischen 500 und 600 °C, ausgehärtet (Bild 3).

Ausstoßen

Anschließend wird die Maske mit der Abdrückplatte, auf der die Auswerfer montiert sind, von der Modellplatte abgedrückt und von den Auswerferstiften liegend abgehoben.

3 Aushärten unter Gas-Infrarotstrahler

Maschinenformverfahren — Formtechnik

Formsysteme

Werden symmetrische Gußteile für stehenden Guß geplant, so kann mit einer Modellplatte nach Bild 3 zweimal die gleiche Maskenformhälfte geformt werden. Bei liegendem Guß nach Bild 2 kann mit nur einer Abformung Oberteil- und Unterteilmaske hergestellt werden, wenn diese beiden Hälften nach dem Formen und Abheben auseinandergebrochen werden.

Kleben

Eine Maskenhälfte wird nun mit der Teilung nach oben auf einen Rahmen gelegt, ausgeblasen und — wenn notwendig — werden Kerne eingelegt. Die untere Maskenhälfte wird mit einem Heißkleber von Hand oder automatisch benetzt. Dann wird die zweite auf die erste Maskenhälfte gelegt, wobei die Masken gegeneinander durch Zentrierung in ihrer Lage gehalten werden, um Modellversatz auszuschließen. Es gibt aber auch Klebepressen mit ausfahrbaren Unterteilen, auf denen die Untermaske anstelle eines Rahmens direkt auf die Stempel des Pressenunterteils gelegt wird und die oben genannten Operationen direkt auf dem Unterteil der Klebepresse vorgenommen werden (Bild 1).

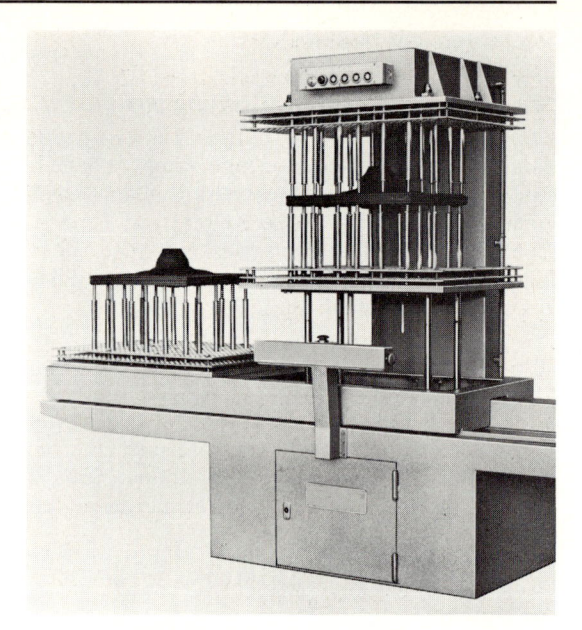

1 Kleben der Maskenhälften in der Klebepresse

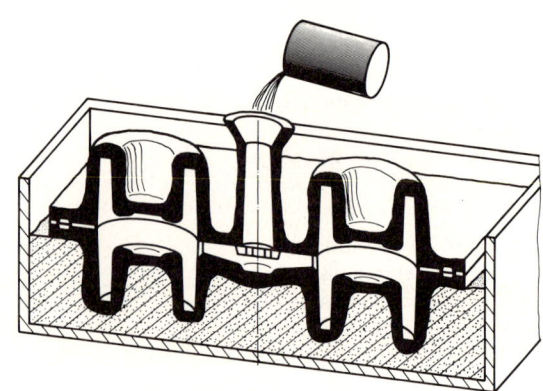

Gießen

Die fertig geklebten Maskenformen werden je nach Formsystem, liegend (Bild 2) oder stehend, in ein Sandbett gestellt. Damit sind sie zum Abguß bereit.

Werkstoffe für Plattenmodelle und Kernkästen

Beanspruchung durch Temperaturen bis 350 °C stellen folgende Anforderungen:
- Werkstoffe mit geringen Ausdehnungskoeffizienten
- sehr gute Wärmeleiter
- Schweiß- und Schraubverbindungen nur mit Werkstoffen gleicher Wärmedehnung
- Weichlötverbindungen sind unbrauchbar

Niedriglegierter Grauguß (mit Nickel) hat sich als Modellwerkstoff ebenso bewährt wie Sphäroguß. Durch die Verwendung von Siliconöl zum Trennen ist ein guter Korrosionsschutz gegeben. Nur, wenn die Modellplatte länger nicht in Betrieb ist, wird zum Schutz eine Kunststoffschicht aufgespritzt. Zur Reinigung wird sie nach ca. 1500 bis 2000 Abformungen mit Glaskugeln abgestrahlt.

2 Maskenform liegend gegossen

Trennmittel

Die formgebenden Oberflächen der Modelleinrichtung werden vor Beginn des Formens mit Siliconöl und nach etwa jeder zehnten Abformung mit Siliconöl-Wasser-Emulsion eingesprüht. Dies kann automatisch oder von Hand erfolgen.

3 Modellplatte für System mit stehendem Guß

Formtechnik   **Maschinenformverfahren**

Anwendung des Verfahrens

Die Anwendung des Verfahrens ist bei allen Gießmetallen mit Ausnahme von Blei und Zinn möglich.

Es ist wirtschaftlich bei mittleren bis großen Serien. Bei Eisenguß werden vorwiegend Gußgewichte zwischen 0,5 bis 150 kg angewandt.

Maskenformmaschinen können als Ein-Stationen-Maschinen, wie auf dieser und der folgenden Seite durch Foto mit zugehörigem Arbeitsprinzip gezeigt, aufgebaut sein. Mit dieser Arbeitsweise lassen sich in 8 Stunden ca. 200 bis 280 Masken herstellen. Die ersten drei Bilder des Kapitels Maskenformverfahren zeigen dagegen Ausschnitte beim Formen einer Drehtischmaschine mit vier Stationen. Mit dieser lassen sich in 8 Stunden 800 bis 1000 Masken herstellen.

Vorteile des Verfahrens

- geringe Investitionen im Verhältnis zum Sandguß
- hohe Produktivität bei geringem Platzbedarf
- hohe Gasdurchlässigkeit
- freiere Schwindung ergibt spannungsärmere Gußteile
- geringere Putzkosten der Gußteile
- gcringere Lohnkosten
- hohe Maßgenauigkeit durch Aushärten auf der heißen Modellplatte.
  Die Maßgenauigkeit ist abhängig von Gewicht, Größe und Wanddicke der Werkstücke sowie vom Gußwerkstoff. Allgemein sind Toleranzen zu erreichen, die in der Größenordnung der ISO-Toleranzreihe 14 und teilweise 15 nach DIN 7151 liegen.
- geringere Bearbeitungszugabe (0,75 bis 2,0 mm)
- geringe Rauhtiefe.
  In der Praxis werden Rauhtiefen von Ra 8 bis 12 µ erreicht. Die Rauhtiefe ist abhängig von Gußgewicht, Gießmetall, Gestalt und Wanddicke
- kein versetzter Guß
- Lagermöglichkeit der Formmasken.
  Diese können unabhängig von der Schmelzkapazität hergestellt, gelagert und dann abgegossen werden

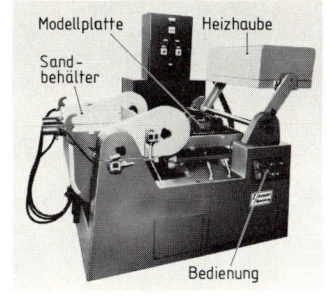

1 Maskenformmaschine
Funktionen siehe Bild 2 bis 8

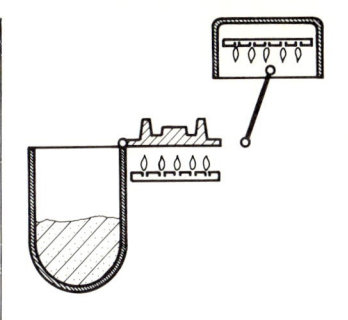

2 Ausgangsstellung

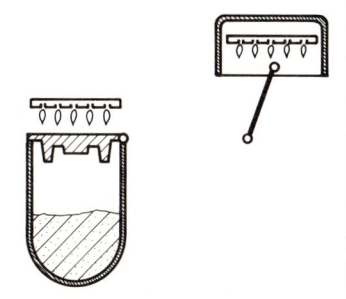

3 Beheizte Modellplatte wird auf Formstoffbehälter gekippt

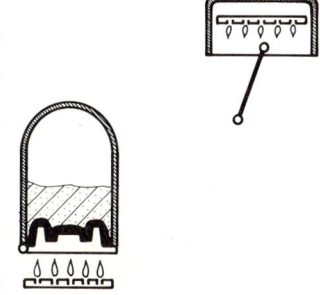

4 Beschütten durch Drehen des Formstoffbehälters

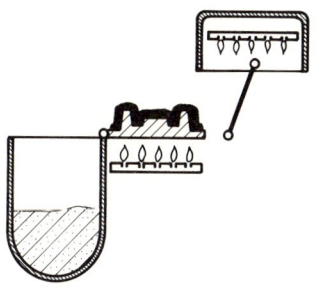

5 Zurückschwenken mit noch nicht ausgehärteter Maske

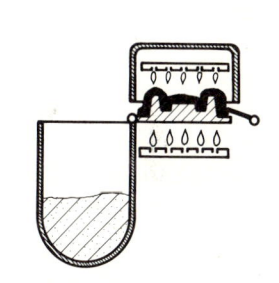

6 Aushärten mittels Heizhaube

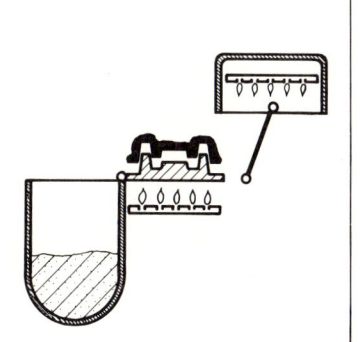

7 Abheben der ausgehärteten Maskenform

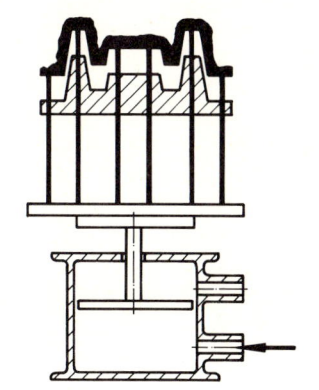

8 Einzelheit des Abhebens aus Bild 7

Maschinenformverfahren — Formtechnik

Arbeitsablauf bei einer neueren Maskenformmaschine

Der Modellplattentragrahmen dreht sich um seine Achse und schleppt den Formstoffbehälter, der an ihm eingehängt ist, zunächst tangential in eine Kreisbahn (Bild a). Dabei wird der Formstoffbehälter in Deckung mit dem Modellplattenrand gebracht. Die Drehung wird fortgesetzt, bis 360° erreicht sind. Am Ende der 360°-Bewegung ist die höchste Geschwindigkeit erzielt, beim Beschütten fällt der Formstoff nahezu senkrecht auf das Modell (Bild b). Anschließend erfolgt wieder eine Rückbewegung um 360°, so daß wiederum die Endposition von A erreicht wird. Die noch plastische Maske wird durch Ausschwenken der Heizhaube ausgehärtet. Der Füllschlauch öffnet sich, und der Sandbehälter wird nachgefüllt (Bild c). Nach dem Öffnen der Heizhaube wird die Maske ausgeworfen (Bild d).

Die Taktzeit wurde gegenüber älteren Maschinen um 5 Sekunden verkürzt.

1 Maskenformherstellung

Maskenkernherstellung

Eine größere Bedeutung als Maskenformen haben Maskenkerne, da diese oft in Kombination mit Kokillen und Sandgußformen hervorragende Gußteile erzeugen helfen. Mit dieser Kernart können Probleme der Formentgasung besonders einfach gelöst werden.

Die Herstellung von Maskenformen und Maskenkernen ist in der grundsätzlichen Wirkungsweise gleich, weiteres kann auch im Kapitel Kernherstellung nachgeschlagen werden.

Wie im einzelnen aus den Bildern 2 und 3 hervorgeht, unterscheiden sich die Verfahren der Maskenkernherstellung vorwiegend durch das System der Formstoffeinfüllung. Nach Bild 2b erfolgt das Einbringen durch Schwerkraft und pneumatischen Druck, die auf den Formstoffspiegel drücken. Der Vorteil bei diesem System ist die bessere Oberfläche. Günstiger für das Einbringen des Formstoffes haben sich Vorrichtungen mit Steigrohr bewährt. Das mit Formstoff gefüllte Steigrohr ragt in einen unter Druck stehenden Formstoffbehälter. Der Preßluftdruck wirkt wieder auf den Formstoffspiegel und preßt den Formstoff in das Kernformwerkzeug (Bild 3b). Der nicht abgebundene Formstoff wird über ein Kegelventil zurückgeführt (Bild 3c).

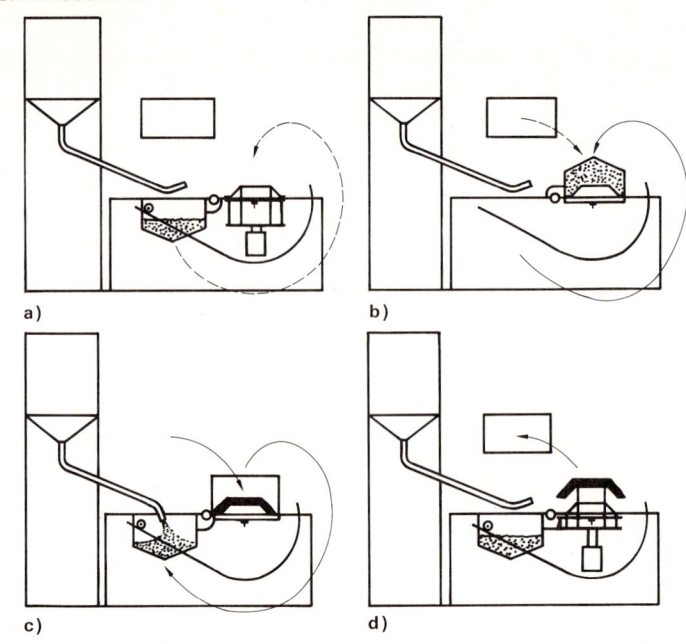

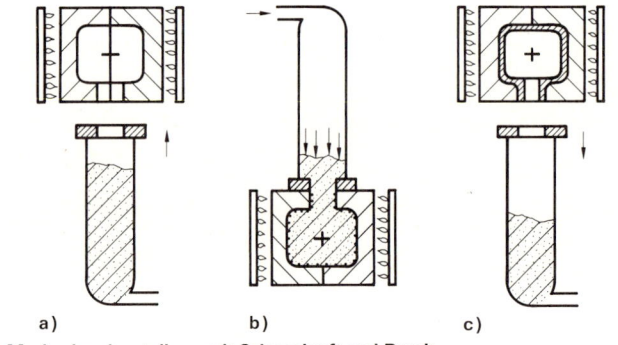

2 Maskenkernherstellung mit Schwerkraft und Druck

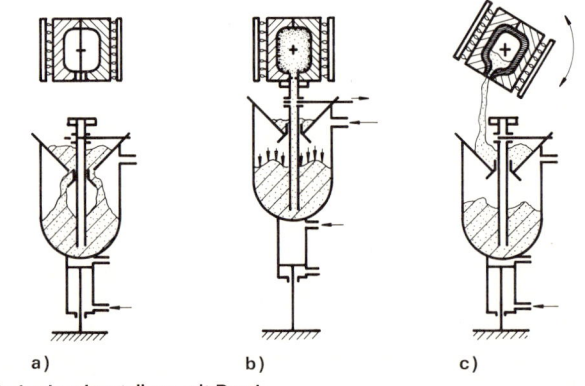

3 Maskenkernherstellung mit Druck

Formtechnik — Maschinenformverfahren

2.2.3 Formverfahren mit physikalischer Bindung

Bei diesen Formverfahren wird ein Formgrundstoff ohne Binder verwendet. Die Verfestigung erfolgt physikalisch, entweder durch Magnetfeld oder durch Unterdruck. Beim Vakuumformverfahren werden trockene, binderfreie Quarz-, Zirkon- oder Olivinsande als Formstoffe verwendet. Die Anwendung des Magnetformverfahrens beschränkt sich dagegen auf Formgrundstoffe wie Eisengranulat, die sich mit einer Gleichstrom-Magnetisierungseinrichtung magnetisieren lassen.

Unter Verwendung von Serienmodellen aus Schaumstoff sind beide Verfahren beim Vollformverfahren bereits Stand der Technik. Sie sind im Kapitel Schaumstoffmodellbau im Abschnitt Serienmodelle beschrieben.

Im folgenden werden nur die Verfahren mit physikalischer Bindung beschrieben, die mit Dauermodellen arbeiten, da es sich bei diesen um die eigentlichen Maschinenformverfahren handelt.

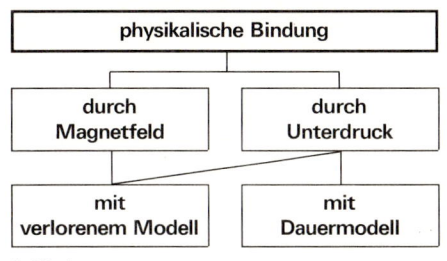

1 Gliederung

Vakuumformverfahren, unter Verwendung einer Folie

Bedeutung

Dieses Verfahren wurde 1972 in Japan patentiert. Inzwischen wird es in Japan in allen Großgießereien, in den USA vorwiegend in einer Reihe von Stahlgießereien und in der Bundesrepublik Deutschland in einer größeren Zahl von Betrieben zur Anwendung gebracht. Im Bestreben zur Humanisierung des Arbeitsplatzes wird diese „sanfte Technologie" sicherlich noch an Bedeutung gewinnen.

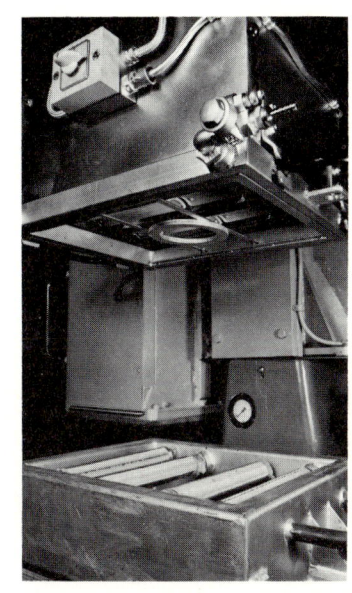

Anwendung

Die Anwendung dieses Verfahrens, kurz als V-Process bezeichnet, erstreckt sich von einfachen, von Hand zu bedienenden, Formmaschinen (Bild 2) bis zur automatischen Formanlage (Bild 3).

Mit solchen Anlagen wurden Stückgewichte bis zu 12 t gegossen, die Gußstückgröße ist lediglich durch die maximale Fertigungsgröße der Plastikfolie begrenzt. Der V-Process ist für sämtliche gießbare Metalle geeignet.

Vorteile

— geringe Formkosten durch Wegfall des Binders und der damit verbundenen ebenfalls entfallenden Sandaufbereitung
— geringe Geruchsbelästigung durch fehlende Binder und Aufrechterhaltung des Unterdruckes während des Gießens
— geringe Lärmbelästigung durch Wegfall von Rüttelgeräuschen und Formentleerungsgeräuschen
— geringe Putzkosten durch Herstellung von gratfreien Gußteilen mit feinstrukturierter Oberfläche
— besseres Fließen des flüssigen Metalls im Vakuum
— hohe Maßgenauigkeit und somit geringe erforderliche Bearbeitungszugabe
— es kann teilweise ohne Formschräge geformt werden
— geringer Ausschuß durch Wegfall formstoffbedingter Gußfehler, geringes Treiben durch konstant hohe Formstabilität auch nach dem Gießen, geringe Gewichtsabweichungen usw.

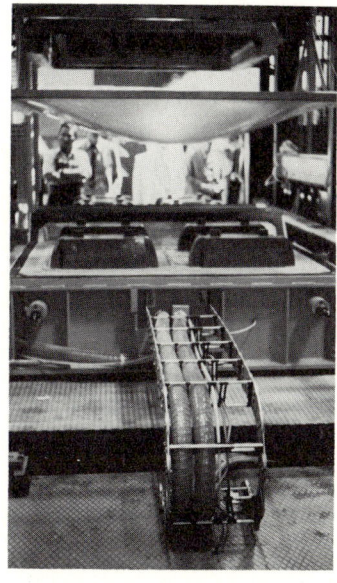

2 Einständer-Vakuumformmaschine. Der Ausschnitt zeigt den Formkasten mit Vakuumrohren und der eingeschwenkten Folienheizung

3 Vakuumformanlage. Im Bild wird gezeigt, wie die Folie auf das Modell gesenkt wird. Im Vordergrund die Unterdruckschläuche

Maschinenformverfahren — Formtechnik

Arbeitsablauf des Vakuumverfahrens mit Folie

Modellplatte
Die Modellplattenhälfte wird mit dem Vakuumkasten verschraubt. Zum Ansaugen der Folie werden in den Ecken des Modells Düsen gesetzt, die durch Bohrungen mit dem Hohlraum des Vakuumkastens verbunden sind. Die Modelle werden vorwiegend aus Hartholzvollholz und Hartholzfurnierplatten aber auch aus Kunststoff gefertigt.

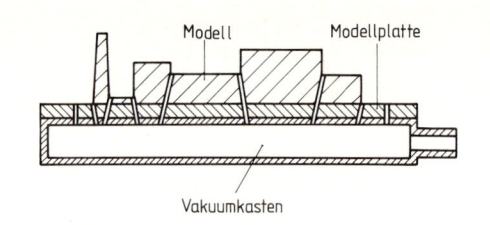

Folienerwärmung
Die Kunststoffolie muß so beschaffen sein, daß sie sich dicht und konturengetreu, ohne zu reißen und Falten zu bilden, an das Modell anlegt. Um dies zu erreichen, wird die thermoplastische Folie mit einer Flächenheizung erwärmt. Die Folien bestehen aus Polyethylen mit Ethyl-Vinyl-Acetat (EVA) und erzeugen keine schädlichen Verbrennungsrückstände. Die Dicke der Folien liegt zwischen 0,05 und 0,1 mm.

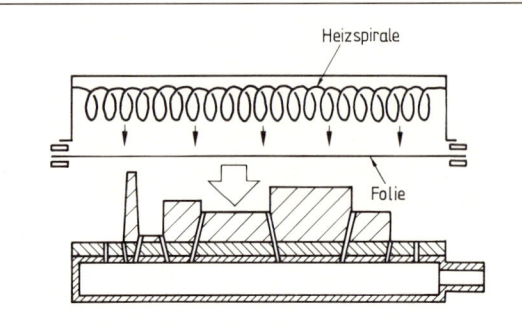

Ansaugen der Folie
Die vorgewärmte Folie wird auf die Modellplatte abgesenkt. Durch einen Unterdruck von 0,3 bis 0,5 bar wird die Folie auch in den Ecken zum Anliegen gebracht. Deshalb müssen die Bohrungen vom Vakuumkasten an diese Stelle herangeführt werden. Damit die Wärme der Folie nicht abgeleitet wird, ist die Verwendung von Holz als Modellwerkstoff vorteilhaft. Die Tiefziehfähigkeit der Folie kann durch Formpulver auf dem Modell verbessert werden.

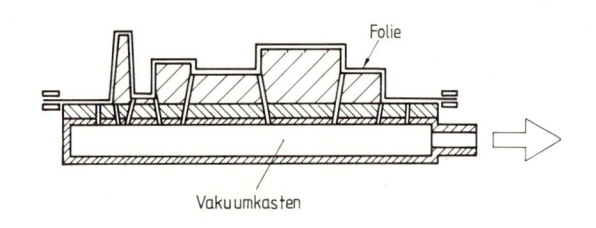

Aufsetzen des Formkastens
Ein Formkasten wird auf die folienüberzogene Modellplatte gelegt. Der Formkasten ist als Hohlrahmen ausgeführt und mit Saugfenstern an den Innenwänden und Saugrohren, die in hohlen Formkastenwände münden, versehen. Über den seitlichen Anschlußstutzen wird der Formkasteninnenraum mittels einer Schlauchleitung mit der Vakuumpumpe verbunden. Über diesen Weg kann im Formkasten Unterdruck erzeugt und damit die Formstoffverfestigung bewirkt werden.

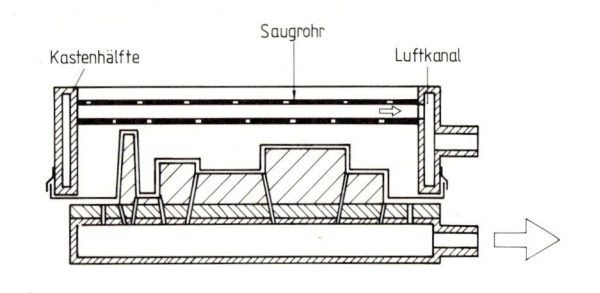

Füllen und Vibrieren
Der Formkasten wird mit feinkörnigem, binderfreiem Sand (Quarzsand, Zirkonsand oder Olivinsand) gefüllt. Durch intensives Vibrieren wird der Sand vorverdichtet. Hierzu ist ein Sand mit abgerundetem Korn besonders geeignet, da er gute Fließfähigkeit und hohe Packungsdichte gewährleistet.

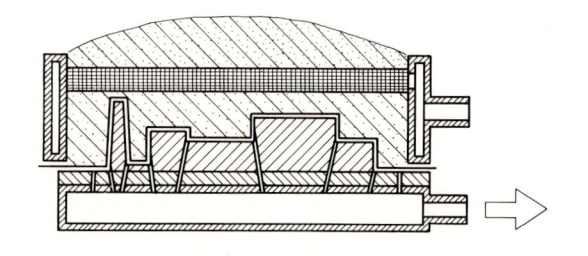

Formtechnik — Maschinenformverfahren

Einguß- und Speisersystem

Nach Ausformen des Eingußtümpels und Abstreichen der Form wird die Formteiloberseite mit einer Kunststoffolie abgedeckt. Bei hohen Formkästen bildet man das Einguß- und Speisersystem als Losteile aus, überzieht diese gesondert mit Folie und befestigt sie mittels Klebefilm vor der Sandaufschüttung auf das mit Folie überzogene Modell (Bild 1).

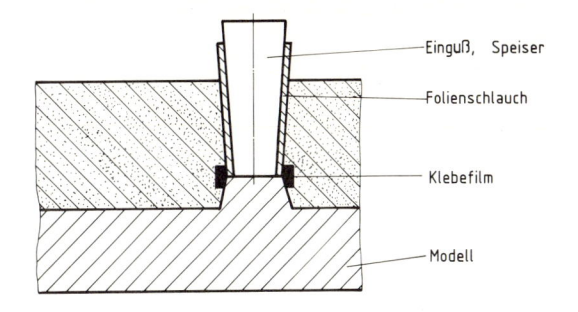

Einguß, Speiser — Folienschlauch — Klebefilm — Modell

Verdichten durch Unterdruck

Nachdem die Formteiloberseite mit der Kunststoffolie abgedeckt ist, wird die Form mit einem Unterdruck von 0,5 bar endverdichtet. Bei diesem Unterdruck liegen Druckfestigkeit und Formhärte der Formen bereits über den normalerweise üblichen Werten beim Grünsand-Hochdruckformen.

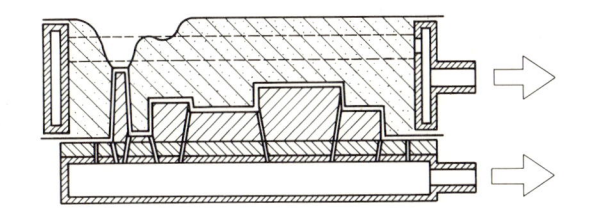

Trennung von Modell und Formkasten

Nach dem Abschalten des modellseitigen Unterdruckes kann das Modell ohne Losklopfen oder Vibrieren und sogar ohne Formschräge gezogen werden. Dieses ungewöhnliche Verhalten kommt dadurch zustande, daß sich die Form geringfügig erweitert, sobald das Vakuum an der Modellseite abgeschaltet und durch Druckluft zur Unterstützung des Trennvorganges ersetzt wird, während die Form selbst noch unter Unterdruck steht. Der so entstandene Spielraum genügt zum Ziehen des Modells.

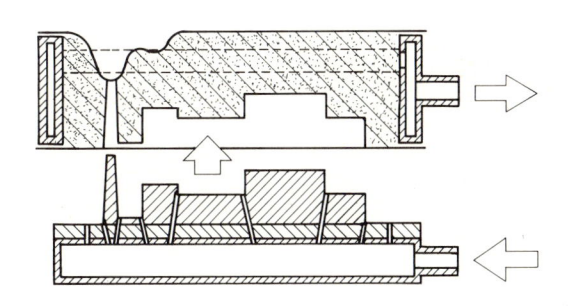

Abgießen

Nachdem beide Formkastenhälften auf die beschriebene Art und Weise gefertigt worden sind, können in herkömmlicher Weise hergestellte Kerne eingelegt und beide Formhälften zusammengelegt werden. Während des Gießvorganges, der Erstarrung und des Abkühlens bleibt der Unterdruck bestehen. Beim Gießvorgang ersetzt die sich bildende Gußhaut die schmelzende Folie und erhält so das Vakuum.

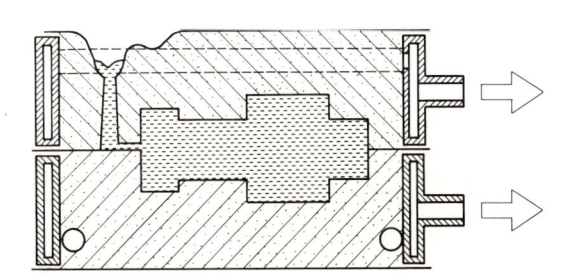

Entformen

Nach ausreichender Abkühlung wird die Form innerhalb einer Ausleerkabine von der Vakuumpumpe getrennt, das Gußstück fällt auf einen Rost, der Sand fließt aus, wird gesiebt, gekühlt, entstaubt und dem Bunker zur Wiederverwendung zugeführt.

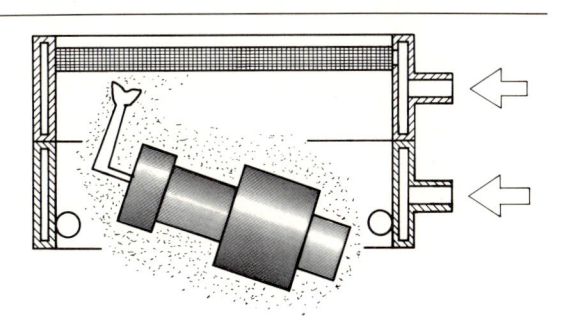

Maschinenformverfahren — Formtechnik

2.2.4 Trennen von Form und Modellplatte

Entsprechend den Vorgängen Losschlagen und Ausheben beim Handformen, besteht auch beim Maschinenformen der Trennvorgang bei herkömmlichen Maschinen aus den Vorgängen Lösen und Abheben.

Das **Lösen** erfolgt bei solchen Maschinen durch einen Vibrator, der an der Formmaschinentischplatte befestigt ist und mit einem elektrisch oder pneumatisch angetriebenen kleinen Kolben mehrere tausend Schläge pro Minute auf die Tischplatte und damit auch auf die fest damit verschraubte Modellplatte ausführt.

Trennverfahren

Das eigentliche **Trennen** erfolgt je nach Bauart der Formmaschine. Entsprechend dem VDG-Merkblatt G 101 unterscheidet man hierbei Trennverfahren und Trennvorgang.

Die verschiedenen **Trennverfahren** werden aufgeteilt in
- direktes Trennen aus der Herstellungslage und
- Wendetrennen mit vorgeschaltetem Wendevorgang

Benennung des Trennvorganges

Die Vorsilbe „**Ab**" wird verwendet bei Bewegungen des Formteils oder des Kernkastenteils und die Vorsilbe „**Aus**" bei Bewegungen des Modells oder des Kerns.

Abheben

Beim Abheben wird die Formkastenhälfte von der feststehenden Modellplatte nach oben abgehoben.
Dieses System kommt z.B. bei der Stiftenabhebemaschine (Bild 1) zur Anwendung.

Absenken

Beim Absenken wird die Formkastenhälfte nach unten von der feststehenden Modellplatte abgesenkt (Bild 2). Es kommt nach dem Wendevorgang und bei automatischen Formanlagen zur Anwendung.

Abziehen

Beim Abziehen wird das Formseitenteil bei vertikaler Formteilung von der Modellplatte abgezogen.

Ausheben

Beim Ausheben wird das Modell nach oben aus der Form ausgehoben.
Dieser Vorgang kommt vor allem bei der Handformerei zur Anwendung.

Aussenken

Beim Aussenken (Bild 3) wird die Modellplatte nach unten aus der Formhälfte ausgesenkt.

Ausziehen

Beim Ausziehen werden die Modellplattenteile seitlich von dem Formteil ausgezogen.
Das auf Seite 48 folgende Beispiel für kastenloses Formen mit vertikaler Teilung zeigt eine Anwendung.

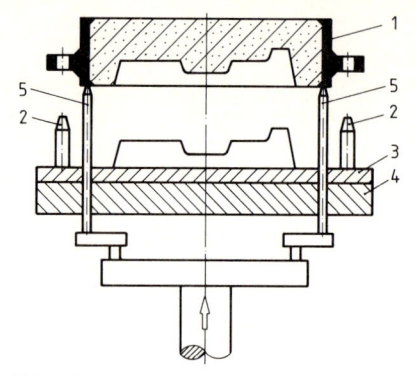

1 Abhebeformmaschine
1 Formkasten
2 Modellplattenstifte
3 Modellplatte
4 Formmaschinentisch
5 Abhebestifte

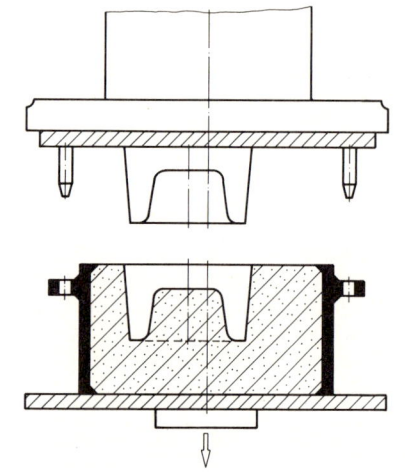

2 Absenken des Formkastens vom Modell nach unten bei Wendemaschinen

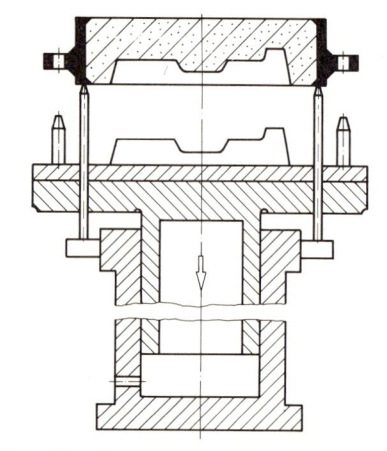

3 Aussenken des Modells aus dem Formkasten

Formtechnik | **Maschinenformverfahren**

Direktes Trennen aus der Herstellungslage

Das bekannteste Trennverfahren, bei dem direkt nach dem Verdichten getrennt wird, ist das Abheben an der Stiftenabhebemaschine (Bild 1).

Wirkungsweise der Stiftenabhebemaschine

Die Modellplatte wird am Formmaschinentisch festmontiert. Das kann z. B. mit Führungsstiften erfolgen, die gleichzeitig die Führung des Formkastens übernehmen. Das Trennen von Formkasten und Modellplatte wird durch Abheben des Formkastens mit vier Abhebestiften der Abhebevorrichtung bewirkt. Die Stifte greifen durch Aussparungen an den vier Ecken der Modellplatte direkt unter den Formkasten und heben diesen nach oben ab. Der Hub der Abhebestifte wird je nach Formkastenhöhe eingestellt. Der Trennvorgang wird durch Vibrieren unterstützt.

1 Schießpreßformmaschine als Stiftenabhebemaschine

Vor- und Nachteile der Stiftenabhebemaschine

Nach dem Abheben befindet sich das Formoberteil in der richtigen Lage, während das Formunterteil zuerst gewendet werden muß. Für ein Formoberteil kann der Trennvorgang mit der Stiftenabhebemaschine sehr zeitsparend sein. Bei großen Formen und insbesondere bei Formen mit Ballen ist dieses System nicht geeignet. Ballen können bei diesem Vorgang leicht abreißen.

Wendetrennen mit vorgeschaltetem Wendevorgang

Wird die Form vor dem Trennen gewendet und anschließend entweder die Form abgesenkt (Bild 2 der vorigen Seite) oder die Modellplatte ausgehoben, so wirken Form- und Ballengewicht nach unten und nur die Reibungskraft nach oben. Auf diese Weise reißen Ballen weniger leicht ab, und die Kräfte zum Abheben können geringer gehalten werden. Das Formunterteil liegt nach dem Wenden in der richtigen Lage.

Bei den Wendemaschinen werden folgende Bauarten unterschieden:

2 Rüttelpreßwendeformmaschine

Gestellwender

Gestellwender werden auch in Verbindung mit der Art des Verdichtens, wie in Bild 2 gezeigt, als Rüttelpreßwendeformmaschinen bezeichnet. Bei Gestellwendern wird Preßhaupt, Säule und Tisch um den Wendebock gedreht.

Plattenwender

Bei den Plattenwendern ist der Maschinentisch bzw. die Modellplatte um die Längsachse drehbar, es braucht also nicht die gesamte Maschine, sondern nur die Platte um 180° gedreht werden.

Trommelwender

Insbesondere für sehr große Kastenabmessungen hat sich die Rhönradbauweise, der sogenannte Trommelwender (Bild 3), bewährt.

Umrollwender

Hierbei wird der Kasten gewendet, indem er mit einem Hebelmechanismus um den außerhalb des Kastens liegenden Drehpunkt gerollt wird.

3 Trommelwender

Maschinenformverfahren   **Formtechnik**

2.2.5 Arbeitsfolge an der Formmaschine

Die Arbeitsfolge wird am Beispiel der Stiften-Abhebeformmaschine dargestellt.

Arbeitsfolge:

1. Modellplatte und Führungsstifte am Formtisch festmontieren (Bild 1).
2. Formkasten über die Führungsstifte auf die Modellplatte legen.
3. Modell mit Trennmittel (Petroleum usw.) einsprühen oder mit Formpuder oder Graphit leicht einstauben.
4. Beim Oberteil Einguß- und Speisersysteme einsetzen.
5. Füllrahmen aufsetzen (Bild 2).
6. Formsand einfüllen und wenn notwendig an exponierten Stellen den Formsand festdrücken.
7. Vorrütteln.
8. Füllrahmen abstreifen, bei hohen Formen Sand nachfüllen.
9. Preßholm mit Preßhaupt einschwenken (Bild 3).
10. Pressen oder Rüttelpressen.
11. Vibrieren und dabei Preßholm ausschwenken.
12. Abheben: Vier Stifte greifen durch Maschinentisch und Modellplatte und drücken den Formkasten nach oben weg (Bild 4).
    Entsprechend der Modellhöhe kann der Abheberweg eingestellt werden.
13. Formkasten mit Preßluftgehänge oder anderen mechanischen Vorrichtungen von den Stiften abheben, wenden und eventuell auf Rollenbahn oder Rollentisch ablegen.
14. Vorstehende Kanten und Ballen verstiften. Eventuelle Unebenheiten auf der Teilung entfernen.
15. Form mit Preßluft ausblasen, Kerne einlegen, Form zusetzen (zulegen), OT mit UT verklammern und wenn nötig mit Beschwergewichten belasten. Abtransport zum Gießplatz.
16. Abgießen und nach verstrichener Kühlzeit Formkasten über Rüttelrost oder Ausschlagplatz entleeren.
17. Leeren Formkasten über die Rücklaufbahn wieder zur Formmaschine befördern.

Folgende Arbeitsgänge entfallen beim Maschinenformen gegenüber dem Handformen:

1. Anordnen der Modelle auf dem Stampfboden.
2. Polieren der Teilungsebene und Einpolieren um die Modelle.
3. Benetzen des Sandes am Modellrand mit Wasser vor dem Losklopfen der Modelle.
4. Anschneiden der Modelle.

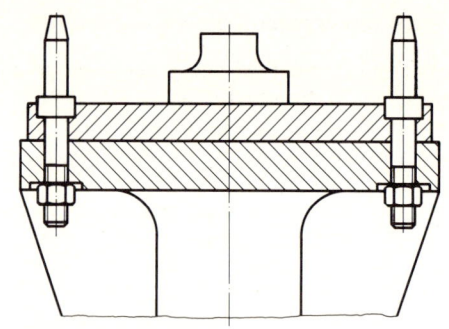

1 Montage der Modellplatte

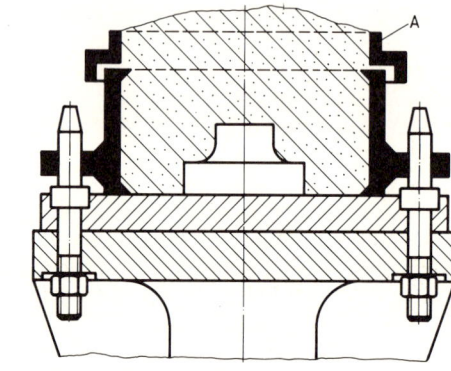

2 Formsand einfüllen, A = Füllrahmen

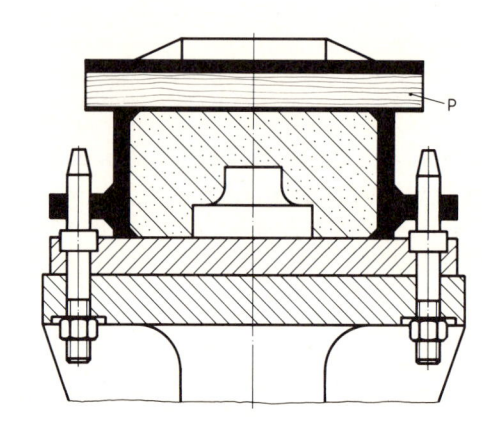

3 Rüttelpressen, P = Preßhaupt

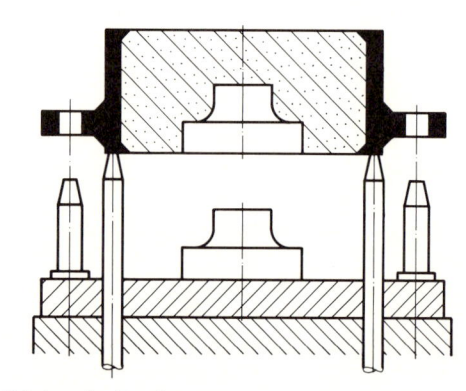

4 Abheben des Formkastens

2.3 Formanlagen

Das Kernstück einer Formanlage ist die Formmaschine, die nach einem der bisher beschriebenen Verdichtungsverfahren arbeitet. Formanlagen sind jedoch auch Transporteinrichtungen mit denen Modelle und Formen zu den einzelnen Arbeitsstationen bewegt werden. Im Gegensatz zu einer einfachen Formmaschine, die sich auf die Arbeitsgänge Verdichten und Trennen beschränkt, kann die Formanlage weitere Arbeitsgänge, die zur Herstellung einer gießfertigen Form notwendig sind, ausführen.

Mögliche Funktionen einer Formanlage

— Verdichten, Trennen
— Formkastenwenden
— Kerneinlegen
  Dies kann von Hand oder automatisch erfolgen. Bild 1 zeigt eine Kerneinlegestrecke mit bereitgestellten Kernen in Regalen.
— Aufsetzen des Formkastens auf das Unterteil und Verklammern miteinander oder Beschweren der Form. Bild 2 zeigt, wie die Form durch Absenken des Oberteils auf das Unterteil zugelegt wird.
— Gießen
  Das Gießen erfolgt normalerweise innerhalb der Anlage. Im einfachsten Fall erfolgt dies mit der Gießpfanne von Hand, bei entsprechender Automatisierung durch Gießeinrichtungen wie beim Beispiel der nächsten Seite durch ein Gießkarussell.
— Kühlen
— Ausstoßen

1 Ansicht einer automatischen Formanlage

2 Automatisches Aufsetzen des Oberkastens auf den Unterkasten

Einteilung nach Steuerung

Die einfachste Formanlage besteht in der Verbindung von Formmaschine und Rollenbahn.

Bei modernen Formanlagen sind die beschriebenen Funktionen durch ein Programm aufeinander abgestimmt. Die elektronische Steuerung gibt nach diesem Programm die Befehle für den Ablauf der Arbeitsgänge.

Anlagen, bei denen einzelne Arbeitsgänge noch von Hand ausgeführt werden, sind teilautomatisiert. Bei vollautomatischen Formanlagen hat der Mensch nur noch eine überwachende Funktion.

Einteilung nach Aufbau

Nach der Anzahl der zur Herstellung eines Kastens notwendigen Arbeitsstationen spricht man von einer Ein-, Zwei-, Dreistationenanlage usw. Entsprechend der Verbindung dieser Stationen ergeben sich Bandförderanlagen, Drehtischanlagen, Shuttleanlagen oder andere. Bei einer Shuttleanlage geht z. B. ein Wagen zwischen zwei der Stationen immer hin und her (shuttle, engl.=Weberschiffchen, siehe hierzu auch Beispiel Vakuumformanlage). Als Formautomaten werden meist Einstationenanlagen bezeichnet.

3 Rüttelpreß-Formmaschine als Kernstück einer automatischen Formanlage

Formanlagen **Formtechnik**

Kastenloses Formen mit vertikaler (senkrechter) Formteilung

Prinzip

Wird statt der üblichen Formteilung in Ober- und Unterteil eine vertikale Teilung durchgeführt, so läßt sich durch Aneinanderreihen von kastenlosen Formen ein Formenstrang bilden.

Zu diesem Zweck muß die Sandform zwei Modellabdrücke enthalten. Erst durch Zusammenfügen der beidseitig profilierten Ballen entsteht die Gießform.

Arbeitsablauf

Der wichtigste Teil eines Formautomaten zur Herstellung solcher Formen ist die **Formkammer**. In ihr befinden sich die vordere und die hintere Modellplatte. Nach dem Einblasen des Formsandes in die Formkammer wird die hintere Modellplatte über eine Preßplatte hydraulisch in Richtung vordere Modellplatte gepreßt (Bild 1).

Die vordere Modellplatte kann nun unter Vibrieren ausgezogen und anschließend nach oben ausgeschwenkt werden. Damit ist der Weg zum Aneinanderreihen der Formplatten frei. Die Preßplatte mit der hinteren Modellplatte kann die Form hierzu aus der Formkammer ausschieben (Bild 2). Auch hier erfolgt das Lösen wieder durch Vibrieren.

Außerhalb des Formautomaten werden die einzelnen Formen mit zwei Modellabdrücken zu einem Formenstrang zusammengeschoben. Der Formenstrang wird nun in der Formanlage taktweise vorwärtsbewegt. In der Zeit des Stillstands erfolgt das Abgießen je einer Form (Bild 3). Auch hierzu können Gießautomaten eingesetzt werden.

Vorteil

Im Gegensatz zur horizontalen Formteilung enthält eine Form zwei formgebende Seiten, und es kann ein fortlaufender Formenstrang gebildet werden. Dadurch ist es möglich, in der Stunde bis zu 360 Formen und Gußstücke zu produzieren.

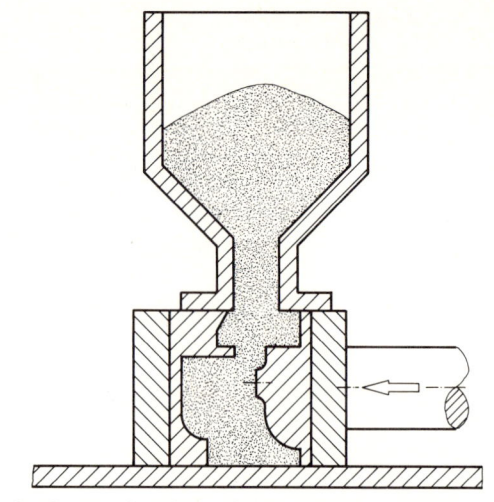

1 Der Formsand wird gepreßt. Die in der Formkammer entstehende kastenlose Form besitzt zwei Modellabdrücke

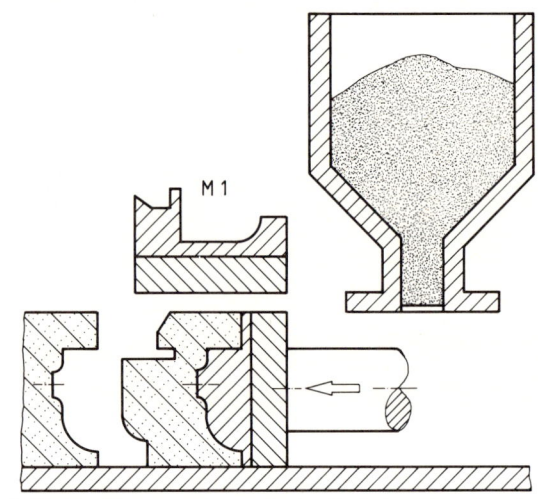

2 Die Sandformen stehen aufrecht. Nach Ausschwenken der Modellplattenhälfte M 1 nach oben kann die Form ausgeschoben werden

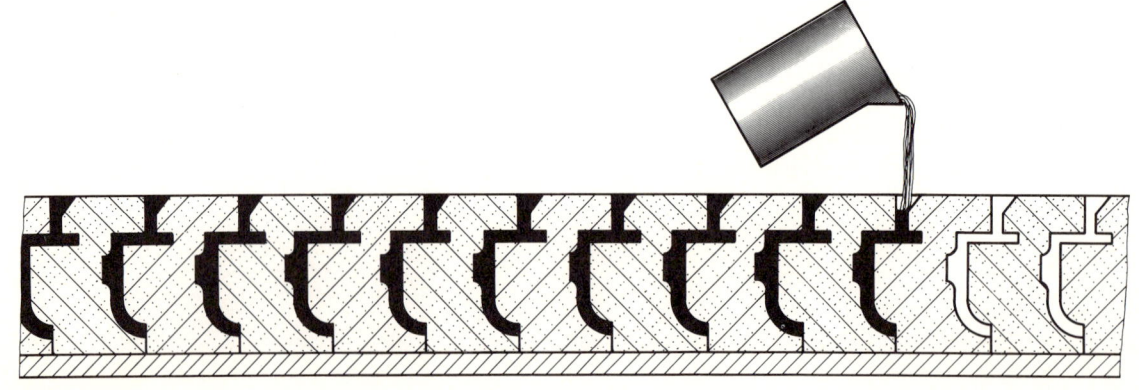

3 Nach Ergänzen zum Formstrang kann gegossen werden

Formtechnik — Formanlagen

Kastenloses Formen mit horizontaler (waagerechter) Formteilung

Prinzip

Bei dem Verfahren werden in Formkammern durch hohe Verdichtung Sandblöcke hergestellt und im Formautomaten zu einer kompletten Form fertiggestellt. Der kastenlose Formautomat führt somit alle Arbeitsgänge, wie Füllen von Ober- und Unterkasten, Wenden und Zulegen durch.

Vorteile

Neben der Kostenersparnis durch Wegfall der Formkästen ergeben sich bei horizontaler Formteilung noch zusätzliche Vorteile:

- Kerne können problemloser in die Form eingelegt und gelagert werden
- das Einguß- und Speisersystem erfordert keine Änderung gegenüber der herkömmlichen Formtechnik
- die Gießlage ist für einen großen Teil der Gußteile bezüglich einer gleichmäßigen Gefügeausbildung günstiger

Unterteilung

Die Unterteilung der Formautomaten mit horizontaler Formteilung erfolgt vorwiegend nach zwei Unterscheidungsmerkmalen:

- **nach dem System der Formverdichtung**

  Die Verdichtung in der Formkammer kann durch Pressen, Rütteln, Vibrieren, Schießen, freien Fall oder eine Kombination dieser Verfahren erfolgen.

- **nach dem Modellplattensystem**

  Hierbei wird unterschieden zwischen Maschinen, die getrennte Modellplatten für Ober- und Unterteil erfordern, und solchen, die mit doppelseitigen Modellplatten arbeiten.

Einsatzbeispiel

Das Bild dieser Seite zeigt den Einsatz eines Formautomaten in Zusammenarbeit mit einem Gießkarussell. Im Formautomat wird zunächst die komplette Form hergestellt. Über die Fördereinrichtung gelangen die Formen zum Gießkarussell. Dort werden zur Aufnahme des seitlichen Gießdruckes konische Metallrahmen, sogenannte „Jackets", übergezogen. Auch die Beschwereisen werden innerhalb des Gießkarussells aufgesetzt. Eine Absenkvorrichtung bringt die abgegossenen Formen zur Kühlstrecke, an deren Ende durch Abkippen auf einen Ausleerrost der Sand vom Gußteil getrennt wird. Die im Bild gezeigte Formanlage ist je nach Ausführungsgröße für Formabmessungen von ca. 500 × 350 × 250 bis ca. 750 × 600 × 600 im Einsatz. Es werden zwischen 70 und 160 Formen pro Stunde hergestellt.

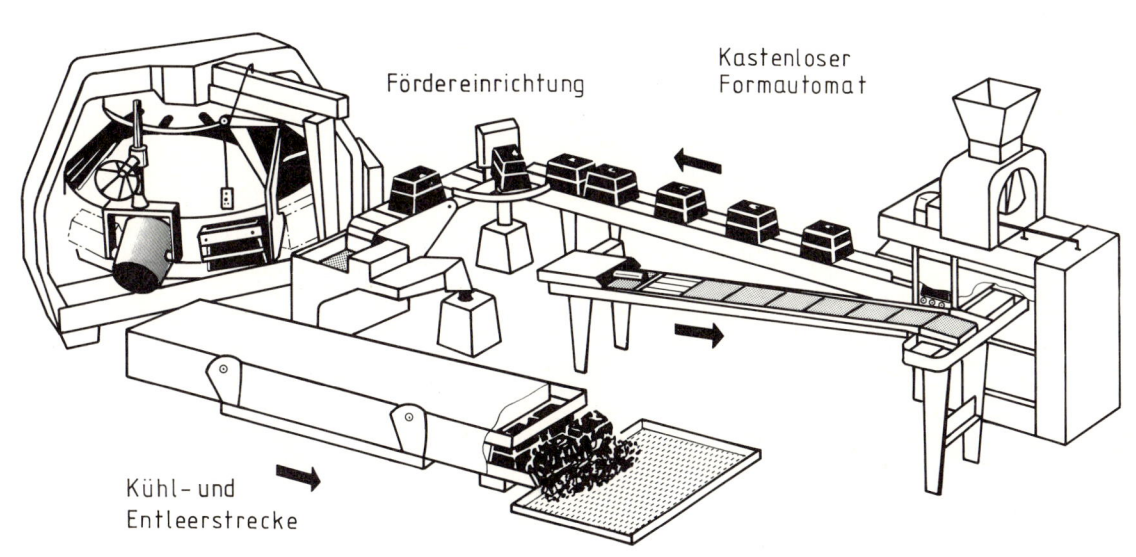

1 Formautomat in Zusammenarbeit mit einem Gießkarussell

Formanlagen   **Formtechnik**

Automatische Formanlagen mit Formkästen

Das kastenlose Formen läßt sich für sehr große Abmessungen nicht mehr sinnvoll durchführen. Formanlagen für große Gußstückabmessungen arbeiten deshalb mit Formkästen. Damit automatische Formanlagen mit Formkästen wirtschaftlich auch für kleinere Gußstückabmessungen und kleinere Gußstückzahlen sind, arbeiten sie mit folgenden Einrichtungen:

- Bei Verwendung von Wechselrahmen-Modellplatten ist die Modellgröße ohne Bedeutung. Dieses System erlaubt die Aufteilung der Modellplatte in Teilplatten. Die Aufteilung geht heute schon bis zu $4 \times 8 = 32$ Teilplatten.
- Bei Modellplattenwechseleinrichtungen kann eine andere Modellplatte ohne Unterbrechung des Arbeitstaktes eingebaut werden. Teilweise geschieht auch dies vollautomatisch.

Vorteile gegenüber dem kastenlosen Formautomaten

- das Formen mit Kästen ermöglicht große Formabmessungen
- die Teilungsebene der Form kann, insbesondere durch die Verwendung von Wechselrahmen-Modellplatten, besser ausgenützt werden. Hierdurch wird eine hohe Wirtschaftlichkeit erreicht

Gegenüber dem kastenlosen Formen mit **vertikaler Teilung** sind die Vorteile bezüglich Kerneinlegen, Kernlagerung, Einguß- und Speisersystem sowie der gleichmäßigeren Gefügeausbildung dieselben wie beim kastenlosen Formen mit **horizontaler Formteilung**.

1 Ansicht einer vollautomatischen Formanlage, die mit Formkästen arbeitet

2 Zulegen von Ober- und Unterkasten in der Formanlage

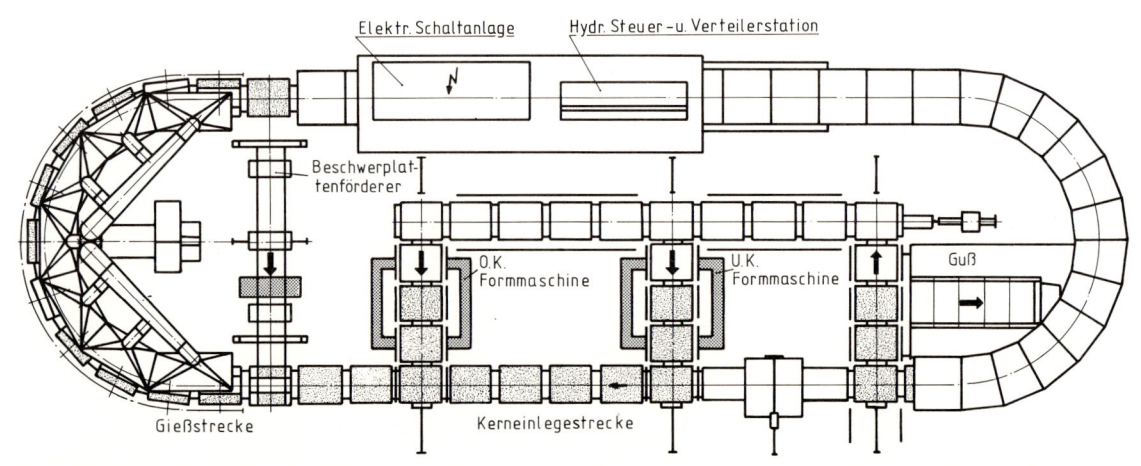

3 Prinzip einer Formanlage mit Formkästen

50

Formtechnik — Formanlagen

Vakuumformanlagen

Für die Anwendung des in Kapitel 2.2.3 beschriebenen Vakuumformverfahrens mit der Folie stehen mehrere Anlagen verschiedener Mechanisierungsstufen zur Wahl. Für kleinere Formen gibt es eine Einständerformmaschine (siehe Kap. 2.2.3), die in Verbindung mit einem Modelldrehtisch und einem Gießkarussell ihre volle Leistungsfähigkeit entfalten kann. Diese Maschine wird bevorzugt in NE-Metallgießereien eingesetzt.

Für größere Formabmessungen werden Maschinen gebaut, bei denen Ober- und Unterkastenmodellplatte abwechselnd über eine Rollenbahn (Modellshuttle) oder einen Drehtisch zum Vibrationstisch gebracht werden. Das Sanddosiergerät zum Füllen des Formkastens mit Sand und der Folienabsenkrahmen mit Heizung sind verfahrbar auf einem Gerüst oberhalb des Vibrationstisches angeordnet. Das erforderliche Folienstück wird automatisch abgerollt und abgeschnitten.

1 Vakuumformanlage mit Rollenbahn

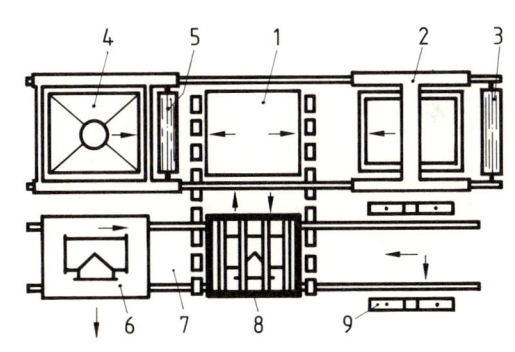

Arbeitsgänge für Vakuumformanlage nach Bild 1

— Unterkastenmodell mit Folie überziehen
— Unterkastenmodell heraus-, Oberkastenmodell einfahren
— Oberkastenmodell mit Folie überziehen, Unterkasten aufsetzen
— Oberkastenmodell heraus-, Unterkasten einfahren
— Unterkasten Sand einfüllen, vibrieren, Deckfolie ziehen, Vakuum einschalten, Oberkasten aufsetzen
— Unterkasten heraus, Oberkasten einfahren
— Oberkasten Sand einfüllen, vibrieren, Deckfolie ziehen, Vakuum einschalten, Unterkasten abheben
— Oberkasten heraus-, Unterkastenmodell einfahren
— Unterkastenmodell mit Folie überziehen, Oberkasten abheben

Eine weitere Leistungssteigerung bei der Formherstellung ist durch den Einsatz von 4-, 6-, oder 8-Stationen-Drehtischformmaschinen möglich. Die einzelnen Operationen zur Herstellung einer Form laufen auf diesen Maschinen gleichzeitig ab, so daß Leistungen von 60 Formen pro Stunde und mehr erreichbar sind.

Die volle Ausnützung der Maschinenkapazität erfordert den Einsatz leistungsfähiger Zusatzeinrichtungen. So wurde zum Beispiel ein Brückenkran entwickelt, der die Formen greift, hebt, wendet, dreht, mit Vakuum versorgt und millimetergenau auf die vorgeschriebenen Gießplätze absetzt.

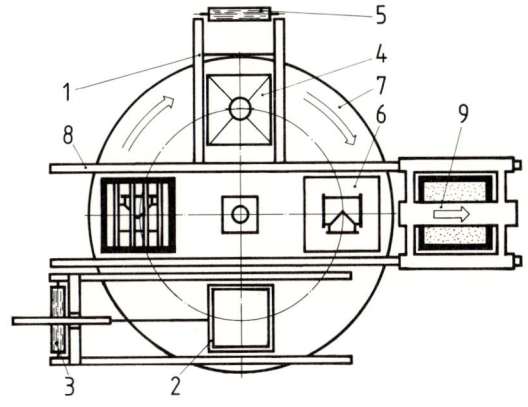

1 Vibrotisch
2 Konturfolienziehvorrichtung mit Abrollvorrichtung und Kontaktheizplatte
3 Konturfolienrolle
4 Sanddosierbunker
5 Deckfolienrolle mit Abrollvorrichtung
6 Modellträger mit Modellplatte
7 Modell-Shuttlewagen bzw. Drehtisch
8 Formkasten
9 Abhebevorrichtung

2 Schema zu Bild 1

3 Vakuumformanlage mit Drehtisch

Wiederholungsfragen

— zum Kapitel Handformverfahren

1. Auf welche Anwendungsgebiete beschränkt sich heute das Handformen?
2. Wodurch kann man das aufwendige dreiteilige Formen vermeiden?
3. Wofür wird der offene Herdguß verwendet?
4. Beschreiben Sie die Herstellung einer verdeckten Herdform.
5. Wann kommen Formgruben zur Anwendung?
6. Bei welchen Formstoffen kommt die Technik des Stampfens und Polierens zur Anwendung?
7. Welche Eigenschaften besitzen Formstoffe, die sich für das Einformen der Polystyrolschaumstoffmodelle eignen?
8. Eine Naßgußform wird aufgestampft. Erläutern Sie, welche Folgen eine zu geringe und eine zu starke Verdichtung haben.
9. Nennen Sie die Stampfwerkzeuge und ihre Anwendung.
10. Nennen Sie jeweils zwei Anwendungsbeispiele für die Benützung von Lanzette und Polierschaufel.
11. Mit welchem Polierwerkzeug können beim bildsamen Formstoff Radien anpoliert werden?
12. Skizzieren und benennen Sie die Arbeitsgänge beim Einformen eines Modells aus Ihrer Ausbildungspraxis.
13. Durch welches Formverfahren ist heute das Schablonieren weitgehend ersetzt worden?
14. Welche Modelle werden als Teilmodelle bezeichnet?
15. Für welche Art von Gußteilen kommt das Formen mit Drehschablonen zur Anwendung?
16. Welcher Unterschied ergibt sich bei den Arbeitsgängen des Schablonierens durch Verwendung von bildsamem oder aushärtendem Formsand?
17. Welche Aufgabe hat bei Ziehschablonen der Rahmen?
18. Warum ist das Formen mit Skelettmodellen weitgehend durch Formen mit Polystyrolschaumstoffmodellen ersetzt worden?

— zum Kapitel Maschinenformen

1. Welche Vorteile besitzt die maschinelle Formherstellung gegenüber dem Handformen?
2. Welche Voraussetzungen müssen gegeben sein, damit Modelle maschinell geformt werden können?

Verdichten bei tongebundenen Formstoffen

3. Für welche Modellkontur ist die Verwendung einer Vielstempelpresse vorteilhaft?
4. Durch welche Verdichtungsverfahren wird das geräuschvolle Rütteln nach und nach ersetzt?
5. Wie funktioniert das Verdichten durch Schießen?
6. Nennen Sie die Vorteile beim Verdichten durch Schießen oder Vakuum gegenüber dem Verdichten durch Rütteln.
7. Bei welchen Verdichtungsverfahren muß die Luft durch Schlitzdüsen in der Modellplatte abgeführt werden?
8. Welche Vorteile bringt die Kombination der Verdichtung durch Pressen und Vakuum für die Form?
9. Bei welcher neuartigen Verdichtungsart kann die Kombination mit einer zweiten Verdichtungsart entfallen?
10. Warum werden bei vielen Formmaschinen zwei Verdichtungsarten miteinander kombiniert?
11. Durch welche zwei grundlegenden Arten kann ein Impuls zur Formverdichtung erzeugt werden?
12. Beschreiben Sie die Funktion eines Luftimpulsaggregates.
13. Nennen Sie die wichtigsten Teile einer Rüttelformmaschine.
14. Wie funktioniert eine Schleuderformmaschine?

Verfahren mit kalt aushärtenden Formstoffen

15. Welche Formstoffe kommen bei Kaltharzverfahren zur Anwendung?
16. Wie erhalten Formen, die mit einem Kaltharzverfahren hergestellt worden sind, ihre Festigkeit?
17. Nennen Sie die wichtigsten Teile einer Kaltharzanlage.

Verfahren mit heiß aushärtenden Verfahren

18. Bei welchen Verfahren ist Wärme zur Aushärtung notwendig?
19. Wodurch unterscheidet sich der Formstoff für das Croningverfahren von dem für das Hot-Box-Verfahren?
20. Erklären Sie, wie beim Croning-Maskenformverfahren die Formmaske gebildet wird.
21. Wie erfolgt das Entformen der Formmaske von der Modellplatte?
22. Warum ist beim Maskenformen stehender Guß häufig vorteilhaft?
23. Welche Anforderungen werden an eine Modellplatte für das Croningverfahren gestellt?
24. Welche Vorteile besitzt das Croningverfahren?

Formverfahren mit physikalischer Bindung

25. Welche physikalischen Möglichkeiten werden in der Formerei angewandt, um Formstoffe zu verfestigen?
26. Beschreiben Sie das Vakuumverfahren unter Anwendung einer Folie.
27. Welche Vorteile besitzt das Vakuumverfahren?
28. Warum besitzen Modellplatten für das Vakuumverfahren kleine Bohrungen, die von den Modellecken zum Vakuumkasten führen?

Lösen und Abheben des Formkastens von der Modellplatte

29. Warum müssen große Formen vor dem Entformen gewendet werden?
30. Beschreiben Sie den Vorgang des Entformens bei der Stiftenabhebemaschine.
31. Wie wird an Formmaschinen das Lösen (nicht das Abheben) bewirkt?

Formanlagen

32. Durch welche zusätzlichen Funktionen unterscheidet sich eine Formanlage von einer Formmaschine?
33. Welche Möglichkeiten bietet eine Formanlage mit vertikaler Formteilung?
34. Welche Vor- und Nachteile haben kastenlose Formen?

Formtechnik   **Modellplatten**

2.4 Modellplatten

Geschichtliches

Oberfaktor Frankenfeld, Leiter der Roten Hütte im Harz, hat als erster Modellplatten benutzt. Sie erleichterten das Handformen bei Massenerzeugnissen und bildeten die Voraussetzung für die Einführung des Maschinenformens. Bild 1 zeigt eine der ersten Modellplatten aus dem Jahre 1827. Das Modell für eine Ofentür, das auch den Einguß enthält, ist mit der hölzernen Modellplatte fest verbunden. In die Löcher am Rande greifen die Führungsstifte der einen Formkastenhälfte und sichern die gegenseitige Lage beim Aufstampfen. Die Führungslöcher tragende andere Kastenhälfte wurde auf der nicht mehr erhaltenen zweiten Modellplatte von einer dicken Leiste gehalten.

Die Modellplatte und ein hiermit hergestellter Abguß sind im Deutschen Museum in München zu sehen.

Begriff

Die Bezeichnung Modellplatte oder auch Formplatte ist sowohl für die unbestückte Platte als Befestigungselement, wie auch für die bestückte Platte als Modelleinrichtung üblich.

Zusammengehörige Ober- und Unterteilmodellplatten, bestückt mit den Modellen sowie dem Einguß- und Speisersystem, werden auch als Modellplatteneinrichtungen bezeichnet.

Vorteile gegenüber Handmodellen

— die Anordnung der Modelle und des Einguß- und Speisersystems vor jeder Abformung entfällt
— eine ggf. unebene Formteilung ist bereits auf der Modellplatte vorhanden
— Gußfehler, wie versetzter Guß, Maß- und Formabweichungen, können vermieden werden
— hohe Stückzahlen und das Formen mit der Maschine werden durch Modellplatten ermöglicht
— die Lebensdauer der Modelle ist höher, da das Losschlagen durch Vibrieren ersetzt wird

1 Eine der ersten Modellplatten 1827

2 Ofentür mit Modellplatte aus Bild 1 gegossen

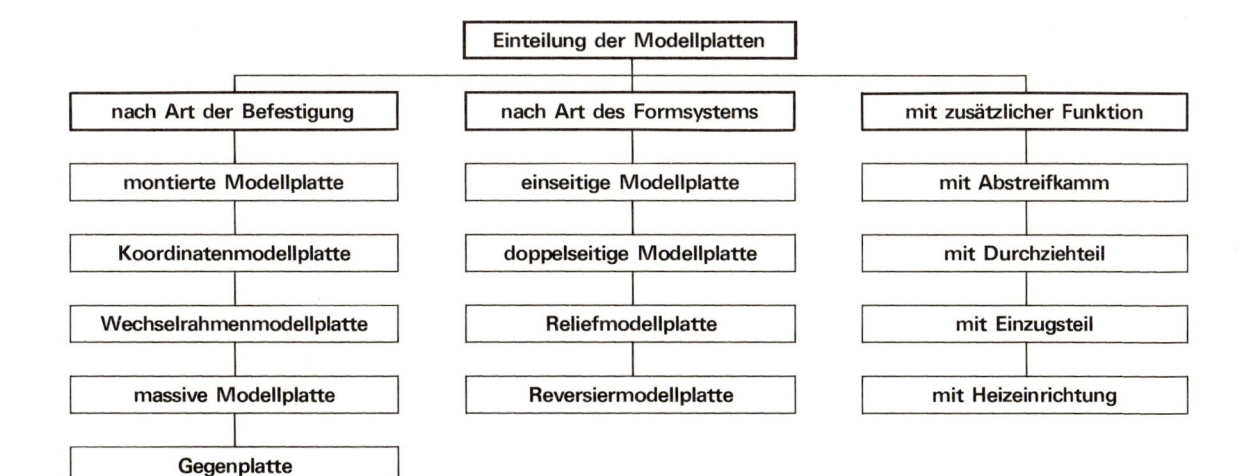

	Einteilung der Modellplatten	
nach Art der Befestigung	nach Art des Formsystems	mit zusätzlicher Funktion
montierte Modellplatte	einseitige Modellplatte	mit Abstreifkamm
Koordinatenmodellplatte	doppelseitige Modellplatte	mit Durchziehteil
Wechselrahmenmodellplatte	Reliefmodellplatte	mit Einzugsteil
massive Modellplatte	Reversiermodellplatte	mit Heizeinrichtung
Gegenplatte		

Modellplatten — Formtechnik

2.4.1 Unterteilung nach der Befestigung der Modelle auf der Platte

Montierte Modellplatten

Bei der montierten Modellplatte wird das Modell **lösbar** mit der Platte verbunden. Die Befestigung erfolgt durch Schrauben und die Fixierung durch Paßstifte (Bild 2d).

Vorteile

- Austausch von Modellen bei Wiederverwendung der Platte
- Umrüsten von Handmodellen auf Platte

Unbestückte Modellplatte (Bild 1)

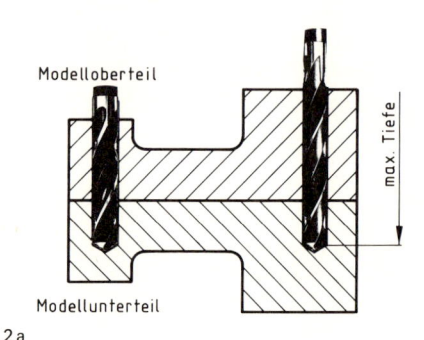

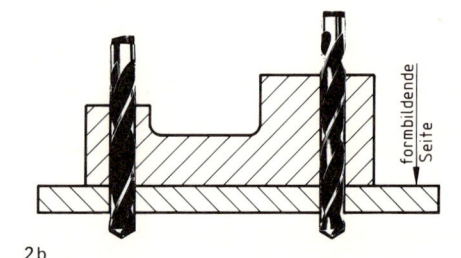

Die unbestückten Platten müssen auf die Funktion der Formmaschinen abgestimmt sein. Sie besitzen deshalb meist zwei Führungslöcher, die zur Führung und Befestigung der Platte an der Maschine dienen. Beim Einsatz an der Stiftenabhebemaschine werden die vier Ecken der Platte meist abgeschrägt (Bild 1) oder mit einem Teilkreis ausgespart, damit die Abhebestifte eingreifen können.

Um den Anforderungen zu genügen, werden vorwiegend Furnierplatten, Kunstharzpreßholzplatten sowie Metallplatten aus Aluminium, Stahl und Gußeisen verwendet.

Große Platten aus Metall werden an der Unterseite verrippt (Bild 1a). Häufig gebrauchte unbestückte Platten werden in vielen Betrieben auf Vorrat gefertigt.

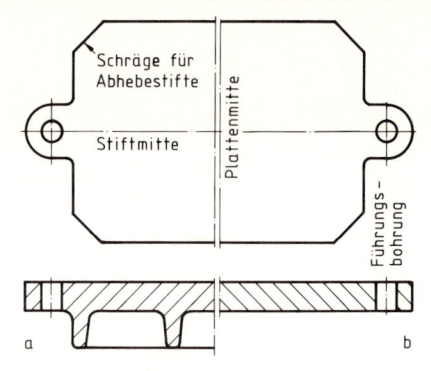

1 Unbestückte Modellplatte

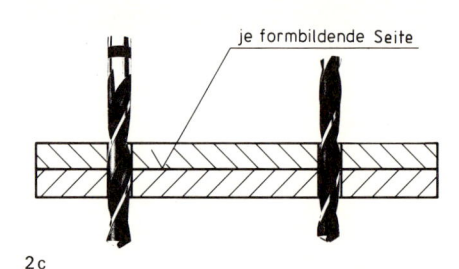

Montage der Modelle auf die Platte

Sehr häufig besteht die gesamte Modellplatteneinrichtung (Oberteil- und Unterteil) aus zwei montierten Modellplatten. Damit die Modelle so montiert sind, daß am Gußteil kein Versatz entsteht, kommen unterschiedliche Techniken zur Anwendung. Zwei Möglichkeiten werden kurz beschrieben:

Montage nach Anriß

- Stiftmitte und Plattenmitte als Bezugslinien für die weiteren Risse anreißen
- Modellmitten nach Festlegung der Lage des Modells auf Platte übertragen
- Modellhälften nach dem Riß ausrichten und vorläufig mit einer Zwinge festspannen
- bohren, fixieren und festschrauben

Montage nach Abbohren (Bild 2)

- Modellhälften zusammenspannen und Löcher für Paßstifte nach Bild 2a durchbohren
- Modelle auf der Platte anordnen und von der durchgebohrten Modellhälfte in die zugehörige Platte weiterbohren (Bild 2b)
- Plattenhälften mit der formbildenden Seite zusammenlegen („Gesicht" auf „Gesicht") und von der ersten Hälfte die zweite weiterbohren (Bild 2c)
- Modell mit Platte verstiften
- Schraubenlöcher und evtl. Gewinde von der Plattenunterseite aus herstellen
- Modelle festschrauben

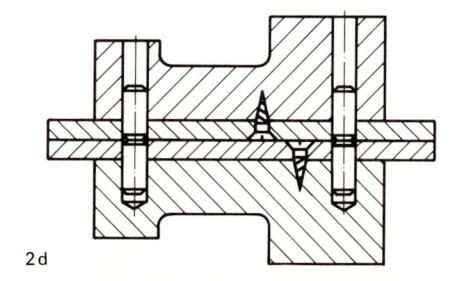

2 Montage der Modelle auf die Platte

Formtechnik Modellplatten

Beispiel für montierte Modellplatte: Ventilgehäuse

Folgende Punkte sollen bei einer montierten Modellplatte berücksichtigt werden:
- Stiftmitte, Plattenmitte und inneren Rand des Formkastens auf der Teilungsebene anreißen
- Lage der Modellhälften und des Anschnittsystems so wählen, daß genügend Abstand zum inneren Kastenrand verbleibt
- Mittellinien für die Modelle mit dem Zirkel anreißen
- Paßstifte und Befestigungslöcher sollen bei gleichen Modellen verschiedene Abstände aufweisen, damit sie untereinander **nicht** tauschbar sind

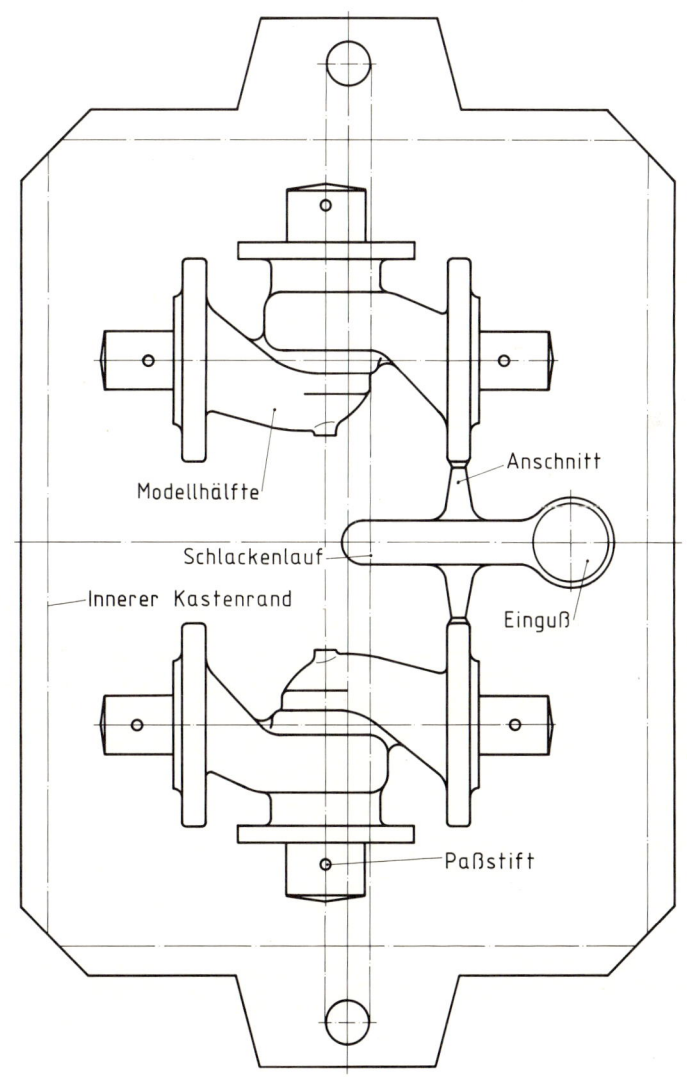

1 Montierte Modellplatte für Ventilgehäuse

Modellplatten **Formtechnik**

Koordinatenmodellplatte (Bild 1)

Die Montage von Modellen auf die Platte wird bei der Koordinatenplatte durch ein Koordinatensystem vorhandener Löcher erleichtert. Mit einer Bohrschablone, die das gleiche Koordinatensystem von Löchern wie die Platte besitzt, werden im Modell die benötigten Löcher gebohrt. Bei der Anordnung der Modelle mit Paßstiften auf der Platte muß dann nur noch darauf geachtet werden, daß durch Abzählen gleicher Lochabstände das Ober- und Unterteil gleich gesteckt wird. Geschraubt wird ebenfalls durch vorhandene Plattenlöcher. Nachteilig ist das Zuspachteln der nicht abgedeckten Löcher. Die Modellplatte wird auch als Raster- und Lochplatte bezeichnet.

1 Koordinatenmodellplatte

Wechselrahmenmodellplatte (Bild 2)

Formanlagen können auch mit geringeren Abformzahlen wirtschaftlich arbeiten, wenn die oft großen Formkästen ausreichend mit Modellen belegt sind und diese schnell gewechselt werden können. Aus diesem Grunde wurden Systeme mit unterschiedlichen Bezeichnungen entwickelt. Gemeinsam ist diesen Wechselrahmenmodellplatten

— ein Wechselrahmen, abgestimmt auf die Funktion der Formanlage und
— eine Möglichkeit zum Einsetzen von einer ganzen, zwei halben, vier vierteln und anderen, auch kombinierten Teilmodellplatten.

Bild 2 zeigt die Kombination von einer halben mit zwei viertel Modellplatten. Durch die Befestigung von Wechselrahmen mit Teilmodellplatten unterscheiden sich die Systeme. Neben der mechanischen ist auch eine magnetische Befestigung möglich.

2 Wechselrahmenmodellplatte

Massive Modellplatten (Bild 3)

Im Gegensatz zu den bisher beschriebenen Modellplatten sind bei den massiven Modellplatten Modell und Platte unlösbar miteinander verbunden.

Vorteile
- größere Stabilität der Ausführung
- Einarbeitung von Abballungen und unebenen Teilungen möglich

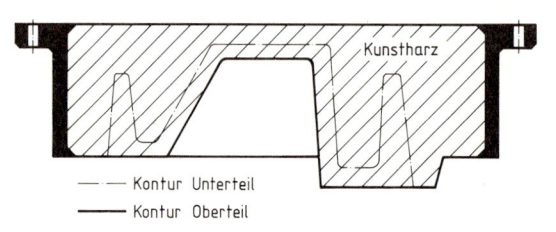

3 Massive Modellplatte aus Furnierplatten

4 Gegenplatte zur Modellplatte von Bild 5

Nachteile
- teurer in Herstellung und Reparatur

Gegenplatte (Bild 4)

Die Gegenplatte ist eine massive Modellplatte, die den Ballen ergibt. Deshalb wird sie auch als Ballenplatte bezeichnet.

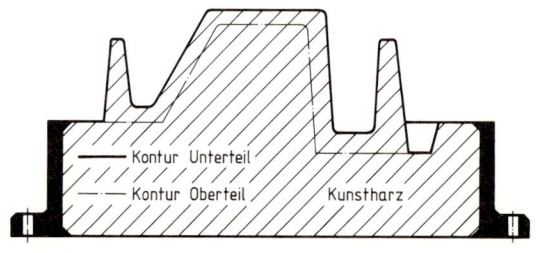

5 Massive Modellplatte für Formunterteil

Formtechnik — Modellplatten

2.4.2 Unterteilung nach dem Formsystem

Einseitige Modellplatten

Funktion

Mit einer einseitigen Formplatte kann nur eine Formhälfte abgeformt werden. Bei Verwendung solcher Platten muß deshalb für Formoberteil und Formunterteil jeweils eine einseitige Modellplatte vorhanden sein.

Die Bilder 1 a und 1 b zeigen eine Modellplatteneinrichtung, die aus zwei einseitigen Modellplatten besteht. Hiervon ist die in 1 a gezeichnete eine montierte und die in 1 b eine massive Modellplatte.

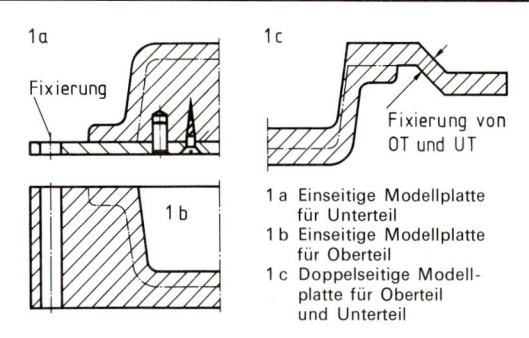

Anwendung

Die meisten Modellplatten sind einseitig ausgeführt. Die Platten können in dieser Bauweise einfach und sicher auf dem glatten Maschinentisch des größten Teils der Formmaschinen aufgespannt werden. Eine Möglichkeit der Rationalisierung besteht bei der Verwendung einseitiger Modellplatten durch den gleichzeitigen Einsatz zweier Formmaschinen.

Doppelseitige Modellplatten

Funktion

Im Gegensatz zu der einseitigen Modellplatte können mit einer doppelseitigen beide Formhälften hergestellt werden. Die Konturen für Modelloberteil und -unterteil sind auf einer Platte einander gegenüberliegend angeordnet. Ein Beispiel hierzu zeigt Bild 1 c. Dort ist für die Haube, die nach Bild 1 a und 1 b mit zwei einseitigen Platten geformt wurde, jetzt eine doppelseitige Platte im Einsatz. Bedingt durch die Funktion der Maschine erfolgt die Fixierung von Oberteil zu Unterteil bei 1 a durch Führungsstifte und bei 1 c durch Abballung.

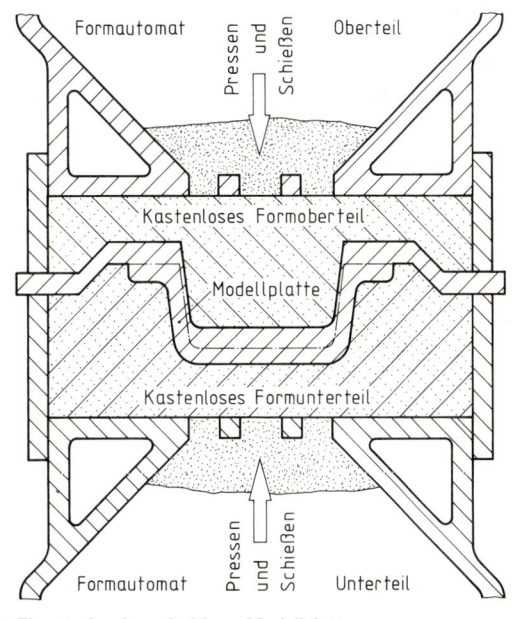

Modellplattenquerschnitt

Wichtig ist bei doppelseitigen Modellplatten die Zugabe der Modellplattendicke zur Wanddicke des Gußteils. Der Vergleich von Modellplatte (Bild 1 c) und Formzeichnung (Bild 3) zeigt dies deutlich.

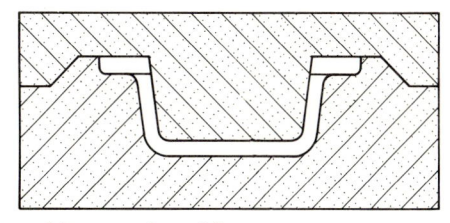

Anwendung

Durch den Einsatz doppelseitiger Modellplatten können auf Formautomaten – wie in Bild 2 – **gleichzeitig** Ober- und Unterteil hergestellt werden. Auch bestimmte Wendeplattenformmaschinen arbeiten mit solchen Modellplatten rationeller.

1 a Einseitige Modellplatte für Unterteil
1 b Einseitige Modellplatte für Oberteil
1 c Doppelseitige Modellplatte für Oberteil und Unterteil

1 Ausführungen einseitiger und doppelseitiger Modellplatten

2 Einsatz der doppelseitigen Modellplatte

3 Formzeichnung zu 1c und 2

Modellplatten — Formtechnik

Reliefmodellplatte

Eine Reliefmodellplatte ist eine doppelseitige Modellplatte mit unebener Teilung. Die Platte selbst bekommt dadurch einen reliefartigen Querschnitt.

Die zueinandergehörenden Modellhälften sind genau übereinanderliegend beiderseits angebracht. Bedingt durch die unebene Teilung können hier die Modelle nicht aufgeschraubt werden, sondern müssen zusammen — Modell und Modellplatte — ausgegossen werden. Dies kann sowohl mit Metall (Hartblei, Aluminium usw.) als auch in Kunststoff erfolgen.

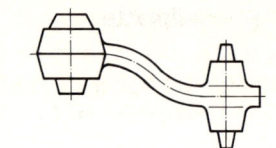

1 Modell

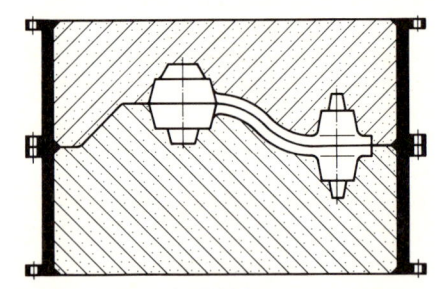

2 Sonderformkasten mit doppelter Führung

Möglicher Arbeitsablauf einer Plattenanfertigung aus Metall für Güteklasse M2

Von meist aus Holz hergestellten einteiligen oder geteilten Urmodellen (Bild 1) mit zweifachem Schwindmaß und einfachem Aufstampfklotz werden die Modelle, wie beim gewöhnlichen Formen in der Handformerei, eingeformt.

Man benutzt dazu Sonderformkästen mit doppelter, genauer Führung (Bild 2).

Nach dem Ausheben des Modells wird ein Metallrahmen (Bild 3), der in Dicke und Innenform der herzustellenden Formplatte mit passendem Abstand der Führungslöcher entspricht, zwischen Ober- und Unterkasten eingefügt.

Der entstandene Hohlraum aus Modell und Rahmendicke wird mit Metall ausgegossen (Bild 4). Je nach Beanspruchung der Modellplatte wird der Gießwerkstoff gewählt. Nach dem Ausformen wird die gegossene Platte verputzt und auf Maßhaltigkeit geprüft.

Zum Arbeiten selbst wird sie meist in einen Rahmen über Führungsstifte eingelegt und durch Laschen verschraubt.

Die Herstellung einer Reliefmodellplatte aus Kunststoff erfolgt sinngemäß, jedoch über ein Kunststoffnegativ.

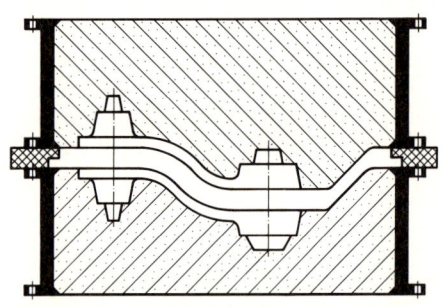

3 Formkasten mit Metallrahmen

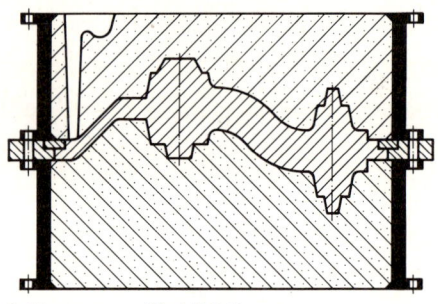

4 Abgegossene Modellplatte

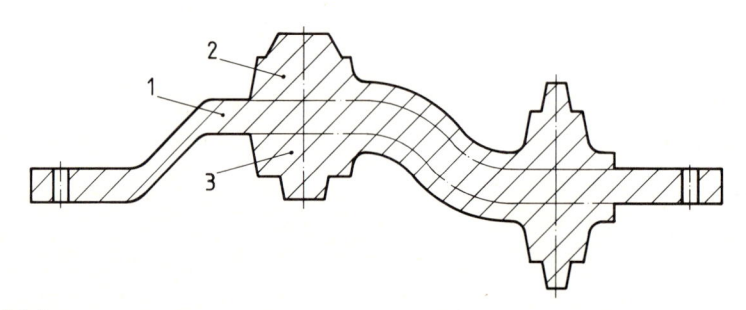

5 Querschnitt der Modellplatte
 1 Modellplattendicke ergibt sich aus der Dicke des Metallrahmens
 2, 3 Modellhälften

Formtechnik | **Modellplatten**

Reversiermodellplatte

Funktion

Eine Reversiermodellplatte enthält, symmetrisch zur Reversiermitte, Modelloberteil und -unterteil (Bild 2). Von dieser einen Seite werden zwei Abformungen hergestellt. Diese beiden Hälften ergänzen sich durch „Reversieren" (Umschlagen einer Hälfte um 180°) zu einer kompletten Form (Bild 3).

Vorteil

Durch die Verwendung von Reversiermodellplatten kann an einer Formmaschine mit nur einer Platte ohne Umrüsten die gesamte Form (beide Formhälften) hergestellt werden.

Nachteil

Bei den üblichen horizontalen Formteilungen kann es nachteilig sein, wenn die Lage einer Formhälfte vom Ober- ins Unterteil wechselt.

Anwendung

Um die Nachteile zu vermeiden, kommen Reversierplatten dort zur Anwendung, wo stehender Guß möglich ist. Bild 4 zeigt hierzu das Beispiel eines Rippenzylinders. Die Anordnung des gemeinsamen Eingusses und der verlorenen Köpfe läßt erkennen, daß die Form stehend gegossen wird. Bei der gezeigten Reversierplatte handelt es sich um eine Metallmodellplatte für das Croningformverfahren.

Da die Anfertigung der beheizbaren Metallmodellplatten sehr teuer ist und oft nur eine Croningmaschine zur Verfügung steht, ist hier der Einsatz einer Reversierplatte besonders vorteilhaft.

Zeichenaufgabe

Die Bilder 1 bis 3 dieser Seite sowie das Foto beim Abschnitt massive Modellplatten beziehen sich auf eine Aufgabe.

Erstellen Sie hierzu
a) eine Fertigungszeichnung nach eigenem Entwurf, im Maßstab 1:1, mit Bemaßung, auf ein Zeichenblatt im Format A3,
b) eine Holzaufbauzeichnung für die Reversierplatte nach Aufgabe a),
c) eine Fachzeichnung der fertigen Form. Die Formhälften sollen mit der Reversierplatte aus Aufgabe b) geformt sein.

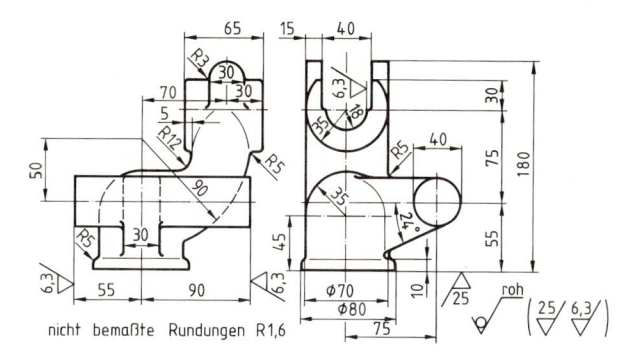

1 Werkzeichnung Schaberlager

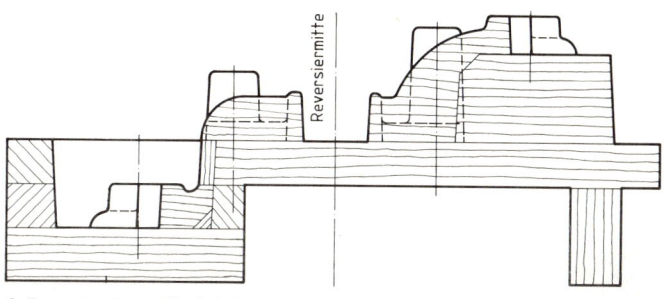

2 Reversierplatte für Schaberlager

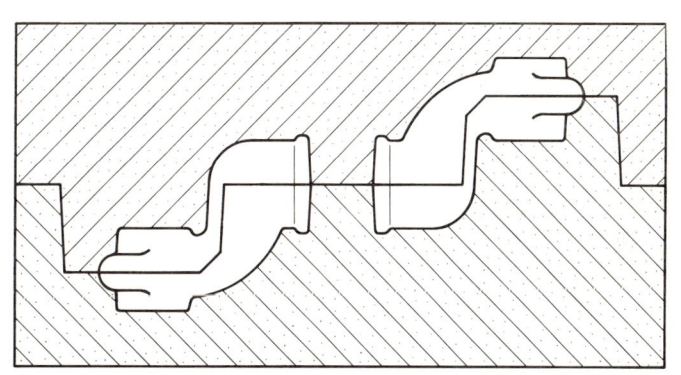

3 Fertige Form für Schaberlager

4 Reversiermodellplatte aus Metall für das Croningverfahren

Modellplatten Formtechnik

2.4.3 Modellplatten mit zusätzlicher Funktion

Modellplatten mit Abstreifkamm

Funktion (Bild 1)

Der Abstreifkamm ist eine zusätzliche Platte, die bei schwierigen Formen das Abheben erleichtert. Die Kontur des Modells an der Teilfläche ist aus der Platte genau passend ausgespart. Beim Abheben wird durch die Abhebestifte der Abstreifkamm mit dem Formkasten hochgedrückt. Da die Sandfläche und der Abstreifkamm an der Teilung formgleich sind, kann keine Sandkante während des Abhebevorganges abreißen.

Bei der Anfertigung einer Modellplatte mit Abstreifkamm muß besonders auf zwei Punkte geachtet werden:

— Die Dicke des Abstreifkammes muß allen Maßen des Modells in Ausheberichtung zugeschlagen werden.
— Aussparungen für die Abhebestifte dürfen sich nur in der Modellplatte und nicht im Abstreifkamm befinden.

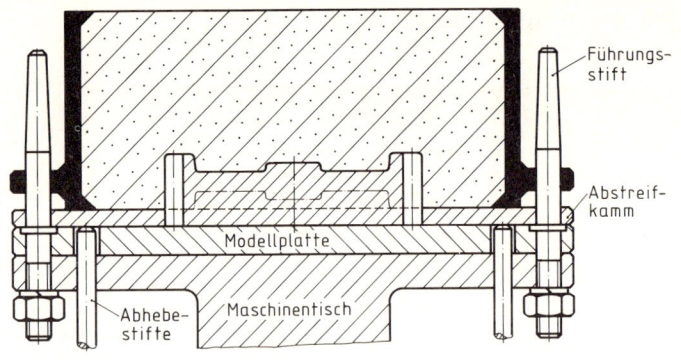

1 Funktion des Formens mit Abstreifkamm

2 Abstreifkamm zur Vermeidung von Konus

Anwendungen

Bild 2 zeigt eine Metallmodellplatte mit Abstreifkamm für ein Sperrad. Aus Kostengründen soll das Gußteil ohne Bearbeitung eingebaut werden. Ein Formkonus würde sich jedoch nachteilig auf die Funktion auswirken, deshalb wird hier ein Abstreifkamm verwendet.

Bild 3 zeigt das Modell eines Elektromotorengehäuses. Dieses stellt ein typisches Beispiel für eine vielgliedrige Form dar. Hier besteht beim Ausheben ganz besonders die Gefahr, daß Sandkanten abreißen. Beim Ausheben greift nun der Kamm genau in die Kontur, unterstützt von unten den Formsand und verhindert somit eine Beschädigung der Form.

3 Abstreifkamm bei vielgliedriger Form

Aufgabe

Zeichnen Sie für das in Bild 4 gegebene Zahnrad jeweils eine einseitige Modellplatte für Oberteil und Unterteil. Entsprechend Bild 1 soll die Planung so erfolgen, daß nur für die Unterteilplatte der Abstreifkamm erforderlich wird.

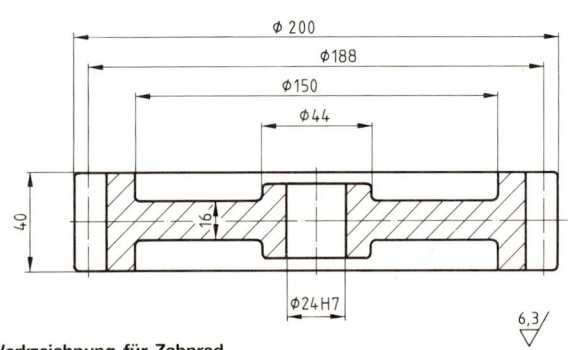

4 Werkzeichnung für Zahnrad

Formtechnik   **Modellplatten**

Modellplatte mit Durchziehteil

Funktion
Durch einen entsprechenden Mechanismus werden Teile der Modelleinrichtung, wie hohe Rippen usw., durch das Modell gezogen (Bilder 1 bis 3). Zum Unterschied der Modelleinrichtung mit Abstreifkamm bleibt bei einer Modelleinrichtung mit Durchziehteil die Form liegen, und das Modell oder nur ein Teil der Modelleinrichtung bewegt sich nach unten.

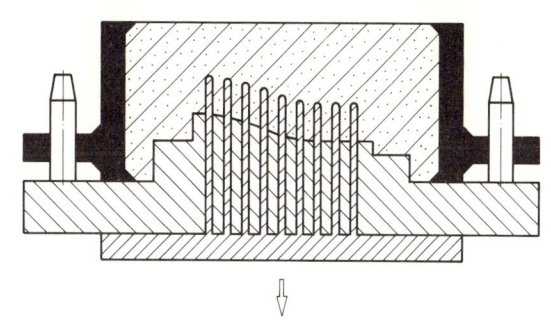

1 Prinzipskizze-Durchziehformmaschine

Anwendung
Durchziehplatten sind in der Herstellung noch aufwendiger als Abstreifkämme und nur bei sehr hohen Stückzahlen der Abgüsse gerechtfertigt, wenn auf andere Weise kein einwandfreies Abformen des Modells gewährleistet werden kann.

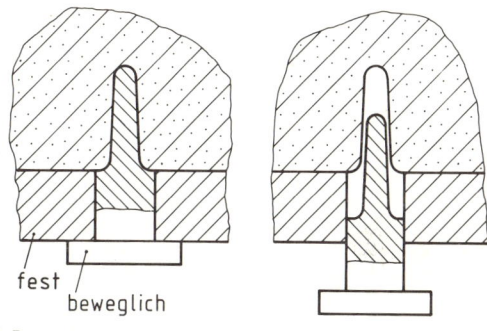

Anfertigung
Die Modellplatte wird mit Durchbrüchen versehen, die auf Passung gearbeitet sind. Die eingepaßten Teile sind auf einer besonderen Platte befestigt, mit der sie vor dem Abheben des Formkastens vom Modell aus dem Formsand nach unten gezogen werden. Dieser kann sich nicht lockern, weil er durch das feststehende Modell gestützt wird (Bild 2).

Bei der Anfertigung einer solchen Modelleinrichtung sollte folgendes beachtet werden:

- Das bewegliche Teil des Modells, mit Rippen oder ähnlichem, wird so gestaltet, daß die Teilung neben den Radien der Hohlkehle verläuft (Bild 2).
- Die beweglichen Teile aus Stahl werden vor dem Einpassen gehärtet, damit der beim Härtevorgang entstehende Verzug weggearbeitet werden kann.
- Die Paßflächen besitzen ein Schleifübermaß und werden auf Präzisionsschleifmaschinen auf Gleitsitz eingearbeitet.
- Je höher die Oberflächengüte der aus dem Formstoff zu ziehenden Teile ist, um so geringer kann ihre Formschräge sein.

2 Durchziehrippe (Detail)
fest / beweglich

3 Zylindermodell aus Metall als Durchziehmodell

Wiederholungsfragen
1. Nennen Sie die grundsätzlichen Vorteile von Modellplatten gegenüber Handmodellen.
2. Unterscheiden Sie nach der Art der Befestigung.
3. Nennen Sie Werkstoffe, die für Modellplatten verwendet werden.
4. Erklären Sie den Begriff „massive Modellplatte".
5. Wie erfolgt der Arbeitsablauf bei der Montage von geteilten Modellen auf die Modellplatte?
6. Worin liegt der Vorteil einer Koordinatenmodellplatte?
7. Welchen Vorteil bringt eine Wechselrahmenmodellplatte?
8. Wo wird die doppelseitige Modellplatte verwendet?
9. Erklären Sie den Unterschied zwischen doppelseitiger Modellplatte und Reliefmodellplatte.

Modellplatte mit Einzugsteil

Funktion

Teile mit Hinterschneidungen werden horizontal oder unter einem Winkel in das Modell hineingezogen.

Anwendung

Diese Art der Modellplatten wird heute fast nicht mehr verwendet, da die auszuführende Arbeit zu zeitraubend und zu teuer ist.

Bei neueren Konstruktionen werden solche Gußteile weitestgehend vermieden, aus gießtechnischen Gründen umkonstruiert oder ein anderes Teil auf mechanische Weise am Grundkörper befestigt (s. Kap. 2.2 unter „Modellteilung-Losteile").

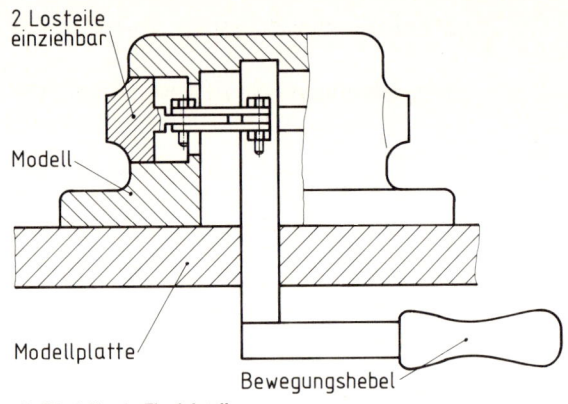

1 Modell mit Einziehteil

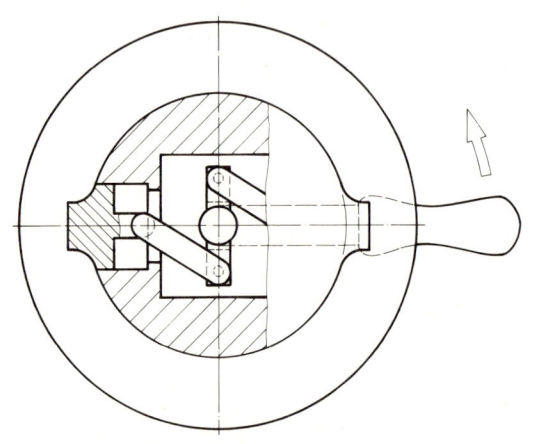

2 Draufsicht der Einzieheinrichtung (Schnitt)

Modellplatte mit Heizeinrichtung

Zum Erreichen einer optimalen Arbeitstemperatur bei Arbeitsbeginn und/oder während des Betriebes bei Metallmodellen mit Metallmodellplatten im Sandguß oder für das Maskenformverfahren sind Heizeinrichtungen notwendig.

Wirkungsweise

Besonders in der kalten Jahreszeit **klebt** der **Formsand an den Metallmodellen.**

Dies wird dadurch hervorgerufen, daß der Umlaufsand (Betriebssand) noch nicht genügend abgekühlt ist und eine höhere Temperatur als das Modell hat.

Dadurch kommt es bei der Sand-Modell-Berührung zu einer Kondenswasserbildung an der Modelloberfläche und weiter zum Ankleben des Formsandes am Modell.

Die Heizeinrichtung besteht in den meisten Fällen aus Heizstäben, Heizpatronen usw.

Dabei ist zwischen Maschinentisch und Modellplatte eine Heizplatte gespannt.

Beim **Maskenformverfahren** (Croning) müssen die Modellplatten auf eine Arbeitstemperatur von 250 bis 350 °C aufgewärmt werden.

Diese Temperatur muß auch während der Betriebszeit beibehalten werden. Die Wärmequelle kann dabei Gas oder elektrische Energie sein (s. Kap. 3.4.1 „Maskenformverfahren)".

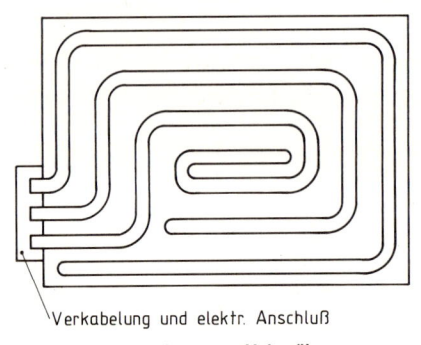

3 Heizeinrichtung mit gebogenen Heizstäben

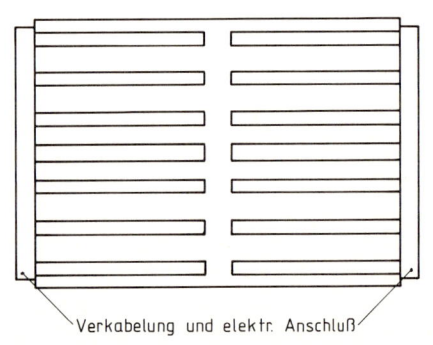

4 Heizeinrichtung mit zylindrischen Heizpatronen

Formtechnik	Spezielle Formverfahren

2.5 Spezielle Formverfahren mit Dauermodell oder Verlorenem Modell

2.5.1 Formverfahren mit Polystyrolschaumstoffmodellen

Dauermodelle
Anwendung

Dauermodelle aus Polystyrol-Schaumstoff kommen zur Anwendung, wenn
- das Modell wieder entformt werden soll,
- die Kontur ein Entformen nicht erschwert,
- die Gußstückzahl zwischen 2 und 10 liegt,
- bei Großmodellen das Gewicht gering sein soll,
- die Modellkosten gesenkt werden sollen.

Bis zu mittleren Durchmessern ist das Schablonieren durch Schaumstoffmodelle verdrängt worden.

Formverfahren
- Die Modelle sind **ein- und zweiteilig** und werden wieder entformt. Es handelt sich deshalb um ein **Hohlformverfahren.**
- Wie bei anderen **Dauermodellen** werden **meist Kernmodelle** wegen der leichteren Formherstellung ausgeführt. Die notwendigen Kerne werden zunehmend in **Schaumstoffkernkästen** hergestellt.
- Schaumstoff-Dauermodelle werden beim **Handformen in Kasten- und Bodenformen** eingesetzt.
- Um Modellbeschädigungen zu vermeiden, darf nur ganz leicht verdichtet werden. Es muß **kalt aushärtender Sand** verwendet werden.

1 Modellarten aus PS-Schaumstoff

Normung

In DIN 1511 werden Schaumstoff-Dauermodelle in die Güteklasse S1 eingeordnet. Dort sind Merkmale für Verwendung, Werkstoff, Ausführung und zulässige Maßabweichung festgelegt.

Werkstoff

Um den Beanspruchungen durch mehrmaliges Entformen zu genügen, ist die Dichte des Schaumstoffes für S1-Modelle in DIN 1511 festgelegt: Sie muß mehr als 20 kg/m^3 betragen, soll jedoch 40 kg/m^3 nicht überschreiten.

Im VDG-Merkblatt ist die Dichte auf 35 bis 40 kg/m^3 eingegrenzt und darüber hinaus eine Härte von 80 Skalenteilen auf dem umgebauten Shore-Härteprüfgerät vorgeschrieben. Die Durchführung der Härteprüfung ist dort ebenfalls beschrieben.

2 Kernmodell aus PS-Schaumstoff für 13-t-Gußstück wurde früher durch Schablonieren hergestellt

63

Spezielle Formverfahren Formtechnik

Beschichtung

Zur Glättung und Verfestigung der Oberfläche werden geeignete Beschichtungen aufgetragen. Die verwendeten Materialien dürfen jedoch keine Lösemittel enthalten, die Polystyrol anquellen oder lösen. Bewährt haben sich Beschichtungen aus **Kunstharzdispersionen,** z.B. auf PVAc-Basis, oder lösemittelfreie **Zweikomponentenharze.** Solche Beschichtungen wirken auch als „Sperrschicht" zum Untergrund. Nach Auftrag dieser Grundierung kann mit üblichen Modellacken weiterlackiert werden, da die Lösemittel dieser Lacke den Polystyrolschaum nicht mehr erreichen und zerstören können.

Aushebeschräge

Der Formkonus entspricht dem von anderen Dauermodellen.

1 PS-Schaum-Dauermodell zweiteilig

Ausführung der Schaumstoff-Dauermodelle

Ausheberichtungen

Beim Ausheben der S1-Modelle muß die gleiche Haftreibung wie bei jedem anderen Dauermodell überwunden werden. Das geringere Gewicht läßt dies leicht übersehen. Besonders bei Großmodellen muß deshalb in Ausheberichtung möglichst tief im Modell ein Haltegerüst zur Befestigung der Ziehbänder eingebaut werden. Im Bild 3 wird der Aufbau einer solchen Ausheberichtung an einem zweiteiligen Zylindermodell gezeigt. Weniger geeignet ist die Lösung nach Bild 4. Hier sind Ausheberplatten in das Sperrholz eingelassen.

Die in die Teilfläche eingelassenen Sperrholzplatten dienen nur zur Aufnahme der Modelldübel. Lediglich bei kleinen und flachen Modellen können sie zum Ausheben benutzt werden. Neuerdings wird auch mit Preßluft ausgehoben.

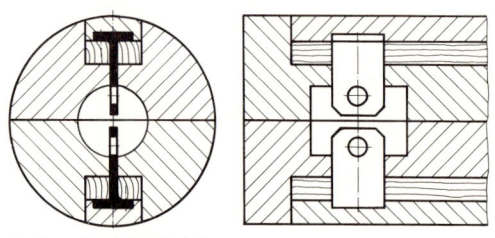

Modelloberfläche

Die Struktur des Schaumstoffes erfordert besondere Aufmerksamkeit. Herausgebrochene Teilchen, Hohlräume oder Einschlüsse behindern das Ausheben. Eine einwandfreie Oberfläche erfordert

– einen geeigneten Schaumstoff,
– ein geeignetes Bearbeitungsverfahren: Schleifen und Fräsen mit hohen Drehzahlen.

Darüber hinaus erhalten S1-Modelle eine Beschichtung.

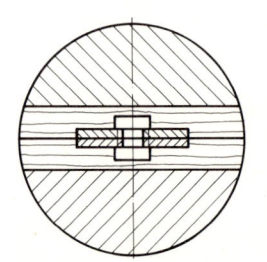

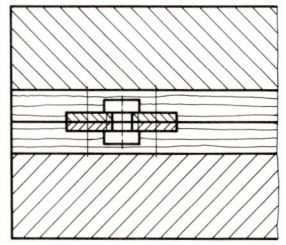

2 PS-Schaum-Kernkasten zweiteilig

3 Gute Ausheberichtung

4 Schlechte Ausheberichtung

Verlorene Modelle für das Vollformverfahren

Formverfahren

Die Verwendung eines verlorenen Modells bedeutet, daß für jeden Abguß ein Modell benötigt wird. Beim Vollformverfahren bleibt es in der Form und wird durch das einfließende flüssige Metall vergast.

Kennzeichen eines Vollformmodells

Aus dem Formverfahren ergeben sich für ein Vollformmodell kennzeichnende Unterschiede zu einem Dauermodell. Es entfallen alle Besonderheiten zum Zweck des Aushebens wie

- Formschräge,
- Modellteilungen (sofern nicht als Auflage notwendig),
- Aushebeeinrichtungen,
- Formgebung durch Kerne (Ausnahmen siehe folgende Seite).

Das Vollformmodell unterscheidet sich deshalb im allgemeinen in seinen Konturen vom Gußstück nur durch das Schwindmaß (Ausnahmen siehe nächste Seite).

Werkstoff

Damit die Vergasung des Modellwerkstoffes schnell und ohne Rückstände abläuft, müssen folgende Voraussetzungen gegeben sein:

- Die Temperatur, bei der Polystyrol-Schaumstoff in gasförmige Bestandteile zerfällt, muß unter der Gießtemperatur liegen. Die Vergasung beginnt bei 600 bis 800 °C.
- Die zu vergasende Menge muß gering sein, die Dichte muß deshalb unter 20 kg/m^3 liegen.
- Durch ausreichend lange Lagerung beim Hersteller müssen sich Treibgas- und Wasserrückstände im Schaum verflüchtigt haben.
- Die Blaufärbung von Schaumstoffen bewirkt einen schnelleren Übergang der Wärme vom Gießmetall in den Schaumstoff. Dieses Absorbieren („Schlucken") von Wärmestrahlung verbessert die Vergasung am Übergang zwischen Schmelze und zurückweichendem Schaum.
- Klebestellen vergasen schlechter. 1 mm^3 Klebstoff entspricht im Gasvolumen 50 mm^3 Schaumstoff.

Ein für die Vergasung geeigneter Polystyrol-Schaumstoff ist in Bild 3 in der Vergrößerung 1000:1 gezeigt. In Wirklichkeit haben die Zellen einen Durchmesser von 1/100 mm, und die Wanddicke beträgt 1/1000 mm.

1 Typisches verlorenes Modell für das Vollformverfahren
Revolvertisch für Automobiltaktstraße 4 m Durchmesser

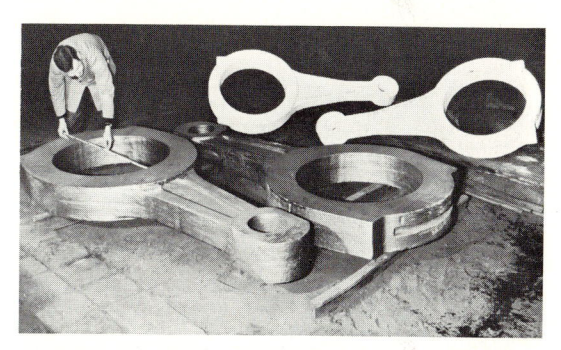

2 Modell und Gußteil zum Vollformverfahren, einziger äußerer Unterschied: Schwindmaß

3 Zellaufbau von Polystyrol-Schaumstoff
Mikroskop-Aufnahme 1000fach vergrößert

Spezielle Formverfahren — Formtechnik

Innenkonturen beim Vollformverfahren

Formen für das Vollformverfahren werden meist ohne Kerne ausgeführt. Das Modell wird hierbei als Kernkasten benutzt, d.h. mit Formsand gefüllt.

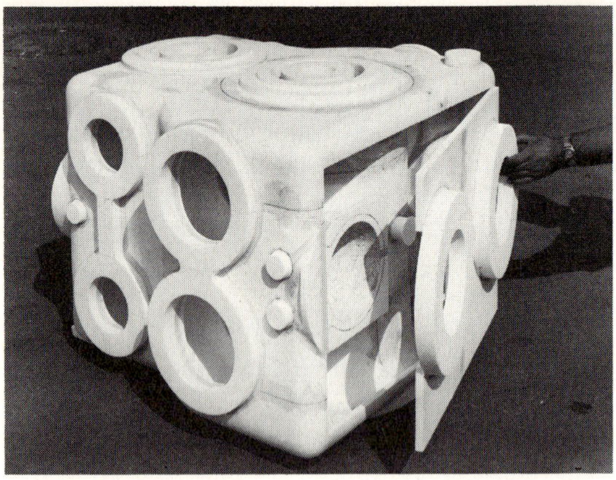

Füllen schlecht zugänglicher Hohlräume
Zusätzliche Teilungen

Durch zusätzliche Teilungen können schlecht zugängliche Hohlräume besser gefüllt werden. Eine häufig ausgeführte Möglichkeit stellen Modelle mit einer separaten, abnehmbaren Wand dar (Bild 1), diese wird nach dem Füllen durch den Former eingeklebt. Nach dem Füllen wird das Modell fertig eingeformt.

1 Modell mit separater Wand zum Füllen der Hohlräume

Verwendung von Kernen
Lange Hohlräume mit dünnem Querschnitt

Lange Hohlräume mit dünnem Querschnitt, wie z.B. Kanäle können schlecht oder nicht mit Sand eingefüllt werden. Auch Einfüllen nach Teilung ist nicht möglich, wenn keine glatten Abschlußflächen vorhanden sind. Eine Lösung ist jedoch die Verwendung von Kernen, die nach entsprechender Teilung in das Modell eingelegt werden (Bild 2).

Statt der Kerne können auch Stahlrohre eingegossen werden. Bei beiden Verfahren müssen die Enden zur Lagerung wie Kernmarken aus dem Modell herausragen.

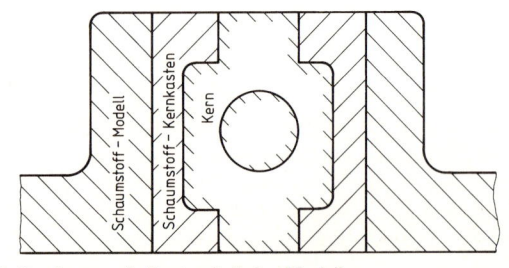

2 Modell geteilt zum Einlegen der Kerne bei langen Hohlräumen mit kleinem Querschnitt

Einbau des Kernes mitsamt dem Kernkasten

Bei kleineren Kernen ist es auch möglich, den Kern zusammen mit dem Kernkasten in das Modell einzubauen. Diese Lösung wird gewählt, wenn die Aussparung für den Kernkasten einfacher als die Teilung zum Kerneinlegen zu fertigen ist.

3 Kernkasten als Bestandteil des Modells

Formtechnik — Spezielle Formverfahren

Stabilisierung dünnwandiger Modelle

Große dünnwandige Modelle können sich beim Einformen unter dem Gewicht des Sandes verformen. Um dies zu verhindern, kann das Modell

- mit einem Aufstampfklotz oder -boden aufgestampft werden,
- über einen Innenkern gezogen und mit diesem aufgestampft werden,
- entsprechend durch Rippen verstärkt werden, die während des Einformens entfernt werden.

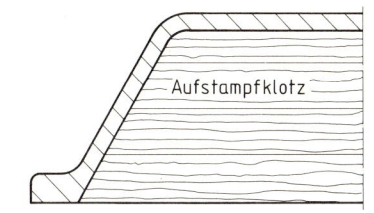

1 Stabilisierung durch Aufstampfklotz

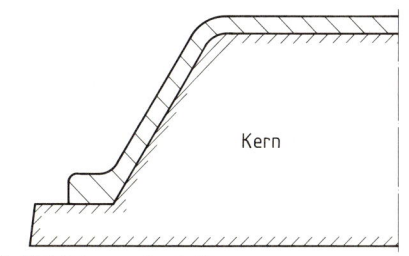

2 Stabilisierung durch Kern

Schlichte

Beim Vollformgießen wird das Modell geschlichtet. Bei Grauguß wird z.B. eine Alkohol-Zirkon-Schlichte verwendet.

Modellarten für das Vollformverfahren

Für das Vollformverfahren werden Einzelmodelle oder Serienmodelle zerspanend oder spanlos hergestellt.

Einzelmodelle zerspanend hergestellt

Durch Zerspanung hergestellte Einzelmodelle für das Vollformverfahren sind in DIN 1511 in die Güteklassen S2 und S3 eingeteilt und haben folgende Merkmale:

Zulässige Maßabweichungen

Die Maßabweichungen dürfen bei S3-Modellen größer als bei S2-Modellen sein. So beträgt z.B. die Toleranz bei einem Nennmaß von 150 mm bei S2 +0,9 mm und bei S3 ±1,5 mm.

3 Modell wird aus Bearbeitungsgründen geteilt und dann geklebt

Modellaufbau

Wegen der schlechten Vergasung des Klebers sollen S2-Modelle möglichst aus dem Vollen gearbeitet sein. Beispiele für Ausnahmen zeigen die Bilder 3 und 4. Hohlkehlen müssen angearbeitet sein. Bei S3-Modellen darf geklebt werden.

Modelloberfläche

Bei S2-Modellen ist die Oberfläche glatter als bei S3-Modellen. Die bessere Oberfläche wird durch Schleifen oder Verfahren mit gleichem Ergebnis erreicht. Die Oberfläche des Gußstückes kann nur so gut sein wie die Oberfläche des Modells!

Anwendung

Das übliche Vollformmodell entspricht der Güteklasse S2. Güteklasse S3 wird bei besonders eiligen Gußstücken, Reparaturguß und ähnlichem gewählt. Bei mittleren und großen Modellen ist die Anfertigung von zwei oder drei gleichen Vollformmodellen immer noch vorteilhafter als die Anfertigung eines Dauermodells aus Holz.

4 Modell für Planscheibe kann in dieser Größe nur geklebt werden

Spezielle Formverfahren — Formtechnik

Einzelmodelle spanlos hergestellt
Verfahren
Durch ein Gemisch aus Schaumstoffkugeln und Epoxidharz können Modelle spanlos hergestellt werden. Das Epoxidharz umhüllt dabei die bereits voll ausgeschäumten Schaumstoffkugeln und verbindet sie nach dem Aushärten fest miteinander. Mit der Mischung wird wie beim Herstellen eines Kunstharzmodells nach dem Vollgußverfahren gearbeitet.

Wesentlich ist, daß die Gesamtdichte von Schaum und Harz wiederum unter 20 kg/m³ liegt. Dadurch ist auch diese Modellart im Vollformverfahren vergasbar.

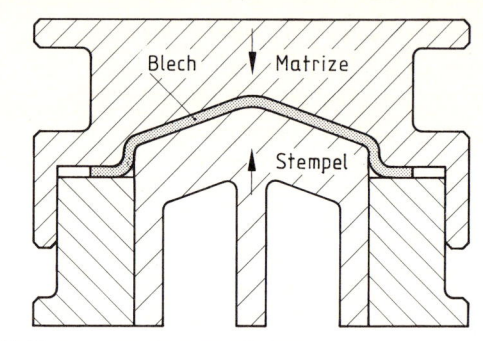

1 Vollform-Stahlgußteile für Werkzeug

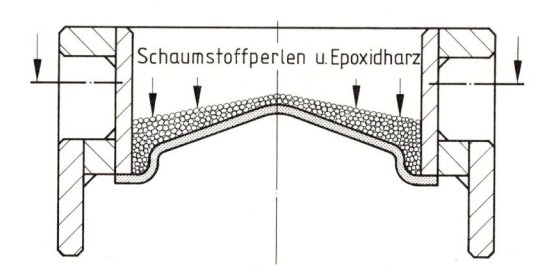

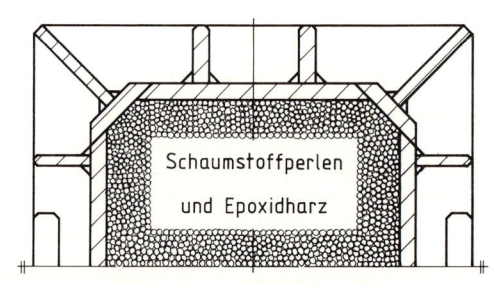

Anwendung
Zur Herstellung von Karosserieteilen mit Pressen werden Werkzeuge, wie in Bild 1 gezeigt, benutzt. Alle drei Teile werden als Stahlgußteile durch Vollformgießen hergestellt.

Die formgebende Seite der Matrize wird als Negativ vom Urmodell, z.B. einem Autodach, abgenommen:

Hierzu wird zunächst der äußere Teil der Matrize aus Platten aufgebaut. Dies sind die schraffierten Teile in Bild 2. Der Rahmen wird auf dem Urmodell aufgebaut und mit der Mischung aus 40 bis 50 l Schaumstoffperlen, 1 kg Epoxidharz und 0,2 kg Härter gefüllt.

Nach dem Aushärten kann nach dem gleichen Verfahren der Stempel hergestellt werden.

Alternative
Sollen für das beschriebene Werkzeug Modelle nach der Güteklasse S2 gefertigt werden, muß das Modell aus einem Block gefräst werden. In diesem Fall wird vom Urmodell ein Kunstharz- oder Gipsnegativ gegossen. Nach ihm wird dann durch Kopierfräsen die formgebende Seite gefräst.

2 Aufbau des S2-Modells für Matrize aus 1

Bearbeitungszugabe
Auf die formgebende Seite des Schaumstoffmodells wird eine Schaumstoffbahn entsprechender Dicke aufgeklebt.

Schwindmaß
Zur Abnahme der Kontur stehen häufig Blechteile, z.B. aus Karosserien, ohne Schwindmaß zur Verfügung. Dieses fehlende Schwindmaß kann durch eine größere Bearbeitungszugabe berücksichtigt werden. Vorteilhafter sind Urmodelle mit Schwindmaß.

3 Beschneidewerkzeug für Kofferdeckel aus Platten aufgebaut

Formtechnik — Spezielle Formverfahren

Serienmodelle

Formverfahren
Für die Massenfertigung von Gußteilen nach dem Vollformverfahren müssen so viele gleiche Schaumstoffmodelle wie abzugießende Gußstücke hergestellt werden. Dies geschieht durch Ausschäumen in Metallformen.

Formen mit kalt aushärtendem Sand
Wie die Modelle der Güteklasse S2 und S3 können auch Serienmodelle in kalt aushärtendem Sand geformt werden.

Magnetformverfahren
Beim Magnetformverfahren müssen die Serienmodelle aus Schaumstoff in Eisengranulat eingeformt werden. Die Verfestigung dieses Formstoffes erfolgt durch Magnetisieren mit einer Gleichstrom-Magnetisiereinrichtung.

Unterdruck-Vollformverfahren
Bei diesem Verfahren wird ebenfalls kein Binder benötigt. Durch Einblasen von Druckluft verhält sich der Sand wie eine Flüssigkeit: Das Modell kann eingeschwommen werden. Vor dem Eingießen wird die Anlage auf Unterdruck (200 bis 600 mm, meist 400 mm Wassersäule) umgeschaltet.

Werkzeugherstellung
Das Werkzeug zur Herstellung von Serien-Schaumstoffmodellen für das Vollformgießen ist die Schäumform. Die geteilte Modellform besitzt einen Hohlraum mit der Negativform des Modells. Sie hat das ungefähre Aussehen eines Kernkastens. Wie beim Schießen ist hier eine Einfüllöffnung für das Einblasen des Werkstoffes notwendig. Ebenfalls vergleichbar mit den Entlüftungsdüsen sind hier Schlitzdüsen für die Einleitung des Dampfes vorhanden.

Herstellung der Serienmodelle für das Vollformgießen
Polystyrol-Schaumstoff kann in drei Formen vorliegen:
- **ungeschäumt** mit Treibgas als Kugeln von 0,2 bis 0,3 mm ∅
- **vorgeschäumt** mit Resttreibgas als Kugeln mit ca. 5 mm ∅
- **ausgeschäumt**

Zum Herstellen der Serienmodelle werden die vorgeschäumten Kugeln in die Schäumform eingeblasen und dort durch Einleiten von Dampf mit 110 bis 120 °C ausgeschäumt. Hierbei dehnen sich die vorgeschäumten Kugeln weiter aus und verschweißen miteinander. Sie legen sich dabei so exakt an die Wand der Metallform an, daß selbst Schleifriefen abgebildet werden. Sämtliche Vorgänge, wie Einblasen, Ausschäumen, Abkühlen und Auswerfen, werden in der Praxis durch vollautomatische Maschinen ausgeführt.

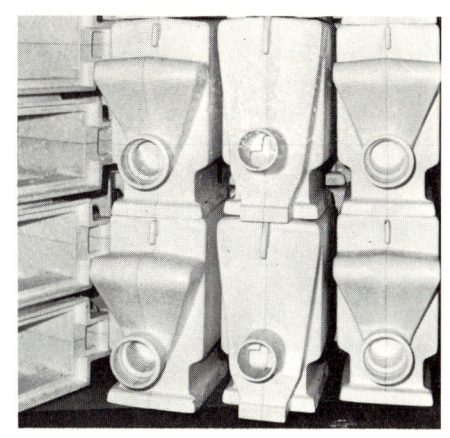

1 PS-Schaum-Serienmodelle

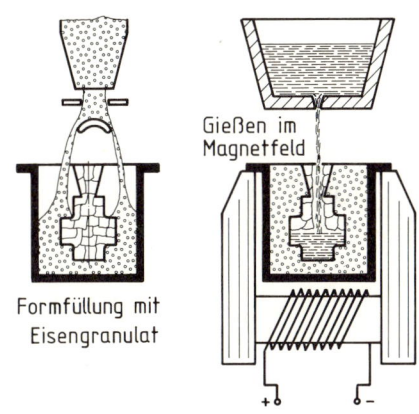

2 Magnetformverfahren
Formfüllung mit Eisengranulat
Gießen im Magnetfeld

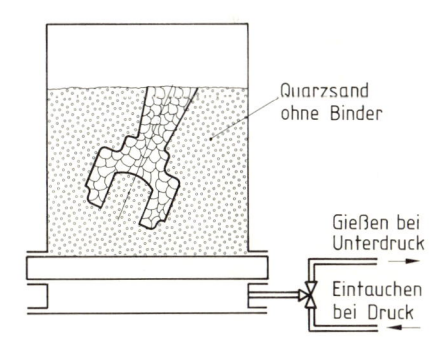

3 Unterdruck-Vollformverfahren
Quarzsand ohne Binder
Gießen bei Unterdruck
Eintauchen bei Druck

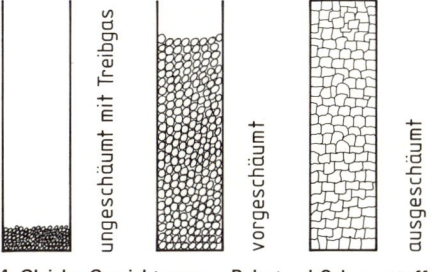

4 Gleiche Gewichtsmenge Polystyrol-Schaumstoff
ungeschäumt mit Treibgas / vorgeschäumt / ausgeschäumt

Spezielle Formverfahren | **Formtechnik**

Verlorene Modelle für das Hohlformgießen

Oftmals werden in den Gießereien die verlorenen Modelle auch durch Herausschneiden oder Herausbrechen aus der Form entfernt. Es braucht dabei lediglich eine Teilung zum Abheben des Formkastens vorgesehen zu werden, damit das Modell hierfür zugänglich wird. Weitere Teilungen, Aushebeschrägen und Aushebeeinrichtungen brauchen nicht vorhanden zu sein, da das Modell zerstört wird.

Bei diesem Verfahren handelt es sich wie bei der Verwendung von Dauermodellen um ein Hohlformverfahren.

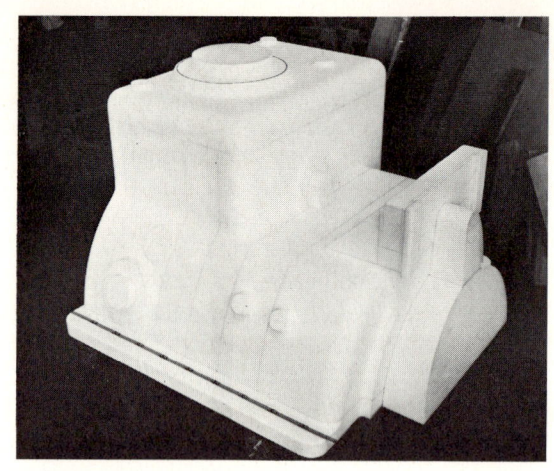

Kombinationsmodelle

Bei Dauermodellen werden **Losteile** immer häufiger durch **Vollform-Modellteile** aus Schaumstoff ersetzt. Dadurch wird der Formvorgang um das Entfernen des Losteiles aus der Form vereinfacht. Diese Kombination eines Dauermodells mit einem verlorenen Modellteil kann in folgenden Ausführungen erfolgen:

1. Dauer-Holzmodell mit verlorenem Schaumstofflosteil
   H 2/S 2 oder H 3/S 3 oder H 3/S 2
2. Dauer-Schaumstoffmodell mit verlorenem Schaumstofflosteil
   S 1/S 2 oder S 1/S 3

1 S 3-Modell für das Hohlformgießen

Wiederholungsfragen

1. Welche andere Modellart kann ein S 1-Modell ersetzen?
2. Skizzieren Sie die Aushebeeinrichtung eines großen zylindrischen, zweigeteilten S 1-Modells.
3. Wie wird bei Schaumstoff-Dauermodellen eine Beschichtung aufgebaut?
4. Welche Kennzeichen hat ein Vollformmodell?
5. Welche Voraussetzungen muß der Werkstoff für das Vollformverfahren besitzen, damit eine einwandfreie Vergasung gewährleistet ist?
6. Welche besonderen Umstände machen für das Vollformverfahren die Verwendung von Kernen notwendig?
7. Wie wird beim Vollformverfahren Penetration und Vererzung vermieden?
8. Wodurch unterscheiden sich S 2-Modelle von S 3-Modellen?
9. Welche Voraussetzung muß gegeben sein, damit ein Epoxidharz-Schaumstoff-Gemisch beim Vollformgießen vergast?
10. Für welche Formverfahren werden Serienmodelle aus Schaumstoff verwendet?
11. Beschreiben Sie die Herstellung eines Serienmodells aus Schaumstoff.
12. Welche Bedeutung hat die Bezeichnung Kombinationsmodell S 1/S 2?

2 Kombinationsmodell S 1/S 2

Bild 2 zeigt die Modelleinrichtung für ein Turbinengehäuse aus Stahlguß. Die Modellhälfte wird zweimal eingeformt, einmal als Unter- und einmal als Oberteil. Der Teil des Modells, der im Ober- und Unterteil unterschiedlich ausgeführt wird, bzw. nicht entformbare Augen besitzt, wird als verlorenes Modellteil ausgeführt. Es liegt ganz vorn im Bild. Der Einsatz als Dauermodell läßt sich auch an der holzverstärkten Teilfläche des Modells erkennen.

Der Hauptkernkasten wurde aus Holz gefertigt. In ihm werden halbe Kerne hergestellt, d.h., für jede Form werden zwei solcher Kerne benötigt. Alle weiteren Kernkästen sind Styroporkernkästen. Eine Modellausführung S 2 oder S 3 ohne Kerne ist bei diesem Gehäuse nicht möglich, da die Hohlräume an einem solchen Naturmodell zu schlecht herstellbar und füllbar wären und das Modell zu leicht verformbar wäre. Trotzdem ergibt sich gegenüber einer reinen Holz-Modelleinrichtung eine Ersparnis von 70% Arbeitszeit, 65% Materialkosten und 70% Durchlaufzeit.

2.5.2 Feingießverfahren

Der Name „Feingießen" wird im gesamten deutschsprachigen Raum für das industriell angewendete Gießen mit einem verlorenen Modell, für das sogenannte Modellausschmelzverfahren, verwendet. Bei diesem Verfahren werden verlorene Formen mit verlorenen Modellen hergestellt.

Entstehung, Geschichte

Der Vorläufer des Feingießverfahrens ist das künstlerische Wachsausschmelzverfahren. Dies ist wahrscheinlich das älteste Verfahren zur Anfertigung von Gußstücken mittels eines Modells. Den Kulturvölkern des Mittelmeerraumes und Asiens war dieses Verfahren bereits 2000 bis 3000 Jahre vor Christi Geburt bekannt. Für die zu gießenden Teile wurde ein Modell aus Wachs modelliert und in Lehm eingeformt.

Durch Ausschmelzen des Wachses erhielt man eine Hohlform. Die geschmolzenen Metalle wurden dann in die vorher gebrannte Lehmform gegossen. Diese Gießmethode wurde von Künstlern aller Epochen zur Herstellung von Skulpturen angewandt. Zahlreiche Denkmäler in aller Welt geben davon Kenntnis, z.B. die goldene Paradiestür im Baptisterium von Florenz, das Reiterstandbild des Großen Kurfürsten in Berlin usw.

Eine industrielle Bedeutung erlangte dieses Verfahren jedoch erst im Laufe des zweiten Weltkrieges (um 1940), als in Amerika die Entwicklung geeigneter Modellwachse, Bindemittel und Formmaterialien reproduzierbare Abgüsse in maßlich engen Toleranzen ermöglichte.

Um das Jahr 1950 wurden in der Bundesrepublik Deutschland und in Österreich die ersten Abgüsse dieser Art in Lizenz hergestellt.

Anwendungsbereiche

Die Anwendungsbereiche sind sehr mannigfaltig und gehen von der Textilmaschinen-Industrie über die Waffen-, Büromaschinen-, Baubeschläge-, Werkzeugmaschinen- und Pumpenindustrie bis hin zum Turbinenbau, Reaktorbau und zur Luftfahrtindustrie.

Gußstückgewichte

Stückgewichte von 0,5 g bis 30 kg sind üblich. Allerdings fertigen einige Feingießer auch Teile bis zu 100 kg Stückgewicht.

Die größte Anzahl der Feingußteile mit Stückgewichten bis 100 g geht in die feinmechanische Industrie.

Es können dabei sowohl Abgüsse von Naturmodellen wie auch von Kernmodellen zur Anwendung kommen.

1 Historisches Gußteil, nach dem Wachsausschmelzverfahren hergestellt (Markusplatz in Venedig)

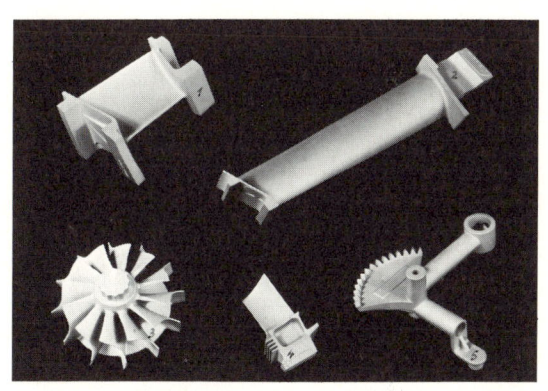

2 Typische Feingußteile
Teil 1, 2 und 4: Turbinenschaufeln für Flugzeugtriebwerk aus einer Nickel-Chrom-Legierung.
Teil 3: Abgasturbolader-Laufrad mit sehr dünner Wanddicke aus einer Cobalt-Chrom-Nickel-Legierung.
Teil 5: Steuerhebel aus einer Kupfer-Beryllium-Legierung.

3 Modelltraube aus Wachs für das Feingießverfahren

Spezielle Formverfahren — Formtechnik

Verfahrensweise

Das Feingießverfahren ist ein Verfahren mit ausschmelz- oder ausbrennbaren Modellen. Als Modellwerkstoff wird vorwiegend ein synthetisches Wachs verwendet, aber es wird auch mit Kunststoffen und Harnstoff gearbeitet.

Da diese Modelle nach Fertigstellung der Form ausgeschmolzen oder ausgebrannt werden, muß für jedes zu fertigende Gußteil zunächst ein Modell hergestellt werden.

Man stellt Modelle mit Hilfe von Spritzwerkzeugen auf halb- oder vollautomatischen, pneumatisch oder hydraulisch arbeitenden Wachsspritzmaschinen oder Wachspressen bei einem Preßdruck von 60 bis 80 bar her.

Der Modellwerkstoff ist vorwiegend Wachs, aber auch Harnstoff und Polystyrol.

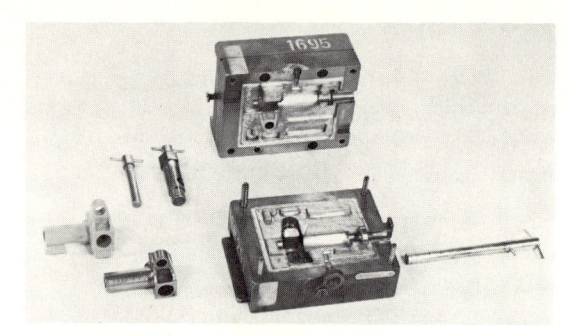

1 Wachsspritzwerkzeug mit losen Kernen, links unten Urmodell; darüber Wachsmodell

Herstellung der Matrize

Die Spritzwerkzeuge, auch Kokillen oder Matrizen genannt, werden in der Regel mechanisch aus Stahl und Aluminium oder aus einer Gußlegierung (Zinn-Bismut-Legierung) durch Gießen auf Urmodelle aus Stahl oder Messing hergestellt. Bei komplizierten Kleinteilen hat die Gußausführung den Vorteil, daß durch die Wahl schwieriger Teilungsebenen oft viele Teilungen vermieden werden, die durch die Abnützung zu Gratbildung an Wachsmodellen bzw. Gußteilen führen können. Weitere Vorteile sind noch im leichteren Änderungs- und Reparaturverhalten sowie in einer maßgenauen Reproduzierbarkeit von Werkzeugen mit Hilfe der Urmodelle zu finden.

Stahlmatrizen werden für Stückzahlen zwischen 10000 und 30000 Stück verwendet. Bei gegossenen Zinn-Bismut-Matrizen muß man nach ca. 10000 bis 15000 Stück mit einer Reparatur (Wechselteil) bei der Matrize rechnen.

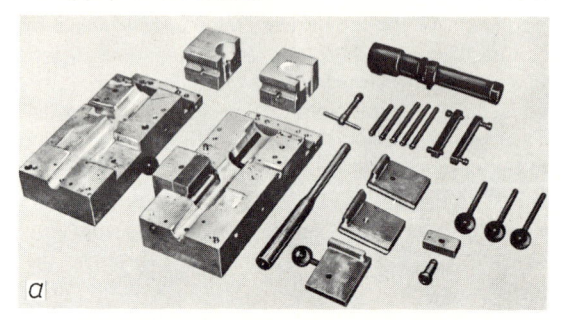

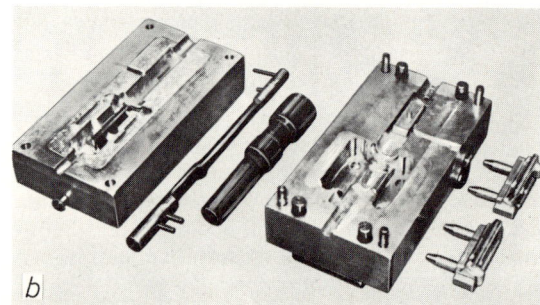

2a und b Spritzwerkzeug für Wachsmodelle. a) mechanisch gefertigt, b) gegossen

Anfertigen der Wachstraube

Die in den Matrizen hergestellten Modelle werden dann mit aus Wachs hergestellten Eingußtrichtern und Gießläufen zu den sogenannten „Trauben" oder „Bäumen" montiert.

Die Montage erfolgt meist mit Hilfe von Klebevorrichtungen und erhitzten Spachteln oder Messern durch Aufschmelzen des Wachses am Gießlauf und am Anguß des Modells und anschließendem Anpressen.

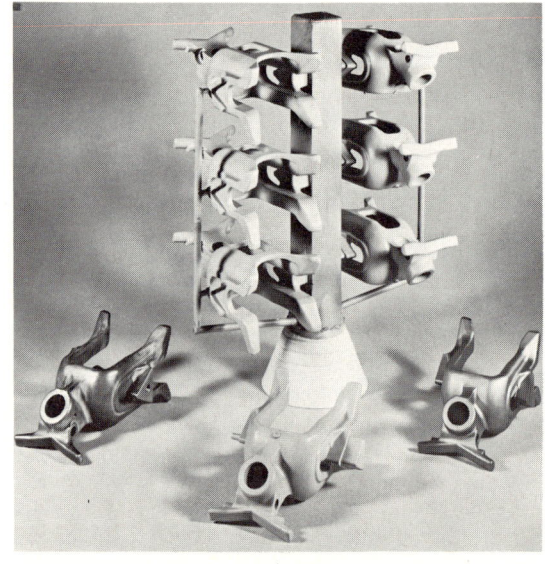

3 Wachsmodelltraube mit Meistermodell und Gußteil

Formtechnik — Spezielle Formverfahren

Formherstellung

Durch Tauchen in einen keramischen Schlicker wird ein feinkörniger, hochtemperaturbeständiger Keramiküberzug aufgetragen und anschließend mit einem hochwertigen feinen Sand berieselt. Von dieser ersten Schicht, der sogenannten Primärschicht, hängt die hervorragende Oberflächengüte und Konturenschärfe ab. Die mit einem hohen Maß an Geschicklichkeit und Sorgfalt verbundene Handarbeit ist heute weitgehend durch automatisches Besanden abgelöst worden. Das Trocknen der Primärschicht an Luft dauert, je nach Bindemittel des Schlickers, 2 bis 24 Stunden. Die endgültige Schalendicke der Feingußform wird durch meist acht- bis zwölfmaliges Tauchen in keramischen Schlicker und Besanden gebildet. Für diese Arbeitsgänge wird gröberer Sand verwendet, um eine bessere Gasdurchlässigkeit der Form zu erreichen. Eine Schale von einer Dicke mit ca. 6 bis 12 mm gibt der Form die erforderliche Festigkeit. Auch der Vorgang des Tauchens wird heute nur noch selten von Hand ausgeführt. Dieser Vorgang wird mit Industriemanipulatoren, wie in Bild 5 dargestellt, ausgeführt.

Das Verfahren mit der Kompaktform kommt kaum noch zur Anwendung.

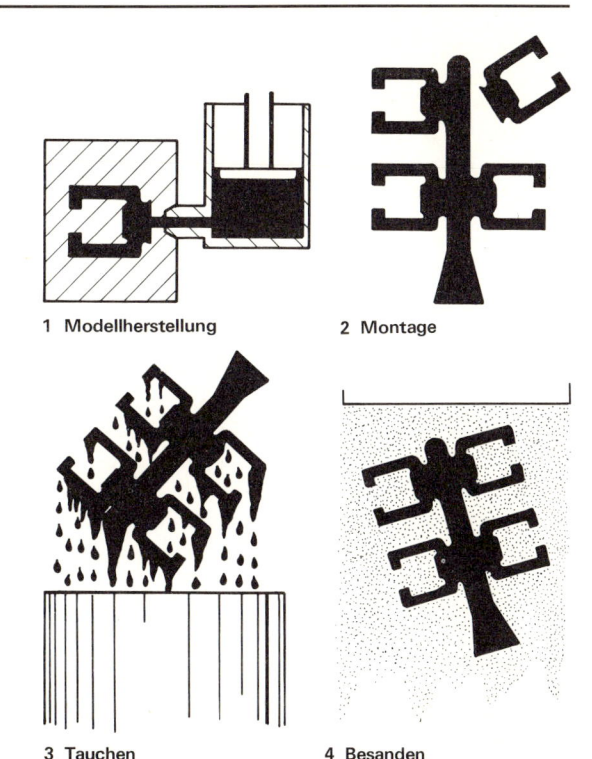

1 Modellherstellung   2 Montage

3 Tauchen   4 Besanden

Formstoff

Der Formstoff, der die keramische Schale bildet, setzt sich aus feuerfesten Mineralien und Bindemitteln zusammen, die in der Primärschicht und den nachfolgenden Schichten unterschiedlich zusammengesetzt sind. Das wichtigste feuerfeste Mineral für die erste Schicht ist Zirkonpulver. Für die folgenden können z. B. auch Quarzsand und Aluminiumoxid zur Anwendung kommen. Als Bindemittel spielt Kieselerde (SiO_2 in kolloidaler Form) eine wichtige Rolle. Diese schwebt in verschiedenen Ethylsilicaten, Alkoholen und Wasser.

Durch Zugabe von Salzsäure oder anderen Chemikalien wird ein Gelieren des flüssigen Formstoffes erreicht.

Ausschmelzen

Nach ausreichender Trocknung wird der Modellwerkstoff ausgeschmolzen. Dies geschieht bei Wachs mit Hilfe von heißem Dampf und einem Druck von 8 bar oder mit Mikrowellen. Polystyrolmodelle werden gleichzeitig mit dem Brennen der Form bei ca. 1000 °C verbrannt. Harnstoffmodelle werden in Wasser ausgelöst.

5 Automatische Tauchanlage zur Herstellung der Feingießform

Spezielle Formverfahren **Formtechnik**

Brennen der Form

Die vom Modellwerkstoff befreite, ungeteilte Form wird nun bei einer Temperatur von ca. 1000 °C ca. ein bis zwei Stunden gebrannt und gießbereit gehalten. Nach dem Brennen hat die Schalenform die notwendige Festigkeit, um dem statischen Druck des Gießmaterials standzuhalten.

Gießen

Legierungen auf der Basis von Stahl, Cobalt, Nickel und Titan werden in Induktionsöfen, teilweise Vakuum-Induktionsöfen, erschmolzen. Auf Stahl bezogen, liegen die Ofengrößen in der Regel zwischen 20 und 600 kg Fassungsvermögen. Diese geringe Größe ist notwendig, um den Anforderungen kleiner Aufträge und der Vielzahl unterschiedlicher Legierungen gerecht zu werden. Zum Schmelzen von Legierungen auf der Basis von Kupfer und Aluminium dienen gas-, öl- und elektrobeheizte Tiegelöfen. Das flüssige Material wird in die heißen Formen gegossen. Die heiße Form verhindert ein zu schnelles Erstarren und begünstigt somit das gute Auslaufen auch dünnster Querschnitte (bis zu 1 mm).

Um bei Querschnitten von 1 mm ein optimales Ausfließen zu gewährleisten, werden bei komplizierten Gußstücken die Formen während des Gießens gedreht (ca. 120 1/min) und dabei ein Effekt des Schleudergusses erzielt. Es wird auch unter Vakuum vergossen.

Keramik entfernen

Nach dem Erkalten der Abgüsse wird die keramische Form durch Schlagen oder Rütteln entfernt. Somit wird die metallische Traube von der meist anhaftenden Keramik befreit.

Gußteile abtrennen und verschleifen

Es wird die komplette Gußtraube sandgestrahlt, anschließend werden die Feingußteile auf Trennschneidmaschinen mit möglichst kurzem Angußrest abgetrennt. Bevor die Feingußteile jetzt zum Verschleifen in die Putzerei kommen, werden sie durch Beizen in alkalischen Bädern und nochmaligem Sandstrahlen von den restlichen keramischen Verunreinigungen befreit.

Sollte es sich um gegossene Feingußteile in Stahl handeln, werden diese einer dem Werkstoff entsprechenden Wärmebehandlung unterzogen.

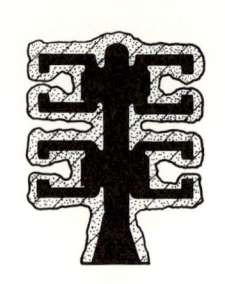

1 **Schalenform:** Schalenbildung durch mehrmaliges Tauchen und Besanden

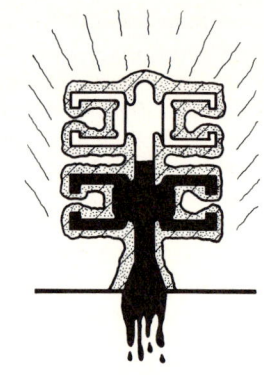

2 Ausschmelzen

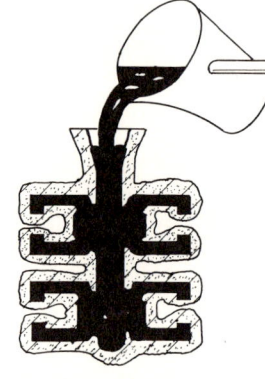

3 Gießen

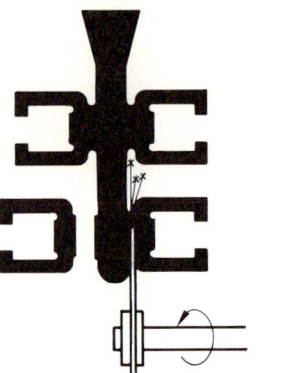

4 Ausklopfen

5 Trennen

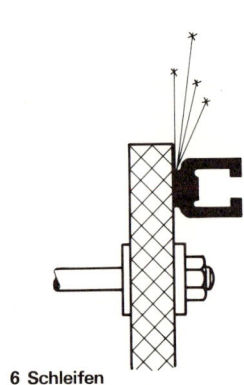

6 Schleifen

7 Feinguß Abguß

8 Keramikform zu 7

Werkstoffe für das Feingießverfahren

Die Anwendung des Feingießverfahrens erlaubt es, Stahl wesentlich problemloser zu gießen als beim Sandguß. Deshalb ist der größte Anteil an den Feingußwerkstoffen Stahlguß, wobei alle Sorten vom einfachen Einsatzstahl bis zum hochlegierten Stahl verwendet werden. Grundsätzlich kann jedoch jeder Werkstoff beim Feingießverfahren zur Anwendung kommen.

Weitere Werkstoffe, die im Feingießverfahren gegossen werden sind:
— Aluminium und Titanlegierungen
— Kupferlegierungen
— Grauguß und Sphäroguß
— Cobalt- und Nickellegierungen
— Edelmetalle

Vorteile des Feingießverfahrens

— große Gestaltungsfreiheit
  Durch Verwendung eines Spritzwerkzeuges mit Schiebern oder durch Verwendung auflösbarer Kerne lassen sich Modelle mit schwierigstem konstruktivem Aufbau und mit Hinterschneidungen herstellen.
— Maßgenauigkeit
  Entsprechend dem Nennmaßbereich lassen sich Maßtoleranzen bis 0,1 mm erzielen. Genaueres kann dem VDG-Merkblatt P690 entnommen werden.
— hohe Oberflächenqualität
  Die Oberflächenrauhigkeit entspricht mit ca. 10 bis 30 µ der einer geschlichteten Fläche. Durch Wegfall von Nachbearbeitung werden Kosten verringert. Bohrungen und Schlitze können gegossen werden.
— Einsparung von Material
  Durch Eingießen in die noch glühende Form läuft das Gießmaterial auch noch in Wanddicken von 1 mm aus.
— Wegfall von Gußfehlern
  Die gebrannte Keramikform entwickelt keine Gase. Der glühende Zustand beim Gießen sorgt für gleichmäßige Abkühlung.
— freie Werkstoffauswahl
  Es lassen sich alle gießbaren Werkstoffe im Feingießverfahren verarbeiten.
  Bedingt durch die hohe Oberflächenqualität und Maßgenauigkeit und dem damit verbundenen Wegfall von Bearbeitung werden beim Feingießen auch schwer bearbeitbare Werkstoffe angewandt, wie hochlegierte, verschleiß-, korrosions- und warmfeste Stähle.
— wirtschaftliche Herstellung
  Die oben angeführten Punkte ergeben Einsparungen bei Material, Bearbeitung und Montage.

Schloßteil
Schnellarbeitsstahl S 18-1-2-5

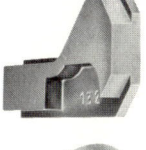

Nähmaschinenteil
Rotguß (Rg 5)

Greifer
Einsatzstahl 15 CrNi 6

Baubeschlagteil
Rost- und säurebeständiger
Stahl G-X 35 CrMo 17

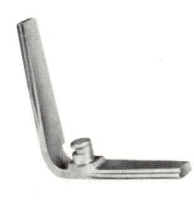

Turbo-Mischer-Flügel
Rost- und säurebeständiger
Stahl G-X 15 CrNiMo 18 9

Beispiele für Werkstoffauswahl

Wiederholungsfragen

1. Bei welchen Formverfahren wird sowohl mit einer verlorenen Form als auch mit einem verlorenen Modell gearbeitet?
2. Wodurch unterscheidet sich das künstlerische Wachsausschmelzverfahren von dem industriellen Feingießverfahren?
3. Nennen Sie die Arbeitsgänge, die erforderlich sind, um ein Gußteil nach dem Feingießverfahren herzustellen.
4. Welche Aufgabe hat das Spritzwerkzeug beim Feingießverfahren?
5. Welcher Modellwerkstoff kommt beim Feingießverfahren zur Anwendung?
6. Erklären Sie, wie Wachsmodelltrauben angefertigt werden und welchen Vorteil dies ergibt.
7. Wie entsteht eine Schalenform beim Feingießverfahren?
8. Wie unterscheidet sich die erste Schicht einer Feingießform von den folgenden bezüglich Oberfläche und Gasdurchlässigkeit?
9. Welcher Formstoff wird für Feingießformen verwendet?
10. Wie werden Modelle beim Feingießen entformt?
11. Erklären Sie den Begriff „keramische Form".
12. Welche Gießmetalle sind Feingießwerkstoffe?
13. Welche Vorteile besitzt das Feingießen?

2.6 Formen mit Kernen

2.6.1 Kernarten

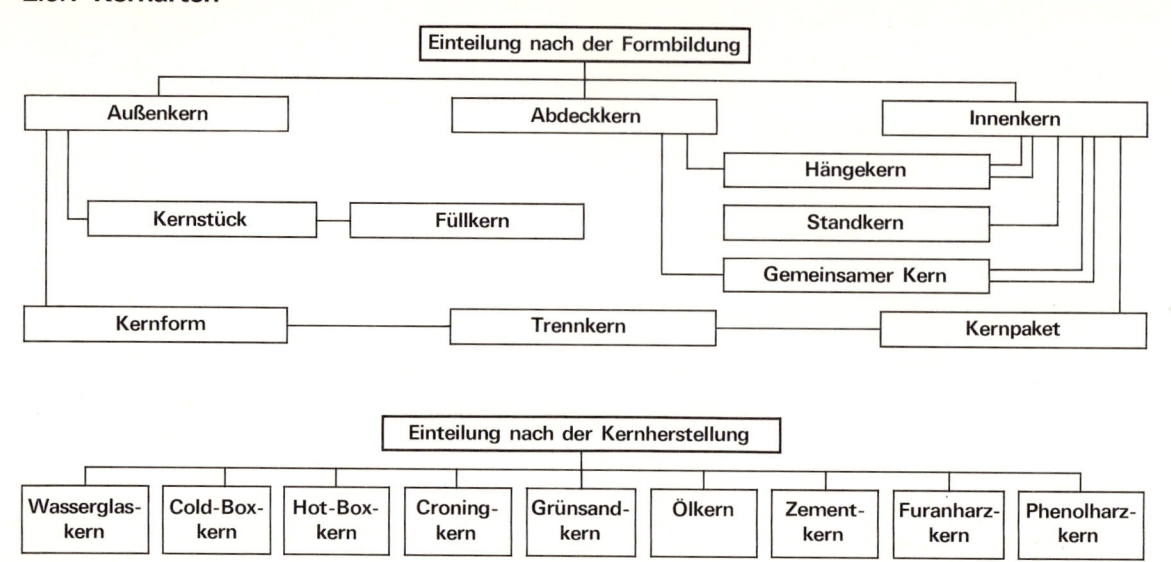

Einteilung nach der Formbildung

- Außenkern
  - Kernstück — Füllkern
  - Kernform
- Abdeckkern
  - Trennkern
- Innenkern
  - Hängekern
  - Standkern
  - Gemeinsamer Kern
  - Kernpaket

Einteilung nach der Kernherstellung

- Wasserglaskern
- Cold-Box-kern
- Hot-Box-kern
- Croningkern
- Grünsandkern
- Ölkern
- Zementkern
- Furanharzkern
- Phenolharzkern

1 Übersicht über die wichtigsten Kernarten

Innenkerne

Aufgabe

Innenkerne bilden die Innenkontur, die Hohlräume des Gußstückes.

Alternative

Kann ein Modell ohne die Verwendung von Kernen abgeformt werden, so bezeichnet man es als **Naturmodell** (Bild 2). Bei komplizierten Konturen erschwert diese Alternative jedoch die Formarbeit.

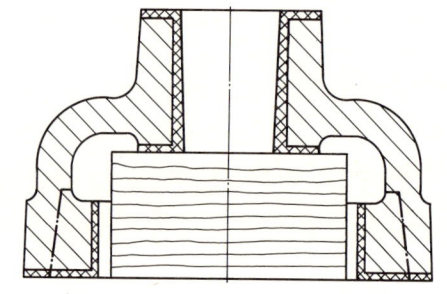

2 Naturmodell mit Aufstampfklotz für geringe Gußstückzahl

Anwendung

Aus folgenden Gründen wird die Verwendung eines **Kernmodells** anstelle eines **Naturmodells** sinnvoll.

- Besonders bei hohen Stückzahlen kann die Verwendung von Kernen teuere Handformarbeit ersetzen.
- Bei schwierigen Innenkonturen können beim Naturmodell zusätzliche Formteilungen, Losteile und Aufstampfklötze notwendig werden (Bild 2).
- Formballen mit geringem Querschnitt und langem Aushebeweg können beim Ausheben abreißen. Durch Kerne kann das vermieden werden.

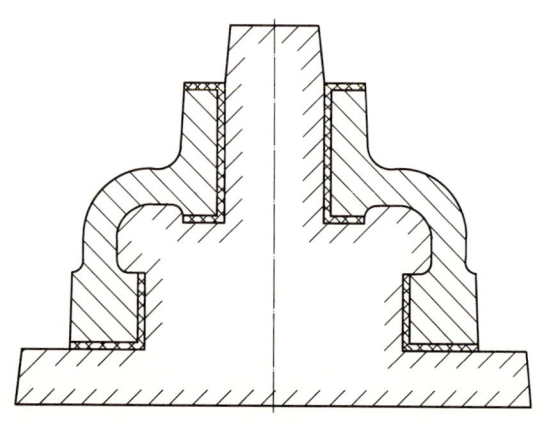

3 Kernmodell für höhere Gußstückzahl

Formtechnik — **Formen mit Kernen**

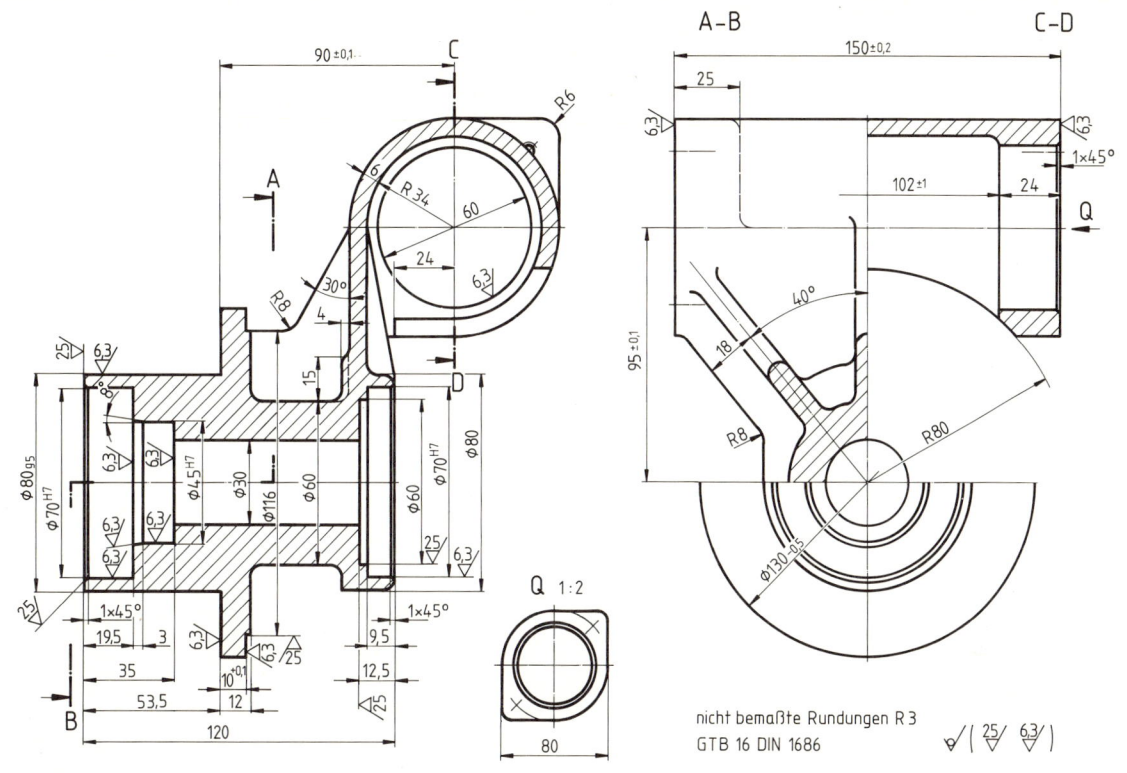

1 Werkzeichnung für Lager

Außenkerne

Aufgabe
Außenkerne bilden die Außenkontur der Gußstücke.

Alternative
Sollen Außenkerne vermieden werden, so können Teile mit Hinterschneidungen als **Losteile** ausgeführt werden. Diese Möglichkeit erfordert jedoch teure Handformarbeit und wird auch bei geringer Gußstückzahl nur selten gewählt. Auch durch **Korbmodelle** werden Außenkerne vermieden. Bei diesen Großmodellen wird zuerst der Korb nach oben herausgezogen. Anschließend können die Anleger, ganzseitige Losteile, nach innen gezogen werden.

Anwendung
Bei komplizierten Außenkonturen kann die Verwendung von Außenkernen eine erhebliche Vereinfachung der Formarbeit bedeuten. Es können Losteile, Aufstampfböden, Aufstampfklötze und zusätzliche Formteilungen entfallen. Die Bilder 2 und 3 zeigen im Vergleich, wie die Verwendung eines Außenkernes die Formarbeit verändert.

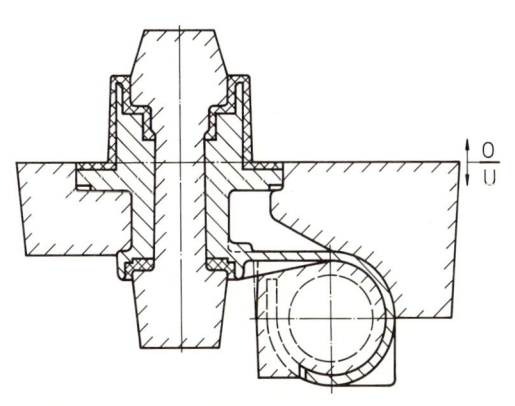

2 Modellplanung mit Außenkern

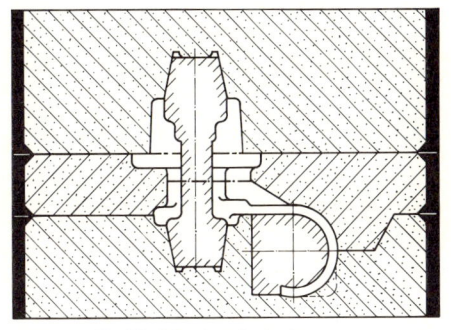

3 Formschnitt für Modell ohne Außenkern

77

Formen mit Kernen — Formtechnik

Kernform

Begriff
Bei einer Kernform besteht die gesamte Form aus Kernen. Innen- und Außenkontur des Gußstückes werden durch Kerne gebildet.

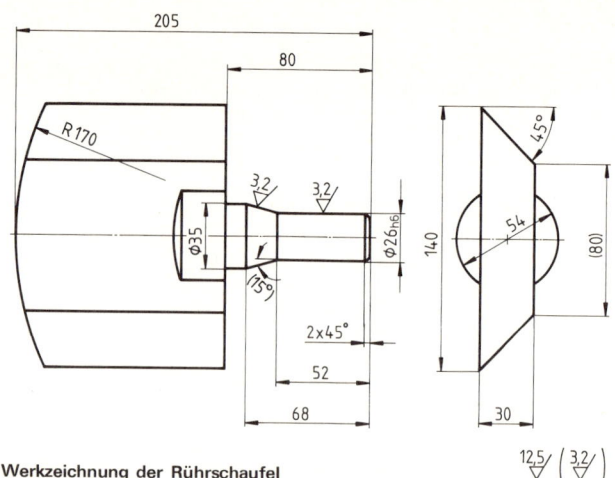

Aufbau einer einfachen Kernform
Den einfachsten Aufbau einer Kernform zeigt das Beispiel der Rührschaufel. Mit zwei Kernkästen werden die zwei Außenkerne, die zusammen eine Form bilden, hergestellt. Mehrere solcher Formen werden dann zusammengespannt und stehend gegossen (Bild 2).

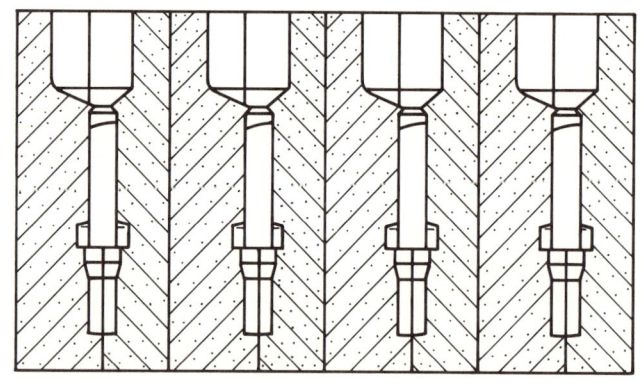

1 Werkzeichnung der Rührschaufel

Zeichenaufgabe
Entwerfen Sie für die Rührschaufel in Bild 1 die beiden Kernkästen zur Herstellung einer Kernform.

Das Gußstück soll stehend durch einen verlorenen Kopf gegossen werden, der als Speiser und Einguß dient. Dieser Teil ist ebenfalls in den Kernkasten einzubeziehen.

2 Kernform für die Rührschaufel

Aufbau einer schwierigen Kernform
Der Aufbau einer schwierigen Kernform wird in Bild 3 gezeigt. Außen- und Innenkerne sind ineinander gelagert. Die Kerne müssen deshalb in einer bestimmten Reihenfolge, entsprechend einer vorher festgelegten Numerierung auf dem Kernkasten, eingebaut werden.

Einformen mit Modell
Sollen die Kerne der Kernform eine Kernlagerung erhalten, so wird mit einem Kernmodell gearbeitet, das eine einzige Kernmarke darstellt. Nach dem gleichen Prinzip kann mit Schablonen verfahren werden.

Einformen ohne Modell
Sind die Kerne gegenseitig in ihrer Lage fixiert, kann die Form auch hinterfüllt werden.

3 Montage einer Kernform

Formtechnik — Formen mit Kernen

Kernstücke

Begriff
Kernstücke sind Außenkerne, die an Hinterschneidungen des Modells hergestellt werden.

Anwendung
Diese qualifizierte Formerarbeit wird vorwiegend in Kunstgießereien, teilweise aber auch beim Formen mit Großmodellen (Bild 2) durchgeführt.

Arbeitsweise

Herausschneiden des Kernstücknegatives (Bild 1)
Aus der Form wird im Bereich der Hinterschneidung des eingeformten Modells ein Hohlraum herausgeschnitten. In diesem Negativ wird das Kernstück aufgestampft und mit dem Modell zusammen ausgehoben. Von ihm muß es seitlich weggezogen und dann wieder in die Form eingelegt werden.

Direktes Formen des Kernstückes (Bild 2)
Im Oberteil ist es zumeist zweckmäßiger, das Kernstück ohne Negativ direkt am Modell zu formen. In Bild 2 wurde dieser Arbeitsgang bereits mit der Drehschablone durchgeführt. Nach dem Aufstampfen des Oberkastens kann dieser vom Modell abgehoben und das Kernstück seitlich weggezogen werden.

Abdeckkerne

Begriff
Als Abdeckkerne werden diejenigen Kerne bezeichnet, bei denen der Querschnitt der Lagerung größer als der eigentliche Kernquerschnitt ist. Diese Kerne überdecken deshalb den Formhohlraum. Ist diese Überdeckung bei einem Hängekern vorhanden, so ist auch er ein Abdeckkern.

Aufgaben
Abdeckkerne können das Formoberteil ersetzen. Sie verhindern Bewegungen in vertikaler Richtung, wenn ein Formoberteil verwendet wird. Das Abdeckteil des Kernes wird dann zwischen Ober- und Unterteil geklemmt. So kann verhindert werden, daß der Auftrieb beim Gießen den Kern anhebt.

Abdeckkerne können das Einguß- und Speisersystem aufnehmen.

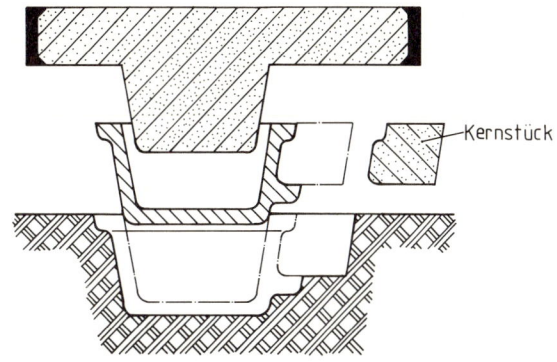

1 Entformen mit Kernstück

2 Kernstück am Großmodell

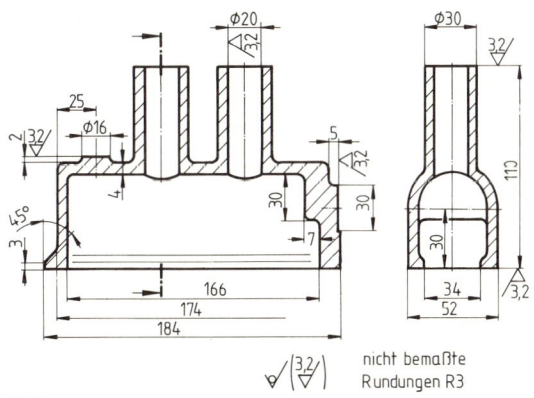

3 Fertigungszeichnung einer Haube
nicht bemaßte Rundungen R3

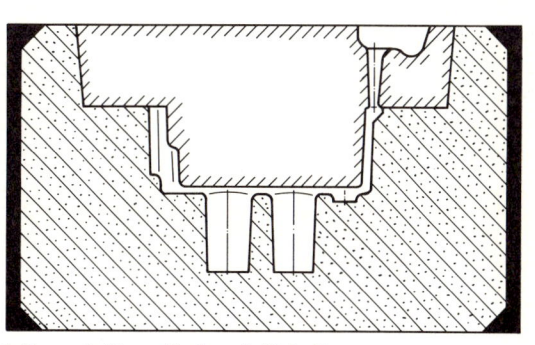

4 Formschnitt zur Haube mit Abdeckkern

Formen mit Kernen   **Formtechnik**

Hängekerne

Begriff
Als Hängekerne bezeichnet man Kerne, die an der Oberseite der Form gelagert sind und in den Formhohlraum hineinhängen.

Lagerung
Die Lagerung des Hängekernes befindet sich über dem Formhohlraum. Kann er nicht wie in Bild 1 als Abdeckkern zwischen Ober- und Unterteil geklemmt werden, so wird er je nach Größe durch Kleben, Festbinden (Bild 2) oder Festschrauben im Oberteil befestigt.

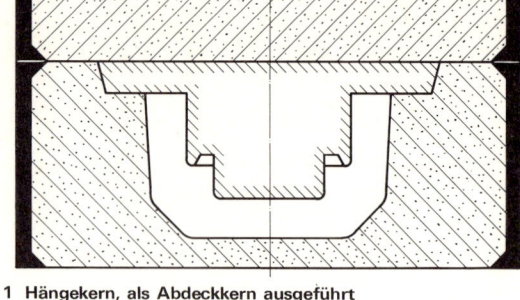

1 Hängekern, als Abdeckkern ausgeführt

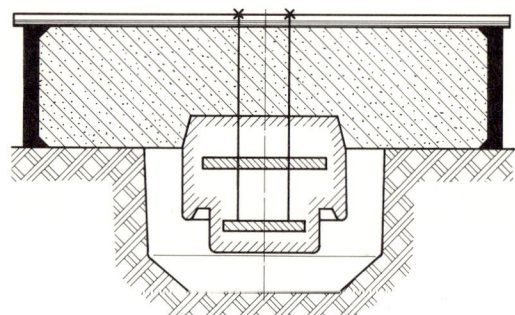

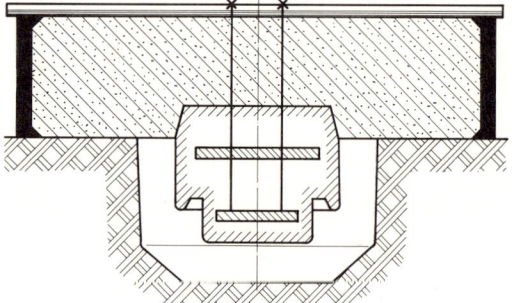

2 Hängekern, im Oberteil festgebunden

Standkerne

Begriff
Als Standkerne bezeichnet man die Kerne, die an der Unterseite der Form gelagert sind und nach oben in den Formhohlraum hineinragen.

Anwendung
Vorwiegend bei großen Kernen ist das Einlegen eines Standkernes in die Form einfacher als das Einlegen eines Hängekernes. Ein Standkern ist häufig der Grundkern oder Lagerkern, auf dem die anderen Kerne aufgebaut werden (Bild 3).

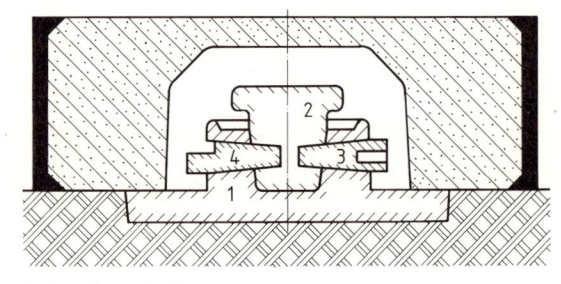

3 Standkern als Kernpaket

Kernpakete

Begriff
Unter einem Kernpaket versteht man in der Regel den Aufbau aller notwendigen Kerne außerhalb der Form zu einem Gesamtkern.

Anwendung
Zumeist kann formtechnisch ein einziger Gesamtkern nicht hergestellt werden. Durch Aufteilung des Gesamtkernes in Einzelkerne kann man Kerne und Kernkasten einfacher aufbauen. Die Teilkerne werden häufig auf einem Grund- oder Lagerkern zum Kernpaket zusammengebaut. Um die Teilkerne mit möglichst geringer Toleranz einzubauen, werden Klebe- und Einlegevorrichtungen verwendet. Bedingt durch die Formtechnik kann das Kernpaket gelegentlich auch in der Form montiert werden (Bild 3).

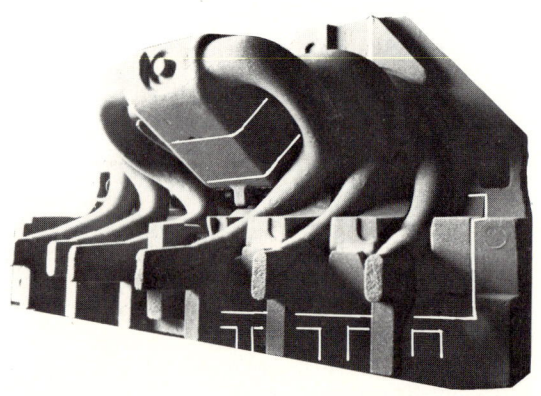

4 Kernpaket für einen Sechszylinder-Pkw-Motor

Formtechnik | **Formen mit Kernen**

Beispiele aus der Ausbildung

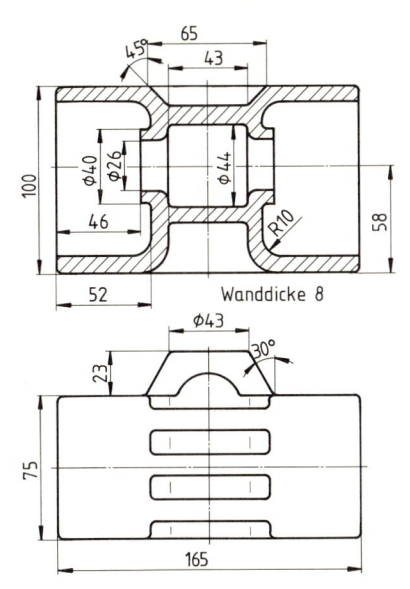

Aufgabe für Gießereimechaniker:

Zeichnen Sie die Formzeichnungen zu Nr. 2 und Nr. 4

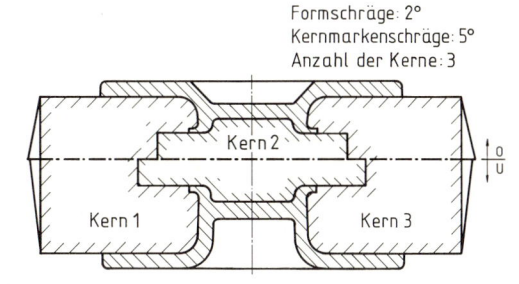

1 Fertigungszeichnung zum Zwischenstück

2 Modellplanung zum Zwischenstück

Formschräge: 2°
Kernmarkenschräge: 5°
Anzahl der Kerne: 3

Zwischenstück

Durch Zerlegung des Gesamtkernes in drei Teilkerne können die beiden Hinterschneidungen vermieden werden. Die beiden großen Kerne werden dann miteinander in einem Reihenkernkasten an der Kernschießmaschine hergestellt. Die Teilkerne müssen untereinander durch eine Kernarretierung gegen Verdrehen gesichert werden. Als Kernpaket werden alle drei Kerne gemeinsam eingelegt.

Gehäuse

Der Gesamtkern wird bei diesem Beispiel ebenfalls in drei Teilkerne zerlegt. Die zylindrischen Teile können dadurch besser gefüllt werden.

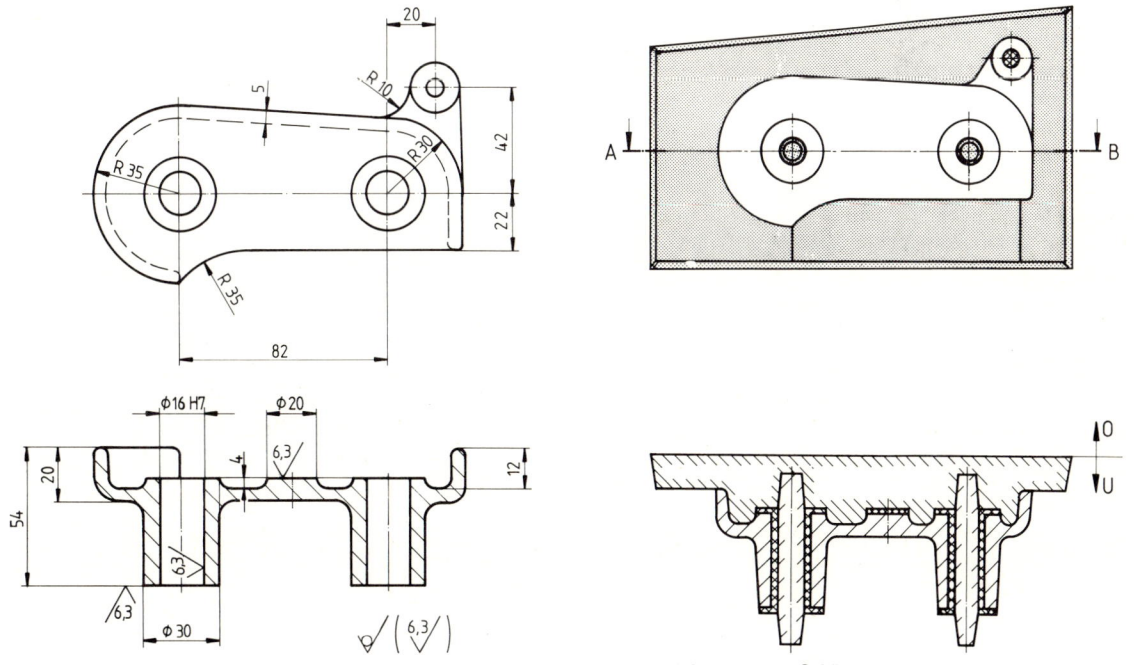

3 Fertigungszeichnung zum Gehäuse

4 Modellplanung zum Gehäuse

81

Formen mit Kernen — Formtechnik

Ein Kern für mehrere Gußteile
Vorteile

Durch gemeinsame Kerne für mehrere gleiche Gußstücke können die Zeiten der Kernherstellung verkürzt und Formkästen besser ausgenutzt werden. Durch die gemeinsamen Kernlager verringert sich das Kernlagerspiel. Ein weiterer Vorteil wird in Bild 2 gezeigt: Bei einem einfachen Kern, der einseitig gelagert wäre, ergäbe sich ein nachteiliges Drehmoment. Beim gemeinsamen Kern heben sich diese Drehmomente aus Gewicht und Auftrieb beim Gießen gegenseitig auf.

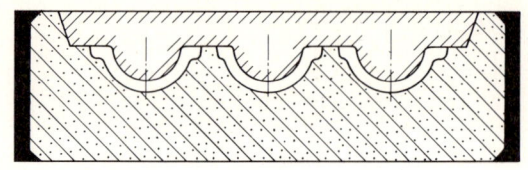

1 Gemeinsamer Kern als Abdeckkern

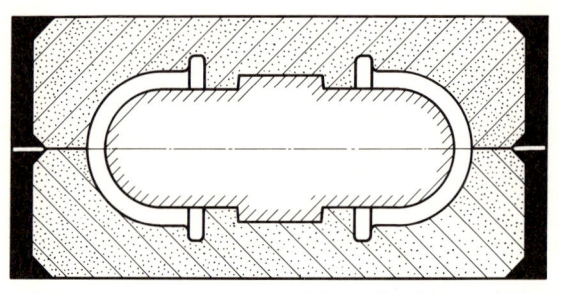

2 Gemeinsamer Kern mit Kernschloß und Gewichtsausgleich

Trennkerne
Begriff

Ein Trennkern trennt zwei Gußstücke, die sich in der Form gegenüberliegen.

Anwendung beim Formen mit Vollmodellen

Bei einteiligen Modellen ist üblicherweise nur eine Formkastenhälfte ausgenützt. Die zweite Formkastenhälfte hat nur abdeckende Funktion. Besser ausgenützt wird der Formkasten, wenn das Modell einmal in jeder Formkastenhälfte abgeformt wird (Bild 3). Die einander gegenüberliegenden Formhohlräume müssen dann durch einen Trennkern getrennt werden. Er umfaßt meist auch die sich anschließenden Innenkerne beider Gußteile. Das Formen mit Trennkernen wird auch vorteilhaft an **automatischen Formanlagen** unter Verwendung von **doppelseitigen Modellplatten** benutzt.

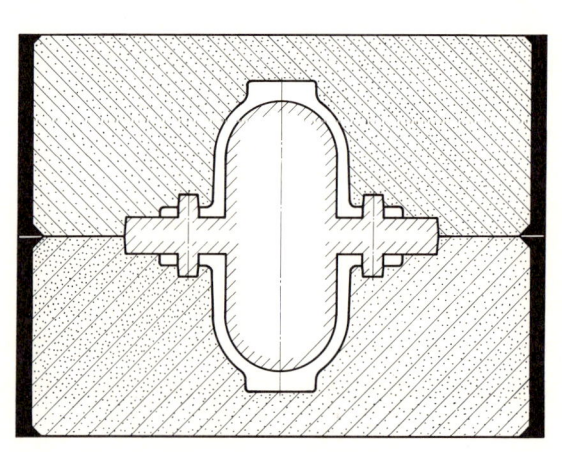

3 Trennkern zur besseren Formausnutzung

Anwendung beim Schablonieren mit zwei Spindeln

Die Herstellung von zweiteiligen Drehteilen kann durch Schablonieren mit zwei Spindeln erfolgen. Eine Möglichkeit, die beiden Hälften bereits in der Form zu trennen, ist auch hier ein Trennkern. Das Bild 4 zeigt die Verwendung eines 85 mm breiten Trennkernes bei einem Spindelabstand von 100 mm.

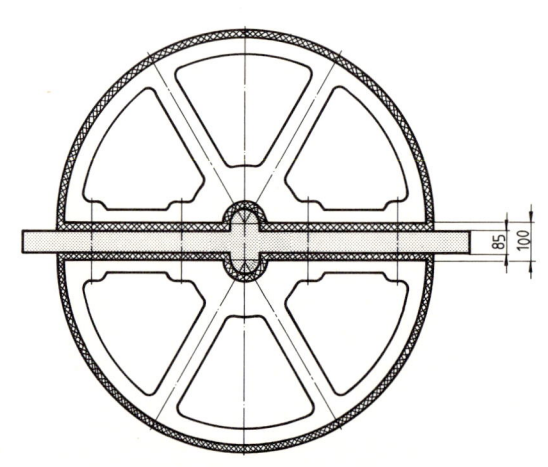

4 Trennkern beim Schablonieren mit zwei Spindeln

Formtechnik | **Formen mit Kernen**

Sprengkerne

Begriff
Der Sprengkern oder die Sprengplatte aus geschlichtetem Gußeisen schwächt den Querschnitt des Gußteils zum Zwecke der späteren Trennung durch Keilwirkung.

Anwendung
Aus Montagegründen müssen große Drehteile oft zweiteilig sein. Für eilige Reparaturen besteht eine einfache Teilungsmöglichkeit darin, daß das Gußteil gesprengt und anschließend an den Bruchstellen wieder zusammengefügt und verschraubt wird. Sprengplatten aus GG werden in die Verschraubung einbezogen. Diese billigere Ausführung kommt heute kaum mehr zur Anwendung.

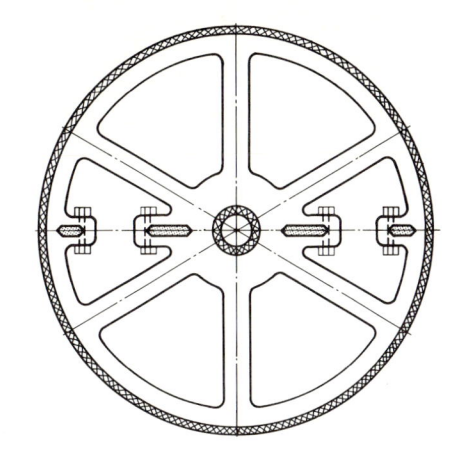

1 Sprengkerne in einer Riemenscheibe

Füllkerne

Begriff
Mit dem Füllkern können Kernlager von Schleppkernmarken abgedeckt werden.

Anwendung
Wird ein Schleppkern notwendig, ist es oft zweckmäßig, den komplizierten Gesamtkern nach Bildern 3 und 4 in zwei einfachere, den Grundkern und einen Füllkern, aufzuteilen. Der Füllkern ist vom Grundkern bis zur Teilfläche heruntergezogen und ermöglicht es, ohne das Dämmen mit einem Dämmbrett zu arbeiten.

Dieses Verfahren ist auch noch bei geringer Stückzahl wirtschaftlich und hat deshalb das Formen mit Dämmarken abgelöst.

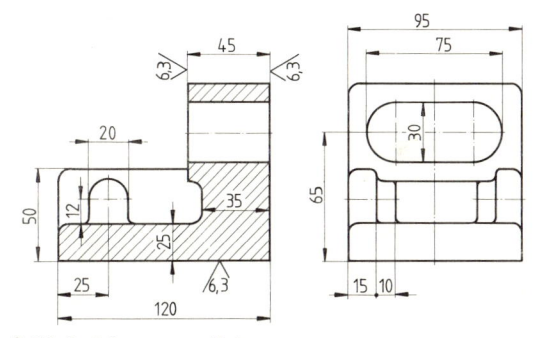

2 Werkzeichnung zum Halter

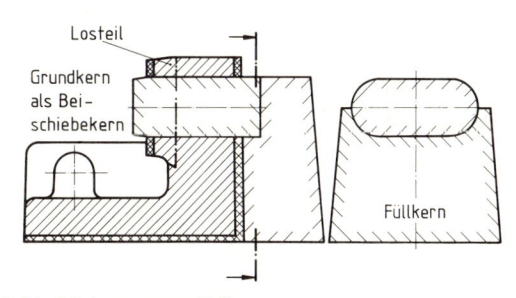

3 Modellplanung zum Halter

Beischiebekerne

Begriff
Der Beischiebekern ist aus Montagegründen kürzer gehalten als das Maß der Gesamtkernmarkenlänge. Der Einschiebevorgang ist umgekehrt wie der Entformungsvorgang des zugehörigen Losteilauges. Von dieser Bewegung ist die Bezeichnung abgeleitet.

Anwendung
Bei Losteilen mit einer Kernmarke (Bilder 3 und 4).

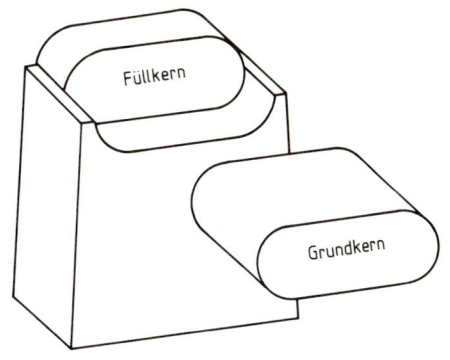

4 Aufteilung eines schwierigen Kernes in zwei einfachere

Formen mit Kernen — Formtechnik

Kerne des Eingußsystems
Anwendung
Das Eingußsystem der Form ist besonders durch Hitze und Strömung beansprucht. Deshalb werden häufig ganze Eingußsysteme aus Schamotte hergestellt. Werden nur Teile des Eingußsystems aus Schamotte hergestellt, bezeichnet man diese als Kerne.

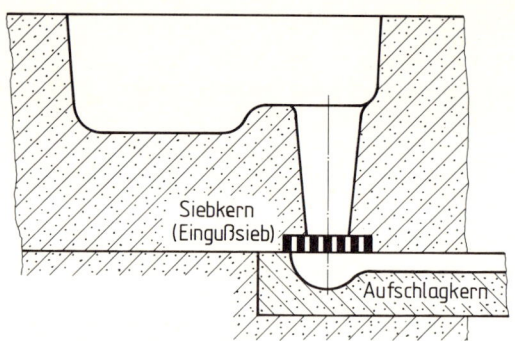

Siebkerne
(neuere Bezeichnung: Eingußsieb)

Der Siebkern wird oben oder unten am Gießtrichter eingeformt. Er soll Schlacke zurückhalten, verursacht jedoch Wirbelbildung.

Neuerdings sind Keramiksiebe im Einsatz, die wie Schwämme aufgebaut sind und die herkömmlichen Siebkerne ersetzen.

Aufschlagkerne
An der Stelle des Überganges von Trichter zu Lauf kann leicht Formstoff mitgerissen werden. Deshalb kann hier ein Aufschlagkern eingesetzt werden.

Dauerkerne
Bei stark konischen einfachen Hohlräumen wie in Bild 2 läßt sich ein Dauerkern herausschlagen und wiederverwenden. Die Dauerkerne sind meist aus Grauguß oder Stahl hergestellt und mit Schlichte überzogen. Wegen ihrer Abschreckwirkung können sie vorteilhaft an Stellen mit dickerem Querschnitt eingesetzt werden. Üblicherweise werden im Sandguß verlorene Kerne verwendet.

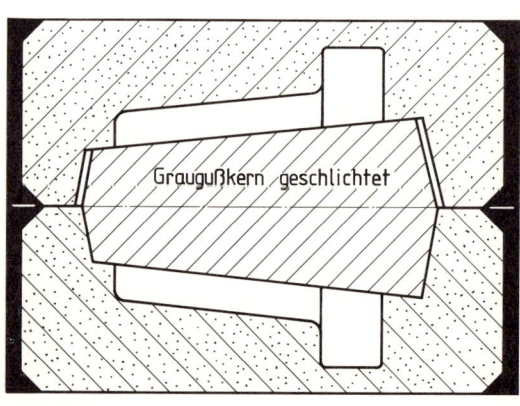

1 Kerne des Eingußsystems

2 Dauerkern

Wiederholungsfragen
1. Welche Arbeiten der Formerei können durch Kerne eingespart werden?
2. Mit welchem Formverfahren können Außenkerne vermieden werden?
3. Durch welches Verfahren kann ohne automatische Formanlage kastenlos geformt werden?
4. Wie werden Kernstücke entformt?
5. Nennen Sie die wichtigsten Vorteile, die sich aus der Verwendung von Abdeckkernen ergeben.
6. Welchen Nachteil bringt es, wenn ein Hängekern nicht als Abdeckkern ausgeführt wird?
7. Warum werden in der Bodenformerei vorteilhafter Standkerne statt Hängekerne verwendet?
8. Welche Vorteile ergeben sich durch die Verwendung von Kernpaketen?
9. Warum ist beim Abformen von zwei Modellen mit einseitig gelagertem Kern die Verwendung eines gemeinsamen Kernes von Vorteil?
10. Wodurch unterscheiden sich Trennkern und Sprengkern?
11. Welche Aufgabe hat ein Füllkern?
12. Welche Probleme ergeben Losteile mit Kernmarken?

2.6.2 Kernherstellung

Kernherstellung mit der Maschine

```
                    Kernherstellungsverfahren mit der Maschine
                              |
        ┌─────────────────────┼─────────────────────┐
     Schießen              Blasen                Pressen
        |                     |                     |
  Aushärten durch        Aushärten durch         Trocknen
     Begasen                 Wärme
        |                     |                     |
  ┌─────┴─────┐         ┌─────┴─────┐         ┌─────┴─────┐
CO₂-Verfahren Cold-Box  Hot-Box  Warm-Box   Croning    Ölkerne
```

- CO_2-Verfahren, Cold-Box → Massivkern
- Croning, Ölkerne → Hohlkern

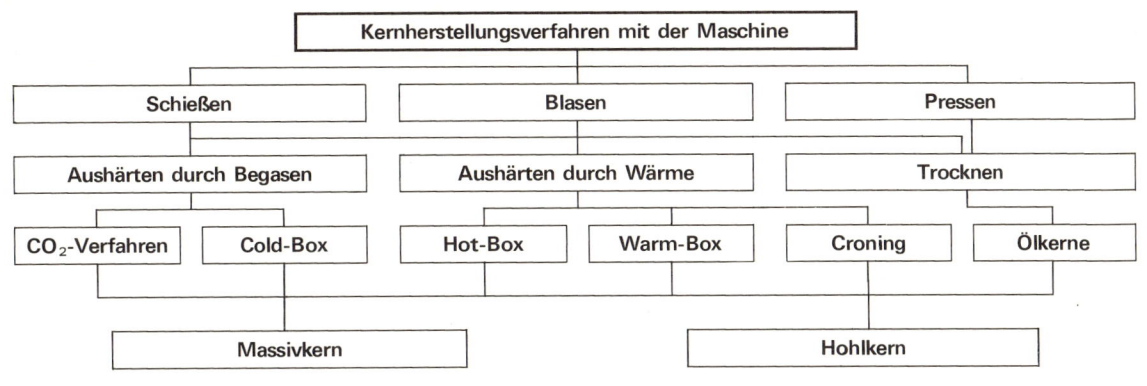

1 Übersicht

Bedeutung

Für die Gießereien ist Rationalisierung heute sehr wichtig. Deshalb wird zunehmend teure und zeitraubende Handarbeit durch schnelle und rationelle Kernherstellung mit der Maschine ersetzt. In Kernautomaten werden Kerne oft in wenigen Sekunden hergestellt.

Für den Modellbauer bedeutet dies, daß er das Werkzeug zur Kernherstellung, den Kernkasten, den Funktionen der Maschine entsprechend herstellt. Aus diesem Grunde muß er die Funktionen der Maschine kennen.

Der Normalfall der Kernherstellung ist das maschinelle Herstellen. Deshalb ist dies an den Anfang des Kapitels gestellt. Die Herstellung der Kerne von Hand ist den schwierigen Fällen vorbehalten.

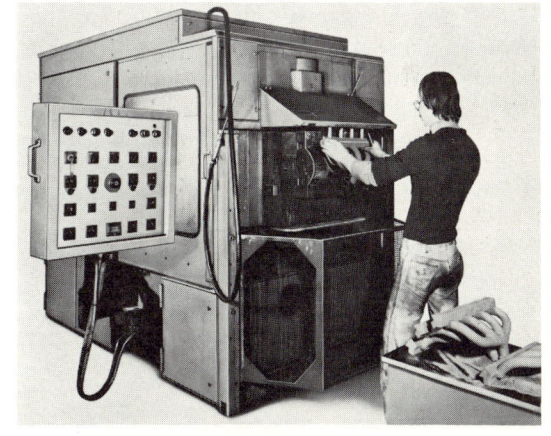

2 Automatische Kernherstellung

Grundfunktionen der Kernformmaschine

Bei einer einfachen Kernformmaschine kann der gesamte Arbeitsablauf aus der Funktion des Formstoffverdichtens bestehen. Dagegen führen moderne Kernautomaten sämtliche Funktionen aus, so daß die Aufgabe der Arbeitskraft nur noch auf die Überwachung der Maschine beschränkt ist. Unabhängig davon, wie viele der Arbeitsgänge bereits durch die Maschine ausgeführt werden, ist deren Reihenfolge immer die gleiche. Die wichtigsten Grundfunktionen sind folgende:

- Schließen des Kernkastens
- Einbringen des Kernformstoffes und Verdichten
- Härten
- Ziehen von Losteilen
- Öffnen des Kernkastens
- Entnehmen des Kernes

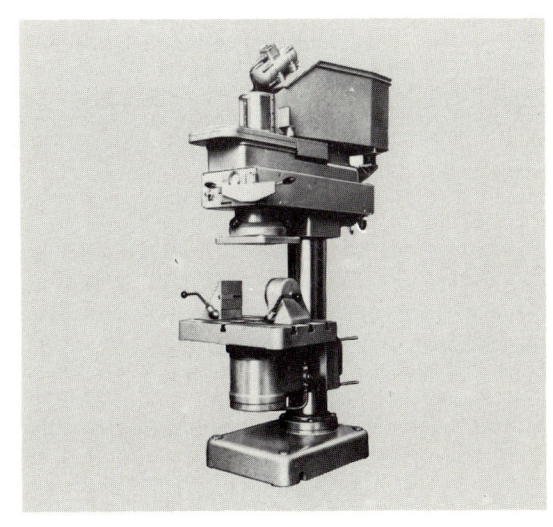

3 Kernschießmaschine

Formen mit Kernen Formtechnik

Schließen und Öffnen des Kernkastens

Um zu verhindern, daß beim Füllen des vertikal geteilten Kernkastens die beiden Hälften auseinandergedrückt werden, müssen diese gespannt werden. Hierzu dient die Spannvorrichtung, die mechanisch, hydraulisch oder pneumatisch betätigt wird. Wie Bild 2 zeigt, kann eine Spannvorrichtung auch das Trennen der Kernkastenhälften durchführen. Sie wird dann als Spann- und Trennvorrichtung bezeichnet.

Einbringen des Kernformstoffes

Der Kernformstoff kann in den Kernkasten durch Schießen, Blasen oder Pressen eingebracht werden. Dabei erhält er seine Form und wird je nach Kernformstoff teilweise verfestigt.

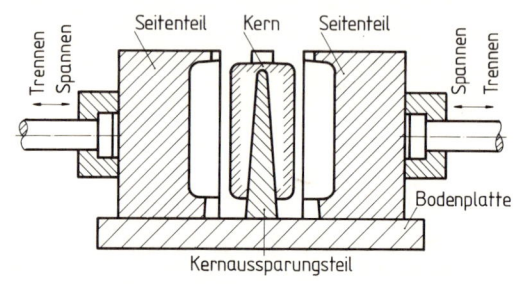

1 Spannvorrichtung

2 Dreiteiliger Metallkernkasten mit einer Einrichtung zum Spannen und Trennen

Härten oder Endverfestigung

Nach dem Verdichten, heute vorwiegend durch Schießen, erhält der Kern seine Endfestigkeit je nach Verfahren mittels:

— Aushärten durch Begasen beim CO_2- und beim Cold-Box-Verfahren
— Aushärten durch Wärme beim Hot-Box-, Warm-Box- und Croning-Verfahren
— Trocknen im Ofen bei Ölkernen und beim Thermoschockverfahren

Trocknen und Aushärten an der Luft sind bei Kernherstellung mit der Maschine nicht üblich.

Ziehen von Losteilen

Losteile im Kernkasten werden entweder nach dem Entformen aus dem Kern entnommen oder vor dem Öffnen des Kernkastens gezogen. Das Ziehen erfolgt bei Großserien mit einem Pneumatikzylinder. Bild 3 zeigt eine solche Einrichtung.

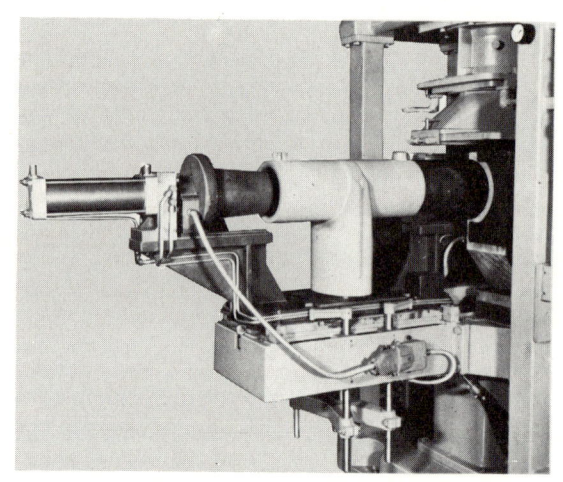

3 Ziehen von Losteilen

Entnehmen der Kerne

Schwierige Kerne bleiben nach dem Öffnen des Kernkastens in einer Hälfte und müssen aus dieser ausgestoßen werden. Dieser Vorgang kann durch eine Kernausstoßvorrichtung nach Bild 4 erfolgen. Das Ausstoßen durch Auswerferstifte kommt zustande, indem beim Trennvorgang die Kernkastenhälfte zur Seite gezogen wird. Dabei laufen die Auswerferstifte gegen die feststehende Ausstoßplatte und werden in den Kernkasten hineingedrückt.

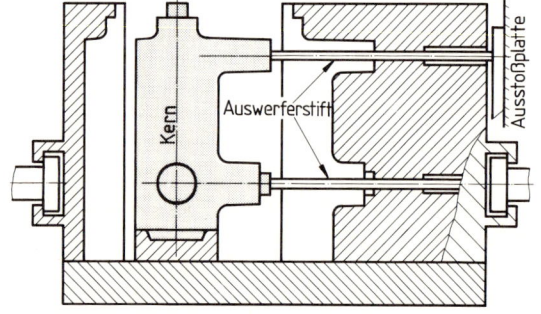

4 Ausstoßvorrichtung

Formtechnik — Formen mit Kernen

Kernschießen

Funktion des Kernschießens

Beim Kernschießen wird der Kernformstoff nicht mit Luft gemischt, sondern es wird eine bestimmte, abgemessene Menge Druckluft in dem mit Sand gefüllten Vorratszylinder expandiert. Die Luft mit einem Druck von ca. 3 bis 8 bar wirkt nach dem Öffnen des Ventils schußartig auf die Sandsäule. Diese wird dadurch mit einem Schlag in den Kernkasten geschossen. Neben der Funktion der Sandeinbringung hat das Schießen auch noch eine gleichmäßige Verdichtung zur Folge. Die endgültige Festigkeit wird allerdings erst nach dem Härten erreicht.

Vorteile des Kernschießens

- Bei diesem Verfahren muß nur die im Kernkasten befindliche Luft abgeführt werden. Es tritt keine Luft in den Kernkasten ein. Deshalb sind relativ wenige Düsen erforderlich.
- Der Druck von 3 bis 8 bar wird im Schießzylinder durch Expansion auf 0,5 bis 3 bar abgebaut. Dadurch sind Verschleiß und Zerreißkräfte im Kernkasten gering.
- Die Maschine ist einfach zu bedienen.
- Eine gleichmäßige Verdichtung über den gesamten Querschnitt wird erreicht.

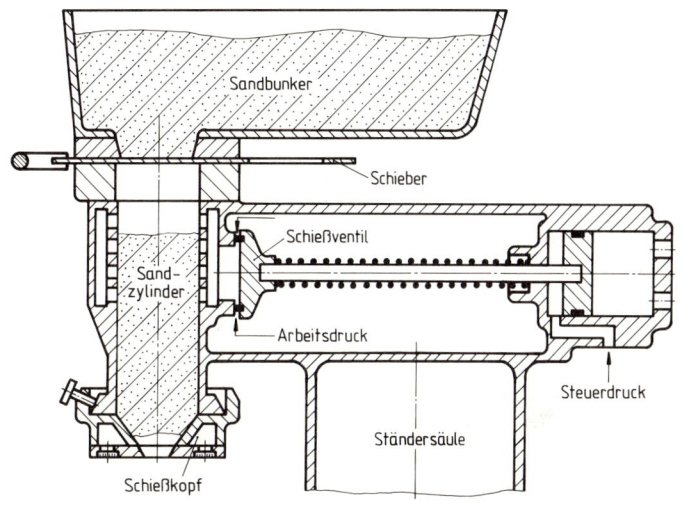

1 Kernschießmaschine

Kernblasen

Funktion des Kernblasens

Beim Kernblasen wird ein Formstoff-Luft-Gemisch in den Kernkasten eingeblasen. Die Funktion ist mit einem Sandstrahlgebläse vergleichbar.

Anwendung des Kernblasens

Nach dem Blasprinzip arbeiten nur noch Kernmaschinen für trocken-harzumhüllte Kernformstoffe. Für feuchte Kernformstoffe wird die Kernblasmaschine durch die Kernschießmaschine ersetzt.

Nachteile des Kernblasens

- Der Verschleiß ist durch die Sandstrahlwirkung sehr groß.
- Die Blasluft muß im Kernkasten wieder vom Formstoff getrennt werden: Es werden zusätzliche Stellen für Entlüftung notwendig.
- Es sind größere Spannkräfte notwendig, da die gesamte Druckluft auf den Kernkasten wirkt.

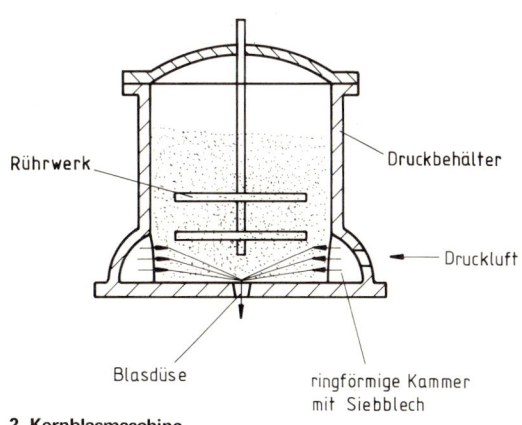

2 Kernblasmaschine

Formen mit Kernen — Formtechnik

Luftabführung beim Kernschießen

Gründe für die Notwendigkeit der Luftabführung

Durch das Einschießen wird die vor dem Sand befindliche Luft in Bewegung gesetzt. An der Unterseite entsteht somit das erste Luftpolster. Durch den Sand, der sich nun von unten nach oben aufbaut und wieder die Luft vor sich herschiebt, entstehen weitere Luftpolster (Bild 1). Solche Stellen zeigen nachher eine durchweg mangelhafte Verdichtung. Dieser Fehler kann vermieden werden, wenn die aufgestaute Luft die Möglichkeit hat, durch eine Entlüftung zu entweichen.

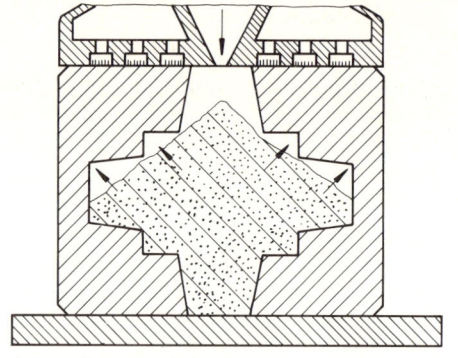

1 Entstehung der Luftpolster

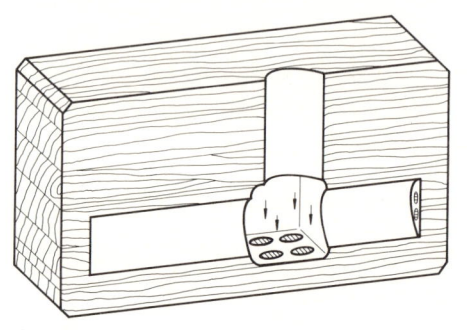

Stellen für die Entlüftung

- Durch eine Entlüftung gegenüber dem Schießkopf wird der erste Teil der atmosphärischen Luft aus dem Kernkasten direkt hinausgedrückt (Bild 2).
- Durch eine Entlüftung an der Einschußseite wird die Luft abgeführt, die der sich aufbauende Sand nach oben drückt (Bild 3).
- Durch den sich aufbauenden Sand wird ein Teil der atmosphärischen Luft in Ecken hinter Vorsprüngen und Hinterschneidungen hineingedrückt. Der Sand schneidet sozusagen der Luft den Weg ab. Solche Stellen müssen entlüftet werden (Bild 4).
- Bei komplizierten Kernen ist es oft am einfachsten, einen „fehlerhaften Kern" mit schlecht oder nicht verdichteten Stellen herzustellen und dann durch Versuche den Fehler zu beseitigen. Eine Möglichkeit ist dabei, dort die Entlüftungen anzubringen, wo sich vorher Fehler zeigten.

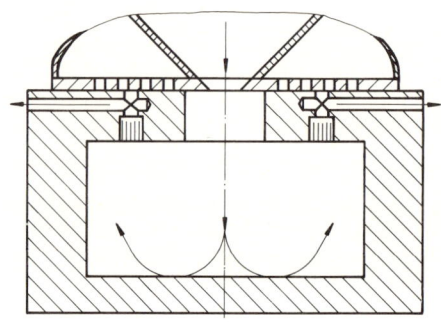

2 Entlüftung gegenüber dem Schießkopf

3 Entlüftung in Ecken

Möglichkeiten zur Luftabführung

Um die Luft an den beschriebenen Stellen abzuführen, stehen die folgenden technischen Möglichkeiten zur Verfügung:

- Entlüftungsunterlagen
- Keilschlitzdüsen
- Siebdüsen
- Siebbleche
- Schießkopfplatten mit Schlitzdüsen
- Freifräsungen in der Teilung

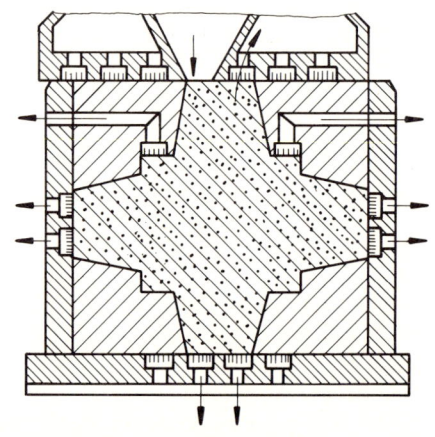

4 Vollständige Kernkastenentlüftung

Formtechnik — Formen mit Kernen

Entlüftungsunterlagen

Kernkästen, die unten offen sind, werden auf eine Entlüftungsunterlage gestellt, so daß die Luft nach unten entweichen kann (Bild 1). Bei einem Brett oder einer Stahlplatte würde ein Luftpolster entstehen. Damit würden gute Füllung und Verdichtung verhindert.

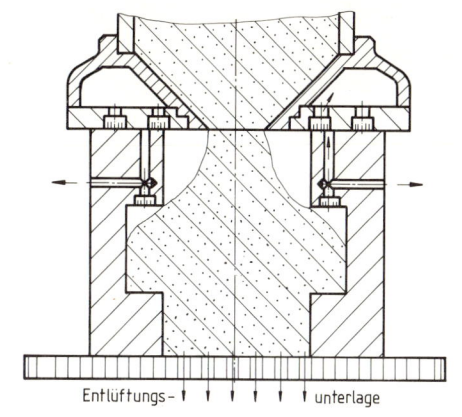

1 Entlüftung durch Entlüftungsunterlage und Keilschlitzdüsen

Keilschlitzdüsen

Aufbau: Bei Keilschlitzdüsen handelt es sich um zylindrische Messingkörper von 3 bis 30 mm Durchmesser. Die glatte Seite ist dem Kernkastenhohlraum zugewandt und hat parallel verlaufende Schlitze von meist 0,3 mm Breite. Zur Selbstreinigung sind diese nach hinten konisch erweitert, deshalb der Name Keilschlitzdüse. Ein Sandkorn wird, wenn es zwischen die Schlitze kommt, immer wieder nach hinten freigedrückt.

Einbau: Keilschlitzdüsen lassen sich an fast allen Stellen anbringen und sind deshalb die häufigste Art der Entlüftung. Schlitzdüsen werden je nach Ausführung eingeschlagen oder eingeschraubt. Von der Schlitzdüse muß durch eine weitere, kleinere Bohrung die Luft nach außen weitergeführt werden (Bild 1). Bei Kunstharzkernkästen werden die Düsen auf die Kernseele geklebt und Kunststoffschläuche für die Entlüftung aufgesteckt. Dann wird beides mit eingegossen.

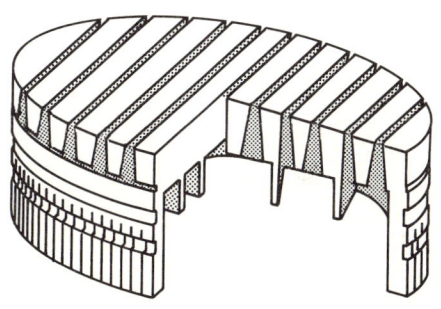

2 Keilschlitzdüse

Siebdüsen

Siebdüsen arbeiten nach dem gleichen Prinzip wie Schlitzdüsen. Anstelle der Fläche mit Schlitzen ist ein rostfreies Stahlgewebe eingezogen. Siebdüsen können bei schwierig herzustellenden Kernen durch ihre größere Luftabfuhr Vorteile bringen.

3 Siebdüse

Siebbleche

Kernkästen, die nach verschiedenen Seiten offen sind, können mit Siebblechen verschlossen werden (Bild 4). Jede Kernkastenhälfte erhält dabei ihr eigenes Siebblech. Bei größeren Öffnungen werden Verstärkungsleisten angebracht. Aus Festigkeitsgründen wird in der Praxis der seitlich geschlossene und mit Düsen ausgestattete Kernkasten bevorzugt.

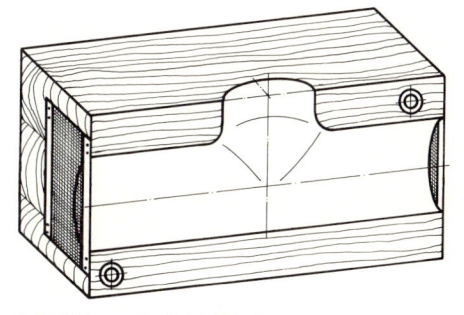

4 Entlüftung durch Siebbleche

Formen mit Kernen — Formtechnik

Entlüftung durch Freifräsungen in der Teilung

Die formbildende Oberfläche des Kernkastens läßt oft bei starker Gliederung nicht mehr die Unterbringung von Düsen zu. Hier können Freifräsungen für die Entlüftung herangezogen werden. In Bild 1 wird gezeigt, wie 0,15 mm tiefe Einfräsungen an der Teilfläche des Kernkastens angeordnet sind und mit 2 mm Tiefe anschließend weitergeführt werden.

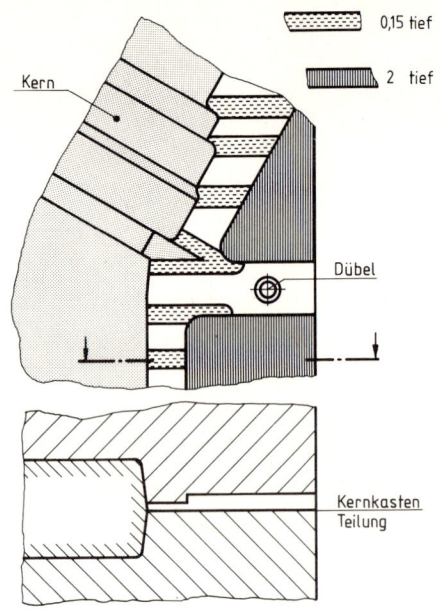

Entlüftung durch Schießkopfplatten mit Schlitzdüsen

Beim Schießen wird nicht die gesamte Luft nach unten verdrängt, sondern durch den sich von unten nach oben aufbauenden Sand wieder nach oben gedrückt.

Ist nun der Einschußdurchmesser des Kernkastens wie in Bild 2 genügend groß, kann diese Luft durch die Keilschlitzdüsen des Schießkopfes hindurch ins Freie entweichen. Im günstigsten Falle genügt bereits diese Art der Entlüftung. Schlitzdüsen im Kernkasten können dann entfallen.

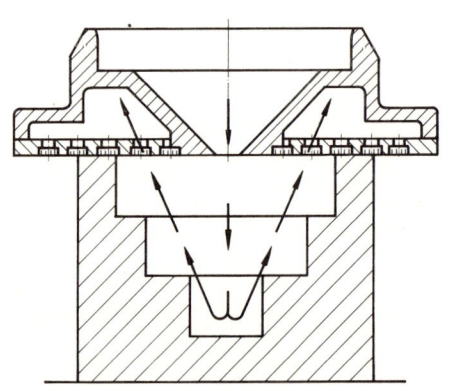

1 Entlüftung durch Freifräsungen in der Teilung

Schießköpfe

Aufgabe der Schießköpfe

Der Schießkopf leitet den Kernformstoff unmittelbar in den Kernkasten. Durch unterschiedliche Form des Austritttrichters und der Querschnittverhältnisse von Schießkopfaustritt und Kernkasten kann die Füllung des Kernkastens gesteuert werden.

Schießkopfausführungen

Um Kernkästen unterschiedlicher Form und Größe optimal füllen zu können, stehen Schießköpfe in größerer Anzahl zur Verfügung. Sie können an der Kernmaschine ausgewechselt werden. Die verschiedenen Schießkopfausführungen unterscheiden sich vor allem durch Form und Größe der Austrittsöffnung.

2 Entlüftung durch den Schießkopf

Einsatzbeispiele verschiedener Schießköpfe

Schießkopfausführung nach Bild 3: Der abgebildete Schießkopf hat eine zylindrische Austrittsöffnung, die, je nach Größe der Kernschießmaschine 15 bis 200 mm beträgt. Ein großer Teil der Kerne kann mit diesem Schießkopf hergestellt werden. Besonders geeignet sind Kernkästen mit kreisförmigem Querschnitt. Bei dieser Ausführung befinden sich in der abschraubbaren **Schießkopfplatte** Keilschlitzdüsen, die das Entlüften des Kernkastens erleichtern.

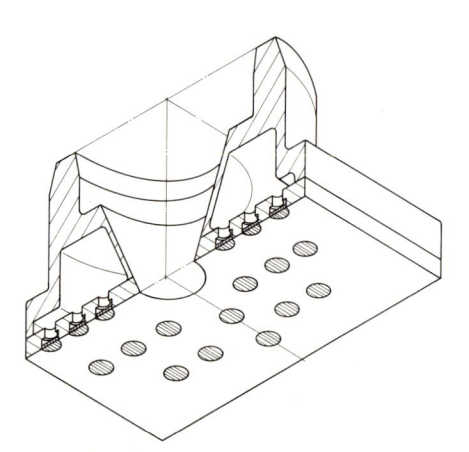

3 Schießkopf

Formtechnik — Formen mit Kernen

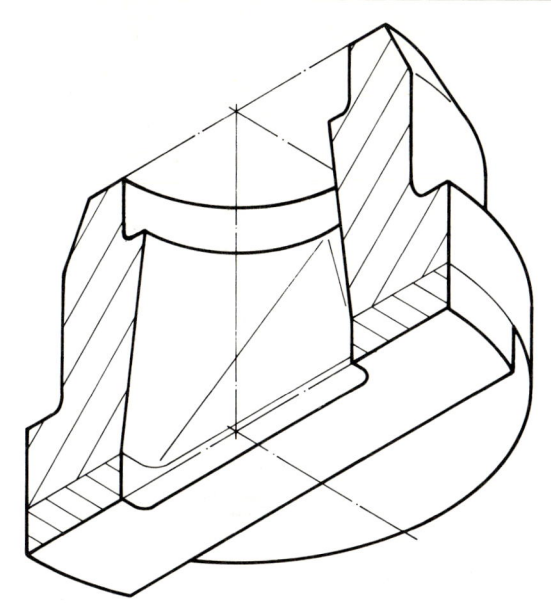

1 Schießkopf mit rechteckiger Austrittsöffnung

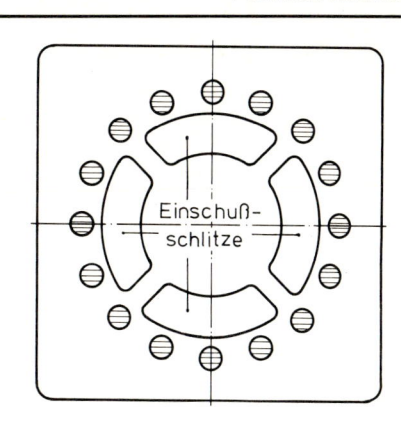

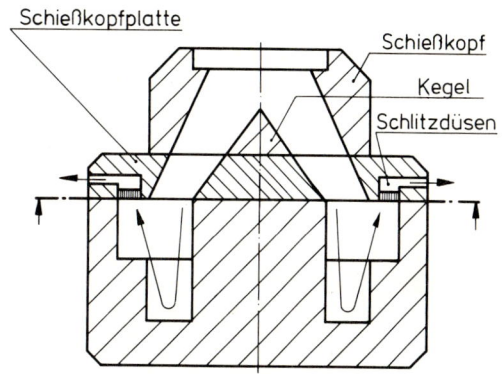

2 Schießkopf mit angepaßter Schießkopfplatte

Schießkopfausführung nach Bild 1: Der abgebildete Schießkopf hat eine rechteckige Austrittsöffnung, deren Größe von der Kernmaschine abhängt. Beträgt beispielsweise die Öffnung 260 × 22 mm, so kann man sie darüber hinaus durch das Aufbohren und Einfräsen der abschraubbaren Schießkopfplatte dem zu schießenden Kern noch genauer anpassen. Auf diese Weise können vorteilhaft Reihenkerne nach Bild 3 geschossen werden, aber auch jede Art von langen und schmalen Kernen.

Schießkopfausführung nach Bild 2: Sehr häufig werden die Schießkopfplatten vom eigenen Modellbau angefertigt, um sie den Verhältnissen des Kernkastens genau anzupassen.

Das Bild 2 zeigt ein solches Beispiel. Um eine einwandfreie Verdichtung zu erhalten, muß auf dem gesamten Umfang des Kernkastens eingeschossen werden. Die Schießkopfplatte wird deshalb entsprechend dem Kerndurchmesser mit Schlitzen versehen. Der Kegel auf der Schießkopfplatte soll dem Sand im Kopf eine Führung geben und eine zu starke Verdichtung im Schießkopf selbst verhindern. Er kann, ebenso wie die Schießkopfplatte selbst, aus Furnierplatten hergestellt werden.

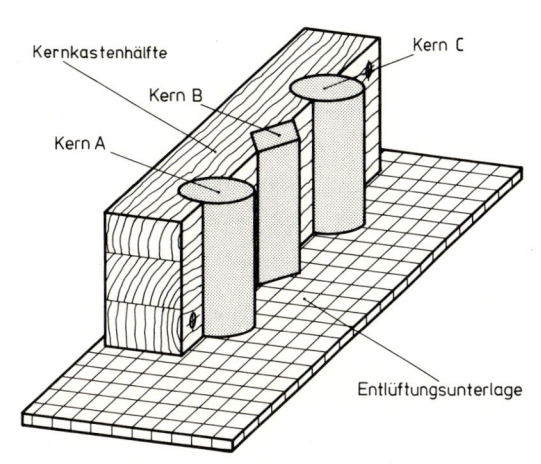

3 Reihenkernkasten, zum Schießen geeignet für den Schießkopf Bild 1

Formen mit Kernen — Formtechnik

Einschußöffnung am Kernkasten

Die Einschußöffnung am Kernkasten ist ebenfalls wichtig für die gleichmäßige Verdichtung der Kerne. Bei der Gestaltung der Einschußöffnung müssen drei Gesichtspunkte berücksichtigt werden:

- Lage der Einschußöffnung
- Querschnitt der Einschußöffnung
- Form der Einschußöffnung

Lage der Einschußöffnung

Die Einschußöffnung soll so gelegt werden, daß der Formstoff alle Bereiche des Kernkastens, entweder direkt oder indem er sich aufbaut, erreicht.

Sollen Kerne mit Unterschneidungen oder mit zu hinterfüllenden Stellen geschossen werden, wird der Kern zweckmäßig von der größeren Seite her eingeschossen. Damit liegt die kleinere zu unterschießende Seite unten (Bild 2).

Es ist nicht immer möglich, einen Kern durch eine vorhandene Kernkastenseite einwandfrei zu schießen. In solchen Fällen ist es notwendig, den Kernkasten anzubohren oder anzufräsen und diese Öffnung als Einschußöffnung zu benutzen. Ein solches Beispiel ist der in Bild 3 gezeigte Kernkasten. Durch die kleine Bohrung in der Mitte kann der Kernkasten von keiner der drei Seiten zufriedenstellend gefüllt werden.

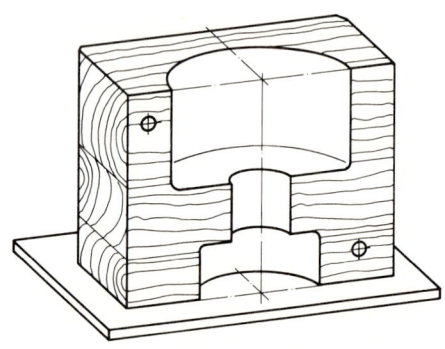

Querschnitt der Einschußöffnung

Ein zu kleiner Einschußquerschnitt ergibt zu hohen Schießdruck und damit erhöhten Verschleiß im Kernkasten durch erhöhte Sandgeschwindigkeit.

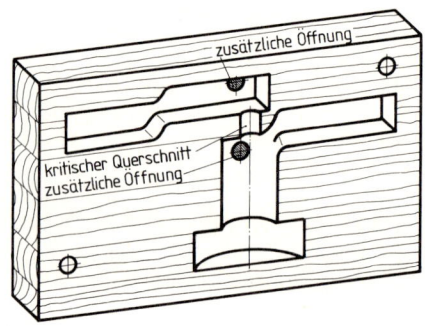

Form der Einschußöffnung

Zum richtigen Füllen muß der Einfüllzapfen in Kernkastenrichtung nach innen konisch verjüngt sein. Dies erleichtert auch das Entfernen vom eigentlichen Kern (Bild 4).

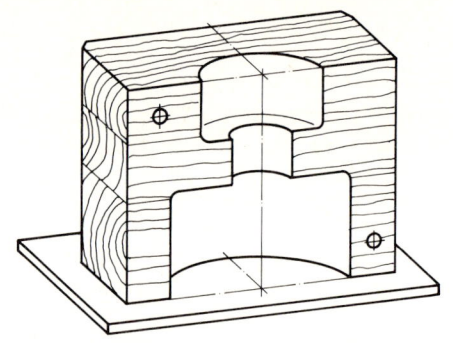

1 Ungünstige Lage der Einschußöffnung: Die größere unterschnittene Fläche liegt unten

2 Günstige Lage der Einschußöffnung: Die kleinere unterschnittene Fläche liegt unten

3 Kernkasten mit zusätzlich angebrachter Einschußöffnung

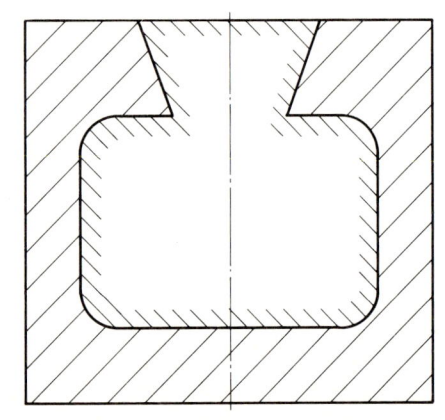

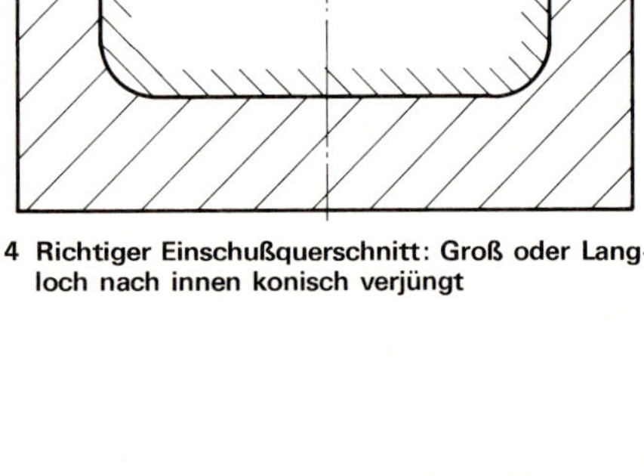

4 Richtiger Einschußquerschnitt: Groß oder Langloch nach innen konisch verjüngt

Wiederholungsfragen

1. Nennen Sie die Funktionen einer Kernschießmaschine in der Reihenfolge des Arbeitsablaufes.
2. Wie ist die Spann- und Trennvorrichtung einer Kernschießmaschine aufgebaut?
3. Wie werden die Auswerferstifte einer Kernausstoßvorrichtung betätigt?
4. Erklären Sie das Prinzip des Kernschießens.
5. Aus welchen Gründen hat das Kernschießen das Kernblasen verdrängt?
6. Warum können in nichtentlüfteten Kernkästen Kerne mit Stellen mangelnder Verdichtung entstehen?
7. Wo sind in Kernkästen Entlüftungen anzubringen?
8. Welche Möglichkeiten stehen dem Modellbauer zur Verfügung, um die Luft aus dem Kernkasten abzuführen?
9. Wie kommt die Selbstreinigung der Keilschlitzdüsen zustande?
10. Weshalb muß der Modellbauer über die vorhandenen Schießköpfe seiner Kernmacherei Bescheid wissen?

Formtechnik — Formen mit Kernen

Kernherstellung mit Vakuum

Ähnlich wie das Herstellen von Formen kann auch das Herstellen von Kernen mit Hilfe von Schießen oder Vakuum erfolgen. Bei beiden Verfahren werden damit zwei Aufgaben erfüllt:
- Füllen des Kernkastens
- Vorverdichten des Kernes

Die Kernherstellung mit Vakuum findet normal Anwendung bei den Verfahren mit Gasaushärtung, dem CO_2- oder Cold-Box-Verfahren.

Arbeitsablauf

- Einsaugen des Formstoffes in den Kernkasten
- Evakuieren des Kernkastens und des Kernes
- Öffen der Gaszufuhr, danach durchströmt das Härtegas den Kern

Vorteile

- Rationalisierung der Herstellung größerer Kerne auch bei kleinen Serien möglich
- besonders schnelle und wirkungsvolle Durchströmung des Kernes durch das Härtegas
- wirkungsvolle, direkte Absaugung des Härtegases, dadurch geringere Arbeitsplatzbelastung
- geringe Abnützung der Kernkästen, deshalb ist auch die Verwendung von Holzkernkästen möglich

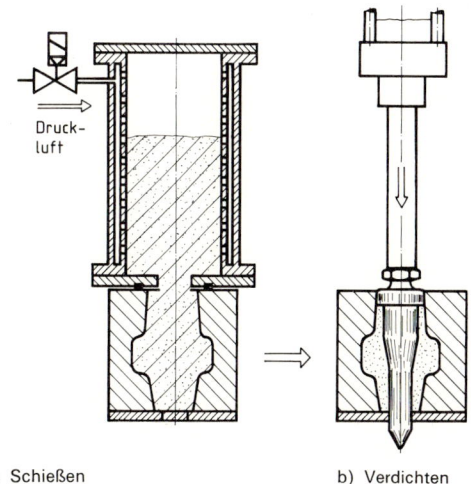

Kernherstellung mit Grünsand

Wie bereits ausführlich beschrieben, beruht die Festigkeit der bentonitgebundenen Formen, der sogenannten Grünsandformen, auf dem Verdichten. Wird deshalb als Binder für Kerne Bentonit verwendet, dann müssen diese Grünsandkerne verdichtet werden. In der Vergangenheit wurden solche Kerne gelegentlich durch Aufstampfen hergestellt. Durch ein neues Verfahren ist es nun möglich, Grünsandkerne auch maschinell herzustellen.

Wirkungsweise

- Einschießen des Formstoffes in den Kernkasten
- Aufweiten des Kernes von innen
- Öffnen des Kernkastens, Entnehmen des Kernes

Durch das Aufweiten von innen wird der Formstoff gegen die Formwand gepreßt und erhält dadurch seine Endfestigkeit. Das Aufweiten erfolgt entweder durch ein Verdichtungswerkzeug, eine Art Dorn (siehe Bild 2), oder eine Speicherblase, die im Innern des Kernes aufgepumpt wird.
Die Form des Verdichtungswerkzeuges wird vom Computer berechnet.

Vorteile

- einfachere Sandaufbereitung, da nur eine Sandart für Form und Kern verwendet wird
- kein Beheizen und Begasen notwendig
- schnelle und billige Herstellung

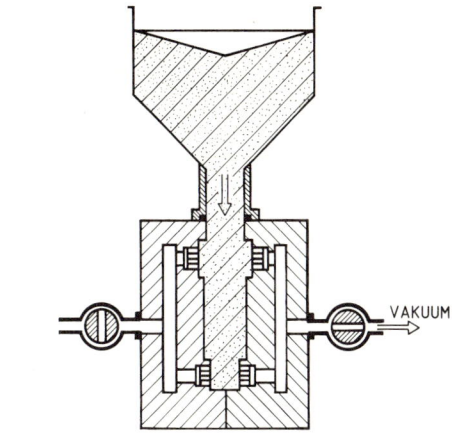

a) Sand einsaugen

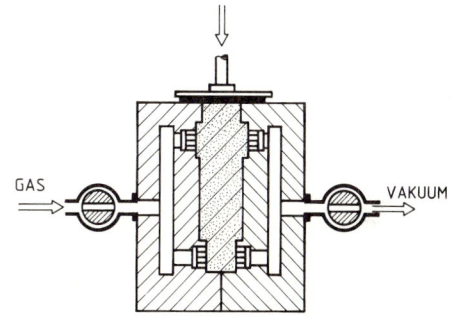

b) Begasen

Um eine gleichmäßige Festigkeit des Kerns zu erreichen, ist es möglich, die Strömungsrichtung des Härtegases umzukehren

1 Kernherstellung mit Vakuum

a) Schießen   b) Verdichten

2 Kernherstellung mit Grünsand

Formen mit Kernen   **Formtechnik**

Kernpressen
Wirkungsweise
Beim Kernpressen, auch Kernstopfen genannt, wird der Kernformstoff durch eine Öffnung mit dem geforderten Kernquerschnitt hindurchgepreßt. Der erforderliche Druck wird durch einen Kolben oder durch eine Schnecke (ähnlich wie bei einem Fleischwolf) erzeugt. Der erzeugte Kernstrang wird auf einer Kernablageschale abgenommen und dort je nach verwendetem Binder getrocknet oder gehärtet.

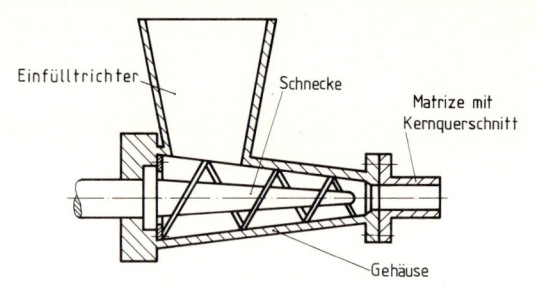

1 Maschine zum Kernpressen (Kernstopfen)

Anwendung und Alternative
Bei niedrigen Stückzahlen wird für zylindrische Bohrungen häufig kein Kernkasten angefertigt. Man beschränkt sich auf die Verwendung von Standardkernen mit einem Durchmessersprung von 5 oder 10 mm. Diese Kerne werden als Kernstränge vorratsmäßig hergestellt, und die benötigte Länge wird abgesägt. Die Fertigung solcher Standardkerne erfolgt heute vorwiegend auf der Kernschießmaschine mit Standardkernkästen wegen der höheren Genauigkeit und kürzeren Herstellzeit.

Das Kernpressen wird nur noch sehr selten angewendet.

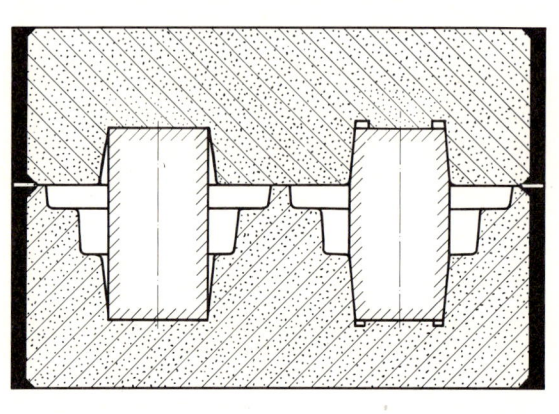

2 Verwendung standardisierter Kerne (Maschinenkerne) bei stehenden Kernen

Endverfestigung durch Härten
Beim Einbringen des Kernformstoffes durch Schießen oder Blasen in den Kernkasten wird der Kern bereits verdichtet. Seine endgültige Standfestigkeit erhält er jedoch durch Aushärten. Dieser Vorgang erfolgt häufig bereits an der Maschine durch Zuführung von Gas oder Wärme.

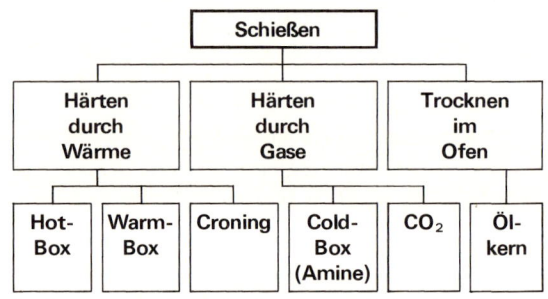

3 Möglichkeiten der Endverfestigung nach dem Schießen

Aushärten durch Begasen
Die einfachste Möglichkeit, ohne großen Aufwand, ist das Begasen von Hand. Wie in Bild 4 gezeigt wird, kann das Gas mit einer sogenannten Dusche dem noch im Kernkasten befindlichen Kern zugeführt werden. Hohen Kernen kann man das Gas durch eine Sonde zuführen. Eine Sonde ist ein Metallrohr mit seitlichen Austrittsöffnungen. Im allgemeinen wird das Begasen jedoch an der Kernschießmaschine oder an besonderen Begasungsautomaten durchgeführt.

Aus Sicherheitsgründen beschränkt sich das Begasen von Hand auf das CO_2-Verfahren.

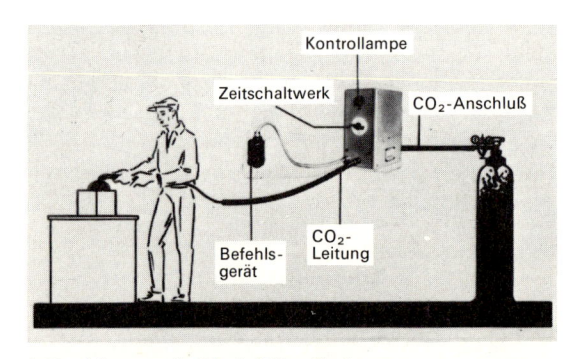

4 Kernhärtung mit CO_2 bei Einzelfertigung

Formtechnik — Formen mit Kernen

CO$_2$-Verfahren

Wirkungsweise

Beim CO$_2$-Verfahren wird der Kern mit CO$_2$ begast. Dieses Kohlenstoffdioxid wird im Sprachgebrauch, nicht ganz richtig, als Kohlensäure bezeichnet. Daher wird auch die Bezeichnung Kohlensäureverfahren oder Kohlensäureerstarrungsverfahren verwendet. Der Binder Wasserglas (Natriumsilicat) bildet dabei mit diesem CO$_2$ Natriumcarbonat, Kieselsäure und Kristallwasser. Die ausgeschiedene Kieselsäure umschließt skelettartig die Sandkörner und bewirkt das Aushärten des Kernes. Aushärtezeit je nach Volumen 15 bis 60 Sekunden.

Gelegentlich wird auch der Begriff Wasserglassandverfahren verwendet. Dies kann jedoch zu Verwechslungen führen, da Wasserglas auch ohne Begasung durch CO$_2$, mit Zusatz von Essigsäureester, in schnell erhärtende Kieselsäure umgewandelt werden kann (Verfahren: Wasserglas-Esterhärtung).

Vorteil

CO$_2$ ist nicht giftig und kann deshalb auch beim Begasen von Hand verwendet werden.

Cold-Box-Verfahren

Wirkungsweise

Beim Cold-Box-Verfahren befinden sich Harz und Härter bereits in der Sandmischung. Erst beim Begasen mit dem Katalysator härten das Phenolharz und der Härter Polyisocyanat zu einem Polyurethanharz aus. Als Katalysatoren werden z.B. Triethylamin (TEA) oder Dimethylethylamin (DMEA) in einem Generator zerstäubt.

Aushärtezeit je nach Volumen und Gestalt 2 bis 30 s (Ausnahmen 60 s bei Kernen bis ca. 120 kg).

Vorteile

Das Cold-Box-Verfahren hat von den verschiedenen Verfahren die kürzeste Aushärtezeit.

Nachteil

Während bei dem ungiftigen CO$_2$ eine Begasungsplatte die gesamte zum Begasungsvorgang zugehörige Einrichtung darstellt, ist beim Cold-Box-Verfahren eine Absaugung und Reinigung der mit Amin angereicherten Luft notwendig. Die gesundheitsgefährlichen Amindämpfe müssen in einem der beiden folgenden Systeme abgeführt werden:
1. offenes System
2. geschlossenes System

SO$_2$-Verfahren

Ein neueres Gashärtungsverfahren arbeitet mit SO$_2$ (Schwefeldioxid). Binder sind bei diesem Verfahren Furanharze. Das Schwefeldioxid bildet mit dem im Formstoff beigemischten Peroxid und dem Wasser Schwefelsäure, wodurch eine schnelle Härtung erfolgt.

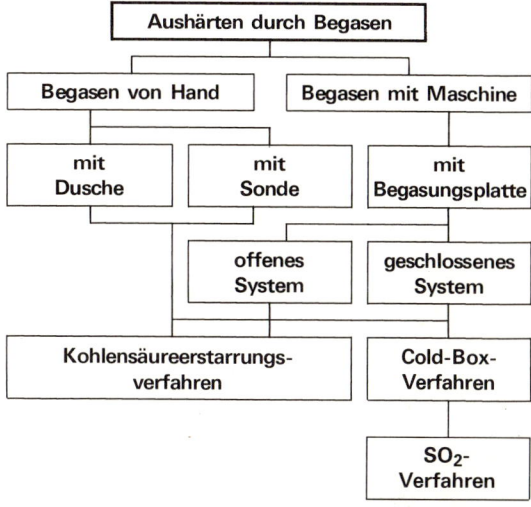

1 Durchführung der Begasung

		Cold-Box-Verfahren	Kohlensäure-Verfahren
	Binder	Kunstharz	Silicat
	Gasfunktion	Beschleunigung des Aushärtens	Bildung von Kieselsäure
	Name des Gases	Amin	Kohlenstoffdioxid
	Aushärtezeit Abhängig von Kerngröße und Gestalt	2 s ... 30 s	15 s ... 60 s
	Gefährdung	Schleimhautreizung	keine
	Lagerfähigkeit der Kerne	nahezu unbegrenzt	durch Zerfall begrenzt
	Zerfall nach dem Gießen	sehr gut bei Gußeisen	mangelhaft
	Festigkeit	gut	befriedigend
Gemeinsame Vorteile	Maßgenauigkeit	sehr hoch durch völlige Aushärtung im kalten Kernkasten	
	Kernkasten	Verwendbarkeit aller Kernkastenwerkstoffe	
	Vergleich mit Ölkern	Erreichung der Endfestigkeit bereits im Kernkasten ohne Trockenschalen und Trockenofen	
	Vergleich mit Heißkern	Einsparung von Energie	

2 Aushärten durch Begasen

Formen mit Kernen — **Formtechnik**

Offenes System

Funktion: Beim offenen System treten die Restdämpfe des Cold-Box-Katalysators aus dem Kernkasten durch die Entlüftungsbohrungen. Von dort werden sie nach der aus Bild 1 ersichtlichen Funktion abgesaugt.

Anwendung: Dieses System wird in den meisten Fällen angewandt. Kernkästen können ohne zusätzlichen Aufwand benützt werden.

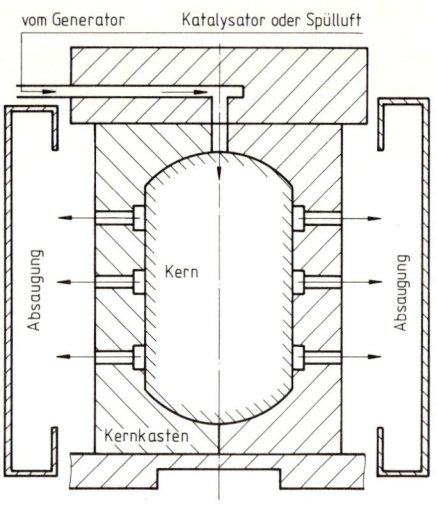

Geschlossenes System

Funktion: Beim geschlossenen System werden die Restdämpfe des Cold-Box-Katalysators in einem weiteren Raum des Kernkastens gesammelt und über einen Anschluß nach Bild 2 zur Absaugung geführt.

Anwendung: Wegen des höheren Aufwandes für zusätzliche Teilungen und Dichtungen findet dieses System nur in Sonderfällen Anwendung. Die abgesaugten Gase können einer Verbrennungseinrichtung zugeführt werden.
Bei der zuvor beschriebenen Kernherstellung mit Vakuum kommt ebenfalls ein Kernkasten mit geschlossenem System zur Anwendung.

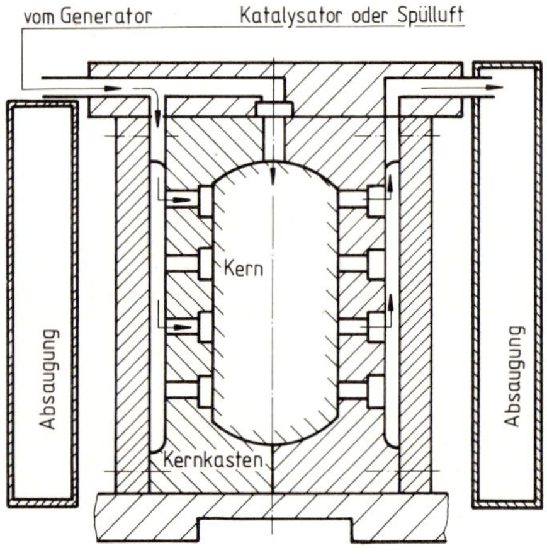

Gestaltung des Begasungsraumes

Der Begasungsraum befindet sich in der Begasungsplatte. Diese wird beim Begasen zwischen Schießkopf und Kernkasten eingeschoben. Ihre Aufgabe ist die richtige Verteilung des eingeleiteten Gases. So können lange Härtezeiten und Ausspülungen am Kern vermieden werden, wenn sich das Gas vor dem Eintritt in den Kernkasten entspannen kann. Ein richtig bemessener Begasungsraum ergibt optimale Kernoberflächen.

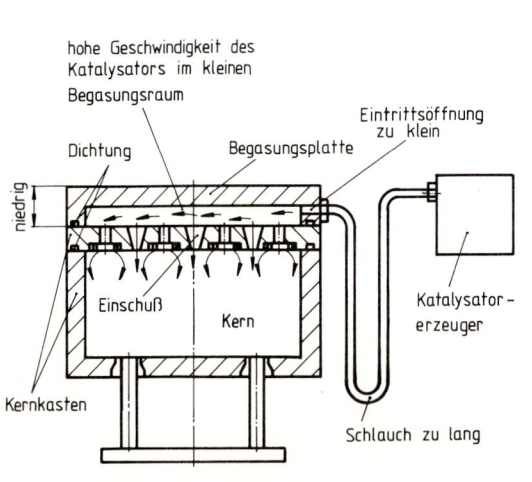

1 Offenes System

2 Geschlossenes System

3 Falsche Gestaltung des Begasungsraumes

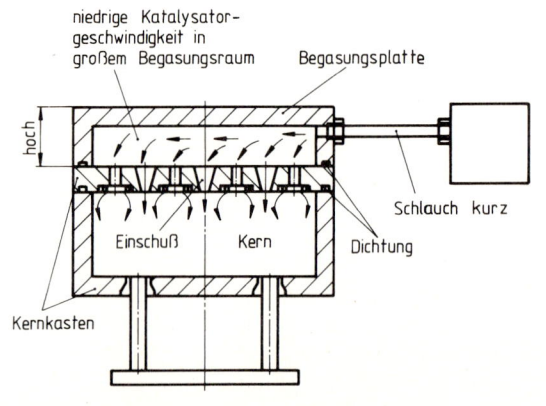

4 Richtige Gestaltung des Begasungsraumes

Formtechnik | **Formen mit Kernen**

Aushärten durch Hitze

Bei diesen Verfahren werden als Binder Phenolharz und Furanharz verwendet. Auch bei den Verfahren der Heißhärtung befindet sich neben dem Harz bereits der Härter in der Formstoffmischung. Der Vorgang der Aushärtung wird durch den beheizten Kernkasten bewirkt.

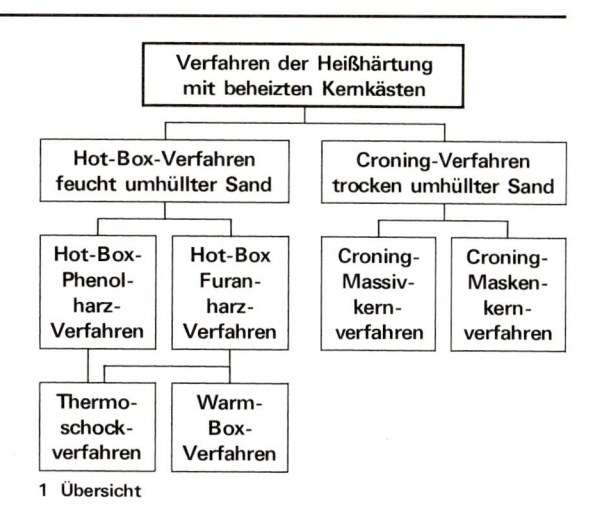

Vorteil des Verfahrens mit Heißhärtung

Durch ein Zusammenschmelzen des Harzes an der Oberfläche wird eine besonders gute Oberfläche und Kantenschärfe erreicht. Bei feiner Sandkörnung können diese Verfahren benützt werden, um bestimmte Innengewinde durch Kerne herzustellen (Beispiel: Bild 1 nächste Seite).

1 Übersicht

Möglichkeiten der Kernkastenbeheizung
Elektrische Heizung

Aufbau: Die metallischen Kernkastenteile werden direkt oder wie in Bild 2 (links) indirekt beheizt. Zu diesem Zweck werden in geeignete Bohrungen Heizpatronen eingebaut.

Vorteile: Bessere Arbeitsplatzbedingungen bei der Kernherstellung und genauere Regelung der Temperatur sind die Vorteile der elektrische Beheizung.

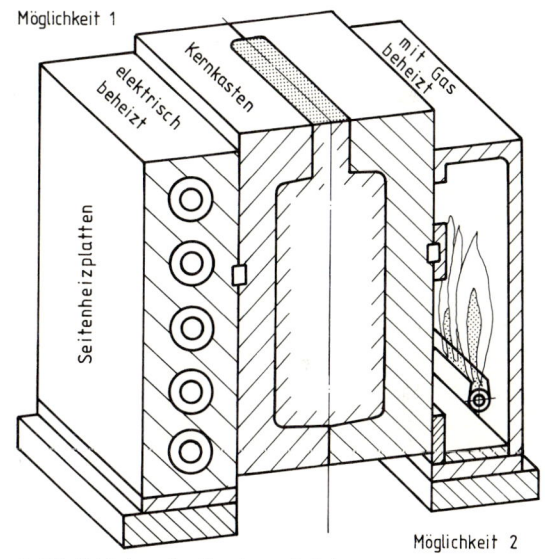

Gasheizung

Aufbau: Die metallischen Kernkästen werden direkt, wie in Bild 2 (rechts) gezeigt, mit Stadtgas, Erdgas oder Flüssiggas beheizt.

Vorteil: Bei Verwendung einer Gasheizung sind die Kernkästen einfacher in der Konstruktion. Die Heizleistung der Flamme ist größer, es kann schneller aufgeheizt werden. Die Energiekosten sind geringer.

2 Möglichkeiten der Kernkastenbeheizung

Schießkopfausbildung

Damit das Sandgemisch nicht bereits im Schießkopf aushärtet, sind die Schießkopfplatte und in Sonderfällen auch zusätzlich der Schießkopf wassergekühlt (Bild 3).

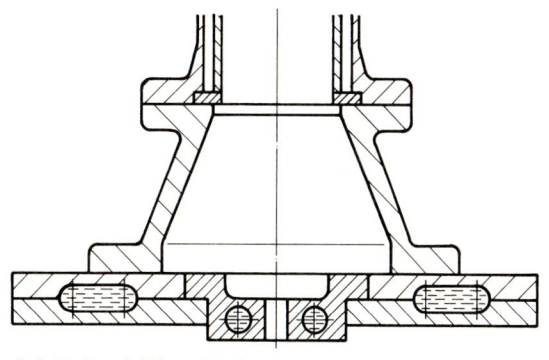

3 Schießkopfkühlung bei Kernkastenheizung

Formen mit Kernen — Formtechnik

Hot-Box-Verfahren

Wirkungsweise

Beim Hot-Box-Verfahren wird das Sandkorn von dem dünnflüssigen Binder umhüllt. Da sich diese Binderbeschaffenheit bis zum Aushärten **nicht ändert**, spricht man von einem **feucht umhüllten Sand**. Bei Verwendung von Phenolharzen beträgt die Härtetemperatur ca. 200 bis 300 °C, bei Verwendung von Furanharzen ca. 150 bis 250 °C. Härter, Ammoniumchlorid u.ä. oder Säuren, sind dem Harz bereits beigemischt. Durch die Wärme härtet in 15 bis 45 s eine Kernwanddicke von 2 bis 5 mm aus. Das Kerninnere härtet nach dem Entnehmen aus dem Kernkasten nach.

Anwendung

Das Hot-Box-Verfahren wird vorwiegend bei kleinen bis mittleren Teilen in großer Stückzahl angewendet. Es kann dabei die folgenden Anforderungen besonders gut erfüllen:

- glatte Oberfläche
- Kantenschärfe
- Standfestigkeit
- Gasdurchlässigkeit
- guten bis sehr guten Zerfall nach dem Gießen

Cold-Box-Plus-Verfahren

Bei diesem neuen Verfahren wird der Formstoff in 40 bis 80 °C warme Formen geschossen und somit höhere Kernaußenfestigkeit erzielt. Der Name Cold-Box-Plus-Verfahren ist aus Cold-Box plus Wärme abgeleitet.

Warm-Box-Verfahren

Wirkungsweise

Das Warm-Box-Verfahren ist eine Variante des Hot-Box-Verfahrens. Als Härter für den Furanharzbinder dienen aromatische, modifizierte Sulfonsäuren. Durch sie genügt bereits eine Kernkastentemperatur von 150 °C zur Kernaushärtung.

Vorteile

- weniger Energieverbrauch
- geringere Geruchsbelästigung

Anwendung

Alternative zum Hot-Box-Verfahren

Thermoschockverfahren

Wirkungsweise

Auch das Thermoschockverfahren ist eine Variante des Hot-Box-Verfahrens. Das Aushärten geschieht in der Regel in einer Trockenschale beim Durchlaufen durch einen beheizten Durchlaufofen.

Anwendung

Flache Kerne wie Radiatoren und Kesselglieder

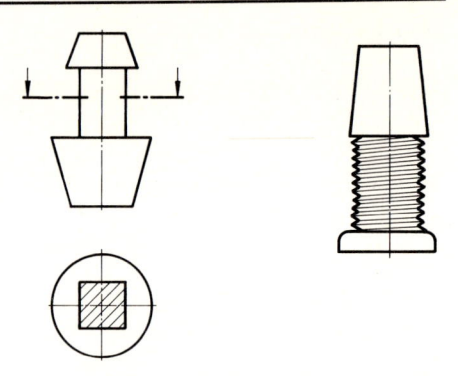

1 Hot-Box-Kerne mit erforderlicher Kantenschärfe

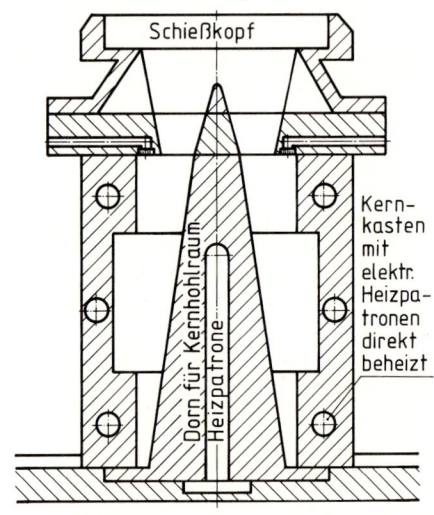

2 Hot-Box-Verfahren: elektrisch beheizter Kernkasten für Hohlkern

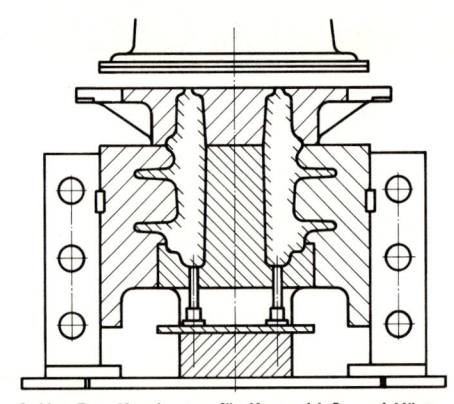

3 Hot-Box-Kernkasten für Kernschieß- und Härtemaschine

4 Radiatorenkern, Thermoschockverfahren

Formtechnik — Formen mit Kernen

Croning-Kernverfahren

Wirkungsweise

Kennzeichnend am Croning-Kernverfahren ist die Verwendung eines Sandes, der nach erfolgter **Harzumhüllung trocken** ist. Diese Umhüllung besteht aus dem Phenolharz mit dem wiederum beigemischten Härter (Hexamethylentetramin). Die Aushärtung erfolgt ebenfalls im heißen Kernkasten bei 250 bis 350 °C. Der heute gebräuchliche Ausdruck Croningverfahren wurde ursprünglich und korrekt nur für das Schüttverfahren zur Herstellung von Maskenformen verwendet.

Vorteile

Neben den bereits bekannten Vorteilen der Heißhärtung ergeben sich zusätzliche Vorteile aus der trockenen Umhüllung: Durch die fehlende Klebewirkung der Sandkörner untereinander ist der Croningsand besonders fließ- oder rieselfähig. Das beigemischte Trennmittel verstärkt diese Eigenschaft noch.

Croning-Vollkerne (Croning-Massivkerne)

Anwendung

Anders als beim **Croning-Formverfahren** werden beim **Croning-Kernverfahren** nicht nur Masken hergestellt. Croning-Vollkerne werden anstelle von Hot-Box-Kernen dann eingesetzt, wenn dünne Querschnitte und schwierige Konturen zu schießen sind. Diese können von dem fließfähigen Croningsand besser ausgefüllt werden.

Croning-Maskenkernverfahren

Anwendung

Bei größeren Kernen bringt die Verwendung eines Hohlkernes eine Sandeinsparung um ca. 70%. Je nach Größe des Kernes beträgt die Dicke der Maske zwischen 2,5 und 6,5 mm.

Wirkungsweise

Der trocken umhüllte Sand wird in den beheizten Kernkasten eingeschossen oder eingeblasen. An der Kernkastenwand wird der Binder zuerst ausgehärtet. Zur Innenwand der Maske hin geht der Binder vom trockenen Zustand zunächst in einen plastischen über und härtet dann nach. Der nicht von der Hitze beeinflußte Teil des Sandes fließt nach Zurückschwenken der Form um 180° wieder in den Formsandbehälter zurück.

Croning-Hohlkerne

Eine weitere Möglichkeit, Formstoff einzusparen, besteht nach Bild 3. Der Kernhohlraum wird hierbei mit einer Kernkasteneinlage und durch Zusammenfügen der beiden halben Kerne erreicht.

Die Herstellung von Croning-Hohlkernen entspricht der von Croning-Vollkernen. Die Herstellung von Croning-Maskenkernen nach Bild 1 und Bild 2 unterscheidet sich hiervon grundlegend.

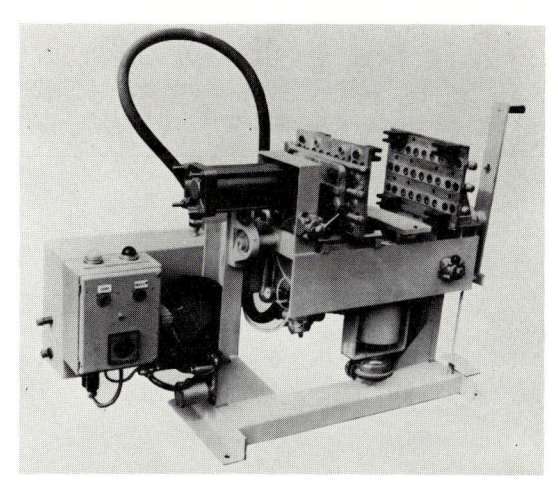

1 Croning-Kernmaschine für Maskenkerne

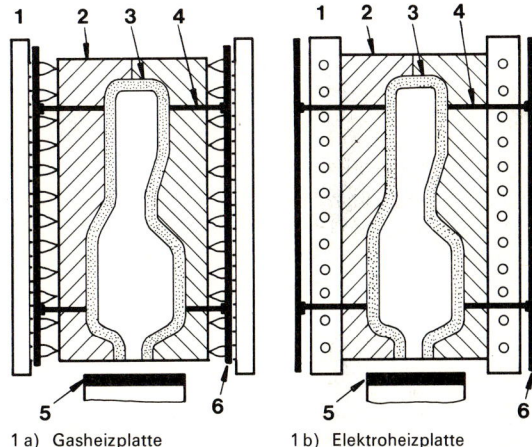

1 a) Gasheizplatte
2 Kernkasten
3 Kern
4 Ausstoßbolzen

1 b) Elektroheizplatte
5 Blasplatte
6 Ausstoßplatte

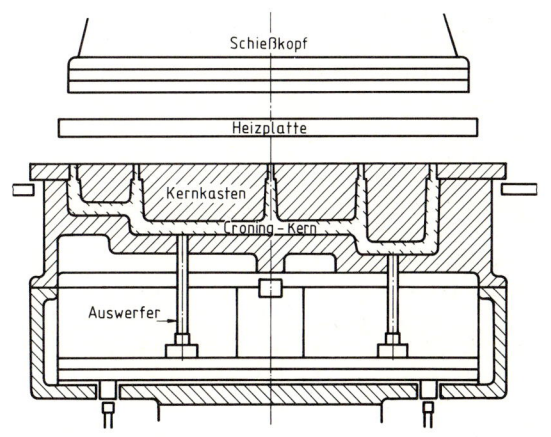

2 Croning-Maskenkern

3 Kernformeinrichtung (Kernkasteneinrichtung) für Hohlkernhälfte nach dem Croningverfahren

Formen mit Kernen — Formtechnik

Trocknen der Kerne

Wirkungsweise
Für Ölkerne werden Mineral- oder Pflanzenöle als Binder verwendet. Beim Trocknen im Trockenofen verharzen die Öle bei 200 bis 220 °C.

Anwendung
Ölkerne kommen nur noch in geringem Umfang zur Anwendung. Wegen ihrer hohen Elastizität eignen sie sich jedoch besonders für Kerne, die stark in Teile mit geringem Querschnitt, wie Rippen und Arme, untergliedert sind.

Nachteile
Das Trocknen im Ofen erfordert zusätzliche Zeit. Auch Trockenschalen sind notwendig. In der Trockenschale erreicht der Kern jedoch nicht die große Maßgenauigkeit, die er beim Aushärten im Kernkasten erreicht.

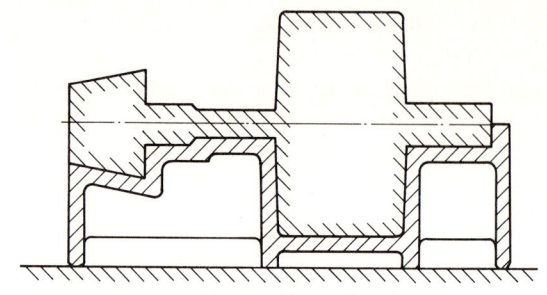

1 Kerntrockenschale mit eingelegtem Ölkern

2 Einbau von Großkernen in Bodenform

3 Einbau von Großkernen in schablonierte Bodenform

Kernherstellung von Hand

Bedingt durch die hohen Fertigungskosten beschränkt sich die Kernherstellung von Hand auf Kerne mit geringer Stückzahl und solchen Abmessungen, für die keine Maschinen vorhanden sind. Die angeführten Verfahren sind deshalb nicht mehr in allen Betrieben vorzufinden.

Großkerne durch Handkernkasten

Der im Abschnitt 2.6.3 „Kernkästen" beschriebene Rahmen- oder Zerfallkernkasten ist der am häufigsten verwendete Handkernkasten. Für Großkerne ist er besonders geeignet, da nach dem Aushärten die Seitenteile zuerst weggenommen werden können. Der schwere Kern liegt dann auf dem Kernkastenboden und kann ohne weiteres Wenden in die Form eingesetzt werden. Zu diesem Zweck soll die Lage des Kernes im Kernkasten so geplant sein, daß sie der Formlage entspricht.

4 Ausführung eines Rahmenkernkastens für einen Großkern

Formtechnik — Formen mit Kernen

Beispiel für formgerechte Planung

Ständer, Werkstoff: GG-25
Stückzahl: 10
Fertigungszeichnung (Bild 1)

Modellplanungszeichnung (Bild 2): Entsprechend der Güteklasse H 2 wird die Formschräge der Kernmarken nicht im Kernkasten berücksichtigt. Der obere Abschluß des Kernes wird durch Abschablonieren des Betrages **a** (Bilder 3 und 4) mit einem Kratzer erreicht. Das spitze Auslaufen des Radius wird dadurch vermieden.

Kernkasten formgerecht (Bild 4): Dieser Kernkasten ergibt einen Kern, der nach dem Entfernen der Seitenwände an den Kran angehängt und in der gleichen Lage in die Form gesetzt wird.

Kernkasten nicht formgerecht (Bild 3): Dieser Kern muß nach dem Entfernen der Seitenwände, bevor er in die Form eingesetzt wird, um 90° gedreht werden.

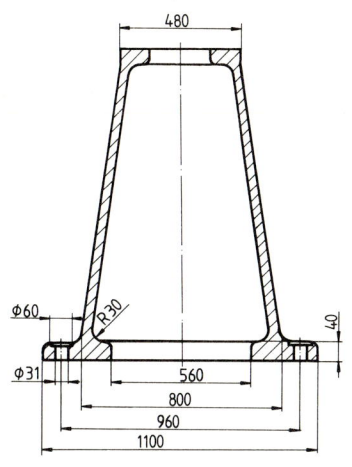

1 Fertigungszeichnung zum Ständer

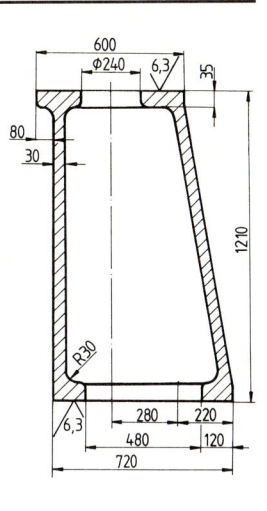

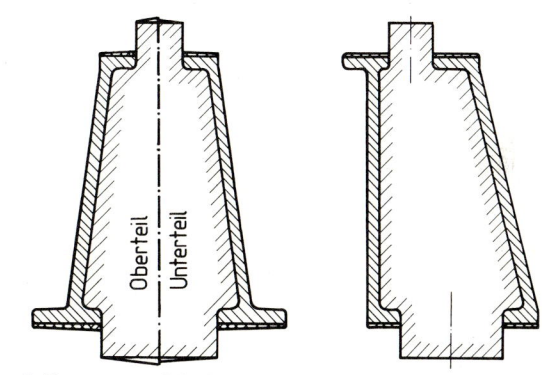

2 Planung zum Ständer

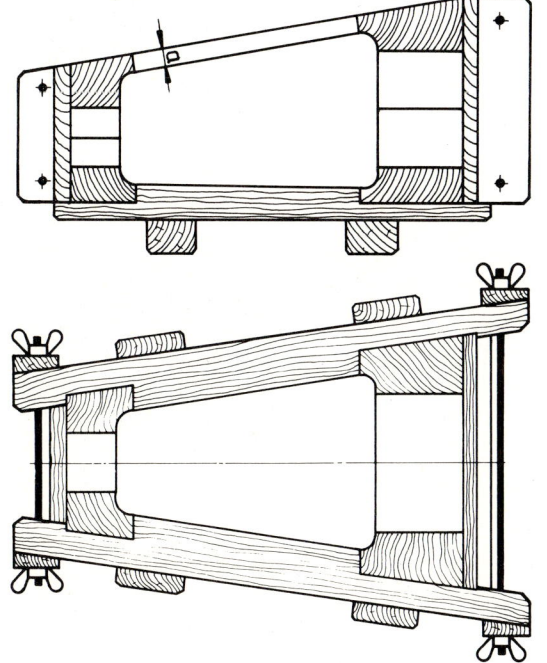

3 Lage des Kernes im Kernkasten entspricht nicht der Formlage

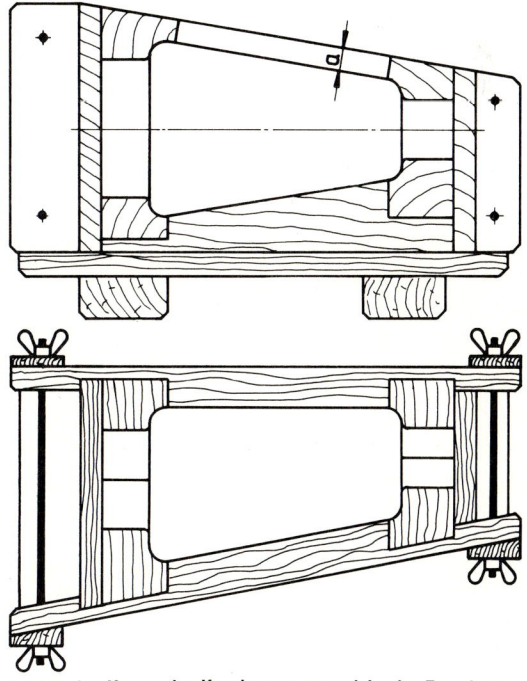

4 Lage des Kernes im Kernkasten entspricht der Formlage

Formen mit Kernen — Formtechnik

Kerne durch Polystyrol-Schaumkernkästen

Für die Einzelfertigung von Kernen aller Größen werden zunehmend Kernkästen aus PS-Schaum gefertigt. Bis zu einer Stückzahl von sieben können sie dabei als Dauerkernkästen gebaut werden. Bei Konturen mit Hinterschneidungen oder wenn Formschräge nicht erwünscht ist, wird er auch als verlorener Kernkasten ausgeführt.

Kernherstellung durch Kernseelen

Zylindrische Kerne bis zu mittleren Durchmessern wurden früher auf der sogenannten **Kerndrehbank** mit Hilfe von **Kernbrettern** schabloniert. Ein Verfahren, das an die Stelle dieses Schablonierens getreten ist, stellt die Kernherstellung durch **halbe Kernseelen** dar. Diese Kernseele besteht ebenfalls aus Polystyrol-Schaumstoff und wird im Erstarrungssand geformt. Die entstandene Form wird zweimal als Aufstampfform für je einen halben Kern verwendet. Beide Kernhälften werden in der Form durch die Kernlager zusammengehalten.

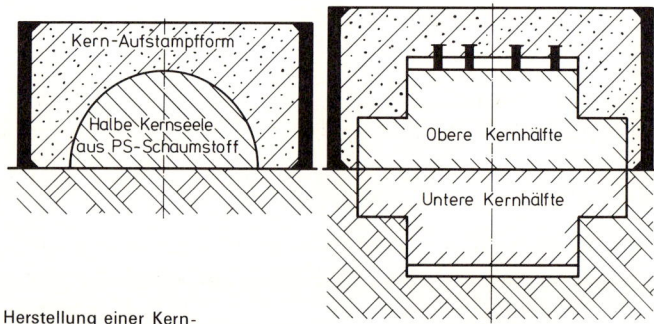

1 Polystyrol-Schaumkernkasten

Herstellung einer Kernaufstampfform mit einer halben Kernseele. In der Aufstampfform werden zwei halbe Kerne aufgestampft

Lagerung der beiden Kernhälften durch Formoberteil und -unterteil. Stahlbolzen stützen gegen Auftrieb

2 Kernherstellung durch Kernseelen

Kernherstellung mit Ziehschablone und Kernkasten

Das Verfahren der Kernherstellung mit Ziehschablonen gehört zu den traditionellen der Formerei. Die Fließfähigkeit der heute verwendeten Erstarrungssande macht jedoch eine Abänderung des reinen Schablonierens notwendig. Beibehalten wird das Herstellen einer Aufstampfform für das Kernunterteil mit der Ziehschablone. Für die obere Kernhälfte wird jedoch ein Kernkasten aufgesetzt. Durch diesen wird der gesamte Kern gefüllt. Eine Ziehschablone, häufig als Kratzer bezeichnet, dient zum Abstreichen der oberen Kernkontur. Bei großer Kernlänge wird der Kernkasten als Teilstück ausgeführt und nach dem Aufstampfen und Abstreichen jeweils um ein Stück weitergerückt. Wegen der besseren Bildsamkeit ist Zementsand dem Furanharzsand vorzuziehen.

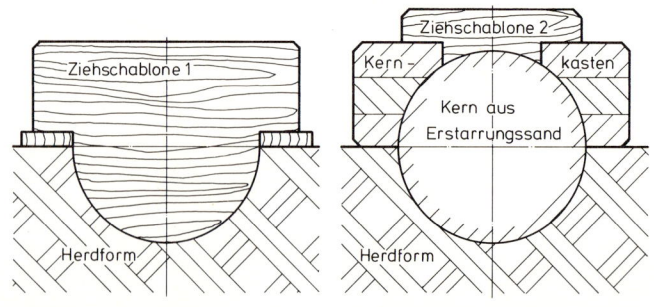

Herstellung der Aufstampfform für Kernunterteil mit Ziehschablone 1

Aufstampfen des Kernes mit Aufstampfform und Kernkasten. Einfüllöffnung mit Ziehschablone 2 abstreichen

3 Kernherstellung durch Ziehschablone

Formtechnik — **Formen mit Kernen**

Zylinder-Großkerne durch Schablonieren

Zylinder für den Papiermaschinenbau wurden bereits mit einem Gewicht von über 100 t und mit einer Länge und einem Durchmesser von 6,5 m gegossen. Die hierzu notwendigen Kerne werden als Hohlkerne zunächst gemauert. Der genaue Durchmesser der Kerne wird durch Aufschablonieren einer ca. 15 mm dicken Belagschicht aus Schamotte- oder Siliciumcarbidmasse erreicht. Die Drehschablone wird oben durch Spindel und Schablonierarm und unten mittels Ringführungsplatte geführt.

Kernschnallen

Kernschnallen, auch „aufgeschnallte Kerne" oder Aufnagelkerne genannt, werden in der Großformerei angewendet, wenn größere Ballen oder Kerne mit Durchbrüchen an den Formwänden spiegeln sollen. Das Modell hat an der Stelle solcher Durchbrüche keine Kernmarken, wird aber nach DIN 1511 schwarz lackiert. Zunächst wird vom Modellbauer ein zweiteiliger, oben und unten offener Kernkasten angefertigt. Dieser Schnallenkernkasten besitzt Querschnitt und Dicke des Durchbruches. Er wird vom Former nach Anriß auf den Ballen gelegt, im Kernkasten wird der Kern aufgestampft und am Ballen festgestiftet. Nun kann der Kernkasten von dem so festgestifteten Kern weggenommen werden. Das Verfahren beschränkt sich auf waagerechte und schräge Spiegelflächen, da beim Zulegen der Form der Spiegel nicht an der Formfläche streifen darf. Senkrechte Durchbrüche nach außen werden durch Beischieben und anschließendes Hinterstampfen geformt.

1 Mauern eines Hohlkernes für Zylinder

2 Kerneinbau in Zylinderform

Wiederholungsfragen

1. Vergleichen Sie das CO_2- und das Cold-Box-Verfahren bezüglich Vor- und Nachteile miteinander.
2. Stellen Sie Vor- und Nachteile von Heißhärtung und Gashärtung einander gegenüber.
3. Warum zeichnet sich das Hot-Box-Verfahren durch Kantenschärfe aus?
4. Welche besondere Eigenschaft hat ein trocken umhüllter Sand?
5. Wann ist die Verwendung eines Ölkernes auch heute noch von Vorteil?
6. Warum ist der Rahmen- oder Zerfallkernkasten besonders geeignet für große Einzelkerne?

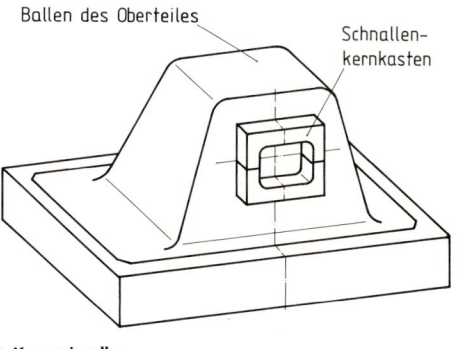

3 Kernschnalle

Formen mit Kernen Formtechnik

2.6.3 Kernkästen (Kernformwerkzeuge)

Der Kernkasten ist das Werkzeug zur Kernherstellung.

Je nach Form, Stückzahl und Fertigung des Kernes hat der Modellbauer die Möglichkeit, unterschiedliche Kernkästen zu entwerfen und zu bauen.

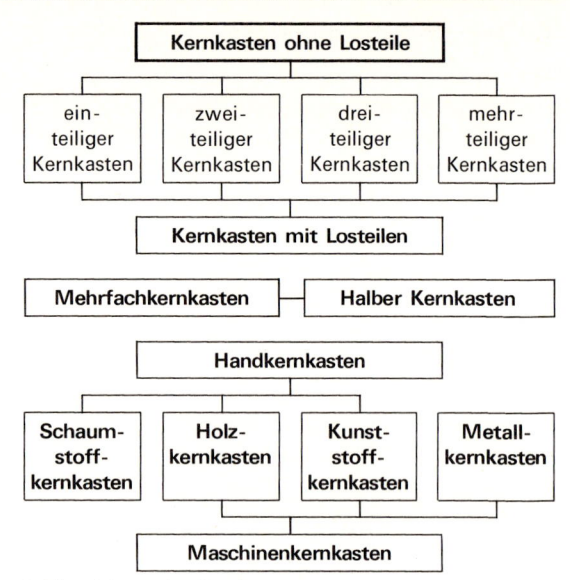

Einteilung nach der Teilbarkeit

Bei dieser Einteilung wird die Teilbarkeit des Kernkastengrundkörpers berücksichtigt. Losteile werden nicht mitgezählt, sondern zusätzlich benannt.

Beispiele:
Einteiliger Kernkasten mit drei Losteilen, nicht vierteiliger Kernkasten.
Dreiteiliger Kernkasten mit zwei Losteilen, nicht fünfteiliger Kernkasten.

1 Übersicht zu den Kernkastenarten

Einteilige Kernkästen

Ausführung

Ein Kernkasten kann ohne Teilung ausgeführt werden, wenn sich der Kern aus ihm ausschütten läßt. Solche Kernkästen werden auch als Schüttkernkästen bezeichnet.

Vorteile

Einteilige Kernkästen liefern maßgenaue Kerne ohne Versatz durch Teilung. Sie sind stabiler und meist besser zu schießen und zu begasen.

Nachteil

Bei dem Vorgang des Ausschüttens muß der Kernkasten gewendet werden.

Anwendung

Durch das Wenden von Hand ist der Schüttkernkasten nicht für Kernautomaten geeignet. Das Wenden eignet sich ebenfalls nicht für große Kerne. Der Schüttkernkasten wird deshalb besonders für kleine und mittlere Kerne bei nicht allzu hohen Stückzahlen verwendet. Mit diesem Kernkasten wird für Holzkernkästen die optimale Maß- und Formgenauigkeit erreicht.

Arten

Bei den einteiligen Kernkästen oder Schüttkernkästen unterscheidet man den einfachen Schüttkernkasten und den Schüttkernkasten mit Einlagen.

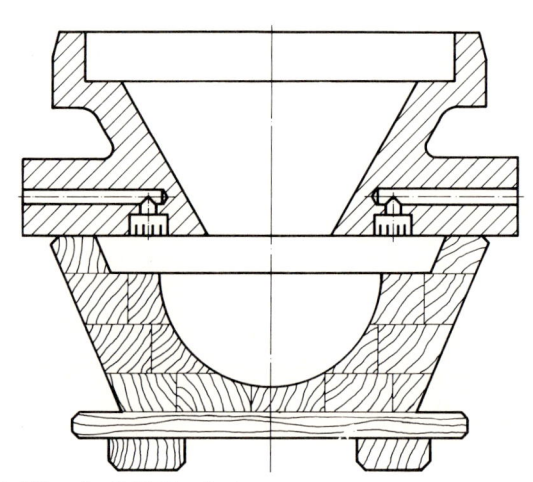

2 Füllen des Schüttkernkastens

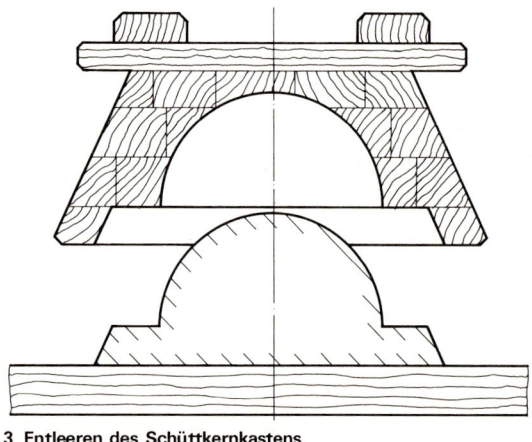

3 Entleeren des Schüttkernkastens

Formtechnik — **Formen mit Kernen**

Einfache Schüttkernkästen

Formen der Kerne

Ohne weitere Änderung können folgende Körper als Kerne ausgeschüttet werden:
- Kegel und Kegelstumpf
- Pyramide und Pyramidenstumpf
- Halbkugel

Durch einen Konus werden ein Prisma in einen Pyramidenstumpf und ein Zylinder in einen Kegelstumpf umgewandelt. Ebenfalls entformbar wird der Halbzylinder durch Konus an den Stirnseiten. Kerne aus einfachen Schüttkernkästen lassen sich in solche Grundkörper zergliedern. Der Kern aus Bild 2 besteht zum Beispiel aus einem Pyramidenstumpf und einem Halbzylinder.

Kernkastenbauweise

In der Praxis werden den Kernformen bestimmte Bauweisen bevorzugt zugeordnet:
- für den Pyramidenstumpf Trichterzinkung
- für den Kegelstumpf Segmentbauweise
- für Halbkugel und Halbzylinder Massivverleimung

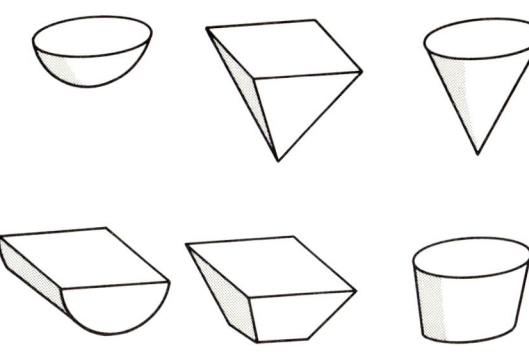

1 Grundformen für Körper, die aus dem einfachen Schüttkernkasten entformbar sind

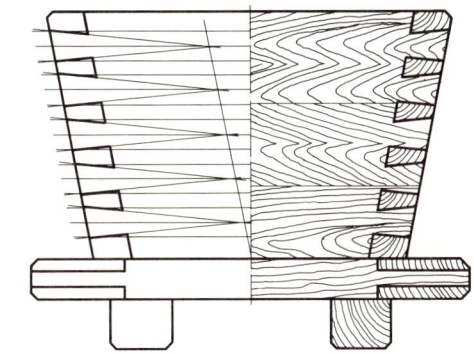

2 Trichterzinkung am Schüttkernkasten

Schüttkernkästen mit Einlagen

Funktion der Einlagen

Das Prinzip des Ausschüttens kann man häufig auch bei komplizierten Formen des Kernes beibehalten, wenn man Einlagen als Losteile verwendet. Der Kernkastengrundkörper bleibt dann ein einteiliger Kernkasten in der Form eines Pyramidenstumpfes mit einem Konus von 5 bis 8°. Aus ihm wird der Kern samt Einlagen herausgeschüttet. Diese werden dann seitlich vom Kern weggezogen. Ein Schüttkernkasten ist besonders vorteilhaft, wenn der Kern als Abdeckkern ausgeführt ist. Die große Fläche kann dann zunächst zum Einschießen und Begasen und nachher zum Abstellen beim Entformen der Losteile benützt werden.

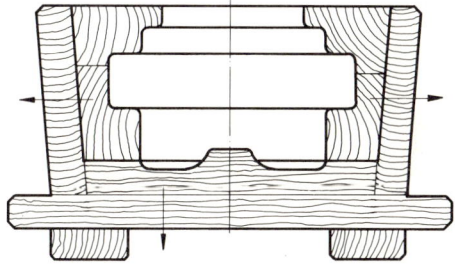

3 Schüttkernkasten mit Einlagen

Kernkastenbauweise

Der Schüttkernkasten wird meist mit Trichterzinkung gefertigt. Die Einlagen an den Seiten umfassen zweckmäßig die gesamte Seite.

4 Schüttkern entformt

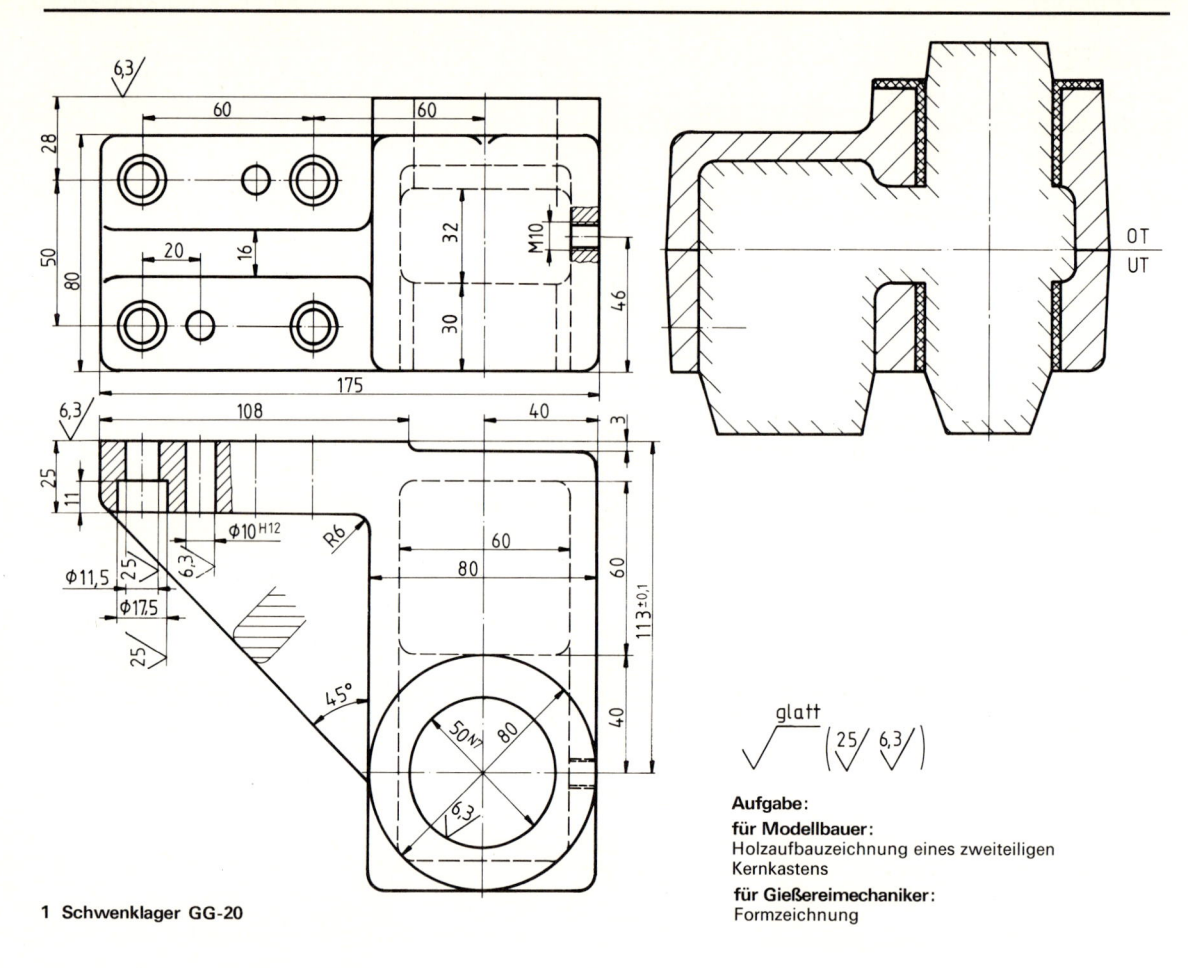

Formen mit Kernen — Formtechnik

1 Schwenklager GG-20

Aufgabe:

für Modellbauer:
Holzaufbauzeichnung eines zweiteiligen Kernkastens

für Gießereimechaniker:
Formzeichnung

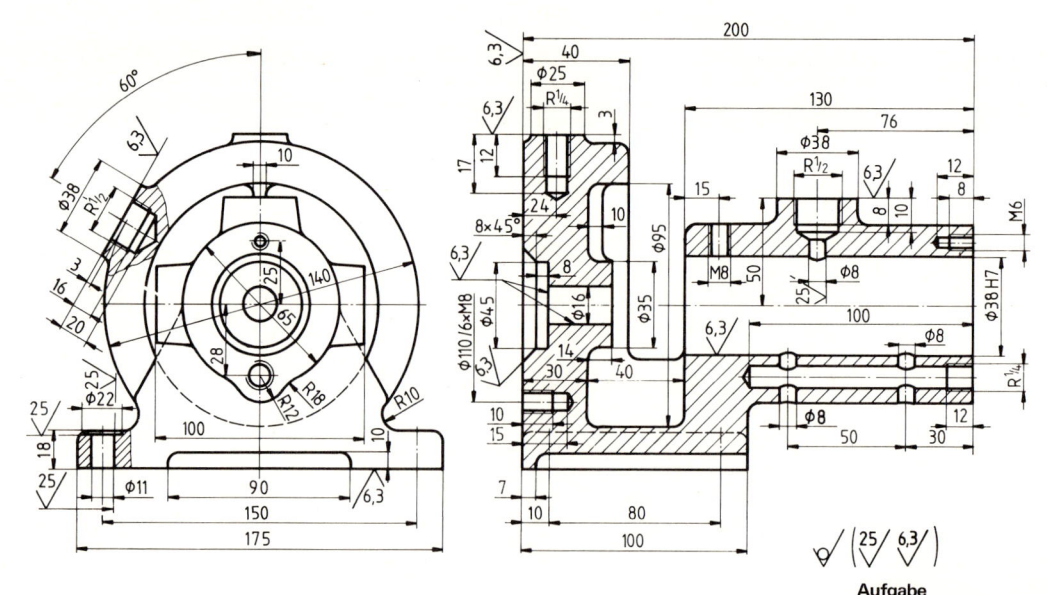

2 Gehäuse zum Sperrventil GG-25

Aufgabe

für Modellbauer:
Schrägbild des erforderlichen dreiteiligen KK

für Gießereimechaniker:
Formzeichnung

Formtechnik — **Formen mit Kernen**

Zweiteilige Kernkästen

Ausführungen oben und unten offen

Die einfachste Ausführung des zweiteiligen Kernkastens ist „oben und unten offen". Neben dem Vorteil der einfachen Herstellung läßt sich ein solcher Kernkasten besonders leicht schießen und entlüften. Der größere Durchmesser muß dabei oben liegen.

Ausführung nur oben offen

Zur maschinellen Kernherstellung sollen die obere und untere Fläche des Kernkastens zueinander parallel sein. Besitzt der Kern nicht die hierzu notwendige geometrische Form, wird der Kernkasten nur nach oben offen gebaut.

Wie auf Bild 1 erkennbar, werden die zweiteiligen Kernkästen so geteilt, daß sich der Kern optimal entformen läßt:

- symmetrisch bei Zylindern
- diagonal bei Prismen (hierdurch kann die Formschräge entfallen)
- versetzt bei unregelmäßigen Formen

Anwendung

Bei einfachen Kernformen ist der zweiteilige Kernkasten die häufigste Bauart.

Vorteile

Der Kern kann maschinell gefertigt werden, ohne daß der Kernkasten gewendet oder aus der Maschine genommen wird. Das Öffnen, Schließen und Ausstoßen führt die Spann- und Trennvorrichtung durch. Mit einem zweiteiligen Kernkasten werden aus diesem Grunde an der Kernschießmaschine die kürzesten Fertigungszeiten benötigt.

Dreiteilige Kernkästen

Die häufigste Dreiteilung eines Kernkastens besteht darin, daß neben der vertikalen Zweiteilung noch zusätzlich der Boden horizontal geteilt ist. Er trägt dann Augen, Naben, Kernmarken und andere Teile. Bei Hohlkernen sitzt auf ihm der Dorn, der den Hohlraum ergibt.

Ein Beispiel für einen dreiteiligen Kernkasten wird in Bild 4 gezeigt. Hierzu gehören die Planung in Bild 3 sowie die Fertigungszeichnung auf der Seite vorher. Zur Kernstützung wird ein Stahlbolzen mit 10 mm Durchmesser im linken Kernlager verwendet.

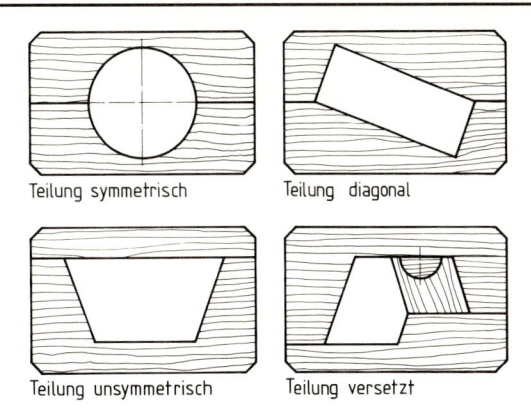

1 Zweiteiliger Kernkasten oben und unten offen (Teilung symmetrisch, Teilung diagonal, Teilung unsymmetrisch, Teilung versetzt)

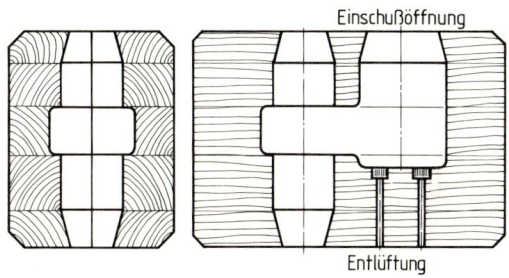

2 Zweiteiliger Kernkasten, symmetrisch geteilt (Einschußöffnung, Entlüftung)

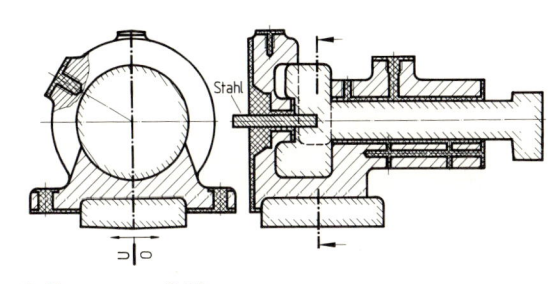

3 Planung zum Gehäuse

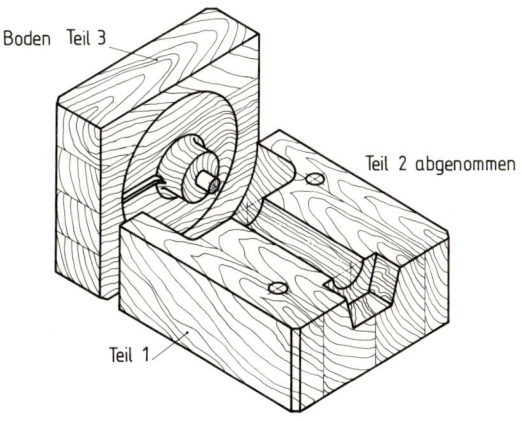

4 Kernkasten dreiteilig zum Gehäuse (Boden Teil 3, Teil 2 abgenommen, Teil 1)

Formen mit Kernen — Formtechnik

Mehrteilige Kernkästen

Ausführungen (siehe auch S. 118)

Die häufigste Ausführung des mehrteiligen Kernkastens ist der **Rahmenkernkasten.** Er wird auch als Zerfallkernkasten, Kernkasten mit losen Seiten und Boden oder als Nut- und Federkernkasten bezeichnet.

Kernkastenaufbau

Die losen Seiten sind plattenförmige Bauteile. Sie werden durch Nut- und Federverbindung als Rahmen miteinander verbunden. Die aufgeleimten und aufgeschraubten Leisten sind in die Eckverbindung mit einbezogen. Sie dienen darüber hinaus noch zum Geradhalten, Verstärken, eventuellen Losschlagen und beim Boden zum Aufstellen. Schnittfugen mit einer Tiefe von $1/2$ bis $2/3$ der Brettdicke verhindern das Arbeiten des Holzes.

Vorschriften nach DIN 1511

Bei Güteklasse H 1 a und H 1 sind metallische Verschlüsse vorgeschrieben. In den Bildern 1 bis 4 sind solche gezeigt. Die Dicke der Kernkastenwände soll je nach Kernkastengröße 25 bis 40 mm betragen. Abstreifkanten und Verschleißstellen sind bei H 1 a aus Metall und bei H 1 aus Hartholz zu fertigen.

Werkstoffe

Nach wie vor werden Platten aus Vollholz verleimt. Daneben kommen immer mehr Hartholzfurnierplatten zum Einsatz. Dem höheren Holzpreis stehen Einsparung von Löhnen für Zuschneiden, Verleimen und Bearbeiten entgegen. Eine noch preisgünstigere Lösung für Einzelkerne stellen Tischlerplatten, hartholzfurniert und mit Hartholzanleimern dar.

Vorteil des Rahmenkernkastens

Bei richtiger Kernkastenplanung liegt der Kern nach dem Ausschalen so, daß er ohne Wenden in die Form gesetzt werden kann. Der Kern ist mit wenig Formschräge herstellbar.

Anwendung

Der Rahmenkernkasten ist der typische Handkernkasten für große Kerne. Nach dem Erstarren des Furanharz- oder Zementsandes werden die losen Seiten des Kernkastens seitlich weggezogen.

Nachteil des Rahmenkernkastens

Für den Einsatz von Serien ist dieser zu umständlich zu handhaben.

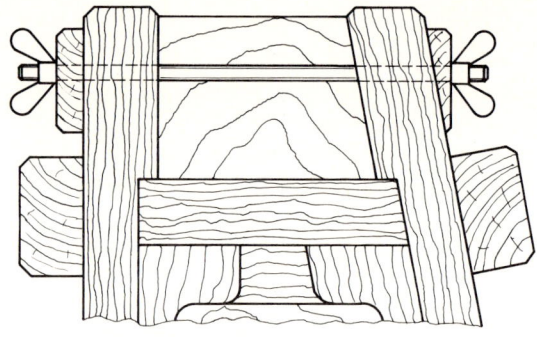

1 Gewindestangenverschluß

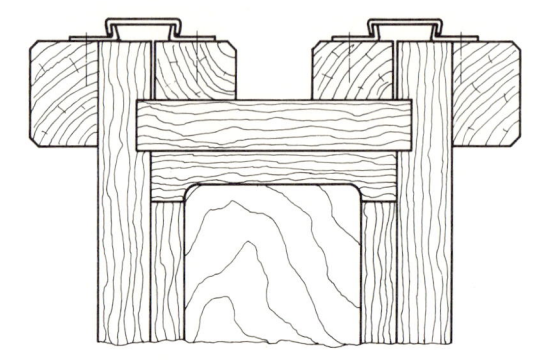

2 Schwalbenschwanzverschluß

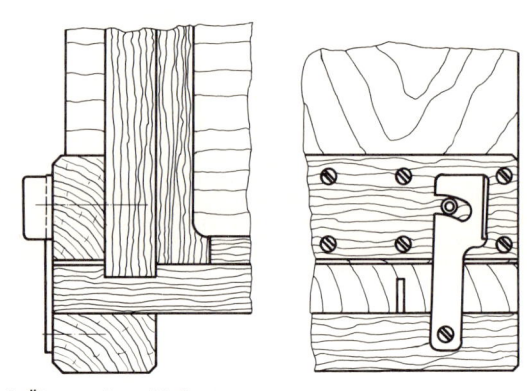

3 Überwurfverschluß

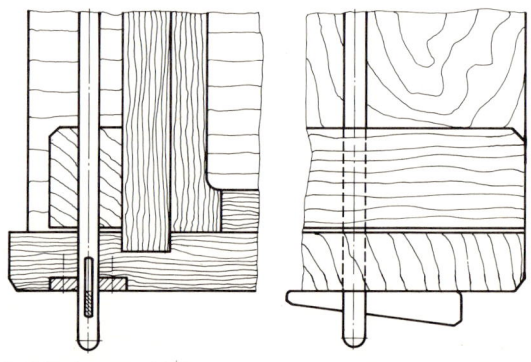

4 Keilbolzenverschluß

Formtechnik   **Formen mit Kernen**

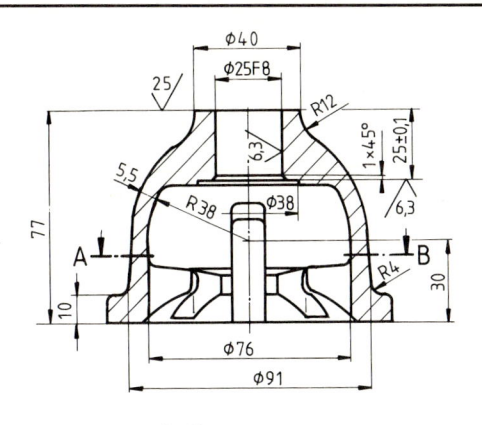

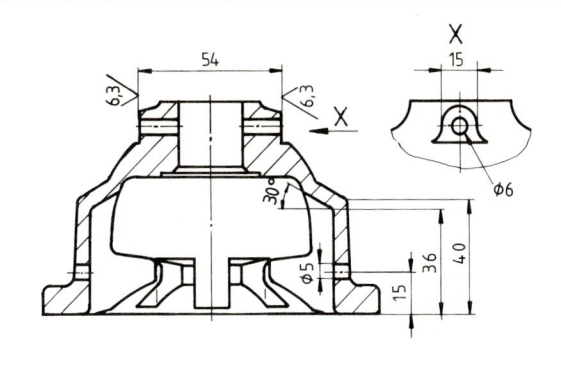

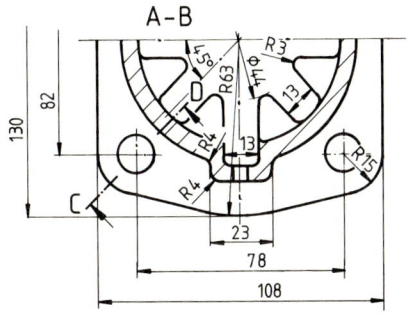

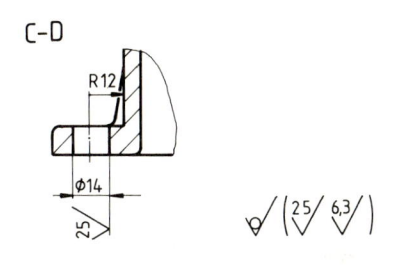

1 Fertigungszeichnung
Haube zum Absperrventil GG-25

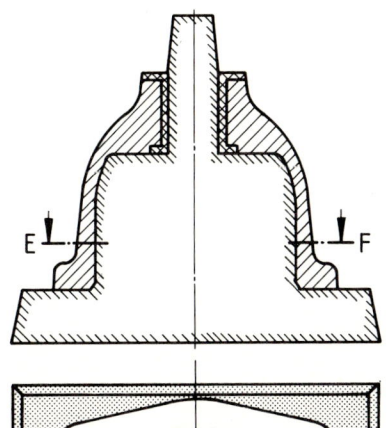

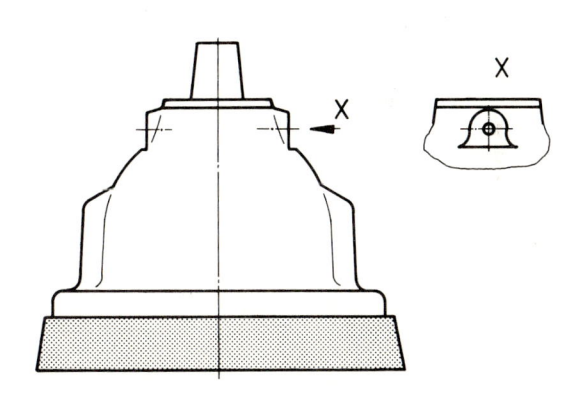

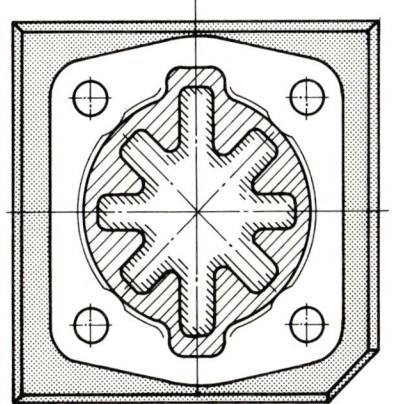

2 Modellplanung
Haube zum Absperrventil. Ein einteiliges Kernmodell
Güteklasse H 1
Schwindmaß 1%
Ein Kernkasten, zweiteilig mit zwei Schiebern

(Ausführung siehe nächste Seite)

109

Formen mit Kernen   Formtechnik

Losteile am Kernkasten

Vergleich mit Modell-Losteilen

Losteile am Kernkasten werden ähnlich den Losteilen am Modell nicht bei der Teilung mitgezählt:

- Ein Schüttkernkasten bleibt trotz Einlagen ein einteiliger Kernkasten.
- Ein vertikal geteilter Kernkasten mit losem Boden sowie einem vorderen und hinteren Losteil bleibt ein dreiteiliger Kernkasten.

Vor- und Nachteile entsprechen ebenfalls denen am Modell (siehe Kapitel 2.2). Durch unterschiedlichen Sitz im Kernkasten bei den einzelnen Losteilarten sind sie jedoch unterschiedlich stark ausgeprägt.

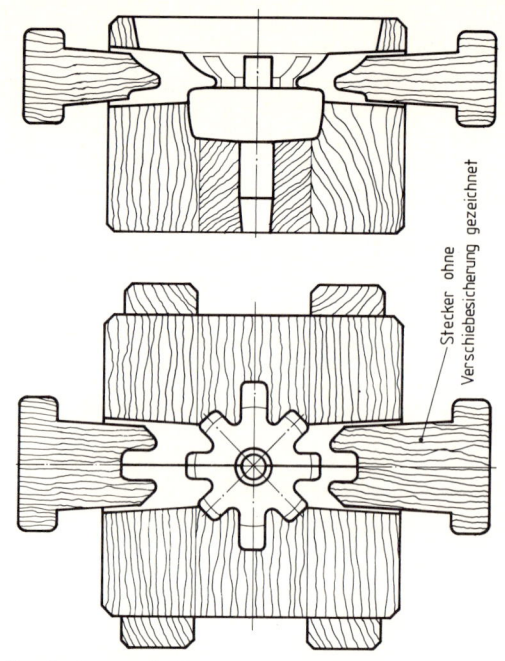

1 Kernkasten, zweiteilig mit zwei Steckern für Haube zum Absperrventil

Losteilarten

Stecker

Der Stecker ist ein Losteil, das durch den Kernkasten hindurch nach außen zu einem Handgriff verlängert wurde. Stecker werden von Hand gezogen. Bild 1 zeigt einen solchen Kernkasten mit Stecker. Die Fertigungszeichnung ist zusammen mit der Modellplanung auf der vorhergehenden Seite abgebildet.

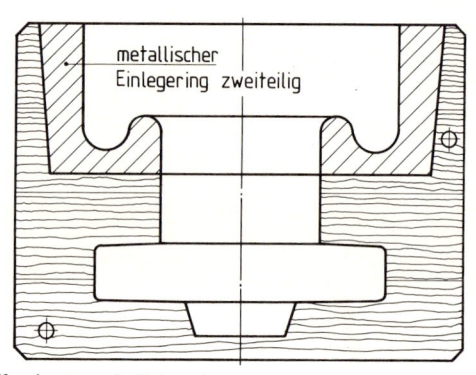

Schieber

Der Schieber hat die gleiche Funktion wie der Stecker. Die Bezeichnung Schieber wird jedoch bei Metallkernkästen angewendet. Diese Losteile werden durch besondere Vorrichtungen der Kernschießmaschine, wie z.B. Pneumatikzylinder gezogen. Maximal können ein Schieber nach oben und je einer nach zwei einander gegenüber liegenden Seiten gezogen werden.

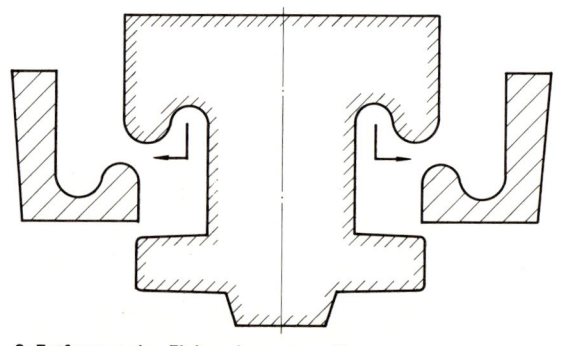

2 Kernkasten mit Einlegering

Einlegering

Umlaufende Hinterschneidungen können im Kernkasten durch einen Einlegering entformbar gemacht werden. In dem Beispiel der Bilder 2 und 3 wird der Kern durch Auseinanderfahren der beiden Kernkastenhälften entformt. Der **zweiteilige Einlegering** wird dann nach unten seitlich vom Kern weggezogen.

3 Entformen des Einlegeringes vom Kern

Formtechnik — Formen mit Kernen

Brücke

Teile, wie Augen, Flansche und Kernmarken, die in der Einfüllöffnung des Kernkastens liegen, müssen gehalten werden. Damit nicht die gesamte Einfüllöffnung verdeckt wird, geschieht diese Befestigung durch eine Leiste, die als **Brücke** bezeichnet wird. Das Herausziehen der daran befestigten Teile wird erleichtert. Bei Kernkästen, die für das Schießen bestimmt sind, muß die Brücke entweder versenkt sein, oder der Kern wird, wie in Bild 1 durch die Strichpunktlinie H–H angegeben, in zwei halbe Kerne geteilt. Der halbe Kernkasten ist dann ein Maschinenkernkasten.

Einlagen

Am Schüttkernkasten werden großflächige Losteile als **Einlagen** bezeichnet.

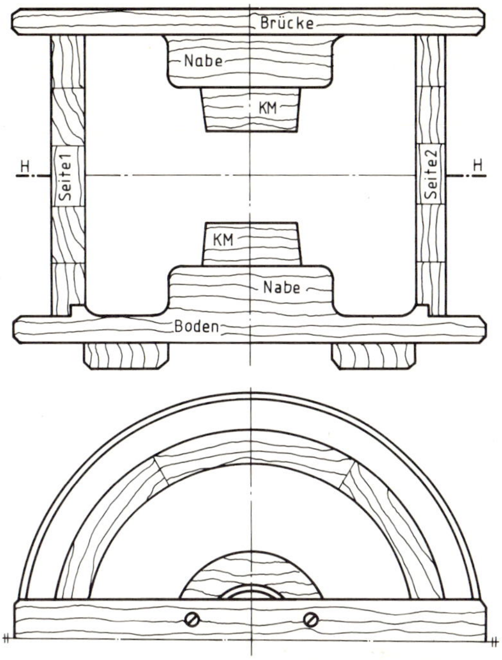

1 Dreiteiliger Handkernkasten mit Brücke als Losteil
Durch Aufteilung in zwei halbe Kernkästen bis zur Schnittlinie H–H besteht die Möglichkeit der maschinellen Kernherstellung

Kernkastenunterteilung nach der Anzahl der damit hergestellten Kerne

Halber Kernkasten

Im sogenannten halben Kernkasten werden Hälften von Kernen hergestellt, die nachher durch Kleben oder durch die Kernlagerung aus zwei halben Kernen wieder einen ganzen ergeben.

Anwendung

— Bei symmetrischen Kernen können durch die Verwendung von halben Kernkästen eine Verringerung der Arbeitszeit im Modellbau sowie eine leichtere Füllung des Kernkastens erreicht werden.
— Bei Hohlkernen kann die Form des Hohlraumes an einer Brücke oder Seitenwand befestigt werden.

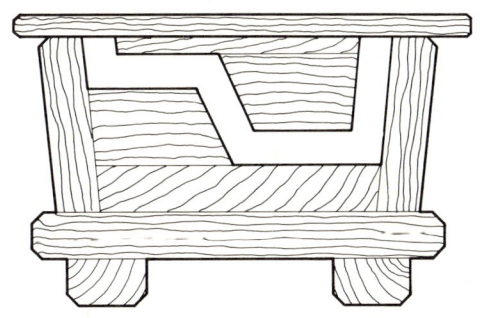

2 Halber Kernkasten mit aufgesetzter Brücke für Hohlkerne
Verwendbar nur als Handkernkasten. Versenkte Brücke für maschinelle Herstellung erfordert Deckelkern

Mehrfachkernkästen

In Mehrfachkernkästen, auch Reihenkernkästen genannt, werden mehrere Kerne mit einem Schuß geschossen. Bei gleichzeitiger Herstellung von zwei Kernen spricht man von einem **doppelten Kernkasten**, bei gleichzeitiger Herstellung von drei Kernen von einem **Dreifachkernkasten**. Die Herstellungszeit verkürzt sich dabei auf den Bruchteil der gleichzeitig geschossenen Kerne. Mehrfachkernkästen werden bei kleinen Kernen zur besseren Ausnutzung der Kernmaschine gebaut.

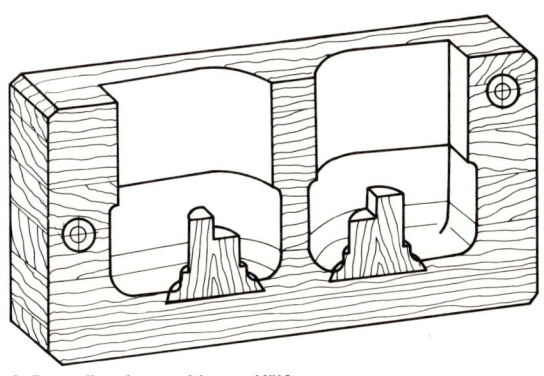

3 Doppelkernkasten hintere Hälfte
Fertigungszeichnung siehe Seite 81

Formen mit Kernen Formtechnik

Fertigungszeichnung
für Krümmer, G-AlSi12

Aufgabe:

Anhand dieser Fertigungszeichnung sollen
von den Modellbauern Modellplanung, Holzaufbau, Kernkasten und Kernseele,
von den Gießereimechanikern die Formzeichnung gezeichnet werden.

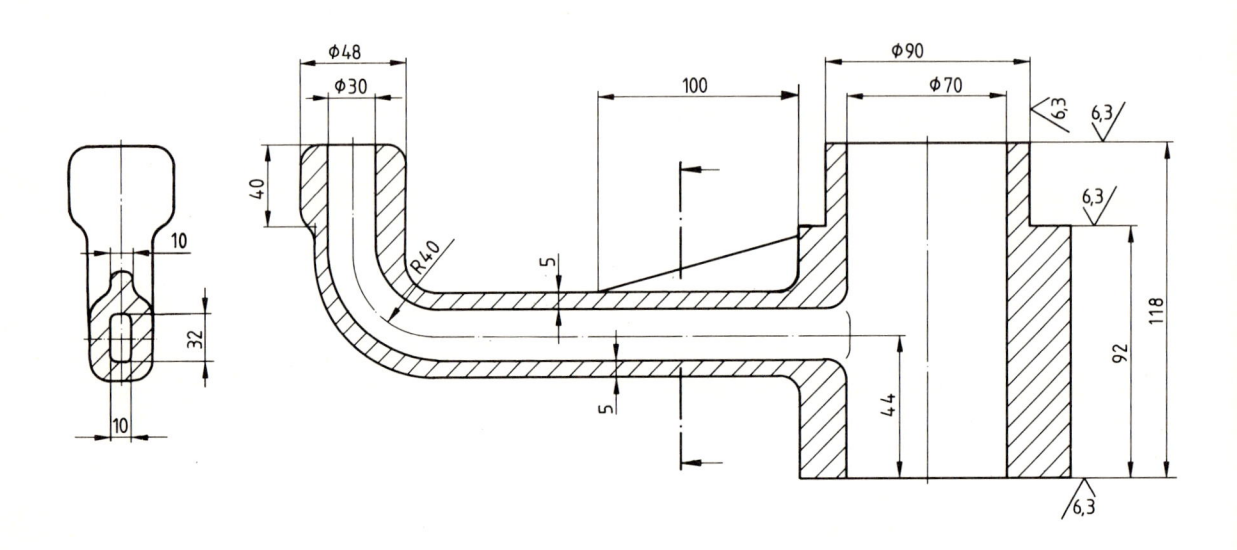

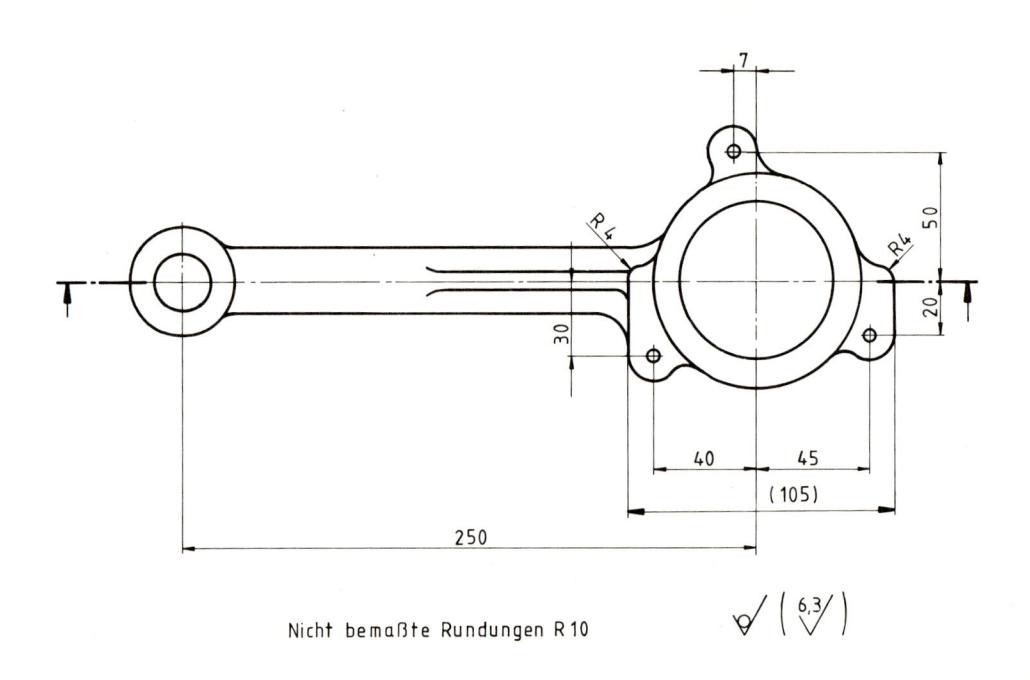

Nicht bemaßte Rundungen R 10

Formtechnik | **Formen mit Kernen**

Einteilung nach dem Kernkastenwerkstoff

Holzkernkästen

Anwendung

Bei kleiner und mittlerer Stückzahl werden vorwiegend Holzkernkästen eingesetzt.

Vor- und Nachteile

Gegenüber Metall- und Kunststoffkernkästen besitzen Holzkernkästen den Vorteil der einfacheren und billigeren Herstellung. Sie sind außerdem leichter.

Nachteilig wirken sich das Arbeiten des Holzes und die Abnutzung bei hoher Stückzahl aus. Maßhaltigkeit und Losteilführung können beeinträchtigt werden.

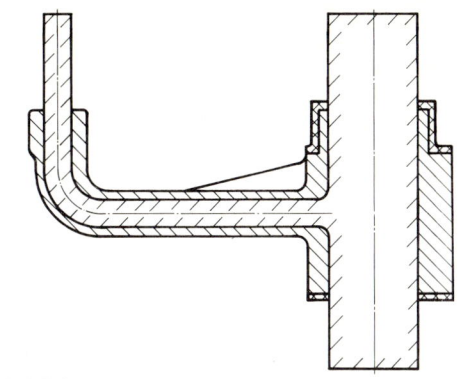

1 Modellplanung

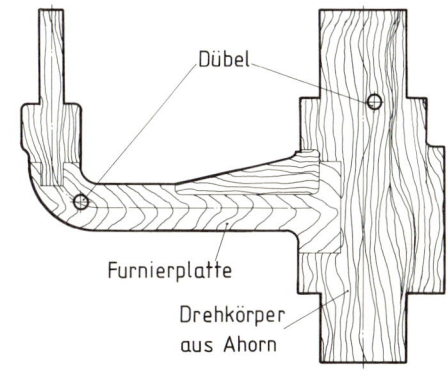

2 Holzaufbau

Kunststoffkernkästen

Anwendung

Kunstharzkernkästen werden eingesetzt bei Kernen mit höherer Stückzahl ohne Heißhärtung.

Vorteile

Beim Kernschießen wird bei Verwendung von Kunstharz als Kernkastenmaterial der Verschleiß geringer. Dies ist bedingt durch das elastische Verhalten des Kunststoffes. Auch die Trennwirkung zum Kernformstoff ist besser.

Bauarten

Das Beispiel dieser Seite beschränkt sich auf einen Kunstharzkernkasten mit Holzunterbau. Durch **Oberflächenguß** wird zwischen Unterbau aus Holz und Kernseele die eigentliche formgebende Kunstharzschicht eingegossen.

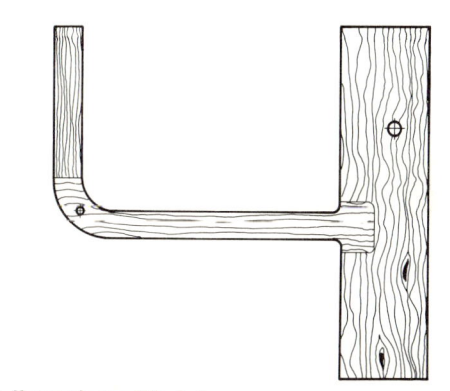

3 Kernseele aus Erlenholz

Schaumstoffkernkästen

Polystyrol-Schaumstoff mechanisch bearbeitet

Vorwiegend für große Kerne werden ganze oder halbe Kernkästen aus PS-Schaum gefertigt.

Epoxidharz geschäumt

Kerne mit kleinen und mittleren Abmessungen bei mittlerer Stückzahl können auch aus geschäumtem Epoxidharz hergestellt werden. Das auf das dreifache Volumen geschäumte Harz ist leicht und trotzdem noch relativ fest.

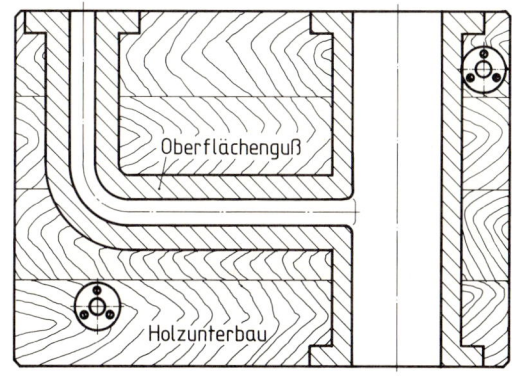

4 Kernkasten Holz/Kunststoff

Formen mit Kernen — Formtechnik

Metallkernkästen

Anwendung

Metallkernkästen sind bei Heißhärtung zwingend notwendig. Bei hohen Stückzahlen werden sie an den automatischen Kernmaschinen wegen der unten angeführten Vorteile eingesetzt. Teilweise gelten diese Vorteile auch für den Kunstharzoberflächenguß mit Metallunterbau.

Vorteile

Die zum Öffnen und Schließen des Kernkastens notwendigen Befestigungsgewinde können angebracht werden.

Auswerferstifte und Schieber haben, besonders bei Graugußkernkästen, gute Gleitbedingungen.

Metallkernkästen können bei entsprechender Werkstoffauswahl beheizt werden.

Die Lebensdauer solcher Kernkästen ist sehr hoch.

Aufbau

Die Auswerferstifte sind normalerweise auf der Auswerferplatte befestigt. In ihr können sich auch die Gaskanäle für die Gasheizung befinden. Bei Elektroheizung sind Bohrungen für die Heizpatronen in den Kernkastenhälften vorzusehen.

Werkstoffe

Für höchste Stückzahlen und Beanspruchungen werden Sphäroguß, Grauguß und Bronze verwendet.

Für normale Serien kommt häufig Aluminium zum Einsatz. Es ist zwar dreimal leichter als Stahl, jedoch nicht sehr verschleißfest. Aluminium findet deshalb vorwiegend bei kalthärtenden Verfahren für den Unterbau bei Kunstharzoberflächenguß Anwendung.

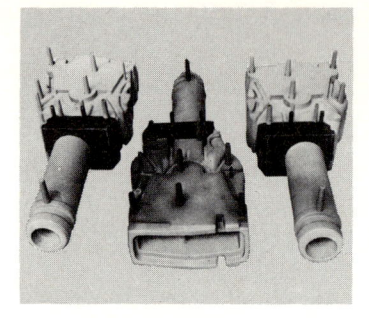

1 Kurbelraumkerne

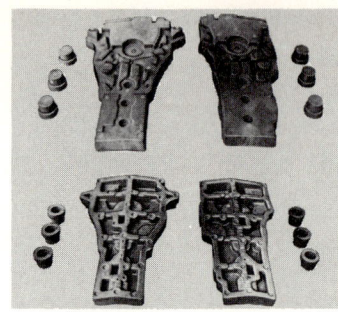

2 Stirnseitenkerne, Deckelkerne

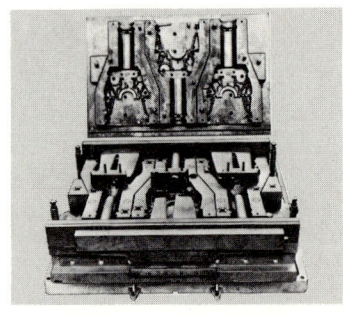

3 Kernkasten für drei Kurbelraumkerne

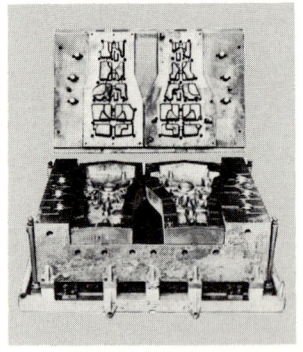

4 Kernkasten für Stirnseitenkerne und Deckelkerne

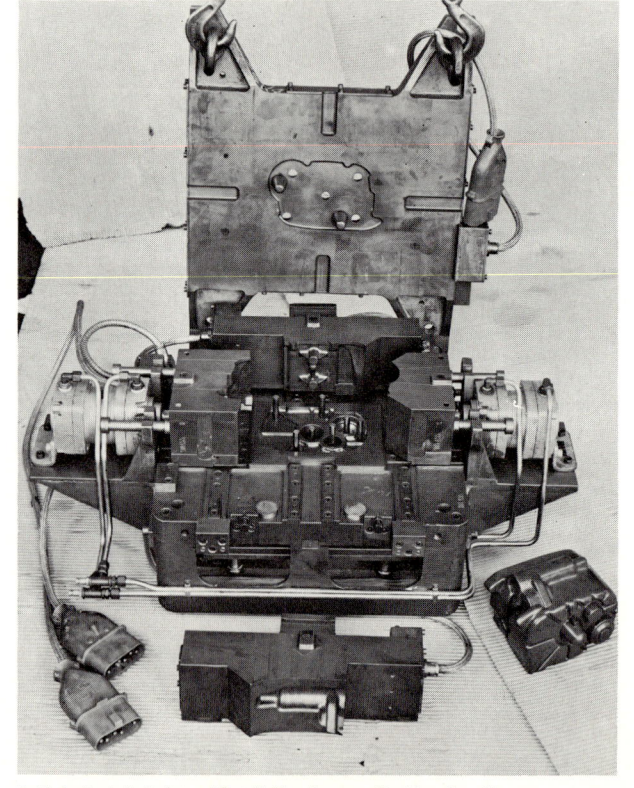

5 Elektrisch beheizter Metall-Kernkasten für Hot-Box-Kern

Formtechnik | **Formen mit Kernen**

Beispiel eines Metallkernkastens für Gasbeheizung

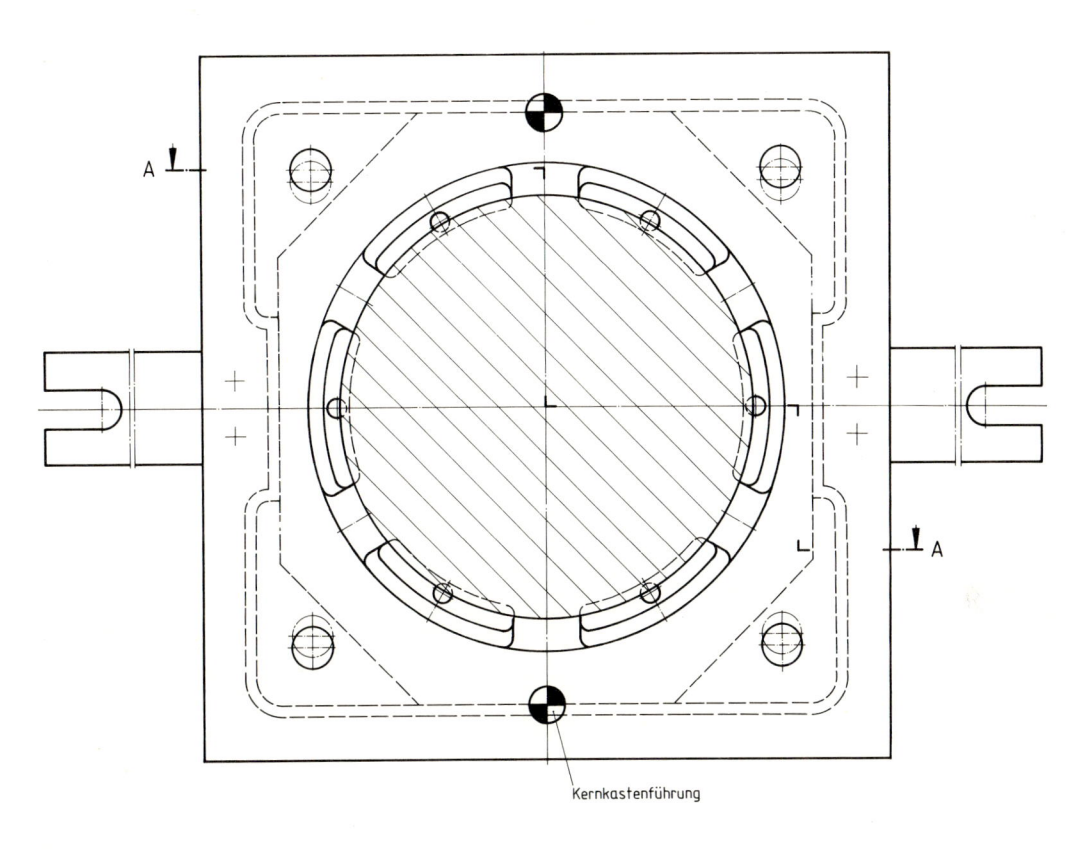

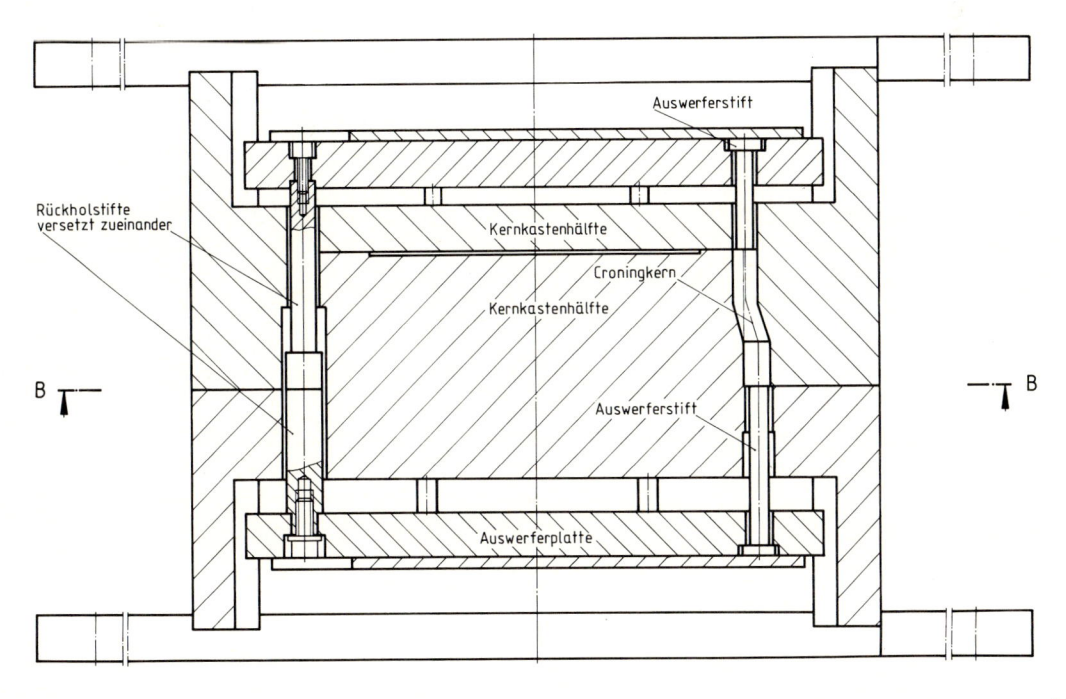

B - B

Kernkastenführung

A - A

Auswerferstift
Rückholstifte versetzt zueinander
Kernkastenhälfte
Croningkern
Kernkastenhälfte
Auswerferstift
Auswerferplatte

115

Formen mit Kernen | **Formtechnik**

Einteilung nach dem Kernherstellungsverfahren

Aus Kostengründen sollen Kerne möglichst immer auf der Kernmaschine hergestellt werden. Zur Zeit können Kernkästen bis zu einer Abmessung von $1,3 \times 0,8 \times 0,4$ m geschossen werden.

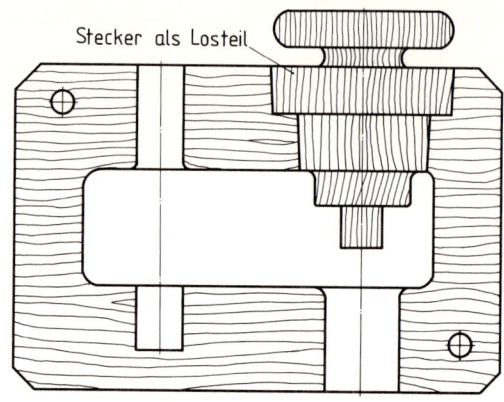

Maschinenkernkästen

Anwendung
Für Kerne bis zur maximal möglichen Abmessung.

Merkmale
Ein Maschinenkernkasten ist auf die Funktion der Kernmaschine abgestimmt und hat deshalb folgende Merkmale:
- parallele Einfüllöffnung
- parallele Spannflächen
- häufig zusätzliche Einschuß- und Entlüftungsöffnungen
- ausreichende Festigkeit für Schießdruck
- bei automatischen Kernkästen Befestigungsmöglichkeiten für die Aufspannplatte

Formstoffe
Maschinenkernkästen werden gebaut für das CO_2-, Cold-Box, Hot-Box, Warm-Box; Croning-Ölkern- und Thermoschockverfahren.

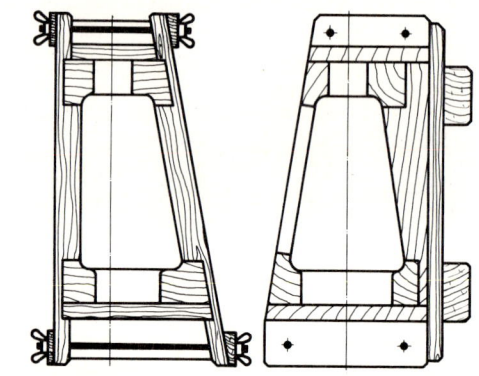

Handkernkästen

Anwendung
Handkernkästen werden für große Kerne und für solche, die durch ihre Form nicht zum Schießen geeignet sind, gebaut. Das Einfüllen des Kernformstoffes kann bereits durch eine mechanische Sandzuführung erfolgen.

Formstoffe
Als Kernformstoffe für mittlere und große Kerne werden vorwiegend selbsthärtende Formstoffe verwendet. Kleinere Kernkästen, die mit Dusche oder Sonde begast werden können, eignen sich für das CO_2-Verfahren.

Grüne Kerne, d.h. bentonitgebundene Kerne, müssen mit dem Hand- oder Preßluftstampfer verdichtet werden und kommen daher nur selten zum Einsatz.

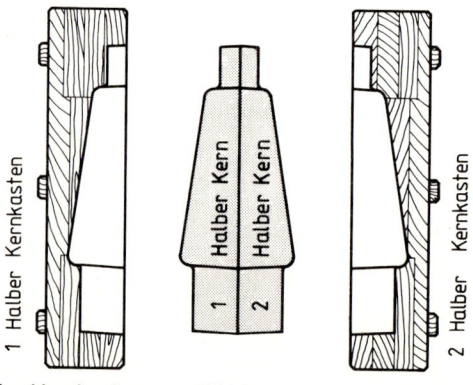

1 Handkernkasten zweiteilig

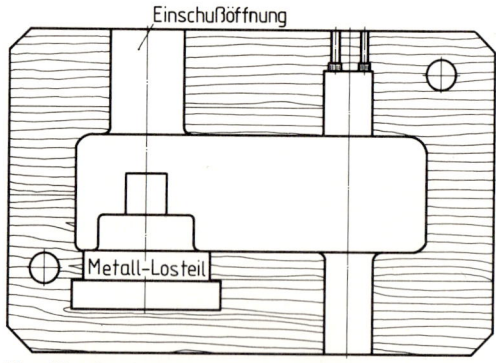

2 Maschinenkernkasten zu Bild 1, zweiteilig zum Schießen

3 Handkernkasten

4 Maschinenkernkasten zu Bild 3

Formtechnik — Formen mit Kernen

Kernkasteneinteilung nach Verwendung der Kerne

Die Betriebe des Maschinenbaues stellen ihre Erzeugnisse in verschiedensten Abmessungen und immer wiederkehrenden Serien her. Für charakteristische Kerne hat man deshalb typische Kernkästen entwickelt, die im Betrieb nach dem Verwendungszweck bezeichnet werden.

Beispiele aus dem Motorenbau

Kurbelraumkernkasten
Wassermantelkernkasten
Stößelkammerkernkasten

Beispiele aus dem Turbinenbau

Schaufelkernkasten für Francisturbine
Schaufelkernkasten für Freistrahlturbine

Beispiele aus dem Pumpenbau

Gehäusekernkasten, Flanschkernkasten, Schaufelkernkasten, Fußkernkasten

Beispiel aus dem Getriebebau

Kanalkernkasten

Grundsätze für den Kernkastenbau

— bis zu mittleren Größen Kernschießen
— der Kernkasten muß gut gefüllt werden können
— Teilung des KK entsprechend der Maschinenfunktion
— Kerne aufteilen in Einzelkerne, wenn die Herstellung es erfordert
— Kerne vereinigen, wenn es die Maßhaltigkeit erfordert
— Losteile vermeiden
— unvermeidbare Losteile mit gutem Sitz

Wiederholungsfragen

1. Beurteilen Sie den Schüttkernkasten nach seiner Verwendung a) an Maschinen, b) für Großkerne, c) für Außenkerne.
2. Warum ist der oben und unten offene zweiteilige Kernkasten an der Kernschießmaschine besonders geeignet?
3. Welche Aufgabe hat der Boden bei einem dreiteiligen Kernkasten?
4. Welche Vorschriften sind nach DIN 1511 für einen Rahmenkernkasten der Güteklasse H1 anzuwenden?
5. Nennen Sie sechs Losteilarten am Kernkasten.
6. Welchen Zweck hat ein doppelter Kernkasten?
7. Wie kann ein halber Kernkasten zur Herstellung von Hohlkernen eingesetzt werden?
8. Beschreiben Sie die Herstellung eines Epoxidharz-Kernkastens mit Oberflächenguß und Metallunterbau.
9. Wodurch unterscheiden sich Hand- und Maschinenkernkasten?

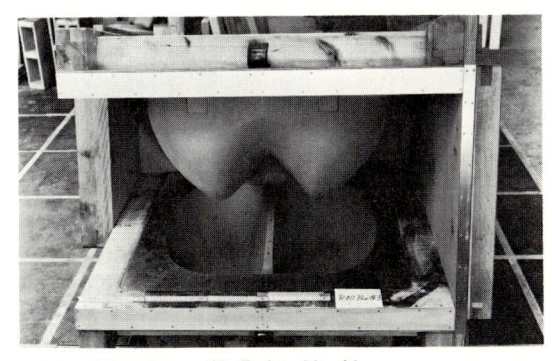

1 Kernkasten aus Metall für Wassermantelkern

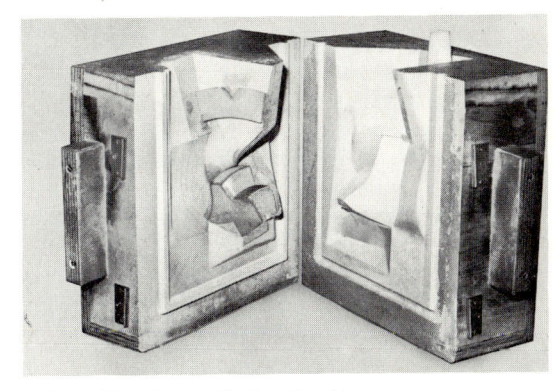

2 Schaufelkernkasten für Francisturbine

3 Schaufelkernkasten für Freistrahlturbine

Formen mit Kernen — Formtechnik

2.6.4 Kernschalen und Kernlehren

Kernschalen

Kernschalen sind Einrichtungen zur Aufnahme eines einzelnen Kernes oder mehrerer Kerne. Dünnwandige Aluminium- oder Graugußschalen sind für alle im folgenden beschriebenen Verwendungsmöglichkeiten zu gebrauchen. Bei entsprechender Konstruktion sind sie stapelbar. Für gegossene Kernschalen muß zunächst ein Modell gefertigt werden. Sie kommen deshalb nur bei großen Stückzahlen zur Anwendung.

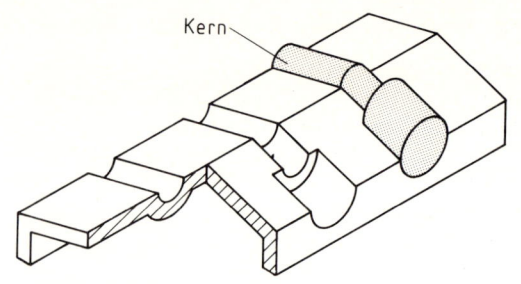

1 Kernablageschale für drei Kerne

Kerntrockenschalen

Kerntrockenschalen werden zum Trocknen von Ölkernen und Kernen nach dem Thermoschockverfahren benötigt. Diese Verfahren wendet man jedoch immer weniger an. Ohne Trockenschale werden die Kerne weniger maß- und formgenau. Die Kerntrockenschale kann gleichzeitig als Kernablage- und Kerntransportschale dienen.

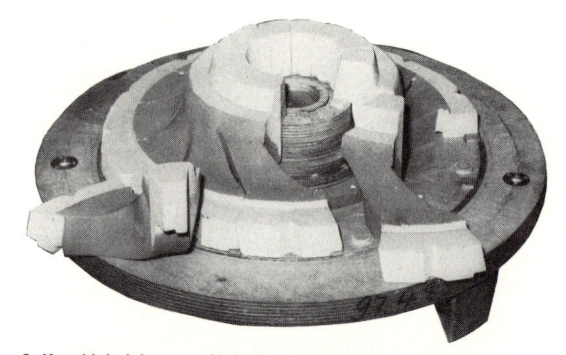

Kernablageschalen

Kernablageschalen können notwendig werden, wenn der Kern keine Flächen besitzt, die zum Ablegen geeignet sind. Auch bei ungünstigem Schwerpunkt muß der Kern in einer solchen Schale abgelegt werden. Im Gegensatz zur Trokkenschale können auch Holz und Kunststoff, bei geringer Stückzahl auch Schaumstoff verwendet werden.

2 Kernklebelehre aus Holz für Francis-Schaufelkerne

Kernlehren

Kernlehren sind Einrichtungen zum Erzielen genauer Maße beim Einbau oder Zusammenbau von Kernen.

Kernklebelehren

Wenn das Stehvermögen der Teilkerne wie in Bild 2 gering oder wenn der Teilkern in seiner Lage nicht einwandfrei fixiert ist, wird eine Kernklebelehre benötigt. Auf ihr bleibt der Kern bis zum Erhärten des Kernklebers.

3 Kernmontagelehre

Kernmontagelehren

Kernmontagelehren, auch Kerneinlegelehren oder Kernaufbaulehren genannt, führen den Kern in ein Kernpaket oder in die Form ein. Die Bewegung kann auch pneumatisch ausgeführt werden. Das Kerneinlegen wird durch solche Vorrichtungen sicherer, genauer und schneller.

4 Kernmontagelehre

Formtechnik | **Formen mit Kernen**

2.6.5 Kernentlüftung

Notwendigkeit der Gasabfuhr

Der von der Schmelze umgebene Kern entwickelt Gase. Diese können bei genügender Gasdurchlässigkeit des Formstoffes vom Kern selbst über die Kernlagerung und die Form ins Freie gelangen. Häufig wird darüber hinaus keine zusätzliche Kernentlüftung benötigt.

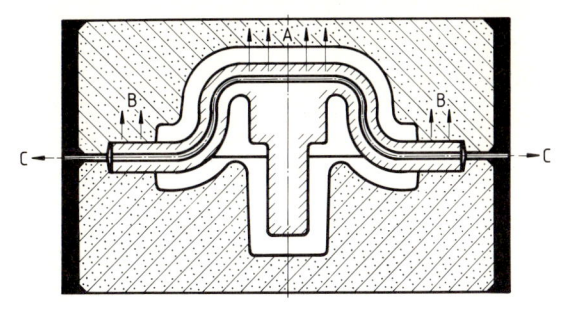

1 Schwierige Kernentlüftung: Gefahr der Gasblasenbildung bei A. Kernentlüftung über Kernlager B ungenügend, deshalb zusätzlich Kanal (Gewebeschlauch) und Weiterführung nach C

Voraussetzungen für Kernentlüftung durch den Formstoff

– Optimale Korngröße des feuerfesten Bestandteiles. Vermeidung von staubfeinen Anteilen.
– Durch hohe Bindefähigkeit des Kunstharzbinders kann dessen prozentualer Anteil niedrig gehalten werden.
– Gleichmäßige Verdichtung durch Schießen.
– Kernlager müssen dicht sein, ein Metallspiegel verhindert Gasdurchgang.
– Die Kernlager, also die Übergangsstellen vom Kern zur Form, müssen genügend groß sein.
– Kernlänge und Kernvolumen dürfen nicht zu groß im Verhältnis zur Kernlagerung sein.

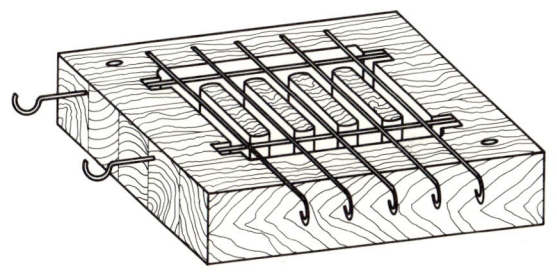

2 Luftabführung durch eingelegte Luftspieße

Zusätzliche Kernentlüftung

Wenn die oben angeführten Voraussetzungen nicht zutreffen, muß zusätzlich entlüftet werden. Dies kann mit den folgenden Möglichkeiten erfolgen:

– Luftstechen nach dem Schießen vor dem Härten. Die entstandenen Kanäle begünstigen auch das Härten durch Begasen. Diese Möglichkeit ist am einfachsten, deshalb am häufigsten.
– Einlegen von Luftspießen nach Bild 2 vor dem Schuß in dafür vorgesehene Bohrungen. Die Einschußöffnungen sind so zu legen, daß der Sand nicht unmittelbar auf die Spieße prallt. Durch Ziehen entstehen die Luftkanäle.
– Einlegen von Luftschläuchen aus Geweben (Bild 1). Sie sind nicht geeignet beim Schießen, da sie zusammengedrückt werden.
– Wachsschnüre schmelzen bei Ölkernen aus.
– Bei Großkernen werden Koksfüllungen benutzt.

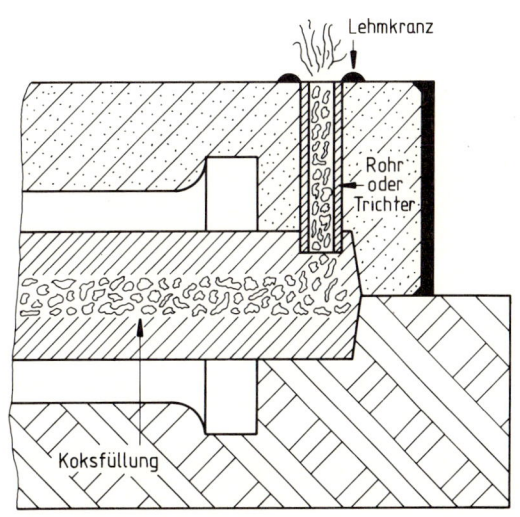

3 Luftabführung bei großen Kernen. Bei großen Kernen kann durch eine Koksfüllung die Luftabfuhr erleichtert werden. Die Luft wird durch das Oberteil über ein Rohr geführt. Ein Lehmkranz verhindert das Einlaufen von flüssigem Eisen

Formen mit Kernen   Formtechnik

2.6.6 Kernarmierungen

Notwendigkeit

Auf den Kern wirkt vor dem Gießen sein Eigengewicht und während des Gießens der wesentlich größere Auftrieb, vermindert um sein Gewicht. Diese Kräfte können bei größeren Kernen zu Durchbiegung und Bruch führen. Um dies zu vermeiden, müssen solche Kerne eine Armierung (Verstärkung) erhalten. Art und Größe der Armierung sind abhängig von Kerngröße und Kernlagerung.

Möglichkeiten

- Zur Verstärkung dünner Querschnitte an kleineren Kernen genügen Sandstifte.
- Bei größeren einfachen Kernen können nachträglich Rundstäbe eingeschoben werden.
- Für schwierigere Kernformen müssen Rundstäbe gebogen werden (Bild 1).
- Bei Großkernen werden sogenannte Kerneisen im offenen Herdguß hergestellt. In das Kerneisen können Metallstäbe zur weiteren Armierung und Tragösen zum Anhängen des Kernes an den Kran eingegossen werden (Bild 2).

Einlegen in den Kernkasten

Bei Handkernkästen kann eine Kernarmierung nach Bild 1 während der Kernherstellung eingelegt werden. Bei Kernkästen für das Kernschießen müssen erforderliche Kernarmierungen entweder vorher eingelegt oder nachher eingeschoben werden. Bei Formen wie in Bild 3 kommt nur das vorherige Einlegen in Betracht. Die Hauptarmierung ist für den dünnen Verbindungsquerschnitt notwendig. Sie ist im Kernkasten in einer Halterung gelagert. Diese wird nach dem Schießen abgezogen. Die drei Teile der Armierung sind nicht miteinander verschweißt, um die Arbeit in der Gußputzerei nicht zu erschweren. Kerben und Klemmung ergeben die Lage der drei Einzelteile.

Wiederholungsfragen

1. Für welche Verfahren sind Kerntrockenschalen notwendig?
2. Warum benötigen Abdeckkerne keine Kernablageschalen?
3. Welche Vorteile haben Kerneinlegelehren?
4. Unter welchen Voraussetzungen genügt die Abführung der Gase über die Kernlager?
5. Durch welche Verfahren kann ein Kern mit Luftkanälen versehen werden?
6. Skizzieren Sie die Kernentlüftung eines Großkernes.
7. Tragen Sie in eine Formskizze die Kräfte ein, die auf den Kern wirken.
8. Wie werden Kernarmierungen hergestellt?
9. Wozu dient die Lagerung von Kernarmierungen im Kernkasten?

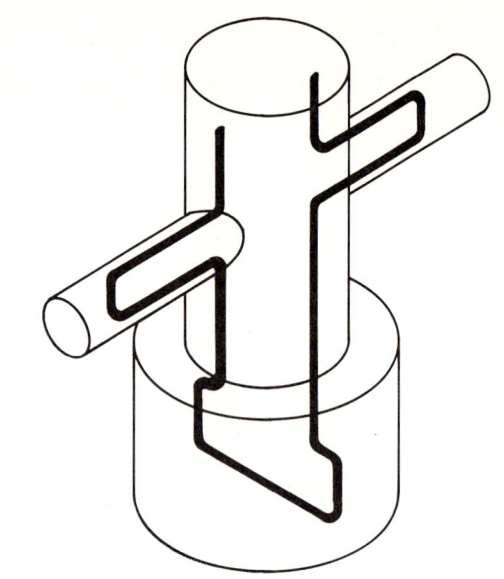

1 Kernarmierung durch gebogenem Draht

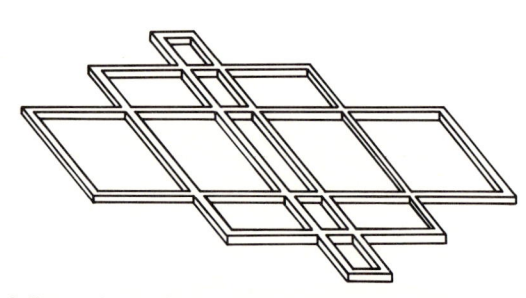

2 Kernarmierung durch im offenen Herdguß gegossene Kerneisen

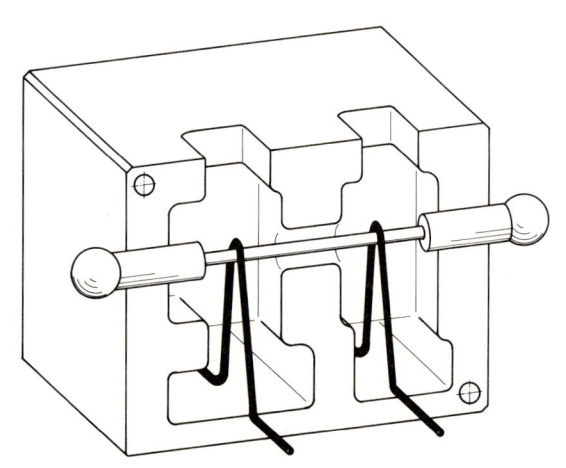

3 Kernarmierung mit Lagerung im Kernkasten

2.7 Formhilfsstoffe und Formhilfsmittel

2.7.1 Formhilfsstoffe

Formhilfsstoffe sind nach VDG-Merkblatt R 201 pulverförmige, pastöse oder flüssige Stoffe, die im Verlaufe der Herstellung von Formteilen oder fertigen Formen benötigt werden.

Trennmittel

Trennmittel dienen zur einwandfreien Trennung von Formwerkzeug und Form. Insbesondere zur Lösung der Aushebeprobleme bei harzgebundenen, ausgehärteten Formsanden, wie dem Aufschrumpfen der Form auf das Modell, werden z.B. Wachslösungen eingesetzt.

Nach dem Auftragen verdunstet das Lösemittel, so daß das Trennmittel als dünne, feste Schicht auf der Modelloberfläche haften bleibt. Die Trennmittelschicht hält mehrere Abformungen aus und wird bei Bedarf erneut aufgebracht.

Auch Mineralöle wie Petroleum werden vielfach zum Trennen eingesetzt. Da sie in die Poren der Holzmodelle eindringen, kann dies bei Änderungen Schwierigkeiten bereiten.

In früherer Zeit war, insbesondere beim Handformen, das Einstäuben mit pulverförmigen Trennmitteln, sogenannten **Formpudern**, wie Talkum, Graphit und dgl. üblich.

Bei heißen Formwerkzeugen sind Silikonemulsionen oder in leicht flüchtigen Kohlenwasserstoffen gelöste Silikonöle üblich.

Kleber für Formen und Kerne

Klebstoffe (kurz Kleber) werden für Formen-, Kerne- und Maskenverklebung verwendet. Die Verbindung muß so fest sein, daß sie den zu erwartenden Beanspruchungen durch Druck-, Zug- oder Scherkräfte beim Transport und Gießen widersteht.

Die Bindung zwischen Klebstoff und Formstoff wird als Adhäsion, die Bindung innerhalb der Klebschicht als Kohäsion bezeichnet. Die Kohäsion und Adhäsion sollen möglichst hoch, jedoch nicht wesentlich über der Festigkeit des Formstoffes liegen.

Kleber werden vorwiegend als Flüssigkeit oder Paste aufgetragen. Das Abbinden des Klebers erfolgt durch:
- Verdunstung des Lösemittels
- chemische Reaktion
- Erstarrung des geschmolzenen Klebstoffes infolge Abkühlung

Bei vielen Klebstoffen laufen diese Vorgänge gleichzeitig ab.

Je nach Verarbeitungstemperatur kann man die Kleber im Gießereibereich aufteilen in:
- Kaltkleber (Klebepasten, Komponentenkleber)
- Heißkleber (Maskenkleber, Kernkleber, Schmelzkleber)

2.7.2 Formhilfsmittel

Formhilfsmittel sind nach VDG-Merkblatt R 201 vorgefertigte Teile, die im Laufe der Herstellung von Formteilen oder fertigen Formen verwendet werden. Einige wichtige Mittel werden im folgenden aufgeführt.

Abschreckplatten oder Kühlkokillen sind metallische Einlagen, die mit dem Modell eingeformt werden und nach dem Ausformen des Modells in dem Formteil bleiben. An den mit Kühlkokillen belegten Flächen des Formhohlraumes wird eine Abschreckwirkung auf das Gußstück erzielt.

Kühlkörper sind metallische Einlagen aus Blech oder Draht, die in den Formhohlraum eingebracht werden. Sie sollen an lunkergefährdeten Bereichen des Gußstückes die Erstarrung beschleunigen und müssen mit dem Gußwerkstoff einwandfrei verschweißen. Typische Kühlkörper sind Kühlnägel und Kühlspiralen.

Formstifte sind dünne Drahtstifte mit flachem Kopf, die zur Armierung in das fertige Formteil eingebracht werden.

Formteilarmierungen sind vorzugsweise metallische Hilfsmittel (Draht, Haken, Gitter). Sie werden zur Versteifung und/oder zur Erleichterung der Handhabung des Formteils in dieses eingeformt. Eine typische Formteilarmierung ist der Sandhaken.

Dichtungsschnüre werden zwischen die einzelnen Formteile gelegt und verhindern dadurch den Durchbruch des flüssigen Metalls und damit Metallverlust. Außerdem wird verhindert, daß die Kernluft in das Metall übergeht und damit Gasblasen entstehen. Bei den Dichtungsschnüren handelt es sich um stranggepreßte, elastische Kunststoffschnüre.

Kernstützen oder Stützkörper sind unterschiedlich geformte metallische Teile, die die Aufgabe haben, Kerne in der Form durch Abstützung zu fixieren.

Keramische Anschnittelemente, wie **Eingußrohr**, werden vorwiegend in großen Stahlgußformen eingebaut. Sie dienen als Teile des Eingußsystems dazu, die hohe thermische Beanspruchung durch das durchströmende Material aufzunehmen und ein Mitreißen von Formstoffpartikeln zu verhindern.

3 Gießverfahren

3.1 Übersicht

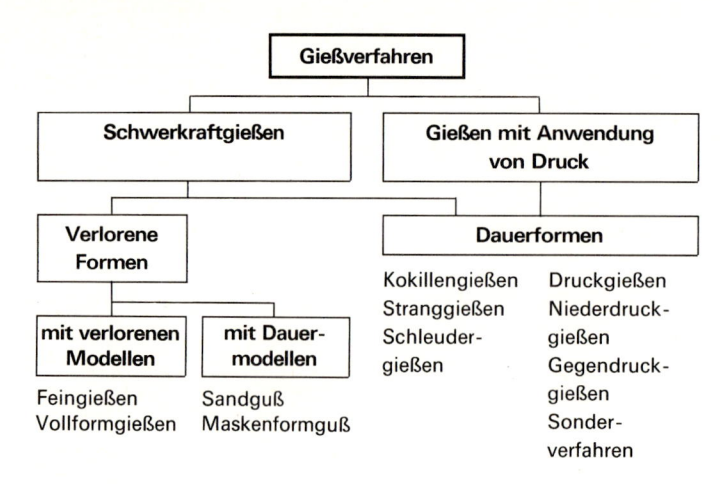

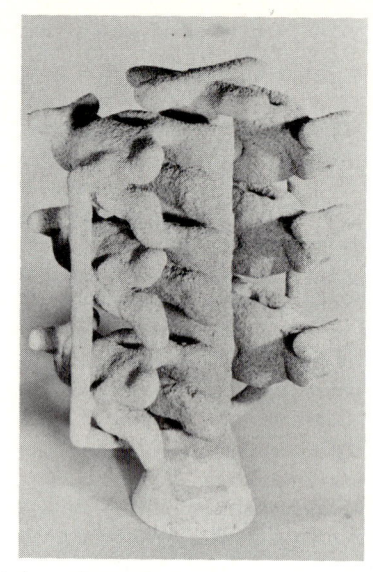

```
                    Gießverfahren
                   /            \
        Schwerkraftgießen    Gießen mit Anwendung
           /      \              von Druck
     Verlorene            Dauerformen
      Formen
      /    \         Kokillengießen   Druckgießen
  mit       mit      Stranggießen     Niederdruck-
verlorenen  Dauer-   Schleuder-       gießen
Modellen    modellen gießen           Gegendruck-
                                      gießen
Feingießen  Sandguß                   Sonder-
Vollformgießen Maskenformguß          verfahren
```

1 Verlorene Form (Keramik)

Beim **Schwerkraftgießen** nützt man die Schwerkraft des Metalls zum Füllen der Form aus. Die Einströmgeschwindigkeit des Gießmetalls ist abhängig von der Gießhöhe; zusammen mit dem ausgeführten Anschnittquerschnitt ergibt sich die Gießzeit.

Beim **Gießen unter** Anwendung von **Druck** werden je nach eingesetztem Verfahren kurze Formfüllzeiten erreicht.

Teilweise wird bei bestimmten Verfahren eine Vakuumabsaugung vorgenommen, um die Entlüftung und Formfüllung zu verbessern.

Verlorene Formen sind Gießformen aus Sand oder Keramik (Feingießen), die zum Freilegen des Gußteiles zerstört werden müssen.

Dauerformen sind Gießformen, die für mittlere bis große Stückzahlen aus Metall (Gußeisen und warmfeste Stähle) hergestellt werden. Der Formwerkstoff hängt vom eingesetzten Gießmetall (Gießtemperatur) ab. Die Verwendungsdauer bzw. die Ausbringung aus der Form (Standzeit) richtet sich nach dem verwendeten Formwerkstoff und dem zu vergießenden Metall.

3.1.1 Gießarten

Beim Füllen der Formen sollten bestimmte Gießbedingungen eingehalten werden, um Gußfehler zu vermeiden:
- Formfüllung in einer vorbestimmten Zeiteinheit
- möglichst geringe Verwirbelung des Gießmetalls
- unbehindertes Entweichen der Luft und Gase
- Gießablauf so, daß eine weitgehend gelenkte Erstarrung des Gußteiles erreicht wird.

Die angewandten Gießarten ermöglichen die Berücksichtigung dieser Bedingungen in unterschiedlichem Maße.

Nach Art der Formfüllung bzw. nach der Lage der Form beim Gießen unterscheidet man zwischen dem fallenden, steigenden, liegenden, schrägen und stehenden Guß.

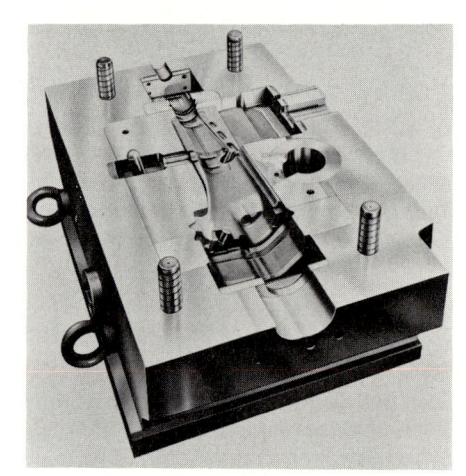

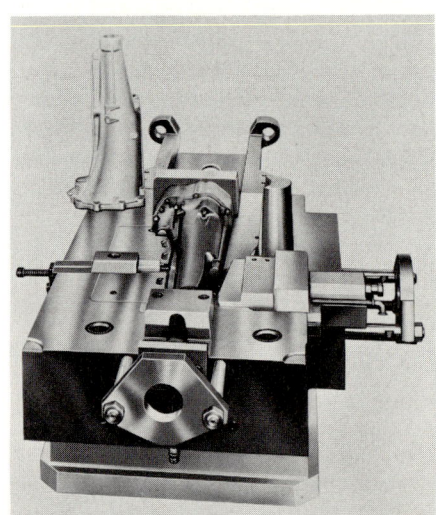

2 Dauerform (Druckgießform)

Gießverfahren — Gießarten

Fallender Guß

Hierbei ergießt sich das Gießmetall von oben direkt in die Form, wobei sich starke Verwirbelungen ergeben. Die Gefahr ist groß, daß Luft und Schlacke mitgerissen werden und unter Umständen die Form beschädigt wird. Angewendet wird diese Gießart bei relativ einfachen Gußteilen und bei Gießmetallen, bei denen die Form rasch gefüllt werden muß, um vorzeitiges Erstarren des Metalls zu verhindern (z.B. bei Schwermetallen). Durch das einfache Eingußsystem wird eine Einsparung an Kreislaufmaterial erreicht. Bei Metallen, deren Schmelzen zu rascher Oxidation neigen, z.B. Al und Mg, ist diese Gießart möglichst zu vermeiden. Beim Eingießen durch einen Speiser spricht man vom **Speisereingußverfahren**.

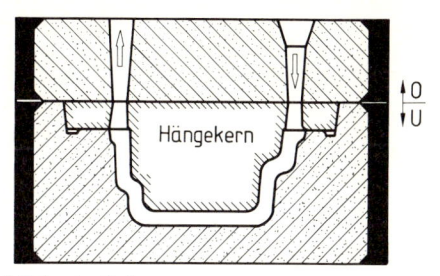

1 Fallender Guß

Steigender Guß

Bei dieser Gießart wird der Formhohlraum von unten her aufgefüllt. Die Folge ist eine wesentlich ruhigere Formfüllung; Lufteinschlüsse sind damit vermeidbar.

Angewendet werden kann dieses Verfahren zum Beispiel als stehend steigender Guß bei Walzen und Büchsen, bei denen ein dichtes Gefüge gefordert wird. Meist wird bei dieser Gießart ein verlorener Kopf am Gußteil notwendig, der eine gute Entlüftung der Form gewährleistet und zur Aufnahme von Verunreinigungen geeignet ist. Auch als Speiser kann der verlorene Kopf herangezogen werden. Formbeschädigungen sind durch die ruhige Formfüllung weitgehend ausgeschlossen.

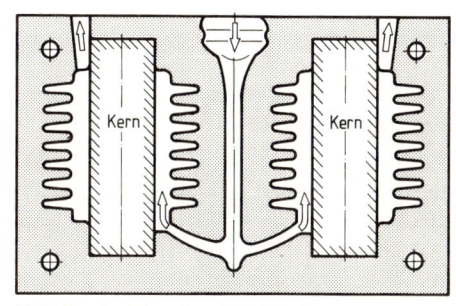

2 Stehend, steigender Guß (Maskenformhälfte mit Kernen)

Stapelguß

Er wird bei der Herstellung von Kanaldeckeln und Kolbenringen verwendet. Durch das Aufeinanderstapeln von bis zu 20 Formteilen aus Sand oder Formmasken entsteht eine Vielfachform mit einem gemeinsamen Einguß. Das Stapel-Einzelelement bildet an der Oberseite ein Formunterteil, an der Unterseite ein Formoberteil.

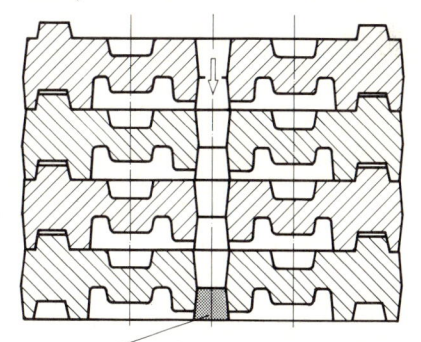

3 Stapelguß (mit Stopfen verschlossen)

Liegender, waagerechter Guß (Seitenguß)

Diese Gießart wird bei den meisten Gußteilen wie Rahmen, Scheiben, Gehäusen und Platten durchgeführt. Das Eingußsystem liegt in der Formteilungsebene. Der Unterkasten wird fallend, der Oberkasten steigend gefüllt. Man versucht damit die Vorteile der zuvor erwähnten Gießarten zu vereinigen. Diese Gießart kommt am häufigsten vor.

Eine Abwandlung stellt der Etagen- oder Stufeneinguß dar. Hierbei kann in verschiedenen Formhöhenstellungen Gießmetall in den Formhohlraum einlaufen. Damit wird bei hohen, dickwandigen Teilen eine rasche Formfüllung erreicht.

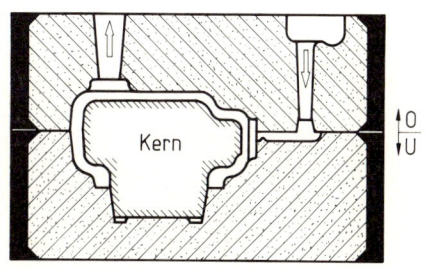

4 Waagrechter Guß (liegender)

Liegender, schräg steigender Guß

Bei dieser Gießart werden starke Verwirbelungen des Gießmetalls bei der Formfüllung unterdrückt. Gleichzeitig erreicht man eine günstige Entlüftung. Angewendet werden kann dieses Verfahren bei Gußteilen mit großen, waagrecht verlaufenden Flächen und beim Schwermetall-Kokillengießen. Dort wird bei fortschreitender Formfüllung die zunächst schrägstehende Kokille in die Waagrechte gekippt.

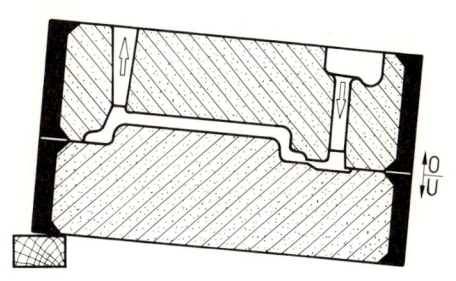

5 Schräg steigender Guß (liegend)

3.1.2 Gießen in Dauerformen

Forderungen an die Gießverfahren

Die heutige Entwicklung nach möglichst wirtschaftlicher Fertigung und hoher Energieeinsparung hat zur Leichtbauweise geführt.

Diese Forderung kann ereicht werden durch:
- Herabsetzen der Wanddicken bei gleicher Bauteilsteifigkeit durch gezielte Verrippung
- eine möglichst gleichbleibende Qualität bei hohen Stückzahlen durch fortlaufende und schnelle Fertigung
- einen hohen Materialausnutzungsgrad, d.h., beim Gießen soll der Anteil des Kreislaufmaterials im Vergleich zum eigentlichen Gußteil, möglichst niedrig gehalten werden
- Einsparung von nachträglicher spanender Bearbeitung, weil das Gießverfahren Teile mit hoher Maßgenauigkeit und Oberflächengüte liefert
- Werkstoffe mit möglichst niedrigen Schmelzpunkten, damit der Energieeinsatz vermindert wird.

Diese Anforderungen sind mit Sandguß bzw. dem Gießen mit verlorenen Formen nur beschränkt zu verwirklichen. Deshalb wurden Gießverfahren entwickelt, die mit metallischen Dauerformen arbeiten. Dazu gehören das Kokillen-, Druck-, Schleuder- und Stranggießen. Daneben gibt es eine Reihe abgewandelter Verfahren, wie z.B. das Niederdruckgießen.

1 Motor aus überwiegend in Dauerformen hergestellten Gußteilen

Voraussetzungen und Einschränkungen

- Das Herstellen der Form erfordert großen technischen Aufwand, da unter Umständen spezielle Abtragungsverfahren wie Erodieren notwendig werden. Die hohen Formkosten lassen sich nur über große Stückzahlen ausgleichen
- Die Wärmebelastungen der Form lassen es nicht zu, daß alle im Sandguß eingesetzten Gießmetalle auch in Dauerformen vergossen werden
- Die Gestaltung der Gußteile wird vom Gießverfahren stark beeinflußt. So sind z.B. Hinterschneidungen nur mit Schwierigkeiten herzustellen, wenn keine Sandkerne mehr eingelegt werden können
- Durch die Abschreckwirkung der Metallform ist ein rasches Gießen erforderlich. Hierbei spielen die Gießeigenschaften der Gießmetalle eine entscheidende Rolle
- Die Konstruktion der Formen und die notwendigen Anlagen und Maschinen für die mechanisierte Massenproduktion erfordern einen hohen Kapitaleinsatz.

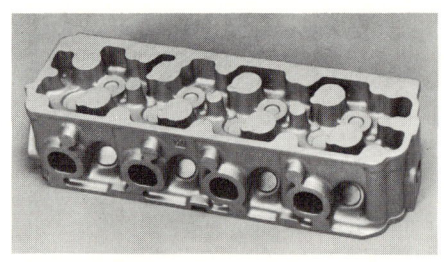

2 Kokillengußteil

3 Niederdruckgußteile

Wirtschaftliche Bedeutung der Verfahren

Die Anwendung des Gießens in Dauerformen erfolgt überwiegend bei den Leicht- und Schwermetallen (Al, Mg, Zn und Cu). So erreicht der Anteil des Druckgießens bei Aluminiumlegierungen über 50% der Gußproduktion. Beim Gießen von Steuerblöcken hat das Gießen von Gußeisen in Kokillen eine gewisse Bedeutung, weil hiermit bestimmte Eigenschaften, z.B. Dichtheit und gleichmäßiges Gefüge, besser erreicht werden können. Bei der Metallumformung zu Halbzeugen spielt das Stranggießen als Zwischenstufe eine wichtige Rolle.

4 Druckgußteil

3.1.3 Gießeigenschaften der Metallschmelzen

Durch die Verwendung einer metallischen Dauerform ergeben sich gegenüber einer Sandform zwei wesentliche Unterschiede:
- die metallische Form ist gasundurchlässig
- die **Abschreckwirkung** der Metallform ergibt eine rasche Abkühlung der Schmelze

Damit steigt die Gefahr, daß die Form nicht voll ausläuft und vorzeitiges Erstarren eintritt.

Aus diesem Grunde stellt man an Gießmetalle für Gießverfahren, bei denen Dauerformen verwendet werden, besondere Anforderungen.

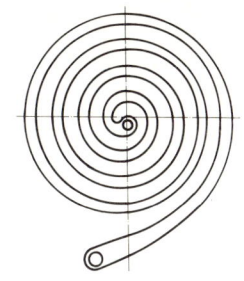

1 Gießspirale

Eigenschaften des idealen Gießmetalls

Hohes Fließvermögen

Unter dem Fließvermögen einer für das Gießen vorgesehen Legierung versteht man deren Fähigkeit, unter ganz bestimmten Bedingungen ein geometrisch bestimmtes waagrechtes Formsystem auszufüllen, wobei beim Auslaufen eine bestimmte Fließlänge erreicht wird. Die Fließlänge ist ein Maß für das Fließvermögen einer Legierung, wobei große Auslauflängen auf ein hohes Fließvermögen hindeuten. Das geometrisch bestimmte Formsystem besteht üblicherweise aus einer sogenannten **Gießspirale,** die zur Beurteilung dieser Eigenschaft dient (Bild 1).

Einflüsse auf das Fließvermögen

Das Fließvermögen ist abhängig vom
- Formwerkstoff des Auslaufkanals. Je schneller der Wärmeentzug durch den Formwerkstoff erfolgt, desto rascher erstarrt das Metall und um so kürzer ist die Fließlänge
- Durch Untersuchungen wurde belegt, daß die Legierungszusammensetzung mitentscheidend für die Höhe des Fließvermögens ist. Insbesondere spielt das Erstarrungsintervall der Legierung eine wichtige Rolle. Je kleiner das Erstarrungsintervall ausfällt und je niedriger der Erstarrungspunkt wird, desto günstiger wird das Fließvermögen. Dies bedeutet in der Praxis, daß reine Metalle und die eutektischen Legierungszusammensetzungen (bei denen das Erstarrungsintervall gleich Null ist) das optimale Fließvermögen besitzen. Allerdings weichen einige Legierungen des Typs Al-Si von dieser allgemeinen Regel ab. Bei diesen Aluminiumlegierungen liegt das Eutektikum bei etwa 12% Silizium, während das maximale Fließvermögen bei etwa 18% auftritt (Bild 3).

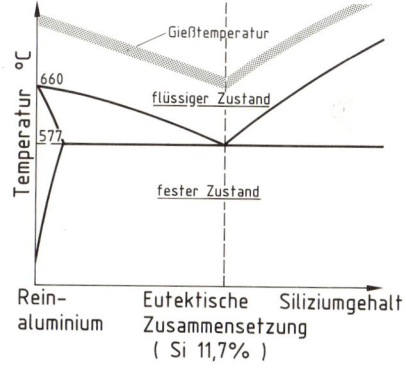

2 Zustandsschaubild (Al-Si)

Hohes Formfüllungsvermögen

Darunter versteht man die Fähigkeit eines Gießmetalls, einen Formhohlraum konturengetreu wiederzugeben. Damit ergibt sich ein Maß für die Abbildungsfähigkeit der Legierung.

Die Ermittlung erfolgt ebenfalls in Gießspiralen, wobei die Vorlauflänge der Legierung festgestellt wird. Man mißt die Auslauflänge und bestimmt den Punkt, von dem ab die Kontur des Auslaufkanals nicht mehr richtig wiedergegeben wird. Der Unterschied wird als Vorlauflänge bezeichnet. Eine große Vorlauflänge deutet auf ein schlechtes Formfüllungsvermögen hin.

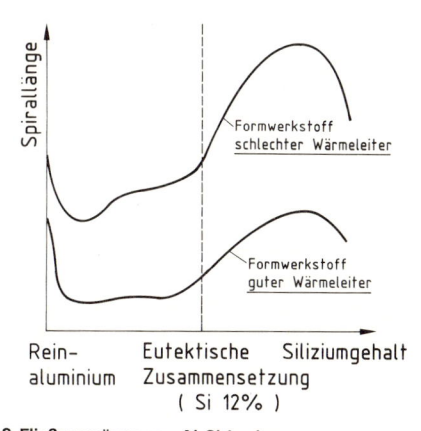

3 Fließvermögen von Al-Si-Legierungen
(nach Patterson und Kümmerle)

Gießmetalleigenschaften / Gießverfahren

Einflüsse auf das Formfüllungsvermögen

Das Formfüllungsvermögen wird von verschiedenen Faktoren beeinflußt:
- Abkühlungsgeschwindigkeit und Legierungszusammensetzung. Bei den Aluminiumlegierungen des Typs AlSi zeigen die übereutektischen Zusammensetzungen (Si > 12%) das beste Formfüllungsvermögen (Bild 1)
- Dicke und Festigkeit der Oxidhaut wirken sich negativ auf das Formfüllungsvermögen aus. Durch Überhitzen und geeignete Verschlackungsmaßnahmen lassen sich die Einflüsse vermindern
- Gestalt und Größe der Metallkristalle (siehe Erstarrungstypen)

Geringe Warmrißneigung

Hierunter versteht man die Bildung von Rissen im Bereich des Erstarrungsintervalls, hervorgerufen durch die Zusammenziehung (Schwindung) der bereits erkalteten Partien.

Günstiges Lunkerverhalten

Rascher Wärmeentzug, wie er beim Gießen in metallischen Dauerformen vorkommt, trägt zur Lunkervermeidung bei. (Im Sandguß werden an dickwandigen Partien Kühleisen angelegt, um die Lunkergefahr im betreffenden Bereich zu verringern.) Reine Metalle und die eutektischen Legierungen neigen zur Tiefen- und Makrolunkerung. Durch Lunkerproben kann festgestellt werden, zu welcher Lunkerung ein Gießmetall neigt.

Günstiges Seigerverhalten

Seigerungen bedeuten Entmischungsvorgänge innerhalb des Gießmetalles, die zu harten Stellen im Gußteil führen können.

Geringe Klebneigung

Das Gießmetall sollte möglichst nicht an der Form ankleben und dort Beschädigungen hervorrufen. Beim Kokillengießen wird das Kleben durch die Verwendung von Schlichten weitgehend vermieden, während beim Druckgießen neben dem Einsatz von Trennmitteln vor allem bei Aluminiumlegierungen durch begrenztes Beimengen von Eisen die Klebneigung vermindert wird.

Günstiges Erstarrungsverhalten

Legierungen können endogen oder exogen erstarren.

Bei dünnwandigen Teilen und rascher Abkühlung ist meist eine exogene Erstarrung zu erwarten.

Das ideale Kokillengießmetall sollte ein hohes Formfüllungsvermögen besitzen, während beim Druckgießen vor allem das Fließvermögen und Klebverhalten im Vordergrund stehen.

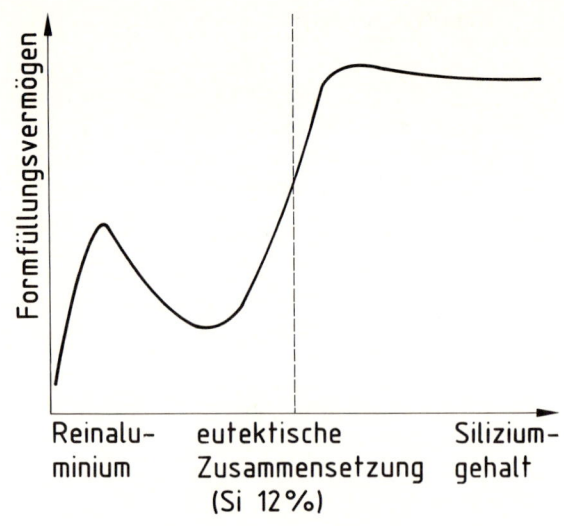

1 Formfüllungsvermögen bei Al-Si-Legierungen

Übersicht über die häufig in Dauerformen verarbeiteten Legierungen

Aluminiumlegierungen (DIN 1725)

Kurzzeichen	Legierungsnummer der Schmelzwerke	Verwendungshinweise
G-AlSi12 GK-AlSi12(Cu) GD-AlSi12(Cu)	230 231	Für dünnwandige, verwickelte, druckdichte Gußstücke. Bei (Cu) Einschränkung bei der Korrosionsbeständigkeit
G-AlSi10Mg wa GK-AlSi10Mg(Cu) GD-AlSi10Mg(Cu)	233	höhere Festigkeit gegenüber AlSi12 (ausgehärtet)
G-AlSi8Cu3 GK-AlSi8Cu3 GD-AlSi8Cu3	226	Häufig eingesetzte Legierung, warmfest

Kupferlegierungen (DIN 1709)

Kurzzeichen	Verwendungshinweise
GK-CuZn37Pb GD-CuZn37Pb	Konstruktionswerkstoff. Druckgußteile für Maschinenbau usw.
GK-CuZn15Si4 GD-CuZn15Si4	gut gießbare Legierung; für hochbeanspruchte, dünnwandige Konstruktionsteile

Zinklegierungen (DIN 1743)

Kurzzeichen		Verwendungshinweise
GD-ZnAl4Cu1	Z410	Vorzugslegierung für Druckgußteile

Wiederholungsfragen zu 3.1

1. Welche Gießverfahren arbeiten mit Dauerformen?
2. Durch welche Vorkehrungen lassen sich beim Füllen von Formen Fehler vermeiden?
3. In welchen Fällen wird das fallende Gießen angewendet?
4. Was versteht man unter dem Stufeneinguß?
5. Welchen Zweck hat das Kippen einer Form während des Gießens?

Gießverfahren — Kokillengießen

3.2 Kokillengießen

3.2.1 Verfahren

Beim Kokillengießen werden vor allem Leichtmetalle (Aluminium) in die metallischen Dauerformen, die meist aus Stahl bestehen, vergossen. Daneben können auch Schwermetalle (vor allem Kupferlegierungen) und Gußeisen eingesetzt werden. Das Füllen der Kokille kann bei einfachen Formen noch von Hand vorgenommen werden; bei größeren Serien werden jedoch Kokillengießmaschinen und -automaten eingesetzt, bei denen die einzelnen Arbeitsgänge (Kerne einlegen – Schließen der Form – Abgießen – Kühlen – Entnahme des Abgusses – Säubern und Schlichten der Kokille) selbsttätig durchgeführt werden. Dadurch ergibt sich eine hohe Wirtschaftlichkeit für das Kokillengießen.

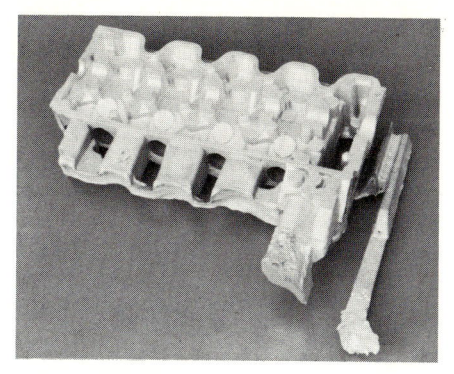

1 Kokillengußteil

Formfüllung

Das Füllen der betriebsbereiten Kokille (geschlichtet, auf Betriebstemperatur vorgewärmt, Kerne eingelegt und die Formhälften verklammert) erfolgt allein mit Hilfe der Schwerkraftwirkung auf das Gießmetall. Durch die hohe Wärmeleitfähigkeit der metallischen Dauerform ergibt sich eine kurze Erstarrungszeit des Gießmetalls, deren Folgen sich günstig auf die Eigenschaften der Gußteile auswirken.

Durch den raschen Wärmeentzug ergeben sich feinere und dichtere Gefüge gegenüber dem Sandguß; damit verbunden sind auch bessere mechanische Eigenschaften (Festigkeit) und große Dichtheit der Teile.

Weitere **Vorteile** des Kokillengießens gegenüber dem Sandguß:
— höhere Maßgenauigkeit und damit geringere Bearbeitungszugaben
— bessere Oberflächen durch die Metallform
— Wegfall der Sandaufbereitung

Andererseits steigt wegen der schnellen Abkühlung die Gefahr des Nichtauslaufens der Form, und — bedingt durch die Gasundurchlässigkeit der Metallform — können Probleme bezüglich der Entlüftung der Form auftreten.

Zur Vermeidung von Ausschuß wird deshalb ein wesentlich schnelleres Gießen gegenüber dem Gießen in Sand angestrebt, wobei Lufteinschlüsse durch ein möglichst turbulenzfreies Füllen der Form vermieden werden müssen.

2 Handkokillen

Einflüsse auf die Formfüllzeit

— Einströmgeschwindigkeit des Gießmetalls in die Form
— Anschnittquerschnitt
— Gestaltung der Gießkanäle
— Geometrie (Abgußvolumen) des Teiles und vorgesehenes Gießmetall

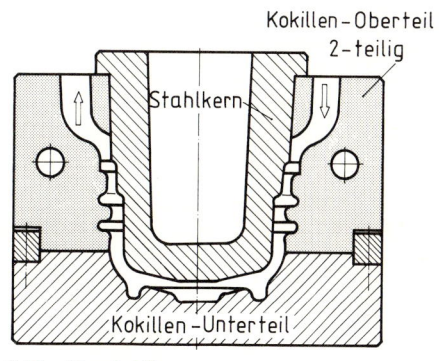

3 Maschinenkokille

3.2.2 Kokillengießmaschinen und -anlagen

Das Bestreben nach kostengünstiger Fertigung und Entlastung der Arbeitskräfte führte zur Entwicklung und zum Einsatz von Kokillengießmaschinen und -automaten. Durch den weitgehend automatischen Ablauf der einzelnen Fertigungsgänge ergeben sich noch weitere Vorteile, wie z.B. Verringerung des Kreislaufmaterialanteils.

Aufbau einer Kokillengießmaschine

Auf dem stabil ausgeführten Grundgestell befindet sich die montierte Schließeinheit, die aus den Maschinenplatten und dem Schließzylinder besteht. Die Maschinenplatten dienen zur Aufnahme der Formhälften. Sie können über Führungssäulen miteinander verbunden sein. Je nach Ausführung der Maschine ist auch ein Gießtisch für das Aufspannen waagrecht geteilter Kokillen vorhanden. Ein Bedienpult dient zur Auslösung der meist elektrohydraulischen Steuerung für die einzelnen Funktionen. Hinzu kommen hydraulisch betätigte Kernzüge und Auswerfeinrichtungen. Steuerschrank und das Hydraulikaggregat werden meist getrennt von der eigentlichen Maschine angeordnet.

Die hydraulisch ausgeführten Bewegungen (z.B. das Schließen) sind meist lastunabhängig regelbar, können aber auch von Hand durchgeführt werden. Dies ist vorteilhaft für den Kokillenwechsel und für das Erproben von Kokillen.

Durch eine Schwenk- bzw. Kippeinrichtung läßt sich der Einsatzbereich der Maschine erweitern.

Die Gestaltung der Maschine sollte einen schnellen Formwechsel und eine gute Zugänglichkeit zur Form (z.B. zum Reinigen und Auftragen von Schlichten usw.) zulassen.

Folgende Arbeitsabläufe können über Steuerventile ausgelöst werden:
— Schließen und Öffnen der Kokille
— Ein- und Ausfahren von Kernzugzylindern
— Ausstoßen und Auswerfen der Gußteile

Kokillengießautomaten

Durch Zusatzeinrichtungen kann die Maschine zum Automaten weiterentwickelt werden, der z.B. über einen Warmhalteofen automatisch beschickt und bei dem der gesamte Gießablauf über eine Programmsteuerung, vorzugsweise Folgesteuerung, durchgeführt wird.

Kokillengießanlagen

Anlagen zum Kokillengießen können als Standbahn — oder als Karussellanlagen ausgelegt werden, wobei diese ein schnelleres Gießen ermöglichen.

1 Kokillengießmaschine

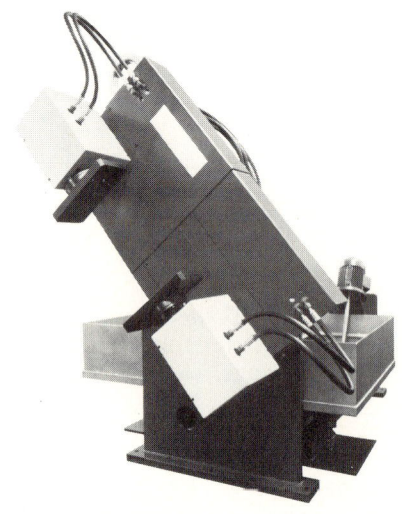

2 Kokillengießmaschine (mit Kippeinrichtung)

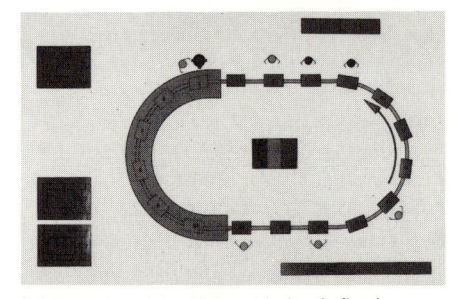

3 Standbahnanlage (Schematischer Aufbau)

4 Standbahnanlage (Ausschnitt)

| Gießverfahren | Kokillengießen |

Beispiel einer Karussell-Kokillengießanlage

Die Anlage besteht aus einem Karussell, auf dem zwölf Gießwerkzeuge auf speziellen Gießmaschinen aufgebaut sind. Das ganze Karussell wird durch ein Getriebe über einen Zahnkranz angetrieben. Über einen Verteiler in der Mitte werden Öl, Luft, Gas und Wasser zugeführt. Das Karussell dreht sich fortlaufend mit einer bestimmten Umlaufgeschwindigkeit.

Gießablauf

Der automatische Gießablauf sieht folgendermaßen aus:

– Automatisches Kernzuführen und -einlegen bei 14
– Gießen durch elektrisch beheizte Gießöfen über eine Gießrinne bei 15
– Abkühlstrecke
– Entnahme und Übergabe des Gußteils auf Förderband bei 16
– Reinigen und Schlichten durch entsprechende Geräte bei 17

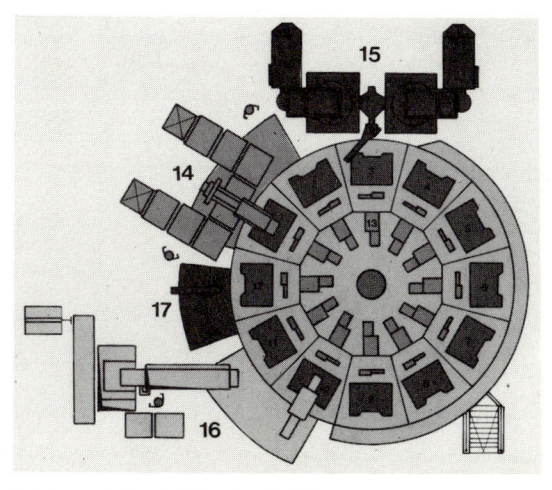

1 Schematischer Aufbau des Gieß-Karussells

14 ... Kerneinlegestation 16 ... Gußstückentnahme
15 ... Gießöfen 17 ... Reinigung

2 Kerneinlegestation (Gesamtansicht)

3 Kerneinlegen

4 Gießöfen

5 Gußstückentnahme

6 Gußstückübergabe auf Förderband

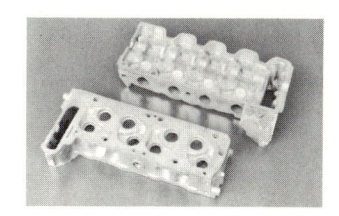

7 Gußstück

Kokillengießen — Gießverfahren

3.2.3 Kokillengießen mit Druck

Niederdruckgießen (ND-Gießen)

Verfahren

Auf der Oberseite eines dicht abgeschlossenen Warmhalteofens befindet sich die Metallkokille. Über ein Steigrohr ist der mit dem Gießmetall gefüllte Tiegel mit der Kokille verbunden. Als Gießmetalle werden überwiegend Aluminiumlegierungen vergossen; es gibt aber auch Anlagen für Schwermetalle.

Formfüllung

Durch Beaufschlagen des Ofeninnenraums mit Luft oder einem Gas mit relativ niedrigem Überdruck (0,3 ... 0,7 bar) steigt das flüssige Metall im Steigrohr hoch und füllt von unten her den Formhohlraum. Der Überdruck muß so lange aufrecht erhalten werden, bis das Gußteil erstarrt ist. Wie lange das im Einzelfall dauert, muß durch Versuche (z.B. mit Hilfe von Temperaturfühlern in der Nähe der Stelle, an der das Gußstück zuletzt erstarren wird) ermittelt werden. Durch Betätigung eines Ventils wird der Überdruck im Ofenraum abgebaut. Das beheizte Anschnittmundstück verhindert ein Erstarren der Schmelze an dieser Stelle. Das noch flüssige Metall läuft nach Abschalten des Druckes in den Tiegel zurück. Die Kokille wird nach Abwarten einer bestimmten Abkühlungszeit geöffnet, und das Gußstück kann entnommen werden.

Die Kokille ist vor Gießbeginn auf die Betriebstemperatur aufzuheizen. Das Warmhalten des Steigrohres erfolgt mit Gasbrennern. Für die Kühlung genügt häufig ein Aufblasen von Druckluft auf die Kokillenflächen. Es können jedoch auch aufwendigere Kühlmaßnahmen notwendig werden (siehe Abschnitt 3.3.5).

Vorteile

Die ruhige Formfüllung (steigende Gießart) verhindert weitgehend Oxid- und Gaseinschlüsse, wenn die Entlüftung der Form richtig ausgelegt wird. Die Entlüftung erfolgt über die Spiele bei den Einsätzen, Auswerfern, Kernen, Schiebern und durch Einsetzen von Düsen. Häufig kann auf das Anbringen von Speisern verzichtet werden, so daß das Niederdruckgießen einen hohen Materialausnutzungsgrad ermöglicht. Der Einsatz von Sandkernen ist wegen des niedrigen Überdrucks möglich. Der gesamte Gießablauf läßt sich durch den Einsatz von hydraulischen Steuerungen für die einzelnen Arbeitsgänge weitgehend automatisieren.

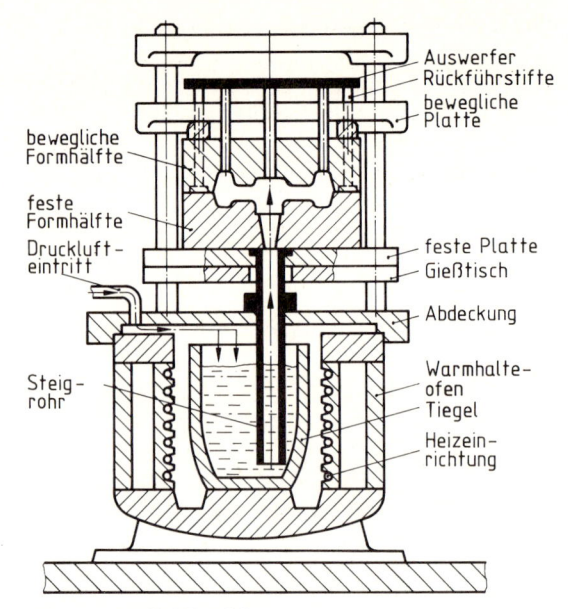

1 Niederdruck-Kokillengießen

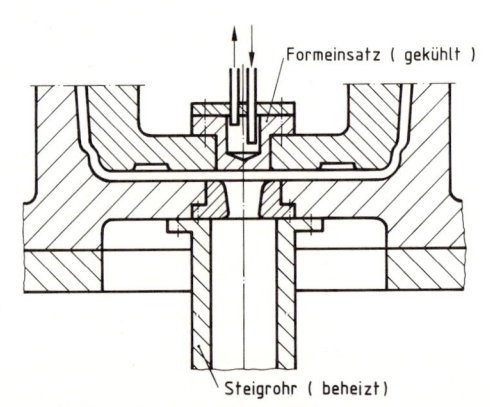

2 Anschnittgestaltung bei ND-Kokillengießen

3 Niederdruck-Gießkokille, geöffnet

Gießverfahren — Kokillengießen

ND-Kokillengießmaschinen (Bild 1)

Auf der festen Platte, worin sich die obere Steigrohröffnung befindet, ist das Kokillenunterteil montiert. Die bewegliche Formhälfte wird an der oberen beweglichen Platte befestigt. Diese Platte wird durch einen Hydraulikzylinder nach oben gezogen, wobei das Gußstück durch die Auswerfeinrichtung von der oberen Kokillenhälfte abgestreift wird. Der Steuerungsablauf wird durch Endschalter und Schaltnocken festgelegt.

ND-Anlage als Gießkarussell (Bild 2)

Diese Anlagen bestehen aus einem Niederdruckgießofen und einem Gießkarussell mit verschiedenen Stationen.

Der Warmhalteofen besitzt eine Einfüll- und eine Dosierkammer, die druckdicht abgeschlossen sind. Beim Gießen werden sie mit einem geringen Schutzgasüberdruck beaufschlagt. Oben in der Dosierkammer befindet sich eine Gießdüse, durch die nach Aufsetzen der Kokille und Erhöhen des Überdruckes die Schmelze in die Kokille steigt.

Das Gegendruckgießen

Während beim herkömmlichen ND-Verfahren mit einem geringen Überdruck gearbeitet wird, erreicht dieser bei diesem Verfahren 4 bis 5 bar. Dieser Druck herrscht zu Beginn des Gießens sowohl über der Schmelze als auch im Formhohlraum. Die Schmelze steigt im Steigrohr hoch, wenn durch eine gesteuerte Gasdruckabsenkung um $1/2$ bar im Formhohlraum ein Unterdruck gegenüber dem Druck über der Schmelze entsteht. Die Höhe des Unterdruckes ist regelbar und bestimmt die Füllgeschwindigkeit der Form. Das Gußteil erstarrt unter dem höheren Druck; dadurch ergeben sich günstigere Festigkeitswerte und eine geringere Porosität.

Nachteilig sind die höheren Anforderungen an die Formen, von denen hohe Genauigkeit verlangt wird, und die Anlagekosten.

Das Druck-Kokillengießen (Bild 3)

Bei diesem Gießverfahren versucht man die Vorteile des Druckgießens (automatischer Fertigungsablauf, hohe Maßgenauigkeit und Oberflächengüte) mit denen des Kokillengießens (große Dichtheit, Einsatz von Sandkernen, Vergütbarkeit der Teile) zu kombinieren. Die Gießmaschine unterscheidet sich äußerlich kaum von einer Kaltkammer-Druckgießmaschine, auch die entsprechenden Zusatzgeräte für den automatischen Betrieb sind vergleichbar. Es wird mit einer niedrigen Formfüllgeschwindigkeit und mit niedrigeren Drücken gegenüber dem Druckgießen gearbeitet. Werden die gieß- und wärmetechnischen Faktoren richtig angewandt, ergeben sich Teile, die hohe Anforderungen bezüglich der Poren- und Lunkerfreiheit erfüllen sollen.

1 Niederdruck-Kokillengießmaschine

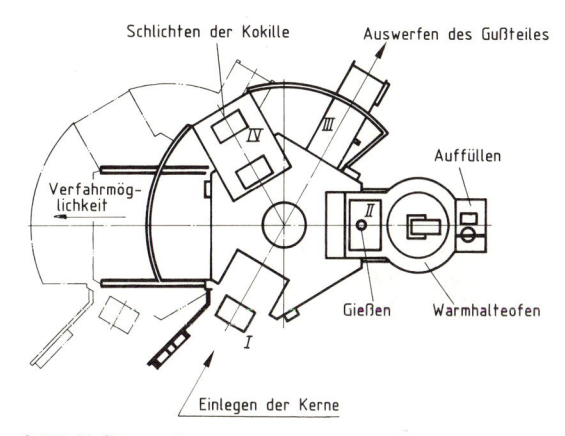

2 ND-Gießkarussell

3 Druck-Kokillengießmaschine

Kokillengießen   **Gießverfahren**

3.2.4 Aufbau der Kokille

Die Kokille ist eine metallische Dauerform. Da die Formfüllung durch reine Schwerkraftwirkung erfolgt, können in die Kokille noch Sandkerne eingelegt werden.

Man unterscheidet:
- **Vollkokillen.** Alle Formelemente sind aus Metall.
- **Gemischtkokillen.** Einzelne Hohlräume werden durch Sandkerne gebildet.
- **Halbkokillen.** Das komplette Oberteil der Kokille kann aus Sandkernen gebildet werden.

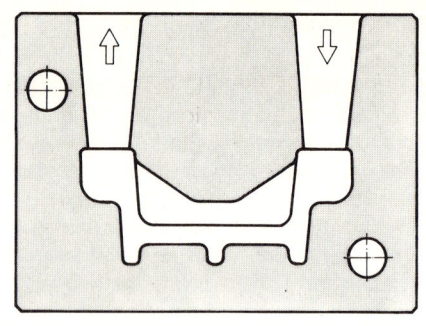

1 Senkrecht geteilte Kokille – Fallende Gießweise

Formteilung

Kokillen bestehen in der Regel aus zwei Formhälften, die über Führungselemente (z.B. Stifte und Büchsen oder Tischführungen mit Führungsleisten) fixiert werden.

Die Anordnung der Formteilung kann senkrecht oder waagrecht ausgebildet werden, wobei die konstruktive Ausführung des Gußteiles und das gewünschte Formfüllverhalten von entscheidendem Einfluß sind.

Senkrecht geteilte Kokillen können als Scharnierkokillen ausgebildet sein, wobei die Gußteile große Formschrägen besitzen müssen, um sie aus der Kokille entnehmen zu können.

Das **Einguß- oder Anschnittsystem** muß vor dem Herstellen der Kokille festgelegt werden. Einguß, Lauf, Anschnitte und Speiser müssen nach der Kontur des Gußteiles und nach Art des Gießmetalls gewählt werden.

Die **Formentlüftung** erfolgt normalerweise über die Speiser und die Formteilung. Bei schwierigeren Teilen zieht man die Paßflächen von Formeinsätzen mit hinzu (siehe Abschnitt 3.3.4).

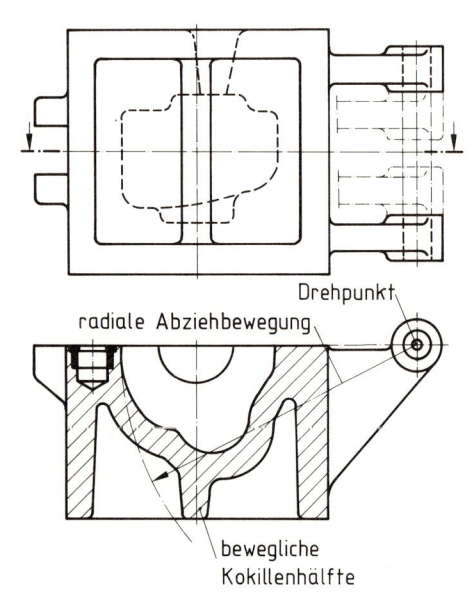

Formeinsätze

Der Kokillenwerkstoff wird an der Forminnenseite hohen thermischen Belastungen ausgesetzt.

Für einfache Kokillen kann Gußeisen eingesetzt werden; die höher beanspruchten Teile werden meist aus Warmarbeitsstählen hergestellt. Dies führt zur **Einsatzbauweise.**

Vorteile dieser Bauweise:
- sparsamer Einsatz von teurem Formwerkstoff
- leichteres Auswechseln von Verschleißteilen
- Einfluß auf den Wärmeentzug durch die Wahl entsprechender Werkstoffe (z.B. Kupfereinsätze)
- zusätzliche Entlüftungsmöglichkeit über die Paßflächen
- leichtere Herstellung der Formkontur durch Zerlegen in einzelne Segmente

Durch die unterschiedlichen Wärmeausdehnungszahlen der Werkstoffe und durch das zusätzliche Einpassen von Teilen können sich Nachteile ergeben, wie höhere Kosten, Koktursprünge usw.

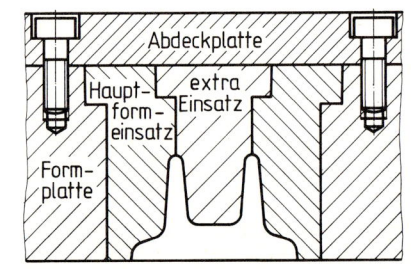

2 Scharnierkokille

Verklammerung der Formhälften

Beim Kokillengießen sind die auftretenden Formsprengkräfte im Vergleich zum Druckgießen verhältnismäßig klein. Deshalb genügen bei einfachen Kokillen mechanische Verklammerungen, z.B. Druckriegel oder Spannzangen. Bei größeren Kokillen erfolgt die Zuhaltung über pneumatische oder hydraulische Schließzylinder.

3 Formeinsätze

Gießverfahren — Kokillengießen

Kerne, Schieber

Hohlräume und Hinterschneidungen am Gußteil müssen durch Kerne gebildet werden. Kerne, die in der Öffnungsrichtung der Kokille liegen, können als feste Kerne montiert werden.

Behindern Kerne das Entnehmen des Gußteiles, so müssen sie als bewegliche Kerne ausgeführt werden. Dies gilt sinngemäß auch für quer zur Bewegungsrichtung der Kokille liegende Teile von Augen, Bohrungen, Flanschen usw.

Diese beweglichen Teile können als **bewegliche Kerne** oder **Schieber** bezeichnet werden, wobei beim Schieber eine Fläche in der Formteilungsebene liegt.

Damit die Lage solcher beweglicher Formelemente beim Gießen einwandfrei festliegt, werden Verriegelungen vorgesehen (Bild 1).

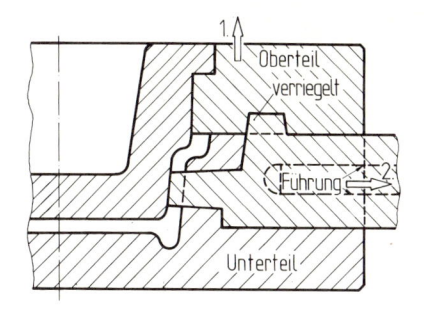

1 Verriegelung des Schiebers

Kernzieheinrichtungen

Kerne und Schieber können mechanisch, pneumatisch oder hydraulisch gezogen werden. Hierzu sind entsprechende Einrichtungen an der Kokille vorzusehen. Das Bewegen kann erfolgen:
— von Hand
— mit einer Zahnstange oder Schraubspindel
— mit Zughebeln
— mit einem Exzenter
— mit einem Schrägstift (Bild 2)
  Die Schrägstifteinrichtung bietet den Vorzug, daß die Schieberbewegung automatisch mit der Schließ- und Öffnungsbewegung der Kokille abläuft. Allerdings sind die Wege bzw. der Hub begrenzt, da der Neigungswinkel des Schrägstiftes 20° nicht überschreiten sollte.

Am häufigsten werden heute Kerne mit Hilfe von Hydraulikzylindern gezogen.

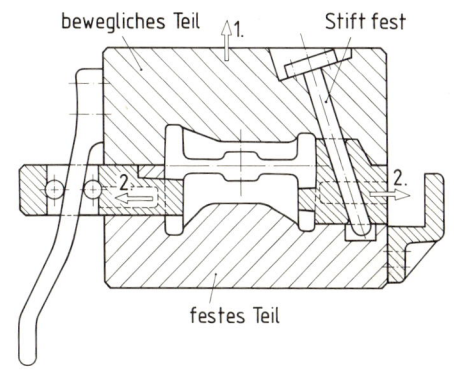

2 Kernzug durch Schrägstift (Maschinenkokille)

Ausheben des Gußteiles

Bei Handkokillen entnimmt man das Gußteil meist von Hand. Das Teil kann aber auch, nachdem es auf einen beweglichen Kern aufgeschrumpft worden ist, durch dessen Ziehen abgestreift werden. Bei größeren und schwierigeren Teilen wird die Kokille mit einer Auswerfvorrichtung ausgestattet, die das Teil automatisch auswirft (Bild 4)

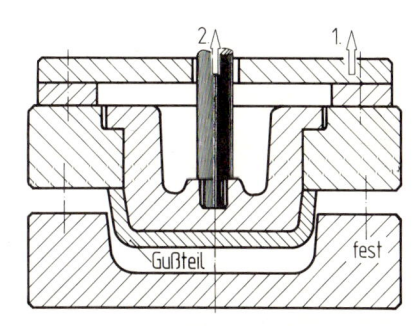

3 Aufgeschrumpftes Gußteil (leichtes Ausheben aus dem U.T.)

Verbundguß

Sowohl beim Kokillen- wie auch beim Druckgießen können Einlegeteile, wie Gewindeeinsätze usw., mit eingegossen werden. Hierzu müssen in der Form entsprechende Halterungen vorhanden sein, damit die Teile ihre Lage beim Gießen beibehalten. Das Einlegen der absolut fettfreien und leicht angewärmten Einlegeteile geschieht in der Regel von Hand. Damit die Teile gut im Gußstück verankert sind, werden sie an der Oberfläche aufgerauht, gerändelt oder mit entsprechenden Flächen versehen. Auch das Tauchen in Metallbäder begünstigt das Halten der Einlegeteile. Man erreicht damit eine stoffschlüssige Verbindung.

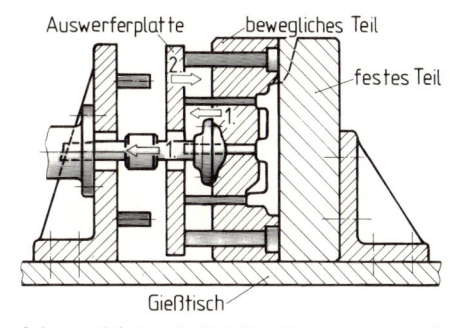

4 Auswerfplatte mit Rückführstiften und Auswerfstiften (an Maschinenkokille)

3.2.5 Anschnittgestaltung

Das in der Zeiteinheit in den Formhohlraum einströmende Metallvolumen hängt von der herrschenden Einströmgeschwindigkeit und von der Bemessung des Anschnittquerschnittes ab. Da an der Gießhöhe und damit an der Geschwindigkeit nur begrenzte Änderungsmöglichkeiten bestehen, kann eine rasche Formfüllung über eine entsprechende Dimensionierung des Anschnittes erreicht werden.

Nach der **Kontinuitätsgleichung** gilt für das pro Sekunde durch einen Querschnitt A strömende Volumen $\dot{V}$:

$$\dot{V} = A \cdot v$$

A ... Anschnittquerschnitt in cm²
v ... Einströmgeschwindigkeit in cm/s

andererseits gilt für $\dot{V}$ noch folgende Gleichung:

$$\dot{V} = \frac{m}{\varrho \cdot t_G}$$

m ... Masse des Gußteiles in g
ϱ ... Dichte des Gießmetalls in g/cm³
t_G ... Gießzeit in s

Führt man für den Ausdruck $\frac{m}{t_G}$ den Begriff der „Gießleistung" x ein und verwendet die Gleichung für die Einströmgeschwindigkeit $v = \xi\sqrt{2 \cdot g \cdot h}$ ergibt sich für den Anschnittquerschnitt:

$$A = \frac{x}{\varrho} \cdot \frac{1}{\xi \cdot \sqrt{2gh}} \quad \text{und mit} \quad g = 981 \text{ cm/s}^2$$

$$A = \frac{22{,}6 \cdot x \cdot 1}{\varrho \cdot \xi \cdot \sqrt{h}}$$

A ... cm² ϱ ... kg/dm³
x ... kg/s h ... cm
ξ ... Strömungsverlustfaktor.
ξ ... 0,3 bis 0,8 (siehe S. 135)

Diese Formel liefert nur für fallenden Guß hinreichend genaue Ergebnisse.

Werden mehrere Anschnitte an einem Gußteil vorgesehen, dann stellt A die Summe aller Einzelanschnittquerschnitte dar (Bild 1).

Die Größe der Gießleistung hängt ab:
- vom Gießmetall (ein schlechtes Formfüllungsvermögen der Legierung bedingt eine hohe Gießleistung)
- dünnwandige oder Teile mit großer Oberfläche erfordern höhere Gießleistungen

Durchschnittswerte für die Gießleistung liegen bei etwa 0,1 bis 1 kg/s für Leichtmetalle; bei Schwermetallen sind höhere Werte nötig, um eine vollständige Formfüllung zu erreichen.

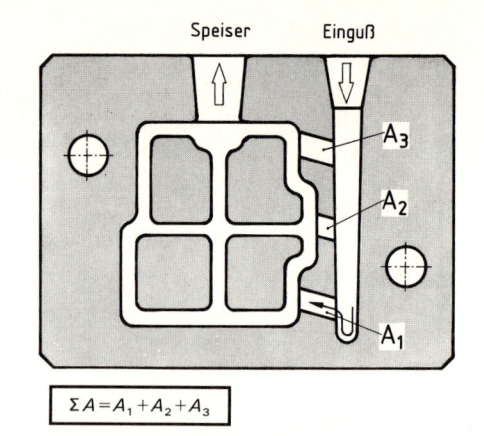

Beispiele für Eingußsysteme

- Direkter Einguß bei fallender Gießart (Bild 2a)
- Einfacher Lauf mit Schlitzanschnitt (Bild 2b)
- Doppellauf mit Schlitzanschnitt
- Umkehrlauf mit Schlitzanschnitt
- Doppelumkehrlauf mit Schlitzanschnitt (Bild 2c)
- Ringlauf, abgesetzt oder durchgehend (Bild 2d)
- Steigkanalschlitzanschnitt (Bild 2e)

Beim Steigkanalschlitzanschnitt wird bei leicht oxidierbaren Metallen (Mg, Al) bei Qualitätsguß die Strömungsgeschwindigkeit an einer Regulierstelle beeinflußt. Diese Regulierstelle befindet sich vorzugsweise am unteren Ende des Eingußkanals.

$\Sigma A = A_1 + A_2 + A_3$

1 Steigender Guß mit Stufenanschnitten

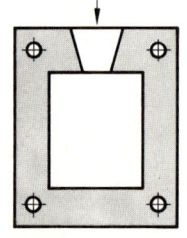

a) Direkter Einguß
b) Lauf mit Schlitzanschnitt
c) Doppelumkehrlauf
d) Ringlauf
e) Steigkanalschlitzanschnitt

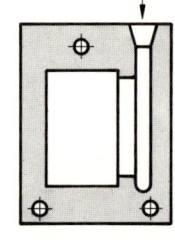

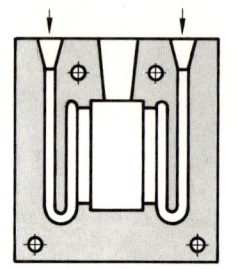

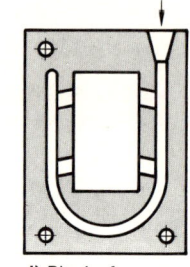

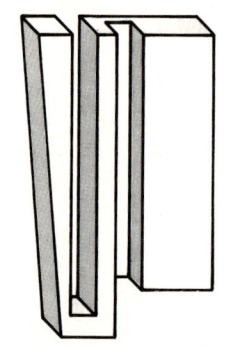

2 Eingußsysteme

Einströmgeschwindigkeit

Die Einströmgeschwindigkeit v des Gießmetalls in den Formhohlraum wird von der Gießhöhe h (d.h. der Höhe des Eingußtrichters über dem Anschnitt) und durch die Gestaltung des Einguß — Lauf — Anschnittsystems bestimmt. Je mehr Umlenkungen das Gießmetall erfährt, desto größer sind die auftretenden Reibungsverluste. Auch der Gegendruck der in der Form aufsteigenden Schmelze ist bei entsprechender Gießart zu berücksichtigen. Die theoretische Einlaufgeschwindigkeit wird deshalb mit einem Strömungsverlustfaktor ξ, der zwischen 0,3 und 0,8 liegt, multipliziert.

Theoretische Geschwindigkeit

$$V = \sqrt{2g \cdot h}$$

Tatsächliche Einströmgeschwindigkeit:

$$V = \xi \cdot \sqrt{2gh}$$

Gießart und Kokillenauslegung

Die Gießart (fallend — steigend) wirkt sich auf den Ablauf der Formfüllung dahingehend aus, daß bei Gießmetallen mit schlechtem Formfüllungsvermögen oder Teilen mit dünnen Wanddicken die fallende Gießart durchgeführt wird. Die dabei auftretende Turbulenz kann durch eine sogenannte kommunizierende Formfüllung (Gießen mit Ausgleichstrichter) oder durch Kippen der Kokille vermindert werden (Bild 1). Da sich durch das Wachsen der Erstarrungsfront von der Wand zur Mitte hin ein immer stärkeres Abbremsen der Füllströmung ergibt, sollte man bei der Gestaltung der Kokille und bei der Anordnung von Anschnitt und Speiser darauf achten, daß eine gelenkte Erstarrung des Teiles erreicht wird.

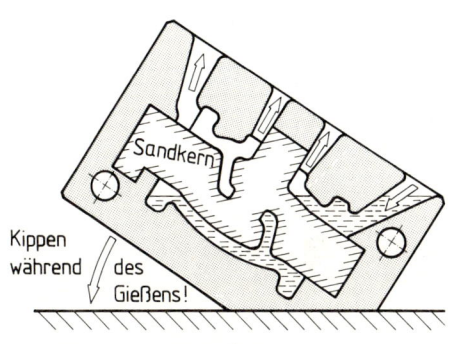

1 Kokille für Schwermetall
(fallende Gießweise mit Kippen der Kokille)

3.2.6 Wärmebilanzbetrachtung

Wärmephysikalische Einflüsse

Für den Wärmefluß bestehen folgende Möglichkeiten:
- **Wärmeströmung oder -konvektion.** Hierbei strömt eine Stoffmenge mit ihrem Wärmeinhalt von einer Stelle an eine andere.
- **Wärmeleitung.** Hierbei wird die Wärmeenergie von Molekül zu Molekül übertragen, ohne daß diese ihren Ort verändern.
- **Wärmestrahlung** (ähnlich Lichtstrahlung).

Übertragen auf den Gießvorgang in der Kokille ergibt sich folgendes:
- Innerhalb des Gießmetalls wird die Wärme durch Wärmeleitung in die Grenzfläche Schmelze — Form geleitet.
- Von der Oberfläche des Teiles wird die Wärme durch Wärmeströmung bzw. -konvektion auf die Innenwand der Kokille übertragen, solange flüssiges Metall die Kokillenwand berührt.
- Innerhalb der Kokillenwandung haben wir den Wärmetransport durch Wärmeleitung zur Außenwand der Kokille.
- Außen an der Kokille wird die Wärme durch Wärmekonvektion und Wärmestrahlung an die Umgebung abgegeben.

Beim Öffnen der Kokille zum Entnehmen des Teiles ergibt sich durch Wärmestrahlung eine zusätzliche stärkere Wärmeabgabe an der Formkontur mit entsprechendem Kühleffekt.

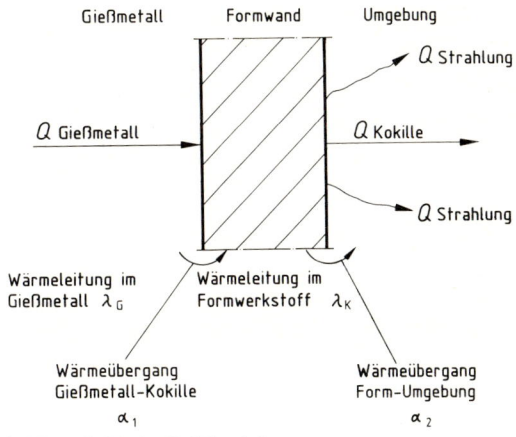

2 Wärmefluß beim Kokillengießen

Kokillengießen — Gießverfahren

Wärmeleitzahl

Die Wärmeleitzahl λ ist ein Maß für die Wärmemenge, die bei der Temperaturdifferenz 1 K in 1 s durch eine Wandfläche von 1 m² bei einer Wanddicke von 1 m hindurchgeht.

Die Wärmemenge kann nach nebenstehender Gleichung berechnet werden.

Den Ausdruck $\frac{T_1 - T_2}{d}$ bezeichnet man als das Temperaturgefälle. In der Regel kann man von einem linearen Temperaturgefälle über der Wandung ausgehen. Wie sich dies beim Kokillenguß zeigt, veranschaulicht Bild 2.

Je höher die Wärmeleitzahl eines Stoffes ist, ein um so besserer Wärmeleiter ist er. Metalle zählen hierzu, während Luft und Sand niedrige Wärmeleitzahlen besitzen.

Wärmeübergangszahl

Entscheidend für den Wärmeentzug der Schmelze durch die Form ist der Wärmeübergang von der Gußteiloberfläche an die Kokilleninnenwand. Hierfür ist die Wärmeübergangszahl α ein Richtwert. Sie gibt an, welche Wärmemenge pro m² Oberfläche in 1 s hindurchgeht und eine Temperaturdifferenz von 1 K hervorruft.

Die Größe der Wärmeübergangszahl hängt von verschiedenen Faktoren ab:

- Bewegungszustand der Schmelze. Solange sich das Gießmetall relativ zur Formwand bewegt, ist der Wärmeübergang intensiver.
- Oberflächenbeschaffenheit der Formkontur. Je größer die Berührfläche zwischen Schmelze und Form und je größer die Rauhigkeit der Oberfläche sind, um so mehr Wärme wird übertragen. Eine wichtige Beziehung stellt auch das Verhältnis von Formoberfläche zu Gußstückmasse dar.

Beim Kokillengießen ergibt sich durch die Entstehung eines Luftspaltes beim Schwinden von der Formkontur weg eine starke Verschlechterung des Wärmeüberganges.

Die übertragene Wärmemenge beträgt:

$$Q = \alpha \cdot O \cdot (T_1 - T_2) \cdot t$$

α ... Wärmeübergangszahl
O ... Oberfläche (Berührfläche)
T_1, T_2 ... Temperaturen (Bild 1) Gußteil, Form
t ... Zeit

Wärmedurchgangszahl

Als kennzeichnende Größe für den Wärmeausbreitungsvorgang (Wärmekonvektion und -leitung) gibt die Wärmedurchgangszahl k Hinweise für das Gießen.

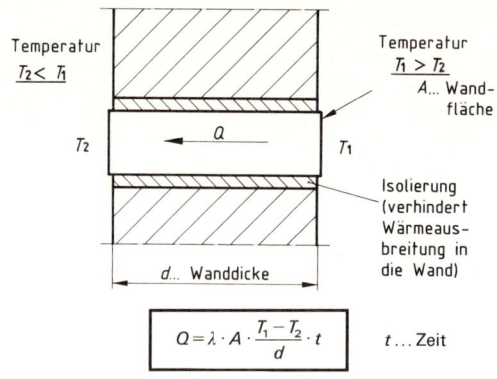

$$Q = \lambda \cdot A \cdot \frac{T_1 - T_2}{d} \cdot t$$

t ... Zeit

1 Wärmeleitung

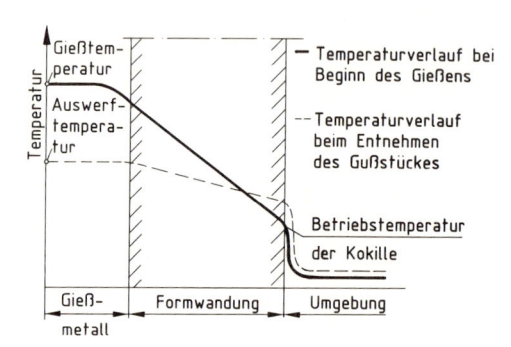

2 Temperaturverlauf in der Kokillenwandung

— Temperaturverteilung bei Beginn des Gießens
--- Temperaturverlauf beim Entleeren

Stoff	Luft	Styropor	Sand trocken	Sand naß	Stahl	Messing	Aluminium	Kupfer	Zink
$\lambda \frac{W}{km}$	0,025	0,235	0,37	0,58	38...46	110	220	395	113

3 Tabelle für Wärmeleitzahlen λ verschiedener Werkstoffe (20 °C)

	vor	und	nach	Bildung des Luftspaltes
α W/m²k	0,3		0,04	

4 Anhaltswert für die Wärmeübergangszahl α bei Verwendung handelsüblicher Schlichten

Stoff	Stahl	Kupfer	Aluminium	Magnesium	Zink
$c \frac{J}{gk}$	0,78	0,385	0,932	1,05	0,38
$C \frac{J}{g}$	276	210	396	373	101

5 Tabelle für c und C (spezifische Wärmekapazität und Schmelzwärme)

$$\frac{1}{k} = \frac{1}{a_1} + \frac{d}{\lambda} + \frac{1}{a_2}$$

a_1 ... Wärmeübergang Schmelze — Kokille
a_2 ... Wärmeübergang Kokille — Umgebungsluft
d ... Wandstärke Kokille
λ ... Wärmeleitzahl

6 Wärmedurchgang bei Kokillen

Gießverfahren — Kokillengießen

Wärmebilanz der Kokille

Beim Kokillengießen stellt sich im Betrieb ein Gleichgewichtszustand zwischen der Wärmeabgabe der Schmelze und der Wärmeaufnahme der Form ein.

Die von der Schmelze bis zur Entnahme des Gußteiles aus der Form abgegebene Wärmemenge beträgt:

$$Q_s = m \cdot c \cdot (T_1 - T_2) + m \cdot C$$

m ... Masse des Gußstückes
T_1 ... Gießtemperatur
C ... Schmelzwärme
c ... spezif. Wärmekapazität
T_2 ... Entnahmetemperatur

Die durch die Kokillenwandung abgeführte Wärmemenge beträgt:

$$Q_K = k \cdot F \cdot (T_i - T_a) \cdot t$$

k ... Wärmedurchgangszahl
T_i ... Kokillentemperatur (Kontur)
t ... Auswerfzeit
F ... Fläche (Oberfläche) der Kokille
T_a ... Außentemperatur der Kokille

Diese Berechnungsformeln sind wegen der großen Schwierigkeiten bei der Bestimmung der einzelnen Größen nur begrenzt anwendbar.

Damit sich im Betrieb gleichmäßige Bedingungen bezüglich der Formtemperatur ergeben, muß

$$Q_s = Q_K \quad \text{sein.}$$

Ist dies nicht der Fall, ergibt sich durch ein zu starkes Aufheizen bzw. Abkühlen der Kokille die Notwendigkeit örtlich zu kühlen bzw. aufzuheizen.

Das Verhältnis der Wärmeleitzahlen von Gießmetall λ_1 und Formwerkstoff λ_2 haben für den Gießablauf eine wichtige Bedeutung:

— ist $\lambda_2 < \lambda_1$, besitzt die Form eine isolierende Wirkung, und damit sinkt die Gefahr des vorzeitigen Erstarrens
— ist $\lambda_2 > \lambda_1$, wird die an der Forminnenwand übertragene Wärmemenge schnell weitergeleitet, womit sich eine starke Abschreckwirkung mit den damit verbundenen Nachteilen ergibt.

Der Wärmefluß wird beim Kokillengießen durch den Einsatz von Schlichten beeinflußt.

Schlichten für das Kokillengießen

Aufgaben der Schlichten:

— Beeinflussung des Wärmeüberganges durch hemmende bzw. verbessernde Wirkung der Schlichte
— Verminderung der Klebneigung
— Herabsetzen des Lösungsverschleißes beim Gießen von Al-Legierungen
— Verbesserung der Gußstückoberfläche
— Kühlwirkung beim Tauchen der Kokille in das Schlichtebad (Schwermetall)

Arten von Schlichten:

— Spezielle **Isolationsschlichten** verhindern beim Eingußsystem und bei den Speisern den raschen Wärmeentzug durch die Form. Da sie dickflüssig sind, müssen sie mit Pinseln aufgetragen werden, wobei die Dicke des Überzugs mehrere Millimeter betragen kann. Diese Schlichten enthalten neben anderen Stoffen Kaolin, Zinkoxid und Wasserglas.
— **Wärmeisolierende Schlichte** („weiße" Schlichten) werden an Stellen eingesetzt, wo ein schneller Wärmeentzug durch die Form verhindert werden muß (z.B. bei dünnwandigen Gußteilpartien). Sie enthalten meist Calciumcarbonat, Talkum, Kieselsäure, Kaolin mit entsprechenden Wasserglaszusätzen.
— **Graphitschlichten** mit einem Graphitanteil von etwa 20% ermöglichen einen guten Wärmeübergang zwischen dem Gießmetall und der Kokille.

Anforderungen:

— Gute Haftung auf der Formoberfläche; diese kann durch Strahlen der Form mit feinen Strahlmitteln verbessert werden. Allerdings sollte keine unzulässig große Aufrauhung erfolgen, da sich sonst die Oberfläche des Gußteiles verschlechtert.
— Hohe Verschleißfestigkeit gegenüber mechanischer und thermischer Beanspruchung. Die Schlichte sollte durch das strömende Gießmetall nicht ausgewaschen werden; die hohen Temperaturen dürfen kein Abplatzen oder Zerfallen der Schlichte hervorrufen.

Verarbeiten der Schlichten

In der Regel werden je nach der erwünschten Wirkung verschiedene Schlichten für eine Kokille verwendet. Damit ein Auftragen durch Sprühen möglich wird, müssen die Schlichten mit Wasser verdünnt werden. Das Mischungsverhältnis richtet sich nach den gießtechnischen Bedingungen und kann zwischen 1:3 und 1:40 (Schlichte zu Wasser) liegen. Damit alle Formpartien erfaßt und ein möglichst gleichmäßiger Überzug entsteht, sollte die Schlichte mit Sprühpistolen aufgetragen werden. Die gereinigte und fettfreie Kokille muß auf eine bestimmte Mindesttemperatur (100 bis 150 °C) aufgeheizt sein, damit das in der Schlichte enthaltene Wasser verdampft und ein festhaftender Film entsteht.

3.3 Druckgießen

3.3.1 Verfahren

Beim Druckgießen wird die Schmelze mit hoher Geschwindigkeit in den Formhohlraum gedrückt. Die Geschwindigkeiten liegen zwischen 20 und 70 m/s je nach Gießmetall. Die Formfüllzeiten sind außerordentlich niedrig und liegen im Bereich von 5…100 ms.

Vorteile des Druckgießens
- kurze Taktzeiten
- gute Oberflächengüte und hohe Maßhaltigkeit der Gußteile
- dünnwandige Teile und kleine Bohrungen herstellbar
- Einsparung nachfolgender Bearbeitung

Nachteile des Verfahrens
- hohe Form- und Maschinenkosten
- Einschränkungen bei der Nachbehandlung der Gußteile durch Gaseinschlüsse (z.B. Schweißen und Vergüten)
- Teile mit Hinterschneidungen schwierig herstellbar
- Sandkerne können wegen der hohen Gießdrücke nicht eingesetzt werden

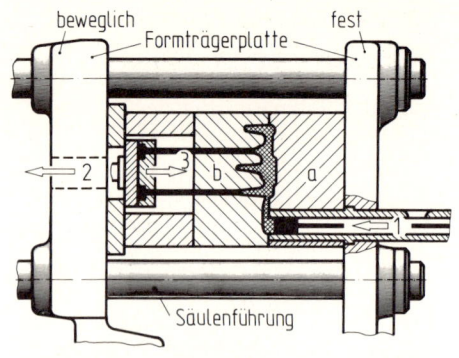

1 Druckgießform, aufgespannt auf Druckgießmaschine
a = Eingußformhälfte fest
b = Auswerfformhälfte beweglich

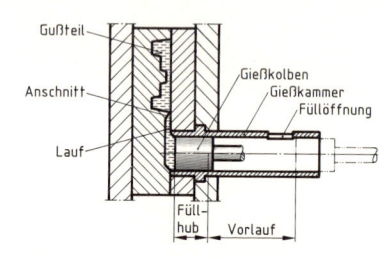

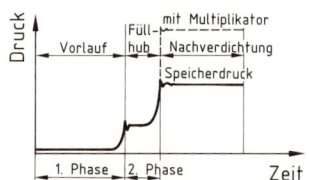

Formfüllung

Durch eine Füllöffnung wird das flüssige Metall entweder von Hand oder automatisch (Löffeldosierung bei Kaltkammer-, Selbstladen bei Warmkammermaschinen) in die Gießkammer gebracht. Hierbei sollte ein möglichst hoher **Füllungsgrad (Verhältnis Metallvolumen zu Gießkammervolumen),** erreicht werden. Damit ein optimaler Füllungsgrad für ein bestimmtes Teil erreicht werden kann, lassen sich die Gießkammern entsprechend anpassen. Das Gießmetall wird dann durch einen Gießkolben in den Formhohlraum gedrückt.

Bei der Gießkolbenbewegung unterscheidet man (Bild 2)
- den langsamen **Vorlauf** (1. Phase): Dadurch soll verhindert werden, daß Metall aus der Füllöffnung austreten kann; die in der Gießkammer vorhandene Luft soll in den Formhohlraum entweichen können. Das Metall staut sich auf und dringt durch den Lauf bis zum Anschnitt vor.
- den schnellen **Füllhub** (Formfüllphase, 2. Phase); hierbei wird der Gießkolben meist durch Zuschalten eines Druckspeichers auf hohe Geschwindigkeit gebracht.

Der Umschaltzeitpunkt ist einstellbar. Um das Ausbilden einer Überschlagswelle in der Schmelze bei der 1. Phase zu verhindern, sollte die Beschleunigung des Gießkolbens gleichmäßig erfolgen. Bei gefüllter Form wird der Gießkolben schlagartig auf Null abgebremst, wobei durch auftretende Druckspitzen eine erhöhte Gratbildung an den Gußteilen hervorgerufen werden kann. Durch eine Gießkolbendämpfung bzw. eine Geschwindigkeitssteuerung kann dieser Effekt begrenzt werden.

Nach dem Füllhub erfolgt die Nachverdichtung bei hohem Druck. Wird für die Nachverdichtung ein Multiplikator (Bild 4) eingesetzt, spricht man von einer dreiphasigen Formfüllung.

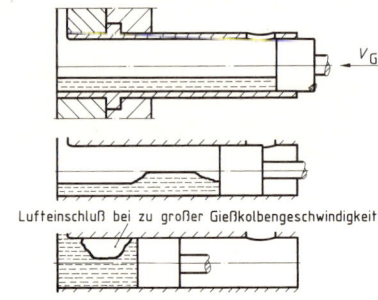

2 Druckverlauf im Antriebszylinder

3 Einfluß der Gießkolbengeschwindigkeit

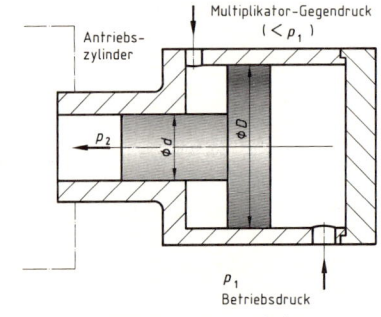

4 Prinzip des Multiplikators $\dfrac{p_2}{p_1} = \left(\dfrac{D}{d}\right)^2$

Gießverfahren — Druckgießen

3.3.2 Druckgießmaschinen

Aufbau der Druckgießmaschine

1 Horizontal-Kaltkammer-Druckgießmaschine

Nach **DIN 24480** werden folgende Baugruppen unterschieden:
— Formschließeinheit, bestehend aus den Aufspannplatten und den Führungssäulen
— Gießeinheit, bestehend aus der Gießkammer mit dem Gießkolben, der Gießkolbenstange und dem Gießantrieb
— Auswerfereinheit
— Kernzüge
— Maschinenantrieb und -steuerung

Hinzu kommen noch zusätzliche Bauelemente, z.B. bei Warmkammermaschinen der Gießbehälter mit dem flüssigen Gießmetall und das Mundstück.

Aufgaben der einzelnen Baugruppen

Der Antrieb der Formschließeinheit erfolgt durch einen hydraulischen Schließzylinder. Die Höhe der **Schließkraft** (Zuhaltekraft) ist eine Kenngröße für die Maschine; sie liegt zwischen 500 kN und 50 000 kN. Im Betrieb muß die auftretende **Sprengkraft** mit Sicherheit unter der Zuhaltekraft liegen, da sonst das flüssige Metall aus der Formteilung herausspritzt. Das Aufbringen der Schließkraft kann kraft- oder formschlüssig erfolgen.

Bei der kraftschlüssigen Ausführung wird die Kraft von einem Hydraulikzylinder auf die bewegliche Spannplatte übertragen. Häufiger erfolgt die formschlüssige Zuhaltung über ein Doppelkniehebelsystem. Der Vorteil dieses Systems liegt darin, daß die Kraft, die den Kniehebel in seiner Endstellung hält, verhältnismäßig klein ausfällt, andererseits ergibt sich eine hohe Bewegungsgeschwindigkeit für das Schließsystem. Eine genaue Anpassung an die Formhöhe gewährleistet, daß der Kniehebel in verriegeltem Zustand in gestreckter Stellung steht und die richtige Schließkraft vorhanden ist. Zum Anpassen wird der gesamte Schließapparat über eine motorisch angetriebene Formhöhenverstellung bewegt. Die Gießeinheit hat die Aufgabe, das flüssige Metall mit der erforderlichen Geschwindigkeit in die Form zu bringen und den Druck aufzubringen.

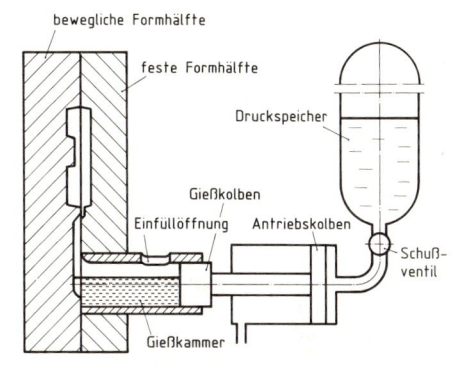

2 Prinzip des Antriebs (Kaltkammermaschine)

Bestimmung des Gießdruckes.

$$p_2 = p_1 \cdot \left(\frac{d_1}{d_2}\right)^2$$

p_1 ... Betriebsdruck $\quad d_1$ ... Antriebskolben ⌀
p_2 ... Gießdruck $\quad d_2$ ... Gießkolben ⌀

Höhe der Sprengkraft F_{Sp}

$$F_{Sp} = p_2 \cdot A_{proj.}$$

p_2 ... Gießdruck
$A_{proj.}$ ... projizierte Fläche des Gußteils (Bild 3)

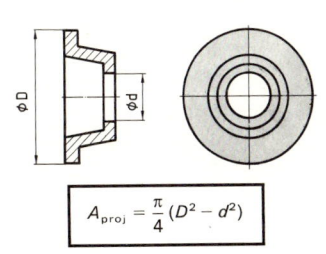

$$A_{proj} = \frac{\pi}{4}(D^2 - d^2)$$

3 Projizierte Fläche

139

Druckgießen — Gießverfahren

Bauarten von Maschinen

Nach der **Anordnung der Gießkammer** können zwei wesentliche Bauarten unterschieden werden:

- **Warmkammer-Druckgießmaschine**
  (Bild 1 und 2)

  Der Gießbehälter mit der Gießkammer befindet sich ständig in der Schmelze im Warmhalteofen, wodurch sich die Gefahr des Lösungsangriffs zwischen Gießmetall und Gießkammerwerkstoff ergibt. Meist werden auf diesen Maschinen Zink-, zum Teil auch Magnesiumlegierungen verarbeitet.

  Üblich sind heute die Kolbengießmaschinen. Beim Zurückziehen des Gießkolbens füllt sich über Füllöffnungen die Gießkammer selbsttätig („selbstladende" Maschine), dadurch ist die Maschine sofort für den nächsten Schuß betriebsbereit. Beim Einfahren des Gießkolbens wird das flüssige Metall durch das beheizte Mundstück und durch die gekühlte Eingießbüchse in die Form gebracht. Dieser Gießablauf ermöglicht eine hohe Schußzahl.

- **Kaltkammer-Druckgießmaschine**
  (Bild 3 und 4)

  Alle Teile der Gießgarnitur befinden sich außerhalb der Schmelze. Auf diesen Maschinen lassen sich alle druckgießfähigen Metalle verarbeiten, besonders aber Aluminiumlegierungen. Das für den einzelnen Abguß benötigte Gießmetall wird von Hand oder heute meist automatisch in die Gießkammer eingebracht. Durch die Gießkolbenbewegung wird das Metall in den Formhohlraum befördert.

  Nach der Anordnung der Gießkammer unterscheidet man die waagrechte und senkrechte Kaltkammermaschine. Bei der senkrechten Kaltkammer wird ein Gegenkolben notwendig.

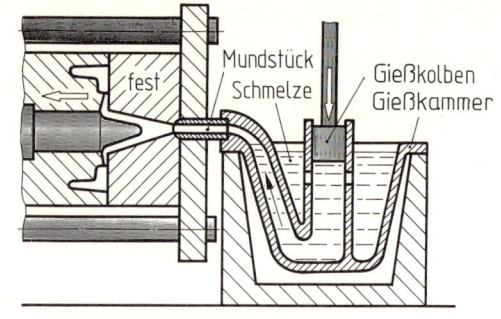

1 Warmkammer-Kolbengießmaschine

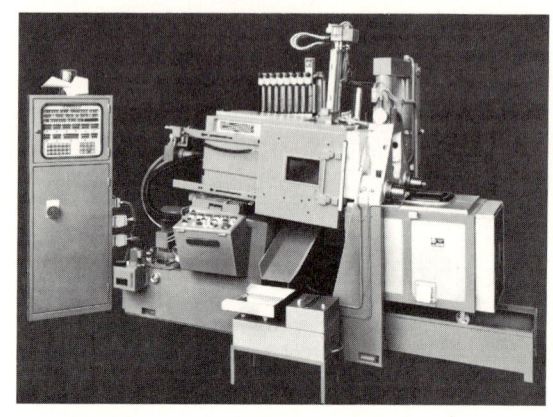

2 Warmkammer-Druckgießmaschine

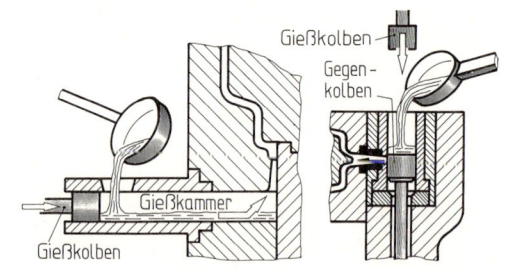

3 Kaltkammer-Druckgießmaschinen

Maschinenantrieb und -steuerung

Die meisten Druckgießmaschinen sind mit hydraulischen Einzelantrieben ausgerüstet, die über Steuerungen miteinander verknüpft werden können. Hierdurch werden das Öffnen und Schließen der Form, das Ein- und Ausfahren der Kerne und Schieber, die Bewegungen des Gießkolbens sowie das Auswerfen des Gußteiles vorgenommen.

Hydraulikpumpen, mit Betriebsdrücken zwischen 40 und 100 bar liefern die benötigten Flüssigkeitsmengen für das Durchführen der einzelnen Bewegungen. Für den eigentlichen Formfüllvorgang werden Druckspeicher zugeschaltet, wobei die Energie eines vorgespannten Gases (meist Stickstoff) für die rasche Füllbewegung ausgenutzt wird.

Für die Nachverdichtung (dreiphasige Formfüllung) wird ein **Multiplikator** bei Ende der Formfüllung zugeschaltet. Dadurch kann der Gießdruck entsprechend erhöht werden.

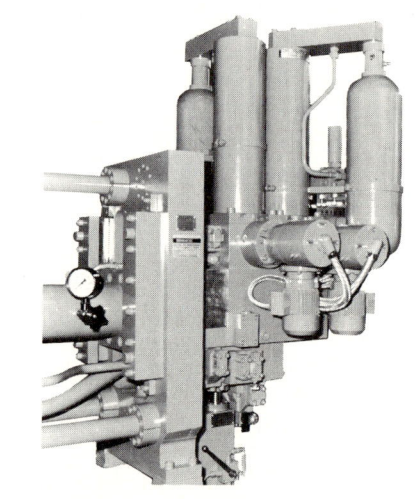

4 Gießeinheit

Gießverfahren — Druckgießen

Sicherheitseinrichtungen

Wichtig ist der Schutz gegen Herausspritzen des flüssigen Metalls; hierfür werden Schutztüren und Abdeckungen an den Maschinen eingebaut.

Gegen das Eingreifen in den Gießablauf mit der Hand durch den Bedienenden sind ebenfalls Sicherungen (z.B. Zweihandbedienung usw.) vorhanden.

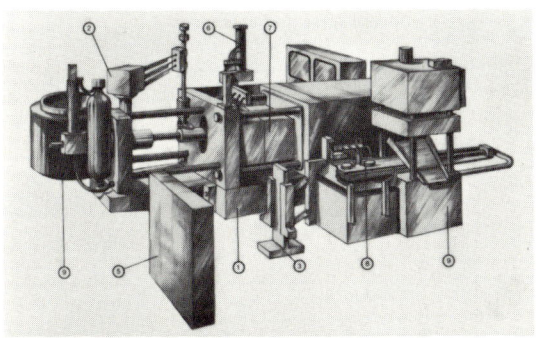

1 Horizontale Kaltkammer-Druckgießmaschine	3 Entnahmegerät	7 Druckgießform
	4 Warmhalteofen	8 Stückkühlanlage
2 Metalldosiergerät	5 Steuerschrank	9 Entgratpresse
	6 Formsprühgerät	

1 Arbeitsplatz einer automatisierten Kaltkammermaschine (Schema)

2 Automatisierte Kaltkammermaschine

3 Beschickungseinrichtung

Automatisierungsmöglichkeiten

Der Gießvorgang auf den Druckgießmaschinen eignet sich für einen automatischen Ablauf. Deshalb gibt es eine große Anzahl von Geräten: Metalldosier- und Beschickungseinrichtungen, automatisch arbeitende Sprühgeräte und Kolbenschmiervorrichtungen, Entnahme- und Abgratgeräte. Alle diese Einrichtungen lassen sich über entsprechende Steuerungen miteinander verketten, so daß ein vollautomatischer Betrieb ermöglicht wird.

4 Sprüheinrichtung

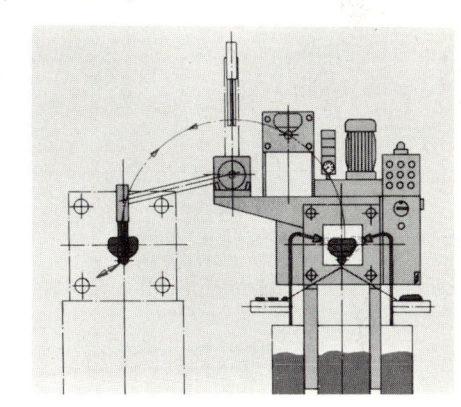

5 Entnahme- und Entgrateinrichtung (Schema)

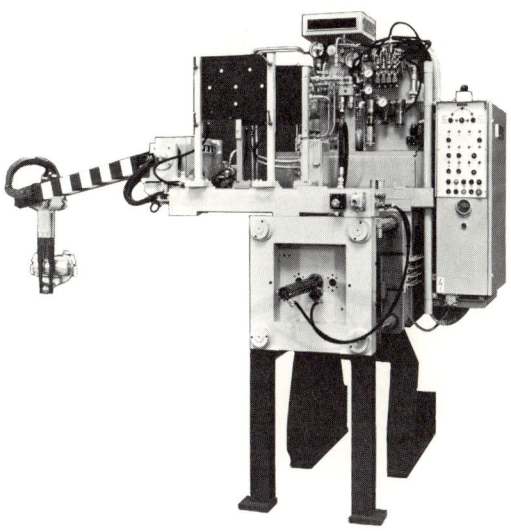

6 Entnahme- und Entgrateinrichtung

141

Druckgießen — Gießverfahren

Theorie der Formfüllung

Je nachdem wie die Form gefüllt wird, unterscheidet man
- die **Strahlfüllung**. Der Metallstrahl durchquert den Formhohlraum und füllt ihn zum Anschnitt hin auf. Durch Verwirbelung treten Gaseinschlüsse auf (Bild 1)
- die **Staufüllung**. Der Formhohlraum wird vom Anschnitt her gefüllt. Der Bereich, der am weitesten vom Anschnitt entfernt ist, wird zum Schluß gefüllt. Diese Art der Formfüllung kommt praktisch kaum vor.

Bei äußerst dünnwandigen Teilen können einzelne Bereiche der Form beim Auftreffen des Gießstrahles auf gegenüberliegende Wandungen (Umlenkungen) auf diese Art gefüllt werden (Mischfüllung).

Die **Strömungsgeschwindigkeit** des Gießmetalls im Anschnitt läßt sich nach Bernoulli wie folgt berechnen:

$$v = \sqrt{\frac{2p}{\varrho}}$$

p ... Gießdruck
ϱ ... Dichte des Gießmetalls

Übliche Werte für v, p und Formfüllzeit t siehe Tabelle

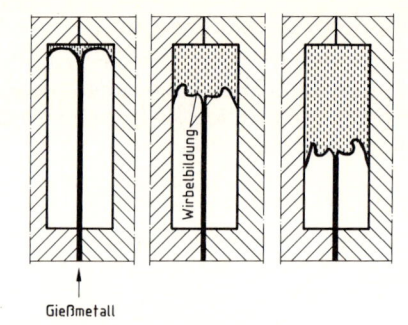

1 Formfüllung (nach Frommer)

Gießmetall	Al	Mg	Zn	CuZn
Geschwindigkeit v in m/s	20...60	40...120	30...50	20...50
Gießdruck p in bar	400...1000	400...1000	100...400	300...1000

2 Tabelle für Gießdruck und Metallgeschwindigkeit im Anschnitt

Wanddicke s in mm	1,5	2,0	2,5	3,0	5,0
Formfüllzeit t in ms	10...30	20...60	40...90	50...100	60...200

3 Tabelle für Formfüllzeit in Abhängigkeit von der Wanddicke

3.3.3 Druckgießwerkzeug

Für den grundsätzlichen Aufbau und die notwendigen Einrichtungen gelten die gleichen Überlegungen wie beim Aufbau der Kokille. Von vornherein muß aber die Aufnahme sehr hoher Kräfte und extremer Temperaturwechsel berücksichtigt werden.

Formteilung

Man unterscheidet die feste Einguß- und bewegliche Auswerfformhälfte. Die Formteilungsfläche muß wegen der hohen Drücke (Gefahr des Durchspritzens von Metall) einwandfrei abdichten und dementsprechend bearbeitet sein. Wird von der günstigen ebenen Formteilungsfläche abgewichen, muß der beim Schließen der Form auftretende Seitenschub durch Elemente (z.B. Paßrollen oder konische Zentrierstifte und -hülsen) aufgefangen werden (Bild 4).

Formführung (Bild 4)

Damit die Lage der beiden Formhälften zueinander genau festgelegt ist, werden Führungselemente vorgesehen. Geeignet sind hierfür in der festen Formhälfte Führungsstifte oder Führungsblöcke, während in der beweglichen Hälfte entsprechende Führungsbüchsen bzw. -nuten vorgesehen werden.

4 Formführung

Kerne

Bohrungen und Durchbrüche, die in Öffnungsrichtung der Form liegen, können durch feste Kerne gebildet werden. Auf sie schrumpft das Gußteil auf, deshalb ist eine entsprechende Formschräge vorzusehen. Bewegliche Kerne und Schieber sollten möglichst geradlinig gezogen werden können. Damit sie während des Gießens ihre Lage nicht verändern, ist eine Verriegelung zweckmäßig. Häufig findet man bei Druckgießwerkzeugen die Schrägstiftkernbetätigung.

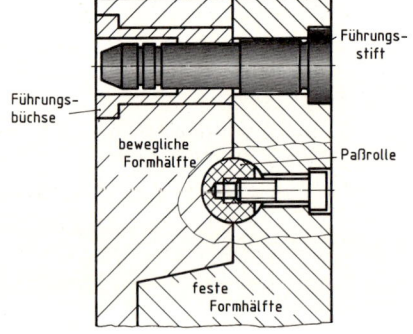

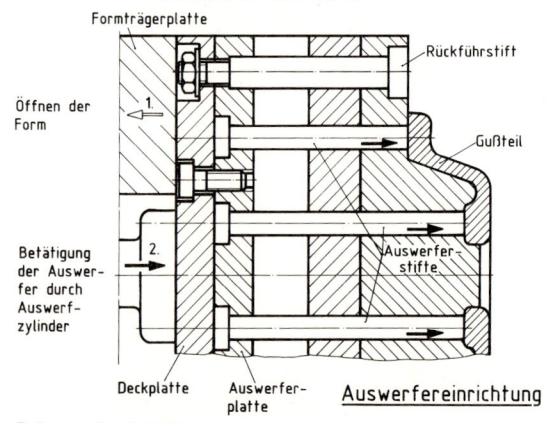

5 Auswerfereinrichtung
1 Öffnen der Form 2 Betätigen

Gießverfahren — Druckgießen

Auswerfung (Bild 5, Seite 142)
Beim Öffnen der Form muß sich das Gußteil in der beweglichen Formhälfte befinden. Dort wird es durch die Auswerfeinrichtung, die von dem Auswerfzylinder der Druckgießmaschine betätigt wird, ausgeworfen.

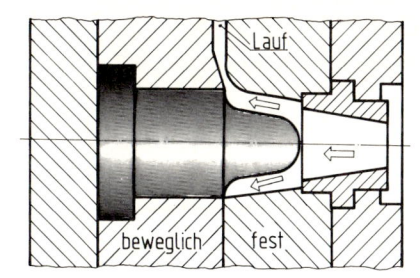

Gießsystem
Die Gestaltung des Gießsystems Anschnitt — Lauf — Preßrest hängt unter anderem auch von der Art der Druckgießmaschine ab. Bei Warmkammermaschinen und bei Kaltkammermaschinen mit senkrechter Druckkammer wird das Gießmetall durch einen sich konisch zur Formteilung hin erweiternden Eingußkanal zum Formhohlraum geführt. Damit der Strömungsquerschnitt nicht zu groß wird, baut man meist einen **Verteilerzapfen** (Bild 1) ein. Damit wird ein direkter Anschnitt in Form des **Zentraleingusses** (Bild 2) möglich, der strömungstechnische Vorteile bietet.

Bei waagrechter Kaltkammermaschine läßt sich der Zentraleinguß nur mit Sondermaßnahmen durchführen, z.B. über ein Dreiplattenwerkzeug (Bild 3).

Die Berechnung der Größe des Anschnitts kann mit Hilfe von Nomogrammen und Faustformeln durchgeführt werden.

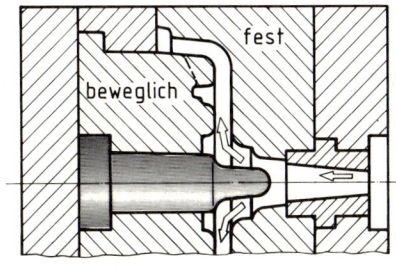

1 Verteilerzapfen

2 Zentraleinguß

Anschnittausführungen
— Gerader Anschnitt: Der Gießlauf geht mit unveränderter Breite in den Anschnitt über.
— Fächeranschnitt (Bild 4): Bei dieser Ausführung darf sich die Querschnittsfläche des Anschnitts nicht verändern. Eine Besonderheit stellt der eingezogene Fächeranschnitt dar; man will damit ein vorzeitiges Zusetzen der Überläufe durch versprühtes und dann erstarrendes Metall verhindern.
— Seitenanschnitt: Der Lauf wird meist keilförmig ausgebildet und mit einem Blindlauf versehen.

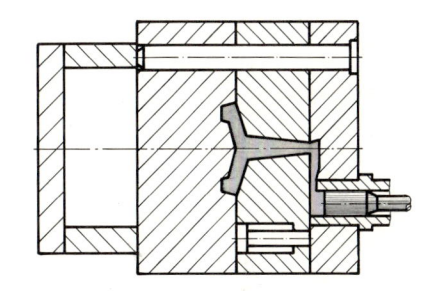

Trenn- und Schmiermittel beim Druckgießen
Beim Druckgießen soll ein Ankleben der Teile nicht auftreten.

Anforderungen an Trennmittel:
— keine Rückstände auf den Teilen und der Form
— möglichst geringe Gasbildung
— gute Schmierwirkung zur Herabsetzung der Reibung
— Ausbildung eines gut haftenden und isolierenden Filmes

Nach ihrer **Wirkungsweise** unterscheidet man:
— Überwiegend physikalisch wirkende Trennmittel:
  Die Trennschicht wird durch Feststoffe wie Graphit und Pigmente in Verbindung mit entsprechenden Wirkstoff- und Trägermedien gebildet. Dazu gehören die üblichen pastösen und sprühbaren, nicht wasserlöslichen, Trennmittel.
— Überwiegend chemisch wirkende Mittel:
  Das Trennmittel bildet mit dem Formwerkstoff eine Reaktionsschicht. Die dazu gehörenden emulgierbaren, pigmentfreien Trennmittel eignen sich gut für automatische Sprüheinrichtungen. Sie verlangen zum Auftrag eine Mindesttemperatur der Form und wirken u.U. abkühlend auf die Form.
— Bei der Gruppe der pigmentfreien Trennmittel gibt es sowohl chemisch wie physikalisch wirkende. Sie lassen sich mit Lösungsmitteln (Wasser) in jedem Verhältnis mischen.

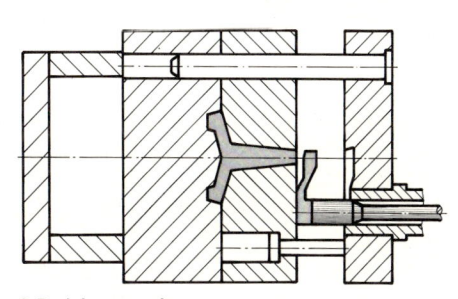

3 Dreiplattenwerkzeug

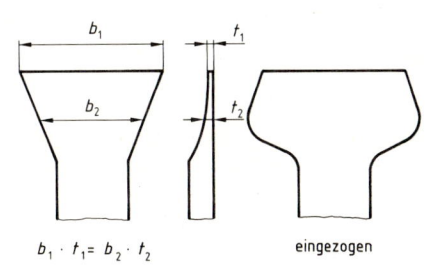

$b_1 \cdot t_1 = b_2 \cdot t_2$

eingezogen

4 Fächeranschnitt

Druckgießen — Gießverfahren

Kolbenschmiermittel

Sie haben die Aufgabe, die Reibung zwischen Kolben und Gießkammer und damit auch den Verschleiß zu vermindern. Man unterscheidet graphithaltige und -freie Schmiermittel, die, abhängig von ihrem Viskositätsgrad, aufgepinselt, aufgetropft oder aufgesprüht werden.

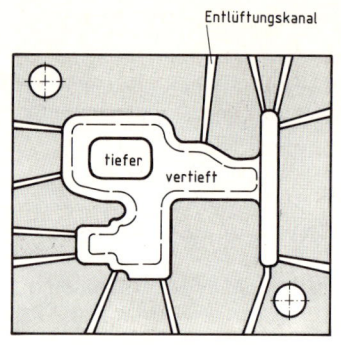

1 Entlüftungskanäle in der Teilungsebene

3.3.4 Entlüftung der Form

Aufgabe der Entlüftung

Um möglichst gasporenfreie Gußstücke beim Druckgießen zu erhalten, ist eine Entlüftung der Form erforderlich. Beim Sand- und Kokillengießen bietet sich die Entlüftung über Speiser und Luftpfeifen an — diese Möglichkeit entfällt beim Druckgießen. Die metallischen Dauerformen sind im Gegensatz zur Sandform nicht gasdurchlässig. Beim Druckgießen kommt noch dazu, daß die Formfüllzeiten sehr kurz sind und dadurch Schwierigkeiten bei der Luftabführung auftreten. Druckgußteile enthalten mehr oder weniger Gasblasen, deren Anteil über Dichteberechnungen der Gußstücke ungefähr bestimmt werden kann. Diese Einschlüsse bedingen Einschränkungen bei der Verwendung der Teile.

Die abzuführende Luft setzt sich zusammen aus:
— dem Luftvolumen aus der Gießkammer
— der Luft vom Gießsystem und Formhohlraum (Hauptanteil)

Daneben sind noch Gase, die sich beim Verbrennen des Trenn- und Schmiermittels bilden, abzuführen.

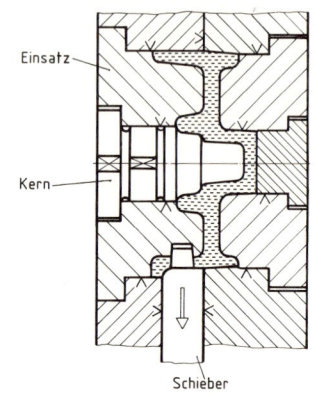

2 Entlüftung über Einsätze und Kerne

Möglichkeiten der Entlüftung

— **Entlüftungskanäle** in der Formteilung, deren Breite etwa 10 bis 15 mm bei einer Tiefe von 0,05 bis 0,15 mm, betragen (Bild 1).
— **Entlüftung über Paßflächen** der einzelnen Formeinsätze, wobei sich eingebaute feste Kerne besonders gut dazu eignen (Bild 2)
— **Ausnutzen der Spiele** bei beweglichen Formelementen (Kerne, Schieber und Auswerferstifte)

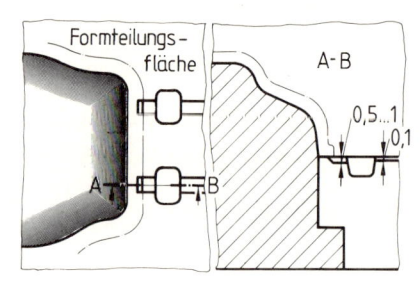

Mit diesen Maßnahmen wird in der Formfüllphase die Luft nur zu einem geringen Teil abgeführt. Die bereits im Gießmetall durch die turbulente Formfüllung eingeschlossene Luft wird von sogenannten Überläufen (auch Luftsäcke, Bohnen genannt) aufgenommen. Die Anordnung sollte an den Stellen vorgesehen werden, zu denen die Füllströmung zuletzt gelangt. Entlüftet werden die Überläufe über Entlüftungskanäle zum Formrand (Bild 3). Das Gesamtvolumen der Überläufe kann zwischen $1/3$ bis $1/10$ des Gußstückvolumens liegen und ergibt damit eine Erhöhung des Kreislaufmaterials. Mit diesen Möglichkeiten ist eine ausreichende Entlüftung durchführbar. Wichtig ist, daß die Entlüftungseinrichtungen nach jedem Abguß gereinigt werden (z.B. durch Ausblasen).

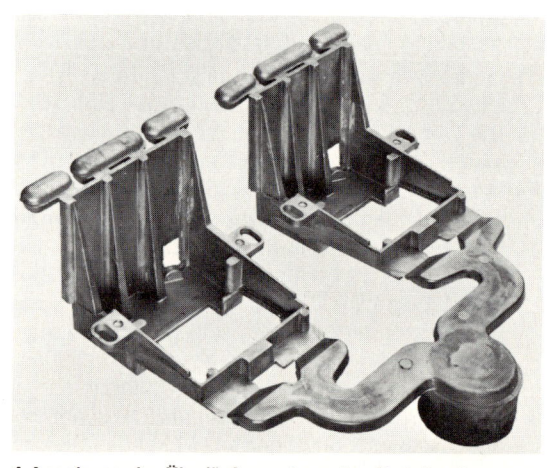

3 Überläufe zur Formentlüftung

4 Anordnung der Überläufe an einem Zweifachabguß

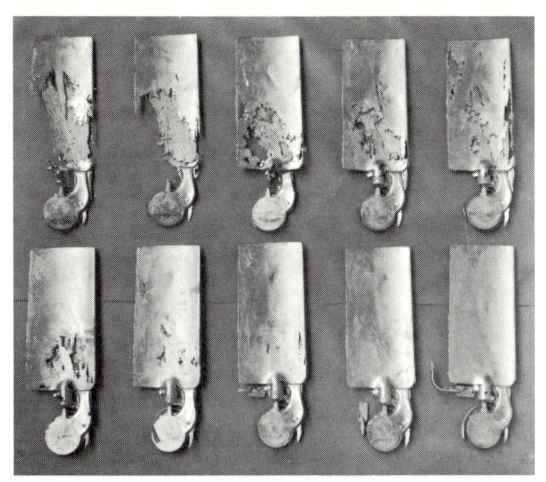

Gießverfahren — Druckgießen

1 Versuchsreihe zur Ermittlung der richtigen Anordnung von Entlüftungskanälen

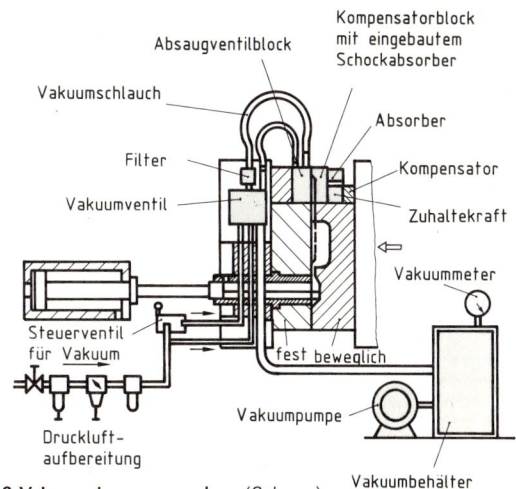

2 Vakuumabsaugungsanlage (Schema)

Bemessung und Anordnung der Entlüftungskanäle:

In der Praxis wird die endgültige Formentlüftung meist erst nach den ersten Probeabgüssen festgelegt, da die vorhandene Metallströmung beachtet werden muß (Bild 1). Die Formkonstruktion hat diesem Vorgehen entsprechend Rechnung zu tragen.

Für die Bemessung des Gesamtentlüftungsquerschnittes gilt folgende Empfehlung:

$$S_E = (0{,}3 \ldots 0{,}6) \times A$$

A ... Anschnittquerschnitt

Die Anordnung der Entlüftungskanäle soll berücksichtigen, daß
- Trennmittel die Entlüftung nicht teilweise blockieren
- kein vorzeitiges Verschließen der Kanäle durch Gießmetall auftritt. (Bei der Strahlfüllung können die dem Anschnitt gegenüberliegenden Stellen durch erstarrendes Gießmetall unwirksam werden)
- bei Kanaltiefen von 0,1 bis 0,3 mm die Fließwege des Metalls unter 100 mm betragen, wenn die Kanäle weit vom Anschnitt entfernt angeordnet sind.

Sondermaßnahmen

Werden an Druckgußteile hohe Anforderungen an Dichtheit gestellt, müssen andere Maßnahmen bei der Entlüftung der Form ergriffen werden.

Evakuieren der Form

Bei dieser Möglichkeit wird die Luft mit Hilfe einer Vakuumpumpe abgesaugt. Voraussetzung für die Absaugung sind dichte Formteilungsflächen, da sonst der erreichte niedrige Druck ungenügend ist. Je nach angewandtem Verfahren wird auch eine darauf abgestimmte Formkonstruktion notwendig.

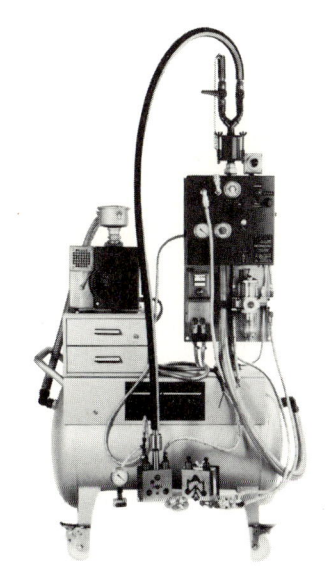

3 Geräte zur Vakuumabsaugung

Man unterscheidet verschiedene Möglichkeiten:
- Absaugung der Luft über einen Entlüftungskanal, der kurz vor Beendigung der Formfüllung durch einen über einen Endschalter betätigten Sperrkolben verschlossen wird. Dieser Endschalter wird von einem Schaltnocken auf der Gießkolbenstange gesteuert.
- Absaugung der Luft über ein Absaugventil, das auf der Druckgießform angebaut werden kann. Der Impuls für das Schließen des Absaugventils wird folgendermaßen ausgelöst: Das flüssige Gießmetall beaufschlagt nach beendeter Formfüllung eine am Ende des Absaugkanals eingebaute Spezialmembran mit Druck (Bild 2 und 3). Der Hauptabsaugkanal ist dort anzuordnen, wohin die Füllströmung zuletzt kommt.

Druckgießen — Gießverfahren

Entlüftung durch Sauerstoffspülung

Ein anderes Verfahren zur Herstellung von Druckgußteilen mit geringen Gaseinschlüssen geht von der Überlegung aus, daß vor allem der in der Luft enthaltene Stickstoff aus der Form beseitigt werden müsse. Dies führt zur sog. **Sauerstoffspülung,** einem in Japan entwickelten Verfahren.

Bei diesem Verfahren wird der Formhohlraum mit reinem Sauerstoff gefüllt, der mit dem einströmenden Gießmetall (Al) reagiert. Die entstehenden Oxide sind verteilt im Gußstück enthalten. Zu beachten ist bei der Anwendung, daß nur öl- und fettfreie Trenn- und Schmiermittel eingesetzt werden (Brandgefahr).

Auswirkungen auf die Gußteile

Von den aufgeführten Entlüftungsmöglichkeiten für Druckgießformen bieten nur die letzten beiden Möglichkeiten eine gewisse Gewähr dafür, daß die Gußteile nur noch geringe Gaseinschlüsse besitzen.

Dadurch ergeben sich gegenüber den mit den üblichen Entlüftungsmöglichkeiten gefertigten Druckgußteilen einige **Vorteile:**
— bessere Gefügedichte (Bild 3)
— bessere Oberfläche für Teile, die dekorative Zwecke erfüllen müssen
— schweiß- und wärmebehandelbar. Normale Druckgußteile zeigen bei Erwärmung Blasenbildung durch die eingeschlossenen Gasporen, die sich stark ausdehnen (Blisterwirkung) (Bild 2)

Auswirkungen auf die Fertigung

Bei den Sonderverfahren ergeben sich Vor- und Nachteile.

Vorteile
— Herabsetzen des Ausschusses
— Die Gießdrücke können vermindert werden
— Durch die Verminderung der Überläufe ergibt sich eine Verkleinerung der projizierten Fläche. Dadurch kann unter Umständen mit einer kleineren Maschine gefertigt werden

Nachteile
— Zusätzliche Einrichtungen werden benötigt; wenn die Werkzeuge nicht entsprechend umkonstruiert werden können, müssen neue Werkzeuge eingesetzt werden.
— Die Absperrventile erfordern entsprechende Wartung, damit ihre Funktionsfähigkeit gewährleistet ist.
— Die Dämpfung durch die eingeschlossenen Gase am Ende des Formfüllvorganges ist geringer; durch höher werdende Druckspitzen kann sich die auftretende Gratbildung vergößern.
— Bei Evakuierung kann sich besonders bei Aluminium eine größere Aggressivität gegenüber den Formstählen ergeben, wobei die Standzeit darunter leidet.
— Es sind gut abdichtende Gießkolben erforderlich.

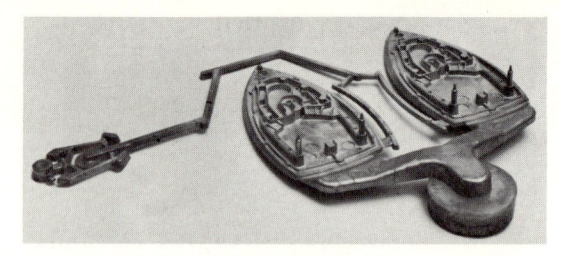

1 Im Vakuumdruckguß hergestellte Teile

2 Blasenbildung durch Erwärmen normaler Druckgußteile

ohne Vakuumabsaugung   mit Vakuumabsaugung
3 Fehler sind durch Vakuumabsaugung vermeidbar: links fehlerhafte Teile

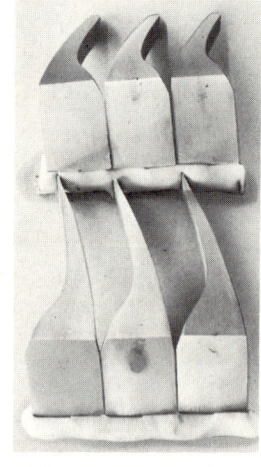

Gießverfahren — Druckgießen

3.3.5 Beheizen und Kühlen von Dauerformen

Der Wunsch nach möglichst gleichmäßiger Gußqualität und zeitlich gleichbleibenden Arbeitstakten in der Großserienfertigung kann nur verwirklicht werden, wenn sich die Gießbedingungen von Abguß zu Abguß kaum verändern. Dies gilt sinngemäß auch für die beim Gießen vorprogrammierten Temperaturen von Schmelze und Form. Deshalb ist dem Wärmehaushalt einer Form besondere Aufmerksamkeit zu schenken. Falsche Formtemperaturen führen zu Ausschuß.

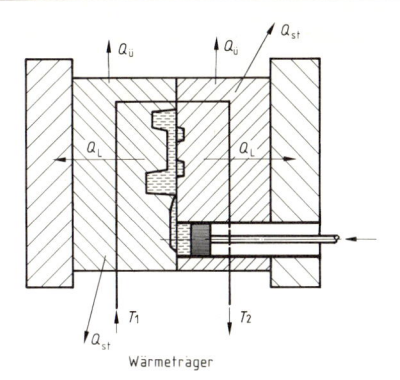

Q_L durch Wärmeleitung
$Q_ü$ durch Wärmeübergang
Q_{st} durch Wärmestrahlung

1 Wärmehaushalt einer Form

Wärmehaushalt der Form

Beim Gießen wird nach einem zeitlich festgelegten Schema Wärmeenergie durch das heiße Gießmetall zugeführt. Diese Wärmemenge wird beim Abkühlen und Erstarren des Gußteiles an die Formwandung weitergegeben, wobei die Gesamtform eine Art Wärmespeicher darstellt. Allerdings bleibt ein gewisser Anteil der Wärmeenergie im Gußteil, das bei Erreichen der Auswerftemperatur aus der Form entfernt wird.

Die Form selbst gibt die aufgenommene Wärmeenergie wieder ab

— durch Wärmeleitung innerhalb der Form und zwischen Form und Maschine (Q_L)
— durch Konvektion an den gesamten Flächen, die mit der Umgebung in Berührung sind ($Q_ü$)
— durch Wärmestrahlung (Q_{st})
— an vorhandene Kühlkreisläufe mit Zwangsumlauf von Medien (Luft, Flüssigkeiten)

Bild 1 und 2 zeigen die bei einer Druckgießform auftretenden Wärmemengenanteile. Daraus ist erkennbar, daß zwar ein erheblicher Teil der Wärmemenge über Wärmeleitung, -konvektion und -strahlung abgeführt wird, daß aber ein Restanteil durch Kühlmaßnahmen beseitigt werden muß.

Von der Wärmebilanzbetrachtung her sind verschiedene Fälle zu unterscheiden.

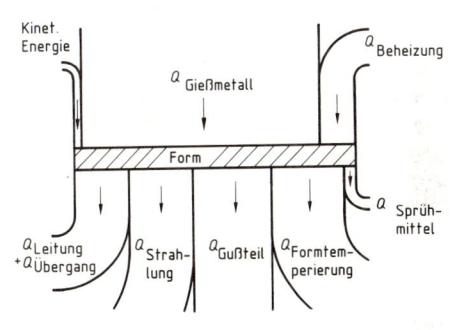

2 Energiebilanz einer Form (Warmkammer)

Ausgeglichene Wärmebilanz

Die Auswerf- und Öffnungszeit der Form reicht hierbei aus, um die anfallende Wärmemenge abzuführen. Bei Beginn der nächsten Formfüllung stellt sich die gleiche Formtemperatur ein. Beim Kokillengießen kann sich dieser Idealfall bei geschickter Wahl der Gieß- und Auswerfzeiten ergeben.

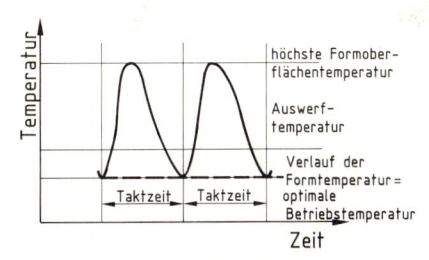

3 Ausgeglichener Wärmehaushalt

Aufheizung

Die Auswerf- und Vorbereitungszeit für den nächsten Abguß (z.B. durch Auftrag von Schlichten und Trennmittel, Einlegen von Eingußteilen) ist hierbei zu lang, so daß sich eine zu starke Formabkühlung ergibt. Notwendig wird hier ein Aufheizen der Form oder bestimmter Formelemente. Dies ist beim Kokillengießen häufig notwendig, besonders beim Gießen von dünnwandigen oder komplizierten Gußteilen in großen Formen.

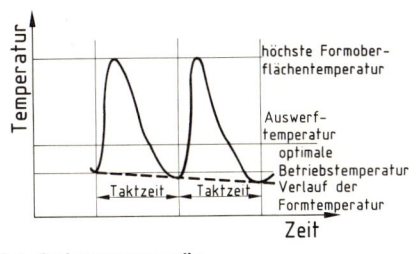

4 Aufheizung notwendig

Druckgießen — Gießverfahren

Zwangskühlung
Die Öffnungszeiten sind hierbei so kurz, daß die abzuleitende Wärmemenge zum Teil in der Form gespeichert bleibt, wodurch sich eine erhöhte Formtemperatur zu Beginn des folgenden Gießtaktes ergibt. In diesen Fällen wird eine Zwangskühlung notwendig, wie sie meist bei Serienfertigung mit Druckgieß- und Kokillengießmaschinen angewandt wird.

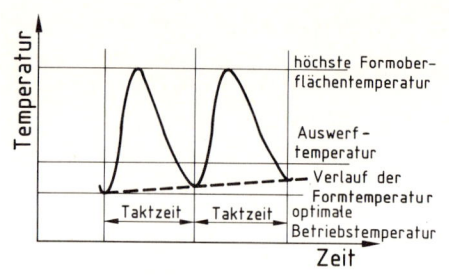

1 Zwangskühlung notwendig

Temperierung der Form
Durch eine komplizierte Form des Teiles mit stark unterschiedlichen Wanddicken ergibt sich — um eine möglichst gleichmäßige Erstarrung zu erreichen — daß bestimmte Formpartien gekühlt, andere aufgeheizt werden müssen. Dies erfordert oftmals aufwendige Maßnahmen beim Niederdruck- und Druckgießen.

Gießmetall	Formtemperatur in °C	Gießtemperatur in °C
PbSn	70…120	280…320
Zn	150…200	410…425
Al	180…320	650…750
Mg	200…250	650…750
Cu (CuZn)	300…350	1150° (950°)

2 Kaltguß mit Überlappungen

Betriebstemperatur der Form
Vor Inbetriebnahme der Dauerformen müssen diese auf Betriebstemperatur aufgeheizt werden, um nicht die Standzeit der Form zu vermindern.

Die Höhe der Formtemperatur (Tabelle 2) wird von nachfolgenden Faktoren beeinflußt:
— Je höher die Gießtemperatur des eingesetzten Metalls ist, desto höher sollte die Formtemperatur gewählt werden.
— Je dünnwandiger das Gußteil ist, desto höher ist die Formtemperatur
— Je größer die Berührungsfläche zwischen Form und Teil ist, um so höher sollte die Formtemperatur sein.

Die optimale Betriebstemperatur der Form muß für ein bestimmtes Teil durch Probeabgüsse ermittelt werden.

Einflüsse der Betriebstemperatur
Eine Beschreibung der Folgen zu niedriger und zu hoher Betriebstemperatur ist im Schaubild 3 zusammengestellt.

Einflüsse der Betriebstemperatur	
zu niedrige Formtemperatur	zu hohe Formtemperatur
Erhöhter Formverschleiß (Risse durch zu hohe Abschreckwirkung der Form), unvollständige Formfüllung bzw. Kaltschweißen, Behinderung der Entformbarkeit der Teile durch zu starkes Aufschrumpfen auf Kerne.	Störungen an beweglichen Formelementen (Wärmeausdehnung), erhöhte Blasenbildung, Ansteigen des Trennmittelverbrauchs durch verstärktes Verdampfen, Verlängerung der Taktzeiten, erhöhte Klebeneigung der Teile, Verformung am Teil durch Auswerfen bei höherer Temperatur

3 Richtig temperierte Formen sind die Voraussetzung für hohe Produktivität und für lange Lebensdauer (Standzeit) der Form, sowie für qualitativ einwandfreie Gußteile

Gießverfahren — Druckgießen

Durchführung des Aufheizens

Angestrebt wird eine möglichst gleichmäßige Aufheizung aller Formteile. Bei vorstehenden Formelementen, dünnen Kernen und Auswerferstiften besteht die Gefahr des Überhitzens und damit ein Abbau der Festigkeit des Formbaustahls.

Heizgeräte

Für das Aufheizen von Kokillen verwendet man Gasbrenner oder Brenner mit aufgesetzten Düsen (Bild 1), die an die zu beheizende Kokillenform angepaßt werden.

Das Aufheizen von Druckgießformen kann mit **Infrarot-Heizgeräten, keramischen Gasstrahlern** oder **Widerstandsheizgeräten** durchgeführt werden. Diese Geräte werden zwischen die geöffneten Formhälften eingehängt. Für das gezielte Aufheizen bestimmter Formelemente bieten sich **Heizpatronen** an.

Die günstigste Lösung stellen die **Formtemperiergeräte** dar, die auch bei der Kühlung mit eingesetzt werden können. Mit einem Temperiersystem lassen sich die durch Temperaturunterschiede und -schwankungen hervorgerufenen Formspannungen auf ein Minimum beschränken.

Die Anwendung eines derartigen Temperiergerätes mit eingebautem Temperaturregelgerät setzt ein Kanalsystem in der Form und die Verwendung einer geeigneten Wärmeträgerflüssigkeit voraus. Die Wahl der Flüssigkeit richtet sich nach der zu regelnden Formtemperaturhöhe. Für Temperaturbereiche von 20 °C bis 140 °C kann Wasser; darüber müssen Öle oder synthetische Flüssigkeiten eingesetzt werden.

Das Regelgerät hat die Aufgabe, die Formtemperatur durch Heizen oder Kühlen auf einer vorgeschriebenen Höhe zu halten. Es gibt Geräte mit und ohne Zwangslauf. Beim Zwangslaufsystem wird die Wärmeträgerflüssigkeit mit genau festgelegten Strömungsbedingungen durch das Kanalsystem geführt. Damit wird vermieden, daß der Wärmeträger an irgendeiner Stelle zu hoch erhitzt wird; außerdem wird eine größere Betriebssicherheit des Gerätes erreicht.

Aufbau und Wirkungsweise eines Temperiergerätes (Bild 2, 3)

Eine Pumpe läßt den Wärmeträger durch die Form, einen Kühler und einen Erhitzer kreisen. Über einen Temperaturfühler wird dem Regler die im Kreislauf herrschende Flüssigkeitstemperatur gemeldet. Wenn die vorhandene Temperatur nicht mit der vorgegebenen Formtemperatur übereinstimmt, wird entweder der Kühler oder über einen Impuls der Heizstromkreis eingeschaltet. Ein Sicherheitsthermostat unterbricht bei Erreichen der maximalen Betriebstemperatur den Heizstrom. Sinkt der Flüssigkeitsspiegel im Ausdehnungsgefäß unter eine bestimmtes Niveau, werden die Pumpe und der Erhitzer abgeschaltet. Ein By-pass läßt bei verstopften Formkanälen einen Kreislauf der Flüssigkeit zu und verhindert damit eine unzulässige Erhitzung.

Für das Anschließen des Temperierkanalsystems an das Temperiergerät können normalisierte Schnellkupplungen mit entsprechendem Zubehör eingesetzt werden. Dadurch werden die Rüstzeiten bei Formwechsel bzw. -reparatur stark verkürzt, allerdings kann sich ein Verkleben der Schnellkupplung oftmals nachteilig auswirken.

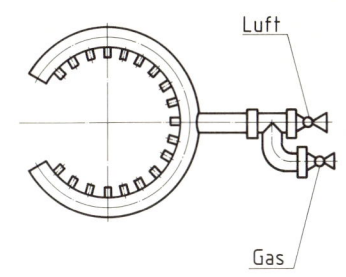

1 Ringbrenner

2 Temperiergerät (Heiz-Kühl-Gerät)

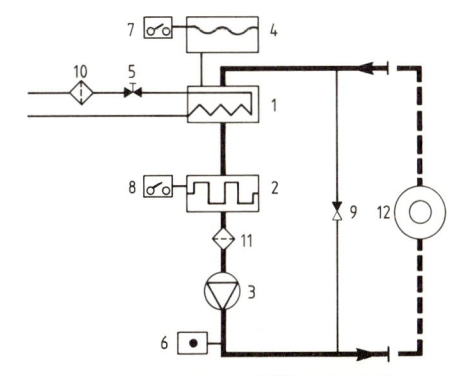

1 Kühlung
2 Erhitzer
3 Pumpe
4 Ausdehnungsgefäß
5 Magnetventil-Kühlung
6 Temperaturfühler
7 Niveaukontrolle
8 Sicherheitsthermostat
9 By-pass
10 Filter Wassernetz
11 Filter Kreislauf
12 Verbraucher (Form)

3 Prinzip des Temperiergerätes

Sicherheitsmaßnahmen beim Einsatz von Temperiergeräten

Wenn als Wärmeträger Öle eingesetzt werden, müssen wegen der Brennbarkeit bestimmte Sicherheitsmaßnahmen ergriffen werden:
- Geräte sollten nicht in der Nähe des Schmelzofens und der aufgeheizten Form angeordnet werden.
- Ganzmetallschläuche und wärmeisolierte Schutzverrohrungen müssen eingesetzt werden.
- Regelmäßige Kontrollen des Systems auf Undichtigkeiten und regelmäßiges Auswechseln des Öls sind notwendig.

Durch den Einsatz solcher Temperiergeräte kann eine ziemlich konstante Formtemperatur gewährleistet werden, und dadurch ergeben sich Vorteile für die Fertigung.

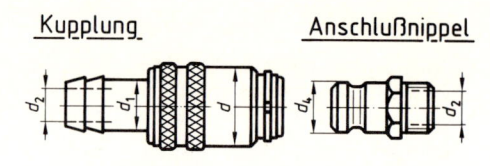

Größe	d_1 (Schlauch-$\varnothing$)	d	d_2	d_4
1	9 (3/8")	17	6	9
2	13 (1/2")	25	9	13
3	19 (3/4")	30	13	19

1 Schnellkupplungen zum Anschluß von Temperiergeräten

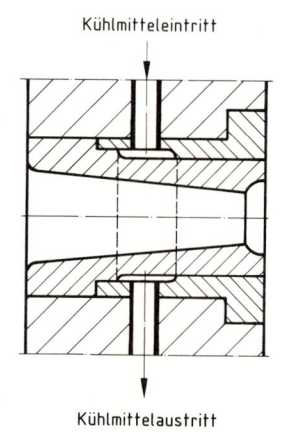

Kühlen der Form

Damit das Gußteil rasch aus der Form entnommen werden kann, sollte die Temperatur des Teiles nach der Formfüllung schnell um ungefähr 150 bis 200 °C abgesenkt werden. Dazu ist eine Zwangskühlung notwendig. Beim Kokillengießen reicht häufig eine Kühlung mit Hilfe von Druckluft aus. Beim Druckgießen werden jedoch umfangreichere Maßnahmen erforderlich.

Durchführung des Kühlens

Der Formenkonstrukteur hat, um eine Kühlung durchführen zu können, Kühlkanäle in der Form vorzusehen. Die Anzahl der Kanäle richtet sich nach der Höhe der abzuführenden Wärmemenge.

Die Wirkung des Kühlkanals hängt ab:
- von seiner Lage zur Formkontur;
  je näher er zum Formhohlraum liegt, desto stärker ist seine Kühlwirkung
- von der Art des eingesetzten Kühlmittels
- von der Durchflußmenge und -geschwindigkeit des Kühlmittels

Anforderungen an die Kühlflüssigkeiten
- möglichst hoher Siedepunkt
- hohe spezifische Wärmekapazität
- antikorrosiv
- geringe Viskosität
- nicht brennbar bzw. hohe Entzündungstemperatur
- ungiftig bzw. umweltfreundlich

Diese Anforderungen werden von den eingesetzten Flüssigkeiten nur zum Teil erfüllt. In vielen Fällen wird Wasser verwendet, obwohl hier die Aufheiztemperatur begrenzt ist und die Gefahr des Verkalkens der Kanäle besteht. Aus diesem Grunde ist ein Enthärten des Wassers zweckmäßig. In Temperiergeräten, die ja auch zum Kühlen eingesetzt werden können, werden Öle eingesetzt, die eine höhere Aufheiztemperatur zulassen. Dagegen sprechen die Brennbarkeit und die schlechtere Wärmeübergangszahl gegenüber Wasser. In Wärmerohren kann Quecksilber als Kühlmittel auftreten.

Für das Kühlen thermisch besonders hoch beanspruchter Teile, wie kleine dünne Kerne, Eingußbüchsen bei Warmkammermaschinen oder Verteilerzapfen, gibt es Kühlelemente, die ein fast punktförmiges Kühlen ermöglichen.

2 Kühlung einer Eingießbüchse

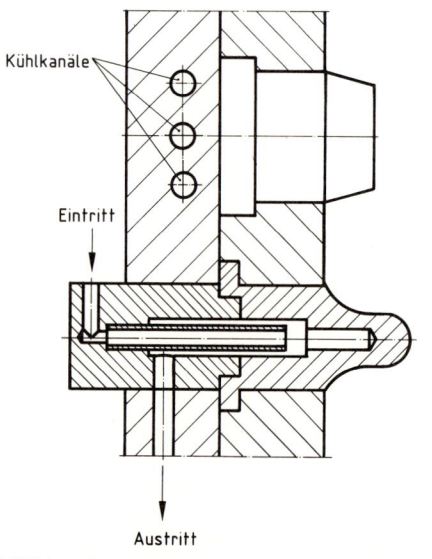

3 Kühlung fester Kerne

Gießverfahren — Druckgießen

Kühlelemente

Hierzu gehören die **Spiralkerne** (Bild 1), die in ein- und zweigängiger Ausführung in verschiedenen Durchmessern als Fertigteile bezogen werden können. Das Wärmeträgeröl erfährt durch die Steigung der Spirale einen Zwangsumlauf, dadurch wird ein intensiver Wärmeaustausch ermöglicht.

Als weiteres Element für das punktförmige Kühlen findet man in immer stärkeren Maße die **Wärmerohre,** auch Wärmeleitrohre genannt, die aus einem Kupferröhrchen, das mit einer verdampfbaren Flüssigkeit gefüllt ist, bestehen. Wichtig für eine gute Wärmeübertragung ist, daß diese Röhrchen ohne Luftspalt in die Aufnahmebohrungen montiert werden, da sonst der Wärmeaustausch behindert wird. Deshalb werden sie meist beim Einbau mit einer Wärmeleitpaste versehen oder eingeklebt.

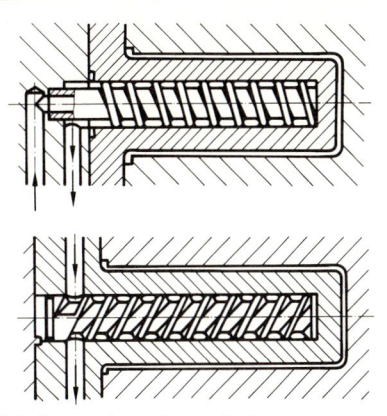

1 Spiralkerne, ein- und zweigängig

Aufbau und Wirkungsweise des Wärmerohres (Bild 2)

Es handelt sich um ein Rohr mit einer Flüssigkeitsfüllung, z.B. aus Wasser oder Quecksilber. An der Stelle, von der die Wärme abgeführt werden soll, verdampft die Flüssigkeit und strömt in der Röhrchenmitte zur Kondensationszone, wo die Wärme entweder an ein am Rohr vorbeiströmendes Medium oder an umgebende kältere Formpartien abgegeben wird. Hierbei kondensiert der Dampf. Durch die Struktur der Innenauskleidung des Rohres wird die Flüssigkeit durch Kapillareffekt wieder in die Verdampfungszone zurücktransportiert. Auf diese Weise findet ein sich ständig wiederholender Kreislauf des Kühlmittels statt. Der Vorteil der Wärmeleitrohre liegt darin, daß sie praktisch wartungsfrei sind und mit ihrer Hilfe große Wärmeströme übertragen werden können (die Leitfähigkeit ist ein Mehrfaches der von Kupfer). Diese Eigenschaften führen zu einem weiteren Anwenden dieser „Kühlstifte".

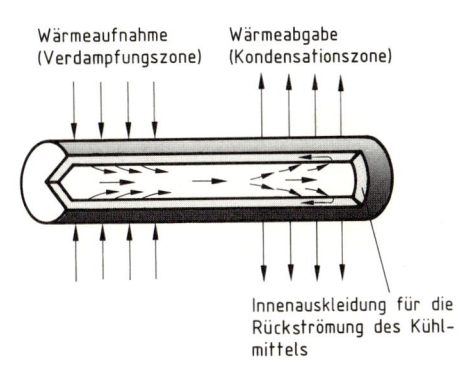

2 Prinzip des Wärmerohres

Wiederholungsfragen zu Kap. 3.3:

1. Welche Vorteile bietet das Druckgießen gegenüber anderen Gießverfahren?
2. Welche Phasen unterscheidet man beim Druckgießen bei der Formfüllung?
3. Aus welchen Baugruppen besteht eine Druckgießmaschine?
4. Welche Metalle werden auf Warmkammermaschinen verarbeitet?
5. Wozu baut man in eine Form Verteilerzapfen ein?
6. In welchen Fällen setzt man ein Dreiplattenwerkzeug ein?
7. Beschreiben Sie die üblichen Entlüftungsmöglichkeiten bei Druckgießformen!
8. Warum sieht man Überläufe bei Druckgießformen vor?
9. Welche Überlegungen gelten für die Anordnung von Entlüftungskanälen beim Druckgießen?
10. Welche Vorteile besitzen mit Zwangsentlüftung hergestellte Druckgußteile?
11. Beschreiben Sie die Besonderheiten bei der Sauerstoffspülung der Form!
12. Auf welche Weise wird die Wärme aus der Schmelze abgeführt?
13. In welchen Fällen wird die Form zusätzlich aufgeheizt?
14. Welche Nachteile ergeben sich aus einer zu hohen Formtemperatur?
15. Welche Gesichtspunkte spielen bei der Festlegung der Formtemperatur eine Rolle?
16. Welche Vorteile bietet der Einsatz eines Temperiergerätes?
17. Welche Kühlelemente werden bei thermisch hochbeanspruchten Formteilen verwendet?
18. Beschreiben Sie die Wirkungsweise eines Wärmerohres!

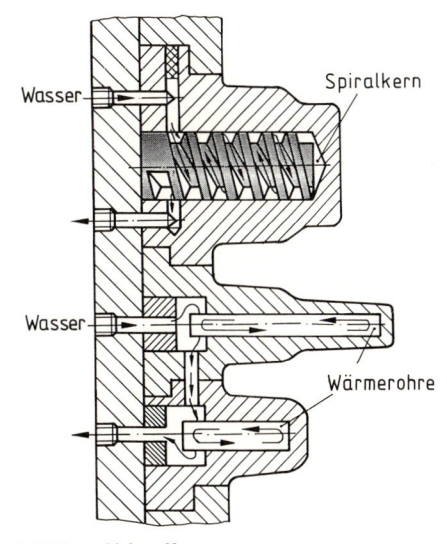

3 Kühlung kleiner Kerne

Druckgießen — Gießverfahren

3.3.6 Unterhalt von Druckgießformen

Formbeanspruchung

Durch die herrschenden Gießbedingungen wird eine Druckgießform und -maschine stark belastet.

- Die **Schließkräfte** rufen Druckbeanspruchungen und Flächenpressungen in der Form und im Schließmechanismus der Maschine hervor. Die **Sprengkräfte,** die von den auftretenden hohen Gießdrücken herrühren, bringen eine Verringerung der Stauchung (Druckbeanspruchung) der Form, belasten aber zusätzlich die Schließeinheit der Maschine.
- Der hohe Gießdruck ergibt Biegebeanspruchungen in den Bauteilen, der durch entsprechende Gestaltung der Formeinsätze begegnet wird.
- Die hohen Strömungsgeschwindigkeiten der Gießmetalle rufen Auswaschungen und Erosionen hervor; bei ungünstiger Anschnittgestaltung und bei Vakuumabsaugung können sich zusätzlich noch Schäden durch Kavitationserscheinungen ergeben.
- Die extremen Temperaturwechsel, vor allem an der Forminnenwand, ergeben hohe thermische Belastungen, die sich in Form von Rissen zeigen — sie bilden die Hauptursache für den schließlichen Ausfall der Form oder einzelner Formelemente.
- Verschleiß durch Reibung an beweglichen Formteilen.
- Lösungsverschleiß bei aggressiven Gießmetallen (Aluminium-Stahl).

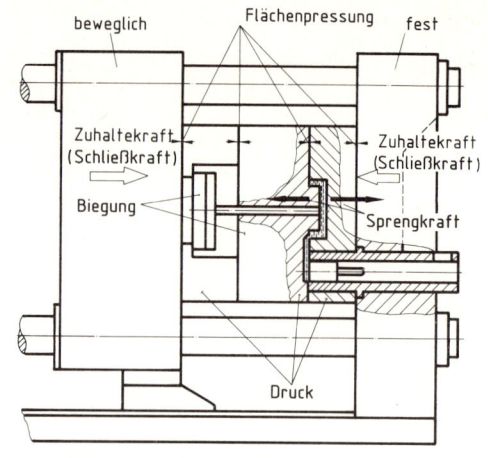

1 Kräfte und Beanspruchungen beim Druckgießen

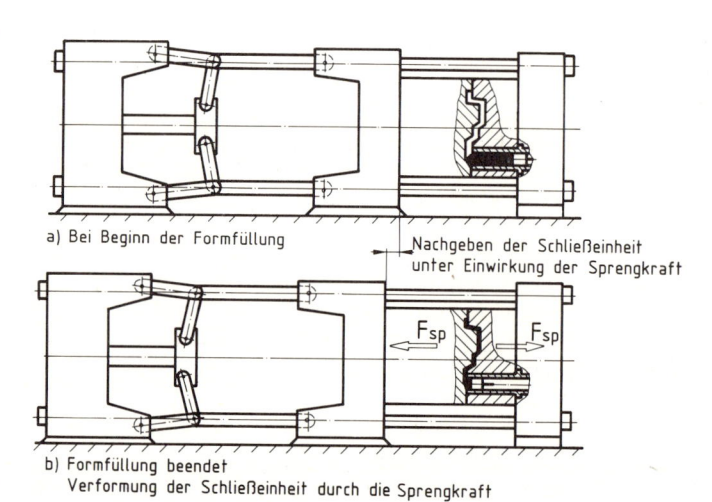

a) Bei Beginn der Formfüllung

b) Formfüllung beendet
Verformung der Schließeinheit durch die Sprengkraft

2 Verformung der Schließeinheit durch die Sprengkraft

Standzeit der Form

Als Maß für die Standzeit einer Form betrachtet man die Anzahl der Gußstücke, die gefertigt wurden, ohne daß eine ernst zu nehmende Beschädigung der Form aufgetreten ist.

Im Normalfall kann man beim Druckgießen mit folgenden Standzeiten rechnen:

Al, Mg etwa 100 000 Abgüsse
Zn   etwa 500 000 Abgüsse
Cu   etwa 15 000 Abgüsse

Kurzbezeichn. DIN 17006	Werkstoff Nr. DIN 17007	Zusammensetzung in %					
		C	Si	Mn	Cr	Mo	V
45 CrMoV 67	1.2323	0,45	0,3	0,7	1,5	0,7	0,3
X 38 CrMoV 51	1.2343	0,38	1,0	0,4	5,2	1,3	0,4
X 40 CrMoV 51	1.2344	0,40	1,0	0,4	5,2	1,3	1,0
X 32 CrMoV 33	1.2365	0,32	0,3	0,3	2,8	2,8	0,5

3 Tabelle: Zusammensetzung der Formstähle

Anforderungen an den Formwerkstoff

Aus der Forderung nach hohen Formstandzeiten ergeben sich die Eigenschaften, die ein idealer Formwerkstoff erfüllen sollte:

- hohe Temperaturwechselbeständigkeit
- hoher Verschleißwiderstand
- hohe Korrosionsbeständigkeit
- hohe Wärmeleitzahl
- niedrige Wärmeausdehnungszahl
- gute Bearbeitbarkeit und Schweißbarkeit
- gute Eignung für Wärmebehandlung
- geringe Maßänderung bei Wärmebehandlung
- möglichst homogenes Gefüge

Formwerkstoffe

Die heute am häufigsten eingesetzten Werkstoffe sind hochlegierte Warmarbeitsstähle, darunter martensitaushärtende Stähle. Daneben werden für besonders hoch beanspruchte Teile spezielle Wolfram- bzw. Molybdän-Legierungen eingesetzt.

Die Stähle müssen durch eine Wärmebehandlung (vergütung) auf die erwünschte Einbauhärte und -festigkeit gebracht werden. Bei Großformen liegt die Härte bei etwa HRC 38 bis 43, bei mittleren Formen bei HRC 43 bis 47. Vakuumentlüftete Formen erfordern etwas höhere Werte.

Im Anlieferungszustand sind die Stähle meist weichgeglüht, um sie gut bearbeiten zu können. Die Formherstellung erfolgt durch spanende und abtragende Fertigungsverfahren, wobei durch Spannungsarmglühen die bei der Bearbeitung aufgetretenen Spannungen beseitigt werden müssen. Anschließend kann die Wärmebehandlung durchgeführt werden.

Wärmebehandlung der Formstähle

Für das Durchführen der Wärmebehandlung bei den Warmarbeitsstählen liefern die Hersteller entsprechende Empfehlungen. Für den mit am häufigsten eingesetzten Stahl X 38 CrMoV 51 (1.2343), der gegenüber dem X 40 CrMoV 51 eine größere Maßbeständigkeit bei der Wärmebehandlung besitzt, kann diese wie folgt aussehen:

- stufenweises Vorwärmen der Teile auf 450 °C — 650 °C — 850 °C, wobei eine vollkommene Durchwärmung erreicht werden muß,
- rasches Aufwärmen auf Härtetemperatur 1020 °C und Halten bei dieser Temperatur (empfohlen werden 0,15 min pro mm Wanddicke)
- Abschrecken im Warmbad bei 500 °C, bis das gesamte Teil auf diese Temperatur abgekühlt ist. Anschließend Abkühlung an der Luft bis etwa 100 °C.
- Anlassen bei einer Temperatur von etwa 550 °C, wobei wiederum stufenweise vorgegangen werden sollte. Nach jedem Anlassen ist ein Messen der erreichten Härtewerte zweckmäßig.

Die im Formbaustahl vorhandenen Gefügebestandteile lassen sich aus den **Zeit-Temperatur-Schaubildern** (ZTU-Schaubilder) entnehmen.

Bei dem Aufwärmen ist darauf zu achten, daß die Ofenatmosphäre nicht zu einem Entkohlen der Randschicht führt und damit die gewünschten Härtewerte nicht erreicht werden. Neuerdings wird die sogenannte Vakuumhärtung empfohlen, die auch den Vorteil oxidfreier Oberflächen bietet.

Anwendungsbeispiele

Vom Formrahmen müssen alle Kräfte ohne große Formänderungen aufgenommen werden. Eine stabile Ausführung mit folgenden Werkstoffen wird empfohlen:

gegossene Ausführung GS-35 CrMoV 104 (Werkstoff-Nr. 1.7755)

geschmiedete Ausführung 28 NiCrMo 115 (Werkstoff-Nr. 1.6948)

für Formen zum Gießen von Leichtmetallen, bewegliche Kerne, Führungen und andere hochbeanspruchte Formteile:

X 38 CrMoV 51 (Werkstoff-Nr. 1.2343)
X 40 CrMoV 51 (Werkstoff-Nr. 1.2344)

für Formeinsätze, Strangpreßwerkzeuge:

X 37 CrMoW 51 (Werkstoff-Nr. 1.2606)

für Formen zum Gießen von Schwermetall (Kupferlegierungen):

X 32 CrMoV 33 (Werkstoff-Nr. 1.2365)

Ausfall der Form

Durch die hohen Belastungen im Betrieb ergeben sich die Formschäden, die schließlich zum Ausfall der Form führen. Meist treten schon relativ früh Formschäden auf. Die Entscheidung, ob deshalb die Form aus der laufenden Produktion herausgenommen wird, hängt unter anderem ab von der Duldbarkeit der dadurch verursachten Gußstückfehler sowie von der Höhe der entstehenden Nacharbeitskosten an den Teilen durch Verputzen, Richten usw.

Auftretende Schäden durch den Gebrauch

Formrisse verursacht durch:
- starke Temperaturwechsel (Brandrisse)
- zu scharfe Ecken und Kanten
- Überlastung durch mechanische Kräfte
- zu niedrige Formtemperaturen beim Anfahren
- Fehler bei der Herstellung

Auswaschungen verursacht durch:
- zu hohe Metallgeschwindigkeiten
- falsche Anschnittgestaltung
- zu niedrige Einbauhärte
- entkohlte Oberflächen

Anschweißungen von Gießmetall, verursacht durch:
- Riefen an der Formkontur, entstanden bei der mechanischen Beseitigung von Trennmittelresten
- Abscheuern des Trennmittels durch das strömende Metall
- zu niedriger Eisengehalt bei Al-Legierungen

Verformungen (Deformationen), verursacht durch
- Überlastung durch mechanische Kräfte

Vorzeitiges Auftreten von Schäden

Fällt eine Form mit zu niedriger Standzeit aus, können zwei wesentliche Gruppen von Fehlern dazu geführt haben.

Konstruktive Mängel:
- Formelemente zu schwach bemessen
- nichtgerundete Übergänge, z.B. bei Beschriftungen
- falsche Werkstoffwahl

Herstellungsbedingte Mängel:
- nicht genau fluchtende Kühlkanäle (Bild 1)
- starke Riefen in den Kühlkanälen
- falsch ausgeführte Passungen bei Formeinsätzen, die zu ungleicher Belastung führen
- Fehler durch falsche Wärmebehandlung
- stumpfe Werkzeuge beim Fräsen und Bohren
- Fehler beim Schleifen und Formerodieren: durch ungeeignete Schleifscheiben, falsche Zustellung und unzureichende Kühlung kann es zu starker örtlicher Überhitzung kommen. Folgen sind eine weiche Oberfläche, Spannungen und eine verminderte Wechselfestigkeit. Beim Erodieren (Bild 2) kann sich durch die beim Schruppen gewählten Betriebsbedingungen eine aufgekohlte Oberfläche ergeben. Durch Schlichten läßt sich die Schicht beseitigen.

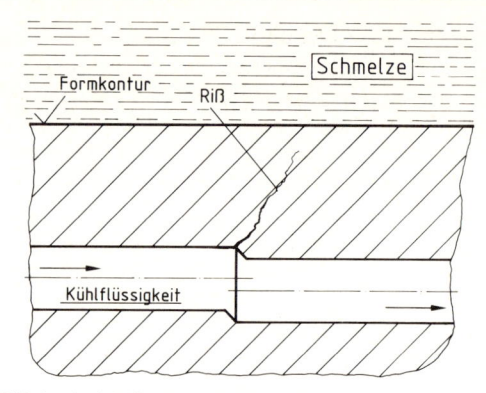

1 Riß durch nichtfluchtende Kühlkanäle

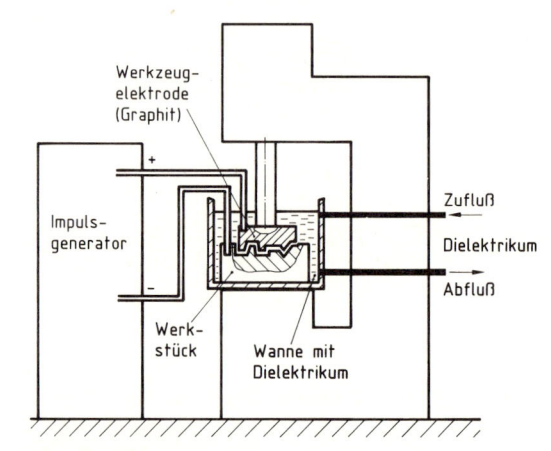

2 Funkenerodierung (Schema)

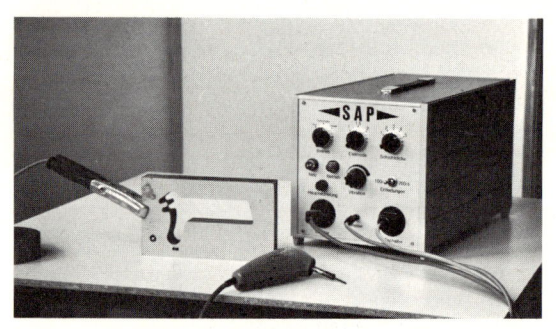

Standzeiterhöhende Maßnahmen

Die Standzeit einer Form läßt sich durch die Wahl geeigneter Gießbedingungen günstig beeinflussen:
- kleine Metallgeschwindigkeit im Anschnitt
- gut angelegtes Gießsystem und ruhige Formfüllung
- Vermindern der Klebneigung bei Al-Legierungen durch Gießmetallzusätze
- Einsatz guter Trennmittel

Oberflächenbeschichtungen

Auswaschungen und Anklebungen lassen sich durch verschleißfestere Oberflächen vermindern:
- Oxidschicht auf der Formoberfläche: Sie beeinflußt den Wärmeübergang, das Ankleben und verbessert die Haftung des Trennmittels.
- Nitrieren der Teile: Die durch dieses Oberflächenhärteverfahren erzeugte Härteschicht sollte nicht zu dick ausgeführt werden (Abblättern).
- Hartverchromen der Kerne führt zu höherer Verschleißfestigkeit.
- Beschichten mit Wolframkarbid: Durch eine Funkentladung wird Elektrodenwerkstoff auf die Oberfläche übertragen. Die Schichtdicke beträgt etwa 0,025 bis 0,035 mm. Der Haftgrund ist sorgfältig vorzubereiten (Bild 3 und 4).
- Druckstrahlläppen ergibt mattierte Oberflächen und eine bessere Haftung des Trennmittels.

3 Oberflächenbeschichtungsgerät

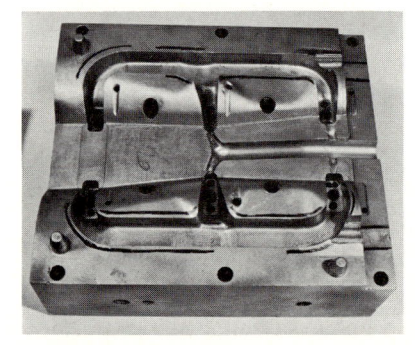

4 Beschichtete Form

Gießverfahren — Druckgießen

Reparatur von Druckgießformen

Sind Schäden aufgetreten — besonders die Brandrisse — so ist eine sofortige Beseitigung angebracht. Der letzte Abguß sollte bei der Reparatur der Form mit herangezogen werden, damit alle aufgetretenen Fehler erkannt und für entsprechende Abhilfe gesorgt werden kann.

Kleine Risse im Anfangszustand lassen sich noch meist ohne größeren Aufwand durch Ausschleifen beseitigen. Danach sollte auf jeden Fall spannungsarm geglüht werden.

Bei größeren Rissen wird eine Reparatur durch Schweißen notwendig. Hierzu müssen zunächst die Risse durch spanende Bearbeitung vollständig beseitigt werden. Die Schweißstelle muß absolut sauber und trocken sein.

In der Regel wird die Schweißung mit dem Schutzgas Argon durchgeführt. Das Teil ist vorzuwärmen (z.B. beim Werkstoff 1.2343 auf etwa 480 °C), wobei beim Schweißen die Temperatur nicht unter 250 °C abfallen sollte. Das Schweißen erfolgt mit artgleichem Elektrodenwerkstoff. Nach dem langsamen Abkühlen muß das Teil durch eine Wärmebehandlung wieder auf die Gebrauchshärte gebracht werden.

Wurden bei der Konstruktion der Form weitgehend Fertigteile (sogenannte Normalien) berücksichtigt, ist ein schnelles Austauschen der verschlissenen Teile und damit eine kostengünstige Reparatur der Form möglich.

Pflege der Form

Eine sorgfältige Wartung und Pflege der Form trägt zur Erhöhung der Lebensdauer bei.

Während der Produktion sollte die Form nach jedem Schuß ausgeblasen, die Schieberführungen und Verriegelungsflächen sauber gehalten werden. Eine Einhaltung der optimalen Formtemperatur vermeidet Ausschuß. Das Kühlsystem sollte täglich überprüft werden; von Zeit zu Zeit ist ein Entkalken zweckmäßig, wenn Wasser als Kühlmittel eingesetzt wird.

Trennmittelreste sind in regelmäßigen Abständen durch Reinigen und Strahlen zu beseitigen.

Die formgebenden Bauteile sollten nach einer gewissen Schußzahl (5000 bis 10000) spannungsarm geglüht werden.

In einer Kartei sollten die Leistungsdaten der Form aufgezeichnet werden, um Vergleichsmöglichkeiten zu erhalten.

Wiederholungsfragen zu Kap. 3.3.6

1. Welche Wirkung hat die Sprengkraft auf die Form- und Maschinenbelastung?
2. Welches ist die Hauptursache für den Ausfall einer Form?
3. Was versteht man unter der Standzeit einer Form?
4. Durch welche Gießbedingungen läßt sich die Standzeit einer Form verbessern?
5. Nennen Sie Eigenschaften, die ein Formwerkstoff besitzen sollte!
6. Geben Sie Beispiele für Formstähle an und wofür sie eingesetzt werden!
7. Welche Wärmebehandlung wird mit einem Formstahl durchgeführt?
8. Welche Fehler können bei der Wärmebehandlung auftreten?
9. Welche Ursachen können Formrisse haben?
10. Wodurch kann es zu Anklebungen des Gießmetalls an der Form kommen?
11. Durch welche Maßnahmen kann der Verschleiß an der Form vermindert werden?

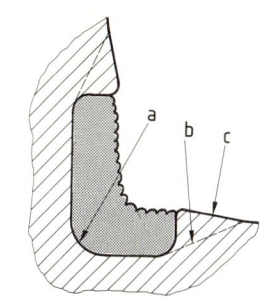

1 Schweißnahtvorbereitung:
a) keine scharfe Kante, b) keine schräge Übergangszone, c) aufgestauchte Übergangszone

2 Formkontrolle

3 Formreinigung

4 Sandstrahlanlage

3.4 Schleudergießen

Verfahren

Beim Schleudergießen wird über eine Gießrinne flüssiges Metall in eine rotierende Dauerform gebracht; das Metall erstarrt in der von außen mit Wasser gekühlten Kokille unter der Einwirkung der Fliehkraft. Die Teile erhalten durch diese Erstarrungsbedingungen ein dichtes und feinkörniges Gefüge.

Mit diesem Verfahren lassen sich Rohre, Büchsen, Ringe und andere rotationssymmetrische Teile herstellen. Die Innenform der Gußstücke erfordert keinen Kern; die Wanddicke der Teile wird durch die zugeführte Gießmetallmenge, durch die Drehzahl der Kokille und durch den Vorschub der Schleudergießmaschine bestimmt.

Schleudergießanlagen

Nach der Lage der Drehachse unterscheidet man:
- das **waagrechte Schleudergießen**. Hierbei wird mit einer um eine horizontalen Achse drehbaren und in Längsrichtung verfahrbaren Kokille gearbeitet. Es werden überwiegend Rohre hergestellt. Die Kokille besteht meist aus Stahl und muß vor Inbetriebnahme auf Betriebstemperatur aufgeheizt werden. Durch Schlichten (häufig auf Graphitbasis) wird eine Reaktion des Gießmetalls mit dem Formwerkstoff verhindert.
- das **senkrechte Schleudergießen** (Schleuderformguß). Dieses Verfahren wird zum Gießen von Schmuckstücken und Zahnkronen eingesetzt, wobei um eine vertikale Achse auf einem Schleudertisch Metall-, Sand- oder Keramikformen aufgespannt werden.

3.5 Stranggießen

Bei diesem Verfahren können in einem kontinuierlichen oder halbkontinuierlichen Gießvorgang Rohre und Profile mit gleichbleibendem Querschnitt hergestellt werden. Die wassergekühlten Durchlaufkokillen bestehen aus Kupfer, Graphit und Aluminium.

Nach der Abziehrichtung des erstarrten Metallstranges unterscheidet man **horizontale** und **vertikale** Anlagen.

Bei horizontalen Anlagen kann sich bei großen Abmessungen die Schwerkraft ungünstig auf die Erstarrung auswirken (Seigerungen). Die Abziehgeschwindigkeit des Stranges muß genau auf die Erstarrungsgeschwindigkeit abgestimmt werden. Mit Sägen können die Stränge auf beliebige Längen abgetrennt werden.

Auf entsprechenden Anlagen ist das Herstellen von mehreren Strängen gleichzeitig möglich.

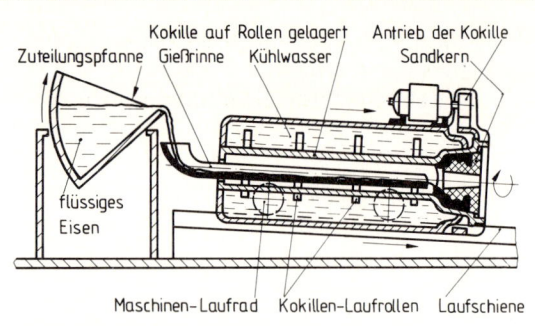

1 Schleudergießen eines Druckrohres – horizontal (Schema)

2 Waagerecht-(Horizontal-)Schleudergießanlage

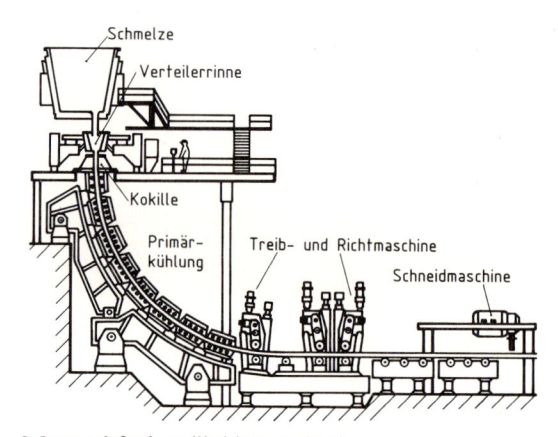

3 Stranggießanlage (Kreisbogenanlage)

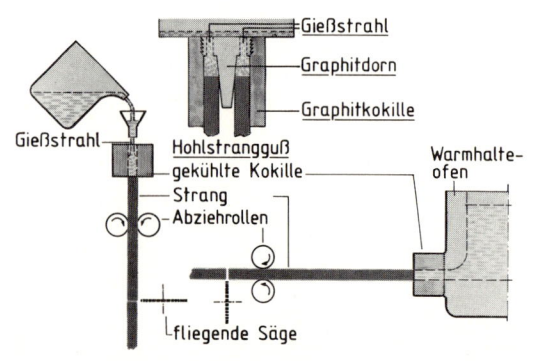

4 Vertikale und horizontale Stranggießanlagen (Prinzip)

4 Einguß- und Speisertechnik

4.1 Eingußsystem (Schwerkraftguß)

4.1.1 Allgemeines

Das Eingußsystem einer Form hat die Aufgabe, dem Gießmetall einen Weg zur eigentlichen Form vorzuzeigen. Der flüssige Werkstoff fließt durch das Eingußsystem in die Form.

Das Eingußsystem setzt sich aus folgenden vier Hauptteilen zusammen Bild 1):

Eingußtümpel – Eingußkanal – Schlackenlauf – Anschnitt

Eingußtümpel

Der **Eingußtümpel** sollte so geformt und gestaltet sein, daß das Gießmetall ohne Spritzen und Überlaufen leicht eingegossen werden kann. Es gibt verschiedene Formen von Eingußtümpeln (siehe Bild 2 und 3).

Eingußkanal

Der **Eingußkanal** ist meistens rund, als Eingußtrichter, gestaltet, damit die Reibungs- und Strömungsverluste klein gehalten werden können. In besonderen Fällen wird der Eingußkanal dreieckig bzw. vieleckig geformt, damit die kreisenden Turbulenzen unterdrückt werden. Die Größe des Eingußkanals muß genau berechnet werden, damit auch genügend flüssiges Metall dem weiteren Verteilersystem zugeführt werden kann. Der Eingußkanal sollte während des Gießvorganges stets vollständig gefüllt sein.

Schlackenlauf

Der **Schlackenlauf** hat meistens den größten Querschnitt im Eingußsystem. Im Schlackenlauf sollte die Fließgeschwindigkeit wesentlich geringer als im Eingußkanal und in den Anschnitten sein. Der Schlackenlauf hat die Aufgabe, wie das Wort schon sagt, die Schlacke vom Metall zu trennen. Durch die längere Verweilzeit des Metalls im Schlackenlauf kann die spezifisch wesentlich leichtere Schlacke aufsteigen und bleibt im Schlackenlaufoberteil gefangen.

Der **Schlackenfang** sitzt am Ende des Schlackenlaufs. Er hat die Aufgabe, Schlacke, Sandeinschlüsse und Oxide, die am Anfang beim Gießen mitgerissen werden, zu sammeln.

Anschnitte

Die **Anschnitte** zur eigentlichen Form haben die Aufgabe, das Metall vom Schlackenlauf zu bestimmten Formteilen zu führen. Meistens haben die Anschnitte den kleinsten Querschnitt im Eingußsystem. Das Metall wird vor dem Anschnitt zurückgestaut. Die Anschnitte sind üblicherweise sehr dünn, und somit kann nur sauberes Metall in die Form einfließen. Eine Form hat mindestens einen Anschnitt je Gußteil. Sehr häufig werden mehrere Anschnitte in das System eingebaut, damit man eine bessere Temperaturverteilung im Gießsystem erreicht. Die Anschnitte werden im Winkel von 90° (rechter Winkel) an den Schlackenlauf angesetzt.

Häufig werden Speiser mit in das Einguß- und Formsystem einbezogen (Bild 4).

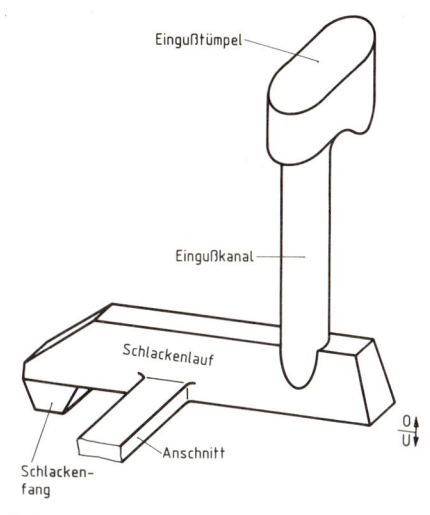

1 Eingußsystem

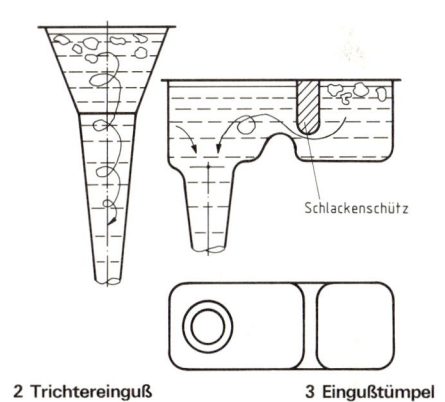

2 Trichtereinguß   3 Eingußtümpel

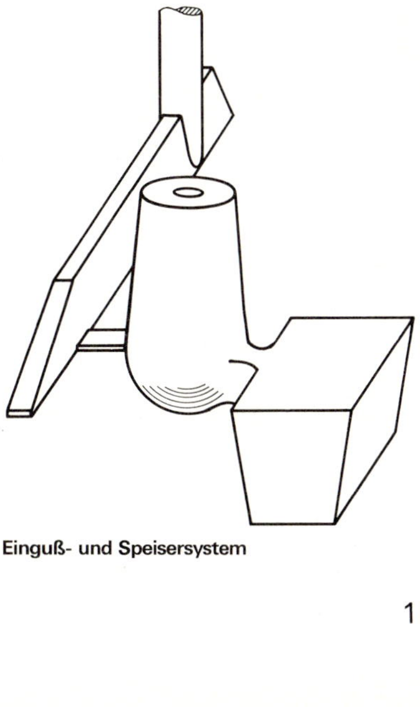

4 Einguß- und Speisersystem

4.1.2 Naturgesetze, die Strömungs- und Füllvorgänge der Form beeinflussen

Alle Flüssigkeiten gehorchen bei den Fließvorgängen denselben Naturgesetzen. Die Zähigkeit bzw. Viskosität einer Schmelze ist von der Überhitzungstemperatur sehr stark abhängig. Bei gleicher Viskosität der Schmelze kann der Fließvorgang mit folgenden Naturgesetzen berechnet werden:

Die Torricellische Gleichung

Torricelli hat herausgefunden, daß die Geschwindigkeit beim freien Fall ohne Reibung von der Wurzel aus Erdbeschleunigung und der Fallhöhe abhängig ist.

$v = \sqrt{2gh}$ (m/s)

v = Geschwindigkeit
g = Erdbeschleunigung (9,81 m/s)
h = senkrechte Flüssigkeitssäule

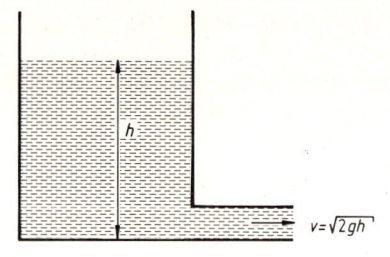

1 Torricellisches Gesetz

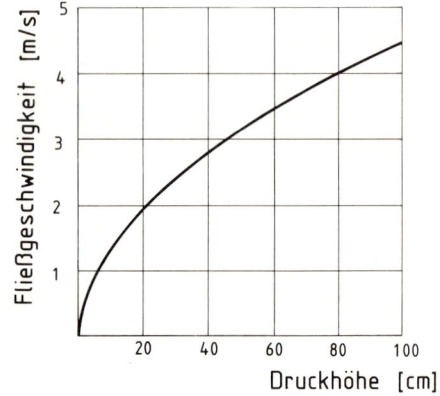

Das Kontinuitätsgesetz der Hydromechanik

Dieses Gesetz besagt, daß die Durchflußmenge je Zeiteinheit bei jedem Querschnitt im Leitungssystem konstant ist. Das bedeutet, daß die Fließgeschindigkeit in kleinen Querschnitten höher als in großen Querschnitten sein muß. Man kann dies in folgender Formel darstellen:

$$S_1 \cdot v_1 = S_2 \cdot v_2 = \text{konstant}$$

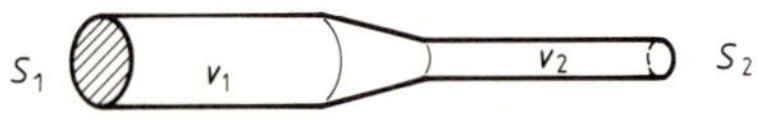

2 Zusammenhang zwischen Druckhöhe u. Fließgeschwindigkeit

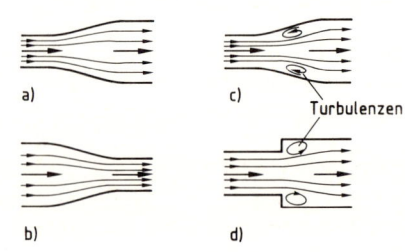

Das Pascalsche Gesetz

Dieses Gesetz besagt, daß der Druck in gleicher Höhe stets konstant ist. Der Druck in einer bestimmten Höhe errechnet sich nach folgender Formel:

$p = h \cdot \varrho \cdot g$

p = Druck
h = Druckhöhe (Metallsäulenhöhe)
ϱ = Dichte
g = 9,81 m/s²

Bei der Berechnung eines Eingußsystems ergibt sich sehr schnell die Erkenntnis, daß sich durch die unterschiedlichen Druckhöhen und Fließquerschnitte auch unterschiedliche Strömungsgeschwindigkeiten ergeben. Die unterschiedlichen Strömungsgeschwindigkeiten beeinflussen auch die Strömungsart. Man unterscheidet folgende Strömungsarten:

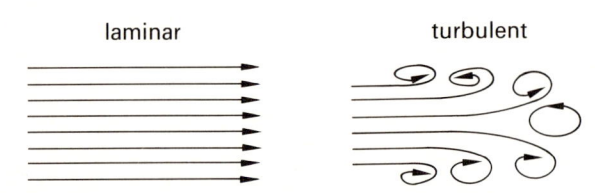

laminar   turbulent

3 Einfluß des Durchflußquerschnitts auf die Strömung

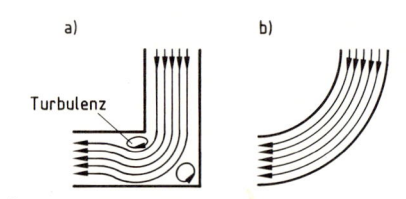

4 Änderungen der Strömungsrichtung

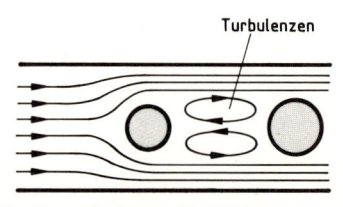

Bei der Bestimmung des Eingußsystems sollte stets darauf geachtet werden, daß die Formfüllung schnell und ruhig (**laminar**) erfolgt. Eine turbulente Formfüllung kann Formsandabspülungen, Gasaufnahme der Schmelze und Schlackenfehler hervorrufen.

5 Wirkung von Strömungshindernissen

Einguß- und Speisertechnik — Eingußsystem

Berechnung der Ausflußmenge

Voraussetzung für die Berechnung der Gießzeit ist die Berechnung der sekundlichen Ausflußmenge. Sie hängt von der Ausfließgeschwindigkeit v (cm/s) und vom Querschnitt S der Ausflußöffnung (cm²) ab:

$$Q = S \cdot v \; (\text{cm}^3/\text{s})$$

Kennt man das Volumen V (cm³) des Gußstückes, so ist die Gießzeit wie folgt zu errechnen:

$$t = \frac{V}{Q} \; (\text{s})$$

In der Praxis wird die Gießzeit nach Diagramm (Bild 1) bestimmt; hierbei werden auch weitere Einflußgrößen erfaßt.

Richtungsänderung

Ein weiterer Verlust an Strömungsenergie und damit an Ausfließgeschwindigkeit tritt ein, wenn die strömende Flüssigkeit ihre Richtung ändern muß. Je schroffer und je häufiger die Fließrichtung geändert wird, um so geringer wird die Ausfließgeschwindigkeit. Bild 2 zeigt die Wirkung in einer Versuchsanordnung.

Steighöhe

Bei aufwärts gerichteter Ausflußöffnung springt die Flüssigkeit annähernd bis zur Höhe des Flüssigkeitsspiegels, wobei der Druckverlust um so größer wird, je kleiner der Ausflußquerschnitt ist (Bild 3). Liegt der engste Querschnitt jedoch nicht am Ende, sondern vor der Ausflußöffnung, so nimmt die Steighöhe im gleichen Verhältnis ab, wie der Querschnitt zunimmt.

Der Einfluß von Gasen auf das Gießmetall

Chemische Umwandlungen entstehen dadurch, daß das sehr heiße Gießmetall an der Oberfläche, die mit Luftsauerstoff in Berührung kommt, leicht oxidiert. Die Metalloxide werden als Schlacken in die Form geschwemmt und rufen im Gußstück poröse Stellen und Gefügeunterbrechungen hervor. Je größer die Affinität des Sauerstoffes zu einem Metall ist, um so mehr muß gegen die Oxidation getan werden. Bei Magnesiumguß sind besondere Vorsichtsmaßnahmen erforderlich.

Gasdruck. Während des Gießens entstehen im Sand um das Eingußsystem unterschiedliche Gasdrücke. Die Gießgase werden überall dort, wo sich in den Kanälen infolge ungeregelter Strömung Unterdruck einstellt, eindringen und mit dem Metall in die Form gespült. Die Gießgase müssen also sorgfältig nach außen abgeleitet werden.

Formstoff und strömendes Metall

Durch das Eingußsystem strömt das gesamte, für das Gußstück notwendige heiße Gießmetall. Kein Teil der Form wird daher so stark beansprucht wie dieser; er muß aus einem Formstoff bestehen, der folgenden Forderungen gerecht wird:

— es dürfen keine Sandteilchen mitgerissen werden
— trotz starker Aufheizung darf er nicht verbrennen oder vererzen
— er muß besonders gasdurchlässig sein

Die Oberfläche des Eingußsystems ist daher mit der gleichen Sorgfalt zu behandeln, wie die der Form selbst.

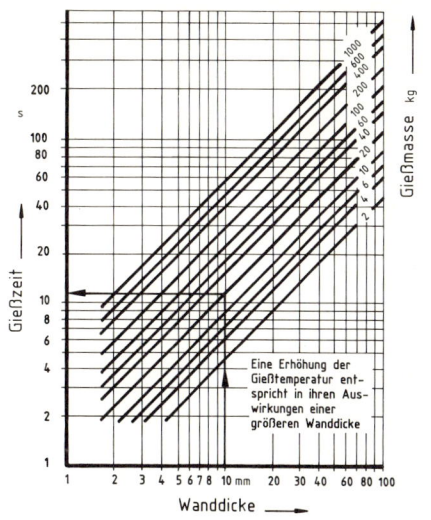

Beispiel: Ein Gußteil mit einer Wanddicke von 10 mm und mit einem Gießgewicht von 20 kg sollte in 12 s gegossen werden.

1 Bestimmung der Gießzeit (nach VDG-Merkblatt F252 für maschinengeformte Teile aus GG, GGG, GT)

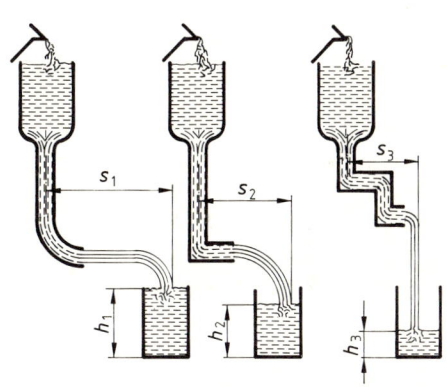

2 Verminderung der Ausflußgeschwindigkeit durch Anzahl und Art der Richtungsänderung

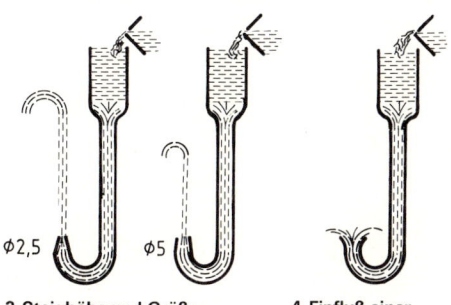

3 Steighöhe und Größe der Ausflußöffnung

4 Einfluß einer konisch erweiterten Ausflußöffnung

Eingußsystem — Einguß- und Speisertechnik

4.1.3 Berechnung des Eingußsystems

Bei der Berechnung des Eingußsystems berücksichtigt man, daß die Form möglichst schnell **und** turbulenzfrei gefüllt werden soll. Diese beiden Forderungen können fast nicht verwirklicht werden, da sie gegensätzlicher Art sind.

Zur Berechnung des Eingußsystems muß man folgende Daten kennen:

– Gießgewicht (Masse)
– Gießzeit – (z.B. Bild 1)
– Dichte
– Strömungsverlustfaktor (wird aus dem Schaubild entnommen z.B. Bild 2)
– Gießhöhe (Metalldrucksäule)

Die Strömungsverluste gibt es bei allen zwangsgeführten Flüssigkeiten. Jede Umlenkung, Kanalveränderung usw. bremsen die Strömung. Die Verlustfaktoren können nur aus Erfahrungswerten berechnet werden.

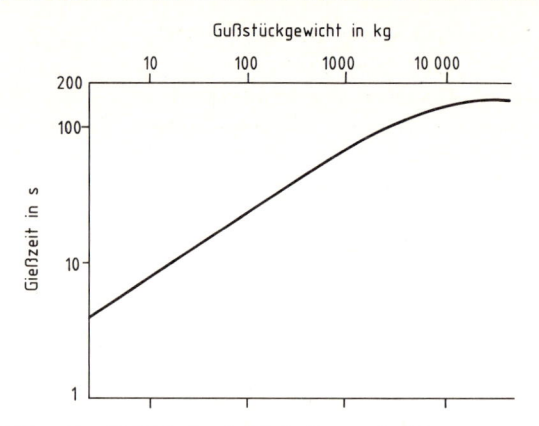

1 Vorschlag für Gießzeiten bei Gußteilen aus Gußeisen

Berechnung der Anschnitte

Zur Berechnung der Anschnitte gilt die folgende Formel, sie setzt sich aus den beschriebenen Naturgesetzen zusammen.

$$S_A = \frac{22{,}6 \cdot G}{\varrho \cdot t \cdot \xi \cdot \sqrt{h}} \; (\text{cm}^2)$$

ϱ = Dichte $\left(\frac{\text{kg}}{\text{cm}^3}\right)$
t = Gießzeit (s)
G = Gesamtgießgewicht (kg)
ξ = Strömungsverlustfaktor
h = Höhe der Metallsäule
S_A = Gesamtfläche der Anschnitte (cm²)

Mit dieser Formel wird der gesamte Anschnittsquerschnitt des Anschnittsystems berechnet, die Anschnittdicke kann zusätzlich z.B. aus Bild 3 entnommen werden. Die Anschnitte sind meistens an der Formteilung. In Ausnahmefällen wird die Form auch im unteren Teil angeschnitten, damit sie turbulenzfrei gefüllt werden kann.

Die Gießzeit wird meistens aus Tabellen abgelesen oder Schaubildern entnommen (z.B. Bild 1). Man kann die Gießzeit auch aus der Gießleistung (entspricht einem Massen- bzw. Volumenstrom) einer Pfanne und dem Gießgewicht berechnen.

$$t = \text{Gießzeit} = \frac{\text{Gießgewicht}}{\text{Gießleistung}} \; (\text{s})$$

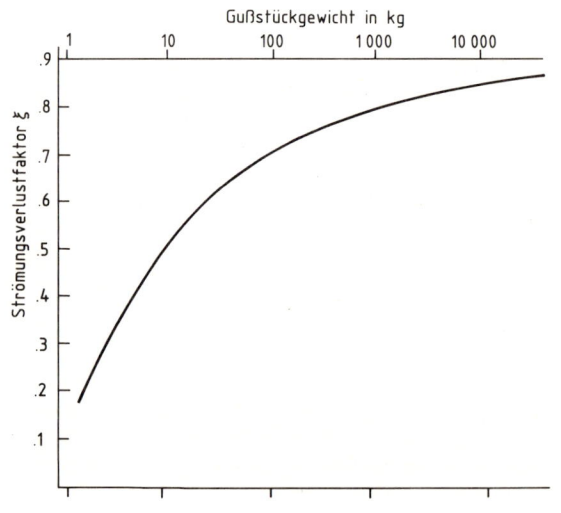

2 Näherungswerte für den Strömungsverlustfaktor ξ

Art der Pfanne	Gießleistung für Gußeisen	
	Richtwert in cm³/s	Richtwert in kg/s
Handpfanne	300 ... 600	2,1 ... 4,2
Kranpfanne	800 ... 1300	5,6 ... 9,2

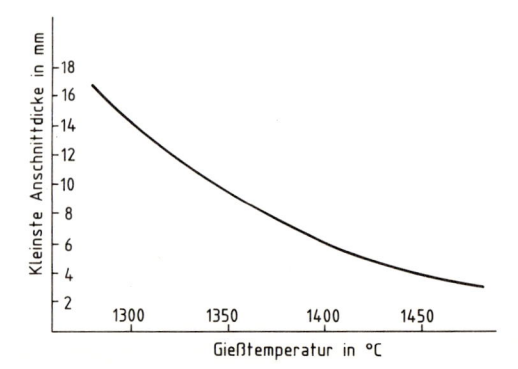

3 Empfohlene Anschnittdicke

Einguß- und Speisertechnik — Eingußsystem

Berechnung des Schlackenlaufs

Der Schlackenlauf hat im Eingußsystem den größten Querschnitt, und somit ist auch dort die Strömungsgeschwindigkeit am kleinsten. Die in der Schmelze befindlichen Oxide und Schlacken können sich deshalb im Schlackenlauf aus der Schmelze abscheiden.

Die Berechnung des Schlackenlaufs erfolgt meistens nach der einfachen Formel:

$$S_{Schlackenlauf} = 2 \cdot S_{Gesamtanschnittsfläche}$$

Die Höhe des Schlackenlaufs sollte mindestens zwei mal die Breite sein. Der Querschnitt des Schlackenlaufs ist so gestaltet, daß er leicht abformbar ist. Meistens wird der Schlackenlauf trapezförmig ausgebildet. Der Schlackenlauf sollte geradlinig geführt sein (Bild 4), damit wenig Turbulenzen auftreten können. Das Ende des Schlackenlaufs wird abgeschrägt, damit die Schmelze leicht abgebremst und nicht zurückgeschlagen wird. Oft wird am Ende des Schlackenlaufs auch ein Schlackenfang angebracht (Bild 2 und 3). Der Schlackenlauf liegt meistens im Oberteil, und die Anschnitte werden seitlich im Winkel von 90° vom Schlackenlauf abgeführt. Die Anschnitte sollten nicht unter den Schlackenlauf gelegt werden.

Berechnung des Eingußkanals

Der Eingußkanal ist die Verbindung vom Einguß- zum Schlackenlauf. Der Querschnitt hängt von der Höhe des Eingußkanals ab. Eine allgemeine Abstufung des Eingußsystems, wie es häufig gemacht wird, nach dem Verhältnis 4:3:2 oder 4:6:3 ist nicht immer richtig.

Der Eingußkanal sollte genau berechnet sein, damit der Eingußstrahl während des Gießvorganges nicht abreißt. Sollte der Gießstrahl während des Gießvorganges abreißen, wirkt das Eingußsystem wie eine Wasserstrahlpumpe. Durch den Pumpvorgang werden Gase in die Schmelze gesaugt, und dabei kommt es zu Oxidationen, die Schlacke erzeugen. Die Formel für die Berechnung des Eingußkanals lautet:

$$S_E \geq S_A \cdot \sqrt{\frac{h}{h_E}}$$

S_E = Querschnitt Eingußkanal
S_A = Gesamtquerschnitt der Anschnitte
h = gesamte Metallsäule
h_E = Metallhöhe im Eingußtümpel
(Bezeichnungen siehe Bild 1)

$$d = \sqrt{\frac{4 \cdot S_E}{\pi}}$$

d = Eingußkanaldurchmesser
π = 3,14

Das Anschnittsystem hat bei der Herstellung von fehlerfreien Gußteilen eine sehr wichtige Funktion. Viele Oberflächenfehler, Einschlüsse und Porositäten können mit Hilfe eines richtig gestalteten Eingußsystems vermieden werden. Das Eingußsystem ist somit nicht nur ein Metallverteilungssystem.

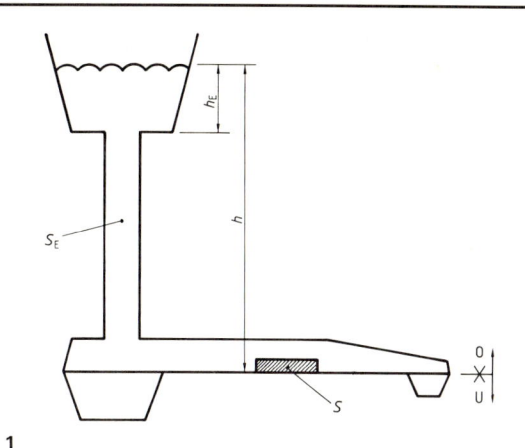

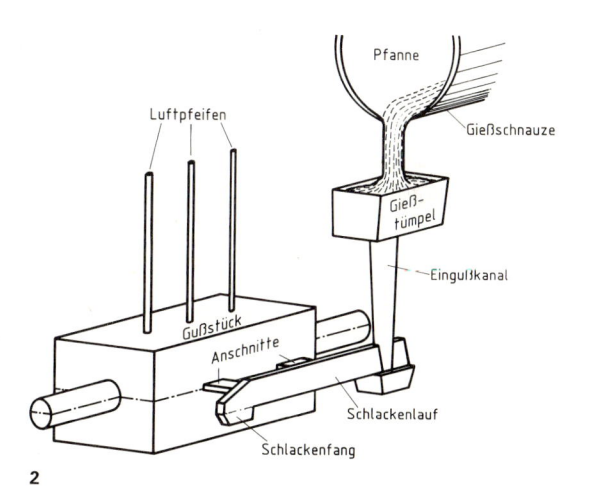

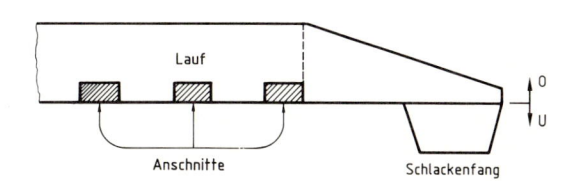

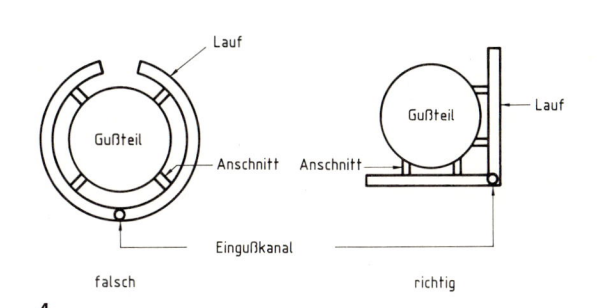

4.1.4 Zurückhalten von Schlacken

Schlacke, Schaum und Oxide sind spezifisch leichtere Teile als das Metall, sie schwimmen deshalb auf der Schmelze.

Durch Abschlacken, Abkrammen und Zurückhalten der Schlacke in der Gießpfanne wird bereits der wesentliche Teil der Schlacke an dem Einfließen in die Form gehindert.

Die dünnflüssige Schlacke und kleine Schlackenpartikel können in den Gießstrahl gelangen und müssen im Schlackenlauf zurückgehalten werden.

1 Trichterstopfen zum Ziehen

Möglichkeiten Schlacke zurückzuhalten

Es gibt folgende Möglichkeiten, um die Schlacke zurückzuhalten:

— Zurückhalten der Schlacke durch besondere Einrichtung im Schlackentümpel
— Zurückhalten der Schlacke im Schlackenlauf
— Zurückhalten der Schlacke durch zusätzliche Einrichtungen im Eingußsystem wie Schaumkreisel, Schlackensieb, Filter usw.

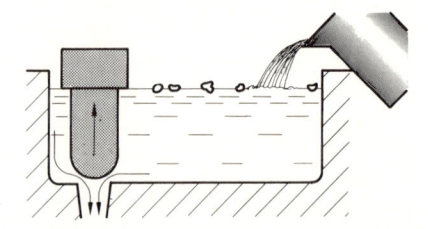

2 Gießkern aufgeschwemmt

Möglichkeiten zum Vollhalten des Eingußsystems

Durch das Vollhalten des Eingußtümpels und Gießtrichters können Schlacke, Schaum und Oxide nicht in den Eingußkanal gelangen. Es gibt verschiedene Möglichkeiten, um das Eingußsystem vollhalten zu können:

— Der Trichterstopfen wird auf den Eingußkanal gesetzt und erst nach dem Füllen des Eingußtümpels herausgezogen (Bild 1).
— Den gleichen Effekt kann man mit dem Gießkern erreichen. Der Gießkern schließt den Einguß so lange, bis das Metall den Gießkern durch den Auftrieb aufschwemmt und den Einguß frei gibt (Bild 2).
— Bei kleineren Formen wird der Einguß durch dünne Schmelzplättchen aus Stahl verschlossen. Erst nach dem Durchschmelzen des Stahlplättchens ist der Eingußkanal geöffnet (Bild 3).
— Der Schlackenschütz hält die auf der Schmelze schwimmende Schlacke während des Gießvorganges zurück und verhindert damit, daß sie in den Gießkanal fließen kann (Bild 4).

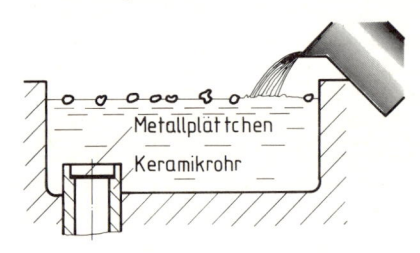

3 Durchschmelzplättchen

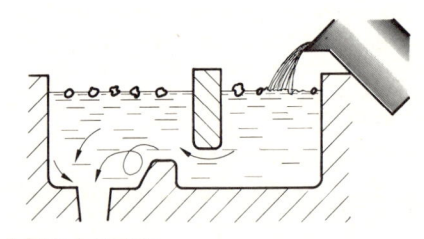

4 Schlackenschütz

Eingußsiebe, Siebkerne und Filter

Eine weitere Möglichkeit, um Schlacke zurückzuhalten, besteht durch den Einbau von Eingußsieben, Siebkernen (Bild 5) und Filtern (Bild 6). Diese Keramikteile werden am Fuße des Eingußtrichters oder im Schlackenlauf eingebaut. Durch Eingußsiebe wird jedoch eine laminare Strömung turbulent.

Für die Absonderung der feinen Mikroschlacke und auch der sehr dünnflüssigen Schlacke werden keramische Filter oder Gewebefilter eingesetzt. Die Filter gibt es mit verschiedenen Durchlaßweiten. Etwa 90% des Filtervolumens ist Hohlraum. Die Filter verursachen erhebliche Strömungsverluste und haben auch eine begrenzte thermische Beständigkeit. Der Einbau von Filtern und Siebkernen ist mit erhöhten Kosten verbunden.

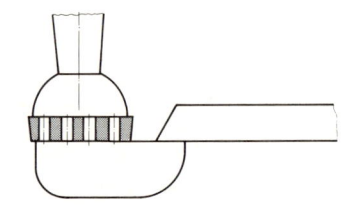

5 Eingußsieb am Trichterfuß

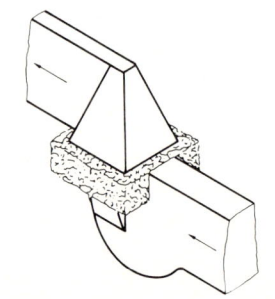

6 Einsatz eines keramischen Filters

Einguß- und Speisertechnik — Eingußsystem

Schlacken- und Schaumabsonderung durch Rotation (Drehmassel Bild 1)

Bei den Systemen mit Schaum- und Schlackenausscheidung durch Rotation ist stets eine Drehmassel im Eingußsystem notwendig. Die Schmelze fließt tangential in die Drehmassel hinein und wird dort zentrifugiert. Durch die Zentrifugalkräfte werden die leichten Schlacken-, Schaum- und Oxidteilchen nach innen getragen und im Oberteil der Drehmassel gesammelt.

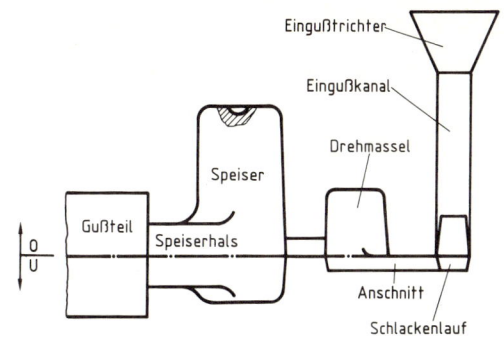

1 Eingußsystem mit Drehmassel

S_T = Trichterquerschnitt
S_L = Laufquerschnitt
S_A = Anschnittquerschnitt

Schlackenzurückhaltung durch das druckbeaufschlagte Eingußsystem

Unter einem **druckbeaufschlagtem Eingußsystem (Bild 2)** versteht man, daß das Eingußsystem so dimensioniert ist, daß während des Gießens das Eingußsystem bis zu den Anschnitten hin komplett gefüllt ist. Somit hat man in den Anschnitten den kleinsten Querschnitt des Eingußsystems. Bei dem druckbeaufschlagten Eingußsystem kann die Schlacke nicht in die Form hineingespült werden.

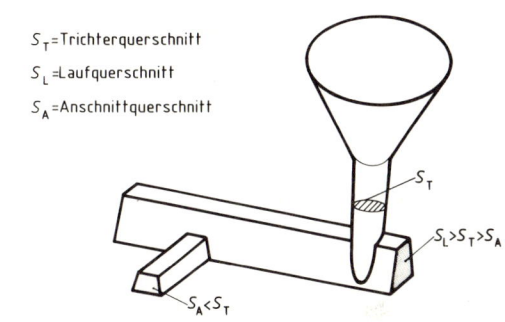

Ein **nicht druckbeaufschlagtes, oder druckloses Eingußsystem (Bild 3)** sollte möglichst vermieden werden. In diesem Falle kann der Schlackenlauf nicht seine Funktion als Schlackenfänger optimal ausüben. Wie in dem Bild gezeigt wird, gibt es direkt hinter dem Eingußkanal eine Kontrollstelle für die Füllmenge (Durchflußmenge). Damit der Schlackenlauf stets gefüllt ist, müssen die Anschnitte auf dem Schlackenlauf sitzen. Diese Art des Anschnittsystems ist häufig bei Kleinguß zu verwenden.

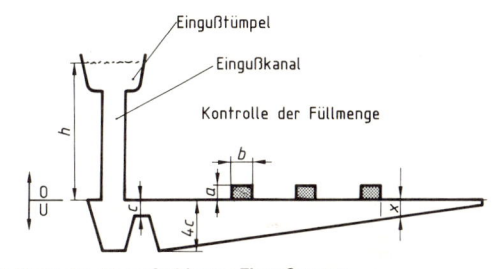

2 Druckbeaufschlagtes Eingußsystem
$S_L > S_T > S_A$
$S_A < S_T$

3 Nicht druckbeaufschlagtes Eingußsystem

Gießtemperatur

Die Wahl der Gießtemperatur hängt von der Art, Größe und Wanddicke (Bild 4) des Gußteils ab. Bei Stahlguß, Grauguß und Kugelgraphitguß wird der Formsand durch die hohe Gießtemperatur stark belastet. Durch die hohe thermische Belastung des Formsandes gibt es häufig Sandsinterungen.

Die Gießtemperatur sollte nie zu niedrig gewählt werden (Bild 4). Es ist stets besser, etwas heißer zu gießen. Ein Guß, der zu kalt gegossen wurde, hat meistens Oberflächen- und Schlackenfehler. Auch die Speiser arbeiten viel besser, wenn das Gießmetall heiß und damit gut flüssig ist. Ein heißes Gießmetall hat nur kleine Strömungsverluste. Die Formfüllung erfolgt mit heißem, flüssigem Metall wesentlich schneller als mit einer zähen Schmelze.

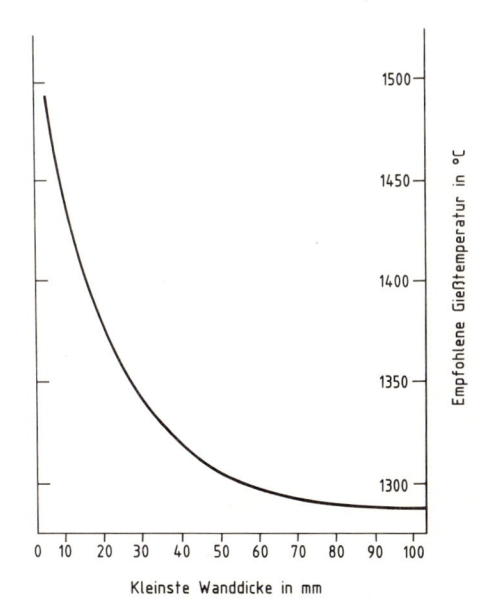

4 Empfohlene Gießtemperatur für Gußeisen mit Kugelgraphit

4.1.5 Gestaltung des Eingußsystems

Die Gestaltung des Eingußsystems ist abhängig vom
- Gieß- und Formverfahren (Beispiel Bild 1) und
- Gießwerkstoff

Eingußsystem für Grauguß und Kugelgraphitguß

Das Eingußsystem für Grauguß und Kugelgraphitguß sollte immer ein sogenanntes druckbeaufschlagtes System sein. Bei den Eisenwerkstoffen schwimmt die Schlacke auf der Schmelze, da sie spezifisch wesentlich leichter als die Schmelze ist. Auch die Gefahr einer Gasaufnahme der Schmelze ist bei diesem Werkstoff nicht so groß wie bei Stahlguß, Aluminiumguß, Magnesiumguß und Kupferlegierungen. Die Gefahr der Einbringung von Sandpartikeln und Schlacken die sich vor dem Schlackenlauf gebildet haben, ist deshalb größer als die Gefahr der Gasaufnahme während des Füllvorganges. Wichtig ist beim Gießen von Grauguß und Kugelgraphitguß, daß der Gießer während des Gießvorganges den Gießtümpel voll hält, damit keine Schlacke in die Form hineingezogen werden kann. Besonders beim Angießen muß der Gießtümpel gefüllt sein. Es ist stets darauf zu achten, daß keine Schlacke durch die Anschnitte in die Gußform fließen kann (Bilder 2 u. 3).

Eingußsystem für Stahlguß

Stahlguß wird normalerweise mit Hilfe einer Stopfenpfanne vergossen. Bei der Stopfenpfanne ist der Ausguß am Boden der Pfanne, und somit besteht während des Gießvorganges keine Gefahr der Schlackeneinspülung in das Eingußsystem. Stahl nimmt jedoch beim Vergießen begierig Sauerstoff, Stickstoff und andere Gase auf. Stahlguß sollte deshalb in einem drucklosen Eingußsystem vergossen werden.

Eingußsystem für Aluminiumguß, Magnesiumguß und Kupferlegierungen

Diese Legierungen werden normalerweise mit einer Gießpfanne oder mit einem Gießlöffel über die Schnauze vergossen. Da das spezifische Gewicht von Aluminium nur 2,7 g/cm³ ist, reinigt sich die Schmelze nur sehr langsam selbst. Die Schmelze muß deshalb vor dem Vergießen gereinigt werden. Beim Gießen und Füllen der Form sollten alle Turbulenzen vermieden werden, da auch diese Legierungen begierig Gase, Wasserstoff, Sauerstoff und Stickstoff aufnehmen. Das zu verwendende Gießsystem muß ein druckloses System sein. Um die Schmelze vor dem Eintreten in die Form zu reinigen, werden sehr häufig Filter eingesetzt.

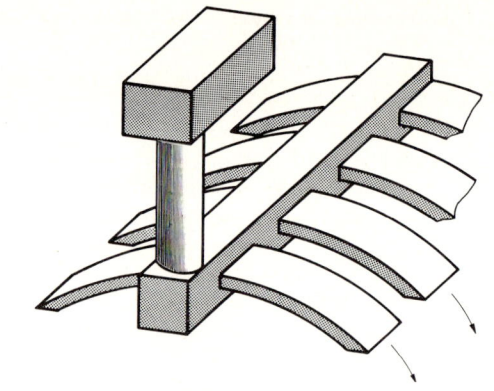

1 Fallender Guß beim Vollformgießen mit typischen Flachanschnitten

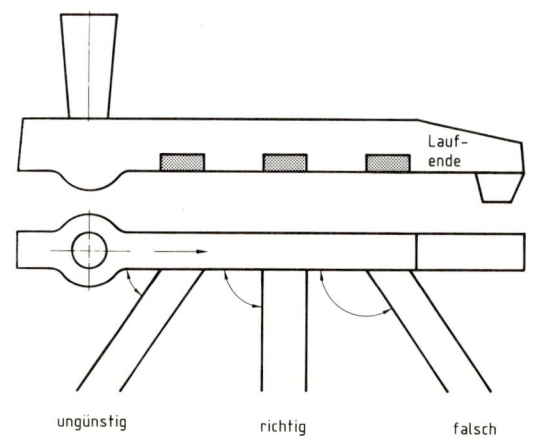

2 Anordnungen der Anschnitte am Lauf

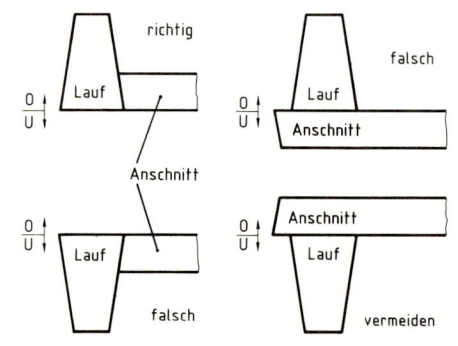

3 Anordnung der Anschnitte am Lauf bezogen auf Formteilung

4.1.6 Beispiele für Anschnittmöglichkeiten

Allgemeine Regeln

Art, Lage und Größe der Anschnitte sind von der Gußstückform, Gußstückgröße und dem Formstoff abhängig.

Kleine Gußteile werden immer am Speiser angeschnitten. Gußteile mit großen Flächen werden am Speiser und zusätzlich an den dünnen Querschnitten angeschnitten. Damit es keine Kaltschweißstellen gibt, wird die Form an den dünnen Querschnitten **mehrmals** mit Anschnitten versehen (Bild 1). Die hierdurch erzielte gleichmäßige Verteilung der Temperatur in der Form ist sehr wichtig, damit sich keine Wärmekonzentrierung, sog. thermischen Knotenpunkte, bilden können, an denen die Erstarrung ungünstig verläuft. Mit mehreren Anschnitten kann auch die Form wesentlich schneller, ruhiger und gleichmäßiger gefüllt werden als mit einem Anschnitt. Die Anschnitte sollten immer so gelegt werden, daß das strömende Gießmetall nicht auf Kerne, Sandballen und Sandkanten fließt. Die Fließrichtung des Gießmetalls sollte stets ohne Hindernisse verlaufen.

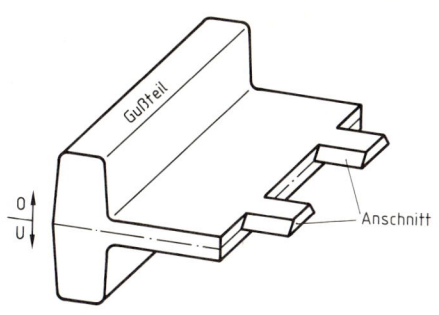

1 Richtige Anordnung der Anschnitte am dünnen Querschnitt

2 Hornanschnitt

Beispiele für besondere Anschnitte

Hornanschnitt (Bild 2)

Diese Anschnittsform wird meistens bei Zahnrädern verwendet. Der Anschnitt wird hornförmig ausgeführt. Anschnitte sollten möglichst nicht an zu bearbeitende Flächen gelegt werden, da aufgrund der Abkühlungsunterschiede in den verschiedenen Querschnitten das Flächenbild (Gefügebild) nach der Bearbeitung unterschiedlich aussehen kann. Mit Hilfe eines Hornanschnitts kann man eine nicht zu bearbeitende Fläche von unten her anschneiden.

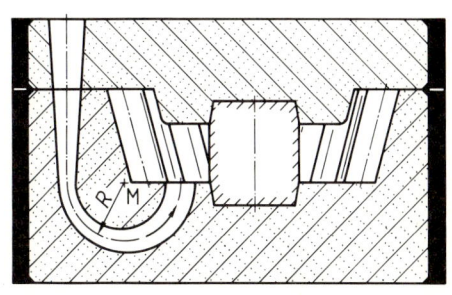

Finger- oder Bleistiftanschnitt (Bild 3)

Diese Anschnitte findet man sehr häufig bei der Herstellung von dünnwandigem Guß, besonders bei der Herstellung von Badewannen und anderen weitflächigen Teilen. Der Finger- oder Bleistiftanschnitt führt direkt vom Eingußtümpel zur Form.

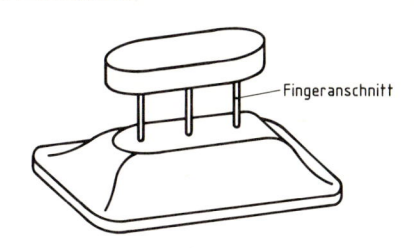

3 Finger- oder Bleistiftanschnitt

Connor-Anschnitt (Bild 4)

Der Connor-Anschnitt wurde nach seinem Erfinder benannt. Bei diesem System erreicht man einen sehr schmalen, langen Speiserhals (2 bis 3 mm Breite). Dieses System wird sehr häufig mit viel Erfolg bei Grauguß angewandt. Der Schlackenlauf ist hierbei gleichzeitig der Speiser. Durch die Aufheizung der Sandkante zwischen Schlackenlauf und Gußteil wird die Erstarrung des Übergangs verzögert und der Speisungsvorgang verlängert.

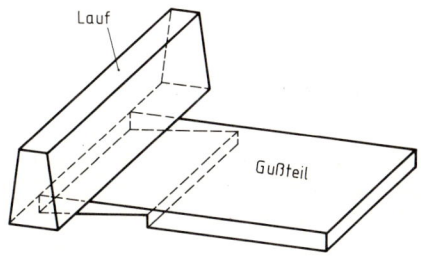

4 Connor-Anschnitt

Stufenanschnitt (Bild 5)

Der Stufenanschnitt wird bei Großguß und hohen Teilen verwendet. Hierbei wird eine optimale gleichmäßige Temperaturverteilung erzielt. Häufig werden die Stufenanschnitte und das Eingußsystem aus vorgefertigten keramischen Teilen zusammengefügt.

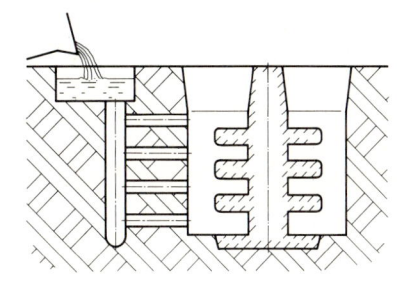

Wiederholungsfragen siehe Ende des Gesamtkapitels 4.

5 Stufenanschnitt

Speisertechnik — **Einguß- und Speisertechnik**

4.2 Speisertechnik

4.2.1 Allgemeines

Die Speisertechnik hat die Aufgabe, die Volumenveränderung während der Erstarrung der Schmelze auszugleichen.

Alle Metalle haben während der Erwärmung eine Volumenerweiterung und bei der Abkühlung eine Volumenverringerung (Bild 1). Die Volumenveränderung ist abhängig von der Legierung (Bild 2).

Bei der Herstellung eines Gußteils muß die Volumenveränderung, die beim Abkühlen bzw. Erstarren der Schmelze erfolgt, ausgeglichen werden. Grauguß und Gußeisen mit Kugelgraphit haben während der Erstarrung auch eine Volumenerweiterung (Expansionsphase, Bild 3). Alle Arten der Volumenveränderungen müssen mit Hilfe eines oder mehrerer Speiser ausgeglichen werden.

Bei der Erstarrung unterscheidet man: flüssige Schrumpfung – Erstarrungsschrumpfung – feste Schwindung.

Für die Gieß- und Speisertechnologie ist nur die Erstarrungsschrumpfung von Bedeutung, da diese Volumenveränderung mit Hilfe der Speisertechnik ausgeglichen werden muß (Bild 4). Für den Modellbauer ist die feste Schwindung wichtig, da das Modell um diesen prozentualen Betrag größer gemacht werden muß.

Die Speisertechnik gliedert sich in zwei Hauptbereiche auf:
– Gelenkte Erstarrung
– Druckregulierungsmethode.

Die Berechnung der Speiser erfolgt bei den meisten Legierungen nach der Methode der gelenkte Erstarrung. Stahlguß, Aluminiumguß, Bronzeguß und Messingguß können nur mit Hilfe dieser Methode dicht und lunkerfrei hergestellt werden. Die Methode der Druckregulierung wird bei Grauguß und Kugelgraphitguß angewendet. Bei diesen Legierungen gibt es während der Erstarrung eine Expansion, die mit einem Druckaufbau verbunden ist (Bild 3). Diesen sogenannten Selbstspeisungseffekt kann man zum Dichtspeisen der Gußteile vorteilhaft ausnutzen. In der Praxis ist es sogar möglich, Grauguß und Kugelgraphitguß unter bestimmten Bedingungen speiserlos zu gießen. Aus diesem Grunde können auch Grauguß und Kugelgraphitguß wesentlich wirtschaftlicher als Stahlguß und andere Legierungen hergestellt werden. Die Ausbringung bei Grauguß ist ca. 80% und bei Stahlguß 40 bis 50%.

Vereinfachte Formel:

$$\text{Ausbringung} = \frac{\text{Gußstückgewicht}}{\text{Gießgewicht}} \cdot 100 \; [\%]$$

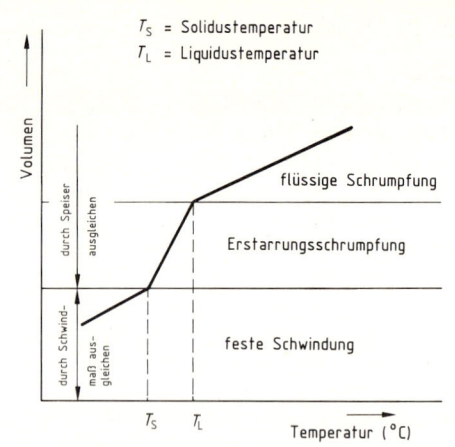

T_S = Solidustemperatur
T_L = Liquidustemperatur

1 Volumenveränderung in Abhängigkeit von der Temperatur

Werkstoff	Erstarrungs-schrumpfung in %	flüssige Schrumpfung in %
Cu-Leg.	4 bis 8	Richtwert für alle Metalle ist 1% pro 30 bis 60 °C über Liquidus-temperatur
Al-Leg.	5 bis 6	
GG	−1 bis 4	
GGG	1 bis 6	
GS, leg.	4,5 bis 6	
GS, unleg.	ca. 4,5	
GT	5,5 bis 6	

2 Schrumpfungswerte von Gußwerkstoffen

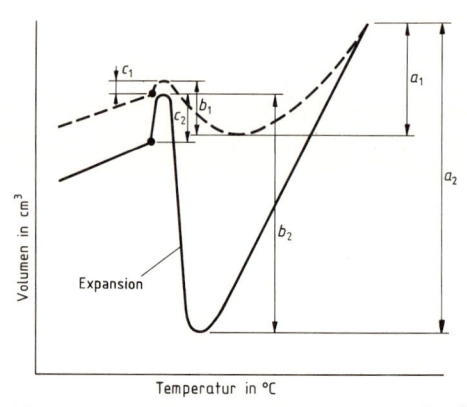

3 Volumenveränderung von Grauguß und Kugelgraphitguß

4 Gußteil mit Speiser

4.2.2 Der Speiser

Aufgabe

Der Speiser hat die Aufgabe, so viel flüssiges Material zu speichern, daß die während der Erstarrung des Metalls stattfindende Volumenveränderung ausgeglichen werden kann. Das bedeutet auch, daß der Speiser stets höher als der zu speisende Bereich angebracht sein muß (Bild 1).

Speiserart

Die meisten Speiser sind sogenannte **heiße Speiser**. Das heißt, daß der Speiser mit einem Anschnitt vom Eingußsystem versehen ist, und beim Gießvorgang stets mit heißer Schmelze aufgeheizt wird. Beim Speisungssystem der gelenkten Erstarrung muß der Speiser bis zuletzt flüssiges Material zum Speisen bereit stellen. In diesem Fall befindet sich die zuletzt erstarrende Schmelze in dem Speiser. Die Abkühlungs- und Erstarrungsgeschwindigkeit des Speisers kann auch mit Hilfe einer **exothermen** oder **isolierenden** Schale, die den Speiser umgibt, beeinflußt werden. In der Praxis werden immer mehr von diesen vorgefertigten **Speisereinsätzen** verwendet.

Im Handformbereich gibt es häufig noch die sogenannten offenen Speiser. Der **offene Speiser** wird im Formoberkasten nach außen geführt. Er hat den Vorteil, daß man auch frisches, heißes Metall in den Speiser nachgießen kann.

Durch das Nachgießen von heißer Schmelze kann der Wirkungsgrad des Speisers erhöht werden. Bei offenen Speisern kann auch exothermes Material oder sogenanntes **Lunkerpulver** auf den Speiser gegeben werden. In den Gießereien werden jedoch vermehrt sogenannte geschlossene Speiser verwendet. Die **geschlossenen Speiser** arbeiten gleichmäßiger und können mit einer vorgefertigten Hülse sauber ausgebildet werden. Bei geschlossenen Speisern besteht auch nicht die Gefahr, daß Sand in die Form fällt. Diese Sandeinschlüsse können zu Fehlern im Guß beitragen.

Speiserform

Die Speiserform kann unterschiedlich sein. Meistens sind Speiser zylindrisch ausgebildet, die Höhe ist 1,5× bis 2×Durchmesser. Der Speiser kann auch in Kugelform ausgebildet sein.

Die Ausbildung des Speisers muß so sein, daß der Speiser sofort beim Schrumpfen des Metalls oben einfällt. Wenn sich eine stabile Schale um den Speiser bildet, kann der Speiser nicht sofort und ordentlich arbeiten. Solange der Speiser von einer festen Schale umgeben ist, entsteht im Speiser ein Vakuum. Der Speiser muß deshalb immer nach oben geöffnet sein, damit der atmosphärische Druck, auch durch den Formstoff hindurch, das Metall in die Form drücken kann.

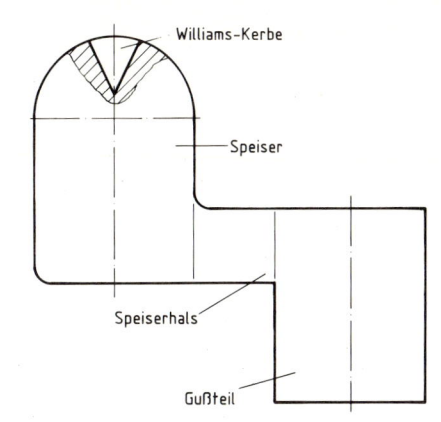

1 Anordnung von Speiser und Speiserhals

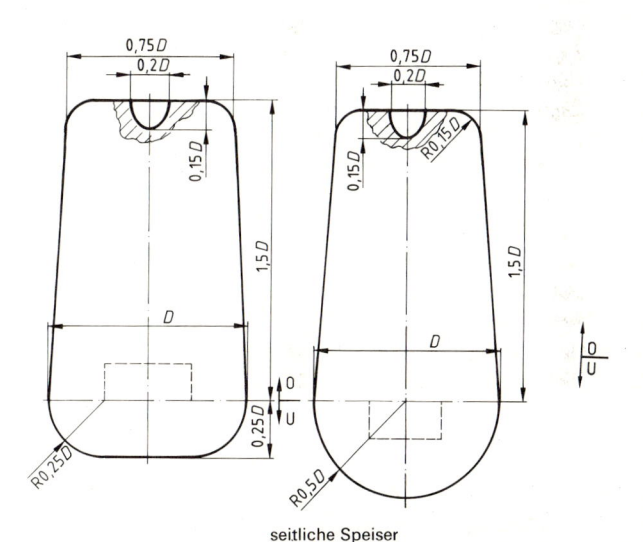

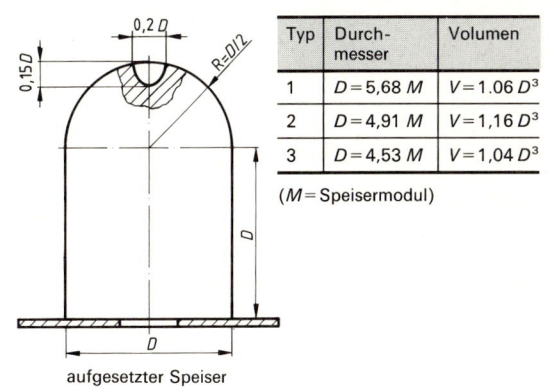

2 Speiserformen

Typ	Durchmesser	Volumen
1	$D = 5{,}68\,M$	$V = 1{,}06\,D^3$
2	$D = 4{,}91\,M$	$V = 1{,}16\,D^3$
3	$D = 4{,}53\,M$	$V = 1{,}04\,D^3$

(M = Speisermodul)

Speisertechnik **Einguß- und Speisertechnik**

Wirkungsweise des Speisers

Es ist sehr wichtig, darauf zu achten, daß der Speiser „arbeitet". Ein Speiser kann nur arbeiten, solange ein Kanal mit flüssigem Metall (Schmelze) zum Gußteil hin vorhanden ist. Normalerweise wird flüssiges Material nur durch die Schwerkraft in die Form gedrückt (Bild 1). In diesem Falle wird ein höherer Druck durch einen höheren Speiser (Metallsäule) hervorgerufen. Der Druck der Schmelze in die Form kann zusätzlich erhöht werden, indem eine Williamskerbe bzw. ein Williamskern (Bild 2) in den Speiser oben eingebaut wird. Der Williamskern hat die Aufgabe, sobald er mit der Schmelze in Berührung kommt, ein Gaspolster zu bilden. Das Gas entsteht durch die Verbrennung des Formsandbinders bzw. Kernsandbinders. Der „Williamseffekt" (Bild 3) ist bei gut gasdurchlässigen Sanden nicht so gut wie bei schlecht gasdurchlässigen, da der Gasdruck sehr schnell durch die Abführung der Gase abgebaut wird.

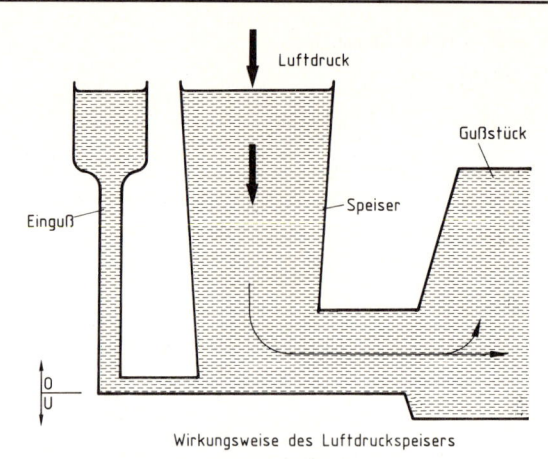

1 Wirkungsweise des Luftdruckspeisers

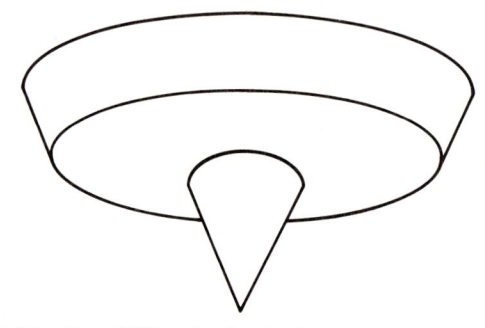

Obere Form der Speiser

Die Form der Speiser ist meistens zylindrisch. Der obere Abschluß des Speisers kann kuppelförmig oder flach sein. Da die Wirkungsweise des Speisers von dem schnellen Einfall der Oberseite abhängig ist, macht man die Speiser oben flach und somit instabil. Eine Kuppelausbildung ist sehr stabil und schwer durchzubrechen. Die Umgebung des Speisers und der Formsand sollten gut gasdurchlässig sein, damit der Speiser stets unter atmosphärischem Druck steht (Bild 4). Sobald ein Vakuum entsteht, wird der Speiser nicht mehr arbeiten. In diesem Falle kann Schmelze aus der Form in den Speiser gezogen werden. Die Fehler, die dabei entstehen, zeigen sich als Porositäten in den thermischen Zentren des Gußteils.

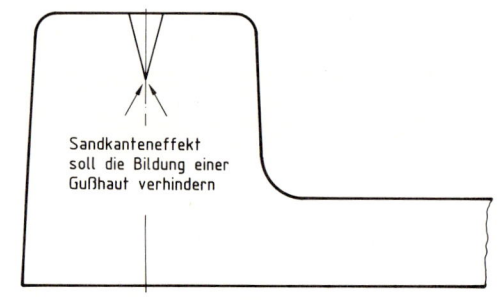

2 Luftdruckkern (Williamskern) an Stelle der in Sand ausgeformten Sandkante

Fehleranalyse mit Hilfe des Speisers

Das Lunkerbild des Speisers sagt sehr viel über das Erstarrungsverhalten der Schmelze aus. Wie aus dem Bild 3, Seite 176 ersichtlich ist, können fehlerhafte Gußteile schon anhand des Lunkerbildes und Speisers erkannt werden. Wichtig ist immer, daß genügend heiße Schmelze im Speiser ist. Sobald die Temperatur der Schmelze im Speiser niedrig ist, wird die Schmelze dickflüssig, und die Fließfähigkeit nimmt sehr stark ab. Aus diesem Grunde werden auch möglichst nur heiße Speiser verwendet. Die Schmelze sollte im Speiser so erstarren, daß es nur einen gleichmäßigen Lunker im Oberteil des Speisers gibt. Gibt es mehrere Lunkerbereiche im Speiser, so war das Erstarrungsverhalten der Schmelze nicht gleichmäßig, bzw. die Form hat während der Erstarrung nachgegeben.

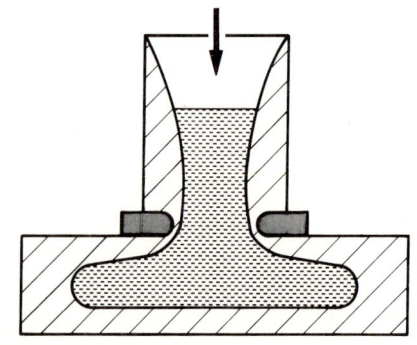

3 Geschlossener Speiser mit Williams-Kerbe

4 Speisung durch Schwerkraft

Einguß- und Speisertechnik — Speisertechnik

Berechnung der Speiser
Modulberechnung

Für die Berechnung der Speiser müssen die Erstarrungszeit und die Erstarrungsform bekannt sein.

Durch die Zuhilfenahme der Modulberechnung (Tabelle 1) kann die Erstarrung in jedem einzelnen Bereich festgelegt werden. Der Modul ist ein Verhältniswert von Volumen zu Oberfläche. Bei der Erstarrung wird die Wärmeenergie, die für das Aufschmelzen der Legierung notwendig war, über die Oberfläche des Gußteils an die Form abgegeben. Je größer die Oberfläche, um so schneller ist die Erstarrung der Schmelze (Wärmeabführung).

Beispiel einer Modulberechnung

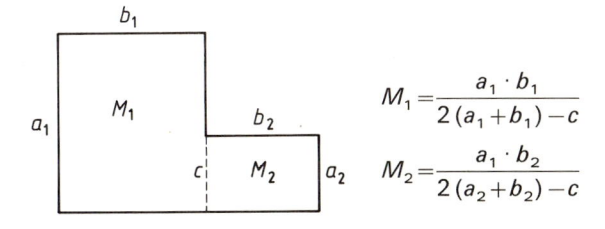

$$\text{Modul}\,(M) = \frac{\text{Volumen}\,(V)}{\text{Oberfläche}\,(A)}$$

$$M = \frac{a \cdot b}{2(a+b) - c} \quad [c = \text{nichtkühlende Fläche}]$$

$$M_1 = \frac{a_1 \cdot b_1}{2(a_1 + b_1) - c}$$

$$M_2 = \frac{a_1 \cdot b_2}{2(a_2 + b_2) - c}$$

Die Modulberechnung und die Modulbestimmung sind sehr schwierig. Es ist fast unmöglich, exakt die thermischen Moduln zu berechnen. Normalerweise genügt die Berechnung der geometrischen Moduln mit den erwähnten einfachen Formeln.

Sandkanteneffekte, Wärmeabführung durch Kerne usw. sind nicht genau meßbar und werden auch in der Modulberechnung nicht berücksichtigt. Es ist aber dennoch möglich, mit Hilfe der Modulberechnung sehr genau die Erstarrungsbedingungen festzulegen. Anhand der Moduln kann die Speisergröße für jedes Gußteil bestimmt werden.

In der Praxis werden Gußkonstruktionen für die Modulberechnung in einzelne normale geometrische Bauteile aufgeteilt (Bild 2 und 3). Danach werden die einzelnen Erstarrungsbereiche festgelegt. Meistens genügt zum Speisen eines Gußteils nicht nur ein Speiser. An jeden Erstarrungsbereich muß ein Speiser zum Ausgleich der Volumenveränderung während der Erstarrung angebracht werden. Die Erstarrungsform und die Erstarrungsgeschwindigkeit können durch Kühleisen (Kokillen) oder Isoliermaterialien gelenkt und gesteuert werden.

Speiserberechnung in der Praxis

Mit Hilfe der berechneten Moduln wird die Speisergröße bestimmt. Wenn das letzte flüssige Metall im Speiser sein soll, ergibt sich folgende Berechnungsformel:

$$M_{\text{Speiser}} = 1{,}2 \cdot M_{\text{Gußstück}}$$

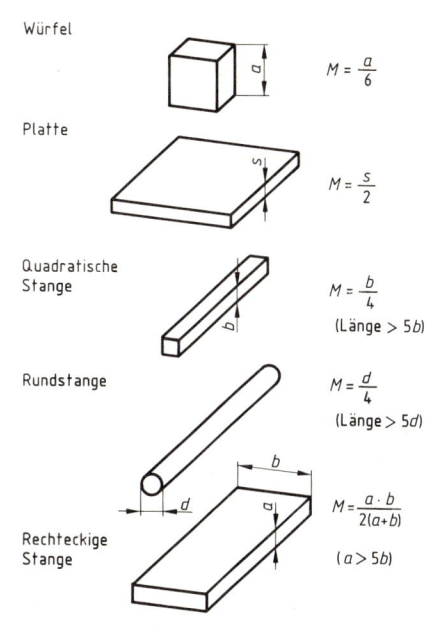

Würfel: $M = \frac{a}{6}$

Platte: $M = \frac{s}{2}$

Quadratische Stange: $M = \frac{b}{4}$ (Länge $> 5b$)

Rundstange: $M = \frac{d}{4}$ (Länge $> 5d$)

Rechteckige Stange: $M = \frac{a \cdot b}{2(a+b)}$ ($a > 5b$)

1 Modul einiger einfacher geometrischer Formen

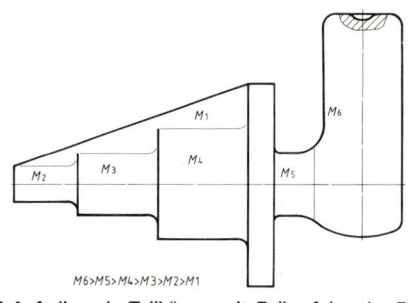

2 Aufteilung in Teilkörper mit Reihenfolge der Erstarrung und Stelle des Speisers
$M_6 > M_5 > M_4 > M_3 > M_2 > M_1$

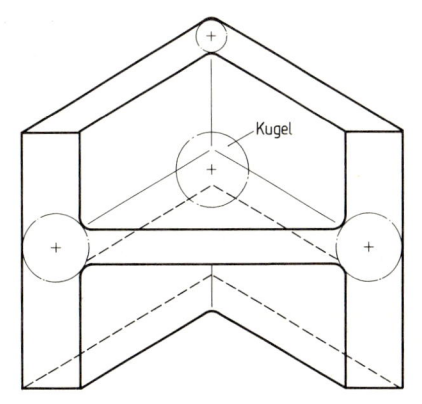

3 Kugel als Ersatzkörper im Knotenpunkt von drei Wanddicken

Speisertechnik Einguß- und Speisertechnik

Modul Signifikant

Unter dem Modul „Signifikant" versteht man den Modul, der gespeist werden muß. Meistens ist am größten Querschnitt eines Gußteils auch der größte Modul und somit auch der „signifikante" Modul. An dem Querschnitt mit dem signifikanten Modul wird auch der Speiser angesetzt. Der signifikante Modul ist für die Speisersystemberechnung sehr wichtig.

Speiserhalsberechnung

Der Speiserhals ist die Verbindung vom Gußteil zum Speiser. Meistens ist der Modul des Speiserhalses um 10% größer als der signifikante Modul des Gußteils. Die Berechnung des Speiserhalsmoduls erfolgt nach folgender Formel:

$$M_{Speiserhals} = 1{,}1 \cdot M_{signifikant}$$

Bei quadratischen Speiserhalsquerschnitten wird nach folgender Formel die Seitenlänge a berechnet:

$$a = 4 \cdot M_{Speiserhals}$$

Der Speiserhals darf nicht zu groß und nicht zu klein sein. In zu großen Speiserhälsen findet man sehr häufig Lunker und Porositäten. Der Speiserhals hat meistens am Übergang vom Gußteil zum Speiserhals eine sogenannte Brechkerbe. Die Brechkerbe hat die Aufgabe, die Bruchstelle beim Abtrennen des Speisers vorzuzeigen.

Eigentliche Speiserberechnungen

Der Speiser hat zwei wichtige Aufgaben:

a) Der Speiser ist ein Reservoir für flüssige Schmelze (Volumenausgleich), die während der Erstarrung des Gußteils zum Speisen des Gußstückes zur Verfügung stehen muß. Das Volumen des Speisers berechnet sich z.B. für Stahlguß folgendermaßen:

$$\text{Speiservolumen} = 2\% \cdot \Delta t$$

Δt = Temperaturdifferenz zwischen Solidus- und Gießtemperatur

b) Der Speiser muß **so lange** flüssiges Material bereitstellen, bis die Erstarrung im Gußteil vollständig abgeschlossen ist. Für diese Berechnung des Speisers wird die Modulberechnung zu Hilfe genommen.

$$M_{Speiser} = 1{,}2 \cdot M_{signifikant}$$
$$d = 5 \cdot M_{Speiser}$$
(d = Speiserdurchmesser bei 1,5 h)

Anhand der Beschreibung von Seite 169 und 170 kann für alle Legierungen die Speisertechnologie bestimmt werden. Diese Berechnungsmethode nennt man „Berechnung der Speiser nach der gelenkten Erstarrung". In diesem Falle werden alle thermischen Zentren aus dem Guß hinausverlagert.

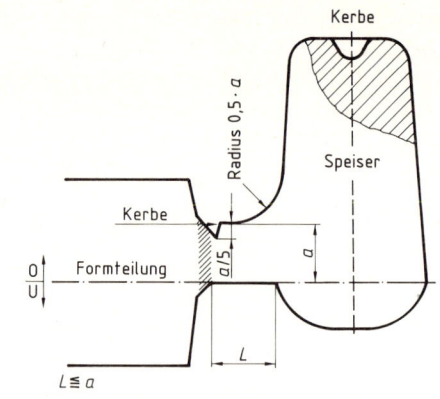

1 Gestaltung des Speiserhalses zwischen Gußstück und Speiser

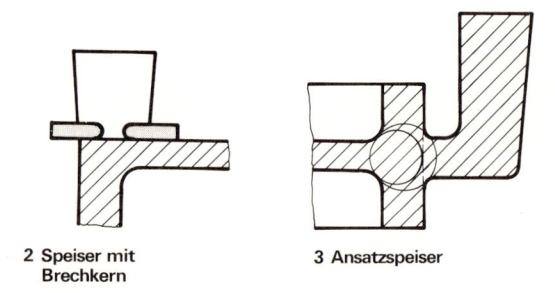

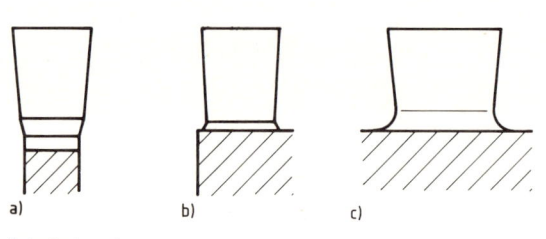

2 Speiser mit Brechkern

3 Ansatzspeiser

4 Aufsatzspeiser

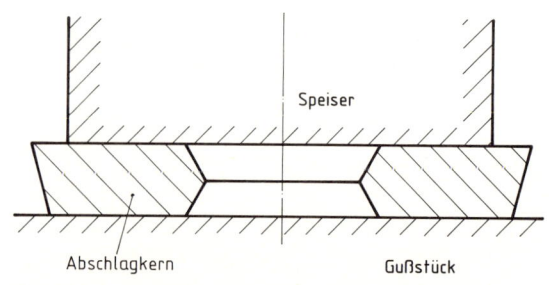

5 Brechkern (Anschlagkern) aus keramischem Material

Einguß- und Speisertechnik — Speisertechnik

Berechnung von Speiser und Speiserhals für Grauguß und Kugelgraphitguß

Diese beiden Legierungen haben den Vorteil, daß bei der Erstarrung eine Volumenerweiterung eintritt. Diese Volumenerweiterung nennt man auch Graphitexpansion. Bei festen Formen (Kokillenguß) wird durch die Graphitexpansion häufig Schmelze aus der Form herausgedrückt. Grauguß und Kugelgraphitguß kann unter bestimmten Bedingungen speiserlos gegossen werden.

Zur Speiserberechnung bei Grauguß und Kugelgraphitguß muß man zuerst die einzelnen Moduln berechnen. Da bei der Erstarrung eine Expansion stattfindet, muß auch bei der Berechnung der Speiser und des Speiserhalses der zu erwartende Expansionsdruck berücksichtigt werden. Der Expansionsdruck muß abgebaut und reguliert werden. Wird dieser Druck nicht reguliert und abgebaut, wird die Form durch den Druck so stark belastet, daß es zu Deformationen kommt. Der Abguß zeigt dann Verformungen und Ausbeulungen.

Zur Berechnung der Speiser für Grauguß und Kugelgraphitguß wird 2 bis 5% vom Volumen für die Kompensierung der Primärschwindung verwendet.

Der Speiser wird meistens an den größten Querschnitt seitlich angesetzt, wie die Bilder 1 und 2 zeigen, kann dies jedoch auch falsch sein, wenn dadurch der Modul vergrößert wird. Der Modul des Speisers sollte bei Grauguß und Kugelgraphitguß stets kleiner als der signifikante Modul sein. Zur Berechnung des Speiserhalses und des Speisers verwendet man folgende Formeln und Faktoren:

$$M_{Speiserhals} = (0{,}3 \ldots 0{,}7) \cdot M_{signifikant}$$

$$M_{Speiser} = 1{,}1 \cdot M_{Speiserhals}$$

Da der Faktor zur Berechnung des Speiserhalses und des Speisers stets kleiner als der signifikante Modul ist, muß die Endphase der Schrumpfung durch den Expansionseffekt ausgeglichen werden (hierbei wird die Selbstspeisung berücksichtigt).

Berechnungsfaktor für Speiserhals	Modul Gußstück signifikant
0,7	~0,5 … 1 cm
0,6	1 … 2 cm
0,5	2 … 3 cm
0,3	≧ 3 cm

Damit die Gußteile fehlerfrei gegossen werden können, müssen die Speiser und die dazu gehörenden Speiserhälse immer genau berechnet werden. Auch die Vergrößerung des Speisermoduls durch die Anwendung von isolierenden und exothermen Speisereinsätzen (Bild 3) oder Heizkissen (Bild 4) u.a. muß bei der Speiserberechnung berücksichtigt werden. Eine empirische Speiserbestimmung ist immer sehr gefährlich und mit einem hohen Ausschußanteil verbunden.

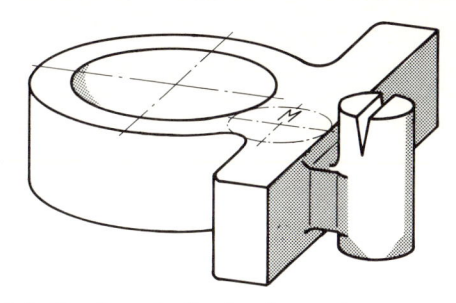

1 Falsche Anordnung des Ansatzspeisers am Lager

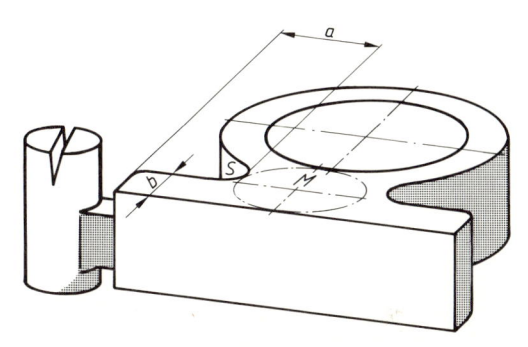

2 Richtige Anordnung des Ansatzspeisers am Lager

3 Speisereinsatz isolierend und exotherm vergrößert den Speisermodul – Ausbringen 94% (Gußteil: Planetenträger GGG, 34 kg)

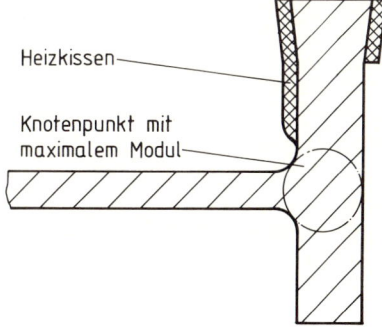

4 Heizkissenanwendung

Speisertechnik | **Einguß- und Speisertechnik**

Heuversche Kreismethode

Für die Bestimmung der Speiser nach der gelenkten Erstarrung ist es sehr häufig notwendig, daß der Erstarrungsweg mit Hilfe der Heuverschen Kreismethode ausgelegt wird. Bei der Heuverschen Kreismethode (Bild 1) geht man von dem Knotenpunkt, der zu speisen ist, aus und legt Kreise aneinander, die sich um ca. 10% vergrößern. Diese notwendigen Erweiterungen zur gelenkten Erstarrung haben jedoch den Nachteil, daß man diese Materialanhäufungen beim Nacharbeiten und Gußputzen abarbeiten muß, sofern dies nicht bereits konstruktiv wie in Bild 2 berücksichtigt wurde. Bei der Herstellung von Stahlguß ist die Heuversche Kreismethode sehr wichtig und wird auch sehr häufig angewandt.

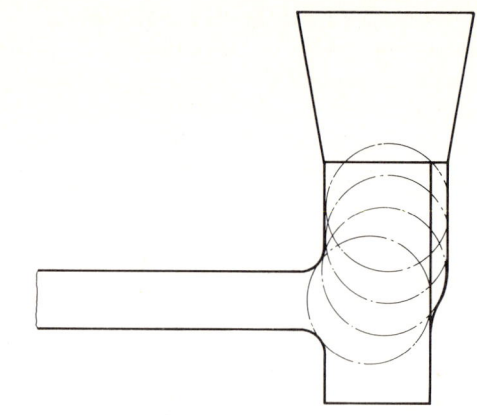

1 Heuversche Kreismethode

Ansatzspeiser – Aufsatzspeiser

Die Speiser können angesetzt bzw. aufgesetzt werden. Die Ansatzspeiser sind meistens heiße Speiser und die Aufsatzspeiser kalte Speiser (Bild 3). Der Aufsatzspeiser sollte immer eine Isolierschale oder eine exotherme Schale haben. Bei den Aufsatzspeisern gibt es sehr häufig beim Abtrennen Schwierigkeiten. Am Speiserhals treten oft Lunker und Porositäten auf. Zum leichten Abtrennen der Aufsatzspeiser verwendet man zur Ausbildung des Speiserhalses einen vorgefertigten Brechkern. Die Ansatzspeiser haben viele Vorteile, deshalb sollte, wenn möglich, nur mit heißen Ansatzspeisern gearbeitet werden. Das Abtrennen von Ansatzspeisern ist relativ einfach, da der Speiserhals entsprechend lang ausgebildet sein kann.

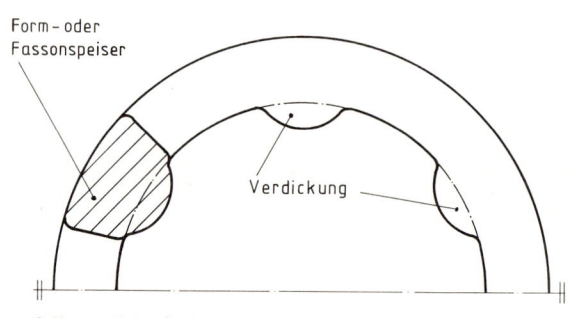

2 Konstruktive Änderungen an der unbearbeiteten Innenseite

Kühlrippen (Bild 4)

Bei der Speisertechnologie ist die Wärmeableitung von großer Bedeutung. Je besser die Wärmeabfuhr, desto größer ist auch die Erstarrungsgeschwindigkeit. Die Abkühlgeschwindigkeit kann an Knotenpunkten vergrößert werden, indem man Kühlrippen anbringt. Durch die Kühlrippen wird die gesamte Gußoberfläche, die in Kontakt mit dem Formsand ist, vergrößert. Die Wärmeenergie aus dem erstarrenden Gußteil kann nur über die Kontaktfläche zur Form abgegeben werden. Bei der Herstellung von Stahlguß ist die Erweiterung der Oberfläche durch Kühlrippen sehr oft von großem Vorteil. Die Kühlrippen sind sehr dünn (2–8 mm) und wirken auch häufig als sogenannte Reißrippen. Das Gußteil wird durch die Reißrippen stabiler, und die Gefahr der Rißbildung wird geringer. Die Kühlrippen werden am Abguß wieder entfernt. Dies bedeutet, daß man mehr Arbeit beim Gußputzen hat. Bei Grauguß und Kugelgraphitguß dürfen die Reißrippen nicht so dünn ausgebildet sein, da ansonsten durch die Weißeinstrahlung am Gußstück Risse entstehen können.

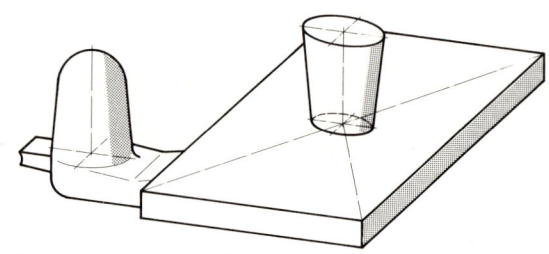

3 Ansatz- und Aufsatzspeiser

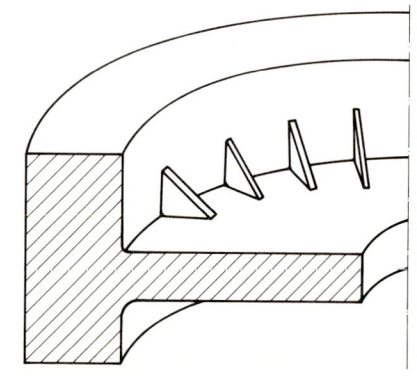

4 Kühlrippen an einem Gußteil

4.2.3 Erstarrungsverlängerung durch exotherme und isolierende Einsätze

Allgemeines

Bei der Herstellung von Gußteilen muß stets mit Hilfe des Speisers das sich in Abhängigkeit der Zeit und Temperatur verändernde Volumen ausgeglichen werden. bei den meisten Legierungen sollte sich im Speiser die zuletzt erstarrende flüssige Schmelze befinden. Das bedeutet, daß der Speiser den größten Modul bzw. den größten Querschnitt im System haben muß. Große Speiser erniedrigen das Ausbringen an gutem Guß. Die wirtschaftliche Herstellung von Gußteilen ist direkt von der Ausbringung abhängig. Um die Speiser zu verkleinern und die wirtschaftliche Herstellung der Gußteile zu erhöhen, kann man isolierende und exotherme Speisereinsätze (Bild 1 bis 3) oder, in Sonderfällen Heizkissen (Bild 4) verwenden.

Isolierende Speisereinsätze

Die isolierenden Speisereinsätze haben sich in den Gießereien sehr gut bewährt. Der vorgefertigte Speisereinsatz wird in die Form eingebaut und ist ca. 20 bis 50% kleiner als der normale Speiser, der im Formsand abgeformt wird. Der isolierende Speisereinsatz wird aus schlecht wärmeleitendem Material hergestellt und wird als vorgefertigter Einsatz von Gießereizulieferanten verkauft. Diese isolierenden Speisereinsätze gibt es fast in allen Größen. Der Nachteil dieser Einsätze ist, daß man sie nur einmal verwenden kann und auch aus dem wiederaufzubereitenden Altsand herausnehmen muß.

Exotherme Speisereinsätze

Die exothermen Speisereinsätze gibt es schon sehr lange. Die Wirkung ist von der exothermen Reaktion abhängig. Die Lagerung der exothermen und isolierenden Speisereinsätze sollte in trockenen Lagerstätten geschehen, da die Materialien gern Feuchtigkeit aufnehmen. Feuchte Speisereinsätze reagieren mit dem Gießmetall und können häufig zu Ausschuß führen. Bei dem Berühren der Schmelze mit dem exothermen Material wird die Verbrennungsreaktion ausgelöst. Die exothermen Mischungen enthalten meistens Aluminium und Magnesium und sauerstoffabgebende Substanzen wie Eisentrioxid (Fe_2O_3) oder Natriumnitrat ($NaNO_3$). Die exotherme Reaktion kann wie folgt ablaufen:

$$Fe_2O_3 + Al \rightarrow Al_2O_3 + 2\,Fe + Wärme$$

Die Beispiele der Bilder 2 und 3 zeigen die Verwendung von Speisereinsätzen mit exothermer **und** isolierender Wirkung.

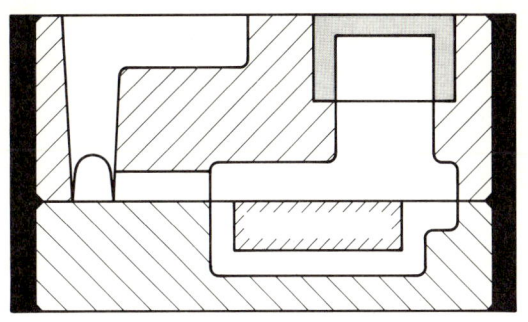

1 Speisereinsatz isolierend oder exotherm vergrößern den Speisermodul

6,7 kg-Stahlguß-Flanschnabe

2a „Naturspeiser" Ausbringung 47%

2b exotherm-isolierender Speisereinsatz Ausbringung 83%

Modul Speiser 1,8 cm
Modul Gußteil 1,5 cm

3 Einsatz von exotherm-isolierenden Speisereinsätzen bei einem Stahlguß-Turbinengehäuse von 18 t Stückgewicht, Ausbringung 74%

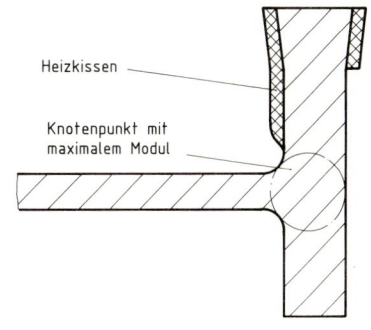

4 Heizkissenanwendung

Speisertechnik — Einguß- und Speisertechnik

4.2.4 Vermeidung von Lunkern und Porositäten durch Sondermaßnahmen

Die Aufgabe der Speisertechnologie ist, die Lunker- und Porositätenbildung im Gußteil zu unterdrücken. Zunächst versucht man, durch die richtige Berechnung und Bestimmung der Speiser die Erstarrungsvorgänge so zu lenken, daß die stetige Volumenveränderung der Schmelze durch nachfließendes Material ausgeglichen wird. Die Lenkung der Erstarrung kann darüber hinaus durch verschiedene, im folgenden beschriebene, Maßnahmen beeinflußt werden.

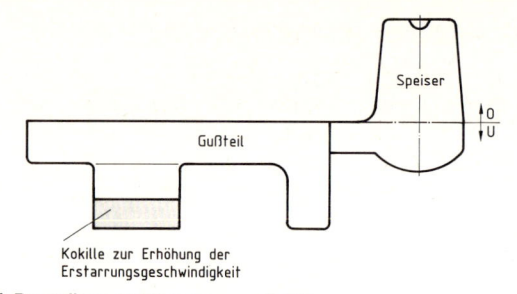

1 Darstellung des Einsatzes von Kokillen

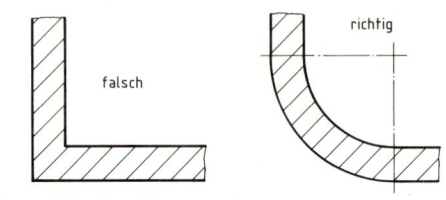

Kokillen (Bild 1)

Kokillen sind meistens aus Gußeisen, Stahl oder Siliciumkarbid hergestellt. Die Aufgabe der Kokille ist es, die Abkühlungs- und Erstarrungsgeschwindigkeit der Schmelze zu vergrößern. Dadurch werden z.B. dicke Wandquerschnitte indirekt verkleinert. Kokillen werden besonders an Knotenpunkten und Querschnitten, die nicht gespeist werden können, angelegt.

2 Konstruktive Ausbildung von Ecken

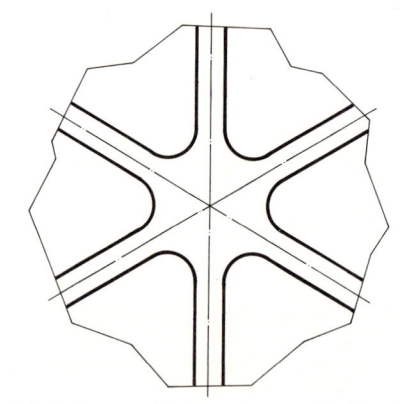

Isolierplatten

Isolierplatten erfüllen die gegenteilige Aufgabe von Kokillen. Die Isolierplatten hemmen bzw. bremsen die Wärmeabgabe. Damit an dünnen Querschnitten durchgespeist werden kann, müssen dort häufig Isolierplatten angelegt werden.

Richtige Plazierung der Anschnitte

Durch die Anschnitte fließt stets die heiße Schmelze. An den Anschnittstellen wird die Form immer aufgeheizt werden. Aus diesem Grunde werden Anschnitte immer dort hin plaziert, wo der Formquerschnitt aufgeheizt werden soll. Meistens werden Anschnitte an den dünnsten Formquerschnitten bzw. an die Speiser angebracht.

3 Falsche Ausbildung von Knotenpunkten: große Materialanhäufung

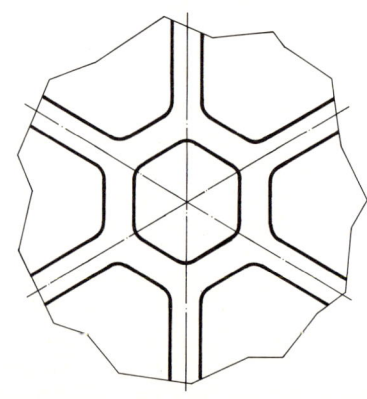

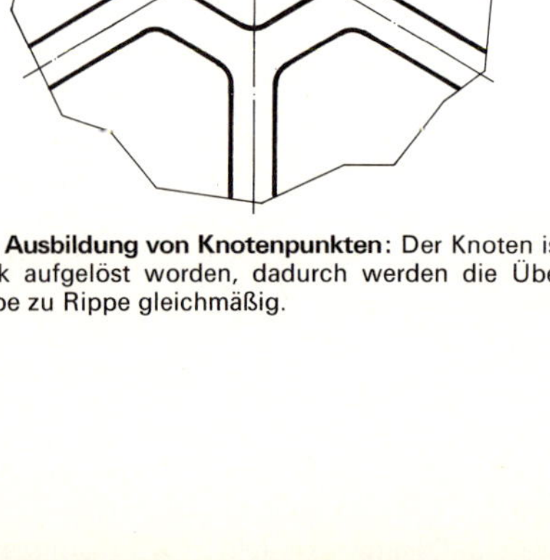

Konstruktive Lunkervermeidung (Bild 2, 3, 4)

Gußkonstruktionen müssen anders ausgeführt und gestaltet sein als Schweißkonstruktionen. Wichtig beim Konstruieren ist, daß Materialanhäufungen und abrupte Übergänge von dicken zu dünnen Querschnitten vermieden werden. Die Erstarrungslenkung der Schmelze sollte schon beim Konstruieren eines Gußstückes berücksichtigt werden. Besonders die Radien, die die Verbindung von einem zum andern Querschnitt darstellen, sollten möglichst groß gehalten werden. Beim Konstruieren von Gußteilen ist eine gute Zusammenarbeit zwischen Konstrukteur und Gießer sehr vorteilhaft.

4 Richtige Ausbildung von Knotenpunkten: Der Knoten ist in ein Sechseck aufgelöst worden, dadurch werden die Übergänge von Rippe zu Rippe gleichmäßig.

4.2.5 Sättigungsweite, Speisungslänge

Unter Speisungslänge versteht man den Bereich, in dem der Speiser wirksam ist. Der Speiser kann in diesem Bereich während der Erstarrung der Schmelze die Schrumpfung ausgleichen.

Sättigungsweite = Endzone + Speisungslänge.

Alle Legierungen haben bestimmte Eigenheiten bei der Erstarrung. Die Erstarrungsform ist von der Kristallisationsbildung und vom Kristallisationswachstum abhängig. Es gibt Legierungen, die endogen und andere, die exogen (Bild 1 und 2) erstarren. Sobald sich feste Kristalle bzw. Teilchen in der Schmelze bilden, wird der Speisungsvorgang beeinträchtigt. Je niedriger die Temperatur ist, desto teigiger ist die Schmelze. Die festen Bestandteile in der Schmelze nehmen mit sinkender Temperatur bei allen Legierungen zu. Der Transport von flüssigem Material vom Speiser zu dem zu speisenden Teil wird mit abnehmender Temperatur immer schwieriger. Auch die Speisungslänge bzw. Sättigungsweite ist von der Erstarrungsart der Legierung abhängig. Bei Grauguß ist die Sättigungsweite etwa 10 bis 15mal der Wanddicke, bei Stahlguß und Aluminiumguß nur ca. 1,5 bis 3mal der Wanddicke.

4.2.6 Innenkühlung

Die Erstarrung kann durch verschiedene Maßnahmen beeinflußt werden. Es ist meistens nicht möglich, daß alle Querschnitte in einem Gußteil ordentlich mit Speisern versehen werden können. Aus diesem Grunde gibt es verschiedene Maßnahmen zur Beeinflussung der Erstarrung. Das Einbringen von Kühlmaterialien in Form von Kühlnägeln, Kühlspiralen und anderen Kühlteilen wird sehr häufig gemacht. Diese Teile für die Innenkühlung müssen absolut frei von Oxid und Feuchtigkeit sein. Rostflecken an Kühlteilen können explosionsartige Reaktionen mit der Schmelze geben.

Zu große Kühlteile verbinden sich schlecht mit der Schmelze und sind somit im Guß nur eingespannt.

4.2.7 Beeinflussung der Erstarrungsgeschwindigkeit der Schmelze durch die Formstoffe

Die Erstarrungsgeschwindigkeit der Schmelze kann auch durch die Formstoffe und die Formsandzuschlagstoffe beeinflußt werden. Der Quarzsand, aus dem üblicherweise der Formsand besteht, hat eine schlechtere Wärmeleitfähigkeit als der Chromit- oder Zirkonsand. Dem Quarzsand kann zur besseren Wärmeleitung auch Eisenoxidrot hinzugegeben werden. An sehr aufgeheizten Stellen und für kleine Kerne sollte man Zirkonsand als Formstoff verwenden.

1 Endogene Erstarrung

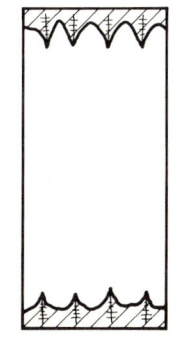

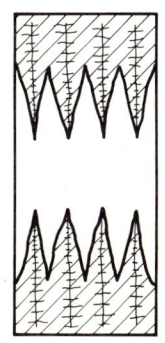

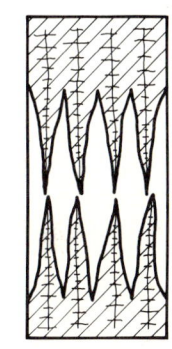

2 Exogene Erstarrung

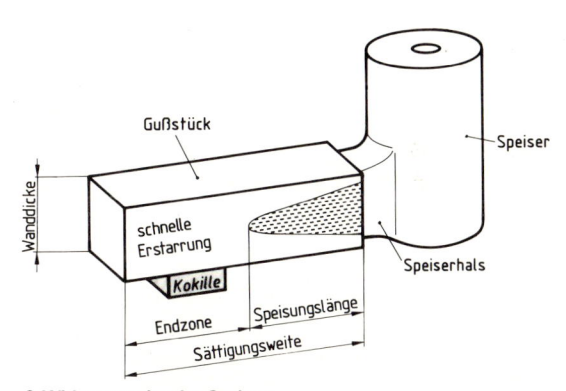

3 Wirkungsweise des Speisers

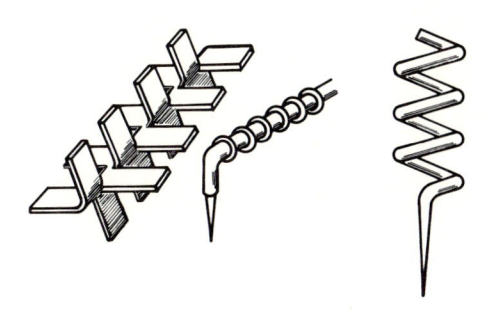

4 Verschiedene Arten von Kühlkörpern

4.2.8 Einfluß der Formfestigkeit

Zur Herstellung einer Form verwendet man normalerweise Formsand, der aus Quarzsand, Binder und Zuschlägen besteht. Die Form wird sowohl thermisch als auch durch den statischen Druck der Schmelze belastet. Der statische Druck der Schmelze kann sehr groß sein. Die Berechnung des Druckes erfolgt nach folgender Formel:

$$P\,(\text{Druck}) = h\,(\text{Metallsäule}) \cdot \varrho\,(\text{Dichte}) \cdot g$$

Bei Grauguß und Kugelgraphitguß entsteht durch die Graphitexpansion ein zusätzlicher Druck (Bild 1). Der gesamte Druck muß von der Form aufgefangen werden. Sobald die Form nachgibt, verliert der Abguß seine Modellkonturen (Bild 2). Die Speisung ist in weichen Formen sehr schwierig zu kontrollieren, da meistens die Form erst nach einer längeren Belastung nachgibt. Zu diesem Zeitpunkt ist die Schmelze zähflüssig und schlecht zu transportieren. Die Formen sollten immer gut verdichtet sein, damit der Abguß dem Modell entspricht und die Speiser klein gehalten werden können.

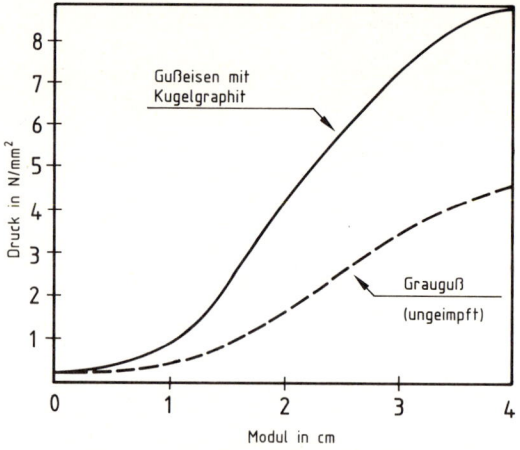

1 Durch Ausdehnung im flüssigen Eisen entstehender Druck in Abhängigkeit vom Modul (näherungsweise)

4.2.9 Lunkerarten (Bild 3)

Die Lunker können durch verschiedene Einflüsse gebildet werden. Der klassische Lunker entsteht durch die Schrumpfung des Metalls, er ist durch eine Einfallstelle an der Oberseite des Gußteils sichtbar. Lunker können auch durch zu weiche Formen, die während der Erstarrung laufend nachgeben, entstehen.

Man unterscheidet folgende Lunkerarten:

Makrolunker: Das sind Außenlunker, die direkt sichtbar am Guß sind.

Mikrolunker: Lunker, die meistens im thermischen Zentrum des Gußteils erscheinen und in Form von Porositäten auftreten.

Blaslunker: Diese Lunker findet man an Kanten, sie werden durch einen sogenannten Sandkanteneffekt hervorgerufen. Die Ursache hierfür ist, daß der Binder in der Sandkante verbrennt, wobei Gase entstehen. Diese Gase werden in die Schmelze gedrückt und geblasen. Blaslunker haben im Vergleich zu den anderen Lunkerarten immer eine glatte Oberfläche. Die Makro- und Mikrolunker haben dagegen immer eine rauhe, dentritisch gewachsene Oberfläche.

Alle Lunker sind auf Schrumpfungsvorgänge zurückzuführen. Die Vermeidung der Lunker kann nur durch eine richtige Speisertechnologie und kontrollierte Erstarrung erfolgen.

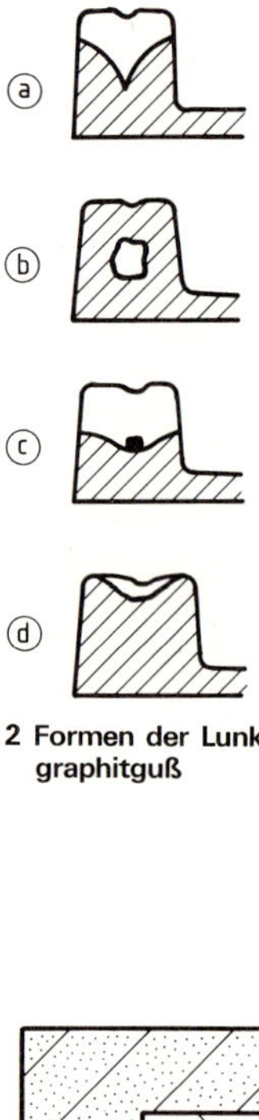

a) Diese Lunkerform gibt es nur bei Stahl und carbidisch erstarrenden Legierungen (mit Fehlern im Gußteil ist zu rechnen)

b) Der Speiser hat nicht als Speiser gearbeitet, a) Speiser zu klein, b) zu kalt gegossen (mit Fehlern im Gußteil ist zu rechnen)

c) Speiser hat gut gearbeitet (Gußteil ist gut)

d) Speiser hat gut gearbeitet (optimale Speiser- und Lunkerform für Gußeisen mit Kugelgraphit

2 Formen der Lunkerbildung im Speiser für Grauguß u. Kugelgraphitguß

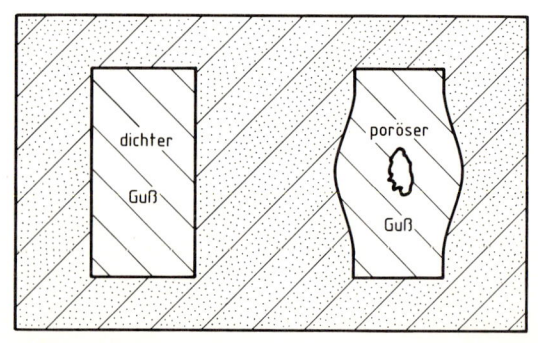

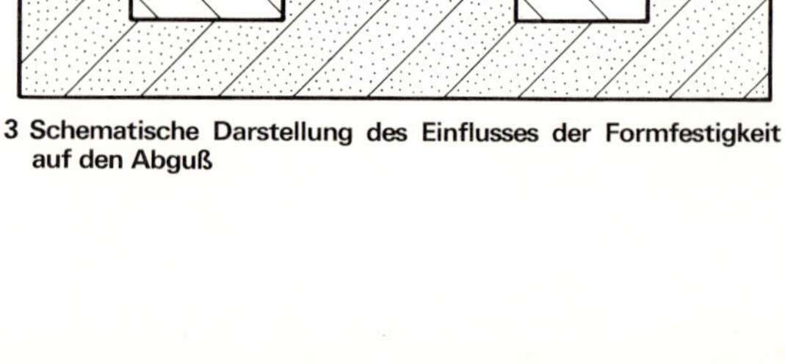

3 Schematische Darstellung des Einflusses der Formfestigkeit auf den Abguß

Einguß- und Speisertechnik — Speisertechnik

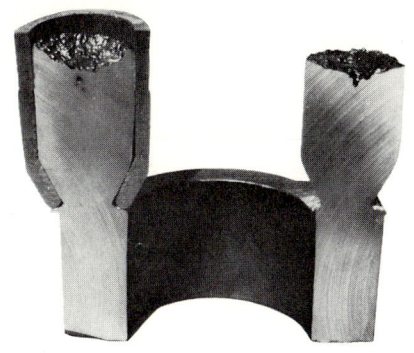

1 Stahlguß-Lager mit exotherm-isolierendem Speiser mit Einschnürung und Bruchkante gegossen.
Stückgewicht 38 kg, Ausbringung 78%

2 Pkw-Schwungscheibe als 25 kg-Gußtraube aus GGG-50 mit exotherm-isolierendem Speisereinsatz, Brechkern und Keramikfilter (Schaumstruktur) gegossen

3 und 4 Speisertechnik bei automatischen Formanlagen für Pkw-Getriebegehäuse aus Gußeisen mit Kugelgraphit unter Verwendung exotherm-isolierender-Speisereinsätze

3 Speiserkappen werden auf die Modellplatte aufgesteckt und danach unter Hochdruckverdichtung im Oberkasten eingeformt

4 Gewendeter Oberkasten mit den eingeformten Speisereinsätzen, sowie Schlackenläufen und Anschnitten

Wiederholungsfragen zu Kap. 4.1: Eingußsystem

1. Aus welchen Hauptteilen setzt sich das Eingußsystem zusammen?
2. Weshalb ist für die Formfüllung laminare Strömung im Vergleich zu turbulenter Strömung vorteilhafter?
3. Welche Daten muß man kennen, um ein Eingußsystem berechnen zu können?
4. Weshalb ist es vorteilhaft, daß der Schlackenlauf den größten Querschnitt gegenüber allen Teilen des Eingußsystems aufweist?
5. Warum sollte der Gießstrahl während des Gießvorganges nicht abreißen?
6. Durch welche Möglichkeiten kann verhindert werden, daß beim Gießvorgang Schlacke in die Form gelangt?
7. Warum ist es vorteilhaft den Gießtümpel vollzuhalten?
8. Welche Aufgabe hat eine Drehmassel?
9. Welchen Vorteil hat ein „druckbeaufschlagtes Eingußsystem"?
10. Nach welchen Gesichtspunkten richtet sich die Höhe der Gießtemperatur?
11. Nennen Sie ein typisches Eingußsystem für das Vollformen.
12. Warum werden Gußteile häufig an dünnen Querschnitten angeschnitten?

Wiederholungsfragen zu Kap. 4.2: Speisertechnik

1. Welche Aufgaben hat die Speisertechnik?
2. Warum unterliegt die Speisertechnik für Grauguß anderen Bedingungen als die Speisertechnik für Stahlguß?
3. Erklären Sie den Begriff „heißer Speiser".
4. Vergleichen Sie den „offenen Speiser" und den „Blindspeiser" bezüglich ihrer jeweiligen Vorteile.
5. Erklären Sie den Zusammenhang zwischen dem Modul und der Erstarrung eines Gußteils.
6. Wie errechnet man den Modul eines Speisers?
7. Unter welchen Bedingungen kann speiserlos gegossen werden?
8. Welchen Einfluß haben exotherme oder isolierende Speisereinsätze auf die Speiserberechnung?
9. Erklären Sie die Funktion von „Reißrippen".
10. Beschreiben Sie die chemische Reaktion in einem exothermen Speiser beim Gießen.
11. Worin besteht der Unterschied in der Wirkungsweise von einer Kokille und einer Isolierplatte?
12. Erklären Sie den Begriff „Speisungslänge".
13. Warum ist für kleine Kerne die Verwendung von Chromitsand oft vorteilhafter als die Verwendung von Quarzsand?

5 Schmelztechnik und Schmelzöfen

5.1 Übersicht über die Schmelzöfen

Elektroöfen		Kupolöfen			Tiegelöfen		Drehtrommelöfen	
Lichtbogenofen	Induktionsofen	Heißwind-Kupolofen	Kaltwind-Kupolofen	koksloser Kupolofen	mit Gas beheizt	mit Öl beheizt	mit Gas beheizt	mit Öl beheizt

5.1.1 Allgemeines über Schmelzöfen

Zum Schmelzen von Rohmaterialien (Roheisen, Schrott, Kreislaufmaterial, Legierungsmaterialien, usw.) benötigt man einen Schmelzofen. Die Schmelzöfen unterscheiden sich in der Bauart und in der Beheizungsform. Ein weiteres Unterscheidungsmerkmal ist die Feuerfestauskleidung der Öfen. Die verschiedenen Feuerfestauskleidungen haben eine unterschiedliche Temperaturbeständigkeit. Man unterscheidet grundsätzlich zwischen der sauren, neutralen und basischen Feuerfestauskleidung. Während des Schmelzvorganges erfolgen chemische Reaktionen zwischen der Schmelze und der Feuerfestauskleidung. Diese Reaktionen sind häufig von großer Bedeutung für die metallurgischen Abläufe während des Schmelzprozesses.

Nachdem in den letzten Jahren immer mehr auf die genaue Schmelzführung aufgrund der stets höher gestellten Qualitätsanforderungen an die Schmelze geachtet worden ist, hat man insbesondere die Meß- und Regeltechnik an den Öfen verbessert.

Die klassischen Öfen, die mit Koks, Gas und Öl beheizt werden, sind in den letzten Jahren mehr und mehr durch Elektroöfen verdrängt bzw. ergänzt worden. Häufig verwendet man den Kupolofen als Vorschmelzaggregat, und anschließend gibt man die Schmelze zur Analysen- und Temperaturkorrektur in einen elektrisch beheizten Warmhalteofen. In den Elektroöfen können alle Legierungen geschmolzen werden. Dies ist in einem Kupolofen nicht möglich. Die Schmelzleistung eines Kupolofens ist jedoch sehr hoch, und die Schmelzkosten sind niedriger als im Elektroofen.

1 Schmelzanlage mit Elektro-Netzfrequenz-Induktionstiegelöfen

5.1.2 Allgemeines zum Schmelzen

Vorteil der Schmelztechnik

Bei der Herstellung von Gußteilen wird Rohmaterial, das in einer undefinierten und ungewünschten Form vorliegt, geschmolzen und im flüssigen Zustande in eine Form gegossen. Die Form kann z.B. aus quarzhaltigem Formsand oder aus einer Gußeisen-Dauerform bestehen. Der Abguß liegt dann als ein Formgußteil vor. Ein großer Vorteil der Gieß- und Schmelztechnologie ist, daß der Konstrukteur seine Gestaltung des Formgußteils frei wählen kann. Mit Hilfe der Schmelztechnik können unterschiedliche Werkstoffe geschmolzen werden, die unterschiedliche physikalische und chemische Eigenschaften haben.

Geschichte des Schmelzens

Das Schmelzen hat eine lange Geschichte und Entwicklung. Der klassische Schachtofen (Kupolofen) und der Flammofen werden schon über Jahrhunderte zum Schmelzen verwendet. Der Schmelzvorgang wurde im wesentlichen über die lange Zeit nicht verändert. Durch die Verbesserung der Kontroll- und Steuermöglichkeiten der Schmelzaggregate können heute Schmelzen mit genaueren Analysen hergestellt werden. Bei den Elektroöfen ist die genaue Steuerung am einfachsten. Vermehrt werden aus diesem Grunde Elektroöfen in den Gießereien zum Schmelzen der unterschiedlichen Legierungen eingesetzt.

Heute werden die Öfen auch nach ihrer Umweltfreundlichkeit beurteilt. Der Kupolofen wird normalerweise mit Koks beheizt. Bei diesem Heizsystem gibt es sehr viel Rauch, Staub und schwefelhaltige Oxidationsprodukte. Auch der Schlackenanteil ist sehr groß. Alle diese Abfälle müssen in Reinigungs- und Filteranlagen gesammelt werden. Beim Einsatz von Elektroöfen gibt es sehr wenig Abfallprodukte.

Anforderungen an die Schmelztechnik

Eine der ersten Forderungen an das flüssige Material ist, daß es sauber und frei von Schlacken ist. Alle Schlacken, Oxide und Reaktionsprodukte ergeben eine fehlerhaftes Gußteil. Die Fehler können an der Oberfläche und auch im Innern des Gußteils sein. Sämtliche Fehler setzen die Qualität bzw. mechanischen Festigkeiten des Gußstücks herab. Um diese Fehler auszuschließen, hat man heute Schmelzöfen, die eine exakte Temperatursteuerung ermöglichen. Schmilzt man z.B. bei zu niedriger Temperatur, so gibt es viele Schlacken und Oxidationsprodukte in der Schmelze.

Anforderungen an die Schmelzaggregate

Eine wichtige Anforderung an die Schmelzaggregate ist, daß der gesamte Schmelzvorgang gesteuert und kontrolliert werden kann. Die Einsatzstoffe, die aufgeschmolzen werden, müssen stets eine bekannte Analyse (Zusammensetzung) haben. Viele Schmelzöfen sind reine Umschmelzöfen. Hierbei kann die Endanalyse nur über die eingesetzten Rohmaterialien gesteuert werden. Der prozentuale Mengenanteil der Elemente, die sich in der Schmelze befinden, kann nicht mehr herausgenommen werden. Eine Zugabe an Legierungselementen ist immer einfacher als eine Reduzierung dieser Elemente. Unterschiedliche Analysen, die oft nur in kleinsten Spuren voneinander abweichen, geben unterschiedliche mechanische und physikalische Eigenschaften. Deshalb ist eine wichtige Forderung an die Schmelzaggregate und Einsatzmaterialien, daß die zu vergießende Schmelze stets die gleiche Analyse und metallurgische Qualität hat.

Zielsetzung beim Schmelzen

Das Ziel der **gleichmäßigen Qualität** der Schmelze kann nur dadurch erreicht werden, daß man das Gewicht und die Analyse des Einsatzmaterials prüft. Während des Schmelzprozesses muß die Analyse und Temperatur laufend geprüft werden. Durch eine laufende Kontrolle des Einsatzmaterials und des Schmelzprozesses erreicht man einen hohen **Gleichmäßigkeitsgrad der Schmelze** und somit auch des Abgusses. Da z.B. die Bearbeitbarkeit und die mechanischen Eigenschaften (Zugfestigkeit, Streckgrenze, Dehnung und Härte) direkt von der chemischen Zusammensetzung abhängig sind, muß stets die Gleichmäßigkeit der chemischen Analyse gesichert sein. Weil die Konstrukteure mehr und mehr gewichtsarm konstruieren, muß die Qualitätssicherung der Bauteile aus Guß gewährleistet sein.

Beim Schmelzen ist stets darauf zu achten, daß sich alle **Legierungsmaterialien auflösen.** Unaufgelöste Stoffe können im Gußteil Fehler hervorrufen. Die Fehler können in Form von Schlacken, Gasblasen und Einschlüssen ersichtlich sein. Alle Fehler, die während des Schmelzvorgangs gemacht wurden, können anschließend nicht mehr korrigiert werden. Aus diesem Grunde werden im Schmelzbetrieb immer mehr genauere Analysen- und Kontrollgeräte eingesetzt. Auch die Ofensteuerungen und das Ofenführungspersonal sind sehr wichtig für eine exakte Schmelzführung.

Die **Herstellungskosten** von Gußteilen werden sehr stark von dem Einsatzmaterial und den Schmelzkosten beeinflußt. Der Schmelzer hat die Auswahl der Rohmaterialien so zu treffen, daß er **kostengünstig** die optimale gleichmäßige Qualität der Gußteile herstellen kann. Meistens erhält man mit dem billigsten Einsatzmaterial nicht gleichzeitig die Schmelze mit dem niedrigsten Preis.

5.1.3 Der Kupolofen

Der Kupolofen ist eines der wichtigsten und auch ältesten Schmelzaggregate in der Gießerei. Es gibt folgende Arten von Kupolöfen:

— Heißwind-Kupolofen
— Kaltwind-Kupolofen
— Koksloser Kupolofen
— Futterloser Kupolofen
— Kupolofen mit Sekundärwind
— Kupolofen mit Sauerstoffanreicherung im Wind.

Der gebräuchlichste Kupolofen ist der Kaltwind-Kupolofen. Hierbei handelt es sich um einen Schachtofen, der mit Koks, Kalkstein, Roheisen, Stahlschrott und Kreislaufmaterial beschickt wird.

Der Kupolofen besteht aus folgenden Bauteilen:

— Beschickungs- bzw. Gichtbühne
— Schlagpanzer
— Feuerfeste Auskleidung
— Windring
— Blechmantel
— Düsen
— Abstichöffnung für Eisen
— Abstichöffnung für Schlacke
— Gestell
— Vorherd

Beim **Kaltwind-Kupolofen** wird Frischluft durch den Windring und durch die Düsen in den Schmelzraum geblasen. Im Schmelzraum befinden sich Koks und das zu schmelzende Roheisen, Stahlschrott und Kreislaufmaterial. Durch die Verbrennung von Koks mit viel Sauerstoff werden so hohe Temperaturen erzielt, daß das Eisen schmilzt. Der Schmelzvorgang ist von der Koksmenge und von der Windmenge abhängig. Die Schmelzleistung in einem Kaltwind-Kupolofen kann erhöht werden, indem man im Windring Sauerstoff (1% bis 2%) hinzugibt. Man erhält dadurch eine höhere Schmelzleistung und eine höhere Schmelztemperatur. Der Wirkungsgrad eines Kaltwind-Kupolofens ist sehr schlecht. Es geht sehr viel Wärmeenergie in der heißen Abluft verloren.

Beim **Heißwind-Kupolofen** wird die Abgaswärme in einem sogenannten Rekuperator wieder zur Erwärmung der Frischluft verwendet. Der Heißwind wird auf eine Temperatur von ca. 500 °C vorgewärmt.

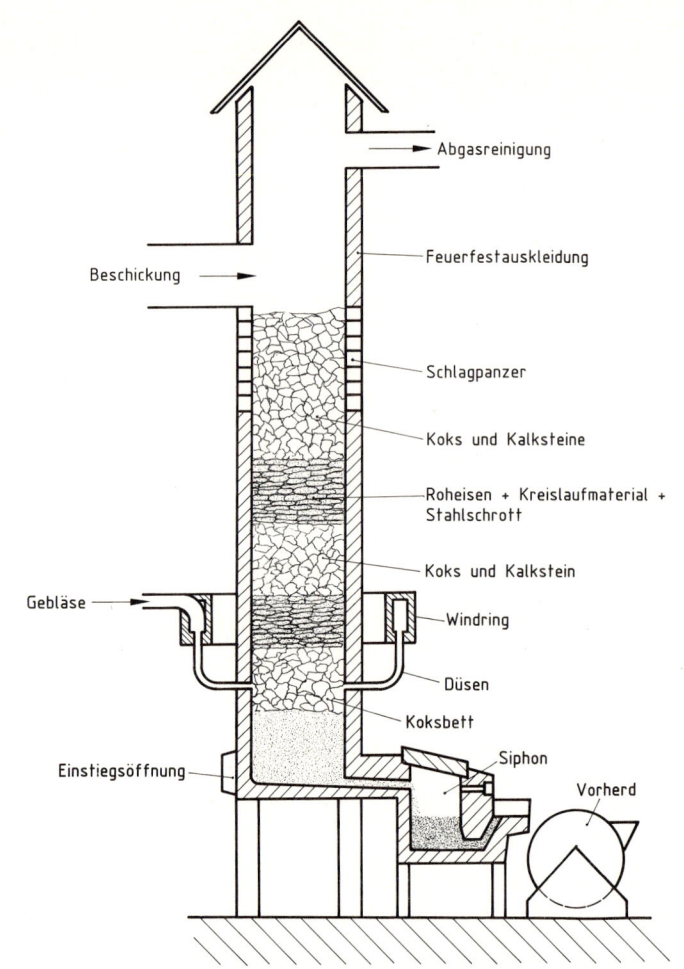

1 Schnitt durch einen Kupolofen

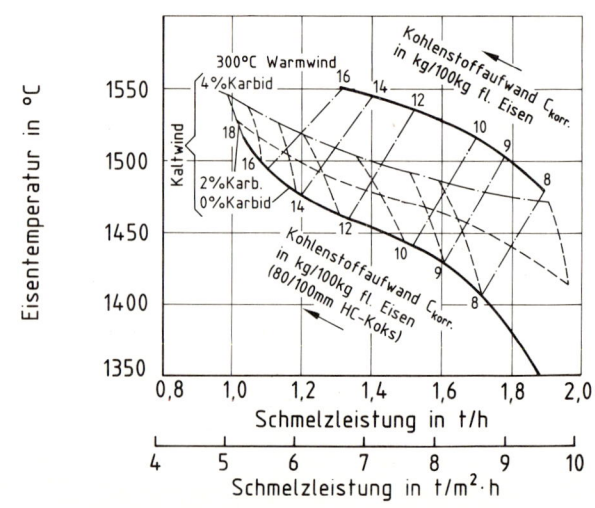

2 Bestimmungsschaubild für die Schmelzleistung beim Kupolofen

Der Heißwind-Kupolofen

Der Heißwind-Kupolofen hat einen wesentlich höheren Wirkungsgrad als der Kaltwind-Kupolofen. Durch die vorgewärmte Luft erreicht man in der Schmelzzone höhere Temperaturen und kürzere Schmelzzeiten. Die Schmelzzone ist beim Heißwind-Kupolofen und beim Kaltwind-Kupolofen relativ klein. An dieser Stelle gibt es auch einen großen Verschleiß des Feuerfestmaterials.

Der Kupolofen mit Sekundärluft

Beim Kupolofen mit Sekundärluft wird die Luft in zwei Ebenen eingeblasen. Dadurch werden die Schmelzzone erweitert und der Wirkungsgrad beim Schmelzvorgang erhöht. Fast alle neu gebauten Öfen werden mit Sekundärluft versehen.

Der futterlose Kupolofen

Große Kupolöfen sind meistens futterlose Heißwind-Kupolöfen. Der normale Heißwind-Kupolofen hat unter dem Blechmantel eine Feuerfestauskleidung. Der futterlose Heißwind-Kupolofen hat einen Blechmantel ohne Feuerfestauskleidung. Der Blechmantel wird durch eine gute Wasserkühlung sehr stark abgekühlt und geschützt. Dadurch kann im Innern des Ofens auf eine Feuerfestauskleidung verzichtet werden. Die futterlosen Kupolöfen können mehrere Tage ohne Wartung benutzt werden.

Der kokslose Kupolofen

Beim Schmelzen mit dem kokslosen Kupolofen wird als Energieträger Gas oder Öl verwendet. Die Verbrennung von Gas und Öl erfolgt fast ohne Verbrennungsrückstände. Beim Schmelzen im normalen Kupolofen wird ca. 10% bis 15% Koks zum Schmelzen beigegeben. Dieser Koks gibt sehr viel Rauch und Asche ab. Auch hat man im Koks einen relativ hohen Schwefelgehalt, der beim Schmelzen vom Eisen aufgenommen wird. Besonders bei der Herstellung von Gußeisen mit Kugelgraphit ist der Schwefel unerwünscht und muß in einem Entschwefelungsprozeß herausgenommen werden. Alle diese negativen Einflüsse gibt es beim Einsatz eines kokslosen Kupolofens nicht.

Der Kupolofen mit Vorherd

Beim Schmelzen mit dem Kupolofen ist eine weite Streuung der chemischen Zusammensetzung und auch der Temperatur möglich. Besonders in der Anfangs- und Endphase des Schmelzens sind die Streuungen sehr weit. Um diese Probleme auszuschalten, hat man vor den Kupolöfen häufig einen beheizten Warmhalteofen. In diesem Gefäß kann man die Temperatur- und Analysenschwankungen ausgleichen.

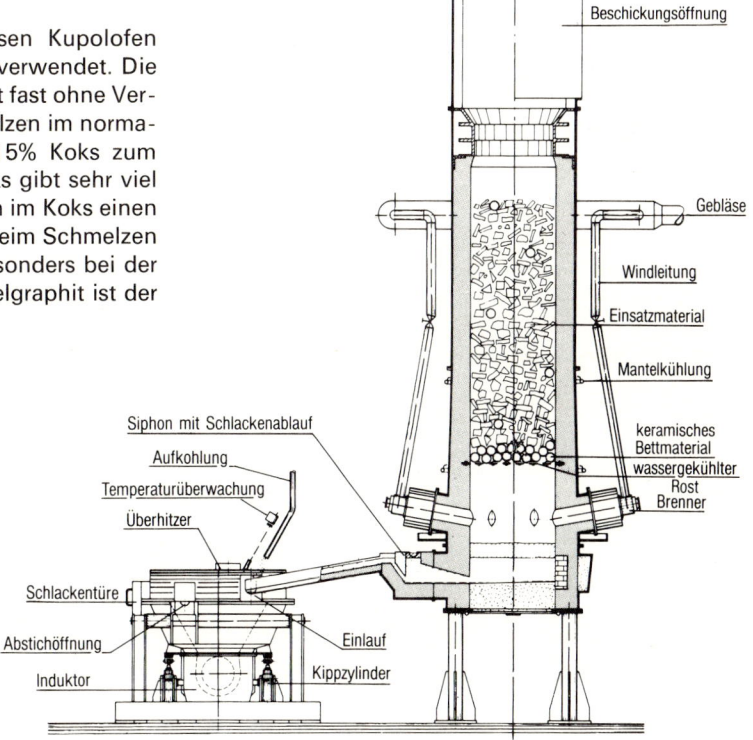

1 Gas-/Öl-Kupolofen mit Überhitzer

Übersicht über die Schmelzöfen

5.1.4 Der Induktionsofen

Der Induktionsofen hat in den letzten Jahren immer mehr an Bedeutung für das Schmelzen von Stahl, Gußeisen, Kugelgraphitguß, Bronze, Aluminium und anderen Legierungen gewonnen. Die Abgasreinigungsanlage beim Kupolofen ist so aufwendig, daß diese Anschaffung nur für große Kupolofenschmelzanlagen wirtschaftlich interessant ist.

Beim Schmelzen in Elektroöfen wird die „saubere Energie Strom" zum Schmelzen verwendet.

Die Induktionsöfen unterscheiden sich:
— Netzfrequenz-Tiegelofen
— Mittelfrequenz-Tiegelofen
— Hochfrequenz-Tiegelofen

Alle diese Elektroöfen haben einen Tiegel als Schmelzgefäß. Die Schmelzleistung ist von der Stromaufnahme abhängig. Ein Induktions-Tiegelofen mit einer höheren Frequenz hat eine bessere Stromflußübertragung als ein Induktionsofen mit einer niedrigeren Frequenz. Somit ist auch die Schmelzleistung unterschiedlich.

Warmhalteinduktionsofen

Zum Speichern und Warmhalten oder Mischen von flüssigen Metall- und Eisenlegierungen verwendet man einen Rinnenofen oder einen Kurzspulen-Tiegelofen. Diese Öfen sind nicht als Schmelzöfen geeignet, da die Stromaufnahme relativ klein ist.

Feuerfestauskleidung

Die Elektroöfen sind mit einem Feuerfestmaterial ausgekleidet, das ca. 98% SiO_2 (Quarz) enthält. Diese Quarzitstampfmasse läßt sich leicht in den Tiegel einbringen und hat eine gute Temperaturwechselbeständigkeit. Nach dem Einbringen der Masse in den Tiegel muß sie gesintert werden. Diese sauren Feuerfestmassen halten im Vergleich zu basischen Feuerfestmassen relativ lange. Schäden an einer sauren Feuerfestauskleidung können leicht repariert werden.

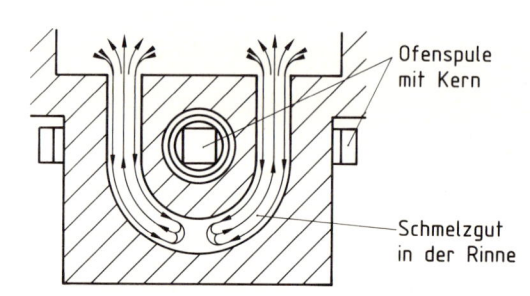

Einsatzstoffe im Induktionsofen

Im Induktions-Tiegelofen können alle metallischen Werkstoffe erschmolzen werden. Die Einsatzmaterialien können leicht miteinander vermischt werden. Durch die Badbewegung (Bild 2 und 3), die durch das Stromfeld hervorgerufen wird, wird eine gleichmäßige Vermischung der Schmelze erreicht. Die Bedienung und Steuerung der Elektro-Induktions-Tiegelöfen ist relativ einfach. Die technische Entwicklung dieser Öfen wurde in den letzten Jahren so weit perfektioniert, daß Störzeiten technischer Art nur noch selten vorkommen können.

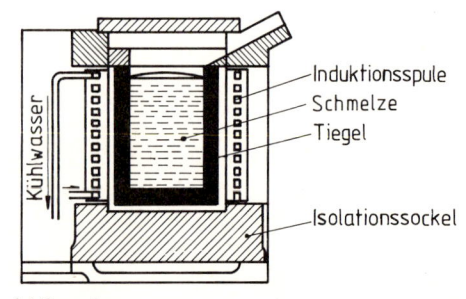

1 Induktions-Tiegelofen

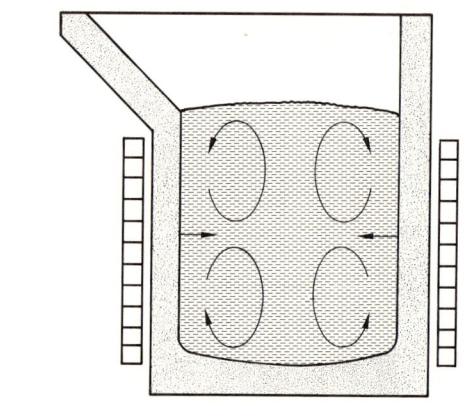

2 Badbewegung im Induktionsofen

3 Badbewegung in einem Induktionsrinnenofen

4 Induktionsofen

5.1.5 Der Lichtbogenofen

Der Lichtbogenofen wird meistens für das Schmelzen von Stahlguß eingesetzt. Im Lichtbogenofen kann man alle Arten von Schrott aufschmelzen. Die Analysen können im Lichtbogenofen sehr genau eingestellt werden. Mit Hilfe der Schlacke besteht die Möglichkeit, verschiedene Eisenbegleiter (z.B. Schwefel, Phosphor) herauszuholen. Die Badfläche der Schmelze im Lichtbogenofen ist sehr groß und somit auch die Kontaktfläche zwischen Schlacke und Schmelze. Der Lichtbogenofen läßt sich auch leicht beschicken. Mit Hilfe eines Korbes wird die gesamte Charge nach dem Beiseiteschwingen des Deckels in den Ofenherd eingebracht. Die Temperaturen im Lichtbogen sind sehr hoch (3600 °C) und eine Badbewegung in der Schmelze ist fast nicht vorhanden. Eine Mischung der Schmelze erfolgt nur über die thermische Badbewegung. Aus diesem Grunde wird sehr häufig für das Mischen und auch für eine weitere metallurgische Feinarbeit ein **Konverter** (Bild 2, weiteres siehe Kapitel Stahlherstellung) nachgeschaltet.

1 Lichtbogenofen

Feuerfestauskleidung im Lichtbogenofen

Die Feuerfestauskleidung im Lichtbogenofen ist meistens basisch. Die basischen Massen haben eine sehr hohe Temperaturbeständigkeit. Da die Temperaturwechselbeständigkeit dieser Massen sehr schlecht ist, wird der Lichtbogenofen normalerweise im Dreischichtbetrieb eingesetzt. Die sauren Massen werden von der aggressiven basischen Schlacke angegriffen und sind somit schnell verbraucht.

2 Konverter

5.1.6 Der Drehtrommelofen

Der Drehtrommelofen findet meistens in den kleinen und mittleren Gießereien sein Einsatzgebiet. Im Drehtrommelofen wird chargenweise geschmolzen. Der Ofen wird mit Gas oder Öl beheizt. Neuerdings wird anstelle von Luft für den Verbrennungsprozeß Sauerstoff hinzugegeben. Dadurch erreicht man eine um ca. 30% verkürzte Schmelzzeit. Die Bedienung dieser Öfen ist sehr einfach. Die Auskleidung ist meistens eine saure SiO_2-Masse. Der Nachteil dieser Öfen ist, daß der Abbrand an Kohle sehr hoch ist. Eine Aufkohlung bei Grauguß- und auch Kugelgraphitgußlegierungen ist sehr schwierig. Am einfachsten kann man mit einer Lanze die Legierungsmaterialien einblasen (Injektionsverfahren). Die Drehtrommelöfen findet man meistens in Ländern und Gebieten mit niedrigem Gas- und Ölpreis im Einsatz. Der Wirkungsgrad eines Drehtrommelofens kann dadurch erhöht werden, daß man einen Rekuperator nachschaltet und die Wärmeenergie im Abgas zum Anwärmen der Frischluft benützt.

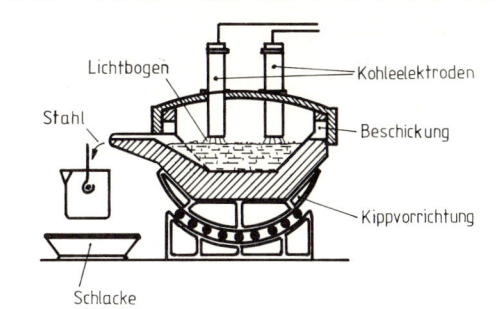

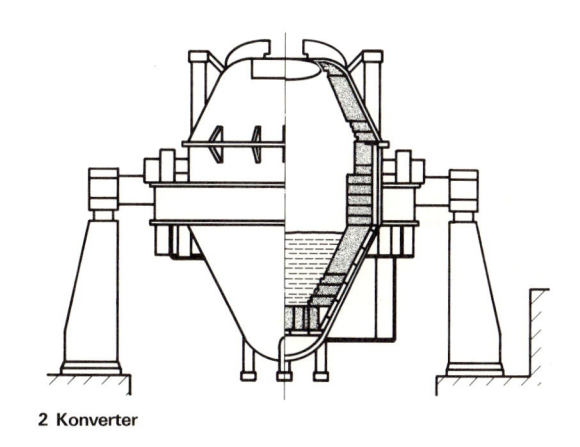

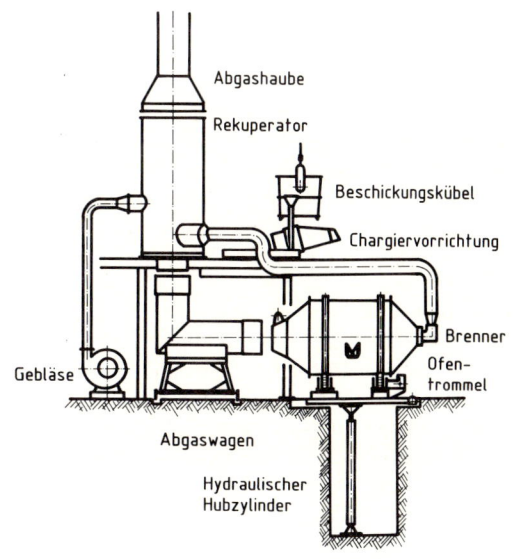

3 Drehtrommel-Schmelzofenanlage für Gußeisen

5.1.7 Der Tiegelschmelzofen

Der Tiegelschmelzofen besteht aus einem Gas- oder Ölbrenner und einem Ofenraum. In den Ofenraum wird ein Tiegel aus Graphit, Siliciumcarbid, Ton, Stahl oder Gußeisen gestellt. In dem mit einem Deckel geschlossenen Ofenraum wird der Tiegel, gefüllt mit der zu schmelzenden Legierung (Bronze, Kupfer, Aluminium, usw.), aufgeheizt. Der Tiegel wird so stark aufgeheizt, daß das feste Material in dem Tiegel zum Schmelzen kommt. Um die Gasaufnahme bzw. den Abbrand relativ klein zu halten, kann man den Schmelztiegel abdecken. Die Tiegelöfen werden hauptsächlich in NE-Gießereien eingesetzt. Die Steuerung der Öfen ist einfach. Die Öfen können so ausgerichtet sein, daß nach dem Aufschmelzen der Legierung der Tiegel in einer Zange herausgenommen werden kann. In diesem Fall ist der Schmelztiegel auch der Gießtiegel. Bei Tiegelöfen mit einem fest eingemauerten Schmelztiegel muß der Ofen kippbar sein. Das zu vergießende Metall wird hierbei mit einem separaten Gießgefäß direkt am Ofen abgeholt.

5.1.8 Sonderschmelzverfahren und Vergießöfen

Duplexverfahren

Beim Duplexverfahren wird im Kupolofen oder Lichtbogenofen vorgeschmolzen, die genaue Analysen- und Temperaturkorrektur erfolgt in einem Elektroofen. Dabei hat man den Vorteil, daß der eigentliche Schmelzofen nur zum Schmelzen verwendet wird. Bei diesem Verfahren erreicht man genauere Analysen und eine genauere Temperaturführung. Die erstrebte gleichmäßige Qualität wird dadurch optimiert.

Vergießöfen

Die Vergießöfen haben die Aufgabe, die Schmelze zu speichern und zu vergießen. Die Beheizung dieser Öfen ist meistens induktiv. Man kann diese Öfen gut steuern und auch den Arbeitsablauf automatisieren. Häufig sind diese Öfen auch mit einer Wiegeeinrichtung verbunden und während des Betriebs werden die Temperatur und das Gewicht laufend geprüft.

Vakuumschmelz- und Vergießöfen

Es gibt Stahl- und NE-Metallsorten, die während des Schmelzens Gase aufnehmen. Die Verhinderung der Gasaufnahme und auch die Verringerung des Abbrands kann dadurch erreicht werden, daß der gesamte Schmelz- und Gießvorgang in einem Vakuumraum vollzogen wird. Dieses Verfahren wird nur bei der Herstellung von kleinen Gußteilen angewandt.

1 Tiegelschmelzofen

2 Vergießofen für Grauguß

Wiederholungsfragen zu Kap. 5.1: Schmelzöfen

1. Nach welchen Merkmalen können Schmelzöfen unterschieden werden? Nennen Sie hierzu jeweils ein Beispiel.
2. Welchen Vorteil hat für den Konstrukteur die Anwendung der Gießtechnik?
3. Wodurch unterscheiden sich die modernen Schmelzöfen von denen älterer Bauart?
4. Wie wird eine gleichmäßige Qualität der Schmelze erreicht?
5. Nennen Sie die gebräuchlichen Kupolofenarten.
6. Beschreiben Sie den Aufbau des Kupolofens.
7. Wie kann der Wirkungsgrad eines Kupolofens verbessert werden?
8. Welche Vorteile hat der kokslose Kupolofen?
9. Wozu dient der Vorherd?
10. Weshalb haben in den letzten Jahren die Induktionsöfen zunehmend an Bedeutung gewonnen?
11. Wie erfolgt beim Induktionsofen die Vermischung der Schmelze?
12. Welcher Schmelzofen ist besonders für Stahlguß geeignet?
13. Welche Vorteile besitzt der Lichtbogenofen?
14. Aus welchen Materialien bestehen die Schmelztiegel?

5.2 Zustellung der Öfen mit Feuerfestmasse

Alle Schmelzöfen haben eine Feuerfestauskleidung. Die Feuerfestauskleidung ist eine Verschleißmasse, die das Schmelzgefäß vor der Zerstörung schützt.

Unter der Zustellung eines Ofens versteht man allgemein das Einbringen der Feuerfestauskleidung in den Schmelz- und Ofenraum. Der Anlieferzustand des Feuerfestmaterials kann in folgenden Formen sein:

Trockene Massen werden mit Wasser bzw. chemischen Bindern vor dem Zustellen des Ofens aufbereitet.

Feuchte Massen werden im Herstellerwerk schon verarbeitungsgerecht zubereitet und so an die Gießereien geliefert, daß man diese ohne Zwischenaufbereitung verarbeiten kann.

Feuerfestformsteine und -platten werden bei der Zustellung des Ofens mit Feuerfestmörtel eingemauert. Der Vorteil bei der Verwendung von feuerfesten Steinen ist, daß der Sinter- und Anwärmvorgang des Ofens sehr kurz gehalten werden kann.

Das Zustellen der Schmelzöfen mit einer Feuerfestmasse kann manuell oder mechanisch erfolgen. Kleine Öfen werden meistens manuell zugestellt. Bei großen Öfen kann die Feuerfestmasse mit Spritzgeräten, Stampfgeräten oder Vibrationsgeräten eingebracht und verdichtet werden. Alle Feuerfestmassen sollten nur mit einem minimalen Wasseranteil versehen werden. Das Wasser hat nur die Aufgabe, die Verarbeitbarkeit zu erhöhen. Nach dem Trocknen der Massen zeigen solche mit einem hohen Wasseranteil viele Risse und Fehlstellen.

Feuerfeststoffe

Feuerfestmassen werden aus unterschiedlichen Feuerfeststoffen hergestellt. Die Feuerfeststoffe unterscheiden sich in folgender Form bzw. Art. Es gibt saure, basische und neutrale Feuerfestmaterialien. Alle diese Materialien haben unterschiedliche Eigenschaften. Die Auswahl einer bestimmten Feuerfestmasse richtet sich nach den jeweiligen Schmelz- und Betriebsbedingungen.

Meistens wird die **saure Feuerfestmasse** verwendet. Die saure Masse besteht im wesentlichen aus SiO_2 (Quarz). Diese Masse ist billig und leicht zu verarbeiten. Die Haltbarkeit ist relativ gut. Besonders die Temperaturwechselbeständigkeit ist sehr gut. Für das Schmelzen von Grauguß und Gußeisen mit Kugelgraphit wird diese Masse hauptsächlich verwendet. Bei diesen Legierungen wird eine Temperatur von ca. 1600 °C der Schmelze erreicht.

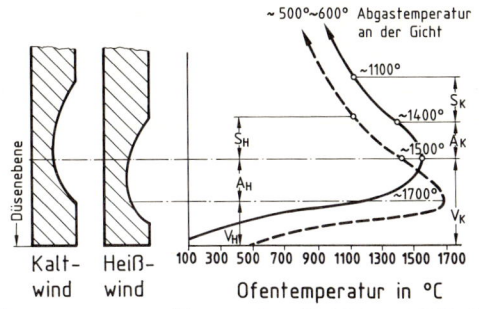

1 Temperaturzonen und Futterausbrand bei Kalt- und Heißwindkupolöfen

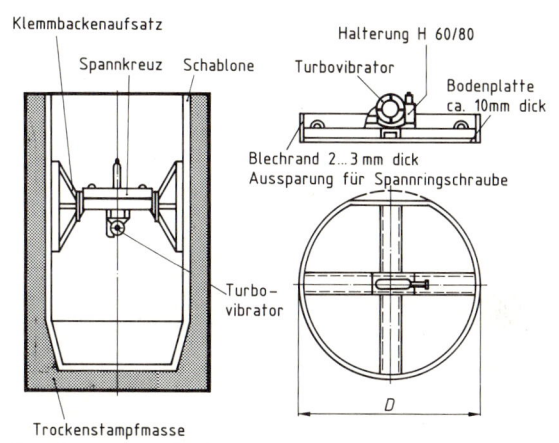

2 a) Einsatz eines Rüttlers, b) Bodenplatte mit Turbovibrator (Netter-Rüttler)

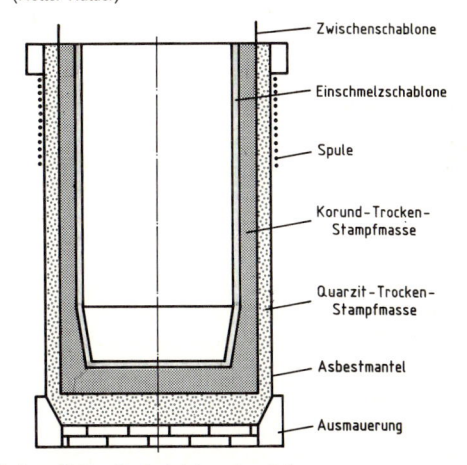

3 Verbundfutter für Induktionstiegelofen

Mineral	Formel	Schmelz- oder Zersetzungspunkt in °C
Periklas	MgO	2620
Magnesioferrit	$MgO \cdot Fe_2O_3$	1750
Magnesiochromit	$MgO \cdot Cr_2O_3$	2350
Spinell	$MgO \cdot Al_2O_3$	2135
Forsterit	$2MgO \cdot SiO_2$	1890
Chromit	$FeO \cdot Cr_2O_3$	2180
Monticellit	$CaO \cdot MgO \cdot SiO_2$	1500
Merwinit	$3CaO \cdot MgO \cdot 2SiO_2$	1577
Dicalciumsilicat	$2CaO \cdot SiO_2$	2130
Tricalciumsilicat	$3CaO \cdot SiO_2$	1900

4 Mineralhauptbestandteile eines basischen Futters

Zustellung der Öfen mit Feuerfestmasse — Schmelztechnik und Schmelzöfen

Basische Feuerfestmasse

Die **basische Masse** hat eine höhere Temperaturbeständigkeit und wird daher hauptsächlich in den Stahlschmelzöfen eingesetzt. Diese Feuerfestmasse besteht hauptsächlich aus Magnesit (MgO). Die Temperaturwechselbeständigkeit ist jedoch sehr schlecht. Besonders beim Schmelzen von Stahl müssen die Reaktionen zwischen Feuerfestauskleidung und der Schmelze unterbunden werden. Sobald Reaktionen mit der Feuerfestauskleidung ablaufen, wird die Masse verschlissen und verbraucht. Die Schmelztemperatur begünstigt den Ablauf dieser Reaktion.

Neutrale Feuerfestmassen

Die neutralen Feuerfestmassen sind meistens sog. Korundmassen. Der Hauptbestandteil dieser Feuerfestmassen besteht aus Al_2O_3 (Bauxit). Diese Massen werden je nach Gebrauch mit SiO_2 gemischt. Besonders in Warmhalteöfen findet man diese Feuerfestmasse. In Warmhalteöfen oder sog. Mischern ist die Badtemperatur der Schmelze und Umgebungsraumtemperatur stets konstant. Durch diese gleichmäßigen Bedingungen erreicht man eine Haltbarkeit des Futters (Feuerfestauskleidung) von mehreren Jahren. Die neutralen Grundmassen haben den Nachteil, daß sie im kalten Zustand nach dem Versintern sehr fest sind und meistens gesprengt werden müssen, damit sie aus dem Ofen herausgebrochen werden können.

Gewinnung und Förderung von Feuerfestmassen

Alle Feuerfestmassen sind Rohmaterialien, die in der Natur im Erdreich gefunden werden. Die Erscheinungsform kann sandförmig, gesteinsförmig oder ein Gemisch beider sein.

In früheren Jahren, als die technischen Möglichkeiten zur Aufbereitung (Sieben, Zerkleinern, Mahlen, Mischen und Analysieren) des Rohmaterials noch nicht vorhanden waren, hat man nur sog. Naturmassen eingesetzt. Da auch in der Natur die Lagerstätten von Feuerfestmassen unterschiedliche Zusammensetzungen haben, müssen zur Erzielung einer gleichmäßigen Qualität die gefundenen Rohmaterialien gemischt, aufbereitet und analysiert werden. Aus Bild 3 kann man den Herstellungsprozeß von Feuerfestmaterialien sehen.

Die heute auf dem Markt angebotenen Feuerfestmaterialien haben eine genaue chemische Zusammensetzung. Die Haltbarkeit der Zustellung ist direkt von der chemischen Zusammensetzung des Feuerfestmaterials abhängig. Durch die Kontrolle der chemischen Analyse und der Korngrößen kann für jeden einzelnen Verwendungszweck die Feuerfestmasse hergestellt werden. Lang haltbare Feuerfestmassen sind sehr teuer.

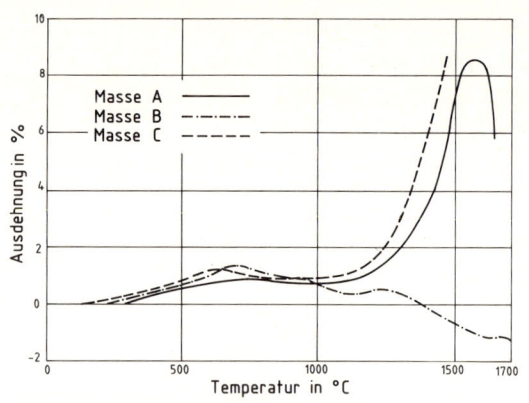

1 Wärmeausdehnungsverhalten verschiedener Induktionsofenstampfmassen mit 1,0% Borsäure

Massetyp	saure Masse	neutrale Masse
Physikalische Eigenschaften		
Kornaufbau in mm	0 bis 5	0 bis 5
Feuchtigkeit in %	4 bis 5	4 bis 5
Feuerfestigkeit in SK	27	38 bis 39
Porosität in %	16 bis 18	15 bis 17
Chemische Zusammensetzung in %		
Kieselsäure SiO_2	89,00	20,00
Tonerde Al_2O_3	8,00	76 bis 80
Eisen(III)-oxid Fe_2O_3	1,50	0,50
Alkalien	1,50	0,50

2 Eigenschaften von plastischen Elektroofenmassen für Nichteisenmetalle

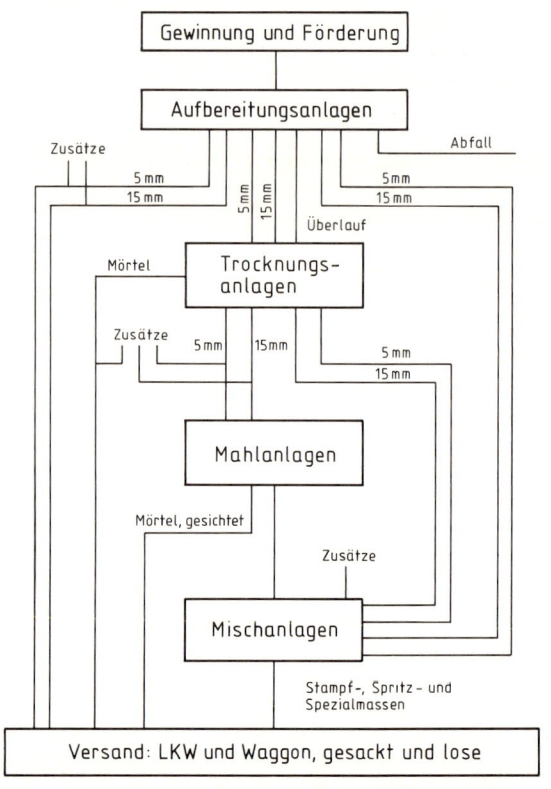

3 Produktionsablauf bei der Herstellung von Feuerfestmassen

5.3 Gattieren und Einsetzen

Alle Legierungen und Schmelzen haben eine bestimmte Zusammensetzung. Die Zusammensetzung (Komposition) der Charge nennt man **Gattierung**. Zur Berechnung einer Gattierung muß man die chemische Zusammensetzung der Legierung und der einzusetzenden Rohmaterialien kennen. Da während des Schmelzvorganges auch ein Abbrand vorhanden ist, muß auch dieser berücksichtigt werden. Die Berechnung einer Gattierung ist eine Prozent- bzw. Verhältnisrechnung. Die Berechnung der Gattierung sollte stets vor dem Gattieren gemacht werden.

Durch die Festlegung der Analyse hat man auch die mechanischen Festigkeitswerte festgelegt. Jede Werkstoffqualität und Werkstoffart hat eine bestimmte chemische Analyse. So wird z.B. bei Grauguß die Bestellung zunächst einen Normwerkstoff, GG 20, ausweisen. Diese Bestellung besagt, daß das Gußteil mit einem Grauguß von mindestens 200 N/mm² (bezogen auf einen Probestab von 30 mm Durchmesser) abgegossen werden soll.

Die chemische Zusammensetzung wird nach folgenden Formeln festgelegt:

$$S_c = \frac{\% \text{ C (Kohlenstoff)}}{4{,}23 - \frac{1}{3}(\% \text{ Silicium} + \% \text{ Phosphor})}$$

$$S_c = \frac{102 - \sigma_B}{80{,}5}$$

S_c = Sättigungsgrad

$$\sigma_B = 102 - 80{,}5 \cdot S_c$$

σ_B = Zugfestigkeitskenngröße

$$\sigma_B = \frac{R_m}{9{,}81}$$

R_m = Zugfestigkeit in N/mm²

Bei der Berechnung der Chargiermaterialien werden die Haupteinsatzmaterialien (Roheisen, Stahlschrott, Kreislaufmaterial) zusammen 100% ergeben. Meistens muß zu diesen Rohmaterialien noch zur Korrektur der Analyse weiteres sog. Legierungsmaterial hinzugegeben werden, damit man die gewünschte Analyse erhält.

Nachdem die Charge berechnet worden ist, wird der sog. Satz zum Einsetzen in den Ofen bereitgestellt. Das Einsetzen des Chargiermaterials erfolgt mittels eines Beschickungskübels bzw. Magnets (Bilder 1 und 2). Die Beschickung des Ofens kann vollautomatisiert werden. Die Voraussetzung ist jedoch stets, daß alle Einsatzmaterialien gewogen werden. Moderne Schmelzanlagen und Beschickungseinrichtungen sind mit einem Computer-Rechner verbunden, der automatisch die Beschickungsaufgaben für eine bestimmte vorgegebene Analyse übernimmt.

Beispiel für die Berechnung der Charge einer Graugußschmelze

	Einsatzmaterialien	Analysen der Einsatzstoffe			Analysenanteil aus den Einsatzstoffen		
		% C	% Si	% Mn	% C	% Si	% Mn
Haupt-einsatz-materi-alien	30% Kreislaufmaterial	3,7	2,4	0,7	1,11	0,72	0,21
	20% Stahlschrott	0,4	0,2	0,5	0,08	0,04	0,1
	50% Roheisen	4,0	2,2	1,0	2,0	1,1	0,5
Analysen-korrektur-zuschlag-stoffe	100%				3,19	1,86	0,81
	1% FeSi 75		75			0,75	
	0,8% Kohle	90			0,72		
					3,91	2,61	0,81
	Abbrand				−0,2	−0,2	−0,1
	Soll-Analyse %				3,71	2,41	0,71

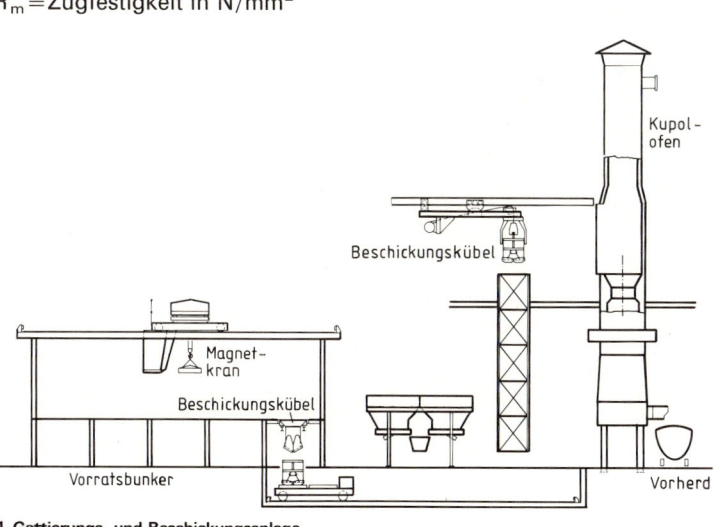

1 Gattierungs- und Beschickungsanlage

2 Magnetkran aus Bild 1

Schlacke und Schlackenführung

5.4 Aufgabe der Schlacke und Schlackenführung im Schmelzprozeß

Beim Schmelzen von Legierungen gibt es durch die Abbrände (Bild 1) und durch den Reinigungsvorgang der Schmelze immer Schlacken, die auf der Badoberfläche schwimmen. Häufig versucht man, mit Hilfe von sog. Schlackenbildnern (z.B. Kalkstein, Dolomit, Flußspat) bestimmte Schlacken zu erzeugen. Die Schlacke reagiert mit der Schmelze und dabei werden bestimmte Begleitelemente wie z.B. Phosphor, Mangan, Schwefel, Sauerstoff, Stickstoff aus der Schmelze ausgefällt. Durch diese Reaktionen wird die Schmelze gereinigt.

Beim Kupolofenschmelzen erkennt man anhand der Farbe der Schlacke sehr deutlich den Schmelzablauf. Wird der Kupolofen überblasen, dann hat die Schlacke eine dunkle braune bis schwarze Farbe. Ein gut geführter Kupolofen ergibt stets eine grüne Schlacke. Die Farbe der Schlacke ist abhängig von den Abbränden während des Schmelzvorganges.

Die Schlacke ist spezifisch wesentlich leichter als die Schmelze und schwimmt deshalb stets auf der Schmelze.

Schrott-zugabe in %	Haltbarkeit	
	3- bis 5-t-Ofen in %	5- bis 10-t-Ofen in %
0	100	100
5	95 bis 100	90 bis 95
10	85 bis 95	80 bis 90
15	70 bis 80	60 bis 80
20	60 bis 75	50 bis 70
25	50 bis 65	40 bis 60
>30	<25	<25

1 Rückgang der Tiegelhaltbarkeit bei steigender Zugabe von stark verrostetem Schrott

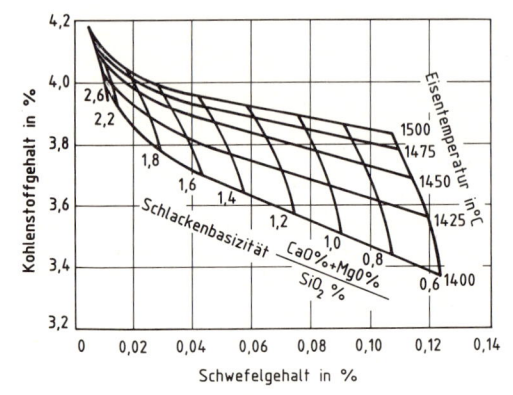

2 Beziehung zwischen Kohlenstoffgehalt und Schwefelgehalt des Eisens, Schlackenbasizität und Eisentemperatur

Bestimmung der Schlacken

Die Bestimmung und Beurteilung der Schlacke erfolgt anhand des Basizitätsgrades (Bild 2). Die Basizität wird nach folgender Formel bestimmt:

$$B = \frac{\text{Summe aller basischen Oxide}}{\text{Summe aller sauren Oxide}} = \frac{\% CaO + \% MgO}{\% SiO_2}$$

Grad der Basizität: bis 1   sauer
                       1,0–1,3 neutral
                       ab 1,3   basisch

Basische Oxide sind z.B.: MgO, CaO
Saure Oxide sind z.B.: SiO_2

Chemische Reaktionen

Alle Oxide, die sich in der Schmelze befinden (Bild 3), reagieren mit der Schmelze und dem Feuerfestmaterial. Das Feuerfestmaterial kann durch diese Reaktion ($SiO_2 \cdot FeO \rightarrow$ Cristobalit oder Tridymit oder Fayalit oder Wüstit; siehe Bild 4) so verändert werden, daß die Feuerfestmasse zum Schmelzen kommt. Es kann z.B. folgende Reaktion ablaufen:

$$CaO + SiO_2 \rightarrow CaO \cdot SiO_2$$

Schlackenart	SiO_2 %	Al_2O_3 %	CaO %	MgO %	Fe_2O_3 %	MnO %	S %
Tonschlacke	47,7	10,8	16,9	8,55	4,80	0,36	0,55
Kalk-Schlacke	5,3	0,3	71,5	4,90	6,80	—	0,26
Kalk-Flußspat-Koks	21,8	9,4	54,8	9,98	2,00	0,20	1,62
Kalk-Flußspat-Koks (Stadium D_2)	25,2	3,54	52,3	9,00	2,48	0,68	1,51
Carbidschlacke	2,48	0,12	69,3	3,62	2,48	0,09	0,60
Carbidschlacke	6,78	6,80	65,8	12,81	2,40	0,19	0,71

3 Chemische Zusammensetzung von Schlacken

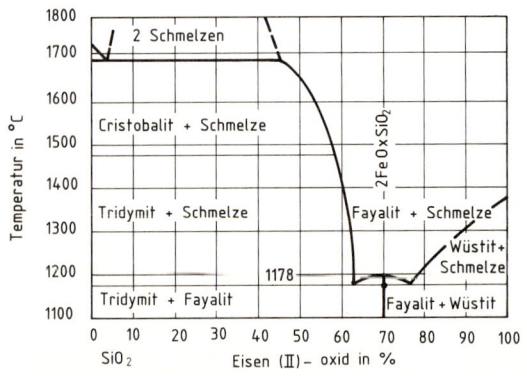

4 Zweistoffsystem Kieselsäure-Eisen(II)-oxid

5.5 Schmelzbehandlung

Schmelzen haben nach dem Schmelzvorgang nicht immer die gewünschten Zustandseigenschaften. Deshalb muß die Schmelze vor dem Vergießen noch eine Schmelzbehandlung erfahren. Es gibt verschiedene Arten von Schmelzbehandlungen, so muß z.B. eine Schmelze, die während des Schmelzprozesses Sauerstoff oder Stickstoff aufgenommen hat entgast werden.

1 Ausschnitt aus dem Laufradkranz einer Peltonturbine, unlegierter Stahlguß (0,50% C, 0,80% Mn, 0,50% Si). Oberflächenblasen als Folge einer nicht ausreichenden Desoxydation (0,015% Al, angestrebt 0,04% Al)

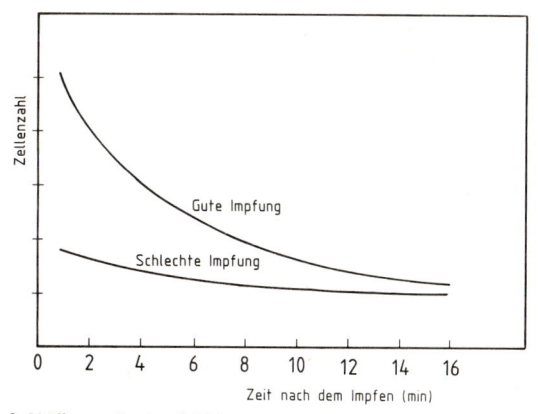

5.5.1 Desoxidation

Beim Schmelzen von Stahl läßt es sich nicht vermeiden, daß der Stahl während des Schmelzvorganges Sauerstoff aufnimmt. Beim Abgießen eines nicht beruhigten bzw. nicht desoxidierten Stahls bekommt man Gasblasen in den Abguß (Bild 1). Aus diesem Grunde gibt man sauerstoffaffine (sauerstoffverwandte) Elemente wie z.B. Al, Ca oder Si kurz vor dem Abguß der Schmelze hinzu. Dabei wird der Sauerstoff z.B. zu Al_2O_3 in Form von Schlacke gebunden.

5.5.2 Impfen von Gußeisen bzw. Gußeisen mit Kugelgraphit

Alle Schmelzen haben nach dem Aufschmelzen des Rohmaterials einen sog. schlechten Keimzustand. Bei einem schlechten Keimzustand wird sich das während der Erstarrung bildende Gefüge nicht richtig entwickeln. Durch die Hinzugabe von Fremdkeimen bekommt man ein optimales Gefüge und dadurch auch optimale hohe mechanische Eigenschaften. Durch das Impfen wird die Qualität des Gusses und die Bearbeitbarkeit verbessert.

Die meisten Impfmaterialien beinhalten Elemente mit einer sehr hohen Sauerstoffaffinität (Al, Si, Sr, Ba, Ca, Zr, Ce, Mg, Mg, Ti usw.).

Die Impfmittelzugabe erfolgt meistens in kleinen Mengen. Für Grauguß z.B. 0,1 bis 0,3% und bei Guß-eisen mit Kugelgraphit 0,3 bis 1,0%. Die Impfmaterialien haben normalerweise eine Körnung zwischen ca. 1 bis 6 mm. Eine gleichmäßige Zugabe dieser Materialien in die Schmelze ist sehr wichtig. Da der Impfeffekt mit der Zeit abklingt, wird zum Teil auch eine Formimpfung durchgeführt (Bild 2 und 3).

Die Formimpfung dient nur als Zusatzimpfung, es sollte deshalb stets eine Vorimpfung erfolgen. Bei der Formimpfung gibt man nur max. 0,1% Impfmaterial hinzu. Bei einer größeren Impfmaterialzugabe wird meistens unaufgelöstes Impfmaterial in Form von Schlacke im Gußteil wiedergefunden.

2 Abklingen des Impfeffektes

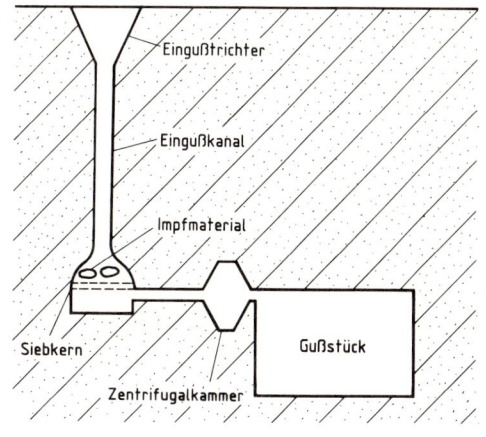

3 Formimpfung

Temperaturmessung – Gießpfannen　　　　　　　　　　　　　　　**Schmelztechnik und Schmelzöfen**

5.6 Temperaturmessung

Die verschiedenen Legierungen haben unterschiedliche Schmelztemperaturen (Aluminiumlegierungen 660 bis 750 °C, Eisenlegierungen 1160 bis 1600 °C, Stahllegierungen 1550 bis 1650 °C, Kupferlegierungen 1100 bis 1200 °C). Die Gießtemperatur ist meistens ca. 50 bis 150 °C höher als die Schmelztemperatur. Um eine gute flüssige Legierung zum Vergießen zu erhalten, muß die Temperatur genau gemessen werden. Da auch die Lunkerneigung und Lunkergröße von der Gießtemperatur abhängig ist, muß die Temperatur der Schmelze im Ofen und in der Gießpfanne vor dem Vergießen gemessen werden.

Die Temperaturmessung kann indirekt optisch mit einem Pyrometer oder direkt mit einem Tauchpyrometer (Bild 1) gemessen werden. Die direkte Messung in der Schmelze ist die genaueste. Die Thermoelemente im Tauchpyrometer bestehen meistens aus einer Platin-Platinrhodiumlegierung. Weiteres hierzu siehe auch Kapitel Physik.

1a Gesamtansicht
1b Handhabung

1 Temperaturmessung mit Tauchpyrometer

5.7 Gießpfannen

Zum Vergießen der Schmelze verwendet man sog. Gießpfannen. Die Pfannen haben unterschiedliche Formen. Am häufigsten wird die **offene Pfanne** (Bild 2) verwendet. In den NE-Metallgießereien werden häufig **Scherenpfannen** zum Gießen eingesetzt. Diese Pfannen werden mit der Hand von zwei Personen getragen. Die normale **offene Pfanne** wird mit Hilfe des Krans transportiert. Es wird über die Gießschnauze ausgegossen. Die **Trommelpfanne** sieht wie eine liegende Trommel aus und hat den Vorteil, daß die Wärmeverluste sehr gering sind, da die Pfanne bis auf die Ausgußöffnung überall geschlossen ist.

Beim Gießen muß stets darauf geachtet werden, daß die Schlacke, die auf der Badoberfläche schwimmt, nicht in die Form hineinfließt.

Beim klassischen Gießverfahren wird die Schlacke von einem Mann mit dem Schlackenkrammstock zurückgehalten. Dies kann auch einfacher geschehen, indem man einen Syphonkessel zum Gießen verwendet. Das Syphon ist an der Gießpfanne so angebracht, daß während des Gießens die Schlacke in der Pfanne zurückgehalten wird. An Formanlagen werden **Gießmaschienen** (Bild 3) und ähnliche Einrichtungen verwendet.

Für das Gießen von Stahlguß verwendet man eine **Stopfenpfanne** (Bild 5). Bei der Stopfenpfanne ist die Ausgießöffnung im Boden der Pfanne. Dabei erreicht man den Vorteil, daß die Schlacke nicht mit dem auslaufenden Gießmetall zusammenkommt.

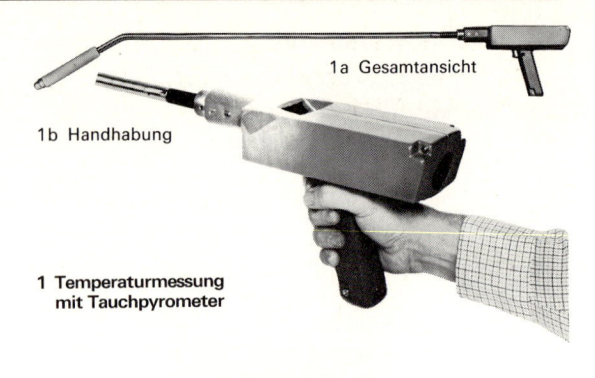

2 Offene 8-t-Gießpfanne

3 Gießmaschine für Formanlagen

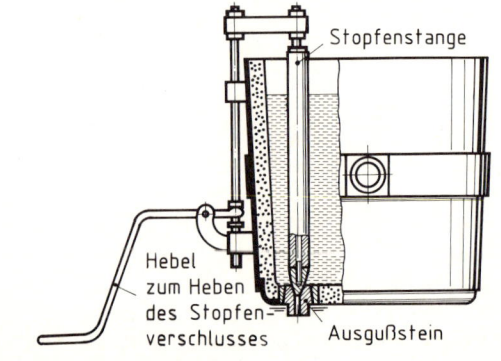

4 Stopfenpfanne für Stahlguß
(Stopfenstange, Hebel zum Heben des Stopfenverschlusses, Ausgußstein)

5.8 Arbeitssicherheit und Unfallverhütungsvorschriften für den Gießereiarbeiter

Die Unfallgefahren in der Gießerei sind sehr vielfältig. Deshalb gibt es für alle Bereiche Sicherheitsvorschriften. Diese sind in der Unfallverhütungsvorschrift UVV „Gießereien" (VBG 32) und den Broschüren der „Arbeitsgemeinschaft der Eisen- und Metall-Berufsgenossenschaft" niedergeschrieben, die dort kostenlos für die Mitgliedsbetriebe erhältlich sind. Eine besonders interessante Broschüre mit durchgehend farbiger Bebilderung ist der „Sicherheitslehrbrief für den Gießereiarbeiter", der ebenfalls über die zuständige Berufsgenossenschaft bezogen werden kann. Nachdem die Sicherheitsvorkehrungen in den Betrieben umfangreicher durchgeführt und von den Arbeitnehmern stärker beachtet werden, ist die Zahl der Arbeitsunfälle in den Gießereien deutlich zurückgegangen.

Sicherheitsbereiche

Man unterscheidet folgende Sicherheitsbereiche in der Gießerei:

— Sicherheit im Schmelzbetrieb
— Sicherheit bei der Sandaufbereitung
— Sicherheit bei der Herstellung von Formen und Kernen
— Sicherheit beim Umgang mit Formkästen
— Sicherheit beim Umgang mit brennbaren Schlichten und Formlacken
— Sicherheit beim Transport von Schmelzen
— Sicherheit beim Ausleeren von Formen
— Sicherheit bei der Gußnachbearbeitung
— Sicherheit durch persönliche Schutzausrüstung
— Sicherheit durch richtiges Verhalten bei Störungen

Sicherheitsbewußtes Verhalten

In den Gießereien sind die Betriebsverhältnisse, Arbeitsverfahren und Betriebseinrichtungen sehr unterschiedlich und vielschichtig. Unfälle und Berufskrankheiten können nur verhütet werden, wenn jeder einzelne folgende Regeln berücksichtigt:

— sicherheitsbewußt handeln
— Einrichtungen, Maschinen und Geräte bestimmungsgemäß benutzen
— vorgeschriebene und erforderliche persönliche Schutzausrüstungen tragen
— Schäden und Mängel melden
— Mitarbeiter, die sicherheitswidrig handeln, auf ihr Fehlverhalten hinweisen

Jeder Mitarbeiter sollte streng und sorgfältig die Sicherheitsbestimmungen beachten, damit er und seine Kollegen vor Unfällen bewahrt bleiben.

1 Arbeiten in der Schrotthalle. In dem Bereich tätige Personen tragen zum Körperschutz Sicherheitsschuhe, Schutzbrille und Schutzhelm. Außerdem benutzen sie zur Vermeidung von Handverletzungen durch scharfkantiges Material Schutzhandschuhe

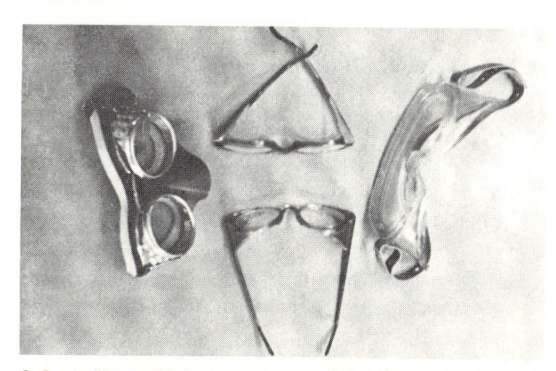

2 Gegenüberstellung von normaler Schutzbrille mit splittersicheren Gläsern und Seitenschutz, Gußputzerbrille und Chemikalien-Schutzbrille

3 Gegenüberstellung von umgebungsabhängigen Feinstaubfilter-Atemschutzgeräten der Schutzstufe P2

5.8.1 Sicherheit im Schmelzbetrieb

Gattierungsbereich

Im Gattierungsbereich befinden sich alle Rohmaterialien, die im Schmelzbetrieb eingesetzt werden.

Es ist wichtig, daß die verantwortlichen Personen in diesem Bereich darauf achten, daß Geh- und Fahrwege stets frei, gut begehbar und gut befahrbar sind. Da sehr häufig die Gattierung mit Magneten vorgenommen wird, müssen in diesem Bereich Schutzhelm, Schutzbrille und Sicherheitsschuhe getragen werden.

Äußerst gefährlich und deshalb verboten ist der Aufenthalt unter schwebenden Lasten. Heruntergefallene Stücke müssen sofort von den Wegen entfernt und in die dafür vorgesehenen Bunker zurückgegeben werden.

Viele Chargiermaterialien sind spitz und scharfkantig und dürfen nur mit Schutzhandschuhen angefaßt werden. Auch das Stapeln von Materialien, Boxen, Behältern usw. muß so geschehen, daß keine Einsturz- bzw. Umkippgefahr besteht. Die Mitarbeiter sollten stets Sicherheitsschuhe tragen. Vor jeder Arbeit sollte darauf geachtet werden, daß auch der Boden fest und ein Fluchtweg vorhanden ist.

Schrott sollte nur von geschultem Personal zerschlagen werden. Das Zerschlagen von Schrott darf nur in gesicherten Räumen durchgeführt werden.

Schmelzofenbereich

Am Schmelzofen ist das Schmelzpersonal stets mit flüssigem Material konfrontiert. Brandwunden sind sehr schmerzhaft und heilen langsam. Die Betriebsanweisungen für Öfen und Sicherheitsvorkehrungen sind im Schmelzbetrieb stets sehr genau zu beachten. Der Schutzhelm, die Schutzbrille, die Sicherheitsschuhe und die Sicherheitskleidung sollten als selbstverständliche Voraussetzung von jedem Mitarbeiter angenommen werden. Bei Störungen am Ofen und an der Ofenanlage sollte vor jedem Eingriff gut überlegt werden, wie man den Schaden behebt. Falsche Maßnahmen und ein ungesichertes Eingreifen können zu Unfällen führen. Um die Ofenanlage herum sollte stets gut aufgeräumt sein, damit auch die Fluchtwege und Fluchttüren zu jeder Zeit begehbar sind.

Instandhaltung

Die Ofenanlage muß stets gewartet werden, damit es keine Störungen und Unfälle geben kann. Das Wartungspersonal sollte deutlich kennzeichnen, wo sie arbeiten und auch den Arbeitsbereich absichern. Instandsetzungs- und Wartungsarbeiten erfordern ebenfalls Schutzhelm, Schutzbrille und Sicherheitsschuhe.

1 Ein Elektroofen wird mit Rohmaterial beschickt. Durch das Hineinfallen des kalten Materials in die Schmelze spritzt Flüssigeisen aus dem Ofentiegel. Der Schmelzer ist durch einen Steuerstandschutz gegen die Flüssigeisenspritzer geschützt. Der Schmelzer trägt als Körperschutz leicht öffenbare Stiefel, Kleidung aus flammenhemmend imprägniertem Material, Schutzbrille mit Strahlschutzgläsern und Schutzhelm

2 Der an einer kleineren Kupolofenanlage tätige Schmelzer trägt bei Arbeiten am Ofenabstich eine Brille mit genormten Strahlenschutzgläsern und einen Helm mit angebrachtem Gesichtsschutzschild

Wiederholungsfragen

1. Erklären Sie Gattieren, Einsetzen und Legieren.
2. Welche Aufgabe hat die Schlacke?
3. Welche Aufgabe hat die Desoxidation?
4. Wie wird das Impfen von Gußeisen durchgeführt?
5. Erklären Sie Aufgabe und Funktion eines Pyrometers?
6. Worin besteht der Unterschied zwischen einer offenen Pfanne und einer Stopfenpfanne?
7. Nennen Sie Möglichkeiten für die persönliche Schutzausrüstung des Gießereiarbeiters.

6 Putztechnik

Aufgabe
Die Putzerei hat die Aufgabe, die Gußteile von Formstoff, Einguß- und Speisersystem, Formgrat und anderen Unebenheiten zu befreien.

Bereich der Gußputzerei
Die Bereiche der Gußputzerei umfassen das Auspacken, Strahlen, Trennschleifen, Schleifen und Entgraten. In modernen Gießereien wird jedoch zunehmend die Forderung gestellt, daß Putzen, einschließlich Kühlen, in den Produktionsfluß der Gußteilherstellung mit einbezogen wird. Ein solcher Produktionsfluß kann deshalb wie folgt aussehen:

- Formen und Gießen
- Kühlung der Formen auf Standbahn oder auf dem Ballenkühler bei GG bis auf ca. 700 °C
- Auspacken der Gußteile in einer Schwingtrommel. Hierbei werden die Gußteile weiter bis auf ca. 120 °C heruntergekühlt
- Nachkühlung des Gusses auf ca. 80 °C über Förderrinnen
- Strahlen
- Trennschleifen von Einguß- und Speiser
- Entgraten vorwiegend durch Schleifen
- Gußkontrolle, Sortieren und Versand

Auspacken
Unter Auspacken versteht man das Herausnehmen der Gußteile aus der Form durch Ausleeren, Ausdrücken, Vibrieren, Trommeln und teilweise bereits durch Strahlen (Auspackstrahlen). Das Auspacken von Hand oder mit Preßluftmeißeln beschränkt sich auf Einzelfälle. Heute stehen zum Auspacken Einrichtungen wie Ausschlagrost, Förderrost, Ausleertrommel oder Auspackrohr zur Verfügung.

Strahlputzen
Durch das Strahlputzen werden die noch am Gußteil haftenden Formstoffreste entfernt und eine metallisch blanke Oberfläche erzielt. Als Strahlmittel werden, je nach Werkstoff, Stahldraht-, Stahlguß- und Hartgußkörner, Glasperlen oder anderes verwendet. Wegen Silikosegefahr ist Strahlen mit Sand i.allg. verboten.

Mit Druckluft werden vorwiegend in Putzkabinen kleine Gußteile und in Putzhäusern teilweise große Gußteile gestrahlt.

Naßputzen
Beim Naßputzen werden vorwiegend große Gußteile in einer Kabine mit einem Hochdruckwasserstrahl gereinigt. Dieses Verfahren wird heute selten angewandt.

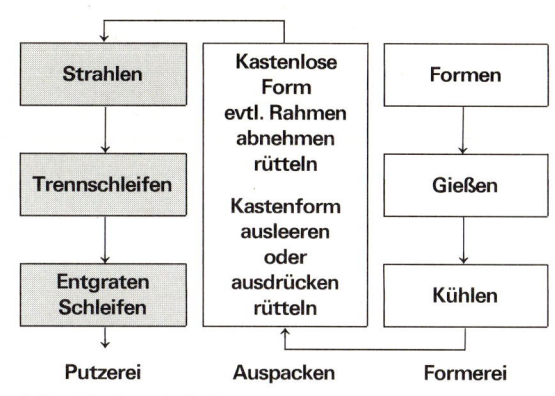

1 Durchlauf des Gußteils

2 Vibrationsrinnen-Strahlmaschine zum Vorstrahlen von Kleinguß mit Kreislaufmaterial

3 Putzhaus zum Strahlen von Großguß

6.1 Auspacken

Zur Trennung von Formkasten, Formstoff und Gußteil werden folgende Einrichtungen eingesetzt:

Ausschlagrost

Der Ausschlagrost übernimmt den Formkasten beispielsweise vom Kran und rüttelt das Gußstück aus. Hierbei fällt der losgerüttelte Sand durch den Rost und wird von unten her wieder der Sandaufbereitungsanlage zugeführt. Die Rüttelbewegung wird von Vibrationsmotoren erzeugt, der Rüttelrost ist auf Federn aufgebaut. Ausschlagroste kommen bis zu Gußgewichten von 300 t zur Anwendung. Der Ausschlagrost wird auch als Ausleerrost bezeichnet.

Förderrost

Der Förderrost ist ähnlich wie der Aufschlagrost aufgebaut. Er übernimmt die Guß-Sand-Pakete vom Ausstoßer oder Abschieber. Durch die Schwingbewegung wird ebenfalls der Sand getrennt und fällt durch den Rost nach unten. Eine Unwucht bei der Schwingbewegung bewirkt jedoch gleichzeitig eine Förderbewegung. Es kann auch vorteilhaft sein, wenn der Sand zur Schonung nach der Trennung zunächst unter dem Gußteil bleibt. Diese Einrichtung wird dann als Schwingförderer bezeichnet (Bild 3).

Ausleerrüttler

Die bisher beschriebene Technik kann auch an frei hängenden Formkästen durch angeklemmte Vibrationsmotoren angewandt werden.

Ausleertrommel

In Ausleertrommeln können bestimmte Gußteile aus kastenlosen Formen oder aus dem Formkasten ausgedrückten Formballen durch die Drehung der Trommel vom Sand getrennt werden. Diese Methode ist mit weniger Lärm, Staub und körperlicher Arbeit verbunden als die oben beschriebenen Methoden. Eine einfache Bauart der **Ausleertrommel** besteht aus zwei ineinanderliegenden Trommeln; durch die Löcher der inneren kann der Sand durchfallen. Meistens sind die Trommeln als **Durchlauftrommeln** konstruiert, so daß die Gußteile durch die Trommel hindurch gefördert werden. Die Funktion des Trennens wird wesentlich verstärkt, wenn die Trommel als **Schwingtrommel** ausgeführt ist. Trommeln haben häufig zusätzlich oder speziell die Funktion als **Kühltrommel**. Eine zweckmäßige Lösung besteht auch darin, einer Ausleertrommel eine Strahltrommel nachzuordnen.

Mit den beschriebenen Möglichkeiten des Auspackens wird gleichzeitig der Vorgang des Entkernens durchgeführt.

Unter **Auspackstrahlen** versteht man das Strahlen von kompletten Kaltharzformen.

1 Auspacken mit Ausschlagrost

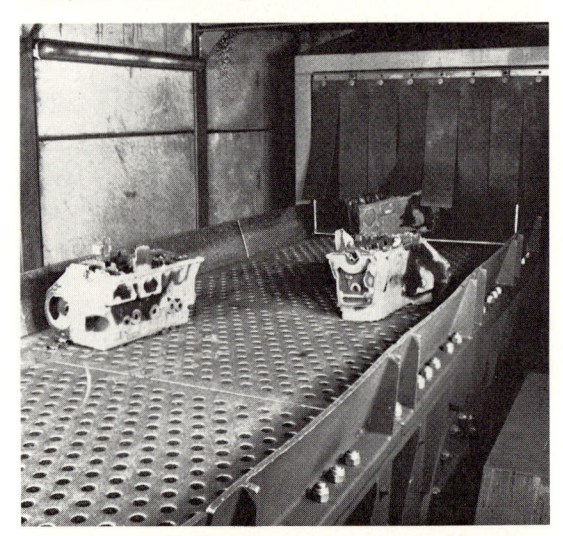

2 Auspacken mit Förderrost

3 Auspacken mit Schwingförderer

Putztechnik — Strahlen

6.2 Strahlen

Bei den verschiedenen Strahlverfahren wird das Strahlmittel entweder mit Preßluft oder mit einem Schleuderrad auf das Putzgut geschleudert. Beim Schleuderradstrahlen werden Geschwindigkeiten von ca. 70 bis 85 m/s und beim Luftstrahlen von 130 bis 150 m/s erreicht. Die dabei freigesetzte kinetische Energie leistet den erwünschten sandabtragenden Arbeitseffekt.

Das Prinzip der Schleuderstrahltechnik zeigt Bild 1: Das Strahlmittel (1) wird durch einen Verteiler (2) umgelenkt. Das Einlaufstück (3) gibt an einer Stelle seines Umfangs dem vorbeschleunigten Strahlmittel den Übergang auf die Wurfschaufeln (4) frei. Aus Bild 2 ist zu ersehen, daß hierbei eine bestimmte Fläche, das sog. Strahlbild, bestrahlt wird.

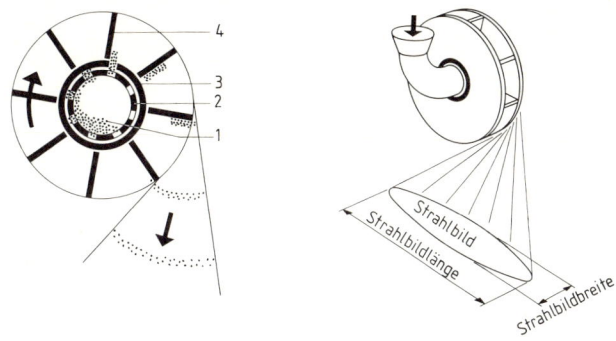

1 Prinzip der Schleudertechnik

2 Aufschlaggeometrie (Strahlbild)

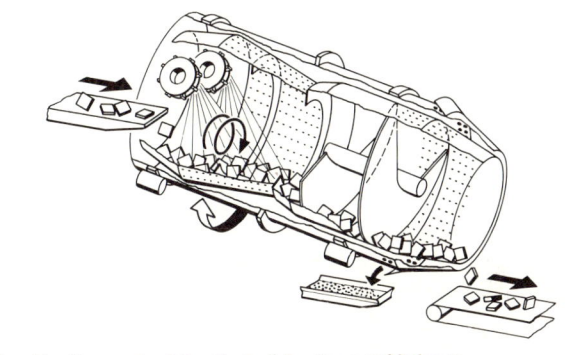

Durchlauftrommel-Strahlmaschine mit kontinuierlicher Trommeldrehung

Bei dem in Bild 3 gezeigten System wird das Putzgut über eine Zuführrinne durch die Strahltrommel und Austragtrommel zum Abzugsband gefördert. Ein oder zwei Schleuderräder sind so angeordnet, daß der Strahl über die ganze Länge der Strahltrommel wirksam wird. Die richtige Verweilzeit des Strahlgutes wird durch die Schräglage der Trommel, die Förderbewegung der Innenschnecke und die Drehzahl des Antriebes am Zahnkranz geregelt. Über die Löcher der Trommeln und den Austrag werden Strahlmittel und Sand auf die Schwingrinne zur Aufbereitung weitergeleitet.

3 Durchlauftrommel mit kontinuierlicher Trommeldrehung

Durchlauftrommel mit 120°-Drehung und offener polygonförmiger Trommel

Bei dieser Durchlauftrommel (Bild 4) ist die Innentrommel ein Polygontrog, der aus perforierten gleichgroßen Manganstahlplatten zusammengesetzt ist. Wie Bild 5 zeigt, macht die nach oben offene Trommel eine 120°-Drehbewegung. Die Schleuderräder sind in Längsachse der offenen Trommel angeordnet (Bild 6), so daß die volle Strahlenergie genutzt wird. Aufgrund der Polygonform, deren Seiten in einem bestimmten Winkel zueinander angeordnet sind, werden die Gußteile bei der Pendelbewegung der Trommel schonend gewendet und damit allseitig vom Strahlmittel erfaßt.

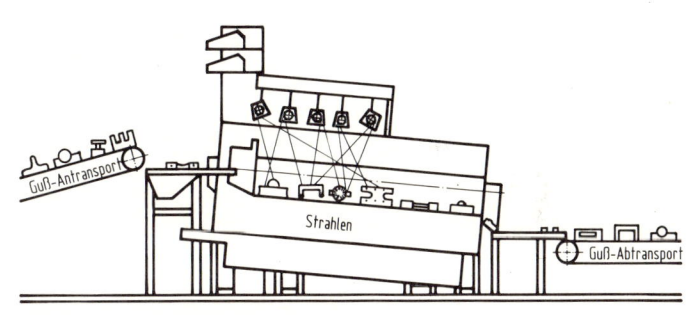

4 Durchlauftrommel mit 120°-Drehung

5 Querschnitt durch Polygontrog

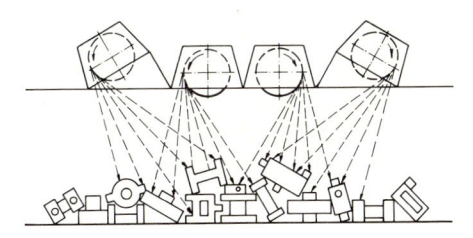

6 Schleuderräder in Längsachse angeordnet

Strahlen   **Putztechnik**

Muldenbandanlagen

Bei diesem System werden die Gußteile durch ein endlos umlaufendes Stahlraupen- oder Gummiband umgewälzt (Bild 1). Das Putzgut gelangt meist über eine Beschickungseinrichtung in den muldenförmigen Strahlraum. Dieses System wird in kleinen und großen Einheiten ausgeführt. Es eignet sich besonders für chargenweise Anlieferung von Guß.

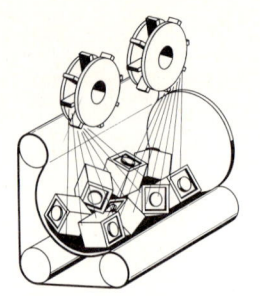

1 Muldenbandanlagen

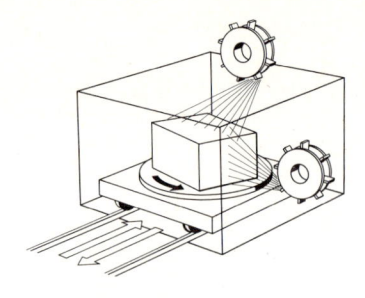

2 Strahlen von Großguß auf Drehtisch im Putzhaus

Strahlen im Putzhaus

In Putzhäusern werden vorwiegend große Gußteile geputzt. Damit der Putzstrahl alle Werkstückkonturen erreicht, führen Werkstücke und auch die Strahlräder bzw. Strahldüsen Bewegungen aus. In Bild 2 wird eine Drehtischbewegung und in Bild 3 zusätzlich je eine Schwenkbewegung von Strahlturm und horizontalem Ausleger ausgeführt.

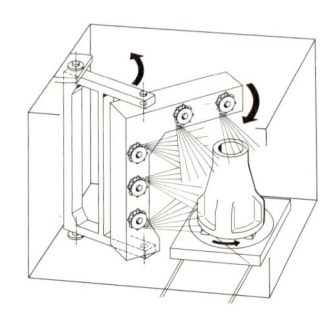

3 Strahlen im Putzhaus mit schwenkbarem Strahlturm

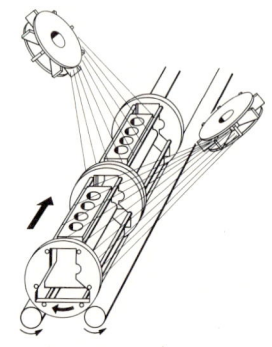

4 Strahlen im Rollkäfig

Strahlen in Rollkäfigen

Serienteile, wie Motorblöcke oder Getriebegehäuse, werden hierbei einzeln in einen Rollkäfig nach Bild 4 gespannt, rotiert und gleichzeitig in Längsrichtung verschoben. Dieses Verfahren eignet sich für vollautomatisches Putzen von kernintensivem Motorguß.

Hängebahnanlagen

Bei diesem System wird das Putzgut an einem Gehänge in die Strahlkammer gefördert. Während des Strahlvorganges wird vom Gehänge eine Bewegung ausgeführt; in Bild 6 ist sie eine vertikale und in Bild 7 eine horizontale Dreh- und Oszillationsbewegung. Die zahlreichen Bauarten unterscheiden sich vorwiegend durch den Aufbau des Gehänges und die Gehängeförderung. Das Strahlgut kann, je nach Größe, in Körben, an Ketten, aufgesteckt nach Bild 5 und 6 an Traubenhalte-Einrichtungen usw. gefördert werden. Die Bewegung des Gehänges in oder durch die Strahlzone kann manuell oder auch mit vollautomatischer Steuerung erfolgen. Bild 5 zeigt die Gesamtansicht einer Durchlaufhängebahnstrahlanlage. Rechts wird angeliefert und bestückt, links wird entladen und abtransportiert.

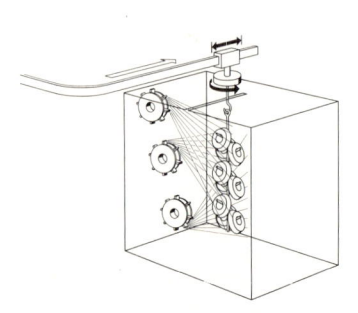

5 Durchlaufhängebahnstrahlanlage

6 Manuelle Gehängeförderung

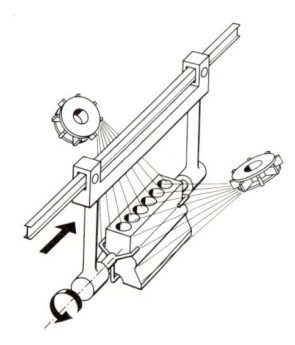

7 Fahrjochgehänge

Putztechnik   **Strahlen**

Strahlkabinen

Bedingt durch die Fertigungsart des Betriebes sind unterschiedliche Strahlanlagen erforderlich. Für das Strahlen von einzelnen Gußteilen kommen für große Abmessungen Putzhäuser (siehe Bild 2 Kapitelanfang) und für kleinere Abmessungen **Strahlkabinen** zur Anwendung. In Strahlkabinen können die Gußteile über Gummistulpen-Eingriffsöffnungen unter dem Strahl gewendet werden. Strahlkabinen können mit Drehtischen und ähnlichen Einrichtungen ausgestattet sein. Das Strahlmittel wird auf das Strahlgut meist mit Druckluft aufgebracht.

1 Strahlkabinen für Strahlen von Hand

Drehkreuzstrahlanlage

Als Beispiele für Strahlanlagen, die in den kontinuierlichen Fluß der Gußstückerzeugung eingebaut werden, wurden die Trommelsysteme bereits beschrieben. Auch das Strahlen mit Vibrationsrinnen (siehe Bild 1 Kapitelanfang) ist hierzu eine Möglichkeit. Bei dem Strahlen von Serien-Gußteilen mittlerer und größerer Abmessung kommt das Strahlen in Rollkäfigen (Bild 4 vorige Seite) und mit **Drehkreuzstrahlanlage** zur Anwendung. Die zugeführten Gußteile werden mit Spannzangen erfaßt und hiermit zu den einzelnen Stationen gebracht. Die erste und letzte Station der in Bild 2 gezeigten Anlage sind Schleusenkammern, in den dazwischen liegenden drei Stationen wird gestrahlt. Während des Strahlvorganges rotieren die Zangen mit den Werkstücken um ihre Achse. Das Strahlen von verschiedenen Werkstückgrößen und Bauformen erfolgt ohne Umrüsten der Spannzangen.

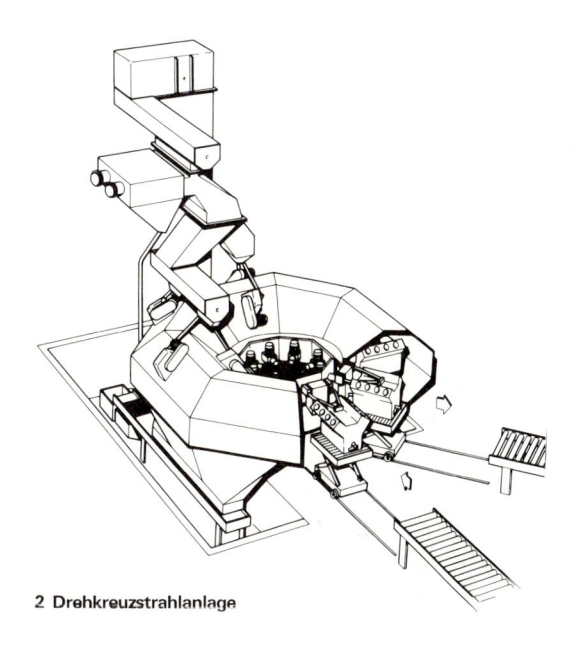

2 Drehkreuzstrahlanlage

Reinigung und Rückgewinnung

Bei dem Vorgang des Strahlens werden durch die kinetische Energie des Strahlmittels Formstoffteile und Verunreinigungen vom Gußteil, dem sog. Putzgut abgetragen. Hierbei kommt es zur Vermengung von Strahlmittel, Sand, Staub und Schmutz. Um wirtschaftlich und rohstoffschonend zu arbeiten, müssen diese wieder voneinander getrennt werden. Dies kann z.B. mit Hilfe von Schwerkraft und Luft durch Windsichtung oder mit Magnetismus erfolgen. Bild 3 zeigt den Kreislauf einer solchen Anlage, die zur Reinigung und Rückgewinnung dient, sie ist Bestandteil einer modernen Strahlanlage.

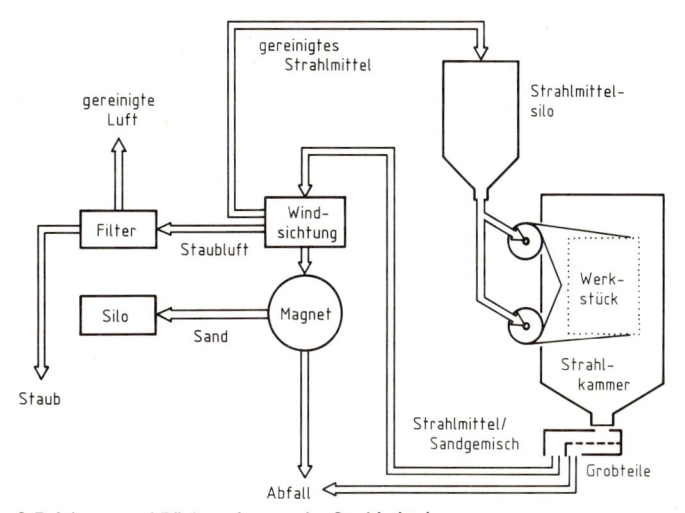

3 Reinigung und Rückgewinnung des Strahlmittels

6.3 Trennen und Schleifen

Beseitigen des Einguß- und Speisersystems

Nach dem Strahlen besitzt das Gußteil eine saubere Oberfläche, jedoch müssen noch die Reste des Einguß- und Speisersystems, Gußgrate und Unebenheiten beseitigt werden. Am einfachsten ist es, wenn Eingußtrichter oder Speiser mit Hilfe von Brechkernen abgeschlagen werden können (bis zu 200 cm² bei GG), oder wenn diese bei größeren Gußteilen kurz nach der Erstarrung durch den Kran abgerissen werden. Inzwischen gibt es auch Brechgeräte für diese Art der Trennung von Gußteil und Kreislaufmaterial. Bei Stahlguß können diese Methoden nicht angewandt werden, hier kommt das Brennschneiden mit der Azetylen-Sauerstoff-Flamme zur Anwendung. Für hochlegierte Stähle, für Gußeisen, wenn die obigen Methoden nicht zweckmäßig sind, und für Nichteisenmetalle, werden diese Teile durch Sägen und Trennschleifen entfernt. Bild 3 zeigt eine Pendelschleifmaschine, die so aufgehängt ist, daß sie leicht von Hand oder auch durch Fernsteuerung bedient werden kann.

Schleifen

Den letzten Arbeitsgang in der Putzerei stellt üblicherweise das Schleifen dar. Mit Schleifgeräten werden vor allem Gußgrate, aber auch Gußfehler, wie z.B. die Schülpe auf dem bereits gestrahlten Gußteil in Bild 2 beseitigt. Seltener wird für diese Arbeitsgänge Fräsen oder Hobeln eingesetzt.

Manipulatoren und Roboter

Insbesondere für die Vorgänge des Schleifens werden in der Gußputzerei zunehmend Manipulatoren und Roboter eingesetzt.

Wiederholungsfragen

1. Welche Arbeitsbereiche umfaßt die Gußputzerei?
2. Wie erfolgt das Auspacken der Gußteile?
3. Erklären Sie den Vorgang des Strahlputzens.
4. Woraus besteht das Strahlmittel, und wie wird es auf das zu putzende Gußteil aufgebracht?
5. Nennen Sie verschiedene Möglichkeiten, um das Putzgut beim Strahlen zu transportieren?
6. Vergleichen Sie die Bewegungsabläufe einer Durchlauftrommel mit kontinuierlicher und 120°-Drehung sowie einer Muldenbandtrommel untereinander.
7. Welche Strahleinrichtungen können für die folgenden typischen Produktionsbeispiele zweckmäßig eingesetzt werden?
   a) Für sehr große Einzelgußteile,
   b) für kleine Gußteile in kleinen Stückzahlen,
   c) für wechselnde chargenweise Anlieferung,
   d) für gleichbleibende Serienteile.
8. Warum ist die Reinigung und Rückgewinnung des Strahlmittels in eine Strahlanlage miteinbezogen?
9. Welche Unterschiede bezüglich des Entfernens von Einguß- und Speisersystem ergeben sich aus unterschiedlichem Gußwerkstoff?

1 Gußteil vor dem Strahlen

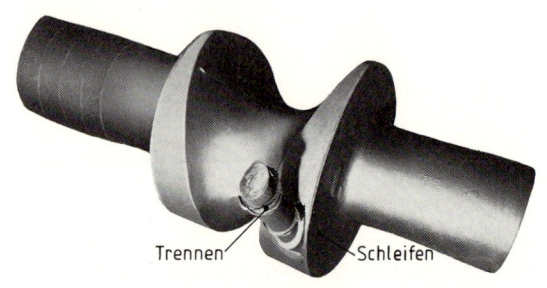

2 Gußteil vor dem Trennen und Schleifen

3 Pendelschleifmaschine

4 Schleifmanipulator

7 Formstofftechnik

7.1 Formstoffe

7.1.1 Grundsätzlicher Aufbau der Formstoffe

Der zur Anfertigung von verlorenen Formen verwendete Formstoff besteht aus einem Formgrundstoff (feuerfesten Mineral), einem Bindemittel und oft weiteren Zusatzstoffen.

Der Formstoff muß in seiner Zusammensetzung auf das Formverfahren (z.B. Verdichtung, Schüttung), Gießmetall (z.B. Gießtemperatur) und Zweck (z.B. Kerne — größere Gasdurchlässigkeit) abgestimmt werden.

Formgrundstoffe	+	Formstoffbindemittel	+	Formstoffzusatzstoffe	=	Formstoff

— Quarzsand
— Olivinsand
— Chromitsand
— Zirkonsand
— Schamotte
		1. Silicate:
		  — Tone
		  — Zement
		  — Wasserglas
		2. Kunstharze:
		  — Kondensationsharze:
		    Phenolharz
		    Furanharz
		  — Reaktionsharze
		    Urethanreaktanten
		3. Sonstige
				— Bitumen
				— Kohlenstaub
				— Eisenoxid
				— Torfmehl
				— Holzmehl
				— Glykol
				— Borsäure
				— Schwefel u.a.		

Bei gleichem Formgrundstoff — meist Quarzsand — stehen dem Former durch verschiedene Bindemittel zahlreiche Formstoffe zur Verfügung. Die am häufigsten verwendeten Formstoffbindemittel sind Silicate und Kunstharze, alle andere dienen vornehmlich der Kernherstellung.

7.1.2 Anforderungen an Formstoffe

Bildsamkeit

Insbesondere für das Handformen muß der Formstoff bildsam sein. Er muß sich durch Verdichten und Polieren formen und bilden lassen. Wird bei der Ballenprobe ein Sandballen in der Handfläche zusammengedrückt, so müssen die Handlinien abgebildet sein.

Fließfähigkeit

Bei Form- und insbesondere bei Kernherstellungsverfahren durch Schießen und Blasen ist die Fließfähigkeit des Sandes entscheidender als die Bildsamkeit. Die Fließfähigkeit gewährleistet, daß der Formstoff auch in solche Hohlräume gelangt, die nicht in Schießrichtung liegen, enge Querschnitte und komplizierte Formen besitzen.

Formbeständigkeit (Standfestigkeit)

Die Form wird bei der Herstellung durch das Wenden und das Ausheben des Modells beansprucht. Große Kräfte treten durch den Druck des flüssigen Gießmetalls auf. Die Formbeständigkeit (Standfestigkeit) der Form wird durch Zug-, Druck-, Biege- und Scherfestigkeitsprüfung im Sandlabor getestet.

Gasdurchlässigkeit

Beim Gießen entstehen durch Vergasung von Kunstharzbindern oder Wasser bei Tonbindern Gase, die durch den Formstoff und nicht über das Metall nach außen abgeführt werden müssen.

Ist der Formstoff nicht gasdurchlässig, kann der Guß Gasblasen aufweisen, die Form kochen oder sogar explodieren.

Hochtemperaturbeständigkeit
(Feuerbeständigkeit)

Eine Form ist hochtemperaturbeständig, wenn die Schmelztemperatur des Formgrundstoffes über der Gießtemperatur des Gußwerkstoffes liegt.

Zerfallfähigkeit

Das erstarrte Gußstück soll leicht aus dem Formstoff entfernt werden können. Hierdurch können Kosten verringert werden. Kunstharzgebundene Formstoffe sind besonders zerfallfähig, da der Binder nach dem Erstarren vergast und zerfällt.

Wiederaufbereitbarkeit

Um den Verbrauch niedrig zu halten, werden Formstoffe wiederaufbereitet.

Formstoffe — **Formstofftechnik**

7.1.3 Formgrundstoffe

	Quarz	Olivin	Chromit	Zirkon	Schamotte
Hauptbestandteile	SiO_2 (99%)	Mg_2SiO_4 (Fe_2SiO_4)	$FeCr_2O_4$ ($MgCr_2O_4$)	$ZrSiO_4$	$Al_{2/3}$ SiO_2
Härte nach Mohs	7	6,5 bis 7	5,5	7,5	6
Dichte in g/cm³	2,6	ca. 3,3	ca. 4,5	ca. 4,5	ca. 2,6
Feuerfestigkeit nach DIN 51 063 in °C	≥1700	≥1700	≥1800	≥1750	≥1700
Sinterbeginn in °C	1500...1600	>1400	—	über 1500	ca. 1300
lineare Ausdehnung bis 600 °C in %	1,2	0,6	0,4	0,2	0,3
Entstehung	Verwitterung von quarzhaltigen Gesteinen	magmatisches Gestein	magmatisches Gestein	Verwitterung von magmatischen Gesteinen	Brennen von Ton
Besonderheiten	Quarzstaub <5 µm ist silikogen	ungeeignet für kunstharzgebundene Formstoffe	größere Kühlwirkung auf Guß, geringe Wärmeausdehnung	höchste Temperaturbeständigkeit, geringste Wärmeausdehnung	
Anwendung	universal	vorwiegend für Hartmanganstahlguß	vorwiegend für Stahlguß		

Die verschiedenen Sande der Tabelle stehen als Formgrundstoffe mit den angegebenen Eigenschaften zur Verfügung. Qarzsand wird aus Gruben, teilweise unter dem Wasserspiegel mit Saugschiffen (Bild 1), abgebaut. Zirkonhaltige Sande werden ähnlich abgebaut, sie müssen jedoch durch Aufbereitung angereichert, d.h. von begleitendem Quarzsand abgetrennt werden. Die anderen Formgrundstoffe erhalten ihre Kornform erst nach Zerkleinern durch Brechen, Mahlen usw.

Je nach Formverfahren werden Körnungen mit unterschiedlicher Feinheit verlangt, die eine saubere Formoberfläche bei ausreichender Gasdurchlässigkeit ergeben müssen. Körnungsanalysen für zwei bekannte Sorten zeigen die Bilder 2 und 3. Der Buchstabe gibt Auskunft über den Herkunftsort (F=Frechen, H=Haldern). Die Zahl kennzeichnet die Kornfeinheit. Näheres hierüber ist im Kapitel „Prüfung der Formgrundstoffe" zu finden. Um optimale Zusammensetzungen zu erhalten, werden Quarzsande zuerst vorgesiebt und entschlämmt. Durch Hydroklassierung (Klassierung mit Hilfe eines Wasserstromes) erfolgt dann die Aufteilung in verschiedene Kornklassen (Standardsorten). Mit der Trocknung und Bunkerung der verschiedenen Standardsorten wird die Produktion abgeschlossen.

1 Abbau von Quarzsand mit Schwimmbagger

2 Körnungsanalyse für Quarzsand H31

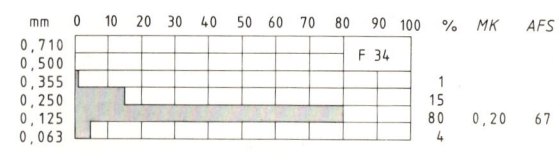

3 Körnungsanalyse für Quarzsand F34

7.1.4 Formstoffbindersysteme

Tongebundene Formstoffe

Tone sind die ältesten verwendeten Formstoffbindemittel. Natursande und Lehm kommen jedoch kaum mehr zum Einsatz. Heute wird vor allem gewaschener und klassierter reiner Quarzsand mit Bentonit und für bestimmte Anwendungen auch mit Benton aufbereitet. Tone sind Aluminiumsilikate.

Bentonitgebundene Formstoffe

Anwendung

Unter den Tonbindern ist Bentonit der bedeutendste. Alle Maschinenformverfahren, die auf der Verdichtung des Formstoffes beruhen, verwenden bentonitgebundenen Formstoff. Diese Formen werden mit der Ausgangsfeuchtigkeit abgegossen und deshalb auch als ungetrocknete Formen bezeichnet. Die Bezeichnungen Naßgußsand und synthetischer Sand sind unzweckmäßig und sollten nach VDG-Merkblatt R 201 nicht mehr verwendet werden.

1 Gewinnung von Bentonit im Tagebau

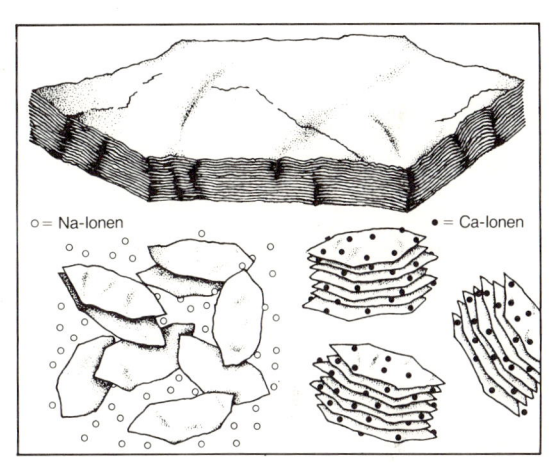

Entstehung und Gewinnung von Bentonit

Bentonite sind Umwandlungsprodukte vulkanischen Ursprungs. Der Name hat seinen Ursprung nach einem Fundort bei Fort Benton im Staate Wyoming in den USA. In Deutschland liegen die bedeutendsten Fundorte in Bayern, sie werden, wie in Bild 1 gezeigt, im Tagebau abgebaut. Neben dem Mahlen und Trocknen ist das Aktivieren ein wichtiger Bestandteil der Bentonitaufbereitung. Beim Aktivieren wird der Hauptbestandteil des Bentonits, das Tonmineral Montmorillonit in seiner Kristallstruktur umgewandelt. Wie Bild 2 zeigt, sind links unten die einzelnen Kristallplättchen von Natrium-Montmorillonit durch Wasserquellung voneinander abgelöst, während rechts unten die Kristallplättchen bei Calcium-Montmorillonit im Verband zusammen geblieben sind. Der linke hochquellfähige Zustand ist die Grundlage der guten Bindefähigkeit.

2 Plättchenstruktur von Montmorillonit

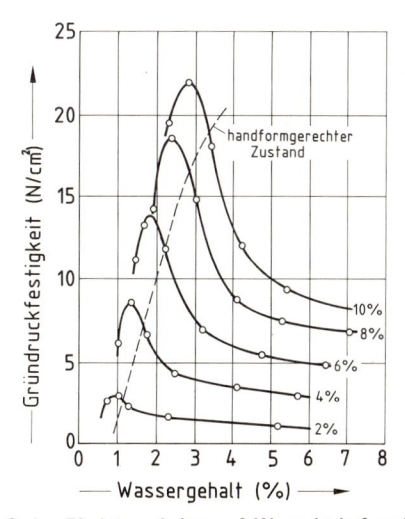

Eigenschaften bentonitgebundener Formstoffe

Bentonit hat im Vergleich zu anderen Tonarten eine sehr hohe Quellfähigkeit und Bindekraft. Aus diesem Grunde genügen bereits wenig Bentonit und Wasser zur Bindung. Den Zusammenhang zwischen Bentonitgehalt, Wasserbedarf und Gründruckfestigkeit (Druckfestigkeit des tongebundenen Formstoffes) zeigt Bild 3. Je höher der Gehalt an Bindeton ist, um so höher werden Druckfestigkeit und Bildsamkeit; die Fließfähigkeit und die Gasdurchlässigkeit nehmen dagegen ab. Bentonitgebundene Formstoffe erhalten ihre Festigkeit durch Verdichten (siehe Kap. 2 Formtechnik).

3 Einfluß des Bindetongehaltes auf Wasserbedarf und Gründruckfestigkeit für Prüfmischungen aus Quarzsand, gebunden mit 2, 4, 6, 8 und 10% aktiviertem bayrischen Bentonit, nach F. Hofmann

Benton-Öl-gebundene Formstoffe

Insbesondere im Bereich von Ausbildung und Kunstgießerei setzen sich zunehmend Benton-Öl-gebundene Formstoffe durch. Bentone sind modifizierte Bentonite. Bentone quellen in organischen Flüssigkeiten, wie z.B. Mineralöl. Solche Formstoffe sind außerordentlich bildsam und erfordern die klassischen Formtechniken wie Verdichten und Polieren. Mit Zusatz von Eisenoxid erhalten die Sande ihr rotes Aussehen. Durch die besondere Feinheit der verwendeten Formgrundstoffe (mittlere Korngröße 0,09 mm = Kornfeinheit AFS 140) werden außergewöhnlich feine Form- und Gußoberflächen erzielt. Der Benton-Öl-Formstoff ist kaum gasdurchlässig. Im Gegensatz zum bentonitgebundenen Formstoff, bei dem verdampftes Wasser abgeführt werden muß, ist nur eine geringe Gasdurchlässigkeit erforderlich. Benton-Öl-Sand wird häufig nur als dünne Schicht angeformt und dann mit anderen Formstoffen hinterfüllt.

1 Gußteil mit Benton-Öl-Sand geformt

Weitere anorganische Formstoffbinder

Zement ist ein pulverförmiger Binder, der in Verbindung mit Wasser zu Calciumalumosilicat aushärtet. Wegen schlechter Zerfalleigenschaften wird Zementsand durch kaltaushärtende Kunstharzbinder zunehmend ersetzt. Für Schablonierarbeiten eignet er sich durch geringe Fließfähigkeit und noch relativ gute Bildsamkeit.

Wasserglasbinder bestehen aus in Wasser löslichen Alkalisilicaten ($Na_2O \cdot SiO_2 \cdot H_2O$), die bei der Aushärtung gallertartige Kieselsäure ausscheiden. Das bekannteste Verfahren auf der Basis von Wasserglasbinder ist das **CO_2-Verfahren.** Die Aushärtung erfolgt durch Begasen mit CO_2 (näheres siehe Kapitel 3.5.2 und 3.5.3). Beim Wasserglas-Ester-Verfahren werden mehrwertige Essigsäureester der Formstoffmischung als Härter zugesetzt.

Zu den weniger bekannten Verfahren sind das Wasserglas-Silicid-Verfahren, das Wasserglas-Zement-Verfahren u.a. zu zählen.

Wasserglasbinder sind umweltfreundlicher; Festigkeit, Zerfallseigenschaft und Lagerfähigkeit der Kerne sind schlechter als bei harzgebundenen Formstoffen.

Bindemittel für Feingußformen bestehen aus feinverteilter Kieselerde in Ethylsilicaten, Alkoholen und Wasser. Die Herstellung der **keramischen** Feingußformen ist im Kapitel Feingießen beschrieben.

Gips ist ein Calciumsulfat und wird durch Brennen von Gipsgestein gewonnen. Zur Herstellung von Formen wird je nach Sorte ein Gips-Wasser-Verhältnis von 2 bis 4:1 zugrunde gelegt. Gußteile aus Gipsformen haben höchste Oberflächenfeinheit. Um solche Formen herzustellen, werden die Formteile im Trockenofen bei ca. 80 bis 120 °C getrocknet. Bei dem neuen **VAC-Verfahren** wird mit einem eingeformten Schlauchsystem über Druckluft das Modell entformt, und durch Vakuum werden sämtliche Gase während des Gießvorganges abgesaugt.

Gips kann auch als Schaumgips und in Verbindung mit üblichen Formgrundstoffen zur Anwendung kommen.

2 Polieren einer Form mit bildsamem Formstoff

3 Schablonieren mit Zementsand

4 Füllen einer Form mit aushärtendem Formstoff: Zementsand, Furanharz- oder Phenolharzsand

Bindersysteme mit organischen Bindern

Die bedeutendsten in dieser Gruppe sind die Kunstharze, die mit Härtern aushärten. Aber auch wenig verwendete Binder auf der Basis von tierischen oder pflanzlichen Ölen, Kohlenhydraten u.a. gehören in diese Gruppe.

Für die **Kaltaushärtung** der Kunstharzbinder kommen starke Härter zum Einsatz (selbsthärtende Binder). Hierbei werden auch die Bezeichnungen Kaltharz- oder No-Bake-Verfahren verwendet.

Schwache Härter kommen bei Kunstharzbindern zur Anwendung in Verbindung mit **Heißaushärtung** (z.B. Croning oder Hot-Box) oder **Gashärtung mit einem Katalysator** (z.B. Cold-Box).

Eine andere Unterscheidung bei Kunstharzbindern ist nach dem Aggregatzustand des Binders möglich:

Trocken umhüllte Sande, wie sie beim Croningverfahren verwendet werden, sind fließfähiger als **feucht umhüllte** Sande. Der gemeinsame Vorteil der organischen Binder liegt in der guten Zerfalleigenschaft nach dem Gießen von Eisengußwerkstoffen.

Warmaushärtende Formstoffe

Bei diesen Verfahren wird meist das Kernformwerkzeug (Hot-Box- und Croning-Kernformverfahren) oder die Modellplatte (Maskenformverfahren) aus Metall beheizt. Näheres siehe Kapitel Kernherstellung und Maskenformverfahren.

Croning-Verfahren umfassen das Maskenformverfahren und die Croning-Kernverfahren. Der mit Phenolharz trocken umhüllte Sand besitzt bereits den Härter Hexamethylentetramin. Dieser schwache Härter wird bei 250 bis 350 °C aktiviert, die Abbindung erfolgt in kürzester Zeit.

Hot-Box-Verfahren sind nur Kernformverfahren. Als Binder werden Furan-, Phenol-, Harnstoff-, oder Aminoharze eingesetzt.

Häufige Kombinationen sind:
Harnstoff-Formaldehyd-Furfurylalkohol oder Phenol-Formaldehyd-Harnstoff.

Übliche Härter sind:
Ammoniumchlorid oder Nitratverbindungen. Auch hier ist der Härter schwach, so daß die Aushärtung erst durch Wärme ausgelöst wird.

Ölsand auf der Basis pflanzlicher Öle verfestigt durch Verharzen im Trockenofen. Dieses und andere pflanzliche Bindemittel haben heute keine große Bedeutung mehr.

Kaltaushärtende Formstoffe

Kaltaushärtende Formstoffe kommen bevorzugt für Formen, aber auch für Kerne zur Anwendung. Sie werden kaum verdichtet. Einfüllen und Vibrieren, leichtes Andrücken oder Stampfen genügt meist, die gute oder auch sehr gute Festigkeit wird durch das Abbinden erreicht.

Die Binder der kalthärtenden Formstoffe beruhen vorwiegend auf Furanharz, Phenolharz oder Polyurethanharz.

Furanharze sind Harze, die auf der Basis von Furfurylalkohol aufgebaut sind. So ist z.B. Furfurylkohol-Harnstoff-Formaldehyd ein häufig verwendetes Furanharz.

Furfurylalkohol wird aus Maiskolben und anderen Pflanzenteilen gewonnen.

Die Vorteile der Furanharze sind hohe Festigkeit, gute Fließfähigkeit, thermische Beständigkeit und gute Zerfalleigenschaft. Nachteilig ist die Aggressivität der starken Säure.

Der Vorgang des Abbindens ist eine Polykondensation. Sie wird bei der Kaltaushärtung z.B. durch 75- bis 85prozentige Phosphorsäure oder durch Toluolsulfonsäure ausgelöst.

Phenolharze entstehen durch Polykondensation von Phenol und Formaldehyd. Die Harze werden in Lösemittel, vorwiegend Wasser, gelöst und sind auch mit Harnstoff oder mit Furfurylalkohol kombiniert. Der Härter ist bei Kaltaushärtung gleich wie bei den Furanharzen. Die Eigenschaften sind ähnlich.

Dreikomponenten-Systeme

Kunstharzsysteme, die lediglich auf dem Zusammenwirken von Harz und Härter beruhen, werden auch als Zweikomponentensysteme bezeichnet. Kunstharzsysteme, bei denen die Reaktion durch einen zusätzlichen Katalysator bewirkt wird, werden auch als Dreikomponentensysteme bezeichnet. Der Katalysator, als dritte Komponente, wird nicht in den Binder eingebaut, sondern bewirkt nur den chemischen Vorgang.

Diese Verfahren, das Cold-Box-Verfahren und das Schnellharzsandverfahren, werden im folgenden noch genauer beschrieben.

Einteilung nach Molekülbildung

Die Kettenmoleküle der Kunstharze werden durch Polykondensation und Polyaddition gebildet. Entsprechend werden Phenolharz und Furanharz als Kondensationsharze und Polyurethanharze, die durch Polyaddition aushärten, als Reaktionsharze bezeichnet.

Durchführung des Kaltharzverfahrens

Formgrundstoff

Als Formgrundstoffe finden neben Quarzsand Chromit-, Zirkon- und Schamottesande Verwendung. Sie sollen in gewaschener, entschlämmter, klassierter, getrockneter und normaltemperierter (10–30 °C) Form zur Verfügung stehen. Wichtig ist die optimale Korngröße. Feinkörnige Sande ergeben eine gute Oberfläche, dafür benötigt man mehr Binder, um die gleiche Festigkeit zu erzielen. Bild 1 zeigt Biegefestigkeitskurven bei Verwendung eines groben Sandes mit der AFS-Nummer 40 (MK=0,36 mm) und eines mittel- bis feinkörnigen Sandes mit der AFS-Nummer 70 (MK= 0,2 mm). Zur gleichen Festigkeit benötigt der feinere Sand 50% mehr Bindemittel. AFS-40 könnte z.B. im Graugußbereich und AFS-70 im Leicht- oder Schwermetallbereich zum Einsatz kommen.

An Stelle von Neusand als Formgrundstoff kommt zunehmend Altsand zur Verwendung. Hierzu weiteres im Kapitel 7.2.

Harze

Als Bindemittel für die klassischen Kaltharzverfahren kommen Furanharze, Phenolharze und deren Kombinationen zur Anwendung. Wie das Beispiel von Furanharz aus Bild 2 zeigt, ist die Festigkeit von der Harzmenge abhängig. Aus Gründen von Kosten, Aufbereitung und Gußqualität vermeidet man unnötigen Härterzusatz. Die richtige Menge ist abhängig vom verwendeten Formgrundstoff, ob Alt- oder Neusand verwendet wird und der Gußart. Von einem maßgebenden Harzhersteller wurden die folgenden optimalen Harzzugaben für mittlere Gußgewichte in Gewichtsprozenten ermittelt:

Gußeisen (einschließlich GGG)	0,8 bis 1,2%
Stahlguß, dünnwandig	0,8 bis 1,2%
Stahlguß, dickwandig	1,0 bis 1,5%
Schwermetallguß	0,8 bis 1,2%
Leichtmetallguß	0,6 bis 1,0%

Härter

Als Härter werden konzentrierte Phosphor- oder Toluolsulfonsäure (PTS-Säure) verwendet, daher ist äußerste Vorsicht geboten. Härter und Harz dürfen nicht direkt gemischt werden, beim Mischen erfolgt zuerst die Härter- und dann die Binderzugabe zum Sand. Bild 3 zeigt anschaulich den Einfluß des Härters. Nach Erreichen eines Optimums führt weitere Härterzugabe zu einem Festigkeitsabfall. In der Praxis wird deshalb meist die Härtermenge auf gut ein Drittel des Harzanteils dosiert. Der Aushärtungsverlauf von Bild 2 zeigt, daß die Festigkeit zunächst schnell ansteigt. Nach Erreichen der Ausschalfestigkeit kann das Modell gezogen werden. Die Endfestigkeit wird nach Stunden erreicht.

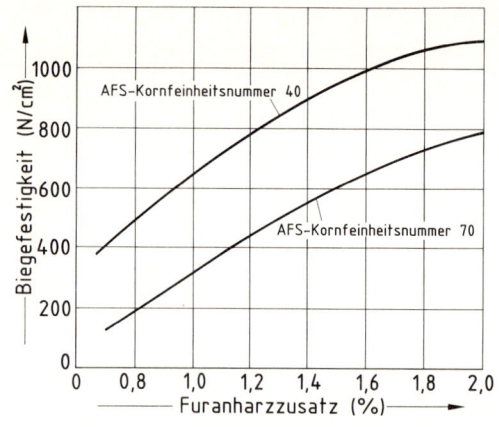

1 Einfluß der Quarzsandkorngröße auf die Biegefestigkeit (Eingesetzter Härter: 75%ige Phosphorsäure; Härterzusatz: 45% bezogen auf die eingesetzte Furanharzmenge; Aushärtezeit: 24 h)

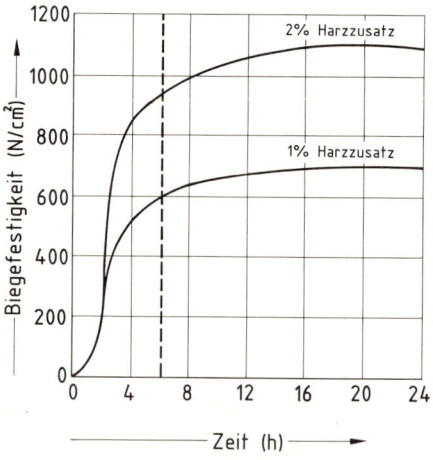

2 Aushärteverlauf eines Furanharzes (Härter: 75%ige Phosphorsäure; Härterzusatz: 45% bezogen auf die eingesetzte Furanharzmenge)

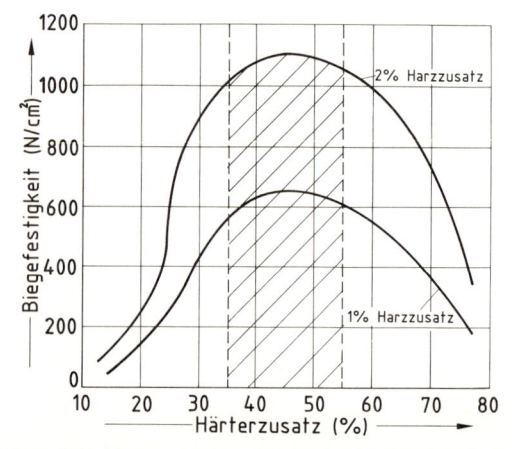

3 Einfluß des Härterzusatzes auf die Biegefestigkeit eines Furanharzes (Härter: 75%ige Phosphorsäure; Aushärtezeit: 24 h)

Schnellharzverfahren

Für größere Formen, die nicht mehr auf Formmaschinen hergestellt werden können, kommen meist Kaltharzverfahren zur Anwendung. Um auch bei größeren Stückzahlen produktiv arbeiten zu können, wurden Harzsysteme mit Aushärtungszeiten im Bereiche von 15 bis 3 Minuten entwickelt. Solche Harze werden als Schnellharze bezeichnet. Sie werden meist im Kernformverfahren angewandt, d.h., die Formteile werden in Kernkästen angefertigt.

Als Binder kommen flüssige Kunstharze und speziell entwickelte Härter in Frage. Bei den Schnellharzen auf Furanharzbasis handelt es sich um modifizierte Kunstharze, wie sie als Zweikomponentensysteme grundsätzlich von den üblichen Kaltharzen her bekannt sind. Bei den Schnellharzen auf Phenolbasis handelt es sich um Binder, wie sie im folgenden unter Dreikomponentensysteme behandelt werden.

Dreikomponentensysteme

Bei Dreikomponentensystemen ist außer Harz und Härter noch ein Katalysator an der Aushärtung beteiligt, ohne selbst in den Molekülverband eingebaut zu werden. Durch die Aushärtung entstehen Polyurethane.

Polyurethane (PUR) sind Binder, die durch Polyaddition von in Lösemittel gelösten Phenolharzen, Polyalkoholen u.a. mit Polyisocyanat als Härter und dem Katalysator entstehen. Der Abbindevorgang wird durch den Katalysator ausgelöst. Bei der Anwendung dieses Systems als **Schnellharzverfahren** für Kern- und Formteile werden die Mischungen in Schnellmischern hergestellt. Bei Durchlaufmischern wurden Zeiten, vom Sandeinlauf bis Mischungsauslauf von 15 bis 30 Sekunden gemessen. Da die Aushärtung schon praktisch mit der Harzzugabe zur Mischung einsetzt, werden die Bestandteile gleichzeitig im Mischer zugegeben. Die zu füllenden Formen und Kernkästen sind am Mischer vorbeizuführen, da das gemischte Gut wegen der kurzen Aushärtezeiten nicht transportiert werden kann. Durch Variieren der Zugabemengen von Katalysator zum Harz kann die Aushärtezeit in extremen Fällen bis auf eine Minute eingestellt werden. Etwa eine Stunde nach dem Ausschalen kann das Formteil geschlichtet und nach etwa 5 bis 6 Stunden abgegossen werden. Bei diesem Verfahren werden ca. 0,8 bis 2% für Harz und Härter und 0,2 bis 1,5% für Katalysator beigemischt.

Bei der **Gashärtung** wird der Katalysator als Gas dem Formstoff zugeführt.

Im Kapitel Kernherstellung ist der praktische Ablauf dieser als **Cold-Box-Verfahren** bekannten Kernherstellung eingehend beschrieben.

Im folgenden wird das Verfahren als **Gasharzverfahren** beschrieben.

Gasharzverfahren

Als Basis des Verfahrens dient ein Bindemittel, bestehend aus dem Phenolharz, gelöst in einem Lösemittel, und dem Härter Isocyanat, dessen Vernetzungsreaktion durch entsprechende Katalysatoren wie Triethylamin (TEA) oder Dimethylethylamin (DMEA) so beschleunigt werden kann, daß eine Verfestigung in wenigen Sekunden möglich ist. Zur Durchführung der Begasung wird die Aminflüssigkeit zerstäubt und als Amin-Luft-Nebel durch den Formstoff hindurchgeleitet. Es werden etwa 0,05 bis 0,2% des Kerngewichtes an Katalysator benötigt. Die Bindermenge beträgt bei Leichtmetallguß zwischen 0,8 und 1,6%, bei den anderen Gußarten zwischen 1,4 und 2,2%. Ohne Einwirkung des Katalysators verläuft die Reaktion über mehrere Stunden bis zu einigen Tagen. Innerhalb dieser Zeit bleibt die Formstoffmischung 1,5 bis 4 Stunden gut fließfähig und kann mit einem Schießdruck von 2,5 bis 4,5 bar gut verarbeitet werden. Nachteilig bei der Aushärtung zu Polyurethanen wirken sich Restfeuchtigkeit im Sand und Luftfeuchtigkeit aus, da das Wasser das Isocyanat an sich bindet. Bereits 0,2% Wasser können die Kernverfestigung unmöglich machen.

SO$_2$-Formverfahren

Bei dem SO$_2$-Verfahren handelt es sich um ein Form- und Kernherstellungsverfahren durch **Gashärtung,** das von Frankreich ausgehend seit Ende der siebziger Jahre im Einsatz ist. Binder sind Furanharze. Bei der Mischung wird gleichzeitig mit dem Binder Peroxid zugesetzt. Zwischen diesen Komponenten findet kaum eine Reaktion statt, so daß die Verarbeitbarkeit, je nach Peroxid, zwischen 10 und 20 Stunden beträgt. Erst bei der Begasung mit Schwefeldioxid SO$_2$ bildet sich durch das Peroxid Schwefelsäure H$_2$SO$_4$, wodurch die Aushärtung des Furanharzes, wie schon von den Kaltharzverfahren bekannt, erfolgt. Die Furanharze für dieses Verfahren besitzen einen höheren Furfurylalkoholgehalt und sind in der Herstellung aufwendiger. Als Peroxid kommt vor allem Methylethylketon-Peroxid (MEKP, phlegmatisiert) zur Anwendung.

Die Begasung erfolgt ähnlich wie beim Cold-Box-Verfahren. Die starke Säure erfordert besondere Maßnahmen, wie z.B. Modellbeschichtung mit Lacken auf Epoxidharzbasis. Bei der Aushärtung des Formstoffes entsteht Wärme. Im laufenden Betrieb (Serienfertigung) erwärmen sich die Modelloberflächen auf rund 30 °C. Gleichzeitig bildet sich ein dünner schwarzer Belag, der im weiteren Betrieb wächst. Der Belag wirkt störend, er muß von Zeit zu Zeit mechanisch entfernt werden.

7.1.5 Formstoffzusatzstoffe

Arten:
Formstoffzusatzstoffe können in Stoffe **mit Glanzkohlenstoffbildung** (Steinkohlenstaub, Natur- und Kunstharze, Bitumen, Öle u.a.) und Stoffe **ohne Glanzkohlenstoffbildung** (Eisenoxid, Holzmehl, Schwefel, Borsäure u.a.) unterteilt werten.

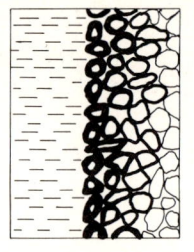

Zweck:
Zusatzstoffe sollen bestimmte Eigenschaften des Formstoffes (z.B. Wärmeausdehnung) und die Wechselwirkung zwischen Formstoff und Gießmetall beeinflussen und dadurch formstoffbedingte Gußfehler vermeiden.

1a Ausreichende Menge von Glanzkohlenstoffbildnern bewirkt eine Umhüllung der Körner im Grenzbereich Metall – Formstoff

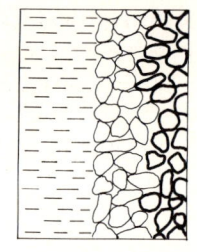

1b Zu geringe Zugabe von Glanzkohlenstoffbildnern bewirkt die Verbrennung von Kohlenstoff. Nur im Innern (Sauerstoffmangel) bildet sich eine Umhüllung. Die Formwand bleibt ungeschützt

Wirkung:
Verbesserung der Oberflächengüte wird durch glanzkohlenstoffbildende Stoffe erreicht, die bei Hitze in reduzierender Atmosphäre Sandkörner mit einer Schicht Glanzkohle (Graphit) umhüllen. Dadurch wird die Benetzung des Formstoffes durch flüssiges Metall verringert (Bild 1) und eine glatte, saubere Oberfläche erreicht.

Bindung von Luftsauerstoff wird mit brennbaren Stoffen (Kohlenstaub, Holzmehl u.a.) erreicht.

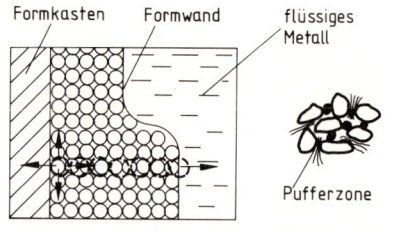

Verminderung der Sandausdehnungsspannungen
Das flüssige Metall verursacht eine Wärmeausdehnung der harten Sandkörner, wodurch es, wenn kein Nachgeben möglich ist, zum Abspringen von Sandteilen an der Formwand kommt (Bild 2).

Verschiedene elastische Zusatzstoffe (Stärke, Koks, Holzmehl u.a.) bewirken eine Einbettung der Sandkörner, so daß eine Ausdehnungsmöglichkeit gegeben ist.

Die Sandausdehnungsspannung ist von der Sandart abhängig (Bild 3).

Die **Pinholesbildung** wird bei kunstharzgebundenen Formteilen durch Eisenoxid und bei bentonitgebundenen Formteilen durch Kohlenstaub unterdrückt. Das Auftreten von **Blattrippen** an kunstharzgebundenen Formteilen unterdrückt ein Zusatz von Holzmehl oder Eisenoxid.

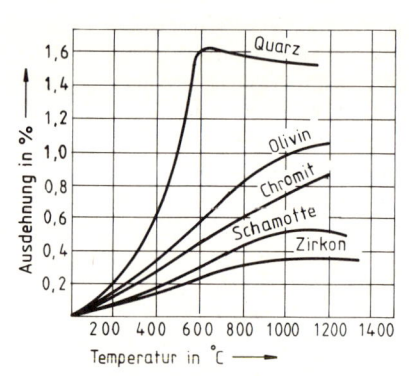

2 Hinausdrücken von Sandteilen in die Schmelze durch Sandausdehnung. Pufferzone aus Zusatzstoffen nimmt die Dehnung auf

3 Wärmeausdehnung von Gießerei-Sandarten

Verminderung der Penetration
Mit der Wärmeausdehnung des Kornes vergrößert sich der Kornumfang und damit die Porosität (Bild 4), wodurch die Gefahr des Eindringens von Metall in den Formstoff (Penetration) gegeben ist, was eine unsaubere Oberfläche ergibt.

Durch hohe Verdichtung, Beimengen von Koks, Zirkonsand und durch Überzugsstoffe wird der Penetration entgegengewirkt.

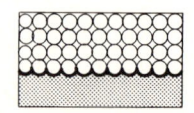

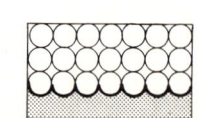

4 Bei großer Korndehnung oder grobem Sand entsteht eine rauhe Oberfläche

7.1.6 Form- und Kernüberzugsstoffe

Ein großer Teil der Formen und Kerne erhält nach seiner Herstellung noch einen Überzug, um höhere Anforderungen erfüllen zu können.

Trockene Überzugsstoffe, wie z.B. durch Staubbeutel aufgebrachter Graphit, haben keine Bedeutung mehr. Nasse Überzüge sind Schlichten und Formlacke. Die wichtigsten Überzugsstoffe sind die Schlichten.

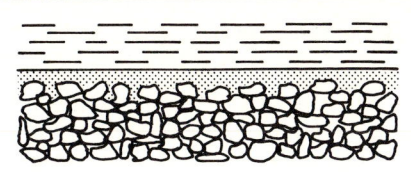

1 Überzugsstoffe füllen Poren aus und trennen den Formstoff vom Gießmetall

Aufbau der Überzugsstoffe

Die Überzugsstoffe enthalten einen oder mehrere Grundstoffe, Bindemittel und pH-Regulierstoffe, die mit einer Trägerflüssigkeit eine Suspension, d.h. eine Aufschwemmung unlöslicher Teilchen in der Flüssigkeit, bilden.

Grundstoffe bestimmen die Eignung für den entsprechenden Gußwerkstoff und verleiht dem Überzugsstoff die wesentlichen Eigenschaften.

Trägerflüssigkeiten ermöglichen das Aufbringen der Überzugsstoffe durch Streichen, Tauchen, Fluten oder Sprühen. Die wichtigsten Trägerflüssigkeiten zeigt Tabelle 3.

Damit sich die Grundstoffe nicht absetzen, werden sie durch geeignete Suspensionsmittel in der Trägerflüssigkeit in Schwebe gehalten.

Bindemittel wie z.B. Kunstharze bewirken, daß nach dem Verdunsten von Trägerflüssigkeit und Lösemittel die Grundstoffe unter sich und mit dem Formstoff eine feste Verbindung eingehen. Insbesondere Formlacke enthalten Kunstharzbinder.

Grundstoff	Eigenschaften (S = Schmelzpunkt)	Eignung für Gußwerkstoff
Graphit	S ca. 3500 °C hohe Wärmeleitung hohe Trennwirkung Randzonenaufkohlung	GG GGG
Koks	—	GT
Olivin	S ca. 1700 °C	Cu-Legierungen
Talkum	S ca. 1700 °C	Al-Legierungen
Schamotte	S 1600...1700 °C	Stahlguß
Zirkonsilikat	S ca. 2600 °C bes. feuerfest gut isolierend	GS, GG, GGG, GT Al-Legierungen
Quarz	S 1400...1720 °C	GG, GGG, GT
Magnesit	S über 2000 °C gut isolierend	Stahlguß Mg-Legierungen
Korund	S über 2000 °C	Stahlguß Al-Legierungen

2 Tabelle der Überzugsgrundstoffe

Aufgaben der Überzugsstoffe

Durch die Überzugsstoffe wird eine **Glättung der Oberfläche** von Form, Kern und Gußteil erzielt. Durch Teilchengrößen der Überzugsgrundstoffe von nur einigen Tausendstel- bis einigen Hundertstel-Millimetern werden die Unebenheiten, wie Bild 1 zeigt, aufgefüllt.

Die **Trennung von Form und Metall** ist besonders im Hinblick auf das Gußputzen wichtig. Hier ist besonders die Trennwirkung des Graphits, die das Benetzen mit Metall verhindert, hervorzuheben. Die Feinkörnigkeit des Grundstoffs verhindert Penetration, d.h. Eindringen des flüssigen Metalls zwischen die Sandkörner.

Die **Wärmeisolierung** der Schlichte hängt in erster Linie von Dicke und Porosität und erst in zweiter Linie von der Wärmeleitfähigkeit des Überzugsgrundstoffes ab. Gut isolierende Schlichten schützen vor schockartiger Wärmebelastung und vermeiden damit z.B. Blattrippen.

Durch **Verhindern von unerwünschten chemischen und thermischen Reaktionen zwischen Formstoff und Metall** können Gußfehler wie Anbrennen und Vererzen vermieden werden.

Träger-flüssigkeit	Anwendung	Trocknung
Wasser	Wasserschlichten	Lufttrocknung Trockenofen Mikrowellen
Isopropanol Ethanol vergällt u.a. Alkohole	Alkoholschlichten Formlacke	Lufttrocknung Abbrennen
Fluorkohlen-wasserstoffe	Spezialschlichten für das Vakuumverfahren Aufsprühen	Verdunsten

3 Tabelle verschiedener Trägerflüssigkeiten

Aufbringung der Überzugsstoffe

Die Überzüge werden i. allg. in einer Dicke von mindestens 0,3 mm aufgebracht. Die flüssigen Überzugsstoffe befinden sich meist in streichfähigem Zustand. Um den Vorgang des Aufstreichens zu verkürzen, werden Kerne getaucht oder geflutet und Formen auch gespritzt. Hierzu müssen Schlichten meist verdünnt werden. Zum Aufführen besitzen die Tauch- und Flutungsbehälter meist entsprechende Umwälzeinrichtungen. Kernlager sollen nach Möglichkeit für einen besseren Gasübergang nicht geschlichtet werden.

Trocknung der Überzugsstoffe

Überzugsstoffe mit einem wässerigen System (Wasserschlichten) werden teilweise an der Luft, teilweise im Trockenofen und neuerdings auch durch Mikrowellen getrocknet. Überzugsstoffe mit einem alkoholischen System (Alkoholschlichten) trocknen sehr schnell an der Luft, sie werden in eiligen Fällen abgebrannt. Dadurch wird auch die Aufweichung von Kunstharzbinder vermindert. Die Aufweichung der Oberfläche durch Alkohol kann auch durch die Verwendung von Isopropanol als Trägerflüssigkeit weitestgehend vermieden werden, weil dieser Alkohol die geringste Löseeigenschaft hat.

1 Auftragen der Schlichte. Je gröber der Sand, je höher der Gießdruck und je größer die thermische Beanspruchung des Formteiles, um so dicker muß der Überzug sein

Anwendung der Überzugsstoffe

Im allgemeinen können für alle Formstoffe Wasser oder Alkoholschlichten verwendet werden. Ausnahmen bilden getrocknete oder mit Zement gebundene Formen, die nur mit Wasserschlichte behandelt werden, wasserglasgebundene dagegen in der Regel nur mit Alkoholschlichten. Bei Formstoffen mit Erstarrungsölen oder Kunstharzen ist bei ungenügender Härtung eine Aufweichung der Oberfläche durch Alkohol möglich. Durch Tellurschlichten kann bei Grauguß eine Weißeinstrahlung (Fe_3C) bewirkt werden. Bei Verwendung von Olivin als Formgrundstoff muß anstatt Zirkonschlichte Magnesitschlichte verwendet werden, um Reaktionen zu vermeiden.

2 Mikrowellen-Trocknungsofen

Wiederholungsfragen zu Kap. 7.1

1. Aus welchen Bestandteilen ist ein Formstoff aufgebaut?
2. Welche Anforderungen muß ein Formstoff erfüllen?
3. Warum wird bei bestimmten Formstoffen vor allem Fließfähigkeit und bei anderen Formstoffen vor allem die Bildsamkeit als besondere Eigenschaft verlangt?
4. Nennen Sie Formgrundstoffe und ihre Anwendungsgebiete.
5. Welche Bedeutung hat bei Quarzsand die Sortenbezeichnung H31?
6. Welcher Formgrundstoff hat nach DIN 51063 die höchste Feuerfestigkeit?
7. Erklären Sie die Bezeichnung „ungetrocknete Form".
8. Weshalb ist für die Formerei Bentonit besser als andere Tonsorten geeignet?
9. Welche Kunstharze werden als Formstoffbinder benützt?
10. Warum werden bestimmte Formstoffbindersysteme als Dreikomponentensysteme bezeichnet?
11. Welche Formverfahren arbeiten mit Heißaushärtung?
12. Welche Formverfahren arbeiten mit Gasaushärtung?
13. Welchen Einfluß auf die Formfestigkeit haben die Mengen von jeweils Harz- und Härterzusatz?
14. Welche Aufgaben haben Formzusatzstoffe?
15. Welche Aufgaben haben Form- und Kernüberzugsstoffe?

7.2 Formstoffaufbereitung

7.2.1 Aufgabe der Formstoffaufbereitung

Die Aufgabe der Formstoffaufbereitung ist es, den Formstoff entsprechend dem Bedarf der Formerei in der geforderten Zusammensetzung mit den entsprechenden Eigenschaften und Mengen zu liefern.

7.2.2 Möglichkeiten der Formstoffaufbereitung

Formstoff-Einwegsystem

Am einfachsten kann die Formstoffaufbereitung durch Zusammenfügen der Bestandteile Formgrundstoff, Formstoffbindemittel und Formstoffzusatzstoff als Neustoffe erfolgen. Wird nach dem Abguß der Formstoff auf die Halde gebracht, so spricht man von einem Formstoff-Einwegsystem. Die Formstoffaufbereitung besteht in diesem Falle im wesentlichen aus einer Mischeinrichtung. Dieses System wird angewandt, wenn harzgebundene Formstoffe in kleineren Mengen anfallen, und bei zement- oder wasserglasgebundenen Formstoffen.

Formstoff-Umlaufsystem

Aus vorwiegend wirtschaftlichen Gründen wird der Altformstoff (Altsand) der Aufbereitung zugeführt, so daß dieser mit einem Anteil von 50 bis 98%, je nach Formstoffart, die Basis des aufzubereitenden Formstoffes bildet. Dadurch bleibt, wie Bild 2 zeigt, der Hauptanteil des Formstoffes im Kreislauf erhalten.

Damit die beim Formen und Gießen verbrauchten bzw. veränderten Bestandteile und Eigenschaften für den neuen Formvorgang wieder zur Verfügung stehen, muß der Altformstoff regeneriert (erneuert) werden.

7.2.3 Prozeßstufen der Formstoffaufbereitung

Regenerieren der Altformstoffe

Grundsätzlich umfaßt die Regenerierung des Altsandes drei Stufen:

— Zerkleinern der Altsandknollen bis zum einzelnen Korn und Entfernen der Fremdkörper
— Trennen des Bindemittels vom Korn bei chemisch gebundenen Formstoffen, nicht bei bentonitgebundenen
— Entfernen von Staub und Feinstanteilen

Weitere Prozeßstufen

— Fördern, Kühlen und Bevorraten
— Messen, Wiegen, Dosieren und Mischen

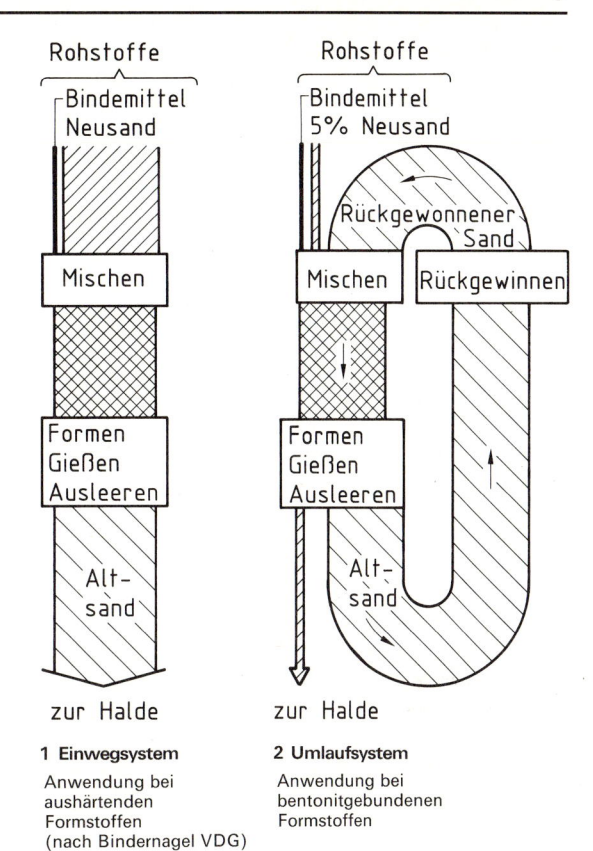

1 Einwegsystem
Anwendung bei aushärtenden Formstoffen
(nach Bindernagel VDG)

2 Umlaufsystem
Anwendung bei bentonitgebundenen Formstoffen

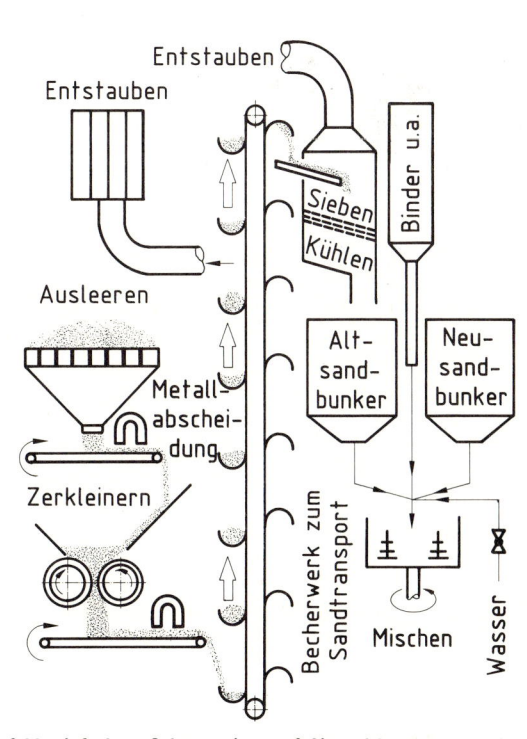

3 Vereinfachtes Schema einer auf Altsand beruhenden Formstoffaufbereitung auf mehrere Etagen verteilt

7.2.4 Regenerieren von Altformstoffen mit aushärtendem Formstoffbinder

Verfahrensablauf (nach VDG)

Vorbereiten des Sandkorns

Das Zerkleinern der Altsandknollen beginnt beim Ausleeren der Form auf dem Vibrationsrost. Weiteres Zerkleinern der Altsandknollen kann mit Walzen- oder Backenbrechern erfolgen. Was die zulässige Korngröße überschreitet, wird durch Sieben entfernt. Metallteile, wie z.B. Sandstifte, werden mit Magneten separiert, d.h. herausgezogen.

Trennen des Bindemittels vom Korn

Diese Arbeitsstufe ist zwar der wesentliche Teil des Regenerierens, sie wird jedoch aus Kostengründen nicht immer angewandt. Bei den kunstharz- oder zementgebundenen Formstoffen kommt es nach einer Anzahl von Sandumläufen zu einer unerwünschten Anreicherung des abgebundenen Binders. Entweder wird nun ein Teil des Altsandes auf Halde gefahren und der Rest mit Neusand verdünnt, oder es muß der Binder vom Korn getrennt werden.

Nachbehandlung

Der vom Korn abgebaute Binder muß als Feinstanteil noch entfernt werden. Außerdem verbrennen beim Gießen Binderteile und zerspringen Sandkörner. Alle diese Feinanteile müssen durch Entstauben entfernt werden. Zur Nachbehandlung gehören auch die Vor- und Nachkühlung.

Möglichkeiten zum Trennen des Bindemittels vom Korn (nach VDG)

mechanisch

durch Mahlen, Schlagen, Reiben mit Kugelmühle, Stabmühle, Hammermühle, Prallmühle, Flügelmühle, pneumatischer Prallreiniger, Schleuderstrahlanlage, Roto-Cleaner

thermisch

durch Entfernung flüchtiger Bestandteile und Verbrennen der oxidierbaren Bestandteile bei Temperaturen von 550 °C bis 1200 °C mit Drehtrommelofen, Vertikal-Gegenstromofen, Kaskadenofen, Etagenofen mit Rührwerk, Vibration, Fluidisation

thermisch-mechanisch

z.B. wie in der Abbildung durch gleichzeitige Beaufschlagung mit der Flamme und Bearbeiten durch einen hochtourigen zur Trommel gegenläufigen Rotor. Die Kombination verringert den Energieaufwand erheblich.

Naßreinigung

durch Wirbelwäscher, Schlämmer, Lösungsmittel, Wasser, neutralisierende Zusätze

Möglichkeiten zum Entstauben

Mit entsprechender Windgeschwindigkeit wird aus dem Sand der Feinanteil mit der Wirbelluft ausgetragen und durch Zyklone, Naßentstauber, Textil- und Elektrofilter abgeschieden.

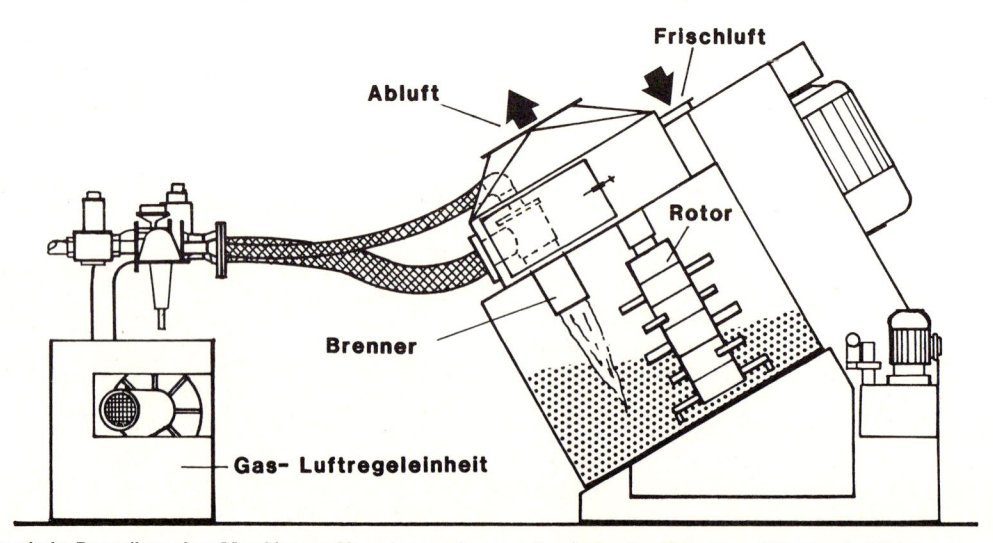

1 Schematische Darstellung einer Maschine zur Altsandregenerierung mit aufgebautem Brenner und Temperaturfühler

7.2.5 Mischen der Formstoffe

Das Mischen ist eine entscheidende Prozeßstufe innerhalb der Formstoffaufbereitung. Hierbei müssen die Sandkörner möglichst gleichmäßig mit Binder umhüllt werden. Bei den bentonitgebundenen Formstoffen müssen das zur Ergänzung notwendige Wasser, der Bentonit und die Formzusatzstoffe gleichmäßig verteilt werden.

Mischerbauarten

Die Durchmischung der Formstoffbestandteile erfolgt durch Durchkneten oder Durchwirbeln. Nach dem Prinzip des Durchknetens arbeiten Kollermischer (Bild 1a) und Schneckenmischer (Bild 3). Nach dem Prinzip des Durchwirbelns arbeiten Mischer mit rotierenden Werkzeugen (Bilder 1b, 1c, 1d, 2).

Durch entsprechende Austrageinrichtungen können die Mischer mit trommelförmigen Mischgutbehältern statt für chargenweisen Betrieb auch für kontinuierlichen Betrieb geliefert werden. Schneckenmischer arbeiten immer kontinuierlich.

Kollermischer (Friktionsmischer)

Beim Kollermischer nach Bild 1a wird durch konzentrisch angeordnete Kegelräder der Formstoff durchgeknetet. Kollermischer kommen nur noch wenig zum Einsatz.

Flügelmischer

Hierbei kann entweder der Mischflügel rotieren oder, wie in Bild 1b dargestellt, der Mischgutbehälter um den festen Mischflügel rotieren.

Wirbel-, Turbinen- oder Schleudermischer

Bei dem in Bild 1c gezeigten **Turbinenmischer** dreht sich der Mischgutbehälter mit dem Mischgut gegen die exzentrisch angeordneten Turbinen und den Mischflügel, die fest im Deckel montiert sind.

Der **Wirbelmischer** nach Bild 1d besteht aus einem exzentrisch angeordneten Rotor und dem Mischgutbehälter, der sich mit dem Mischgut gegenläufig zu den Werkzeugen dreht.

Bei dem **Mischer mit ineinandergreifenden gegenläufigen Werkzeugen** nach Bild 2 wird die Durchwirbelung des Mischgutes dadurch erreicht, daß die drei Mischwerkzeuge übereinander angeordnet sind, ineinander in entsprechende Aussparungen greifen und sich gegeneinander drehen.

Als sehr geeignet für das Mischen von Formstoffen für das Kaltharzverfahren haben sich **Durchlauf-Wirbelmischer** erwiesen, diese benützen sowohl **Schneckenwellen** als auch **schnellaufende Werkzeuge** zur Durchmischung. Von besonderem Vorteil ist hierbei, daß die Form direkt befüllt werden kann (Bild 3).

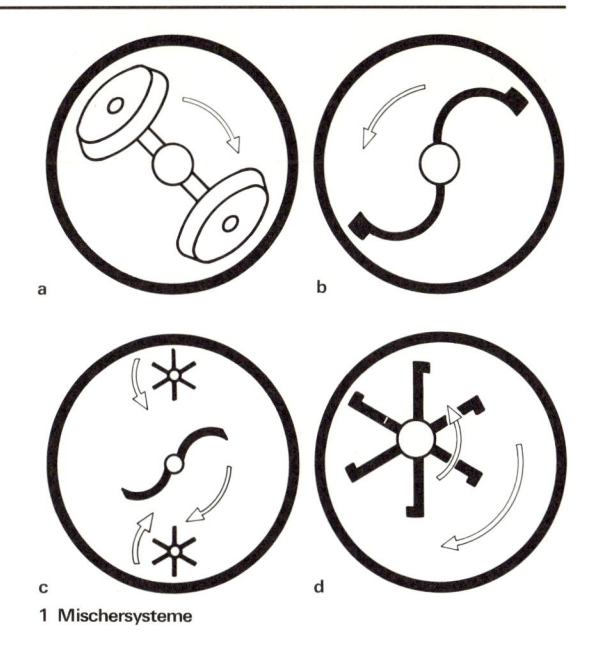

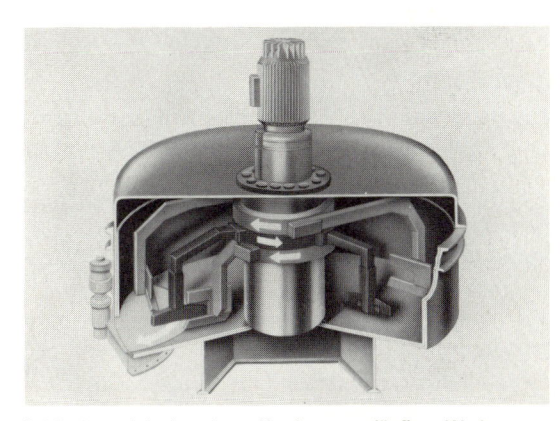

1 Mischersysteme

2 Mischer mit ineinandergreifenden gegenläufigen Werkzeugen

3 Durchlaufmischer für kunstharzgebundenen Sand

Formstoffaufbereitung — Formstofftechnik

7.2.6 Fördern, Bevorraten, Kühlen

Fördern

Um den Formstoff und seine Bestandteile zu den einzelnen Stationen der Aufbereitung zu bringen, sind verschiedene Fördereinrichtungen üblich. Sandaufbereitungsanlagen werden oft in Turmbauweise errichtet. Hierbei hat das Becherwerk die Aufgabe, den Formsand vertikal in den umlaufenden Formsandbechern zu fördern. Für die horizontale Förderung werden Gurtförderer mit auf Rollen umlaufenden Bändern eingesetzt. Schneckenförderer eignen sich besonders zum Austragen von Zuschlagsstoffen aus den Vorratsbunkern. Auch die bereits im vorangegangenen Kapitel beschriebenen Trommeln fördern den Formstoff. Ebenso kann mit Sandschleudern der Sand bei gleichzeitigem Auflockern und Durchlüften gefördert werden. Besondere Bedeutung haben Schwingförderer. Durch eine gerichtete Schwingbewegung wird hierbei die Förderung des Formsandes erreicht. Die pneumatische Förderung benützt Druckluft vorwiegend zum Transport von Trockenstoffen wie Bentonit und Kohlenstaub.

Bevorraten

Die Bevorratung der Formstoffe und ihrer Bestandteile erfolgt in geschweißten Stahlblechbehältern mit kreisförmigem oder rechteckigem Querschnitt, den Bunkern oder Silos, z.T. auch in Betonbunkern. Entsprechend ihrer Funktion werden diese als Altsandbunker, Neusandbunker, Fertigsandbunker, Speicherbunker usw. bezeichnet.

Für Kohlenstaub gelten wegen Brand- und Explosionsgefahr besondere Vorschriften.

Kühlen

Die Gußteile geben beim Abkühlen einen Teil ihrer Wärme an den Formstoff ab. Der Altsand gibt einen Teil dieser Wärme wiederum während der in den vorangegangenen Abschnitten beschriebenen Förder- und Bevorratungsvorgängen ab, besonders an Übergabestellen von Bändern. Die Abgabe von Wärme an die Umgebungsluft wird bei Schleudern, Schwingen oder Rotieren verstärkt. Spezielle Kühleinrichtungen blasen außerdem Kühlluft durch den Altsand und sprühen Wasser, um die Verdampfungswärme zur Kühlung zu benützen.

Anwendungsbeispiel

Der abgebildete Teil einer Formstoffaufbereitungsanlage zeigt wichtige Anwendungsmöglichkeiten für die Schwingtechnik. Nach diesem System arbeiten das Schwing-Sieb (2) und der Schwingfließbett-Kühler (6). Dieser arbeitet nach dem Mikrowurfprinzip mit einer gerichteten Schwingbewegung. Umgebungsluft wird von unten durch den Speziallochboden und die Sandschicht geblasen. Dies verleiht dem Sand flüssigkeitsähnliche Fördereigenschaften. Gutes Durchlüften, Durchmischen und ausreichendes Befeuchten, entsprechend der Feuchtigkeitsaufnahme der Luft, führen einen großen Teil der Wärme nach dem Verdunstungsprinzip ab. Mit einer solchen Anlage können Temperaturen von maximal 150 °C auf unter 40 °C in kurzer Zeit heruntergekühlt werden. Es können Durchsatzleistungen bis 300 t pro Stunde erzielt werden.

Aufgabeeinrichtung
1 Becherwerk
2 Schwing-Sieb
3 Speicherbunker
4 Füllstandskontrolle
5 Bunkerabzug

Kühleinrichtung
6 Schwingfließbett-Kühler
7 Abluthaube
8 Förderstromtaster
9 Thermoelement
10 Befeuchtungssystem

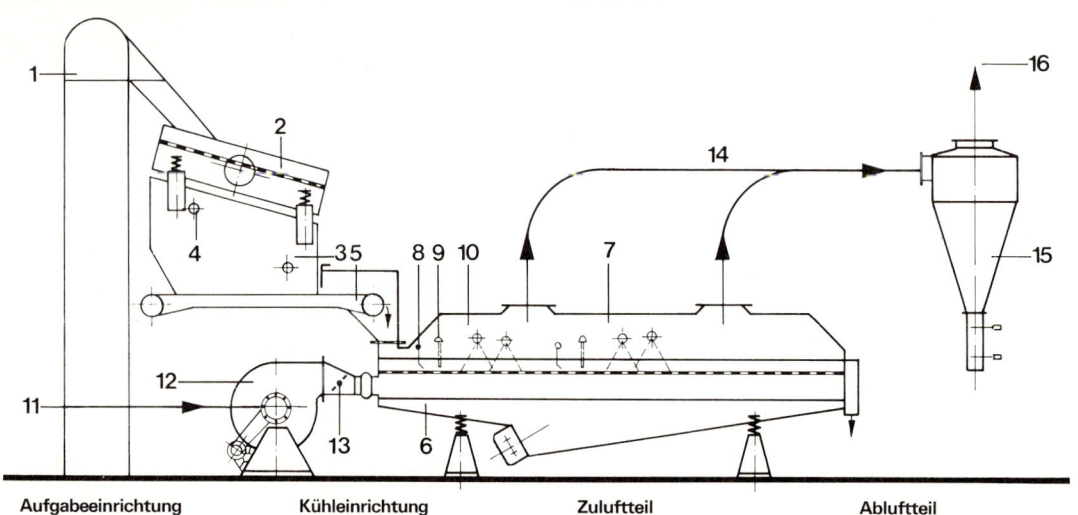

Zuluftteil
11 Zuluftleitung
12 Zuluftventilator
13 Drosselklappe

Abluftteil
14 Abluftleitung
15 Zyklon
16 Naßabscheider

1 Schwingfließbettkühler für Altsand

7.2.7 Formstoffsteuerung

Die Formstoffsteuerung hat die Aufgabe, die Eigenschaften und die Zusammensetzungen der Formstoffe zu steuern. Dabei wird durch Messen und Wiegen der Istzustand ermittelt, mit dem Sollzustand verglichen und dieser nach Wiegen und Dosieren z.B. entsprechend Bild 1 mit Zuschlagsstoffen ausgeglichen. Die Steuerung an modernen Aufbereitungsanlagen wird durch digitale Rechner durchgeführt.

Messen

Die Ermittlung der Eigenschaften und Zusammensetzungen ist Aufgabe der im folgenden Kapitel beschriebenen Formstoffprüfungen. Die Ergebnisse werden als Istwerte der Steuerung zur Verfügung gestellt. Da vor allem der Wassergehalt bei bentonitgebundenen Sanden, aber auch die Temperatur größten Schwankungen unterworfen sind, werden diese ständig im fließenden Sandstrom oder — noch besser — im Mischbehälter durch Sonden gemessen. Auch Füllhöhen in Behältern werden mit Sonden ermittelt. Für weitere Proben, z.B. Verdichtbarkeit und Festigkeit, müssen Proben manuell oder automatisch entnommen werden.

Wiegen

Um die Mengen der Formstoffbestandteile zu wiegen, sind Bauteile, wie Gurtförderer, Schnecken oder Behälter, in die Waage mit einbezogen. Entsprechend werden sie dann als Wiegeband, Schneckenwaage oder Behälterwaage bezeichnet. Am häufigsten ist die Behälterwaage mit untergebautem Verschluß oder Austraggerät. Die Bauarten sind entweder mechanisch oder elektro-mechanisch.

Dosieren

Bei modernen Anlagen wird die Dosierung der notwendigen Zuschlagsstoffe durch einen Rechner entsprechend Bild 2 veranlaßt. Dabei werden entsprechend dem Wiegeergebnis Verschlüsse und Ventile der Behälter und Waagen geöffnet und geschlossen. Der Rechner übernimmt auch die automatische Wasserdosierung in Abhängigkeit von Feuchtigkeit und Temperatur des Altsandes. Beide Istwerte werden im Mischer mit einer Sonde gemessen.

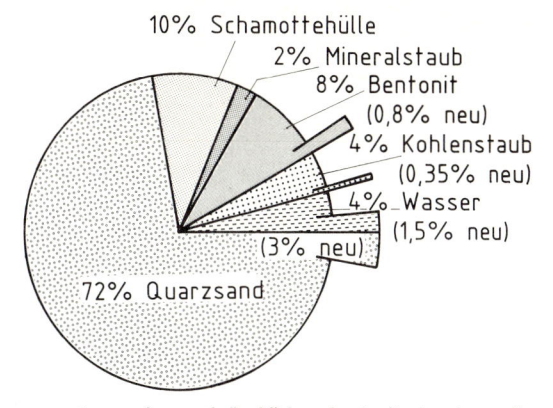

1 Zusammensetzung eines gebräuchlichen bentonitgebundenen Formstoffes und die zur Erhaltung des Systemgleichgewichts notwendigen Neumengen

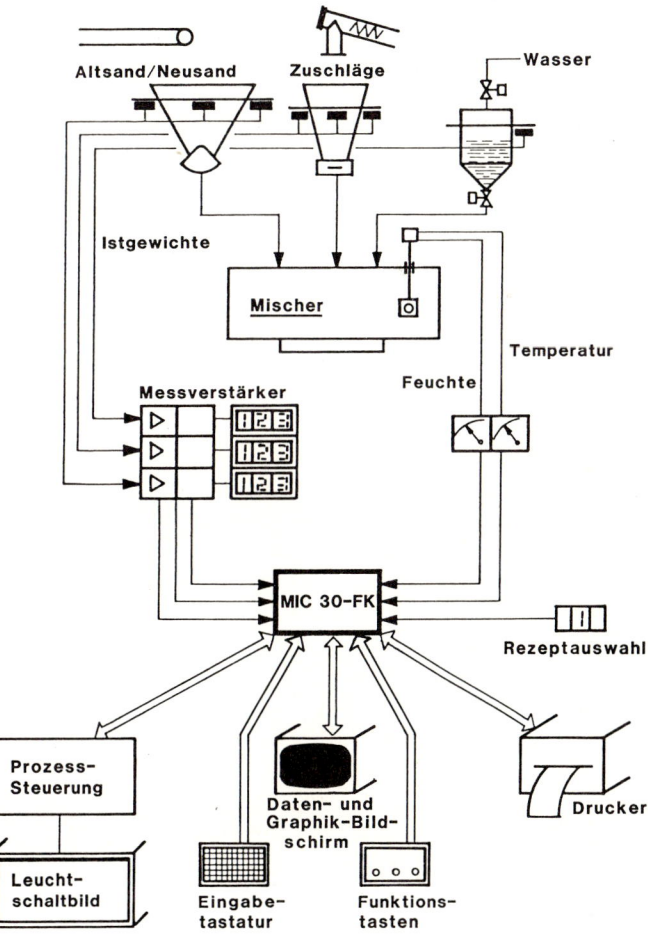

- 10% Schamottehülle
- 2% Mineralstaub
- 8% Bentonit (0,8% neu)
- 4% Kohlenstaub (0,35% neu)
- 4% Wasser (1,5% neu)
- 72% Quarzsand (3% neu)

2 Schema einer mit Dosierrechner gesteuerten Sandaufbereitung

7.3 Formstoffprüfung

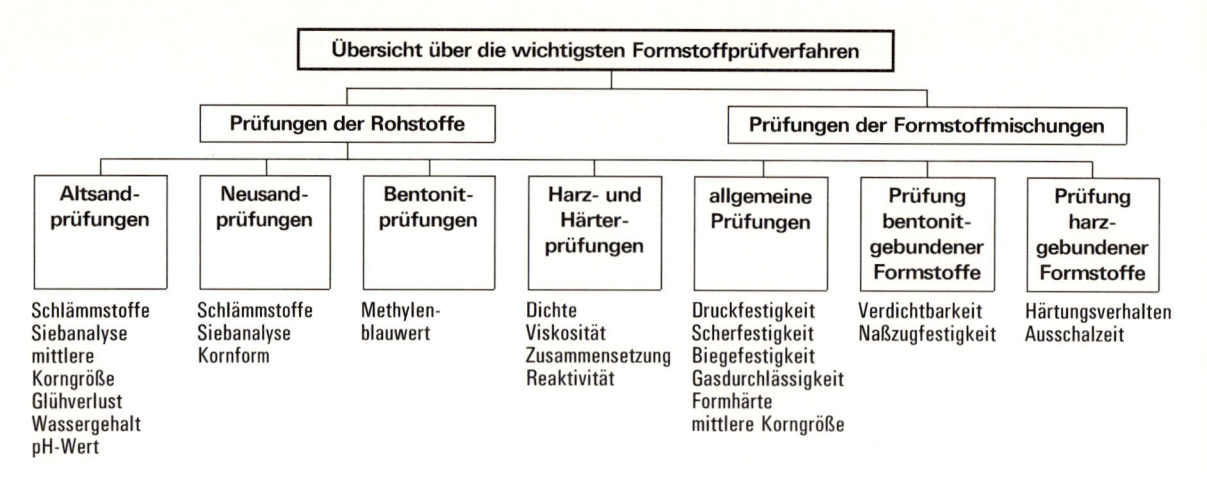

```
                    Übersicht über die wichtigsten Formstoffprüfverfahren
                    ┌──────────────────────────┴──────────────────────────┐
              Prüfungen der Rohstoffe                    Prüfungen der Formstoffmischungen
```

Altsand-prüfungen	Neusand-prüfungen	Bentonit-prüfungen	Harz- und Härter-prüfungen	allgemeine Prüfungen	Prüfung bentonit-gebundener Formstoffe	Prüfung harz-gebundener Formstoffe
Schlämmstoffe Siebanalyse mittlere Korngröße Glühverlust Wassergehalt pH-Wert	Schlämmstoffe Siebanalyse Kornform	Methylen-blauwert	Dichte Viskosität Zusammensetzung Reaktivität	Druckfestigkeit Scherfestigkeit Biegefestigkeit Gasdurchlässigkeit Formhärte mittlere Korngröße	Verdichtbarkeit Naßzugfestigkeit	Härtungsverhalten Ausschalzeit

7.3.1 Aufgaben der Formstoffprüfung

Die hohen Anforderungen, die an die Formen bei der Herstellung und beim Gießen gestellt werden, erfordern, daß die Eigenschaften und Zusammensetzungen der Formstoffe einer systematischen Qualitätskontrolle unterworfen werden.

Aufgabe der Formstoffprüfung ist es, diese Eigenschaften und Zusammensetzungen zu ermitteln. Sie werden im Formstofflaboratorium (Bild 1) und z.T. auch im laufenden Betrieb (Bild 2) durchgeführt. Die Prüfungen von Rohstoffen, wie Quarzsand, Bentonit und Harz, werden im Rahmen der Eingangskontrolle durchgeführt. Die Prüfung der Formstoffmischungen erstreckt sich auf den laufenden Betrieb wie auch auf die versuchsmäßige Erprobung optimaler Mischungen. Die formstoffbedingte Fehlersuche ist eine weitere Aufgabe der Formstoffprüfung. Neben den analytischen Prüfverfahren, mit denen die einzelnen Bestandteile untersucht werden, sind die Festigkeitsprüfungen von besonderer Wichtigkeit. Die beiden nebenstehenden Abbildungen zeigen solche Prüfungen, die sowohl bei bentonitgebundenen, als auch bei harzgebundenen Formstoffen zur Anwendung kommen. Aus obigem Übersichtsschema werden auf den folgenden Seiten einige wichtige Prüfverfahren dargestellt. Die genaue Durchführung kann den jeweiligen VDG-Merkblättern entnommen werden.

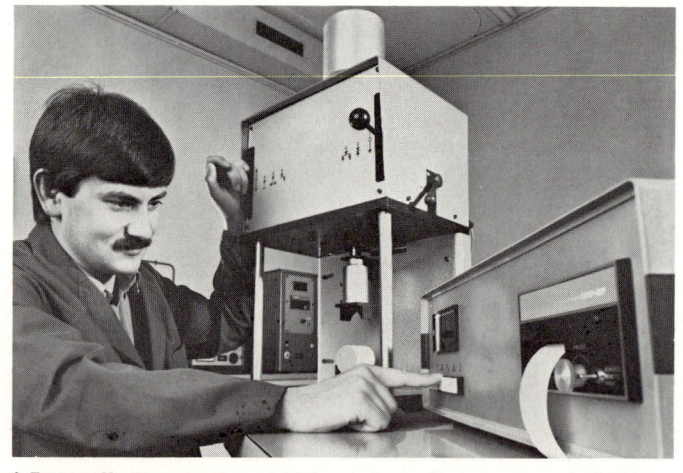

1 Formstoffprüfung im Formstofflaboratorium mit einer pneumatisch-elektronischen Sandprüfeinheit

2 Formstoffprüfung im Betrieb mit elekronischem Formfestigkeitsprüfer

7.3.2 Prüfung des Formgrundstoffes

Bei der Prüfung von Neusand und Altsand werden Eigenschaften wie Korngrößenverteilung, Kornform, Schüttdichte und Mengenanteil der Schlämmstoffe ermittelt.

Korngrößenverteilung

Formgrundstoffe setzen sich nach Bild 1 aus Mengenanteilen mit unterschiedlicher Korngröße zusammen. Die **Siebanalyse** dient zur Ermittlung der Mengenanteile der einzelnen Kornklassen. Hierzu wird die zu prüfende Sandmenge durch hintereinander geschaltete Siebböden in Kornklassen zerlegt.

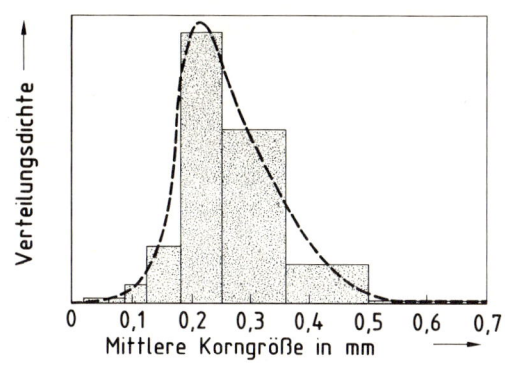

1 Korngrößenverteilung mit Einteilung in Kornklassen

Beispiel für die Auswertung einer Siebanalyse (VDG-Merkblatt-P 27)

Kornklasse d_o bis d_u mm	Mengenanteil g	Mengenanteil %	lichte Maschenweite d_u mm	Durchgang D %
1 bis 0,71	—	—	0,71	100
0,71 bis 0,5	0,75	1,0	0,5	99
0,5 bis 0,355	8,70	11,5	0,355	87,5
0,355 bis 0,25	28,60	37,8	0,25	49,7
0,25 bis 0,18	30,05	39,7	0,18	10,0
0,18 bis 0,125	5,90	7,8	0,125	2,2
0,125 bis 0,09	1,00	1,3	0,09	0,9
0,09 bis 0,063	0,30	0,4	0,063	0,5
0,063 bis 0,02	0,35	0,5	0,2	—
Summe	75,65	100,0		

d_o = lichte Maschenweite, obere Grenze der Kornklasse
d_u = lichte Maschenweite, untere Grenze der Kornklasse

Das obige Beispiel aus dem VDG-Merkblatt P 27 zeigt das Ergebnis einer solchen Siebung. Aus den Werten der Tabelle wurde die graphische Darstellung von Bild 2 erstellt. Aus dem Ergebnis der Siebanalyse kann eine mittlere Korngröße entsprechend dem VDG-Merkblatt P 27 entweder graphisch nach Bild 2 oder rechnerisch ermittelt werden. Ein weiterer Kennwert ist der repräsentative Durchmesser, der sich aus dem Verhältnis: theoretische, spezifische Oberfläche zu theoretische, spezifische Kornzahl ergibt. Bei Formgrundstoffen wird zwischen den Mengenanteilen der Kornklasse kleiner 0,02 mm (Schlämmstoffanteil) und der Kornklasse größer 0,02 mm (Sandanteil) unterschieden.

Die AFS-Kornfeinheitsnummer ist ein amerikanisches Körnungsmerkmal. Sie gibt die Anzahl der Maschen je Zoll eines Siebes an, durch das der Sand liefe, wenn er eine einheitliche Korngröße hätte.

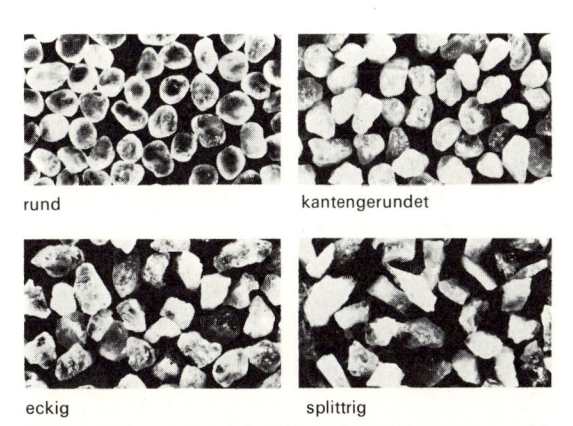

Oberflächenausbildung der Körner

Bei der **Kornform** werden die Formen nach Bild 3 und bei der **Kornoberfläche** wird zwischen glatter, rauher und zerklüfteter Oberfläche (Bild 4) unterschieden. Runde bis kantengerundete Körner mit glatter Oberfläche werden wegen ihres wesentlich geringeren Binderverbrauchs und ihres besseren Fließvermögens bevorzugt.

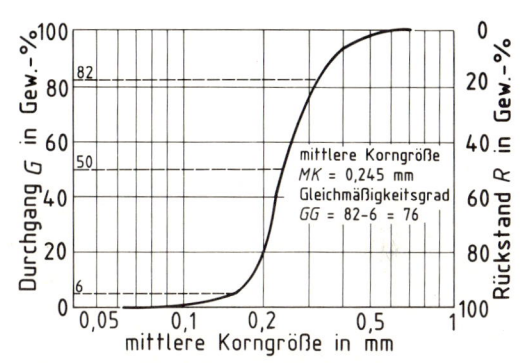

2 Korngrößenverteilung nach Tabelle links

mittlere Korngröße MK = 0,245 mm
Gleichmäßigkeitsgrad GG = 82−6 = 76

3 Runde Körner haben bei gleicher Korngröße kleinere spezifische Oberflächen als splittrige. In den Gießereien werden runde bis kantengerundete Körner bevorzugt

4a Glatte Kornoberfläche V = 100

4b Rauhe Kornoberfläche V = 100

Formstoffprüfung — Formstofftechnik

7.3.3 Prüfungen mit Probekörpern

Um wichtige Eigenschaften der Formstoffe zu ermitteln, werden Probekörper verwendet. Ein **Normprobekörper** zur Durchführung der Prüfungen nach Bild 1 bis 4 hat einen Durchmesser und eine Höhe von jeweils 50 mm und wird durch drei Rammschläge in einem speziellen Gerät hergestellt. Zur Ermittlung der Biegefestigkeit, entsprechend Bild 5, werden Prüfkörper mit rechteckig flachem Querschnitt verwendet.

Zur Prüfung der **Gasdurchlässigkeit** bleibt der Probekörper im Rohr, wobei gemessen wird, wieviel Luft bei einem bestimmten Druck durch den Formstoff hindurchgeht.

Mit der in Bild 1 am Anfang dieses Kapitels gezeigten pneumatisch-elektronischen Sandprüfeinheit können **Biegefestigkeit, Druckfestigkeit** und **Verdichtbarkeit** pneumatisch-elektronisch ausgeführt, gemessen und aufgezeichnet werden. Bei vollautomatischen Prüfungen dieses Systems werden die Anfertigung der Probekörper und die Prüfungen im Formsandkreislauf durchgeführt und als Istwert in die Formsandsteuerung eingegeben.

Um Unterschiede zwischen Probekörper und Form durch unterschiedliche Verdichtungsart zu korrigieren, werden oft zusätzlich die Grünzugfestigkeit und die Formhärte ermittelt.

Grünzugfestigkeit

Mit dieser Prüfung wird die Zugfestigkeit von bentonitgebundenen Formstoffen, die auch als Grünsande bezeichnet werden, ermittelt. Bild 7 zeigt das Prinzip und Bild 8 das Gerät in seinen Einzelteilen. Um den Versuch durchzuführen, werden der Meßkopf M und das Prüfkörperrohr P auf dem Rammuntersatz aufgebaut, mit Formstoff befüllt und der Prüfkörper durch Rammschläge hergestellt. Die Zugvorrichtung Z wird nun so aufgebaut, daß diese nach Bild 7 auf den Meßkopf M und das Oberteil des Probekörpers eine Zugbelastung ausüben kann. Diese wird pneumatisch durch vorsichtiges Betätigen des Handgebläses aufgebracht. Das Manometer zeigt die Belastung in N/cm^2 an.

7.3.4 Formfestigkeitsprüfung

Zur Ermittlung der Formfestigkeit wird ein federbelasteter Eindringkörper in den verdichteten Sand gedrückt (Bild 6). Aus der Eindrucktiefe wird auf den Verdichtungszustand geschlossen. Der auf der ersten Seite dieses Kapitels in Bild 2 gezeigte elektronische Formstoffprüfer zeigt den Meßwert digital an und korrigiert außerdem Einflüsse, wie z.B. Rückfederung des verdichteten Sandes bei der Messung.

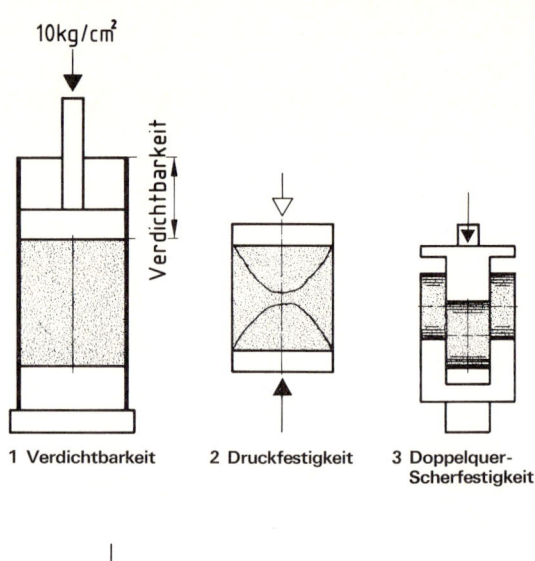

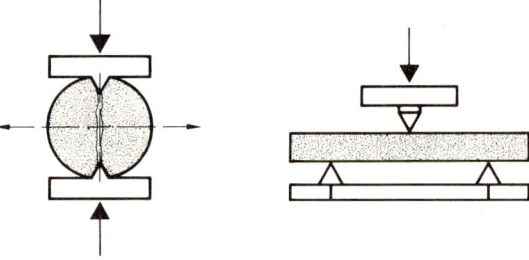

1 Verdichtbarkeit
2 Druckfestigkeit
3 Doppelquer-Scherfestigkeit
4 Spaltfestigkeit
5 Biegefestigkeit
6 Formfestigkeit 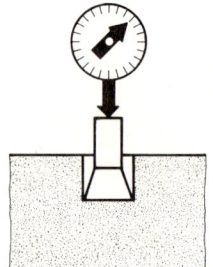
7 Grünzugfestigkeit 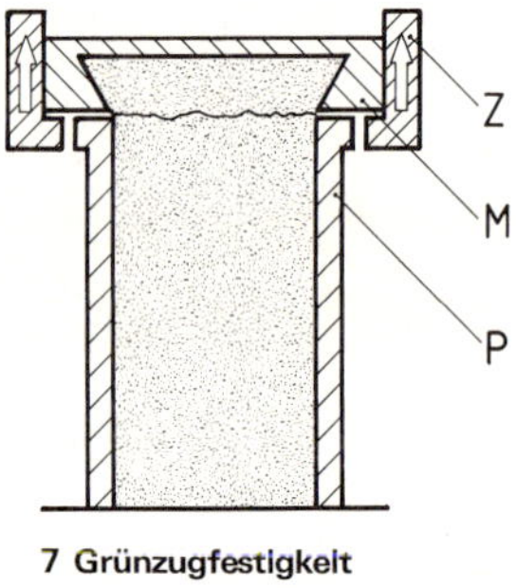
8 Grünzugfestigkeitsprüfgerät

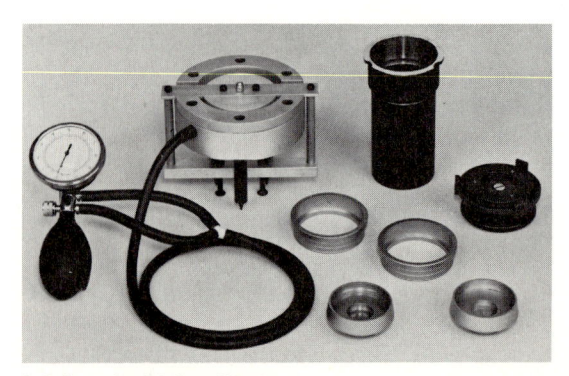

7.3.5 Prüfung der Formstoffbestandteile

Methylenblau-Wert
Die Ermittlung des Methylenblau-Wertes dient zu Rückschlüssen auf den Montmorillonitgehalt des Bentonites. Methylenblau wird mit Bentonit vermischt, wobei die Farbe entsprechend der spezifischen Oberfläche adsorbiert wird. Zum Vergleich mit geeichten Bildern wird das Filtrat nach Bild 1 aufgetragen. Eine andere Methode arbeitet nach dem Titrationsverfahren (Tüpfelmethode). Hieraus ergeben sich Rückschlüsse auf Montmorillonit- und Bentonitgehalt sowie auf das Bindevermögen.

Wassergehalt
Der Wassergehalt kann mit Sonden nach dem Prinzip der elektrischen Widerstandsmessung ermittelt werden.

Genaue Messungen werden durch Berechnung mit den Werten aus getrockneter und ungetrockneter Probe ermittelt. Hierzu wird Bentonit oder Formsand in einem Trockenschrank bei 105 °C getrocknet (Bild 2). Als Schnellverfahren dient die Infrarottrocknung.

7.3.6 Prüfung der harzgebundenen Formstoffe

Eine häufige Prüfung bei harzgebundenen Formstoffen ist die bereits beschriebene Prüfung der Biegefestigkeit. Die Abriebfestigkeit wird meist manuell geprüft. Das Aushärtungsverhalten wird zweckmäßig mit dem Reaktiometer untersucht. Hierzu wird ein Probekörper von Reaktionsbeginn bis zur endgültigen Aushärtung in gleichmäßigen Zeitabständen einer Härteprüfung unterzogen. In Bild 3 ist die Versuchsanordnung zu sehen. Im rechten Teil befindet sich der Prüfkörper. Die 20 Meßstellen sind luftdicht verstöpselt, an einer Meßstelle wird die Meßuhr zur Härteprüfung eingeführt. Der linke Teil der Anlage ist eine Temperaturregeleinrichtung, die über einen Wasserkreislauf mit Thermostat für konstante Versuchsbedingungen sorgt. Aus der Aufzeichnung der Härte über der Zeit ergibt sich eine Kurve, die Rückschlüsse über Ausschalzeit, Verarbeitungszeit usw. gibt. Die Ausschalzeit ist die minimale Zeit von Reaktionsbeginn bis zur möglichen Entformung eines Kerns aus dem Kernkasten.

1 Ermittlung des Methylenblau-Wertes

2 Bestimmung des Wassergehaltes

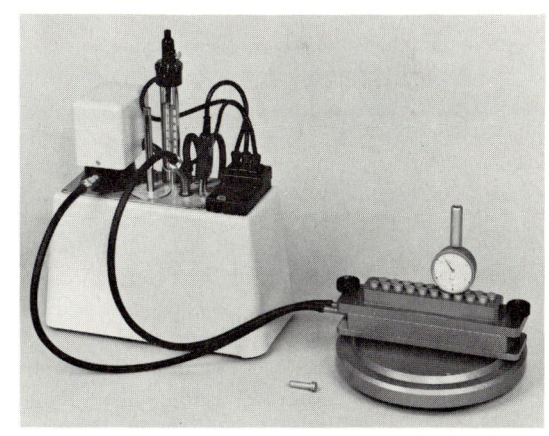

3 Reaktometer zur Ermittlung des Aushärtungsverhaltens

Wiederholungsfragen zu Kap. 7.2 und 7.3
1. Welche Arbeitsstufen umfaßt eine Formstoffaufbereitung?
2. Wie arbeiten Formstoffmischer?
3. Welche Möglichkeiten der Formstofförderung stehen in der Aufbereitung zur Verfügung?
4. Welche Meßgrößen werden in der Formstoffaufbereitung gemessen und geregelt?
5. Welche Aufgaben hat die Formstoffprüfung?
6. Wozu dient die Siebanalyse?
7. Welche Kornklasse wird als Schlämmstoffanteil bezeichnet?
8. Welche Kornform und Kornoberfläche verbraucht den geringsten Binderanteil?
9. Erklären Sie den Begriff „Grünzugfestigkeit".
10. Wozu dient der „Methylenblau-Wert"?
11. Wie werden harzgebundene Formstoffe geprüft?

8 Werkstoffkunde

8.1 Übersicht über die Werkstoffe

Die Industrie befaßt sich mit der Gewinnung und Verarbeitung der Stoffe. Im allgemeinen kann man Stoffe in chemische Elemente und in chemische Verbindungen dieser Elemente einteilen. Stoffe, die in ihrer ursprünglichen Beschaffenheit als Ausgangsstoff zur Herstellung neuer Stoffe oder Produkte dienen, sind **Rohstoffe.**

Je nach Ursprung der Stoffe, kann man diese auch in organische und anorganische Stoffe einteilen.

Chemische Elemente

Von den chemischen Elementen (Grundstoffen), die rein und deshalb in weitere Stoffe nicht mehr teilbar sind, werden in der Gießerei vor allem bestimmte Metalle (z.B. Aluminium, Kupfer, Magnesium), in begrenztem Umfang auch einige Nichtmetalle (z.B. Schwefel, Phosphor) als Legierungselemente verwendet.

Chemische Verbindungen

Zu den **organischen Verbindungen** gehören hauptsächlich verschiedene Kohlenwasserstoffe (z.B. Eiweiße, Fette, Alkohole, Cellulose u.a.), die in der Natur vorhanden sind oder aber künstlich erzeugt werden.

Von den natürlichen organischen Stoffen spielen im Bereich der Gießerei hauptsächlich Holz als Modellwerkstoff und Heizöl als Brennstoff eine wichtige Rolle.

Von den künstlich hergestellten organischen Stoffen werden vor allem bestimmte Kunstharze für die Modellherstellung, Modellackierung, als Formstoffbinder usw. verwendet.

Auch andere Verbindungen, die in der Natur nicht vorkommen, werden industriell hergestellt, wenn sie in großen Mengen konzentriert gebraucht werden, wie z.B. Kohlenstoffdioxid (CO_2-Gas) für die Aushärtung von Wasserglasbinder.

Zu den **anorganischen Verbindungen** zählen Stoffe wie Mineralien, Erze und Salze. Die Erze sind vorwiegend Metalloxide und bilden die Rohstoffe für die Metallgewinnung. Mineralien haben ebenfalls wichtige Aufgaben im Bereich der Gießerei. So hat z.B. Quarz als Formgrundstoff eine große Bedeutung; Kalk dient zur Schlackenbildung und Kryolith als Flußmittel bei der Aluminiumgewinnung.

Einige Stoffe werden auch synthetisch hergestellt, wie z.B. Siliciumcarbid, das als Schleifmittel und Formgrundstoff verwendet wird oder Wasserglas, das als Formstoffbinder zum Einsatz kommt.

Salze, wie Natrium- oder Strontiumsalze, werden zum Veredeln von Aluminium herangezogen.

1 Vor dem Abguß eines Gußteils spielen neben dem Gießmetall auch andere Stoffe, wie z.B. Modellwerkstoffe oder Formstoffe eine wichtige Rolle

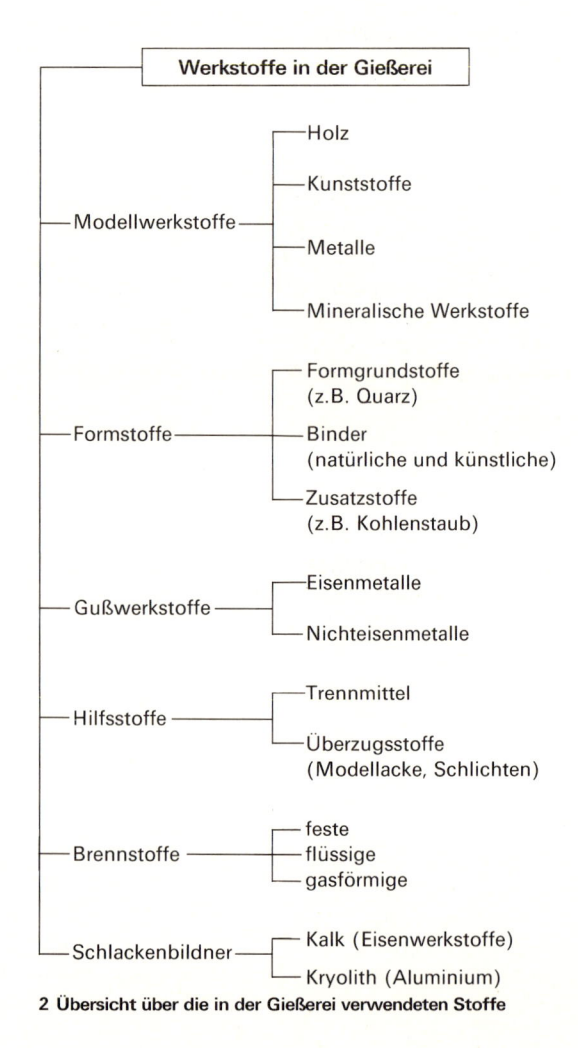

2 Übersicht über die in der Gießerei verwendeten Stoffe

8.1.1 Holz

Neben Kunststoff, Schaumstoff und Metall, ist Holz ein besonders wichtiger Werkstoff für die Herstellung von Gießereimodellen. Die hauptsächlichen Vorteile sind die gute Bearbeitbarkeit und im Vergleich mit Metallen und hochwertigen Kunststoffen der relativ niedrige Preis. Nachteilig ist die durch Schwindung und Quellung bedingte Formveränderung. Dies hängt mit dem zellenartigen Holzaufbau zusammen, der dem eines Schwammes, mit vielen Hohlräumen ähnlich ist. Um die Wirkung der Luftfeuchtigkeit auszuschalten, müssen Holzmodelle immer lackiert werden.

Das Holz eignet sich für die Herstellung von Modellen und Kernkästen bis zu einer gewissen Abformungszahl, dann ist das Kunststoff- oder Metallmodell wirtschaftlicher. Großmodelle werden vorwiegend in Holz, jedoch in Hohlbauweise (Bild 2), gefertigt.

Zu den gängigen Modellbauhölzern gehören von den Laubhölzern Ahorn, Birnbaum, Kirschbaum, Nußbaum, Erle, Linde und von den Nadelhölzern Fichte, Tanne und Kiefer.

1 Fertigung eines Modells aus Vollholz

Plattenförmige Holzwerkstoffe

Das Holz schwindet in allen drei Richtungen verschieden stark, was zu Spannungen und Formveränderung führt. Durch Schälen des Holzes zu dünnen Furnieren und anschließendes kreuzweises Verleimen wird die Holzschwindung gesperrt (Sperrholz). Sperrholz ist der Oberbegriff für Furnier- und Tischlerplatten.

2 Modell in Hohlbauweise eines Turbinengehäuses aus Fichtenholz hergestellt

Tischlerplatten

Tischlerplatten sind Platten, die aus einer dicken Mittellage von Weichholzleisten bestehen und mit kreuzweise angebrachten Deckfurnieren gesperrt sind. Tischlerplatten haben eine geringe Dichte und sind formstabil. Sie können vor allem bei großen Modellen (z.B. Seitenwänden) verwendet werden.

Furnierplatten

Zur Modellherstellung (Bild 3) werden häufig Platten aus Hartholzfurnieren, z.B. gedämpfter Buche oder Ahorn mit wasserfester Verleimung (AW-100 Verleimung) verwendet. Für feine Konturen, Rippen und Kleinmodelle werden Feinholzplatten mit Furnieren unter 0,8 mm verwendet.

3 Ein Schiebergehäuse aus Furnierplatten-Material in Massivbauweise hergestellt, eine Modellhälfte lackiert

8.1.2 Kunststoffe

Aufbau der Kunststoffe

Aus dem uns heute bekannten Aufbau der Materie wissen wir, daß alle Stoffe aus Atomen aufgebaut sind. Atome verbinden sich zu Molekülen und bilden so verschiedene Stoffe. So bilden z.B. zwei Wasserstoffatome mit einem Sauerstoffatom ein Molekül Wasser H_2O (Bild 1).

Neben Stoffen, die im festen Zustand einen kristallinen Aufbau zeigen (z.B. Metalle), gibt es Stoffe, die diesen Aufbau nicht besitzen, wie natürliche und künstliche **Fasern** (Wolle, Borsten, Holz, Nylon) und auch natürliche und synthetische **Harze**.

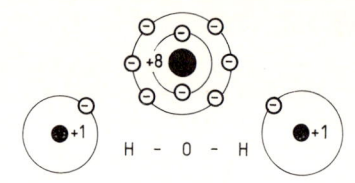

1 Bildung des Wassermoleküls aus atomarem Wasserstoff (1 Proton, 1 Elektron) **und Sauerstoff** (8 Protonen, 8 Elektronen)

Das Element Kohlenstoff

Viele Stoffe bestehen aus Makromolekülen, die aus einigen tausend Atomen aufgebaut sind. Die meisten Makromoleküle enthalten als einen ihrer wesentlichsten Bestandteile das Element Kohlenstoff (Bild 2). Kohlenstoff nimmt unter den Elementen eine Sonderstellung ein, da er durch Abgabe oder Aufnahme von insgesamt vier Elektronen sich mit sich selbst, wie auch mit anderen Elementen verbinden kann.

Kohlenstoff verbindet sich mit einer Reihe von Elementen, besonders mit Wasserstoff. Moleküle, die weniger als fünf C-Atome enthalten, sind Gase, von fünf bis sechzehn Flüssigkeiten und bei mehr als sechzehn neigen sie dazu, bei Zimmertemperatur fest zu werden.

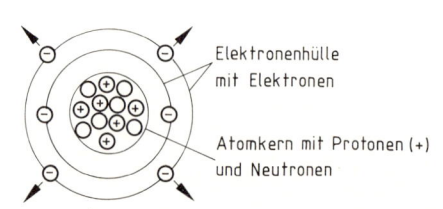

2 Schema eines Kohlenstoffatoms, bestehend aus dem Atomkern mit 6 Protonen und der entsprechend gleichen Anzahl von 6 Elektronen. Das Kohlenstoffatom könnte sowohl 4 Elektronen aufnehmen als auch abgeben. Die positive Ladung des Kernes ist durch die negative Ladung der Elektronen aufgehoben

Kettenförmige Kohlenwasserstoffe (kettenförmige Kohlenstoffhydride)

Wenn der Kohlenstoff vier andere Atome (z.B. H, Cl) oder Atomgruppen (z.B. OH) bindet, ist die Verbindung gesättigt. Ungesättigte Verbindungen enthalten Doppel- und Dreifachbindungen zwischen C-Atomen. Es lassen sich drei Arten von Kohlenwasserstoffen erkennen, die Alkane, die Alkene und die Alkine (Bild 3).

Durch entsprechende Verbindungsmechanismen kann sich eine lange Kette von Kohlenstoffatomen, ein Fadenmolekül, bilden. Verbinden sich Kohlenstoffatome von mehreren Ketten untereinander, entsteht ein Raumnetzmolekül. Diese Art von Querverbindungen zwischen Kohlenstoffatomen kann in einem Molekül mehrfach vorkommen, häufig kommt es auch zu Ringbildung (Bild 4).

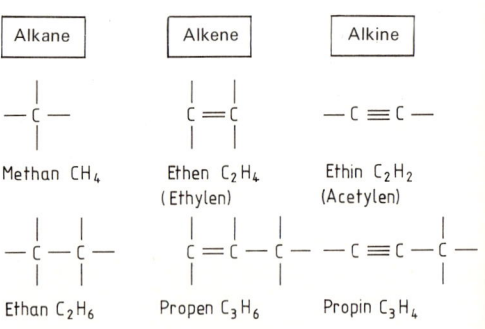

Methan CH_4 Ethen C_2H_4 (Ethylen) Ethin C_2H_2 (Acetylen)

Ethan C_2H_6 Propen C_3H_6 Propin C_3H_4

3 Beispiele für Kohlenwasserstoffe

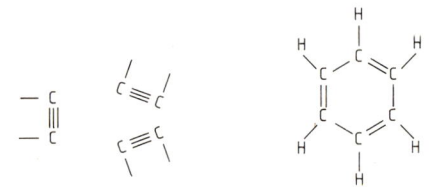

Ringförmige Kohlenwasserstoffe (ringförmige Kohlenstoffhydride)

Der einfachste Kohlenwasserstoffring dieser Art ist das Benzol, dessen Ring sechs Kohlenstoffatome enthält, an die sich Wasserstoffatome binden. Bringt man anstelle eines Wasserstoffatoms eine OH-Gruppe (Hydroxylgruppe), so entsteht das Phenol. Lagert man statt der einen zwei OH-Gruppen an den Benzolring, so entsteht ein zweiwertiges Phenol, das Resorcin. Beide sind wertvolle Ausgangsstoffe für die Kunststoffherstellung (Bild 5).

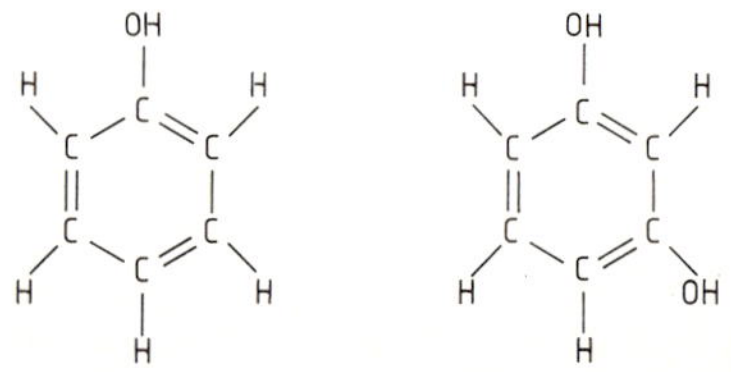

4 Verbindung des Ethins zu Benzol C_6H_6

5 Phenol C_6H_5OH   **Resorcin $C_6H_4(OH)_2$**

Werkstoffkunde — Übersicht über Werkstoffe

Herstellung der Kunststoffe

Kunststoffe werden auch **Plaste** genannt, weil sie während der Herstellung im plastischen Zustand geformt werden. Sie bestehen meist aus Kohlenwasserstoffverbindungen.

Diese Makromolekülgerüste (Polymere) sind bereits in vielen organischen Stoffen, z.B. in Cellulose vorhanden, oder sie müssen durch chemische Synthese aus einfachen Verbindungen (Monomere) gebildet werden.

Die Anzahl der in einem Makromolekül enthaltenen Monomere wird durch den Polymerisationsgrad n angegeben.

Abgewandelte Naturstoffe

Die Ausgangsstoffe für die Herstellung abgewandelter Naturstoffe sind Cellulose oder Casein (Milcheiweiß). Durch Einwirkung von Säuren oder Laugen entstehen verschiedene Kunststoffe. So ergibt z.B. die Verbindung der Cellulose mit der Nitriersäure das Cellulosenitrat, eine Verbindung mit der Essigsäure das Celluloseacetat.

Synthetische Kunststoffe

Grundstoffe für die Kunststoffsynthese sind verschiedene Produkte des Erdöls, Erdgases oder der Kohle, wie Benzol, Phenol, Ethylen u.a.

Wasser, Luft, Säuren oder Laugen liefern die weiteren Elemente, wie Wasserstoff, Sauerstoff, Stickstoff, Chlor, Schwefel u.a. Man unterscheidet drei Herstellungsverfahren:

Polymerisation — viele gleichartige Grundmoleküle (z.B. des Vinylchlorids) werden zu kettenartigen Großmolekülen (Polyvinylchlorid) vereinigt (Bild 1). Das geschieht, indem man den monomeren Grundstoff, z.B. durch Wärmezufuhr, oft unter Zugabe eines Katalysators, aktiviert. Im polymerisierten Stoff liegen die Makromoleküle als Fäden miteinander verfilzt, jedoch ohne Bindungen untereinander (Wattebauschstruktur). Durch Polymerisation entstehen meist Plastomere (Thermoplaste).

Polykondensation — aus einzelnen Molekülen verschiedener Kohlenwasserstoffe (z.B. Phenol und Formaldehyd) entstehen chemisch neue Stoffe (z.B. Phenol-Formaldehydharz) mit netzartig verbundenen Makromolekülen. Dabei wird ein Kondensat (z.B. Wasser) ausgeschieden (Bild 2). Durch Polykondensation entstandene Kunststoffe sind überwiegend Duromere (Duroplaste).

Polyaddition — die Bildung der Makromoleküle bei der Polyaddition erfolgt durch den Zusammenschluß von Einzelmolekülen verschiedener Kohlenwasserstoffe unter Austausch von bestimmten Atomen ohne Abspaltung eines Kondensats. Je größer die Zahl der reaktionsfähigen Atomgruppen ist, um so dichter ist das makromolekulare Netz. Niedermolekulare Additionskunststoffe sind Plastomere (Thermoplaste), hochmolekulare sind Duromere (Duroplaste).

Rohstoffe: Erdgas oder Carbid, Wasser, Chlor, Wasserstoff

Monomer Acetylengas + Salzsäure = Vinylchlorid
$$C_2H_2 + HCl \longrightarrow CH_2CHCl$$

Polymer — Vinylchlorid aktiviert — polymerisiert, $n = 1000\ldots 2100$

Das monomere Vinylchlorid wird aus Acetylen und Salzsäure gewonnen. Unter Anwendung von Druck und Wärme wird die Doppelbindung aufgelöst. An freien Valenzen können sich nun weitere Monomere anschließen.
Durch die Reaktionstemperatur lassen sich der Polymerisationsgrad und damit auch die Eigenschaften steuern

1 Beispiel einer Polymerisation

Rohstoffe: Kohle, Alkohol, Sauerstoff

Monomer: Phenol + Formaldehyd → Phenylalkohol

Bei Erwärmung reagiert das aus Steinkohleteer gewonnene Phenol mit dem durch Oxidation des Alkohols gewonnenen Formaldehyd zu Phenylalkohol

Polykondensation: Kondensat H_2O

Bei der Reaktion entstandene OH-Gruppe reagiert sofort mit einem H-Atom des Nachbarmoleküls zu H_2O, wodurch Valenzen frei werden, mit deren Hilfe sich Molekülreste zum Makromolekül verbinden

Polymer: Phenol-Formaldehydharz

2 Beispiel einer Polykondensation

Übersicht über Werkstoffe   Werkstoffkunde

Physikalisches Verhalten

Das physikalische Verhalten der Kunststoffe ist abhängig von der Molekülgestalt und von der Verbindung der Moleküle untereinander. Nach dem Verhalten im fertigen Zustand können wir sie in folgende Gruppen einteilen:

Plastomere (Thermoplaste) bestehen meistens aus linearen Fadenmolekülen ohne gegenseitige chemische Bindung. Sie werden durch Erwärmung weich und lassen sich neu verformen und auch schweißen. In diesem Zustand ist dieser Kunststoff auch auf der Spritzgußmaschine verarbeitungsfähig. Durch Abkühlung behalten Plastomere ihre neue Form. Bei höheren Temperaturen zersetzen sie sich (Bild 1).

Je nach Anordnung der Moleküle unterscheiden wir **amorphe** (gestaltlose) Plastomere, bei denen Molekülfäden ungeordnet, wie in einem Wattebausch, verknäuelt liegen (Bild 2), und **teilkristalline** Plastomere, bei denen sich die Molekülketten in Reihen ausrichten. Dabei bilden sie Packungen geordneter, nebeneinanderliegender Molekülfäden (Bild 3). Sie verhalten sich beim Abkühlen wie kristalline Stoffe (z.B. reine Metalle). Die Abkühlungstemperatur sinkt nicht gleichmäßig ab, sondern bleibt, während sich die Schmelze verfestigt, gewisse Zeit konstant.

Elastomere (Elastoplaste) unterscheiden sich von Plastomeren dadurch, daß an einigen Stellen Fadenmoleküle fest miteinander verbunden sind (Bild 4). Es entsteht ein elastischer Stoff (z.B. Gummi, Silikonkautschuk), der aber durch Erwärmung nicht weiter plastisch gemacht werden kann. Deshalb sind Elastomere auch nicht schweißbar.

Duromere (Duroplaste) besitzen eine weit fortgeschrittene Vernetzung der Fadenmoleküle (Bild 5), sie verlieren dadurch ihre Elastizität. Duromere härten beim Formgeben endgültig aus und lassen sich durch Wärme nicht wieder erweichen. Sie zersetzen sich bei Temperaturen über 100 °C.

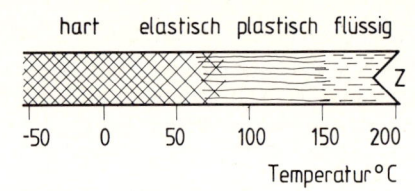

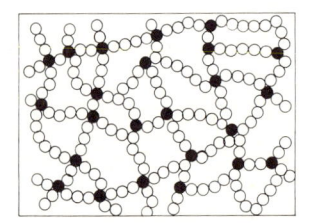

Kunststoffe in der Formerei

In der Formerei haben die Kunststoffe als Formstoffbinder eine große Bedeutung erhalten. Es handelt sich dabei um Kunstharze, die mit Härtern durch Polykondensation oder Polyaddition aushärten.

Durch Polykondensation härten Furanharz und Phenolharz aus, man bezeichnet diese Harze deshalb auch als Kondensationsharze.

Durch Polyaddition härtet das Polyurethanharz aus, man bezeichnet es als Reaktionsharz.

Die Binder für die Kaltharzverfahren arbeiten mit starken Säuren, es handelt sich um Zweikomponentensysteme. Werden Katalysatoren zusätzlich notwendig, wie beim Cold-Box-Verfahren und bestimmten Schnellharzverfahren, so spricht man von Dreikomponentensystemen. Beim Croning- und Hot-Box-Verfahren ist zusätzlich Wärme zur Aushärtung notwendig.

1 **Zustandsbereich eines Plastomeres (Thermoplastes).** Beim Überschreiten einer bestimmten Temperatur (Z) erfolgt Zersetzung des Kunststoffes

2 **Amorphe Plastomere:** ungeordnete, nicht vernetzte Fadenmoleküle

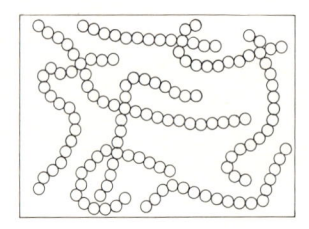

3 **Teilkristalline Plastomere:** Anhaften der Moleküle im kristallinen Bereich

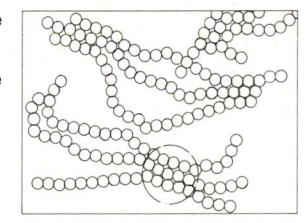

4 **Elastomere.** Weitmaschig vernetzte Molekülketten lassen sich verformen, sind elastisch und kehren wieder in ihre alte Form zurück

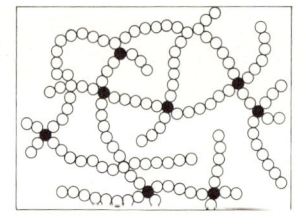

5 **Duromere.** Ein enges Netz von Querverbindungen erlaubt bei Erwärmung keine Bewegung der Moleküle. Sie sind nach dem Aushärten unlöslich, nicht schmelzbar und nicht schweißbar

Werkstoffkunde — Übersicht über Werkstoffe

Kunstharze im Modellbau

Modelle aus Kunstharz können entweder durch mechanische Bearbeitung aus einem Kunststoffblock oder durch flüssige Verarbeitung über eine Negativform hergestellt werden. Für diese Modelle werden vor allem Epoxid- und Polyurethanharze verwendet, wobei die Polyurethanharze kürzere Aushärtezeiten haben. Die flüssigen oder pastösen Harze ergeben unter Zugabe von Härtern nach einer exothermen chemischen Reaktion, einen duromeren Kunststoff.

Je nach Größe, Beanspruchung und Stückzahl werden Kunstharzmodelle in verschiedenen Verfahren hergestellt. Da jedes Verfahren, durch die Arbeitsweise bedingt, verschiedene Eigenschaften der Harze verlangt, wurden verschiedene Harzsysteme entwickelt.

Oberflächenharze

Sie verleihen dem Modell eine glatte, dichte und abriebfeste Oberfläche. Sie werden als erste Schicht insbesondere bei Modellen verwendet, die durch Hinterfüllen, Laminieren usw. aufgebaut werden. Bei Vollguß ist eine Oberflächenschicht nicht unbedingt notwendig.

Gießharze

Diese Harze sind relativ dünnflüssig und füllen deshalb auch enge Hohlräume aus. Ihre Reaktivität ist geringer als die von Oberflächenharzen. Die Wärme, die sich bei der chemischen Reaktion entwickelt, kann bei der Aushärtung im Gießling Spannungen, Schmelzen der Trennschicht usw. hervorrufen, so daß nur kleinere bis mittlere Volumen im Vollguß herstellbar sind.

Harze für Hinterfüllungen

Bei hinterfüllten Modellen wird der Körper auf einer Oberflächenschicht aus einer Mischung von Bindeharz und Füllstoff aufgebaut. Durch Füllstoffzugabe wird weniger Harz benötigt, dadurch die Wärmeentwicklung bei der Harzaushärtung verringert und die Festigkeit des Modells erhöht. Als Füllstoffe werden z.B. Aluminiumgrieß (leicht bearbeitbar, gute Wärmeleitfähigkeit), Schiefergranulat (gut verdichtbar), Quarz (schwer, stabil) u.a. verwendet.

Laminierharze werden für Herstellung von Modellen verwendet, bei denen hohe Festigkeit und niedriges Gewicht verlangt werden. Verstärkung wird durch Glasfaser erreicht. Es werden in der Regel transparente Harze mit guter Benetzfähigkeit verwendet.

Modellierharze werden in Form von Spachtelmassen auf ein Modellgerippe aufgetragen, wenn es die spätere Beanspruchung erlaubt, auf einen Laminataufbau aus Glasgewebeschichten zu verzichten.

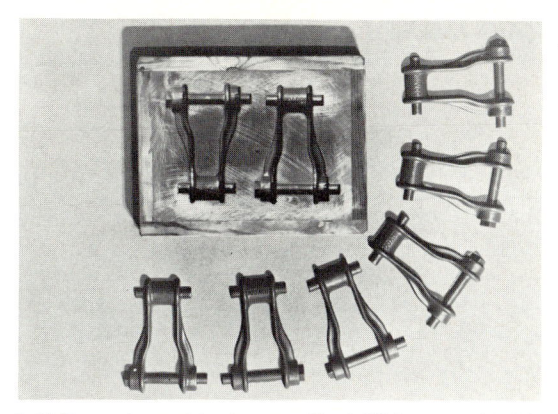

1 Gießharze eignen sich sehr gut zur Vervielfältigung von Modellen für die Serienfertigung

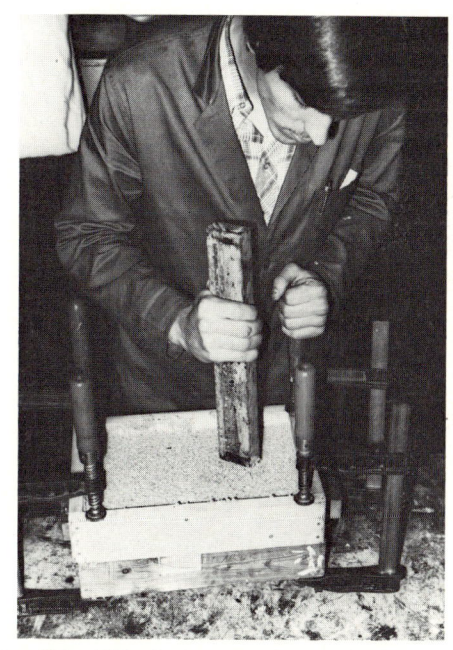

2 Hinterfüllen (Füllstoffe durch Stampfen verdichten)

3 Bei der Herstellung von verstärkenden Laminatschichten wird Glasfaserwerkstoff mit Kunstharz benetzt

Übersicht über Werkstoffe   Werkstoffkunde

8.1.3 Metalle

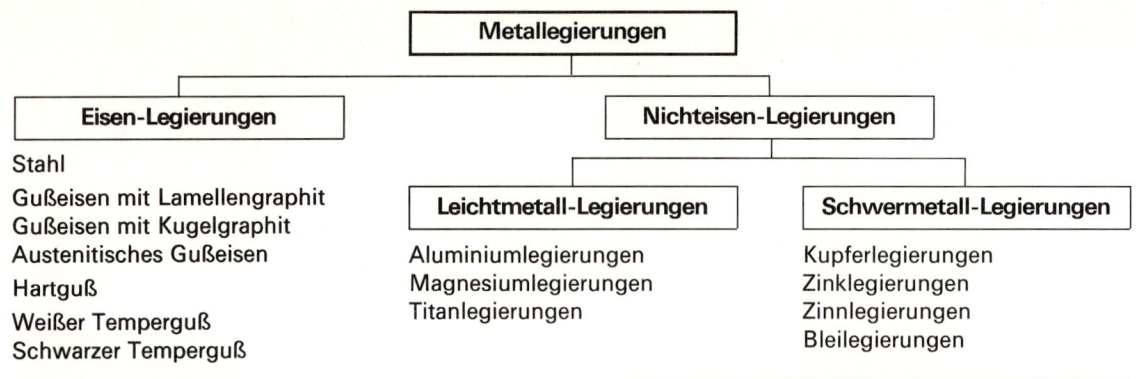

```
                    Metallegierungen
                    /              \
        Eisen-Legierungen      Nichteisen-Legierungen
                                 /              \
                    Leichtmetall-Legierungen   Schwermetall-Legierungen
```

Eisen-Legierungen
Stahl
Gußeisen mit Lamellengraphit
Gußeisen mit Kugelgraphit
Austenitisches Gußeisen
Hartguß
Weißer Temperguß
Schwarzer Temperguß

Leichtmetall-Legierungen
Aluminiumlegierungen
Magnesiumlegierungen
Titanlegierungen

Schwermetall-Legierungen
Kupferlegierungen
Zinklegierungen
Zinnlegierungen
Bleilegierungen

Chemische Elemente kann man in Metalle, Halbmetalle und Nichtmetalle einteilen. Dabei sind Metalle gute Leiter des elektrischen Stromes, die Halbmetalle weisen nur geringe Leitfähigkeit auf, die Nichtmetalle sind ausgesprochene Nichtleiter. Der Übergang von Metallen zu den Nichtmetallen ist fließend.

Einteilung der Metalle

Reine Metalle (z.B. Fe, Cu, Al usw.) werden nur selten als technische Werkstoffe eingesetzt, weil sie — abgesehen von besserer elektrischer Leitfähigkeit und elastischer Verformbarkeit — nicht die Eigenschaften besitzen, die verlangt werden, wie z.B. gute Gießbarkeit, Bearbeitbarkeit, Festigkeit, Härte usw.

Von den chemischen Elementen zählen 78 zu den Metallen, einen Auszug hiervon zeigt Tabelle 1. Die in der Wirtschaft und Technik verwendeten **Metallegierungen** teilt man in Eisenlegierungen und Nichteisenlegierungen. Die Nichteisenlegierungen wiederum in Leichtmetall- und Schwermetalllegierungen.

Metallgewinnung

Nur wenige Metalle kommen in der Natur gediegen vor. Die meisten Metalle sind in der Erdkruste als chemische Verbindungen, in der Regel mit Sauerstoff oder Schwefel, gebunden. Diese Verbindungen nennen wir Erze, die als Rohstoffe der Metallgewinnung dienen. Dabei geht es darum, diesen Erzen den Sauerstoff, bzw. den Schwefel zu entziehen. Dies geschieht durch das Einschmelzen der Erze (z.B. im Hochofen, Elektrolyseofen u.a.), was immer eine Energiezufuhr voraussetzt. Oft ist eine Nachbehandlung der Schmelze notwendig, um einen höheren Reinheitsgrad des Metalls zu erreichen.

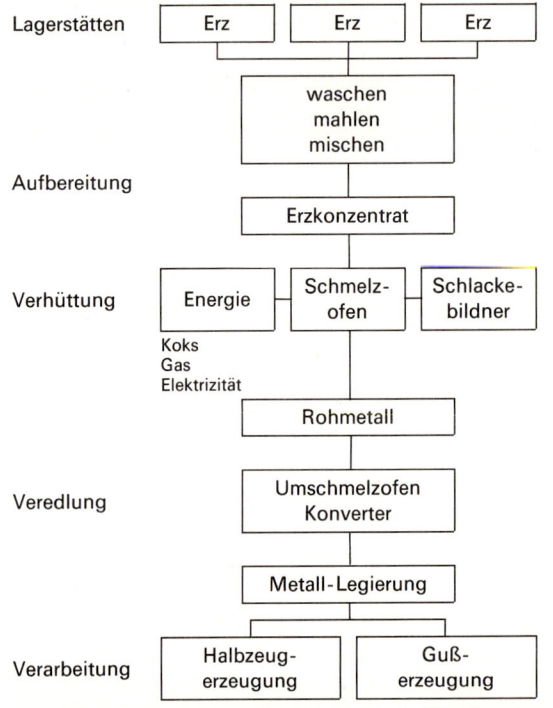

Element		Dichte kg/dm^3	Schmelzpunkt °C	Element		Dichte kg/dm^3	Schmelzpunkt °C
Lithium	(Li)	0,534	179	Zinn	(Sn)	7,28	232
Kalium	(K)	0,862	63	Eisen	(Fe)	7,86	1530
Natrium	(Na)	0,971	98	Cadmium	(Cd)	8,64	321
Calcium	(Ca)	1,54	845	Cobalt	(Co)	8,83	1492
Magnesium	(Mg)	1,74	650	Nickel	(Ni)	8,86	1455
Beryllium	(Be)	1,86	1285	Kupfer	(Cu)	8,93	1083
Strontium	(Sr)	2,6	757	Bismut	(Bi)	9,8	271
Aluminium	(Al)	2,69	658	Molybdaen	(Mo)	10,2	2622
Titan	(Ti)	4,49	1725	Silber	(Ag)	10,51	960
Vanadium	(V)	5,98	1715	Blei	(Pb)	11,34	327
Radium	(Ra)	6,0	700	Thallium	(Tl)	11,84	1457
Zirconium	(Zr)	6,53	1860	Quecksilber	(Hg)	13,54	−38
Antimon	(Sb)	6,69	630	Uran	(U)	18,7	1689
Cer	(Ce)	6,8	630	Wolfram	(W)	19,1	3380
Zink	(Zn)	7,13	420	Gold	(Au)	19,34	1063
Chrom	(Cr)	7,14	1890	Platin	(Pt)	21,34	1773
Mangan	(Mn)	7,21	1247	Iridium	(Ir)	22,42	2454

1 Tabelle der wichtigsten Metalle, nach der Dichte geordnet

```
Lagerstätten    Erz      Erz      Erz
                   \      |      /
                    waschen
                    mahlen
                    mischen
Aufbereitung          |
                  Erzkonzentrat
                      |
Verhüttung   Energie — Schmelz- — Schlacke-
                       ofen        bildner
             Koks
             Gas
             Elektrizität
                      |
                  Rohmetall
                      |
Veredlung         Umschmelzofen
                  Konverter
                      |
                  Metall-Legierung
                    /        \
Verarbeitung  Halbzeug-    Guß-
              erzeugung    erzeugung
```

2 Schematische Darstellung einer Möglichkeit der Metallgewinnung vom Erz bis zur Metallverarbeitung

Werkstoffkunde — Übersicht über Werkstoffe

Kristallstrukturen der Metalle

Metalle bilden beim Erstarren Kristalle (Bild 1). Durch Röntgenuntersuchungen wurde festgestellt, daß einzelne Atome in einem regelmäßigen, geordneten Kristallgitter gruppiert sind. Es existieren unterschiedliche Kristallgitter, die in den Winkeln und Seitenlängen (Gitterparameter) verschieden sind. Am häufigsten kommen das kubisch-raumzentrierte oder das kubisch flächenzentrierte, das tetragonale und das hexagonale Gitter vor (Bild 2).

Die kristallinen Werkstoffe bestehen meist nicht aus einem Idealkristall, sondern aus einer Vielzahl kristallähnlicher Körner. Diese bilden sich bei der Erstarrung der Schmelze, indem sie ungeordnet an verschiedenen Stellen der Schmelze entstehen und wachsen, bis sie sich berühren und gegenseitig abgrenzen. Diese Grenzen werden im Schliffbild deutlich sichtbar (Bild 3). Man bezeichnet die mikroskopische Anordnung der Kristallite als **Gefüge**.

1 Durch das Schleifen eines Metalls kann eine glatte Fläche erzielt werden. Die Bruchfläche eines Teiles zeigt jedoch den kristallinen Aufbau des Metalls

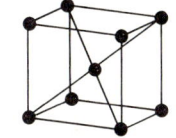

Eigenschaften der Kristalle

Kristalle können durch die Ionenbindung (bei einer Verbindung eines nichtmetallischen Elements mit einem metallischen) oder durch eine Metallbindung entstehen.

Kristalle mit Ionenbindung (z.B. Kochsalz NaCl) besitzen sehr hohe Festigkeit und Härte. Sie sind aber sehr spröde und deshalb nicht umformbar.

Kristalle der Metalle sind dagegen umformbar, d.h., sie lassen sich z.B. durch Walzen, Schmieden oder Pressen in eine andere Form bringen.

kubisch raumzentriert (z.B. Fe)

kubisch-flächenzentriert (z.B. Al)

tetragonal (z.B. Sn)

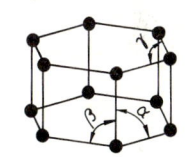

hexagonal (z.B. Mg)

2 Die Seitenlängen a, b und c eines Metallgitters betragen etwa 0,2 bis $0,5 \cdot 10^{-7}$ mm

Legierungen

Legierungen bestehen aus mindestens einem metallischen und weiteren metallischen oder auch nichtmetallischen Elementen (z.B. C; S; P). Durch Legieren können gewünschte Werkstoffeigenschaften erreicht werden. Aus den Eigenschaften der Legierungselemente kann man jedoch nicht auf die Eigenschaften der neuen Legierung schließen.

Legierungstypen

In der Schmelze sind die Ionen der Metalle, bzw. der Legierungselemente vollständig ineinander gelöst. Bei der Erstarrung kristallisieren sie je nach Gittertyp entweder wieder einzeln aus, oder sie bleiben ineinander gelöst.

Bei verschiedenenartigen Gittertypen (wie z.B. Pb kubisch-flächenzentriert, Sn tetragonal), bilden sich bei der Erstarrung wieder zwei verschiedene Kristallarten.

Bei gleichartigen Gittertypen (z.B. Ni und Cu, beide flächenzentriert) bleiben diese auch bei der Erstarrung vollständig ineinander gelöst. Es entstehen **Mischkristalle**, die als **feste Lösung** bezeichnet werden.

Bei ähnlichen Gittertypen oder Gitterparametern (z.B. Al und Cu) kann es auch zu teilweiser Lösung im festen Zustand kommen. So kann z.B. das Al höchstens 5,7% Cu lösen.

3 Schliffbild (V 50:1) von α-Messing, bei dem deutlich die Wachstumsgrenzen der Kristallite zu erkennen sind.

Übersicht über Werkstoffe — Werkstoffkunde

Schmelzen und Erstarren der reinen Metalle

Das Schmelzen und Erstarren läuft bei reinen Metallen in Stufen ab (Bild 1):

Schmelzen

- Temperaturanstieg durch Erwärmung; Bewegungsenergie der Atome vergrößert sich, das Metall dehnt sich.
- Haltepunkt – die Bewegungsenergie der Atome überwindet die Zusammenhangskräfte des Gitters, das Metall schmilzt. Zur Überwindung der Bindungskräfte wird Energie benötigt, so daß trotz weiterer Wärmezufuhr die Temperatur gewisse Zeit konstant bleibt.

Erstarrung

- Abkühlung – die Bewegungsenergie der Atome nimmt ab.
- Haltepunkt – die Atome beginnen sich an Keimen, z.B. Verunreinigungen, anzulagern. Trotz weiterer Wärmeabfuhr bleibt die Temperatur durch Wärmeabgabe der sich anlagernden Atome konstant, bis alle Atome angelagert sind.

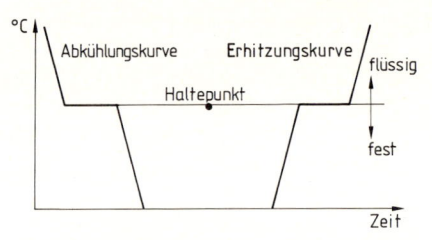

1 Reine Metalle weisen einen Haltepunkt auf, der mit Schmelz- bzw. Erstarrungstemperatur identisch ist. Beim Erstarren geben die sich anlagernden Atome genau die Wärmemenge ab, die notwendig war, um sie aus ihrem Gitter herauszulösen. Erst wenn alle Atome herausgelöst bzw. angelagert sind, kann die Temperatur weiter steigen bzw. fallen

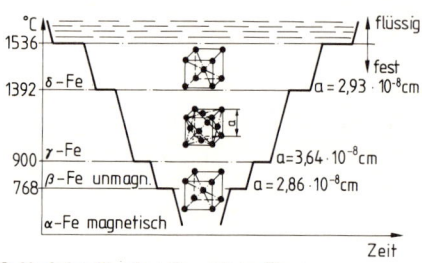

Umwandlungstemperatur

Die Mehrzahl der Metalle hat nur eine Kristallstruktur, einige jedoch (Eisen, Mangan, Zinn u.a.) können unterhalb der Schmelztemperatur weitere Umwandlungen im festen Zustand zeigen (Bild 2). Z.B. besitzt das reine Eisen nach dem Erstarren ein kubisch-raumzentriertes Gitter (α-Eisen), verwandelt sich aber bei 1392 °C in das kubisch-flächenzentrierte Gitter (γ-Eisen). Schließlich kommt es unterhalb von 900 °C zu einer erneuten Umwandlung in ein kubisch-raumzentriertes Gitter (α-Eisen), jedoch mit anderem Gitterparameter.

2 Umkristallisation des reinen Eisens

Schmelzen und Erstarren der Legierungen

Eine Legierung erstarrt nicht bei einer gleichbleibenden Temperatur wie ein Reinmetall, sondern in einem Erstarrungsintervall.

Liquidustemperatur (lat. liquidus=flüssig) ist die Temperatur, bei der sich beim Erstarren die ersten Kristalle bilden. Die Erstarrung setzt sich bei abnehmender Temperatur fort.

Solidustemperatur (lat. solidus=fest) ist die Temperatur, bei der die Restschmelze erstarrt.

Das Eutektikum ist eine Legierung die, ähnlich wie reine Metalle, ohne Erstarrungsintervall schmilzt und erstarrt. Sie besitzt die niedrigste Schmelztemperatur eines Legierungssystems (Bild 3).

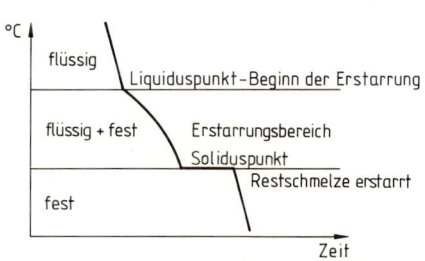

3 Abkühlungskurve einer Legierung. Das Metall erstarrt zwischen Liquidus- und Solidustemperatur

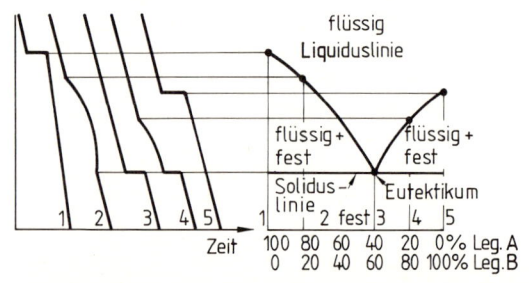

4 Mit Hilfe der Abkühlungskurve von Legierungen mit verschiedenem Mischungsverhältnis wird das Zustandsschaubild zusammengestellt, aus dem die Temperaturkurven sowie das Eutektikum ersichtlich sind.
1 = reines Metall A
2; 3; 4 = Legierungen mit verschiedenem Mischungsverhältnis (z.B. aus 20% A und 80% B)
5 = reines Metall B

Wiederholungsfragen

1. Warum werden an Stelle von reinen Metallen in der Technik Legierungen verwendet?
2. In welchem Zusammenhang stehen Eigenschaften der Legierungselemente mit denen der Legierung?
3. Zeigen Sie den Unterschied zwischen der Erstarrung eines reinen Metalles und einer Legierung.
4. Erklären Sie, was ein Eutektikum ist.

Werkstoffkunde — Eisenwerkstoffe

8.2 Eisenwerkstoffe

Eisen wird in der Technik nicht in reiner Form, sondern mit Kohlenstoff und anderen Elementen legiert angewandt. Diese Eisen-Kohlenstoff-Legierungen werden als **Eisenwerkstoffe** bezeichnet.

Eisenwerkstoffe sind Endprodukte, für die zunächst als Vorstufe das Roheisen, ebenfalls ein Eisenwerkstoff, aus den Eisenerzen gewonnen werden muß.

8.2.1 Roheisenerzeugung

Eisenerze

Das Eisen kommt in der Natur nicht gediegen vor, sondern überwiegend als Eisen-Sauerstoff-Verbindungen, wie z.B. **Magneteisenstein** (Fe_3O_4) mit 50 bis 70% Eisengehalt, **Roteisenstein** (Fe_2O_3) mit 30 bis 65% Eisengehalt und **Brauneisenstein** ($2\,Fe_2O_3 \cdot 3\,H_2O$) mit 40 bis 60% Eisengehalt.

Aufbau und Funktion des Hochofens (Bild 1)

Der Hochofen besteht aus zwei kegeligen Zonen. Diese Form ist notwendig, da sich das Schmelzgut bei zunehmender Erwärmung zunächst ausdehnt, durch das spätere Schmelzen, im flüssigen Zustand aber an Volumen abnimmt. Der wassergekühlte Stahlmantel ist mit feuerfestem Material (z.B. Schamotte) ausgekleidet.

Abwechselnd werden Koks, verschiedene Eisenerzsorten und Zuschläge (z.B. Kalk als Schlackenbildner) in den Ofen eingebracht. Durch die Koksverbrennung kommt es zum **Schmelzen** und zur **Reduktion** der Erze, wobei den Erzen der Sauerstoff entzogen wird. Zum Teil verbindet sich dabei der Sauerstoff der Erze mit dem Kohlenstoffmonooxid der Verbrennungsgase, zum Teil direkt mit dem Kokskohlenstoff, z.B.

$$Fe_3O_4 + CO \rightarrow 3\,FeO + CO_2$$
$$FeO + C \rightarrow Fe + CO$$

Gleichzeitig wird das Eisen bis zur Sättigung aufgekohlt.

Im Gestell des Hochofens sammelt sich das geschmolzene Roheisen an und wird alle 2 bis 3 Stunden abgelassen. Die Schlacke wird entweder kontinuierlich abgelassen oder getrennt abgestochen. Der größte Teil des Roheisens wird in flüssiger Form zu Stahl weiterverarbeitet. Ein Teil wird auf Masselgießmaschinen verfestigt und als Rohstoff für die Gußerzeugung verkauft.

Das bei der Roheisengewinnung entstehende **Gichtgas** wird zum Teil in den Winderhitzern verbrannt, um damit die dem Hochofen zugeführte Luft vorzuwärmen, zum Teil zur Stromerzeugung verwandt.

Direktreduktion. Sie benutzt zum Heizen und Reduzieren nicht Koks, sondern gasförmige Brennstoffe, wie z.B. das aus dem Erdgas gewonnene Kohlenstoffmonooxid. Die Erze werden kleinstückig oder als Pellets (aus feinem Erz gerollte Kügelchen) bei 800 °C mit Reduktionsgas begast, wobei ein Eisenschwamm aus annähernd reinem Eisen entsteht. Dieser Eisenschwamm wird anschließend im Elektrolichtbogenofen weiter zu Stahl verarbeitet.

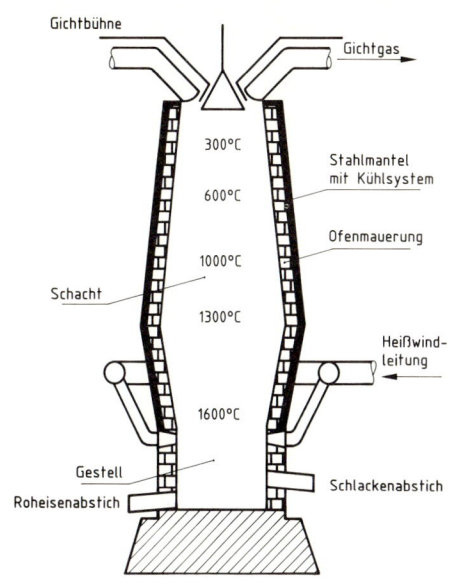

1 Schema eines Hochofens

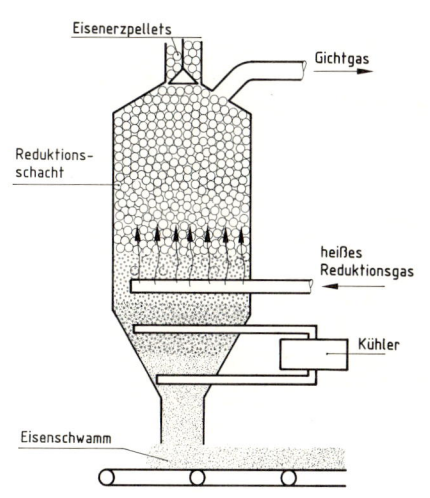

2 Schema einer Direktreduktion

Eisenwerkstoffe — Werkstoffkunde

Produkte des Hochofens

Außer den Eisenoxiden werden auch Mangan- und Siliciumoxide reduziert. Mangan und Silicium gehen dabei in das Roheisen über und beeinflussen neben dem Kohlenstoff am stärksten die Eigenschaften des Roheisens. Je nach Zusammenstellung der verschiedenen Eisenerze, dem Kalkverhältnis und der Temperatur im Gestell des Hochofens, erhält man ein Roheisen mit mehr oder weniger Anteilen Mangan oder Silicium. Je höher die Temperatur und je niedriger die Kalkzugabe (diese neutralisiert die Kieselsäure der Erze) sind, desto mehr steigt der Siliciumgehalt im Roheisen.

Silicium bremst die Eisencarbidbildung und begünstigt so die Ausscheidung von freiem Kohlenstoff in Form von Graphit, wodurch die Bruchfläche dieses Roheisens dunkelgrau erscheint.

Mangan dagegen begünstigt die chemische Bindung des Kohlenstoffs mit Eisen zu Eisencarbid. Die Bruchfläche erscheint hell.

Stahleisen wird in Großhochöfen (Gestelldurchmesser bis zu 15 m) gewonnen und im flüssigen Zustand in Spezialbehältern zur Stahlverarbeitung in das Stahlwerk transportiert.

Handelsroheisen wird zu Masseln vergossen und an Eisengießereien ausgeliefert. Nach dem Bruchaussehen der Masseln kann ein weißes und graues (u.U. auch meliertes) Roheisen unterschieden werden.

Weißes Roheisen (max. 1% Si) hat keinen elementaren Kohlenstoff. Das weiße Roheisen wird für die Walzen- und Tempergußherstellung verwendet.

Graues Roheisen (bis ca. 3% Si) wird für die Gußeisenherstellung verwendet. Wegen der notwendigen Vielfalt der Roheisensorten (Bild 1) werden in diesem Falle kleinere Öfen bevorzugt (ca. bis 6 m Gestelldurchmesser). Die wichtigsten Sorten sind das Hämatit, das einen niedrigen Phosphorgehalt hat und das Gießereiroheisen mit einem höheren Phosphorgehalt. Daneben gibt es eine Reihe von Spezialroheisen, die die gewünschte Eigenschaften im Guß sicherstellen.

Die Schlacke bindet Verunreinigungen, wie Schwefel, Asche u.a. Je basischer eine Schlacke ist, um so mehr Schwefel kann sie aufnehmen. Sie wird später zu Schlackenwolle, Pflastersteinen, Splitt für den Straßenbelag usw. verarbeitet.

	C %	Si %	Mn %	P %	S %
I. **Hämatitroheisen** Gußstücke mit thermischer bzw. chemischer Beanspruchung, hochwertiger Maschinenguß	3,7…4,3	2,0…3,0	bis 1,0	<0,1	<0,04
II. **Gießerei Roheisen** dünnwandiger Guß, verschleißfeste Teile, Kokillengrauguß	3,6…4,1	2,0…3,0	0,6…0,9	0,5…0,7	<0,04
III. **Spezial-/Sonderroheisen**					
a) Perlit grau — mechanisch technologisch hochbeanspruchtes perlitisches Gußeisen	3,5…4,0	1,0…4,0	<1,0	0,05…0,08	0,01…0,04
b) Perlit meliert und weiß für Temper- und Hartguß	3,4…3,8	0,4…0,6	0,2…0,4	0,05…0,08	0,05…0,1
c) Spezialroheisen für ferritisches GGG für große Wanddicken (sehr niedrige Gehalte an Begleitelementen)	3,8…4,5	0,2…2,5	<0,05	<0,04	<0,01
d) Legiertes Spezialroheisen mit bis zu 0,5% Cu bzw. bis zu 0,7% Ti zur Einstellung bestimmter Gefüge, verschleißbeanspruchter Guß	3,0…4,4	1,5…4,5	0,7…1,6	<0,1	<0,05
e) Niedriggekohltes Roheisen, Spezialroheisen für Grau- und Temperguß	<2,8	0,5…2,5	0,4…0,8	<0,1	<0,04
f) Feinkörniges Spezialroheisen für hochwertigen Grau-, Hart- und Temperguß	3,7…4,3	1,5…4,0	0,3…0,7	0,05…0,1	0,01…0,03
g) Manganzusatzeisen zur Einstellung des Mangangehaltes	2,5…4,0	0,3…3,5	1,0…5,0	<0,15	<0,04
h) Spiegeleisen	4,0…5,0	<1,0	6,0…30	0,1…0,15	<0,04
IV. **Hochofen-Ferrolegierungen**					
a) Ferrosilicium zur Einstellung des Si-Gehaltes	1,6…2,5	8,0…13	0,4…0,7	<0,16	0,02…0,04
b) Ferromangan zur Einstellung des Mn-Gehaltes	ca. 7	<1,0	75…80	<0,16	<0,03

1 Übersicht verschiedener Roheisensorten mit Angabe möglicher Zusammensetzung (Werte nur als Spanne angegeben. Jede Roheisensorte besitzt eine spezifisch garantierte Zusammensetzung)

Werkstoffkunde — Eisenwerkstoffe

8.2.2 Normung von Eisen-Kohlenstoff-Legierungen

Nach DIN gibt es zwei Möglichkeiten der Werkstoffbezeichnung, entweder mit der Werkstoffnummer, die sich für die Auswertung durch EDV eignet, oder mit einem Kurznamen, der die wesentliche Informationen über Eigenschaften oder Zusammensetzung beinhaltet.

Werkstoffkurzname (Bilder 1 bis 3)

Der Werkstoffkurzname besteht aus Buchstaben und Zahlen, die in drei Gruppen aufgeteilt sind.

Der Herstellungsteil gibt Aufschluß über Gußzeichen, Erschmelzungsart und besondere Eigenschaften.

Der Mittelteil macht Angaben über mechanische Eigenschaften oder chemische Zusammensetzung. Zahlen, die hinter St oder dem Gußzeichen stehen, geben durch Multiplikation mit 10 die Zugfestigkeit in N/mm² an. Bei Beginn mit einer Zahl oder einem C, ist der Kohlenstoffgehalt angegeben (z.B. 15 Cr 3; C 10). Es folgen Kurzzeichen der Legierungselemente und Zahlen, die den prozentualen Anteil dieser Elemente angeben. Bei niedriglegierten Stählen müssen diese Zahlen mit Multiplikatoren umgerechnet werden, bei hochlegierten Stählen (X-Zeichen) bedeuten sie volle Prozentanteile. Die Zuordnung der Zahlen zu Buchstaben erfolgt in der gleichen Reihenfolge (z.B. 13 CrV 5 3 ist ein niedriglegierter Stahl mit 0,13% C, $\frac{5}{4}$% Cr und $\frac{3}{10}$% V).

Der Behandlungsteil beginnt mit einem Buchstaben oder einem Punkt und macht Angaben über die Wärmebehandlung, Verformung und Gewährleistungsumfang.

Werkstoffnummer (Bild 4)

Die Werkstoffnummer besteht ähnlich wie der Kurzname aus drei Teilen, jedoch werden keine Buchstaben, sondern nur sieben Zahlen benutzt. Die ersten zwei Zahlen geben die **Werkstoffgruppe** an (z.B. GG; GS), weitere vier Zahlen die genauere **Werkstoffsorte** (z.B. Baustahl). Die letzten zwei Zahlen sind **Anhängezahlen,** die lediglich Angaben zur Erschmelzung und Nachbehandlung machen.

Beispiele:

Werkstoff-nummer	Kurzname	Bedeutung
1.0601	C 60	Kohlenstoffstahl mit 0,6% C
1.0052	St 50	Baustahl, 490 N/mm² Zugfestigkeit
1.0551	GS 52	Stahlguß, 510 N/mm² Zugfestigkeit
1.2081	X 190 Cr 10	Hochlegierter Stahl, 1,9% C; 10% Cr
1.7741	42 CrMoV 5 1	Niedrig leg. Stahl, 0,42% C; $\frac{5}{4}$% Cr; $\frac{1}{10}$% Mo; Spuren von V
0.6020	GG-20	Gußeisen lamellar, 200 N/mm² Zugfestigkeit
0.7040	GGG-40	Kugelgraphitguß, 400 N/mm² Zugfestigkeit

Kurznamen von Eisenwerkstoffen → Herstellungsteil, Zusammensetzungsteil, Behandlungsteil

Herstellungsteil

Gußzeichen
- GG   Gußeisen lamellar
- GGG Gußeisen globular
- GH   Hartguß
- GS   Stahlguß
- GTW Weißer Temperguß
- GTS Schwarzer Temperguß
- GD   Druckguß
- GK   Kokillenguß
- GZ   Schleuderguß

Erschmelzungsart
- E Elektrostahl
- Y Sauerstoffaufblasstahl

Eigenschaften aus der Herstellung
- A Alterungsbeständig
- k kleiner P- oder S-Gehalt
- R beruhigt vergossen
- U unberuhigt vergossen
- X hochlegiert

1 Mögliche Abkürzungen von Angaben im Herstellungsteil

Zusammensetzungsteil

4		10		100	
Cr	Chrom	Al	Aluminium	C	Kohlenstoff
Co	Cobalt	Cu	Kupfer	P	Phosphor
Mn	Mangan	Mo	Molybdän	S	Schwefel
Ni	Nickel	Ta	Tantal	N	Stickstoff
Si	Silicium	Ti	Titan		
W	Wolfram	V	Vanadium		

2 Chemische Elemente und Umrechnungsmultiplikatoren

Behandlungsteil

- A Angelassen
- B Beste Bearbeitbarkeit
- E Einsatzgehärtet
- G Weichgeglüht
- H Gehärtet
- HF Oberfläche flammgehärtet
- K Kaltverformt
- N Normalgeglüht
- S Spannungsarmgeglüht
- V Vergütet

3 Buchstaben, die im Kurznamen angehängt werden können, geben den Behandlungszustand an

Werkstoffnummer

Aufbau: Hauptgruppe — Sortennummer — Anhängezahl

Hauptgruppe
z.B.
- 0 Roheisen, Gußeisen
- 1 Stahl
- 2 Schwermetalle
- 3 Leichtmetalle
- 4 Sinterwerkstoffe
- 5 Nichtmetalle

Sortennummer
z.B.
- 1.01–1.09 Grund und Qualitätsstähle
- 1.10–1.19 unlegierte Werkzeugstähle
- 1.40–1.49 nichtrostende und hitzebeständige Stähle

Anhängezahl
z.B.

Erschmelzung
- beliebige unberuhigt 3
-            beruhigt   4
- Sauerstoff-aufblasstahl unberuhigt 7
-                         beruhigt   8
- Elektrostahl   9

Behandlung
- keine, beliebige 0
- normalgeglüht   1
- weichgeglüht   2

(Für NE-Metalle haben die Anhängezahlen andere Bedeutung)

4 Aufbau der Werkstoffbezeichnung mit Zahlensystem

Eisenwerkstoffe — Werkstoffkunde

8.2.3 System Eisen-Zementit

Diagramme für Eisen und Kohlenstoff

Eisen bildet mit Kohlenstoff Einlagerungsmischkristalle. Der Existenzbereich der verschiedenen Mischkristalle (abhängig von C-Gehalt und Temperatur) ist durch die Felder der Diagramme (Bild 1) abgegrenzt. Da der Kohlenstoff entweder als Eisencarbid (Fe_3C) gebunden oder als freier Graphit vorliegen kann, muß man zwischen dem **metastabilen** System Eisen-Zementit (veränderbar, z.B. beim Tempern Zerfall des Fe_3C) und dem **stabilen** System **Eisen-Graphit** unterscheiden.

In Abhängigkeit vom C-Gehalt kommt es während der Erwärmung bzw. bei der Erstarrung zur Ausbildung folgender Gefügearten:

Zementit ist ein hartes Eisencarbid, das bei schneller Abkühlung entsteht. Da der Kohlenstoff keine Zeit zur Ausscheidung hat, kommt es zu einer intermetallischen Verbindung, Fe_3C.

Austenit ist ein kubisch-flächenzentrierter Mischkristall aus γ-Eisen und gelöstem Kohlenstoff. γ-Eisen vermag größere Mengen an C zu lösen als α-Eisen.

Ferrit ist ein kubisch-raumzentrierter Mischkristall des α-Eisens mit gelöstem C. Ferrit kann bei Raumtemperatur ungefähr nur 0,00001% C lösen und entspricht deshalb fast reinem Eisen.

Perlit ist ein Kristallgemisch aus aufeinander geschichtetem Ferrit (86%) und Zementit (14%) bei 0,8% C-Gehalt. Er ist fest, dehnbar und entsteht bei Abkühlung aus dem Austenit. Perlit ist ein **Eutektoid**, das sich oberhalb 723 °C wieder vollständig in Austenit umwandelt.

Ledeburit ist die eutektische Legierung (erstarrt, bzw. schmilzt schon bei 1147 °C ohne Übergangsbereich). Bei der Erstarrung bildet sich ein Gefüge aus Austenit mit 2,06% C und Zementit mit 6,67% C. Im Laufe der weiteren Abkühlung verarmt der Austenit durch Zementitausscheidung auf 0,8% C und zerfällt bei 723 °C wiederum zu Perlit. Bei Raumtemperatur enthält also das Gefüge Perlit und Zementit.

Nach dem System Eisen-Carbid sind alle zementitischen Fe-C Werkstoffe zu beurteilen. Weil der Kohlenstoff gebunden ist, erscheint die Bruchfläche weiß. Man spricht von Weißerstarrung. Rein zementitische Werkstoffe sind Stahl, Temperrohguß und Vollhartguß.

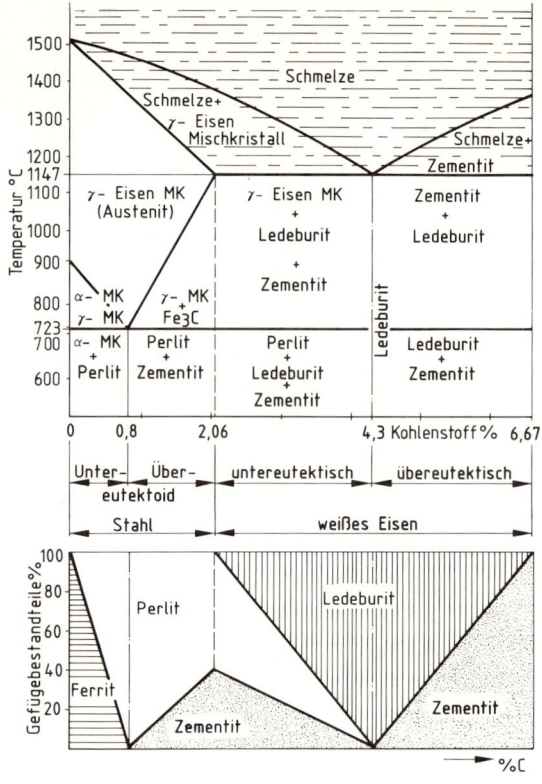

1 Vereinfachtes Eisen-Zementit-Diagramm mit Verteilungsdiagramm der einzelnen Gefügearten

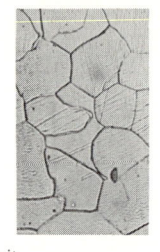

Ferrit
zäh und weich, V=100

Ferrit mit wenig Perlit
härter, fest, V=100

Perlitlamellare Schichtung von Ferrit und Zementit
fest, dehnbar, V=500

Ledeburit, Perlit und Zementit
glashart, sehr spröde, V=50

2 Gefügebilder

Werkstoffkunde — Eisenwerkstoffe

Stahl

Herstellung: Das zur Stahlherstellung benutzte Roheisen, besitzt noch einen zu hohen Gehalt an Kohlenstoff, Mangan, Silicium, aber auch an unerwünschten Elementen Phosphor und Schwefel. Das Entfernen bzw. Herabsetzen der Begleitelemente geschieht in den Stahlwerken durch Sauerstoffzufuhr. Dabei oxidieren die Begleitelemente und werden als SiO_2, MnO und P_2O_5 mit der Schlacke, bzw. das SO_2 und CO_2 als Abgase abgeführt. Dazu gibt es folgende Verfahren:

Frischverfahren:

Zu Beginn der Stahlherstellung standen das Bessemer-Verfahren (seit 1855 für phosphorarmes Roheisen in saurer Ausmauerung) und das Thomasverfahren (seit 1877 auch für phosphorreiches Roheisen in basischer Ausmauerung), bei denen durch den Boden des Konverters Luft eingeblasen wurde. Durch den Stickstoffgehalt der Luft wird die Stahlqualität gemindert. Diese Verfahren finden bei uns keine Verwendung mehr. Wird reiner Sauerstoff durch den Boden geblasen, entstehen am Konverterboden so hohe Temperaturen, daß er sehr schnell zerstört wird.

Diese Tatsache führte (seit 1952) zur Entwicklung der **sauerstoffaufblasenden Verfahren.** Hierbei wird reiner Sauerstoff von oben auf die Schmelze geblasen (Bilder 1 u. 2). Ein Nachteil gegenüber den bodenblasenden Verfahren ist eine schlechtere Badbewegung.

Das **LD-Verfahren** (Linz-Donawitz) eignet sich vor allem für phosphorarmes (0,2% P) Roheisen. Der P-Gehalt läßt sich in einem Arbeitsvorgang auf weniger als 0,05% senken.

Das **LD/AC-Verfahren** (Linz-Donawitz-Arbed-Centre) wurde für phosphorreiche (2% P) Roheisen entwickelt. In zwei Arbeitsgängen wird der P-Gehalt bis unter 0,03% gesenkt. Zuerst wird gefrischt, bis der P-Gehalt unter 0,2% abgesunken ist. Die jetzt mit P angereicherte Schlacke wird abgekippt. Beim Weiterfrischen wird mit dem Sauerstoff noch Kalkstaub eingeblasen.

Das OBM-Verfahren (Oxygen-Basic-Maxhütte) verbindet die Vorteile der Verwendung von reinem Sauerstoff und der guten Badbewegung beim Bodenblasen. Dabei werden mit dem Sauerstoff durch den Boden Kohlenwasserstoffe (Kohlenstoffhydride) eingeblasen (Bild 3). Der Zerfall der Kohlenwasserstoffe kostet zunächst so viel Wärme, daß der Temperaturhöchstpunkt vom Konverterboden in die Schmelze hinein verlegt wird. Die Bodenhaltbarkeit steigt. Weil die Oxidation der Kohlenwasserstoffe zusätzliche Wärme entwickelt, kann auch der Schrottanteil weiter erhöht werden.

Umschmelzverfahren

In Industrieländern, in denen große Eisenschrottmengen zur Verfügung standen, wurden das Siemens-Martin-Verfahren (seit 1860) durchgeführt. Die Umschmelzdauer betrug jedoch bis zu sechs Stunden. Auch dieses Verfahren findet z.Zt. bei uns keine Anwendung mehr.

Hüttentechnisch wird heute, wenn nur umgeschmolzen wird, der Lichtbogenofen benutzt. Dabei wird, um die Schmelzdauer abzukürzen, auch Roheisen mitchargiert, wenn dieses zur Verfügung steht. Man nennt diese Arbeitsweise **Duplizieren.** In Gießereien wird außer dem Lichtbogen häufig auch der Induktionsofen zum Umschmelzen verwendet.

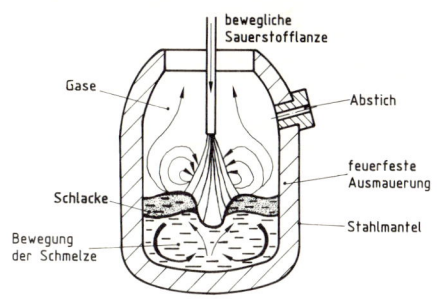

1 Sauerstoffaufblaskonverter

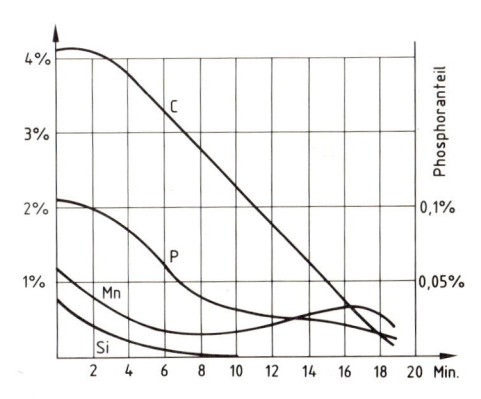

2 Frischverlauf beim LD-Verfahren

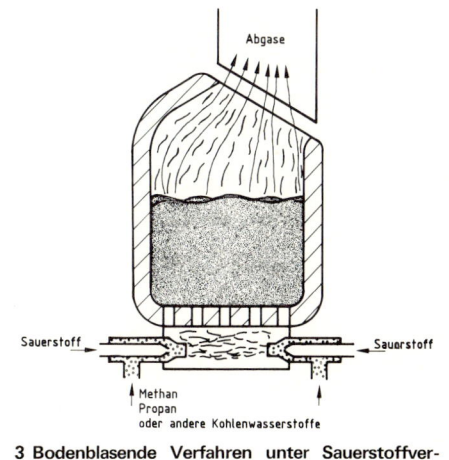

3 Bodenblasende Verfahren unter Sauerstoffverwendung

Eisenwerkstoffe — Werkstoffkunde

Wirkung der Legierungselemente

Die mechanischen Eigenschaften des Eisens werden vor allem vom Kohlenstoff beeinflußt. Dabei ändern sich diese mit zunehmendem C-Gehalt nicht gleichmäßig (Bild 1). Auch andere Begleitelemente (z.B. P; S) beeinflussen die Eigenschaften der Fe-C-Legierungen stark (s. Tab.). Für höhere Beanspruchungen (hohe Festigkeit, Korrosionsbeständigkeit u.a.) werden noch weitere Elemente hinzulegiert. Die wichtigsten Legierungselemente sind Mangan, Chrom und Nickel.

Im allgemeinen verschieben alle Legierungselemente die Linien und Umwandlungspunkte der Fe-C-Diagramme. Die Wirkungen der Legierungselemente richten sich auch danach, ob sie sich in der Grundmasse lösen (z.B. Si, Ni, Cu, Al) oder ob sie mit dem Kohlenstoff harte, spröde Carbide bilden (z.B. Mo, V, Mn, Cr).

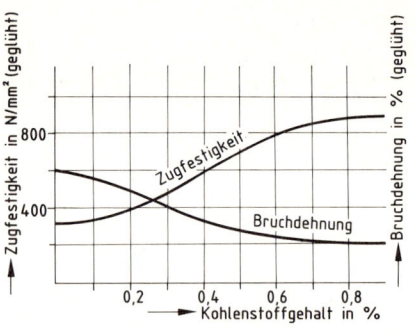

1 Abhängigkeit der Zugfestigkeit und der Bruchdehnung vom Kohlenstoffgehalt beim Stahl

Eigenschaften der Stähle (Bild 2)

Als Stahl werden alle Fe-C-Legierungen bezeichnet, die weniger als 2% C besitzen, und deshalb noch schmiedbar sind. Dabei ist der Kohlenstoff immer als Eisencarbid gebunden, nie frei als Graphit vorhanden. Die wichtigsten Eigenschaften sind:

- hohe Schmelztemperatur (bis ca. 1450 °C)
- schlechte Gießbarkeit, weil dickflüssig
- große Erstarrungsgeschwindigkeit (bis 5%) mit großer Lunkerneigung; dünne Anschnitte (Einfrieren) und großdimensionierte Speiser (Nachsaugen) sind notwendig
- große feste Schwindung zwischen 1,5 bis 3% (Schwindmaß 2%), verursacht Spannungen
- im Gußzustand ist das Stahlgefüge dendritisch (Bild 3) und darum spröde; deshalb und wegen der vorhandenen Spannungen muß geglüht werden
- hohe Festigkeit (bis 1300 N/mm²) und Dehnung
- gute Schweißbarkeit (bei geringem C-Gehalt)

Dichte fest/flüssig	kg/dm^3	7,85/6,9
Schmelztemperatur	°C	1450
Gießtemperatur	°C	1500...1700
Zugfestigkeit	N/mm^2	350...1300
Dehnung	%	10...25
Schwindung	%	1,5...3

2 Eigenschaften der Stähle

3 Bruchstück aus einer lunkerhaltigen Stelle

Einfluß der Legierungs- und Begleitelemente

Legierungsstoff		erhöht, bzw. verbessert	erniedrigt, bzw. verschlechtert
Kohlenstoff	C	Festigkeit, Härte, Härtbarkeit, Gießbarkeit	Schmelztemperatur (Liquiduslinie) Schmied- und Schweißbarkeit, Dehnung
Silicium	Si	Graphitbildung, Durchhärtbarkeit, Elastizität (Federstähle), Festigkeit, Korrosionsbeständigkeit (säurefester Guß)	Schmied- und Schweißbarkeit
Mangan	Mn	Zementitbildung, Härte, Festigkeit, Verschleißfestigkeit, wirkt entschwefelnd	Graphitausbildung bei GG, Zähigkeit, Zerspanbarkeit
Phosphor	P	Dünnflüssigkeit von GG, Härte, Warmfestigkeit	Schlagfestigkeit (kaltbrüchig ab 0,03%), Dehnung
Schwefel	S	Dickflüssigkeit, Spanbrüchigkeit (kurzbrechende Späne – 0,02% S)	Festigkeit, Schlagfestigkeit (warmbrüchig), Schweißbarkeit
Nickel	Ni	Festigkeit, Härte, Hitzebeständigkeit, Korrosionsbeständigkeit	Wärmedehnung
Chrom Wolfram	Cr W	Festigkeit, Härte, Härtetemperatur, Verschleißfestigkeit, Korrosionsbeständigkeit	Dehnung, Schmied- und Schweißbarkeit
Vanadium	V	Dauerfestigkeit, Härte, Zähigkeit, Warmfestigkeit	Empfindlichkeit gegen Überhitzung
Molybdaen	Mo	Härte, Warm- und Dauerfestigkeit	Dehnung, Schmiedbarkeit
Cobalt	Co	Härte	Empfindlichkeit gegen Überhitzung

Werkstoffkunde — Eisenwerkstoffe

Stahlsorten

Nach den Gebrauchseigenschaften werden Stähle in **Grundstähle**, **Qualitäts-** und **Edelstähle** eingeteilt. Von Grundstählen werden keine besondere Eigenschaften (z.B. Schweißbarkeit, Alterungsbeständigkeit, Oberflächenbeschaffenheit usw.) verlangt. Qualitäts- und Edelstähle werden in legierte und unlegierte eingeteilt. Edelstähle zeichnen sich durch niedrige S- und P-Gehalte aus.

Unlegierte Stähle enthalten maximal 0,5% Si; 0,8% Mn; 0,1% Al; 0,1% Ti; 0,25% Cu; 0,6% S und 0,09% P. Der C-Gehalt liegt zwischen 0,1 und 1,5%. Zu diesen Stählen gehören:

Baustähle (St 33 bis St 70), die für einfache Teile, z.B. Bolzen, Hebel, Griffe, aber auch für höher beanspruchte Teile, z.B. Schweißkonstruktionen, Armaturen, Pumpenteile usw. verwendet werden.

Kohlenstoffstähle (C 10 bis C 60) sind für das Einsatzhärten oder Vergüten (s. S. 244 und 245) geeignet.

Niedriglegierte Stähle enthalten bis zu 5% Legierungselemente. Diese Stähle werden für Teile mit mittlerer bis hoher Beanspruchung in Maschinen-, Fahrzeug-, Kokillenbau und für Druckgußformen verwendet. Dazu gehören:

Warmfeste Stähle (z.B. 13 CrMo 4 4), einsatzfähig zwischen 300 bis 600 °C (z.B. Dampferzeugung).

Vergütungsstähle (z.B. 41 Cr 4), die nach der Wärmebehandlung hohe Zähigkeit aufweisen.

Stähle für Flamm- und Induktionshärtung (z.B. Ck 45; 46 Mn 4) für Kranlaufräder, Lokomotivteile, Zahnräder usw. (zäher Kern, oberflächenhart).

Hochlegierte Stähle enthalten über 5% Legierungselemente. Dazu gehören:

Hitzebeständige Stähle (z.B. X 40 CrSi 17), die auch bei Temperaturen über 600 °C zunderbeständig sind (z.B. Ofenteile, mechanisch beansprucht).

Nichtrostende Stähle (z.B. X 15 CrNi 18 8) mit mind. 12% Chromgehalt, für Teile der chemischen Industrie, medizinische Geräte, Turbinen usw.

Nichtmagnetisierbare Stähle (z.B. X 120 Mn 12).

1 Der Stahlguß eignet sich besonders für die Großgußherstellung

2 Turbinenrad für eine Peltonturbine aus GS-X 10 CrNi 12, Gewicht 24 t

Stahlguß (Bild 1 bis 3)

Stahl steht entweder in Form von **Halbzeugen,** wie gewalzten Blechen, Profilen, Rohren usw., oder als **Stahlguß** zur Verfügung. Stahlguß ist in Formen gegossener Stahl. Er kommt meist bei mittleren und großen Gußteilen unkomplizierter Formgebung zur Anwendung, die hohe Anforderungen an Festigkeit und Dehnung stellen. Zum Stahlguß eignen sich alle Stahlsorten.

3 Kokille für ein Aluminiumsaugrohr. Formrahmen aus GG-25, Formeinsatz aus legiertem Stahl

8.2.4 System Eisen-Graphit (Bild 1)

Bei langsamer Abkühlungsgeschwindigkeit scheidet sich der Kohlenstoff als Graphit aus, sofern er nicht in den Mischkristallen löslich ist. Durch die Form (Bild 2), die der Kohlenstoff bei der Ausscheidung innerhalb des Gefüges annimmt, werden die Eigenschaften der Legierung wesentlich beeinflußt (Bild 3).

Es entstehen unterschiedliche Gußeisensorten. Der im Gußeisen und Temperguß vorkommende Graphit wird in Lamellengraphit, Vermiculargraphit (wurmartig), Kugelgraphit und Temperkohle eingeteilt. Die Ausbildungsformen des Graphits sind nach Form, Verteilung und Größe im VDG Merkblatt P441 in Richtreihen zusammengefaßt.

Das Eutektikum des stabilen Systems wird als **eutektischer Graphit** bezeichnet und bei 4,23% C direkt aus der Schmelze ausgeschieden (vgl. Ledeburit beim System Eisen-Zementit). **Eutektoider Graphit** entsteht, wenn die Mischkristalle des γ-Eisens (Austenit) in Ferrit und Graphit zerfallen. Dabei diffundiert der Kohlenstoff aus dem Austenit in die vorhandenen Graphitlamellen und vergrößert sie. Zugleich entstehen um diese Graphitlamellen kohlenstoffarme Bereiche (Ferritsäume, bzw. Ferrithöfe beim Kugelgraphit).

Bei unzulässig hohen Gehalten an unerwünschten Elementen (z.B. Blei, Bismut) kommt es zu Graphitentartungen, die die Güteeigenschaften beeinträchtigen. Die Lamellen zeigen im Schliffbild ein zerfranstes, stacheliges Aussehen.

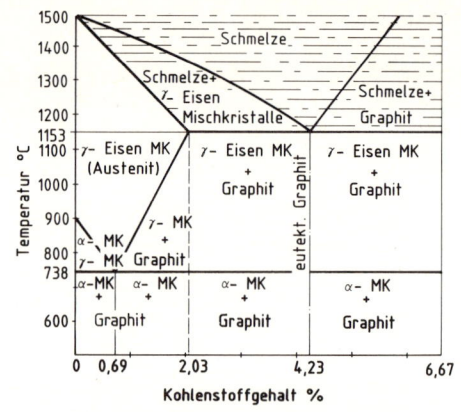

1 Vereinfachtes Zustandsschaubild Eisen-Graphit

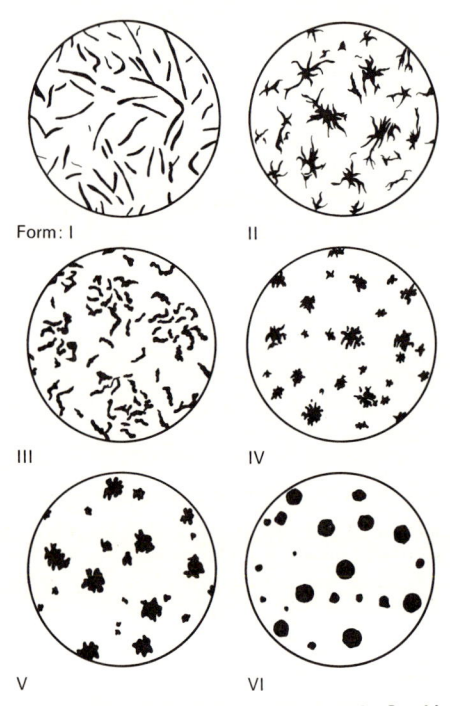

Form: I II III IV V VI

Graphitausbildung

Die Größe und Anordnung der Graphitlamellen kann durch eine Impfbehandlung beeinflußt werden, womit die Anzahl der Kristallisationskeime erhöht wird. Je mehr Kristallisationskeime in der Schmelze vorhanden sind, um so mehr Graphitlamellen entstehen. Das Gefüge wird feinkörniger.

Die Impfung wird durch Zugabe von Ferrosilicium oder anderen Impfmitteln (z.B. auf Silicium- oder Graphitbasis) erreicht.

Nach dem System Eisen-Graphit sind alle rein ferritischen Fe-C-Werkstoffe zu beurteilen, da in ihnen kein Zementit vorkommt. Weil der Graphit die Bruchfläche des Werkstoffes grau erscheinen läßt, spricht man von Grauerstarrung.

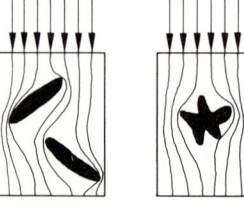

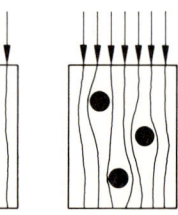

2 Der in Fe-C-Legierungen vorkommende Graphit kann nach Form, Anordnung und Größe unterschieden werden. Das Bild zeigt (nach VDG Merkblatt P441) die am meisten vorkommenden Graphitformen

Mischsystem

In allen perlitischen Gußeisensorten liegt elementarer Graphit im Gefüge vor. Gleichzeitig ist im Perlit Zementit enthalten. Deshalb müssen diese Werkstoffe nach beiden Diagrammen beurteilt werden.

Durch Glühen oberhalb 738 °C kann ein zementitisches Gefüge in ein ferritisches überführt werden.

3 Wirkung der Graphitform auf den Verlauf der Kraftlinien
a) **Gußeisen mit Lamellengraphit:** Lamellen wirken als Kerben und mindern dadurch die Festigkeit
b) **Temperguß**
c) **Gußeisen mit Kugelgraphit**

Werkstoffkunde — Eisenwerkstoffe

Gußeisen

Herstellung:

Gußeisen wird aus Roheisenmasseln (Gießerei-Roheisen, Hämatit-Roheisen), Schrott, Kreislaufmaterial der Gießerei und Zusätzen (Ferrosilicium, Ferromangan, Kalk u.a.) im Kupolofen (Bilder 1 bis 3) oder Elektroofen erschmolzen.

Silicium (meist ca. 2 bis 3%) und langsames Abkühlen fördern die Ausscheidung des Kohlenstoffs als Graphit, Mangan (ca. 1%) und schnelles Abkühlen wirken ihr entgegen. Phosphor unterstützt die Graphitausbildung und macht das Gußeisen dünnflüssig, zugleich aber auch spröde und schlecht bearbeitbar.

Der Graphit scheidet sich normalerweise in Form von Lamellen aus (Bild 4). Die Art der Lamellen (grob, fein) sowie das Gefüge der Grundmasse sind entscheidend für die mechanischen Eigenschaften. Feinste Graphitausbildung wird erreicht, wenn die Erstarrung knapp an der Grenze der Weißerstarrung liegt.

In Schliffbildern kann man beim Gußeisen folgende Gefügearten unterscheiden:

Ferritisches Gefüge enthält kein Zementit. Die Grundmasse besteht aus Ferrit, in dem Graphit verteilt ist. Der Werkstoff ist relativ weich, die Zugfestigkeit relativ gering.

Perlitisches Gefüge besteht aus Perlit, in dem Graphit eingebettet ist. Bei unlegiertem Gußeisen ergibt dieses Gefüge, bei fein verteiltem Graphit, die höchste Zugfestigkeit.

In normalen Falle neigt Graphit durch Ankristallisieren zur Bildung von Groblamellen. Durch Überhitzung der Schmelze (1400 bis 1550 °C) werden alle Restkeime des Graphits aufgelöst und dadurch Bildung feinerer Lamellen ermöglicht.

Ferritisch-perlitisches Gefüge besitzt wiederum Graphit, das in Perlitgrundmasse eingebettet ist, jedoch sind die Graphitlamellen unmittelbar mit Ferrit umgeben. Dies entsteht, wenn Kohlenstoff aus den γ-Mischkristallen sich nach und nach an Graphitlamellen anlagert (diffundiert). Dabei entsteht, um diese vergrößerte Lamellen eine kohlenstoffarme Umgebung aus α-Eisen (im Schliffbild als Ferritsäume sichtbar).

Damit das Gefüge und somit auch die Eigenschaften im voraus geschätzt werden können, wird das Gußeisen nach verschiedenen Bewertungsmaßstäben, wie der Keilprobe, thermischer Analyse, Sättigungsgrad u.a. beurteilt.

1 Blick auf eine Kupolofenanlage
Vorne links ein Elektroofen

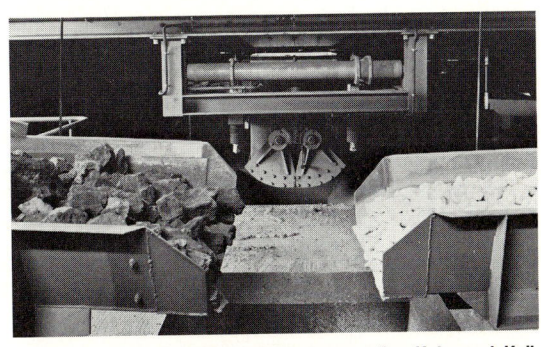

2 Der für einen Kupolofenbetrieb notwendige Koks und Kalk wird bei modernen Anlagen automatisch den Vorratssilos entnommen und in ein Wiegegefäß befördert

3 Der Gattierer steuert mit dem Elektromagneten das Einsatzmaterial in das Wiegegefäß für den metallischen Einsatz. Das Einsatzmaterial wird dann mit den Zuschlagstoffen im Begichtungskübel zum Schmelzofen transportiert

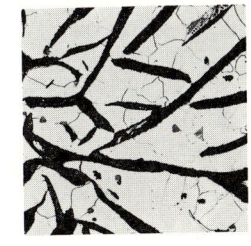

4 Schliffbilder von Gußeisen mit groblamellarem Graphit. Links Gußeisen mit perlitischer Grundmasse, rechts mit ferritischer Grundmasse

Eisenwerkstoffe — Werkstoffkunde

Bewertungsmaßstäbe beim Gußeisen

Damit das Gefüge und somit auch die Eigenschaften im voraus geschätzt werden können, wird das Gußeisen nach verschiedenen Bewertungsmaßstäben beurteilt:

Gießkeilprobe (Bild 1)

Bei der Gießkeilprobe werden Werkstoffeigenschaften in Abhängigkeit von der Wandstärke untersucht. Dabei wird ein keilförmiges Probestück gegossen und danach gebrochen.

Dadurch, daß der Keil an der Spitze rasch erstarrt, kann sich kein freier Graphit ausscheiden, der Kohlenstoff ist im Zementit gebunden.

Analyse					
C	3,4	3,2	3,2	3,0	2,8
Si	3,2	2,0	1,6	1,4	1,2
Mn	0,4	0,6	0,65	0,8	1,0
P	1,2	0,6	0,4	0,3	0,3
S	0,06	0,08	0,08	0,09	0,12

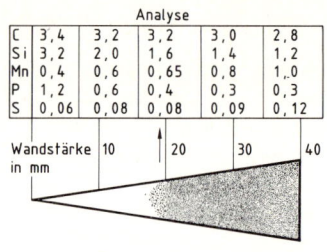

Wandstärke in mm: 10 | 20 | 30 | 40

1 Beispiel der Auswertung einer Keilprobe (nach Sper)
Im Zusammenspiel zwischen C, Si, Mn, P und S kommt es zur kleineren oder tieferen Ausbreitung der Weißerstarrung. Aus dem Bruchaussehen, bzw. der Tiefe der Weißeinstrahlung läßt sich beim unlegierten Gußeisen feststellen, für welche Wanddicken die Gattierung noch Verwendung finden kann

Thermische Analyse (Bilder 2 und 3)

Die thermische Analyse beruht auf der Aufzeichnung des Verlaufs der Abkühlungstemperatur bei der Erstarrung der Schmelze. Aus dieser Aufzeichnung lassen sich Haltepunkte ermitteln. Durch Aufzeichnung verschiedener Legierungszusammensetzungen entsteht das Zustandsschaubild. Umgekehrt können aus dem schon vorhandenen Zustandschaubild die Legierungsgehalte und das dazugehörige Erstarrungsintervall ΔT bestimmt werden. Aus dem Erstarrungsintervall ist die Berechnung des Sättigungsgrades und damit eine Voraussage der Normalzugfestigkeit eines 30 mm Probestabes möglich.

Sättigungsgrad
$$S_c = 1{,}045 - \frac{\Delta T}{433{,}8}$$

Normalzugfestigkeit
$$= 1000 - 800 \cdot S_c \ (\text{N/mm}^2)$$

Die thermische Analyse ist nur im untereutektischen Bereich anwendbar, weil sich im übereutektischen Bereich bei der Liquidustemperatur kein eindeutiger Haltepunkt ergibt.

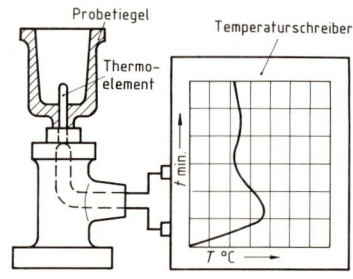

2 Mit einem in die erstarrende Schmelze hineinragenden Thermoelement wird der Verlauf der Temperatur bei der Erstarrung festgehalten. Aus der Aufzeichnung lassen sich Haltepunkte, z.B. auch für eine Gefügeumwandlung im festen Zustand ermitteln

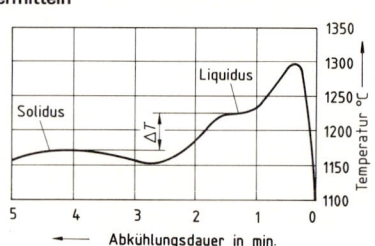

3 Durch thermische Analyse ermittelte Abkühlungskurve eines untereutektischen Gußeisens

Der Sättigungsgrad (Bild 4)

Das Gußeisen ist gekennzeichnet durch einen hohen Anteil an Kohlenstoff und Begleitelementen (Si; Mn; P; S). Diese Elemente beeinflussen den Schmelzpunkt, die Länge der Erstarrung, damit auch die Graphitausbildung und somit die zu erwartenden mechanischen Eigenschaften. Bis auf die eutektische Legierung mit 4,3% C erstarren alle Gußeisenlegierungen in einem Erstarrungsintervall. Je länger dieser teigige Zustand andauert, um so häufiger und ausgeprägter sind auch Fehler, die bei der Erstarrung entstehen können.

Manche Elemente verstärken (Si, P, Al), manche bremsen (Mn, S, Cr) die Wirkung des Kohlenstoffs. Damit das Fe-C-Diagramm weiterhin brauchbar bleibt, wird die Wirkung der Begleitelemente durch die Kohlenstoffwirkung ersetzt. Den Kennwert, der den Austausch der Begleitelemente durch den Kohlenstoff aufzeigt, bezeichnet man als den Sättigungsgrad. Dieser ergibt sich rechnerisch aus der Formel:

$$S_c = \frac{\%\,C}{4{,}3 - \tfrac{1}{3}(\text{Si}\% + \text{P}\%)}$$

Zur Bestimmung des Sättigungsgrades ist, um die Zusammensetzung zu erkennen, eine chemische oder eine thermische Analyse notwendig.

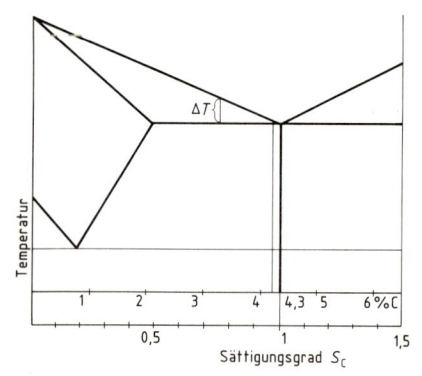

4 Der Sättigungsgrad ist bei der eutektischen Legierung gleich 1. Legierungen mit $S_c < 1$ erstarren untereutektisch, Legierungen mit $S_c > 1$ übereutektisch.
Ein Gußeisen mit z.B. 3,4% C, 2% Si und 0,5% P verhält sich wie ein Gußeisen mit ca. 4,2% C ($S_c = 0{,}98$)

Werkstoffkunde — Eisenwerkstoffe

8.2.5 Gußeisen mit Lamellengraphit GG

Entsprechend der chemischen Zusammensetzung und der Abkühlungsgeschwindigkeit entstehen während der Erstarrung Graphitlamellen verschiedener Größe und Anordnung. Da bei vorgegebener Gestalt des Gußstückes nur wenig Einfluß auf die Abkühlgeschwindigkeit genommen werden kann, muß die Qualität im wesentlichen über die chemische Zusammensetzung eingestellt werden.

Eigenschaften

— hoher C-Gehalt, dadurch niedrige Schmelztemperaturen zwischen 1150 und 1250 °C.
— dünnflüssig, sehr gut formfüllend
— durch Graphiteinlagerungen gute spanabhebende Bearbeitbarkeit, schwingungsdämpfend, schmierend (Notlaufeigenschaften)
— Graphitlamellen unterbrechen das Grundgefüge und mindern die Zugfestigkeit. Die Bruchdehnung liegt meist unter 0,5%
— große Querschnitte scheiden durch langsames Abkühlen viel groben Graphit aus, der geringere Festigkeit verursacht. Da die Festigkeit beim GG wanddickenabhängig ist, wird diese an Proben mit genormten Durchmessern geprüft (Bild 1)
— Druckfestigkeit des Gußeisens beträgt etwa das Dreifache der Zugfestigkeit
— GG ist schlecht schweißbar
— Schwindung 0,6 bis 1,3%, (Schwindmaßrichtwert nach DIN 1511, 1%). Lunkerneigung geringer als bei Stahl
— Dichte: flüssig 6,5 kg/dm³, fest 7,25 kg/dm³

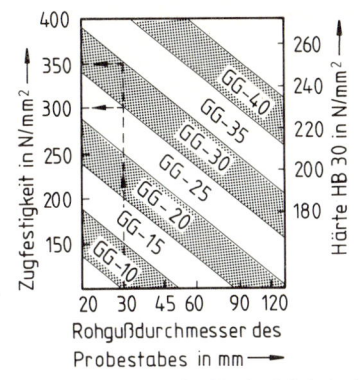

1 Schaubild zur Abschätzung der Zugfestigkeit und Härte in Gußstücken aus GG. Beispiel: In einem Gußstück mit 30 mm Wanddicke soll eine Festigkeit von mehr als 280 N/mm² erreicht werden. Ein Probestab von 30 mm Rohgußdurchmesser ergibt im Werkstoff GG-30 eine Festigkeit zwischen 300 und 350 N/mm²

Normung und Verwendung (Bilder 2 und 3)

Nach DIN 1691 ist Gußeisen mit Lamellengraphit in 6 Sorten mit steigender Festigkeit von jeweils 50 N/mm² genormt, von GG-10 bis GG-35.

Die Zahl gibt die Zugfestigkeit an, gemessen an 30 mm Proben (z.B. GG-15 bedeutet 150 N/mm² Zugfestigkeit).

GG-10 und GG-15 sind ferritische Sorten für Teile ohne Verschleißbeanspruchung

GG-20 und GG-25 sind ferritisch-perlitische Sorten mit erhöhter Festigkeit, z.B. für Werkzeugmaschinenständer, Getriebegehäuse

GG-30 und GG-35 sind vorwiegend perlitisch mit besten mechanischen Eigenschaften, z.B. für Pressenständer, Schiffsdieselmotoren

Nach DIN 1691 kann Gußeisen mit Lamellengraphit auch nach Härte geordnet werden z.B. GG-260 HB).

Der Graphitgehalt ist bei allen Sorten annähernd gleich.

2 Die Dünnflüssigkeit des GG ermöglicht das Gießen von komplizierten, dünnwandigen Gußteilen. Hohe Geräuschdämpfung, gute Wärmeabfuhr und gute Bearbeitbarkeit sind weitere Vorteile des GG

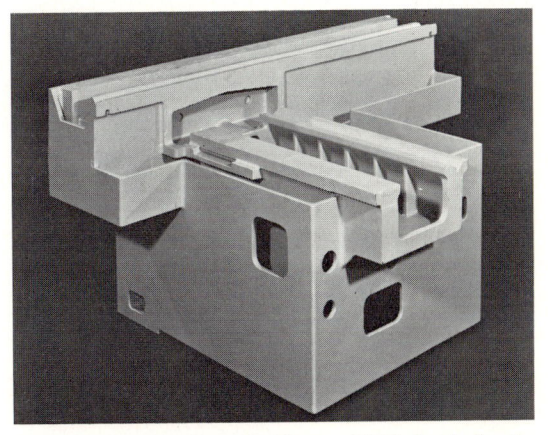

3 Ständer einer Werkzeugmaschine aus GG-25. Durch die ständig steigenden Anforderungen an die Herstellungsgenauigkeit, müssen Werkzeugmaschinen sehr steif und schwingungsarm sein. Diese Forderungen kann man am besten durch Gußeisen mit Lamellengraphit erfüllen

Eisenwerkstoffe — Werkstoffkunde

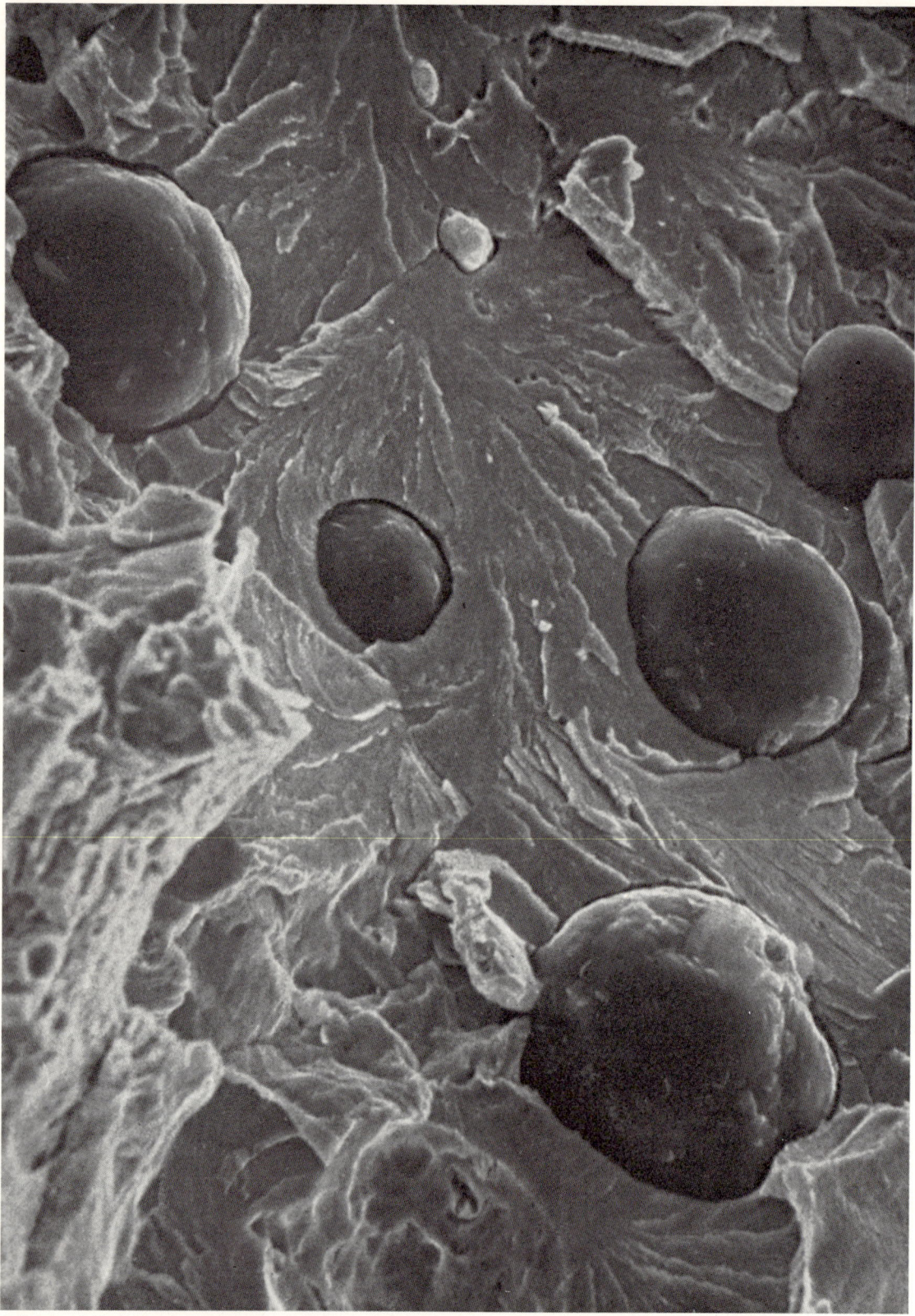

Gußeisen mit Kugelgraphit. Vergrößerung ≈ 1200fach, Original 550fach
Raster-Elektronen-Mikroskopaufnahme Dr. Klingele, München

Werkstoffkunde — Eisenwerkstoffe

8.2.6 Gußeisen mit Kugelgraphit GGG

Die Voraussetzung für die Bildung von Kugelgraphit ist ein sehr geringer Gehalt an Störelementen, wie S, Pb, Al u.a., die die Kugelbildung beeinträchtigen. Anderseits gibt es Elemente, die die Ausbildung des Graphits in Kugelform unterstützen, dazu gehören vor allem Magnesium (Mg), Cer (Ce) und Calcium (Ca). In der Regel wird heute der Kugelgraphitguß durch das Behandeln der Schmelze mit Mg erzeugt.

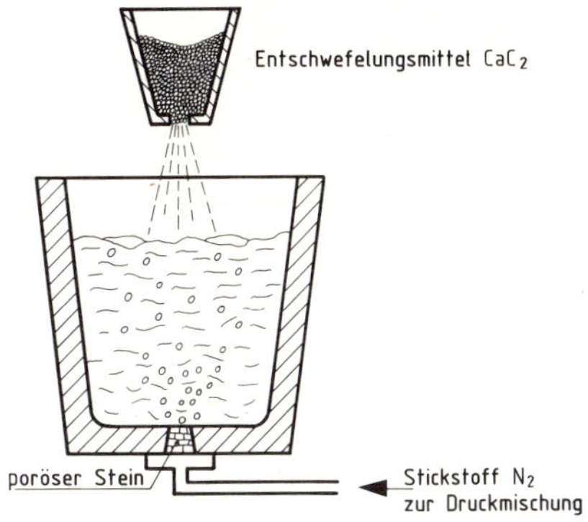

1 Entschwefelung

Erschmelzung

Die Erschmelzung des Basiseisens erfolgt meistens im Kupolofen oder Elektroofen. Der Einsatz besteht aus Spezialroheisen (Mangangehalt <0,05%, niedriger Gehalt an anderen Elementen), GGG Kreislaufmaterial, Stahlschrott, Ferrolegierungen und Siliciumcarbid.

Dadurch, daß schwefelarme Einsatzstoffe benutzt werden, kann auch der Mangangehalt niedrig gehalten werden, der sonst bei der Gußeisenherstellung zur Bindung des Schwefels dient. Ist vor der Magnesiumbehandlung eine Entschwefelung aber doch erforderlich, wird mit einem Entschwefelungsmittel direkt in der Pfanne oder in der Kupolofenrinne entschwefelt (Bild 1). Die gebräuchlichsten Entschwefelungsmittel sind gebrannter Kalk (CaO), Kalkstein ($CaCO_3$), Soda (Na_2CO_3) oder Calciumcarbid (CaC_2).

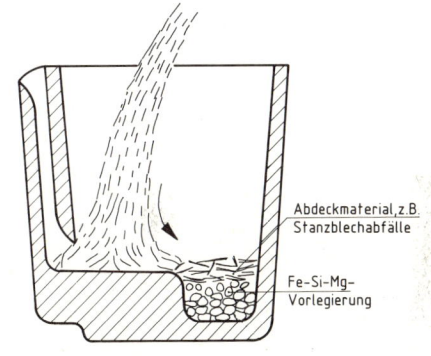

2 Sandwich-Verfahren

Kugelgraphitbildende Behandlung

Da Magnesium brennbar ist und bei 1102 °C verdampft, wird es meistens in Form einer Vorlegierung (z.B. FeSiMg, NiMg u.a.) hinzugegeben, seltener in Form als Reinmetall. Es wurden verschiedene Methoden des Einbringens vom Mg in die Schmelze entwickelt:

Übergießverfahren — Die Vorlegierung wird auf den Boden (meist in eine Vertiefung) gelegt und mit flüssigem Basiseisen übergossen (Bild 2). Die Reaktion läuft heftig ab, deshalb soll die Pfanne nur bis zu zwei Dritteln gefüllt sein. Bei Behandlung mit abgedeckter Pfanne ist der Mg-Abbrand geringer, weil zur Verbrennung nur der Luftsauerstoff des Pfanneninhalts zur Verfügung steht (Tundish-Cover-Verfahren, Bild 3).

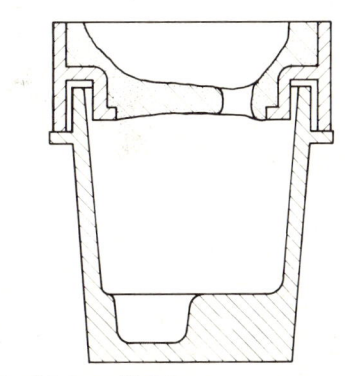

Tauchverfahren — Die Vorlegierung wird mit Hilfe einer Tauchglocke bis an den Boden der gefüllten Pfanne geführt.

Konverter-Verfahren (Bild 4) — Reines Magnesium wird in eine Konverterkammer gelegt. Durch Kippen des Konverters wird das Magnesium überflutet, verdampft und gelangt so in die Schmelze. Der Vorteil dieses Verfahrens ist die Benutzung des billigeren Behandlungsmittels und die Sicherheit, daß keine anderen Elemente in die Schmelze gelangen. Nachteil ist die kompliziertere Einrichtung.

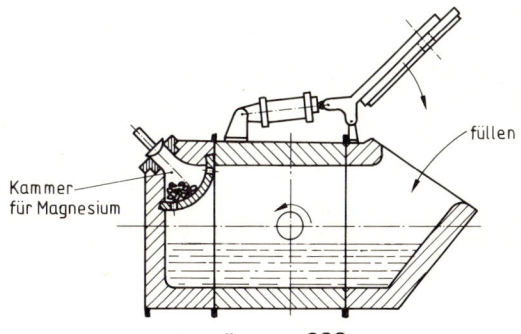

3 Tundish-Cover-Verfahren

4 Kippkonverter zur Herstellung von GGG

Eisenwerkstoffe — Werkstoffkunde

Eigenschaften

Bei Gußeisen mit Kugelgraphit (Sphäroguß) ist der freie Graphit in der metallischen Grundmasse vollständig kugelig ausgebildet (Bild 1). Die technologischen Eigenschaften von GGG sind fast identisch mit denen von GG, jedoch ist GGG dehnbar (duktil) und besitzt höhere Festigkeit (Bild 2). Die größte Dehnbarkeit und beste Bearbeitbarkeit besitzen Sorten mit ferritischer Grundmasse, die größte Festigkeit und Härte besitzen Sorten mit perlitischer Grundmasse. Je nach Anforderung muß also ein bestimmtes Verhältnis zwischen Ferrit und Perlit angestrebt werden.

Die meist verwendeten Sorten haben eine ferritische Grundmasse, die man schon im Gußzustand, also ohne zusätzliche Wärmebehandlung, durch enge Grenzen der Störelemente, zu erzeugen versucht. Sonst wird das endgültige Gefüge durch Glühen erreicht. Bei langsamer Abkühlung entsteht ein ferritisches, bei schneller ein perlitisches Gefüge. Höhere Perlitgehalte werden auch durch Mangan-, Kupfer- oder Zinnzusätze erreicht. Ungeglühte perlitische Sorten sind verschleißfester als unlegierter Stahl.

Schwindung: GGG ungeglüht 1,2%; geglüht 0,5%

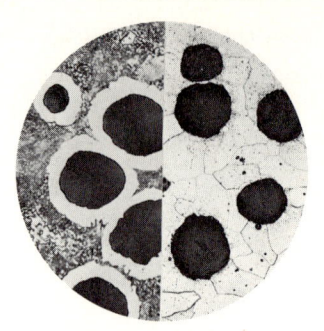

1 Gefüge von Gußeisen mit Kugelgraphit; links perlitische Grundmasse — Sphärolithe sind von Ferrithöfen umgeben. Rechts GGG mit ferritischer Grundmasse

	Dämpfungskurven	Zugfestigkeit in N/mm²	Dehnung in %
GS		hochlegiert bis 1300 unlegiert 400...700	19...30
GGG		400...800	2...18
GGL		130...400	0...1,5

2 Vergleich von einigen mechanischen Eigenschaften zwischen Stahlguß, Gußeisen mit Lamellengraphit und Gußeisen mit Kugelgraphit. GG besitzt gegenüber dem Stahl etwa vierfach größere Schwingungsdämpfung, dafür hat der Stahl die größte Zugfestigkeit und Dehnung.

Verwendung (Bilder 3 und 4)

GGG wird anstatt GG verwendet, wenn höhere Festigkeit sowie Dehnung gefordert wird. **Beispiele:** Pressenständer und Maschinentische, die große Stückgewichte und Zerspanungskräfte aufnehmen müssen, Kurbelwellen, Teile, die stahlähnliche Eigenschaften besitzen müssen, aber mit Stahl nicht wirtschaftlich herstellbar oder nicht gießbar (zähflüssig) sind.

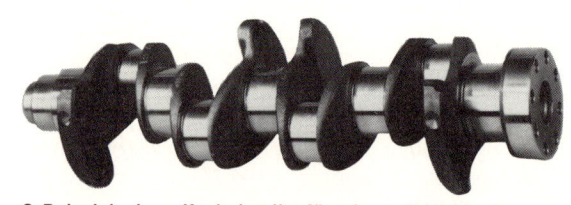

3 Beispiel einer Kurbelwelle für einen PkW-Motor aus GGG-60, der weniger kerbempfindlich ist als der Stahl

Normung

Nach DIN 1693 gibt es fünf Hauptsorten von GGG.

GGG-40 ist die meist verwendete Sorte mit ferritischem Grundgefüge, 400 N/mm² Mindestzugfestigkeit und 15% Mindestbruchdehnung.

GGG-50 und **GGG-60** haben ein ferritisch-perlitisches Gefüge mit hoher Festigkeit (500 bzw. 600 N/mm²), die Bruchdehnung liegt zwischen 3 und 18%.

GGG-70 und **GGG-80** bestehen zum größten Teil aus perlitischer Grundmasse mit hoher Festigkeit, aber nur mäßiger Bruchdehnung zwischen 2 und 6%.

GGG-35.3 und **GGG-40.3** sind besondere Sorten mit hoher Bruchdehnung (22 bzw. 18%) und garantierter Kerbschlagzähigkeit.

4 GGG ist besonders beim Gießen von dünnwandigen Teilen mit komplizierter Gestalt, die hohe Festigkeit haben müssen, von Vorteil.
Beispiel einer Seiltrommel für Bagger (geschnitten) in GGG-50 gegossen. Gußgewicht 70 kg

8.2.7 Austenitisches Gußeisen

Austenitische Gußeisenwerkstoffe sind mit Nickel (bis 35%), Kupfer, Chrom, Mangan u.a. Elementen legiert, so daß bei Raumtemperatur ein austenitisches Gefüge (γ-Eisen) vorliegt. Nickel, Chrom und Silicium erhöhen die Korrosionsbeständigkeit, Kupfer verbessert außerdem noch die Bearbeitbarkeit, Molybdaen die Warmfestigkeit. Die Graphitausbildung kann lamellar oder globular (kugelig) erfolgen.

1 Unterwassergehäuse für Schiffsgetriebe in korrosionsfester Ausführung in GGG-NiCr 20 2

Verwendung

Austenitisches Gußeisen mit Lamellengraphit wird wegen hoher Korrosionsbeständigkeit für die chemische und die Nahrungsmittelindustrie sowie im Schiffsbau (Bild 1) verwendet. Die warmfesten Sorten finden Verwendung bei hitzebeständigen Bauteilen, wie Auspuffkrümmern (Bild 2), Abgasgehäusen, Glühkästen für die Wärmebehandlung usw. In der Elektroindustrie werden die nicht magnetisierbaren Sorten gebraucht.

Die Mindestzugfestigkeit liegt bei den Sorten mit Lamellengraphit zwischen 140 und 270 N/mm². Werden bei mechanischer Beanspruchung, z.B. bei Turbinenteilen, neben der Korrosionsbeständigkeit auch hohe Festigkeit und Dehnung verlangt, dann werden austenitische Gußeisensorten mit Kugelgraphit verwendet. Die Mindestzugfestigkeit dieser Sorten liegt zwischen 370 und 500 N/mm², bei gleichzeitig hoher Dehnung zwischen 7 und 20%.

Normung

Beim austenitischem Gußeisen (DIN 1694) wird nicht die Zugfestigkeit, sondern die Zusammensetzung angegeben.

Beispiel:
GGL-NiMn 13 7   ist ein austenitisches Gußeisen mit Lamellengraphit, mit 13% Ni und 7% Mn
GGG-NiCr 20 2   ist ein austenitisches Gußeisen mit Kugelgraphit mit 20% Ni und 2% Cr

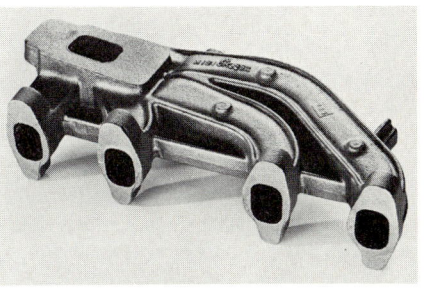

2 Vierzylinder PKW Auspuffkrümmer für aufgeladenen Motor. Werkstoff GGG-NiSiCr 35 5 2

8.2.8 Hartguß

Beim Hartguß (GH) ist das Verhältnis Si-Mn so eingestellt, daß in Abhängigkeit von der Wanddicke (Abkühlgeschwindigkeit) das Gefüge weiß erstarrt. Bei schneller Abkühlung oder beim Fehlen von graphitisierenden Elementen (Si, P, Al, Cu, Ni) bildet der Kohlenstoff mit dem Eisen ein Eisencarbid (Fe_3C), es kommt zur weißen Erstarrung. Diese wird immer dann angestrebt, wenn durch extrem hohe Härte besondere Verschleißfestigkeit erreicht werden soll, wie es z.B. beim Sandstrahlgebläse, Strahlmittel, Mahlkugeln, Nockenwellen (Bild 3) und ähnlichen Teilen der Fall ist.

Das Gefüge besteht aus ledeburitischer Grundmasse mit eingelagerten Metallcarbiden. Das Material ist sehr spröde und kaum spanabhebend bearbeitbar. Je größer der Ledeburitanteil im Vergleich zu Perlit, desto höher ist die Verschleißfestigkeit.

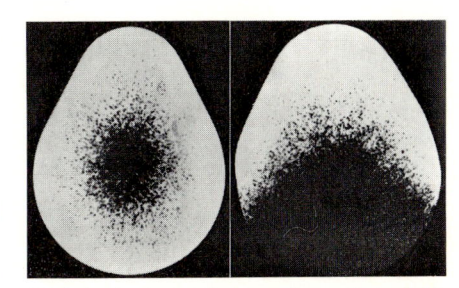

3 Schnitt durch eine Nockenwelle aus Hartguß. Für Konstruktionen, die hohem Verschleiß durch gleitende oder reibende Einflüsse ausgesetzt sind, bewährt sich weiß erstarrtes Gußeisen

Eisenwerkstoffe — Werkstoffkunde

8.2.9 Temperguß GTW und GTS (DIN 1692)

Herstellung

Temperrohguß wird aus weißem Roheisen, Stahlschrott und Zusätzen von Mn, und Si im Kupol- oder Elektroofen erschmolzen. Temperrohguß ist eine Fe-C-Legierung, bei der der Kohlenstoff- und Siliciumgehalt so eingestellt ist, daß das Metall graphitfrei erstarrt. Der Kohlenstoff ist vollständig als Eisencarbid gebunden. Seine charakteristischen Eigenschaften erhält Temperguß erst durch eine Glühbehandlung, **das Tempern.** Dabei wird je nach Verfahren dem Eisencarbid der Kohlenstoff entzogen (GTW) oder flockenförmig als Temperkohle (Bild 1) ausgeschieden (GTS). Diese Flocken unterbrechen die metallische Grundmasse nicht so kerbenartig wie die Lamellen im GG, deshalb sind bessere mechanische Eigenschaften gegeben.

Eigenschaften

Temperrohguß: ähnlich denen von GG, gut gießbar, jedoch noch sehr spröde; Temperguß nach der Wärmebehandlung: ähnlich denen von Stahl, zäh, dehnbar.
Schwindung: GTW 1,6% (1 bis 2%); GTS 0,5% (0 bis 1,5%).
Dichte flüssig: 6,7 kg/dm^3, fest: 7,4 kg/dm^3.

Tempergußarten

Weißer Temperguß ist **entkohlend geglühter** Temperrohguß. Die Glühbehandlung wird entweder in sauerstoffabgebendem Eisenerz (z.B. Roteisenstein, Fe_2O_3) oder in einer oxidierenden Gasatmosphäre (Gasgemisch aus CO, CO_2, H und Wasserdampf) durchgeführt. Dabei findet eine Entkohlung der Gußstückoberfläche statt. Das Gefüge des GTW ist bis zu einer gewissen Tiefe (etwa 6 mm) vollkommen ferritisch. Bei größeren Wandstärken kann man drei Zonen (Bild 2) unterscheiden.
Die Festigkeit von GTW ist also wanddickenabhängig.

Schwarzer Temperguß ist **nichtentkohlend geglühter** Temperrohguß mit niedrigerem Kohlenstoff- und höherem Siliciumgehalt als beim GTW. Das Glühen, das Tempern, geschieht zweistufig (Bild 3) in einer neutralen Atmosphäre (Quarzsand, Stickstoffgas). Im Endzustand liegt bei GTS im Gegensatz zu GTW ein gleichmäßiges Gefüge mit eingelagerter **Temperkohle** vor. Festigkeitswerte sind nicht wanddickenabhängig.

Verwendung

Für Teile, die aus Stahlguß, wegen dessen schlechter Gießeigenschaft, kaum herstellbar sind, aber zäh sein müssen.
GTW wird vorwiegend für dünnwandige Teile wie Beschlagteile, Schlüssel, Rohrverbinder (Fittings), Hebel usw. verwendet. Weitgehend entkohlte Teile sind schweiß-, löt- sowie kalt- und bis ca. 6 mm warmverformbar.
GTS wird für dickwandigere Bauteile verwendet, die weiter spanend bearbeitet werden, z.B. Triebwerksteile, Kolben, Zahnräder, Hinterachsgehäuse u.a. Temperguß ist gut zerspanbar. Korn zu einem feinkörnigen, gleichmäßigen Gefüge um. Die Teile werden kurzzeitig bis etwa 50 °C

Normungsbeispiel nach DIN 1692

GTW-35-04: Weißer Temperguß, 350 N/mm² Zugfestigkeit, 4% Dehnung.
GTS-65-02: Schwarzer Temperguß, 650 N/mm² Zugfestigkeit, 2% Dehnung.

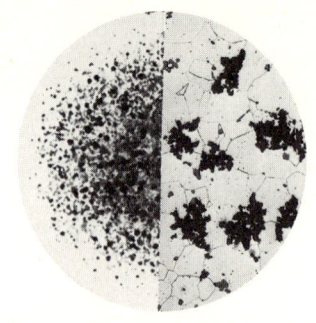

1 Gefüge von weißem Temperguß (links). Entkohlung nimmt nach innen ab. **Gefüge von schwarzem Temperguß (rechts);** ferritische Grundmasse hell, Temperkohle als Flocken dunkel

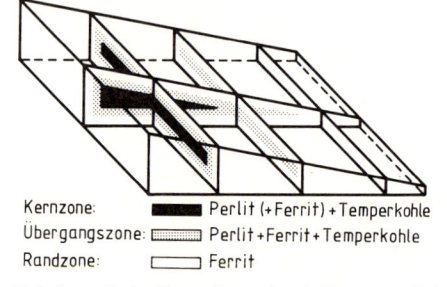

Kernzone: Perlit (+Ferrit) +Temperkohle
Übergangszone: Perlit+Ferrit+Temperkohle
Randzone: Ferrit

2 Schematische Darstellung der Gefügezonen bei weißem Temperguß in Abhängigkeit von der Wanddicke

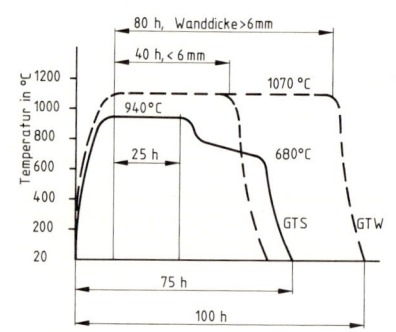

3 Schematische Darstellung des Ablaufs der Wärmebehandlung von GTW und GTS. Die Glühung von GTW erfolgt bei konstanter Temperatur und zeitlich länger als beim GTS, der in zwei Stufen geglüht wird

4 An einem Teil einer Schraubzwinge aus GTW wurde die Verformbarkeit dieses Werkstoffs demonstriert

5 Lenkgehäuse für hydraulische Pkw-Lenkung aus GTS-55-04

Werkstoffkunde — Eisenwerkstoffe

8.2.10 Wärmebehandlung von Eisen-Kohlenstoff-Werkstoffen

Durch verschiedene Fertigungsverfahren wie Walzen, Schmieden, Gießen, Zerspanen, Schweißen usw. entstehen im Werkstoff Spannungen, die durch Wärmebehandlung abgebaut werden müssen. Anderseits kann man durch bestimmte Wärmebehandlungen die Eigenschaften (z.B. Härte) eines Werkstoffes verbessern.

Die Verfahren können in Glühen und Härten unterteilt werden. Dabei werden Fertigteile in einem Ofen (Bild 1) einer Temperaturänderung unterworfen. Die Erwärmung erfolgt in Abhängigkeit vom Kohlenstoff- und Legierungsgehalt.

Eisen-Kohlenstoff-Diagramme (Bild 2) zeigen den Einfluß des C-Gehaltes auf die Ausbildung von verschiedenen Gefügearten während der Erwärmung oder der Abkühlung. Sowohl Stähle wie auch das Gußeisen können wärmebehandelt werden.

Das Normalglühen wandelt das grobe, ungleiche Korn zu einem feinkörnigen, gleichmäßigen Gefüge um. Die Teile werden kurzzeitig bis etwa 50 °C über die Umwandlungslinie (G-S-K) erwärmt. Beim Gußeisen bewegt sich die Glühtemperatur zwischen 850 und 950 °C.

Das Weichglühen führt zur Verminderung der Härte und zur Erhöhung der Duktilität (plastische Verformbarkeit), was die Bearbeitbarkeit erleichtert. Die Teile werden mehrere Stunden dicht unterhalb der Umwandlungslinie auf etwa 700 °C Glühtemperatur gehalten. Beim Gußeisen unterscheidet man zwischen dem Carbidzerfallsglühen (850 bis 950 °C) und dem Ferritisieren (700 bis 780 °C), das vor allem beim GGG weiter die Dehnbarkeit steigert. Das Abkühlen erfolgt an der Luft oder im Ofen.

Das Spannungsarmglühen dient der Beseitigung von Spannungsspitzen im Werkstoff. Da keine Veränderung der Festigkeitseigenschaften bewirkt werden soll, wird nur kurze Zeit sowohl beim Stahl wie auch beim Gußeisen bei niedriger Temperatur (etwa 600 °C) geglüht und sehr langsam abgekühlt.

Das Diffusionsglühen hat den Zweck, Seigerungen (Entmischungen) rückgängig zu machen. Es ist ein langdauerndes Glühen zwischen 1050 und 1150 °C. Dadurch kommt es jedoch zu Grobkornbildung, die wieder durch das Normalglühen rückgängig gemacht werden muß.

Das Tempern gehört auch zu den Glühbehandlungen, näheres siehe Kap. Temperguß.

1 Glühofen, die Ölbrenner arbeiten in die im Herdwagen sichtbaren Brennkanäle

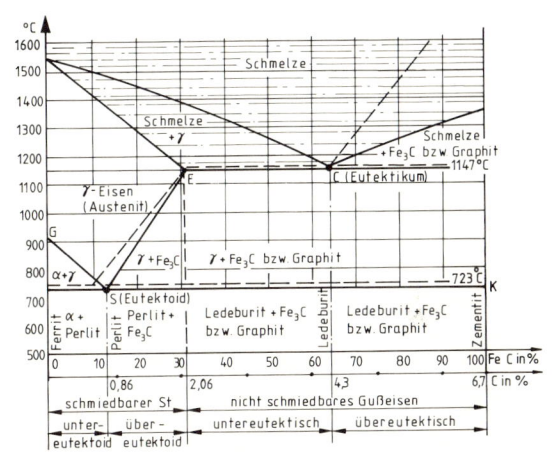

2 Bei 6,7% C-Gehalt ist alles Eisen mit Kohlenstoff zu Fe_3C verbunden. Perlit ist eine Legierung, die ohne Umwandlungsbereich bei 723 °C direkt in γ-Eisen übergeht. Ledeburit (Eutektikum) hat keinen Schmelzbereich, sondern schmilzt und erstarrt bei 1147 °C. Alle anderen Fe-C Legierungen schmelzen und erstarren in einem Liquidus- und Solidusbereich

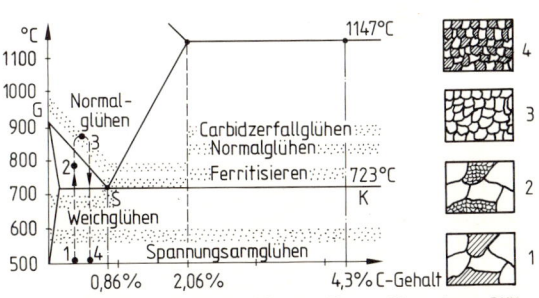

3 Normalglühen, mit eingezeichneten Zonen für weitere Glühverfahren

Eutektoider Stahl (0,86% C) besteht aus reinem Perlit, der bei 723 °C in Austenit übergeht. Eutektoide und übereutektoide Stähle werden etwa 50 °C über dieser Temperatur geglüht. Untereutektoide Stähle, die ein Ferrit-Perlit-Gefüge haben, enthalten noch oberhalb von 723 °C Ferrit, der erst nach Überschreitung der Umwandlungslinie (G-S) in Austenit übergeht.

1 Grobkörniges Ferrit-Perlit-Gefüge
2 Oberhalb 723 °C wird grobkörniger Perlit in feinkörnigen Austenit umgewandelt.
3 Mit zunehmender Temperatur wird auch der Ferritanteil in Austenit umgewandelt. Oberhalb der Linie G-S ist alles Austenit.
4 Bei langsamer Abkühlung wandelt sich Austenit wieder in ferrit-perlitisches Gefüge um, die Feinkornstruktur bleibt dabei erhalten

Eisenwerkstoffe — Werkstoffkunde

Das Härten (Bild 1)

Beim Härten wird der Werkstoff über die Umwandlungstemperatur erwärmt, mit anschließender rascher Abkühlung.

Die Erwärmung erfolgt in Abhängigkeit vom Kohlenstoff- und Legierungsgehalt. Unlegierte Stähle werden auf eine Temperatur zwischen 780 bis 830 °C gebracht, niedriglegierte Stähle bis auf 900 °C. Bei hochlegierten Stählen liegt die Erwärmung zwischen 900 und 1200 °C.

Die Gefügeumwandlung. Beim Überschreiten der Umwandlungstemperatur zerfällt das Eisencarbid (Fe_3C) der Perlitkristalle in Eisen und Kohlenstoff. Der freigewordene Kohlenstoff löst sich in dem neu gebildeten γ-Eisen völlig auf. Weil es immer noch im festen Zustand ist, bezeichnet man es als eine **feste Lösung** mit dem Namen **Austenit**.

Wird von der Umwandlungstemperatur an rasch abgekühlt, hat das Austenit nicht genug Zeit, um sich in Perlit zurückzubilden, und erstarrt in sehr feinem, hartem Gefüge, dem **Martensit** (etwa 240mal härter als Perlit).

Die Abschreckung erfolgt je nach Werkstoff und gewünschter Härte in Wasser (unlegierte Stähle), Öl (niedriglegierte Stähle) oder Luft (hochlegierte Stähle). Das Wasser verursacht die schroffeste Abkühlung, man kann es also nicht bei Stählen, die von hoher Temperatur abgekühlt werden (Rißgefahr), verwenden.

Das Anlassen hat den Zweck, die durch das Härten entstandenen Spannungen und Sprödigkeit (Glashärte) zu beseitigen. Die Anlaßtemperatur von unlegierten und niedriglegierten Stählen bewegt sich zwischen 200 und 300 °C, die der hochlegierten Stähle zwischen 300 und 600 °C.

Vergüten ist ein Härten mit nachfolgendem Anlassen bei hohen Temperaturen. Das Ziel ist nicht die Härte, sondern hohe Festigkeit und Zähigkeit

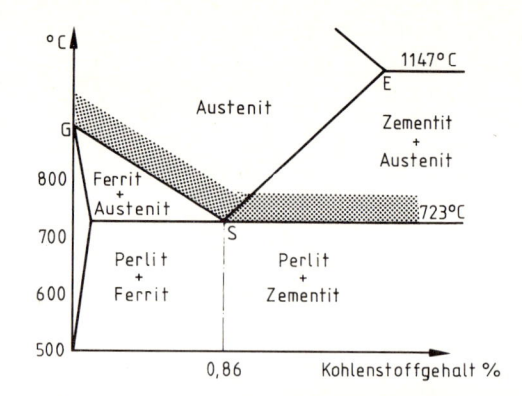

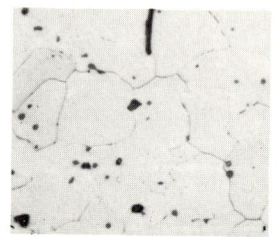

Ferrit = 100% Fe — Ferrit + Perlit

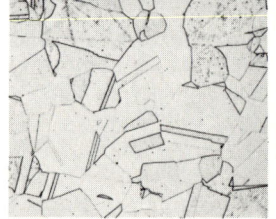

Austenit — Martensit

Untereutektoider Stahl wird beim Härten über die Umwandlungstemperatur (G-S) erwärmt. Perlit und Ferrit gehen in Austenit über. Durch rasches Abkühlen erstarrt er zum Martensit. Übereutektoider Stahl muß nicht über die Umwandlungstemperatur (S-E) erwärmt werden, weil nur Perlit in Austenit umgewandelt werden soll (723 °C), da Zementit noch härter als Martensit ist.

1 Das Härten von unlegiertem Stahl

Stahlsorten		Kurzzeichen (Beispiele)	Zusammensetzung, Eigenschaften, Verwendung		Beispiel der Wärmebehandlung
Einsatzstahl	unlegiert	C 15	0,15% C	Teile mit verschleißfester Oberfläche und zähem Kern (z.B. Zahnräder)	Einsatzhärten mit Feststoff 880...930 °C mit Salzbad 850...1000 °C
	niedriglegiert	15 Cr 3	0,15% C; 0,75% Cr		
Vergütungsstahl	unlegiert	C 35	0,35% C	Teile die auf Schlag und Stoß beansprucht werden (z.B. Achsen im Fahrzeugbau)	Vergüten 820...900 °C Abschrecken in Öl oder Wasser; Anlassen bei 530...670 °C
	niedriglegiert	GS-25 CrMo 56 V+S 65	Stahlguß 0,25% C; 1,25% Cr; 0,6% Mo. Vergütet und spannungsfrei geglüht auf 650 N/mm² Festigkeit		
Werkzeugstähle	unlegiert	C 100 W1 G	1% C; 1. Güte; weich geglüht	Spanabhebende Werkzeuge	Härten 780...830 °C
	niedriglegiert	105 WCrNi 64	1,05% C; 1,5% W; 1% Cr; Ni	Werkzeuge für höhere Schnittgeschwindigkeit	Härten 780...900 °C
	hochlegiert	X 135 WCoV 125	1,35% C; 1% W; 2% Co; 5% V	Hochleistungsschnellarbeitsstähle	Härten 900...1200 °C

2 Beispiele der Anwendung und Wärmebehandlung der Stähle

Werkstoffkunde — Eisenwerkstoffe

Oberflächenhärten (Bild 1)

Zweck: Das Oberflächenhärten wird dann angewendet, wenn das Werkstück eine harte, verschleißfeste Oberfläche, aber einen zähen Kern besitzen soll (z.B. Zahnräder, Wellen u.a.). Die Oberflächenhärte ist vom Kohlenstoffgehalt abhängig.

Verfahren

Einsatzhärten wird bei kohlenstoffarmen Stählen, d.h. mit 0,1 bis 0,2% C (Einsatzstählen) angewendet, deren Oberflächen mit Kohlenstoff angereichert werden. Das Aufkohlen erfolgt durch Erwärmung (luftdicht) in kohlenstoffhaltigen Stoffen. Diese können fest (z.B. Holzkohle), flüssig (z.B. Cyanid-Salzbad) oder gasförmig sein (Methan, Kohlenstoffdioxid). Unmittelbar nach dem Einsatz wird in der Oberfläche durch Abschrecken Martensit gebildet.

Flammhärten und Induktionshärten (Bilder 2 und 3) ist für Stähle geeignet, die den nötigen Kohlenstoffgehalt besitzen. Die Oberfläche wird entweder mit einer Gasflamme oder durch hochfrequente elektrische Induktionsströme erwärmt. Unmittelbar danach wird mit einer Wasserbrause abgeschreckt.

Nitrieren ist ein Verfahren, bei dem man Stickstoff in die Oberfläche eindringen läßt. Das geschieht, wenn man Stahl im Ammoniakgas oder in einem stickstoffhaltigen Bad (z.B. Cyansalze) bei 500 bis 550 °C glüht. Es bilden sich ohne Abschreckung sehr harte Eisennitride, die jedoch nur geringe Tiefen erreichen. Von Vorteil ist, daß es beim Nitrieren kaum zum Verzug des Teiles kommt, da kein Abschrecken erforderlich ist.

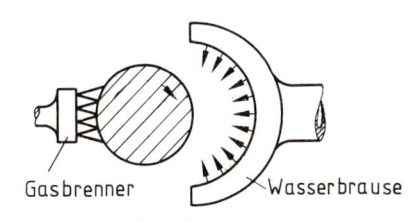

1 Bei Teilen, die auf Verschleiß und zugleich auf Biegung beansprucht werden, wird durch Oberflächenhärten eine harte Oberfläche mit einem zähen Kern erreicht

2 Schema der Flammhärtung

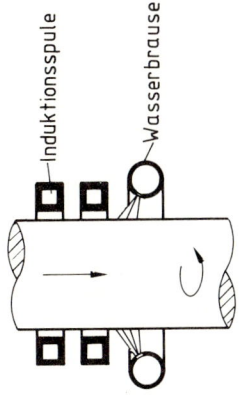

3 Schema einer Induktionshärtung

Wiederholungsfragen

1. Welcher Unterschied besteht zwischen weißem und grauem Roheisen?
2. Warum kann das Roheisen technisch nicht direkt verwendet werden?
3. Wie beeinflußt der Kohlenstoffgehalt die Eigenschaften der Eisen-Kohlenstoff-Legierungen? Nennen Sie die wichtigsten Gefügearten der Eisen-Kohlenstoff-Legierungen.
4. Erklären Sie, warum GG geringere Festigkeit als GGG aufweist.
5. Für welche Zwecke wird GG verwendet?
6. Erklären Sie, warum in einem Gußstück aus GG mit großer Wandstärke geringere Zugfestigkeit als in einem dünnwandigen Gußteil vorhanden ist.
7. Nennen Sie typische Beispiele der Verwendung von GGG, und erklären Sie, warum in diesen Fällen gerade GGG gewählt wird.
8. Welche Eisen-Kohlenstoff-Legierungen werden als austenitisches Gußeisen bezeichnet?
9. Wie wird GTW und wie GTS hergestellt? Was bezweckt man durch Tempern?
10. In welche Gruppen können wir Stahl nach chemischer Zusammensetzung einteilen?
11. Nennen Sie typische Verwendungsbeispiele für den Stahlguß.
12. Was ist eine Wärmebehandlung, und welchen Sinn hat sie?
13. Welche wichtige Glühverfahren kennen Sie? Warum muß beim Härten die Umwandlungstemperatur überschritten werden?
14. Vergleichen Sie Härten und Vergüten miteinander.

Eisenwerkstoffe   Werkstoffkunde

8.3 Nichteisenmetalle und ihre Legierungen

Die Nichteisenmetalle werden entsprechend ihrer Dichte in Leicht- (bis 4,5 g/cm³) und Schwermetalle (ab 4,5 g/cm³) eingeteilt (Bild 1).

Anders als Eisen werden Nichteisenmetalle in der Technik z.T. auch im reinen Zustand verwendet.

Leichtmetalle		Schwermetalle	
Magnesium	1,7	Zink	7,1
Beryllium	1,8	Zinn	7,3
Aluminium	2,7	Nickel	8,9
Titan	4,5	Kupfer	8,95
		Blei	11,34

1 Unterteilung der Nichteisenmetalle nach der Dichte in g/cm³

8.3.1 Leichtmetalle und ihre Legierungen

Aluminium

Al (DIN 1712) ist nach Sauerstoff und Silicium das dritthäufigste Element der Erdrinde (Bild 2). In der Natur kommt Aluminium in der Form von chemisch sehr stabilen Oxidverbindungen vor, zu deren Reduktion ein sehr hoher Energieaufwand erforderlich ist.

Herstellung

Aluminium wird aus dem Aluminiumoxid (Tonerde Al_2O_3) gewonnen. Dieses ist vor allem in dem Mineral Bauxit vorhanden. Die Al-Gewinnung vollzieht sich in zwei aufeinanderfolgenden Prozessen:

1. **Gewinnung von Aluminiumoxid aus dem Bauxit.** Dabei wird Bauxit mit Natronlauge vermischt und unter Druck im Autoklaven erhitzt. Es entstehen Eisenoxid (Rotschlamm) und **Aluminiumhydroxid**. Dieses wird im Drehofen gebrannt, wobei durch Entzug von H_2O das **Aluminiumoxid** entsteht.

2. **Reduktion von Aluminiumoxid durch Schmelzflußelektrolyse.**
Die beim Eisen übliche Reduktion mit Kohlenstoff ist wegen der hohen Affinität des Al zum O nur schwer durchführbar.
Die Reduktion wird deshalb im Elektrolyseofen (Bild 3) vorgenommen, in dem die Kohlenstoffmasse der Ofenauskleidung als Kathode, die Kohlenstoffelektroden als Anoden dienen.

Das Aluminiumoxid bildet mit dem Mineral **Kryolith** den Elektrolyten. Kryolith senkt die Schmelztemperatur des Al_2O_3 von 2200 °C auf 900 °C (Eutektikum). Durch Einwirkung des elektrischen Stromes wird Al_2O_3 reduziert, wobei sich der Sauerstoff mit dem Kohlenstoff der Elektroden zu Kohlenstoffmonoxid bzw. Kohlenstoffdioxid verbindet und als Gas entweicht. Das Aluminium sammelt sich auf dem Boden und wird von Zeit zu Zeit abgesaugt.

Das so gewonnene Aluminium wird als **Hüttenaluminium** (z.B. Al 99 H) oder als **Reinaluminium** (z.B. Al 99) bezeichnet.

Reinstaluminium, das einer weiteren Elektrolyse unterworfen wurde, hat höchstens 0,01 % Beimengungen und damit die beste chemische Beständigkeit (Al 99,99 R).

Umschmelzlegierungen

Aus Schrott und Metallabfällen werden, oft unter Zusatz von Hüttenaluminium, Umschmelzlegierungen gewonnen (Bild 4), die nach einer Raffination die Qualität der Hüttenlegierungen erreichen.

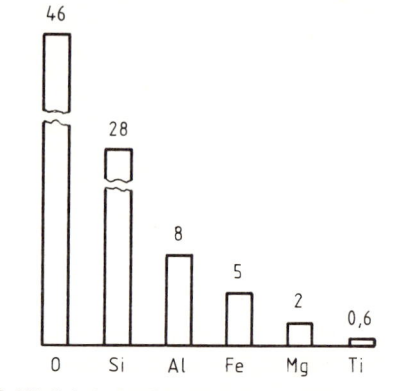

2 Häufigkeit der Elemente in der Erdrinde in %

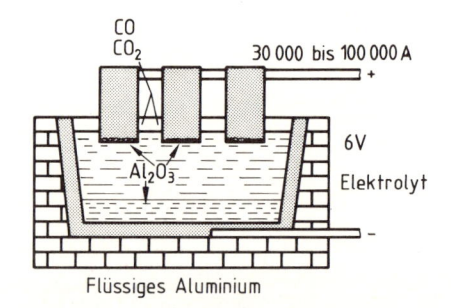

3 Schema der Aluminiumherstellung mit Schmelzflußelektrolyse. Aus 4 t Bauxit können 2 t Al_2O_3 gewonnen werden, die etwa 1 t Aluminium ergeben

4 Im steigenden Maße wird heute der Aluminiumabfall in einem Umschmelzwerk wieder zu brauchbaren Legierungen umgeschmolzen

Werkstoffkunde   **Eisenwerkstoffe**

Unlegiertes Aluminium

Reinstaluminium (Bild 1) besitzt, durch den hohen Reinheitsgrad bedingt, eine sehr gute elektrische Leitfähigkeit, Dehnbarkeit und Korrosionsbeständigkeit. Das Reinstaluminium wird deshalb hauptsächlich in der Elektrotechnik und als Verpackungsfolie verwendet.

Rein- oder Hüttenaluminium wird zum größten Teil zu Aluminiumlegierungen verarbeitet.

Dichte in g/cm³	2,7
Schmelztemp. in °C	660
Zugfestigkeit in N/mm²	50...150
Dehnung in %	30
Härte HB (5 D²) in N/mm²	20...35

1 Eigenschaften von Reinaluminium

günstige Eigenschaften	ungünstige Eigenschaften
gute Legierbarkeit niedriger Schmelzpunkt leichte Spanbarkeit u. Verformbarkeit gute Wärmeleitfähigkeit gute elektrische Leitfähigkeit	schlecht gießbar geringe Festigkeit und Härte unbeständig gegen Alkalien Schweißen nur unter Schutzgas

Aluminiumlegierungen (DIN 1725)

Durch Legieren werden vor allem Gießbarkeit, Festigkeit und Härte des Aluminiums verbessert.

Nach der späteren Verwendung werden Aluminiumlegierungen in **Gußlegierungen,** die für Sandguß (G), Druckguß (GD), Kokillenguß (GK), und Schleuderguß (GZ) geeignet sind, und **Knetlegierungen,** die für die Halbzeugherstellung (Bleche, Rohre, Profile usw.) geeignet sind, eingeteilt.

Wirkung der Legierungselemente

Die wichtigsten Legierungselemente des Aluminiums sind das Silicium, Magnesium, Kupfer, Mangan, Zink und Titan mit folgenden Auswirkungen:

Silicium	verbessert die Gießbarkeit, Zugfestigkeit, Härte und chemische Beständigkeit
Magnesium	verbessert die Aushärtbarkeit und Beständigkeit gegen Laugen und Seewasser
Kupfer	verbessert die Wärmefestigkeit, verschlechtert die Korrosionsbeständigkeit
Zink	verbessert die Gießbarkeit und Härte, verschlechtert die Korrosionsbeständigkeit
Titan	verbessert die Festigkeit, Kornfeinungsmittel

In Abhängigkeit von erzielten Eigenschaften kann man Aluminiumlegierungen in typische Gruppen einteilen:

Legierungen mit bester Gießbarkeit (AlSi)

für verwickelte, dünnwandige, druckdichte und schwingungsfeste Gußstücke, bevorzugt im Druckguß aber auch in Kokillen- und Sandguß herstellbar (Bilder 2 u. 3), z.B. G-AlSi 12; G-AlSi 10 Mg

Legierungen mit hoher Korrosionsbeständigkeit (AlMg)

für Teile der chemischen Industrie, Schiffbau, Haushaltsgeräte, Pumpenteile (Bild 4), z.B. G-AlMg 3; G-AlSi 5 Mg

Legierungen mit hoher Festigkeit (AlCuTi; AlZn)

für zähe Gußstücke mit hoher Festigkeit, wie z.B. Teile im Flugzeugbau, Zylinderblöcke, z.B. G-AlCu 4 Ti; GD-AlZn 10 Si 8 Mg

Legierungen mit hoher Warmfestigkeit (AlSiCu)

für Zylinderköpfe, Gießereimodelle usw. z.B. G-AlSi 8 Cu 3; G-AlSi 6 Cu 4

2 Aluminium ist ein idealer Werkstoff für die Herstellung komplizierter Teile im Druckguß. Getriebegehäuse für einen Pkw aus GD-AlSi 12

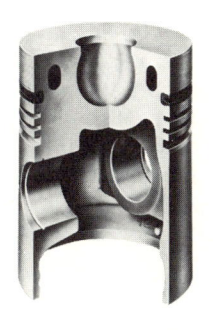

3 Im Kokillenguß hergestellter Kolben für einen Dieselmotor aus GK-AlSi 12 Cu-NiMg

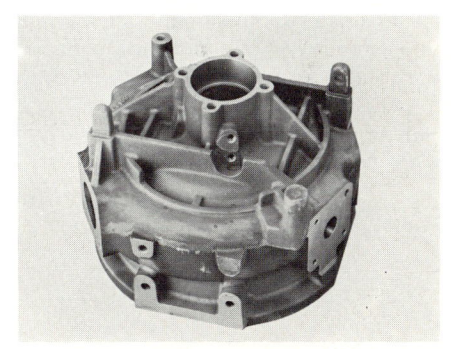

4 Ein Kreiselpumpengehäuse für Löschfahrzeuge aus G-AlMg 5 Si (Masse 14,4 kg)

5 Modelleinrichtung mit Abstreifplatte für ein Elektromotorgehäuse. Abstreifplatte aus Kunstharz. Modell aus G-AlSi 6 Cu 4

Nichteisenmetalle und ihre Legierungen — Werkstoffkunde

Schmelzbehandlung (Bild 1)

Schmelzen

Die von der Aluminiumhütte in Masselform gelieferten Legierungen werden zusammen mit dem Kreislaufmaterial (bis ca. 40%) geschmolzen. Dabei soll das Schmelzgut wegen hoher Gasaufnahme und Oxidbildung in möglichst kurzer Zeit geschmolzen werden (leistungsfähiger Schmelzofen). Anschließend muß die Schmelze entgast und von Oxiden befreit werden. Vor allem Wasserstoff, der die Porosität des Gusses verursacht, muß entfernt werden.

Die Wasserstoffaufnahme wird vor allem durch das Kreislaufmaterial, Magnesiumzusatz (hohe Affinität zum H) und die Luftfeuchtigkeit verursacht.

$$2\,Al + 3\,H_2O \rightarrow Al_2O_3 + 6\,H$$

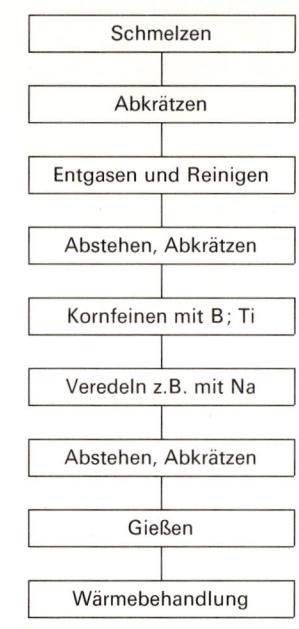

1 Arbeitsfolge bei der Herstellung von Gußteilen aus Aluminiumlegierungen

Entgasen und Reinigen (Bild 2)

Durch Zugabe von chlor- oder stickstoffabgebenden Tabletten, bzw. durch Einleiten von Chlor-, Stickstoff- oder Argongas in die Schmelze, wird der Wasserstoff verdrängt bzw. beim Chlor noch zusätzlich chemisch gebunden und als Chlorwasserstoff (Hydrogenchlorid) an die Badoberfläche gebracht. Auch die beim Schmelzen entstandenen Oxide werden an die Oberfläche mitgerissen. Nach ca. 10 Minuten Abstehzeit kann die Krätze mit den darin enthaltenen Verunreinigungen abgezogen werden.

Dabei ist Chlor wirksamer als Stickstoff oder Argon, die mit dem Wasserstoff nicht reagieren, sondern nur verdrängen. Nachteil der Chlorreinigung ist die Giftigkeit des Chlorgases und seine hohe Affinität zum Magnesium. Durch eine Bildung von Magnesiumchlorid, das an die Badoberfläche steigt, verarmt die Schmelze an Magnesium. Die mit Mg legierten Legierungen müssen u.U. nach der Entgasung wieder mit Mg zulegiert werden.

Eine einwandfreie Entgasung kann man auch durch eine Vakuumbehandlung der Schmelze erreichen.

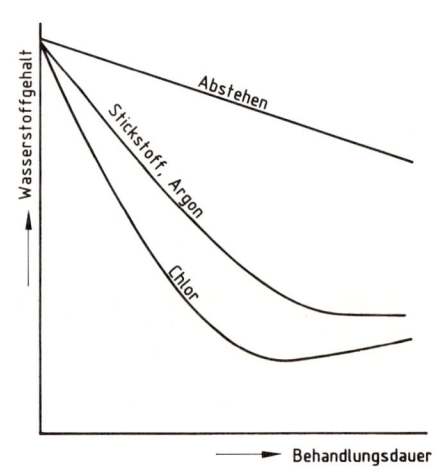

2 Schematische Darstellung der Wirkungsweise verschiedener Entgasungsverfahren. Die Entfernung des Wasserstoffs ist nur bis zu einem bestimmten Grenzwert möglich

Kornfeinung

Metalle erreichen allgemein die besten mechanischen Eigenschaften, wenn das Gefüge feinkörnig ist und die Gefügebestandteile gleichmäßig verteilt sind. Dieser Zustand wird durch rasche, gleichmäßige Erstarrung erreicht. Bei schwierigen Gußteilen mit wechselnder Wanddicke sowie beim Sandguß mit geringer Abkühlgeschwindigkeit wird ein feinkörniges Gefüge durch Zugabe eines Kornfeinungsmittels zur gereinigten Schmelze erreicht (Bild 3).

Zur Kornfeinung werden entweder Salzgemische oder Vorlegierungen genommen, die Titan oder Bor enthalten. Sie wirken als Kristallisationskeime und ermöglichen so eine schnellere Kristallisation.

3 Bruchgefüge einer Aluminiumlegierung:
links vor der Kornfeinung
rechts nach der Kornfeinung bei einer 10-Minuten-Titan-Bor-Behandlung

Nichteisenmetalle und ihre Legierungen

Das Veredeln

Die eutektischen, bzw. naheutektischen Legierungen (Bild 1) neigen bei langsamer Abkühlung (Sandguß, dickwandiger Kokillenguß) zum Lunkern und Grobkornbildung. Dadurch werden die mechanischen Eigenschaften dieser Legierungen wesentlich gemindert.

Durch Zusatz von Natrium (bis 0,1%) oder Strontium zur Aluminiumschmelze wird eine feinkörnige Erstarrung erreicht.

Merkmale der **Natriumveredelung**:

— Zugabe von metallischem Natrium (Na) oder Natriumsalzen (z.B. Natriumchlorid NaCl, Kaliumchlorid KCl)
— sehr rasch einsetzende Wirkung (nach 1 bis 2 Min.)
— rasches Abklingen der Veredelung (20 bis 30 Min.); beim Warmhalten der Schmelze (z.B. beim Druckgießen) muß immer nachveredelt werden
— keine Behandlung der Schmelze mit Chlor möglich, weil sich Chlor sofort mit Natrium verbindet und so die Veredelung unwirksam macht

Merkmale der **Strontiumveredelung**:

— Zugabe einer Strontium-Vorlegierung
— langsam einsetzende Wirkung
— langes Anhalten der Veredelung (mehrere Stunden)
— Veredelung hält auch beim Umschmelzen an, d.h., daß Hüttenwerke schon vorveredelte Legierungen liefern können

1 Zustandsschaubild Al-Si mit Eutektikum bei 12,7%Si und Erstarrungsbereich einer naheutektischer Legierung

Wärmebehandlung

Das Aushärten ist eine Wärmebehandlung, durch die man die Festigkeit der Legierungen steigern kann. Das Aushärten erfolgt in drei Stufen (Bild 2):

1. **Lösungsglühen** — Beim Erwärmen (ca. 500 bis 550 °C) lösen sich in noch festem Zustand bestimmte Elemente (**Mg,** Si, Cu, Zn) in den Aluminiumkristallen auf, es bilden sich Mischkristalle.

2. **Abschrecken** — Der beim Lösungsglühen erreichte Gefügezustand wird durch Abschrecken im Wasser festgehalten.

3. **Auslagern** — Erst nach einer gewissen Zeit werden volle Festigkeit und Härte (Bild 3) erreicht. Je nach Wahl der Auslagerungstemperatur und der Auslagerungszeit unterscheidet man:

    Kaltaushärtung (ka), bei der die Gußstücke nach der Wärmebehandlung 6 bis 8 Tage ausgelagert werden. Die Festigkeits- und Härtezunahme erfolgt allmählich, so daß während dieser Zeit eine gute Bearbeitbarkeit gegeben ist.

    Warmaushärtung (wa) erfolgt bei erhöhter Temperatur (150 bis 180 °C) über 4 bis 8 Stunden. Dadurch werden die besten mechanischen Eigenschaften der Aluminiumlegierungen erreicht.

    Teilaushärtung (ta) wird bei niedrigeren Temperaturen durchgeführt, um höhere Bruchdehnungswerte zu erzielen.

2 Grunddiagramm für die Aushärtung.
Der Aushärtevorgang bei Leichtmetallegierungen beginnt bei einer bestimmten Temperatur (Punkt L) mit Lösungsglühen. Wird anschließend rasch abgekühlt, bleibt auch bei Raumtemperatur (Punkt R) der übersättigte Mischkristall erhalten

	G-AlSi 5 Mg	G-AlCu 4 Ti
Zugfestigkeit in N/mm²	140...180 260...320 (wa)	300...360 (ta) 350...420 (wa)
Dehnung in %	2... 4 2... 4 (wa)	8... 12 (ta) 3... 4 (wa)
Härte HB 5	60... 70 95...115 (wa)	90...100 (ta) 125...140 (wa)

3 Beispiel des Einflusses der Legierungselemente und der Wärmebehandlung auf die mechanischen Eigenschaften. Im Vergleich zu Reinaluminium steigen die Festigkeit und Härte erheblich, bei sich verschlechternder Bruchdehnung

Magnesium – Mg (DIN 1729)

Herstellung
Die elektrolytische Gewinnung erfolgt meistens in zwei aufeinanderfolgenden Prozessen:
1. Gewinnung von reinem **Magnesiumchlorid** ($MgCl_2$) aus Meerwasser (etwa 0,15%) oder durch Umwandlung der Mineralien Dolomit und Magnesit in Magnesiumchlorid.
2. Trennung der Verbindung $MgCl_2$ mit Hilfe der Schmelzflußelektrolyse (Bild 1). Dabei entsteht an der Anode Chlorgas, das flüssige Magnesium schwimmt auf dem Elektrolyt.

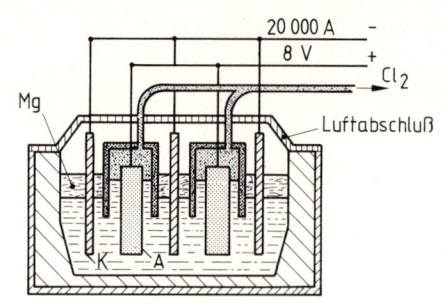

1 Herstellung von Magnesium durch Schmelzflußelektrolyse von Magnesiumchlorid. Das Mg scheidet sich an der Katode (K) ab, das Chlor an der Anode (A). Die Anode ist mit einer Glocke umhüllt, um Rückchlorierung der Schmelze zu verhindern

Eigenschaften (Bild 2)

günstige	ungünstige
sehr geringe Dichte schwingungsdämpfend (stärker als GG) gute Bearbeitbarkeit gute Wärmeleitfähigkeit	große Affinität zu Gasen (O; H; Cl) Korrosionsschutz notwendig leichte Entzündbarkeit der Schmelze und Späne

	Mg	Mg-Legierungen
Dichte in g/cm^3	1,74	1,8...1,85
Schmelztemp. in °C	650	650
Siedetemp. in °C	1102	
Zugfestigkeit in N/mm^2	bis 100	160...250 (400)
Dehnung in %	10...15	2...12
Schwindung in %	1,2	1,0...1,5

2 Kennzeichnende Eigenschaften von Magnesium und Magnesiumlegierungen

Reines Magnesium – Magnesiumlegierungen
Magnesium wird als Reinmetall in Feuerwerkstechnik und z.T. zum Behandeln von GGG verwendet. Bei den Mg-Legierungen unterscheidet man nach dem Verwendungszweck zwischen Knetlegierungen und Gußlegierungen.

Wirkung der Legierungselemente

Aluminium, Zink	– erhöhen Festigkeit und Härte
Silicium	– verbessert Dünnflüssigkeit, verschlechtert stark Zähigkeit (max. 0,4% Si)
Mangan	– verbessert Korrosionsbeständigkeit und Schweißbarkeit
Zirkon (Zirconium)	– wirkt kornverfeinernd
Thorium, Selen	– verbessern die Warmfestigkeit

Magnesium-Gußlegierungen (Bilder 3 und 4)
Wegen der großen Affinität des Mg zum Sauerstoff (Oxidbildung), sind Mg-Legierungen schwierig zu vergießen. Sie sind auch nicht so gut formfüllend wie Al-Legierungen und neigen wegen der längeren Erstarrungsintervalle mehr zu Lunkerung.

Mg-Legierungen für allgemeine Verwendung (MgAlZn)
Diese meist verwendeten Mg-Legierungen werden als Sand-, Druck- oder Kokillenguß verarbeitet. Sie eignen sich für schwingungs- und stoßbeanspruchte Fahrzeug-, Motoren- und Maschinenbauteile. Gute Gleiteigenschaften (z.B. G-MgAl 8 Zn 1).

Mg-Legierungen für besondere Verwendung (MgAl(Zn; Si))
Diese Legierungen können z.T. nach dem Gießen noch kalt umgeformt werden. Verwendung hauptsächlich im Druckguß.

Sonderlegierungen
Diese mit Zirkon, Selen, Thorium u.a. Elementen legierte Legierungen werden für verwickelte, warmfeste Teile verwendet. Sie zeigen nur eine geringe Lunkerneigung (z.B. G-MgZn 4 Se 1 Zr 1) und werden hauptsächlich im Sand vergossen.

3 Magnesiumlegierungen werden verwendet, wenn Gewichtseinsparung angestrebt wird. Gegenüber Aluminium ergibt sich eine Gewichtseinsparung von etwa 30%.
Ein aus Druckgußteilen hergestelltes Fernsehkameragehäuse

4 Magnesium-Sandgußteil für einen Vibrationstisch mit einem Gußgewicht von 1750 kg (größere Stückgewichte kaum möglich)

Werkstoffkunde — Nichteisenmetalle und ihre Legierungen

Schmelzen von Mg-Legierungen (Bild 1)

Das Schmelzen und Gießen von Mg-Legierungen erfordert besondere Maßnahmen, um die Oxidation der Schmelze (bzw. Brand) zu verhindern. Die Trennung der Oxide von der Schmelze ist sehr schwierig (hohe Affinität des Mg zu O).

Das Schmelzen im Vakuum wird wegen der hohen Verdampfungsverluste nicht angewandt. Die Oxidation wird verhindert:
— durch Abdeckung der Schmelze mit Spezialsalzen
— durch Vergießen unter Schutzgasatmosphäre

Schmelzsalze für Mg-Legierungen erfüllen folgende Aufgaben:
— **Sie verhindern die Oxidation** durch Bildung einer zusammenhängenden Schicht. Reißt diese und brennt die Schmelze, muß sofort diese Lücke mit Salz abgedeckt werden.
— **Sie reinigen die Schmelze,** indem sie Verunreinigungen aufnehmen. Sie werden in geschmolzenem Zustand eingerührt. Das Gemisch aus Salz und Verunreinigungen setzt sich am Tiegelboden ab; die Schmelze muß sofort wieder mit Salz abgedeckt werden. Der Waschvorgang wird wiederholt, bis eine blanke Schmelzoberfläche entsteht. Das Einrühren von noch nicht flüssigem Salz reinigt die Schmelze nicht, sondern kann zu Salzeinschlüssen im Gußstück führen, das Gußteil wird unbrauchbar (Salzausblühungen).

Gießen von Mg-Legierungen

Nach dem Waschen, Entgasen (mit Chlor) und Kornfeinern der Schmelze (z.B. mit Hexachlorethan) wird die Salzdecke zurückgeschoben und die freigewordene Stelle sofort mit Schwefel und Borsäure abgedeckt. Das sich beim Abdecken mit Schwefel bildende Schwefeldioxid (SO_2-Gas) verhindert Oxidation und Brand beim Gießen. Beim Sandguß wird dem Formstoff Schwefel, Borsäure und Glykol beigemischt, die den Luftsauerstoff beim Gießen binden. Beim Druckguß wird der Tiegelinhalt dauernd unter Schutzgas (z.B. SO_2, CO_2, Argon, Stickstoff) gehalten. Hier entfällt die Salzdecke.

Regeln:
— nur entwässertes, trockenes Salz verwenden
— nie feuchte oder ölverschmutzte Metallreste zugeben (Explosionsgefahr)
— beim Gießen nur $\frac{4}{5}$ des Tiegelinhaltes entleeren, damit der Sumpf nicht in die Form gelangt (Ausschuß)

Normung der Leichtmetall-Legierungen (Bild 2)

In der Normbezeichnung für Leichtmetalle werden Zusammensetzung und der Anteil der Bestandteile in % angegeben. Die genaue Zusammensetzung muß dem Normblatt entnommen werden.

Wiederholungsfragen

1. Beschreiben Sie die Aluminiumgewinnung.
2. Welche Funktion übernimmt bei der Aluminiumgewinnung das Mineral Kryolith?
3. Durch welche Eigenschaften zeichnet sich Aluminium aus?
4. Welchen Einfluß üben verschiedene Legierungselemente auf die Eigenschaften des Aluminiums aus?
5. Welche Maßnahmen müssen beim Schmelzen und Gießen von Magnesium getroffen werden?
6. Auf welche Weise wird der Entstehung von Grobkorngefüge bei Leichtmetall-Legierungen entgegengewirkt?
7. Beschreiben Sie das Aushärten von Leichtmetall-Legierungen.

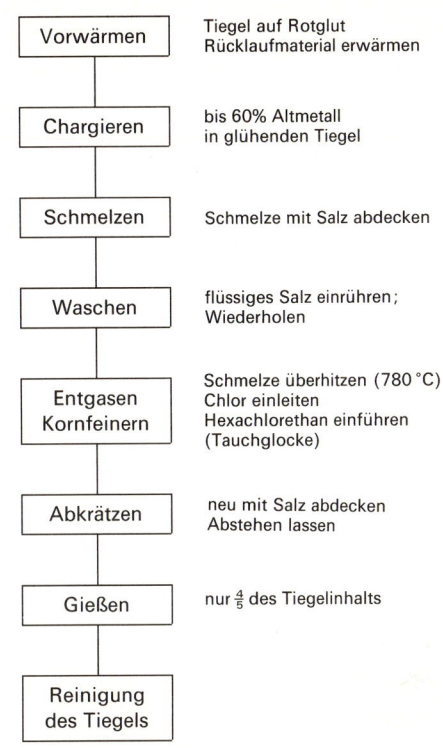

Vorwärmen	Tiegel auf Rotglut; Rücklaufmaterial erwärmen
Chargieren	bis 60% Altmetall in glühenden Tiegel
Schmelzen	Schmelze mit Salz abdecken
Waschen	flüssiges Salz einrühren; Wiederholen
Entgasen Kornfeinern	Schmelze überhitzen (780 °C); Chlor einleiten; Hexachlorethan einführen (Tauchglocke)
Abkrätzen	neu mit Salz abdecken; Abstehen lassen
Gießen	nur $\frac{4}{5}$ des Tiegelinhalts
Reinigung des Tiegels	

1 Schema der Arbeitsfolge beim Schmelzen und Gießen von Mg-Legierungen für allgemeine Verwendung

Normbezeichnung	Bedeutung
G-AlSi 6 Cu 4	Aluminium (Sand) Gußlegierung mit 5 bis 7,5% Si; 3 bis 5% Cu
GD-AlSi 12	Aluminium Druckgußlegierung mit 11,0 bis 13,5% Si
GK-AlSi 10 Mg wa	Aluminium-Kokillengußlegierung mit 9 bis 11% Si; 0,2 bis 0,5% Mg warmaushärtbar
AlMg 5 F 20	Aluminium-Knetlegierung mit 4,3 bis 5,5% Mg und einer Mindestzugfestigkeit von 200 N/mm²
G-MgAl 9 Zn 1	Magnesium (Sand) Gußlegierung mit 8,3 bis 10% Al; 0,3 bis 1% Zn
MgAl 3 Zn	Magnesium-Knetlegierung mit 2,5 bis 3,5% Al; 0,5 bis 1,5% Zn

2 Beispiele aus der Normung der Leichtmetall-Legierungen. Die genaue Zusammensetzung und mechanische Eigenschaften müssen dem Normblatt entnommen werden. Eigenschaften werden auch durch Anfügen von Zusatzzeichen deutlich gemacht, z.B. wa — warmausgehärtet, ka — kaltausgehärtet, F — gewährleistete Zugfestigkeit, z.B. F 20 = 200 N/mm² u.a.

8.3.2 Schwermetalle und ihre Legierungen

Kupfer

Kupfer ist ein Metall, das wegen seiner günstigen Gebrauchseigenschaften (z.B. ausgezeichnete Verformbarkeit, Korrosionsbeständigkeit, Wärmeleitfähigkeit) seit Jahrtausenden verarbeitet wird.

Herstellung (Bild 1)

Kupfer wird vorwiegend aus sulfidischen (Kupferkies $CuFeS_2$, Kupferglanz Cu_2S u.a.) oder oxidischen Erzen (Rotkupfererz Cu_2O) gewonnen.

Die Gewinnung läuft in folgenden Stufen ab:

Erzaufbereitung — Durch Brechen, Mahlen und Flotation wird das Mineral von der Gangart getrennt und das **Erzkonzentrat** (15 bis 30% Cu-Gehalt) gewonnen. Aus oxidischen Erzen wird durch Auslaugen mit Schwefelsäure zuerst Kupfersulfatlösung gewonnen, aus der durch Elektrolyse das Kupfer ausgeschieden wird.

Bei der Kupfergewinnung aus sulfidischen Erzen sind folgende Arbeitsprozesse notwendig:

Rösten — Ein Teil des Schwefels wird frei und zu Schwefelsäure verarbeitet. Ein Teil des Eisens oxidiert zu Fe_2O_3.

Schmelzen — Im Schachtofen oder im Flammofen (Trommelofen) wird geschmolzen. Als Zwischenprodukt bleibt **Kupferstein** (40 bis 50% Cu) zurück. Ein Teil des Eisens verschlackt.

Reduktion — Sie erfolgt im Konverter durch Einblasen von Luft kurz unterhalb der Schlackendecke. Das **Rohkupfer** (98 bis 99% Cu) enthält neben dem Schwefel (1%) noch Spuren von anderen Metallen.

Raffination des Rohkupfers kann thermisch oder elektrolytisch erfolgen. Die thermische Raffination ist im Prinzip das wiederholte oxidierende Schmelzen im Flammofen. Durch Elektrolyse kann der höchste Reinheitsgrad erreicht werden. Dieses **Elektrolytkupfer** enthält mindestens 99,99% Cu.

Eigenschaften und Verwendung (Bilder 2 und 3)

— gute Kalt- und Warmverformbarkeit, dabei ansteigende Härte und Sprödigkeit, sie müssen durch Zwischenglühen beseitigt werden (getriebene Kunstgegenstände, Bleche, Rohre, Drähte)
— hohe Wärmeleitfähigkeit (Kessel, Wärmetauscher)
— hohe elektrische Leitfähigkeit (Elektrotechnik)
— an der Luft bildet sich eine Schutzschicht aus Kupfercarbonat (Patina), hohe Korrosionsbeständigkeit (Dachdeckungen); mit Essig- und Fruchtsäuren entsteht giftiger Grünspan
— schlechte Gießbarkeit, geringe Festigkeit und Härte
— schwierige spanende Bearbeitung (schmiert)
— gut legierbar, negative Eigenschaften lassen sich hierdurch beheben

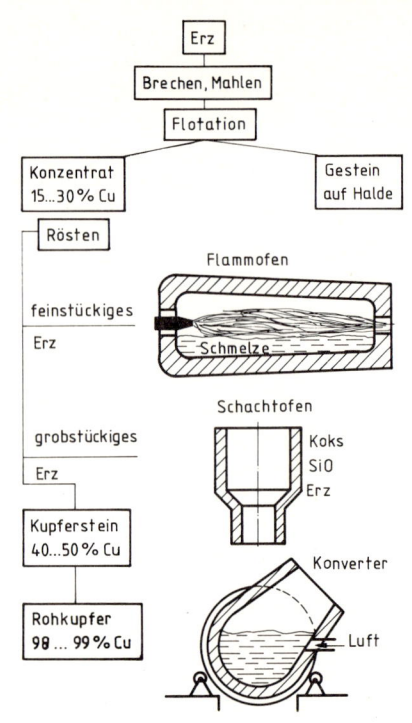

1 Schema der Gewinnung von Rohkupfer aus sulfidischen Erzen

Dichte in g/cm³	8,96
Schmelztemp. in °C	1083
Zugfestigkeit in N/mm²	150
Dehnung in %	bis 42
Härte HB in N/mm²	40...130*

* höherer Wert nach Kaltverfestigung

2 Kennzeichnende Eigenschaft von Kupfer

3 Bleche aus Kupfer oder Kupferlegierungen lassen sich gut treiben; das Bild zeigt eine aus „Zinnbronze"-Blech getriebene Urne; ca. 1000 v.Chr.; Höhe 44 cm

Werkstoffkunde — **Nichteisenmetalle und ihre Legierungen**

Kupferlegierungen

Durch Legieren werden schlechte Eigenschaften des reinen Kupfers, wie schlechte Gießbarkeit, ungenügende Festigkeit und Härte, verbessert.

Die wichtigsten Legierungselemente zeigt das Bild 1. Je nach Verwendung wird zwischen Knetlegierungen für Halbzeugherstellung und Gußlegierungen unterschieden (Bilder 3 und 4).

Element	verbessert
Zn; Sn	Festigkeit und Härte, Gießbarkeit
Al	Festigkeit, Zähigkeit, Korrosionsbeständigkeit
Ni	Zug- und Verschleißfestigkeit
Pb	Bearbeitbarkeit, Gleiteigenschaften (verschlechtert Festigkeit)
Be	Festigkeit (maximal)

1 Einfluß der Legierungselemente auf die Eigenschaften der Kupferlegierungen

Schmelzen der Kupferlegierungen

Das Einsatzmaterial setzt sich zusammen aus Reinmetallen (z.B. Kathodenkupfer, Reinzink, Reinzinn usw.), sortiertem Schrott, Kreislaufmaterial und Vorlegierungen, die das Zulegieren bestimmter Elemente in engen Grenzen ermöglichen.

Gasaufnahme der Schmelze

Kupfer verbindet sich ähnlich wie das Aluminium leicht mit Sauerstoff und Wasserstoff.

Der Sauerstoff bildet mit dem Kupfer sowie auch mit anderen Elementen der Schmelze (z.B. Zn, Sn, Al u.a.) Oxide. Diese müssen mit der Schlacke beseitigt werden, sonst bilden sich im Gefüge Oxideinschlüsse, die die Festigkeit und Bruchdehnung verschlechtern. Wird Sauerstoff als Oxid gebunden, verursacht er dann keine Gußporosität.

Der Wasserstoff wird besonders bei hoher Temperatur, vom Kupfer sehr leicht aufgenommen. Bei Schmelztemperatur lösen sich bis 40% Wasserstoff im flüssigen Metall. Der Wasserstoff gelangt aus Luftfeuchtigkeit, Verbrennungsgasen sowie feuchten und öligen Einsatzstoffen in die Schmelze und verbindet sich unter Umständen mit dem Sauerstoff z.B. des Kupferoxids. Der sich bildende Wasserdampf nach der Formel

$$H_2 + Cu_2O \rightarrow 2Cu + H_2O$$

führt zur Gußporosität. Man nennt diese Erscheinung **Wasserstoffkrankheit**.

Das Schmelzen erfolgt in Induktions- oder Tiegelöfen, die mit Gas oder Öl beheizt werden. Bei der Flammenführung unterscheidet man zwischen oxidierender Flamme (kurzer, heller Brennkegel), neutraler und reduzierender Flamme (Flamme rußt). Um die Aufnahme von Wasserstoff der Luft zu vermeiden, sollte die Flamme leicht oxidierend eingestellt werden.

Entgasen der Schmelze erfolgt durch Zugabe von Phosphor in Form einer Vorlegierung (CuP 10). Das Phosphoroxid geht in die Schlacke und kann entfernt werden.

Wärmebehandlung der Kupferlegierungen wird nur in Ausnahmefällen angewandt, sie läuft dann in drei Abschnitten ab.

Beim Lösungsglühen wird die Legierung so lange oberhalb der Löslichkeitslinie erwärmt, bis ein vollkommener (homogener) Mischkristall entsteht (Bild 4).

Das Abschrecken erfolgt im Wasser, womit der Mischkristall auch bei Raumtemperatur erhalten bleibt.

Die Warmaushärtung wird zwischen 300 und 500 °C durchgeführt.

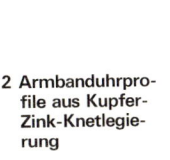

2 Armbanduhrprofile aus Kupfer-Zink-Knetlegierung

3 Formen für Flaschenherstellung aus einer Kupfer-Aluminium-Legierung (Sandguß)

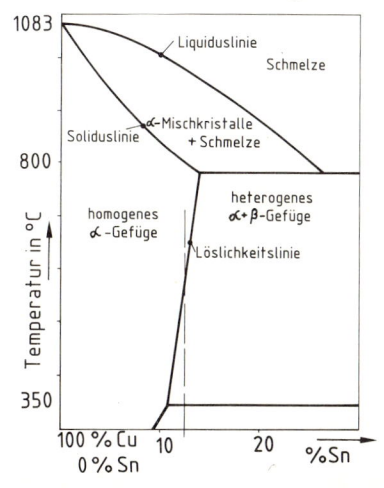

4 Ausschnitt des vereinfachten Zustandsschaubildes einer Cu-Sn-Legierung. Bei der Wärmebehandlung werden Legierungen gewählt, die in der Zusammensetzung nahe am Schnittpunkt der Löslichkeits- und Soliduslinie liegen, damit bei der Wärmebehandlung ein enger Temperaturbereich möglich ist

Nichteisenmetalle und ihre Legierungen — Werkstoffkunde

Kupfer-Zink-Legierungen (Messing DIN 1709)

Messinge sind Legierungen mit mindestens 50% Cu-Anteil. Steigender Zinkanteil erhöht Dehnung, Härte und Festigkeit. Schmelztemperatur und Dichte der Legierung fallen (Bilder 1 und 2). Von einem bestimmten Zinkanteil an nimmt die Dehnung ab, der Werkstoff wird zunehmend spröder. Der Bleigehalt (bis zu 3%) verbessert die Zerspanbarkeit, verschlechtert jedoch die Warmumformbarkeit.

Beispiele (Bild 3):
CuZn 40 Pb 2 — für Zerspanung, Stanzen, Profile
CuZn 36 — für Kaltumformung, Rohre, Bleche
G-Cu 65 Zn — Formguß, Armaturen, Gehäuse
(GK) GD-Cu 60 Zn — Kokillen- und Druckgußwerkstoff

Sondermessinge werden durch Zulegieren von Al, Fe, Mn, Ni und Si hergestellt und bei höheren Ansprüchen an Festigkeit und Korrosionsbeständigkeit verwendet.

Beispiel:
G-CuZn 15 Si 4 — sehr gut gießbar (bei dünnen Wandstärken), seewasserfest

Kupfer-Zinn-Legierungen (Zinnbronze DIN 1705)

Bronzen sind Legierungen mit mindestens 60% Cu, die nicht als Hauptlegierungselement das Zink haben. Zinnbronzen besitzen gegenüber Messing höhere Zug- und Verschleißfestigkeit, Korrosionsbeständigkeit und bessere Gleiteigenschaften und Härte.

Sie werden in der Technik für Kälte-, Heißdampf- und Säurearmaturen, für Pumpen, Gleitlager, Kolbenstangen, Schneckenräder, Federn, Glocken usw. verarbeitet.

Beispiele:
CuSn 6 — Knetlegierung für Kalt- und Warmumformung
G-CuSn 14 — Sandguß für druckfeste Teile, seewasserbeständig, z.B. Schneckenräder

Kupfer-Aluminium-Legierungen (Aluminiumbronze DIN 1714)

besitzen hohe Festigkeit (ca. 850 N/mm^2), Zähigkeit und Härte, gut schweißbar, säurebeständig.

Beispiele:
CuAl 8 — Knetlegierung, kaltverformbar, chemische Industrie
G-CuAl 9 — Gußstücke für chemische- und Nahrungsmittelindustrie
GZ-CuAl 10 Fe — Mehrstoff-Aluminiumbronze, Schleuderguß

Kupfer-Zinn-Zink-(Blei-) Gußlegierungen (Rotguß)

Z.B. GZ-CuSn 7 ZnPb — Schleuderguß, gut gießbar, gute Gleiteigenschaften
G-CuSn 5 ZnPb — gut gießbar und zerspanbar, polierbar, geringe Haftung gegenüber Formstoffen (Hot-Box, Maskenformmodelle)

Kupfer-Blei-Zinn-Gußlegierungen (Bleibronze DIN 1716)

Z.B. G-CuPb 15 Sn — sehr gute Gleiteigenschaften, Notlaufeigenschaften, Gleitlager

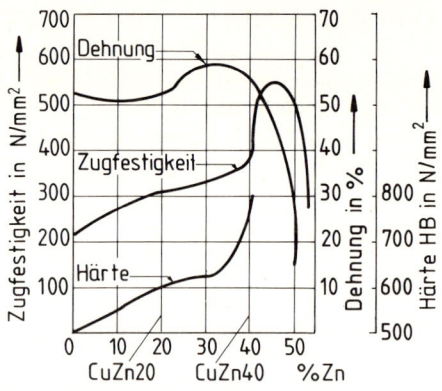

1 Zugfestigkeit, Bruchdehnung und Härte von Cu-Zn-Legierungen in Abhängigkeit vom Zn-Gehalt

	Cu-Zn-Leg.	Cu-Sn-Leg.	Cu-Zn-Sn-Leg.
Zugfestigkeit in N/mm^2	200...500	250...300	220...260
	240...650	250...700	
Dehnung in %	10...20	5...12	7...18
	10...50	5...50	
Härte in HB	60...200	80...100	60...80
	60...200	60...200	
Schwindung in %	1,2(0,8...1,6)	1,5(0,8...2)	1,3(0,8...1,6)

2 Vergleich von Eigenschaften der Kupferlegierungen. Durch verschiedene Legierungszusammensetzungen erreicht man eine breite Skala der Stoffwerte. Obere Spalte sind Werte für Gußlegierungen, untere Spalte für Knetlegierungen

3 Schiffpropeller aus einer Mehrstoff-Kupfer-Gußlegierung

Werkstoffkunde — Nichteisenmetalle und ihre Legierungen

Zink (Zn DIN 1706)

Herstellung: Das wichtigste zinkhaltige Erz ist die Zinkblende (ZnS). Das Erz wird zuerst geröstet und in das Oxid (ZnO) übergeführt. Die Reduktion erfolgt mit Kohle (Muffelofen), die Raffination im Flammofen (Hüttenzink 99,5%) oder elektrolytisch (Feinzink 99,99%).

Eigenschaften (Bild 1)

An der Luft korrosionsbeständig (wasserunlösliches Zinkcarbonat als Schutzschicht); Säure, Basen, Salzlösungen greifen Zink an; spröde, erst bei 150 °C weich und gut verformbar; sehr gut gießbar.

Verwendung (Bilder 2 und 3)

Druckguß, Metallüberzug, Legierungselement (mit Cu).

Zinklegierungen (DIN 1743)

Zink wird hauptsächlich mit Aluminium legiert, wodurch die Festigkeit steigt (250 N/mm²). Zinklegierungen werden meist im Druckguß vergossen (98%).

Beispiel
GD-ZnAl 4, für maßgenauen Druckguß
GK(KG)-ZnAl 4 Cu 3, für Sand- und Kokillenguß

Zinn (Sn DIN 1704)

Zinn wird durch direkte Reduktion oxidischer Zinnerze (Zinnstein, SnO_2) mit Kohle gewonnen.

Eigenschaften (Bild 4)

Leicht verformbar, große Dehnung; korrosionsbeständig; sehr hohe Siedetemperatur (2275 °C, verdampft im flüssigen Stahl nicht, Kernstützenüberzug); zerfällt bei −15 °C (β-Zinn in α-Zinn: Zinnpest); gut gießbar.

Verwendung

Legierungsmetall, Blechverzinnung, Lötzinn, kleine sehr genaue Druckgußteile, Zinnfiguren (Kokille), Modellmetall (83% Sn, 17% Sb)

Blei (Pb DIN 1719)

Blei wird hauptsächlich aus dem sulfidischen Bleiglanz (PbS) durch Rösten und Raffinieren gewonnen.

Eigenschaften (Bild 4)

Sehr weich, gute Gleiteigenschaften; korrosionsbeständig, säurefest, giftig.

Verwendung

Akkumulatorenplatten, Rohre, Kabelmäntel, Strahlenschutz, Legierungsmetall (Lote, Lagermetalle, Hartblei).
Hartblei (Blei mit bis 9% Antimon und Zinn) ist leicht schmelz- und gießbar, gut zu bearbeiten, gut polierbar, korrosionsbeständig und besitzt geringe Schwindung (0,4%). Es eignet sich zur Herstellung von Urmodellen, nachteilig ist der hohe Preis.

	Zn	Zn-Leg.
Dichte in g/cm³	7,13	6,5...6,8
Schmelztemp. in °C	420	420
Zugfestigkeit in N/mm²	30...40	200...350
Dehnung in %	0,3...0,5	1...5
Härte HB in N/mm²	40...45	70...100
Schwindung in %	1,7	1,3 (1,1...1,5)

1 Kennzeichnende Eigenschaften von Zink und Zinklegierungen

2 Präzisionsdruckgußteil für einen Vergaser aus GD-ZnAl 4 Cu 1

3 Arbeiten an einer Maschine für Zink-Druckgußteile

	Sn	Pb
Dichte in g/cm³	7,29	11,34
Schmelztemp. in °C	232	327
Zugfestigkeit in N/mm²	30	18
Dehnung in %	45	45...70
Härte HB in N/mm²	4	3

4 Kennzeichnende Eigenschaften von Zinn und Blei

Gußfehler — Werkstoffkunde

8.4 Gußfehler

Die Gußfehler können unterschiedlichen Ursprungs sein, z.B. fehlerhaftes Modell, ungeeigneter Formstoff, schlechte Formarbeit, falsche Gießtechnik usw. Sie können wegen ihrer Vielfalt in folgende Gruppen zusammengefaßt werden:

— Metallische Auswüchse
— Hohlräume
— Fehlerhafte Gußoberfläche
— Unvollständiger Guß
— Ungenaue Gestalt oder Maße
— Einschlüsse
— Unterbrechung des Zusammenhangs

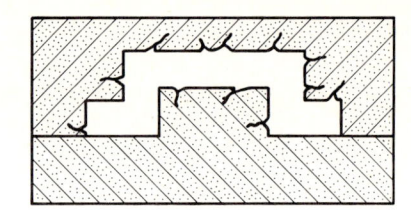

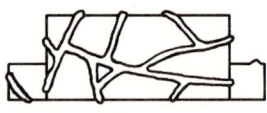

1 Durch Aufspringen der Formoberfläche vor dem Gießen, bilden sich an der Gußstückoberfläche rauhe, aderförmige Erhebungen, Adern

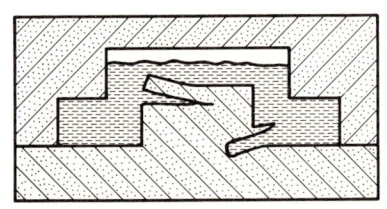

2 Durch Einreißen des Sandes an Kanten und Hohlkehlen, entstehen dünne metallische Auswüchse, Blattrippen

Metallische Auswüchse (Äußerliche Gußfehler)

Adern – aderförmige Erhebungen auf der Gußstückoberfläche.
Ursache: Eindringen des Metalls in den Formstoff, z.B. durch Bildung von Rissen in Formstoff bei starker Formstoffschwindung aufgrund zu hohen Binderanteils.

Starker Grat — abstehende Metallkanten an der Formteilung und an Durchbrüchen.
Ursache: Eindringen des Gießmetalls in Formspalten, Ursache: z.B. loser Sand auf der Teilungsebene, großes Spiel bei den Kernmarken, zu wenig beschwerte Form usw.

Blattrippen — unregelmäßige, dünne Auswüchse an Hohlkehlen durch Eindringen des Metalls unter abplatzenden Sandschichten.
Ursache: Geringer Binderanteil, fehlende Schlichte.

Ausspülungen — Sandabtragungen, hauptsächlich in Einguß- oder Anschnittnähe.
Ursache: Ungünstige Führung des Gießstrahls oder geringe Bindekraft des Formstoffbinders.

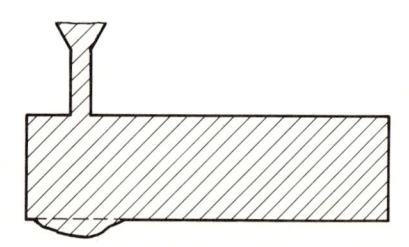

3 Ungünstige Einleitung des Metalls in die Form, kann zu Ausspülungen der Oberfläche führen

Getriebener Guß — die Form gibt stellenweise oder im ganzen unter dem Druck des Gießmetalls nach, es entstehen Maßabweichungen durch Verdickungen.
Ursache: Große Druckkräfte bei hohen Gießhöhen (u.U. liegend formen); zu wenig gestampfte Form oder ein nachgiebiger Formstoff; erhöhter Druck durch „Wachsen" beim GG (siehe Seite 176).

Abfallen des Sandes (Kleben des Sandes) — massive metallische Auswüchse an der Gußoberfläche, andererseits Vertiefungen von herabfallendem Sand.
Ursache: Zu trockener, bzw. zu warmer Sand löst sich in größeren Teilen (u.U. klebt er an der Modelloberfläche); unachtsames Herausheben des Modells kann auch einen Riß im Formballen verursachen, Formballen wird vom Gießmetall unterspült.

4 Gratbildung infolge zu großen Kernspiels von Außen- und Innenkernen. Darüber hinaus links oben Schülpe

256

Werkstoffkunde — Gußfehler

Hohlräume

Gasblasen — rundliche, meist vereinzelt glattwandige Hohlräume, die die Festigkeit des Teiles beeinträchtigen.
Ursachen: Gasbildung durch Metall-Formstoff-Reaktion (z.B. entwickelt der Sauerstoff des Eisenoxids mit dem Kohlenstoff das Gas Kohlenstoffmonooxid), stark gasende Formstoffbinder, Feuchtigkeit des Formstoffes (1 l H_2O entwickelt ca. 1760 l Wasserdampf). Je höher die Gießtemperatur (werkstoffabhängig), um so größer das Volumen der Gießgase. Zusätzliche Gasentwicklung bei verlorenen Modellen. Schlechte Gasabfuhr — Gase bleiben in erstarrendem Metall eingeschlossen.

1 Gasporosität in Bronzeguß

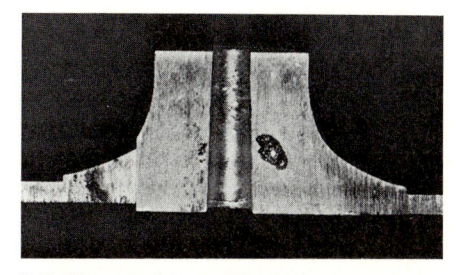

Poren — es sind kleine Gasblasen, die entweder in Gruppen oder einzeln auftreten oder sogar den ganzen Querschnitt durchsetzen (Porosität). Sie verursachen undichten Guß, Festigkeitsabfall und Schwierigkeiten bei der Oberflächenbearbeitung.
Ursachen: Meistens durch die während des Schmelzens in Lösung gegangenen Gase, die wieder während der Erstarrung ausgeschieden werden.

2 Kokillengußstück aus GK-AlSi12 mit Innenlunker infolge starker Materialanhäufung

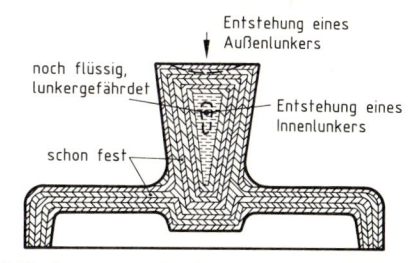

Pinholes — stecknadelkopfgroße Poren an der Gußstückoberfläche. An den zu bearbeitenden Flächen verschwinden sie nach der Bearbeitung.
Ursachen: Überhöhter Sauerstoff- bzw. Wasserstoffgehalt der Schmelze; Abspaltung von Stickstoff aus dem Kunstharzbinder.

Lunker — rauhwandige Hohlräume oder Einfallstellen im Bereich mit Materialanhäufungen.
Ursachen: An Stellen mit Materialanhäufungen entstehen Schwindungshohlräume, wenn diese vor ihrer vollständigen Erstarrung durch „Einfrieren" des Zulaufs vom flüssigen Metall abgeschnitten werden. Lunker entstehen also immer an der Stelle, wo das Metall zuletzt erstarrt. Man unterscheidet:

Außenlunker, die an größeren Flächen, an Trichtern und verlorenen Köpfen als Einfallstellen sichtbar sind,

3 Die Lage und Form eines Lunkers ergibt sich aus dem Verlauf der Erstarrung. Lunker entstehen immer dort, wo das Metall zuletzt erstarrt

Innenlunker, die sich im Innern des Gußstückes befinden und nur mit Durchstrahlkontrolle festgestellt werden können,

Mikrolunker, die kleine Hohlräume im Metallgefüge zwischen den Kristalliten bilden.
Abhilfe: Querschnitte am Gußstück möglichst gleich dick gestalten, sonst muß durch geschickte Speisertechnik dafür gesorgt werden, daß alle lunkergefährdeten Stellen mit flüssigem Metall nachgespeist werden können. Die meist verwendeten Hilfsmittel zum Nachspeisen sind Speiser, verlorene Köpfe oder Saugmasseln (siehe Kap. Speisertechnik).

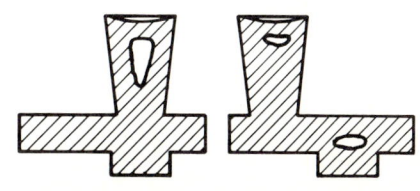

4 Die Aufgabe des Speisers ist es, den Lunker in sich aufzunehmen. Grundsätzlich sollen Speiser auf den dicksten, bzw. höchsten Stellen des Gußstükkes angebracht werden. (Links richtig, rechts falsch)

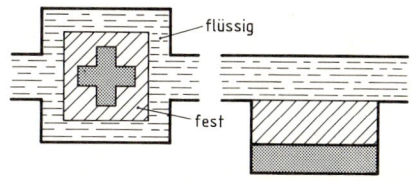

An Stellen, die sich mit einem Speiser nicht verbinden lassen, wird eine gleichmäßige Erstarrung durch Verwendung von Kühlkörpern angestrebt.
In Knotenpunkten werden entweder innere Kühlkörper verwendet, so daß die Erstarrung nicht nur vom Rande erfolgt, oder äußere Kühlkörper (Abschreckplatten oder Kokillen), die sich einfacher in der Form fixieren lassen. Die Wirkungsweise der metallischen Abschreckplatte beruht darauf, das sie die Wärme besser ableitet als der Formstoff.

5 An Stellen, wo kein Speiser angebracht werden kann, benutzt man Kühlkörper. Das Gießmetall wird an der Kühlkörperoberfläche abgeschreckt und erstarrt, so daß sich an dieser Stelle kein Lunker mehr bilden kann. (Links Anwendung von innerem Kühlkörper, rechts Anwendung einer Kokille-Abschreckplatte)

Gußfehler   Werkstoffkunde

Fehlerhafte Gußoberfläche

Penetration – rauhe Gußoberfläche durch Eindringen des Metalls zwischen die Sandkörner.
Ursachen: Zu locker gestampft, zu grobkörniger Sand, fehlende Schlichte, zu wenig Kohlenstaub im Formstoff. Weitere Ursachen können ein falsch gewählter Formgrundstoff mit hoher Sandausdehnung oder auch eine zu hohe Gießtemperatur sein.

Vererzen – Verschmelzung von Sandkörnern mit dem Metall führt zu rauhen, äußerst schwer zu bearbeitenden Oberflächenpartien.
Ursachen: Das Vererzen tritt in stark aufgeheizten Form- und Kernpartien auf, wenn gleiche Ursachen wie bei der Penetration vorliegen.

Angebrannter Sand – die ganze Gußoberfläche ist mit einer dünnen Sandschicht überzogen.
Ursachen: Das heiße Metall geht unter Einfluß der Hitze chemisch-physikalische Bindungen mit Bestandteilen des Formstoffes ein, wenn eine oxidierende Atmosphäre vorhanden ist, d.h., wenn zu wenig Kohlenstaub, Perlpech usw. im Formstoff vorhanden sind. Diese Zusatzstoffe binden den Sauerstoff und verhindern so eine Reaktion mit den silicatischen Formstoffen.

Schülpen – rauhe warzenartige Erhebungen der Gußoberfläche, manchmal mit Sandeinschlüssen.
Ursachen: Durch die Gießhitze zum Verdampfen gebrachte Restfeuchtigkeit des Formstoffes kann in der dahinterliegenden Sandschicht kondensieren und diese so weit erweichen, daß sie sich ablöst. Auch die Quarzausdehnung kann zum Ablösen der Formoberfläche führen. Das flüssige Metall füllt dann diese Stellen aus.
Weitere Gründe für die Schülpenbildung sind Stellen mit zu starker oder zu schwacher Verdichtung ebenso mit zu wenig oder zu viel Binder und zu geringe Gasdurchlässigkeit der Form.

Schlieren (Rattenschwänze) – faltenförmige, vertieft geschlängelte Linien an der Oberfläche.
Ursachen: Quarzausdehnung in der Gießhitze verursacht Aufschieben des Sandes übereinander; zu langer Gießdauer; zu kleine Anschnittquerschnitte.

Fließlinien (Eisblumen) – die Strömungsrichtung des Metalls zeichnet sich an der Gußstückoberfläche ab, vor allem bei Druckguß und Kokillenguß anzutreffen.
Ursachen: Zu niedrige Formtemperatur (führt zu höherer Viskosität des flüssigen Metalls an der Formoberfläche) und zu hohe Gießtemperatur (führt zu Bildung von Oxidhäuten, die die Strömungsrichtung markieren).

Elefantenhaut – genarbte oder gefaltete Oberfäche bei GGG.
Ursache: Ungenügende Entschwefelung der Schmelze, geringe Abstehzeit nach der Magnesiumbehandlung. Magnesiumoxide und -sulfide steigen infolge geringerer Dichte an die Oberfläche.

1 Angebrannter Sand

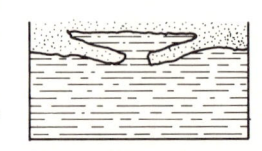

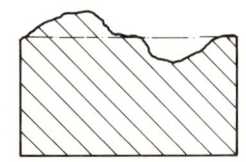

2 Eine feste Formwand kann keine Wärmeausdehnung mitmachen, sie bricht auf, das Metall dringt unter die Sandzunge (links festsitzende Schülpe) oder löst diese ganz ab (rechts abgespülte Sandschülpe). In beiden Fällen zeigt sich nach dem Putzen eine offene Vertiefung

3 Schülpen auf einem Zahnrad

4 Maschinenständer aus GG mit losen Schülpen

Werkstoffkunde — Gußfehler

Unvollständiger Guß

Durch unvollständig ausgelaufenen Guß kommt es zu Abweichungen von den Soll-Abmessungen oder zum Formdurchbruch.

Ursachen: Unvollständige Formfüllung durch zu wenig Gießmetall, ungenügendes Formfüllungsvermögen des Gußwerkstoffes (z.B. GG dünnflüssiger als GS), zu wenig Anschnitte.

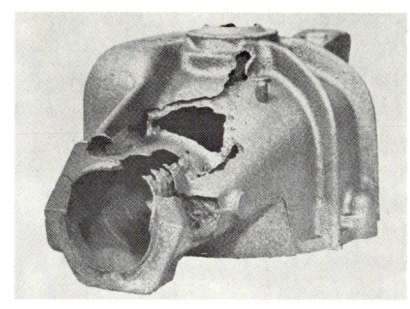

1 Differentialgehäuse aus schwarzem Temperguß. Das Metall ist nach dem Füllen der Form durch eine Ritze in der Teilung auf der Eingußseite teilweise wieder ausgelaufen

Ungenaue Gestalt oder Maßhaltigkeit

1. **Fehler am Modell,** z.B. falsches Schwindmaß, falsche Formschräge, fehlende Kernsicherung, geringe Modellfestigkeit (das Modell gibt beim Verdichten nach), falsche Verdübelung von Modellhälften führt zum **versetzen Guß** u.a.
2. **Fehler beim Formen** z.B. zu starkes Losklopfen, unregelmäßige Verdichtung, Verstampfen (durch falsches Stampfen ist der Sand zur Seite gedrückt worden).
3. **Konstruktionsfehler** kann zu unregelmäßiger, behinderter Schwindung führen.

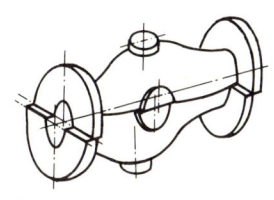

2 Versetzter Gußkörper eines Ventilgehäuses

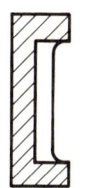

3 Starre Verbindung mit Rippen behindert die Schwindung, was zu Spannungen führt und Kaltrisse verursachen kann

Einschlüsse

Das in der Form aufsteigende flüssige Metall nimmt alle losen Teile, z.B. losen Sand, abgebröckelte Schlichte, nicht zurückgehaltene Schlacke usw. mit sich. Können diese nicht in den Speiser aufsteigen, bleiben sie dann entweder an der Gußstückoberfläche haften oder werden sogar im Guß eingeschlossen.

Sandeinschlüsse — unregelmäßige geformte und mit Sand gefüllte Vertiefungen, Sand oft eingebrannt.

Ursachen: Loser Sand im Formhohlraum, ungünstiger Anschnitt (Auswaschungen), schwache Formverdichtung, mangelhafter Schlichtenüberzug.

Schlackeneinschlüsse — flache, glatte Oberflächenvertiefungen.

Ursachen: Falsches Eingußsystem (Turbulenz); unzureichendes Abschlacken; unterbrochener Gießvorgang.

Oxideinschlüsse — verursachen eine Unterbrechung des Zusammenhangs durch Oxidhäute, erkennbar als dünne farbige Linie. Meistens bei Leicht- und Schwermetallguß.

Ursachen: Oxidhautbildung in der Gießpfanne oder während des Gießens.

Harte Stellen — erkennbar bei der spanenden Bearbeitung von Aluminiumdruckgußteilen.

Ursachen: Einschlüsse von Siliciumcarbid, Korund oder Quarz; zu kurze Abstehzeit.

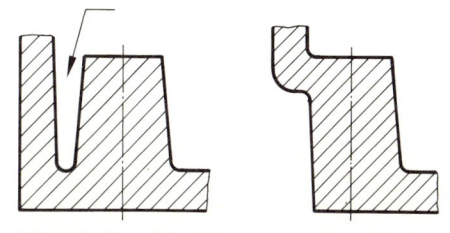

4 Enge Stellen sind schlecht formbar und verursachen das Aufheizen von Sand

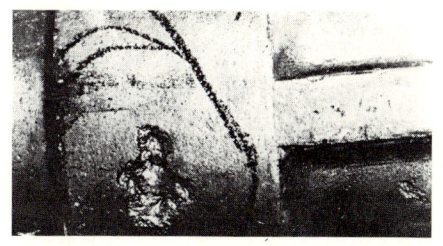

5 Schlackeneinschlüsse in der Graugußoberfläche. Die Vertiefungen sind flach und glatt, vor dem Putzen des Gußstückes ist Schlacke zu erkennen

Gußfehler — Werkstoffkunde

Unterbrechung des Zusammenhangs

Warmrisse — führen zum Reißen des Gußstückes im warmen Zustand. Der Fehler erstreckt sich meist auf den ganzen Querschnitt, das Korn der Bruchfläche ist durch Oxidation verfärbt.

Ursachen: Spannungen an schroffen Übergängen, Überhitzung an engen Stellen und bei starken Wanddickenunterschieden.

Kaltrisse — führen durch hohe innere Spannungen zum Reißen vom Gußstück im kalten Zustand. Das Bruchgefüge zeigt normales Aussehen.

Ursachen: Zu starre, unnachgiebige Konstruktion, die die Schwindung behindert.

Kaltschweißstellen — rinnenartige Vertiefungen mit abgerundeten Kanten; Überlappungen an der Gußoberfläche.

Ursachen: Geringe Gießgeschwindigkeit (kleiner Anschnitt). Zwei Metallströme die aufeinander treffen sind so weit abgekühlt, daß sie sich nicht mehr vollständig verbinden können.

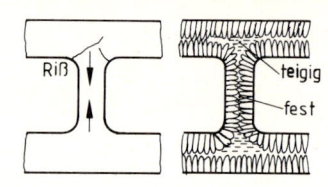

1 An Stellen mit Materialanhäufungen erstarrt das Metall später als in anderen Querschnitten, was zu Spannungen und Warmrissen führt

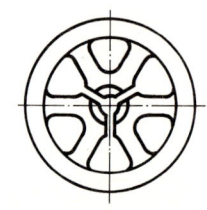

2 Eine starre Konstruktion behindert die Schwindung und verursacht Spannungen im Gußteil. Durch gewölbte Flächen, geschweifte Arme oder Unterbrechung einer Verrippung können Spannungen beseitigt werden

Wiederholungsfragen

1. Auf welche Art können Schülpen an der Gußoberfläche entstehen?
2. Erklären Sie den Begriff Penetration.
3. Wie kann man das Vererzen der Gußoberfläche verhindern?
4. Wie kann man versetzten Guß vermeiden?
5. Welcher Unterschied besteht zwischen einem Warm- und einem Kaltriß?
6. Welche Arten von Lunkern werden unterschieden?
7. Nennen Sie Ursachen für die Enstehung von Lunkern.
8. Auf welcher Weise kann man Lunkerbildung verhindern?

Gußfehler	Ursachen	Abhilfe
Lunker	Während der Erstarrung kann kein flüssiges Metall mehr in die Form nachfließen. An dicken Querschnitten entstehen infolge der Materialschwindung Hohlräume bzw. Einfallstellen	Gleichmäßige Wandstärke, gelenkte Erstarrung durch Speiser, verlorene Köpfe u.ä., so daß zum erstarrenden und schwindenden Gußteil flüssiges Metall immer noch nachfließen kann
Gaseinschlüsse	Gasentwicklung durch Formstoffbinder, Feuchtigkeit, Luft in der Form, verlorene Modelle	Gute Form- und Kernentlüftung, Trocknen oder Abflammen der Form, eventuell Entgasen der Schmelze, zügiges Gießen
Schlacken- und Oxideinschlüsse	Schlacken und Oxidhäute werden mit dem Gießstrahl in die Form mitgerissen	Desoxidieren der Schmelze, Abkrammen, Trichter beim Gießen vollhalten (Schlacke schwimmt oben), u.U. höhere Gießläufe, Siebe, Schaumleisten verwenden
Sandiger Guß	Lose Sandteile (zu trockene Form), Wegschwemmen des Sandes durch Gießstrahl, Absprengen durch Gießgase, Penetration	Form ausblasen, Einguß und Anschnitte strömungsgünstig gestalten, dünne Teile mit Formstiften versteifen, richtige Zusammensetzung und Verdichtung des Formstoffes, Schlichte verwenden
Schülpen	Losspringen oder Abblättern der Sandoberfläche durch Verdampfen der Formstoff-Feuchtigkeit, Sandausdehnung oder ungenügende Formstoffbindekraft	Abflammen der Oberfläche, nicht zu feuchten Sand verwenden, Binderanteil − und Qualität überprüfen Gießgase anzünden (Sog), gefährdete Stellen mit Formstiften sichern

3 Übersicht über die Ursachen der häufigsten Gußfehler und über Abhilfe

Werkstoffkunde — Werkstoffprüfung

8.5 Werkstoffprüfung

Zur Ermittlung von Werkstoffeigenschaften wurden verschiedene Prüfverfahren entwickelt:

Mechanisch-technologische Prüfungen: Zug-, Druck-, Biege-, Verschleißfestigkeit, Härte u.a.

Physikalische Prüfungen: Dichte, Schmelz- und Siedetemperatur, Dämpfungsverhalten, Wärmedehnung u.a.

Chemische Prüfungen: Analyse, Korrosionsverhalten u.a.

Metallographische Prüfungen: Gefügeausbildung.

Zerstörungsfreie Prüfungen: Erkennung von Innenfehlern, z.B. durch Röntgenstrahlen, Ultraschall usw.

Im Bereich der Gießerei sind Festigkeits-, Härte-, Verschleiß- und zerstörungsfreie Prüfungen sowie die chemische Analyse die wichtigsten Prüfverfahren.

Zugfestigkeit (R) der verschiedenen Werkstoffe wird an genormten Proben mit Zugprüfmaschinen (Bild 1) festgestellt. Dabei wird die Zugkraft, die eine Spannung (σ) und Dehnung (ε) in der Probe verursacht, bis zum Zerreißen gesteigert. Die Zunahme der Dehnung in Abhängigkeit von der Spannung wird im Spannung-Dehnung-Diagramm (Bild 2) festgehalten. Ein Vergleich von Festigkeiten verschiedener Werkstoffe zeigt das Bild 3.

Verschleißfestigkeit zeigt den Widerstand des Stoffes gegen Lostrennen kleiner Teilchen aus der Oberfläche. Sie wird in Langzeitversuchen ermittelt, indem Maß- und Gewichtsveränderungen durch Abtragen der Oberfläche der Probe gemessen werden.

Chemische Analyse gibt in der Gießerei Auskunft über die Zusammensetzung der Schmelze. Die im Betrieb entnommene Probe wird in Säuren oder Laugen aufgelöst, es ergeben sich Salze, die mit verschiedenen Reagenzien ausgefällt werden. Durch Berechnungen werden prozentuale Anteile der Elemente festgestellt.

Spektralanalyse beruht auf der Tatsache, daß jedes zum Leuchten angeregte Element Licht von bestimmter Wellenlänge aussendet. Mit der Spektralanalyse können auch Spuren von Elementen nachgewiesen werden, die bei chemischer Analyse nicht mehr erfaßt werden.

Das Licht des mit elektrischen Funken verdampften Stoffes wird durch ein Prisma geleitet und in ein Spektrum zerlegt. Der Schwärzungsgrad der Linien des Spektrums wird lichtelektrisch gemessen und gilt als Maß für die Mengenbestimmung von einzelnen Elementen.

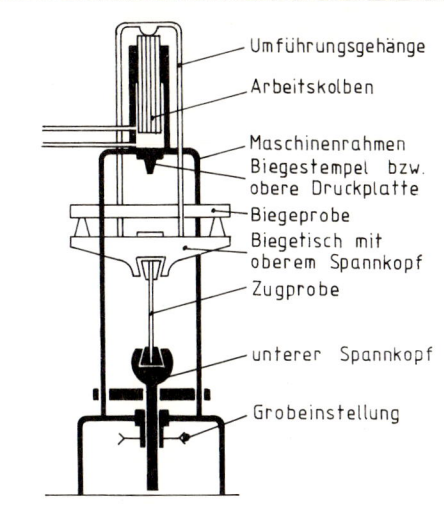

1 Universalprüfmaschine für Zug-, Druck- und Biegeversuche

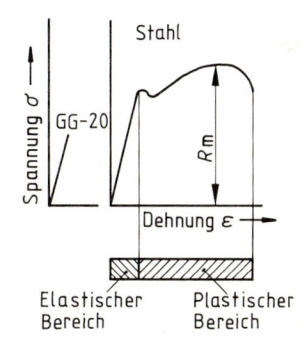

2 Das Spannung-Dehnung-Diagramm gibt Auskunft über das Verhalten (Festigkeit, Dehnung) **eines Werkstoffes unter statischer Belastung.** Links: das Diagramm von GG-20 verdeutlicht, daß Grauguß kaum eine Dehnung besitzt. Rechts: das Diagramm eines weichen Stahles mit hoher Dehnung

	Zugfestigkeit in N/mm²	Dehnung in %
Stähle	350...1400	20...10
GG	100...400	0...0,5
GGG	400...800	15...2
GTW	350...650	12...4
GTS	350...700	12...2
Al-Legierungen	150...450	40...4
Thermoplaste	20...80	50...10
Duroplaste	40...800 (gefüllt)	—
Hölzer	60...130	—

3 Vergleich der Zugfestigkeit und der Dehnung verschiedener Werkstoffe

Werkstoffprüfung

Härte ist der Widerstand, den ein Stoff dem Eindringen eines Körpers entgegensetzt. Dementsprechend wird bei den Härteprüfverfahren ein harter Körper in die Oberfläche der Probe eingedrückt und die danach verbleibende Verformung gemessen.

Härteprüfung nach Brinell (DIN 50351) ist geeignet für die Prüfung der Härte von weicheren Werkstoffen. Dabei wird eine Kugel aus Hartmetall (HBW) oder aus gehärtetem Stahl (HBS) 10 bis 15 s lang in die Probe eingedrückt (bei stark fließendem Werkstoff 30 s). Der gewählte Kugeldurchmesser und die Größe der Prüfkraft richten sich nach Werkstoffart und Dicke der Probe. Es wird immer die gleiche Flächenpressung angestrebt. Je dicker die Probe ist, um so größer wird der Kugeldurchmesser gewählt (durch größere Kraft bleibt die Flächenpressung gleich), was die Maßgenauigkeit der Eindrucksfläche verbessert.

Angewendete Prüfbedingungen gehen aus der Bezeichnung hervor (vereinfacht HB), z.B. 132 HB 5/250/30 bedeutet Brinellhärte 132 N/mm², geprüft mit einer Kugel 5 mm Durchmesser, Prüfkraft 2450 N, Einwirkdauer 30 s.

Die Einwirkdauer von 10 bis 15 s und die Benutzung der Kugel mit 10 mm Durchmesser werden in den Bezeichnungen nicht angegeben, z.B. 150 HB. Die Grenze der Brinellprüfung liegt bei 450 HBS, bzw. 650 HBW.

$$d = \frac{d_1 + d_2}{2}$$

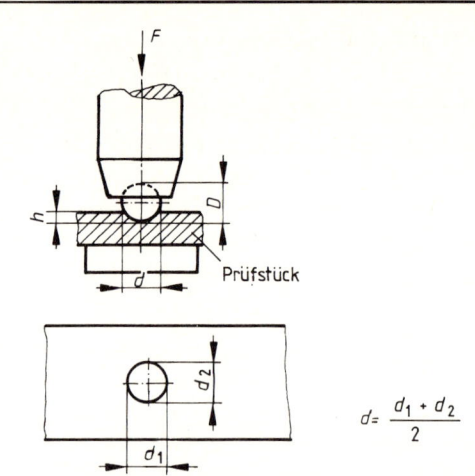

1 Härteprüfung nach Brinell. Aus der Fläche des Eindruckes und der verwendeten Kraft wird die Härte bestimmt

Dicke der Probe in mm	D in mm	Prüfkraft F in N				
		GG; Stahl;	CuSn; CuZn; Al-Leg.	Al Mg Zn	CuPb-Leg.	Pb Sn
6	10	29420	9800	4900	2450	1225
3...6	5	7355	2450	1225	613	306,5
1,5...3	2,5	1840	613	306,5	153,2	76,6
0,6...1,5	1	294	98	49	24,5	12,2

Angenähert gilt für Stahl: $\sigma_B \approx 0{,}35 \cdot HB$

2 Wahl der Prüfkraft in Abhängigkeit vom Werkstoff

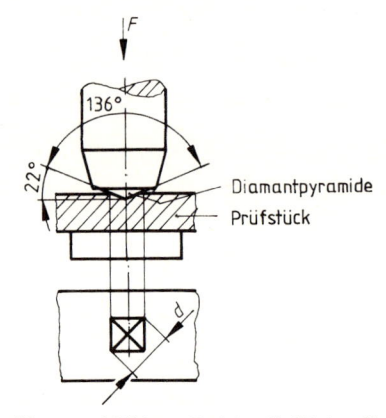

Härteprüfung nach Vickers (DIN 50133) ermöglicht die Prüfung auch sehr harter und dünner Schichten. Die Prüflast ist je nach Probendicke von ca. 2 bis ca. 1000 N einstellbar. Die Vickershärte ist im Bereich der größeren Kräfte von der Prüfkraft unabhängig (doppelte Kraft ergibt doppelte Eindrucksoberfläche). Als Eindringkörper benutzt man eine 136°-Diamantpyramide. Unter Vergrößerung mißt man die Eindruckdiagonalen, die der Härte zugeordnet werden. Die Bezeichnung 450 HV 10/30 bedeutet Vickershärte 450 N/mm², Prüfkraft 98 N, Einwirkdauer 30 s.

Bis zu einer Härte von 300 HV stimmen Brinell- und Vickershärte überein.

Härteprüfung nach Rockwell (DIN 50103) wird bei weichen Werkstoffen mit einer Stahlkugel $\frac{1}{16}''$ (HRB), bei harten Werkstoffen mit einem Diamantkegel 120° (HRC) durchgeführt.

Um eine genaue Führung des Prüfkörpers zu erreichen, wird zuerst mit einer Vorkraft von 98 N belastet. Danach wird die Prüfkraft (z.B. 1373 N, je nach Verfahren) aufgebracht. Ohne eine Eindringdauer abzuwarten, wird nach dem Entlasten der Prüfkraft die Eindringtiefe zwischen der Vor- und der Prüfkraft gemessen. Die Eindringtiefe gilt als Maß der Härte.

3 Härteprüfung nach Vickers. Geeignet für Werkstoffe von sehr geringer bis zu sehr hoher Härte

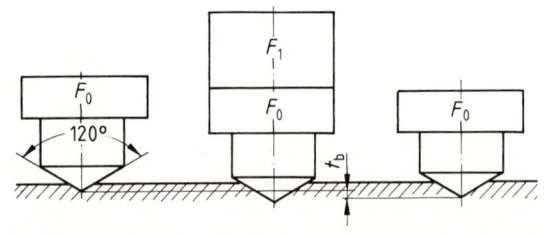

4 Härteprüfung nach Rockwell
Die bleibende Eindringtiefe in mm wird gemessen und aus ihr die Rockwellhärte abgeleitet

Werkstoffkunde — Werkstoffprüfung

Zerstörungsfreie Prüfverfahren

Sie ermöglichen die Feststellung von Fehlern (z.B. Rissen, Lunkern) am fertigen Werkstück.

Durchstrahlverfahren (Bild 1) benutzen Röntgen- oder Gammastrahlen, die das Teil durchdringen und auf einer Fotoplatte (oder einem Leuchtschirm) durch Schwärzungsunterschiede einen Innenfehler sichtbar machen.

Röntgenstrahlen sind elektromagnetische Wellen, die in der Röntgenröhre durch Aufprall der Elektronen auf eine Metallplatte erzeugt werden (Bild 2).

Gammastrahlen entstehen beim Zerfall radioaktiver Elemente und werden wegen ihrer größeren Intensität für die Prüfung dickwandiger Teile eingesetzt. Nachteilig ist die andauernde Rundumstrahlung, die besondere Schutzmaßnahmen erfordert.

Ultraschallverfahren (Bild 3 und 4) arbeiten mit Schallwellen mit einer Frequenz oberhalb der Hörgrenze. Diese Wellen werden von den Oberflächen, also auch etwaigen Fehlern (Risse, Hohlräume) im Werkstück reflektiert. Sie erscheinen dann am Bildschirm als Schwingungen. An Fehlstellen, die den Schalldurchlaß verhindern, wird eine geschwächte Anzeige wahrgenommen. Wie Risse für den Ultraschall schwer durchlässig sind, so auch die dünne Luftschicht zwischen Schallgeber und Werkstück, die durch Öl oder Wasser überbrückt werden muß.

Oberflächen-Haarrißprüfung dient der Prüfung von Oberflächenfehlern.

Kapillarverfahren benutzen zur Sichtbarmachung von Rissen eine Flüssigkeit, die in die Risse eindringt. Nach Entfernung dieser Flüssigkeit von der Oberfläche wird die in den Rissen verbliebene Flüssigkeit durch Anwendung von Kontrastmitteln sichtbar gemacht. Als Kontrastmittel dienen Kreide (bei Öl), ultraviolettes Licht (bei fluoreszierender Flüssigkeit) oder verschiedene Reaktionsmittel, die nach dem Auftrag mit der in den Rissen enthaltenen Flüssigkeit sich verfärben und so die Fehlstellen sichtbar machen (Bild 5).

Magnetpulverprüfung beruht auf der Umlenkung von magnetischen Feldlinien an den Fehlstellen der Oberfläche (Bild 6). Das magnetisierbare Prüfstück wird mit Eisenpulver bestreut, das meist mit Öl aufgeschlämmt, gefärbt oder mit fluoreszierenden Zusätzen aufbereitet ist. Wird das Prüfstück zwischen die Pole eines Elektromagneten gebracht, so werden durch Ausrichten der Eisenteilchen in der Richtung der Kraftlinien diese sichtbar. Die Magnetpulverprüfung eignet sich nur für magnetisierbare Werkstoffe.

1 Prüfung eines Stahlgußgehäuses mit Gammastrahlen auf Innenfehler

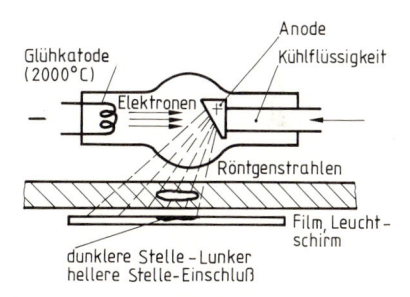

2 Wirkungsweise der Röntgenröhre

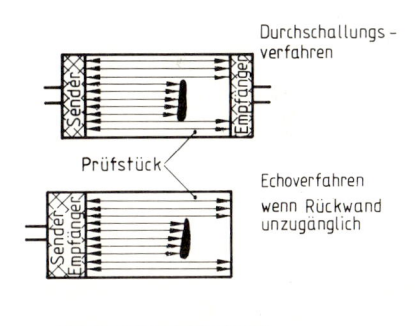

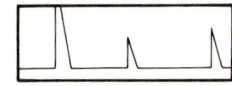

3 Ultraschallverfahren

4 Untersuchung von Schneckenrad-Rohlingen aus Gußbronze mit Ultraschall

5 Sichtbarmachung von Haarrissen an der Oberfläche durch Kapillarverfahren

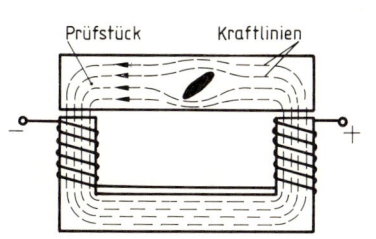

6 Magnetpulverprüfung

8.6 Korrosion

Begriff: Zersetzen metallischer Werkstoffe durch chemische oder elektrochemische Vorgänge.

Chemische Korrosion führt durch Verbindung der Metalle mit anderen Elementen (aus Luft, Wasser usw.) zu chemischen Verbindungen z.B. Oxiden, Carbonaten, Sulfaten u.a., die entweder das Metall vor weiterer Korrosion schützen (Aluminiumoxid, Zinkcarbonat) oder diese unterstützen.

Elektrochemische Korrosion wird hervorgerufen durch ein galvanisches Element (Bild 1), das durch unterschiedliche elektrische Spannung zweier Metalle unter Benetzung mit einer leitenden Flüssigkeit (Elektrolyt), z.B. wässerige Salzlösungen, Säuren und Laugen, entsteht. Das elektrochemische Verhalten der Metalle ergibt sich aus der Stellung innerhalb der Spannungsreihe (Bild 2). Diese ist nach der Höhe der Spannung geordnet. Metalle, die links von ihrem Elektrodenpartner stehen, bilden die Anode, die durch Elektronenabgabe zerstört wird.

Korrosionsschutz

— **Aktiver Korrosionsschutz** durch richtige Wahl der Legierung, Vermeidung von Oberflächenrauhigkeiten.

— **Passiver Korrosionsschutz** durch Aufbringen von Schutzüberzügen nach vorherigem Reinigen, Entrosten, Beizen, Sandstrahlen und Entfetten der Oberfläche.

Metallische Überzüge

Tauchen in ein Metallsalzbad (z.B. Zinnsalzschmelze) oder Metallschmelze (Feuermetalle). Geeignet für niedrigschmelzende Metalle, wie Zn, Pb, Sn, Al.

Aufspritzen von Metall mit Spritzpistole, wobei ein Draht, z.B. durch Gasflamme, verflüssigt wird.

Diffundieren durch Glühen in Metallpulver. Für Massenprodukte (Nägel, Schrauben).

Plattieren durch Aufwalzen einer Metallschicht.

Galvanisieren mittels Gleichstrom aus wäßrigen Metallsalzlösungen (vgl. Bild 1).

Nichtmetallische Überzüge

Organische Überzüge aus Kunststoffen, Lacken, Farben.

Anorganische Überzüge z.B. durch Emaillieren (Glaspulverüberzug bei 800 °C), Phosphatieren (Tauchen in Metallphosphatlösungen — als Haftgrund für Anstriche), Eloxieren bei Al (galvanisch aus Oxalsäure, Al_2O_3 als Schutzschicht) u.a.

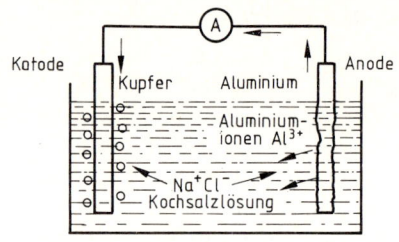

1 **Unedlere Metalle verdrängen edlere aus deren Salzlösung und gehen dabei selbst in Lösung.** Z.B. positive Aluminiumionen (elektrisch geladene Atome) verbinden sich mit den negativen Chloridionen zu Aluminiumchlorid ($Al^{3+} + 3Cl^- = AlCl_3$). Es entsteht ein elektrischer Strom, das unedlere Metall (Anode) wird dabei zerstört.
Andererseits nützt man technisch diesen Vorgang zum Überziehen der Katode mit einem metallischen Überzug, z.B. Verchromen, Verkupfern

	Spannung V
Gold	Au +1,50
Quecksilber	Hg +0,85
Silber	Ag +0,80
Kupfer	Cu +0,35
Wasserstoff	H 0
Blei	Pb −0,12
Zinn	Sn −0,14
Nickel	Ni −0,23
Eisen	Fe −0,44
Chrom	Cr −0,56
Zink	Zn −0,76
Mangan	Mn −1,05
Aluminium	Al −1,68
Magnesium	Mg −2,34

2 Liegen Metalle in der Spannungsreihe weit voneinander entfernt, so entsteht eine größere elektrochemische Spannung, z.B. zwischen Mg und Cu von 2,69 V. In diese Reihe lassen sich auch Oxide, Sulfide, Legierungen usw. einordnen, z.B. Mg/MgAl$_3$Zn u.a.

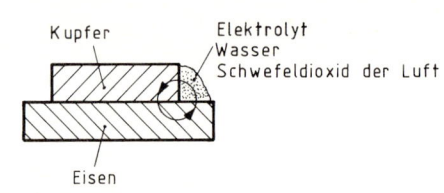

3 **Kontaktkorrosion.** Werden zwei verschiedene Metalle miteinander verbunden, entsteht unter Einwirkung von einem Elektrolyt ein elektrischer Strom, das unedlere Metall, in diesem Fall das Eisen, wird zerstört

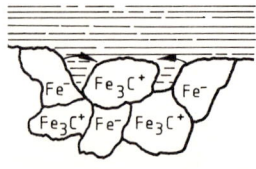

4 **Interkristalline Korrosion.** Eine elektrochemische Korrosion kann auch im interkristallinen Bereich stattfinden, wenn das Gefüge aus Mischkristallen besteht, die beim Zutritt eines Elektrolyten eine Spannungsdifferenz ergeben, besonders bei Legierungen, die sich vor dem Erstarren teilweise entmischt haben (Seigerungen)

8.7 Brennstoffe

Um Metalle zu schmelzen, bzw. flüssig halten zu können, braucht man Energie. Diese wird je nach Art des Schmelz- oder Warmhalteofens in fester, flüssiger oder gasförmiger Form zugeführt (Bild 1), wenn nicht elektrisch beheizt wird.

Dabei sind nicht nur der Heizwert (Bild 2), sondern bei festen Brennstoffen auch die Festigkeit, der Asche- und Schwefelgehalt, die Porosität und andere Eigenschaften von Bedeutung.

Feste Brennstoffe

Von festen Brennstoffen werden in der Gießerei nur der Koks verwendet, der in den verlangten Eigenschaften den anderen festen Brennstoffen überlegen ist.

Koks

Koks wird in einer Kokerei (Bild 3) aus schwefelarmer Steinkohle gewonnen. Dabei wird die Kohle unter Luftausschluß in gemauerten, außenbeheizten Kammern bis zu 1400 °C erhitzt. Die Vorteile des Kokses gegenüber der Steinkohle liegen zuerst in seiner Porosität. Die stark vergrößerte Oberfläche begünstigt die Verbrennung, weil die Reaktion mit dem Luftsauerstoff nicht nur an der Oberfläche, sondern auch im Inneren des Kokses erfolgen kann. Dadurch ergibt sich eine gleichmäßige Verbrennung und große Wärmeentwicklung pro Zeiteinheit.

Anforderungen an Gießereikoks

Stückigkeit — Die Stückgröße soll nicht unter 80 mm liegen. Besonders in der Reaktionszone des Ofens soll der Koks noch grobstückig sein. Bei der Verbrennung reagiert der Kokskohlenstoff mit dem Luftsauerstoff, und es entsteht Kohlenstoffdioxid, das weiter mit dem Koks unter Verbrauch des Kohlenstoffs zum Kohlenstoffmonooxid reagiert.

$$C + O_2 \rightarrow CO_2 + C \rightarrow 2\,CO$$

Da diese Reaktion beträchtliche Wärmeenergie verbraucht, versucht man sie einzuschränken. Die wichtigste Einflußgröße ist dabei die Koksstückgröße, denn je feiner der Koks, um so größer die Oberfläche und desto größer der Verlust an Wärme und damit an Koks.

Druckfestigkeit — Sie liegt beim Koks höher als bei der Kohle. Im allgemeinen gilt, daß der Koks um so fester ist, je langsamer er verkokt wurde (Verkokungsdauer 11 bis 17 Stunden). Hohe Druckfestigkeit wird nicht nur des Transportes wegen verlangt, sondern auch wegen der hohen Schütthöhen im Kupolofen.

Merke: Fester Koks ist silbergrau und beim Fallen hellklingend, schlechter Koks ist fett-schwarz und schaumig.

Zustand	natürlich	künstlich
fest	Holz	Holzkohle
	Torf	
	Braunkohle	Grudekoks, Briketts
	Steinkohle	Briketts, Gaskoks, Hüttenkoks
	Anthrazit	
flüssig	Erdöl	Spiritus, Benzin, Benzol, Dieselöl, Heizöl usw.
gasförmig		Generatorgas
	Erdgas	Hochofengas
	Methan	Leuchtgas
		Azethylen u.a.

1 Tabelle der gebräuchlichen Brennstoffe

Braunkohle	13 960	Gichtgas	4 190
Torf (trocken)	14 230	Kokereigas	16 000
Holz (trocken)	14 600	Erdgas	31 700
Braunkohlenbriketts	20 100	Azetylengas	56 500
Koks	28 700	Erdöl (roh)	42 600
Steinkohle	29 600	Heizöl schwer	41 000
Steinkohlenbriketts	31 400	Heizöl leicht	42 700
reiner Kohlenstoff	32 700	Benzin	43 500

2 Tabelle der Heizwerte von herkömmlichen technischen Brennstoffen (feste und flüssige Stoffe in kJ/kg; Gase in kJ/m³). Im Vergleich entspricht beim elektr. Strom 1 kWh ca. 3600 kJ

3 Blick auf die Koksausstoßrampe einer Kokerei, vor dem Löschen

Brennstoffe — Werkstoffkunde

Die Zusammensetzung des Kokses

Der Kohlenstoffgehalt des Kokses (siehe Tab. 2, S. 265) soll möglichst hoch sein (ca. 90%).

Der Schwefelgehalt soll dagegen sehr niedrig sein (weniger als 1%), weil ca. 40 bis 50% des Koksschwefels in die Schmelze übergehen und die Qualität der Eisenlegierung mindern.

Die Asche besteht zum größten Teile aus den Begleitmineralien, die auch verflüssigt werden und deshalb Energie verbrauchen. Außerdem fehlt beim hohen Aschengehalt der notwendige Kohlenstoff zum Aufkohlen der Schmelze. Aus diesen Gründen soll der Aschegehalt des Gießereikokses niedrig sein.

Merke: Steigt der Anteil der Asche um 1 kg, müssen 4 kg Koks mehr eingesetzt werden.

Der Wassergehalt hat einen großen Einfluß auf den Wärmeablauf im Ofen, weshalb der Koks trocken gelagert werden soll. Nach dem Löschen des Kokses in der Kokerei darf der Wassergehalt des Kokses höchstens 2% betragen. Durch das Lagern im Freien kann der Wassergehalt jedoch erheblich steigen.

Merke: 10% mehr Wasser im Koks benötigt ca. 1% mehr Kokseinsatz.

Da die Qualität des Gießereikokses gleichmäßig bleiben soll, wurde der Gießereikoks nach seiner Stückgröße, Festigkeit und Zusammensetzung in acht Sorten (A bis H) eingeteilt (Bild 2)

1 Der Gießereikoks hat silbergraue Farbe, ist grobstückig und feinporig

Sorteneinteilung		Gießereikoks					Spezial-Gießereikoks		
Stückgröße in mm		>80				80…120 80…140	>100		
Sorte		A	B	C	D	E	F	G	H
Unterkorn unter Nennkorn	% max.	5							
Trommelfestigkeit M 100	% min	40	45	45	65	—	40	50	50
Trommelfestigkeit M 80	% min	60	65	65	75	68	60	65	65
Abrieb M 10	% max	7	8	9	9,5	7,5	7	8,5	9,5
Feuchtigkeit	% max	2							
Aschegehalt (wf)	% max	8	8,5	8,5	7,5	8,5	8	8,5	8,5
Schwefelgehalt (wf)	% max	0,95	0,9	0,8	0,8	0,9	0,95	0,9	0,8

2 Eigenschaften des Gießereikokses. Die Trommelfestigkeit wird durch Umwälzen in Trommeln und anschließendem Sieben festgestellt. Die Werte M 100 oder M 80 geben an, wieviel % des Kokses nach der Trommelung einen größeren Durchmesser als 100 bzw. 80 mm haben. M 10 gibt an, wieviel % kleiner als 10 mm Durchmesser war

Flüssige und gasförmige Brennstoffe

Die Beheizung der Drehtrommelöfen (Bild 3) beim Schmelzen von kleineren Eisenmengen, bzw. bei der Umschmelzung von Aluminium, erfolgt mit Heizöl oder Gas (z.B. Erdgas). Auch der Kupolofen kann, um den Koksbedarf zu senken, bis zu einem gewissen Anteil mit Erdgas als Zusatz betrieben werden. Mit Gas oder Öl werden auch viele Warmhalteöfen beheizt.

Vorteile dieser Brennstoffe sind ein geringerer Staubauswurf, leichte Handhabung und gleichbleibende Brennstoffqualität.

Nachteilig sind bei Schmelzen von Eisenlegierungen eine ungenügende Aufkohlung der Schmelze. Es müssen Einsatzstoffe mit hohem C-Gehalt verwendet werden, bzw. nachträglich aufgekohlt werden (z.B. mit Elektrodengraphit).

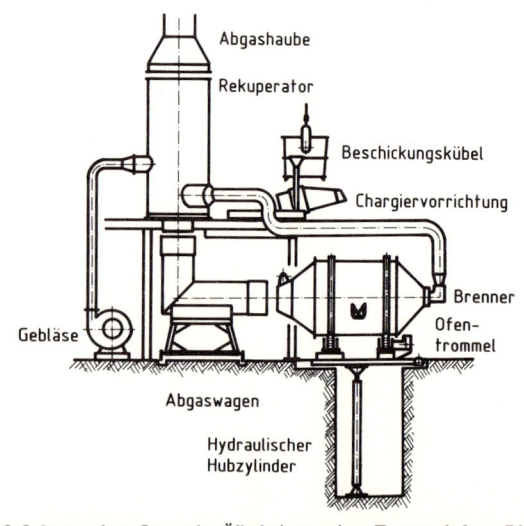

3 Schema einer Gas- oder Ölbeheizung eines Trommelofens. Die Chargierung erfolgt durch Brenner- oder Abgasöffnung

9 Grundlagen der Physik und Chemie

Gießereitechnologie ist angewandte Naturwissenschaft. Um die vielfältigen Verfahren und Vorgänge in einer Gießerei verstehen zu können, sollte der zukünftige Former und Gießereimechaniker die wichtigsten Grundbegriffe der Physik und Chemie verstehen. Es ist deshalb die Aufgabe dieses kleinen Kapitels, die gesetzmäßigen Zusammenhänge mit dem Formen und Gießen aufzuzeigen. Die ausführliche Behandlung von Physik und Chemie ist im Rahmen dieses Fachbuches nicht möglich, hierzu stehen spezielle Fachbücher zur Verfügung.

1 Beispiel für physikalischen Vorgang, Schwingförderer beim Auspacken der Gußteile

9.1 Abgrenzung Physik — Chemie

Die naturwissenschaftlichen Teilgebiete Physik und Chemie bilden die Grundlage der Gießereitechnik. Während sich die Physik mit den Eigenschaften und Vorgängen ohne stoffliche Veränderungen beschäftigt, befaßt sich die Chemie mit den stofflichen Veränderungen.

Beispiele für physikalische Vorgänge:
— Mischen von Formstoff
— Verdichten von Formstoff
— Schmelzen und Erstarren von Metall
— Fördern von Formstoff oder Gußteilen (Bild 1)

Beispiele für chemische Reaktionen
— Aushärten von Formstoffbindern
— Eisencarbidbildung bei Roheisen
— Oxidbildung beim Schmelzen
— Aufheizvorgang beim exothermen Speiser

2 Beispiel für die Ermittlung von physikalischen Eigenschaften: Druckfestigkeit von Formstoff

9.2 Physik

9.2.1 Physikalische Größen

Damit die physikalischen Vorgänge in der Gießerei optimal verlaufen, werden die physikalischen Zustände und Eigenschaften laufend gemessen und gesteuert (Bild 2 und 3).

Beispiele:
— Drücke beim Formstoffverdichten
— Temperatur beim Gießmetall
— Volumen und Masse von Formstoffen
— Energieverbrauch der Schmelzaggregate

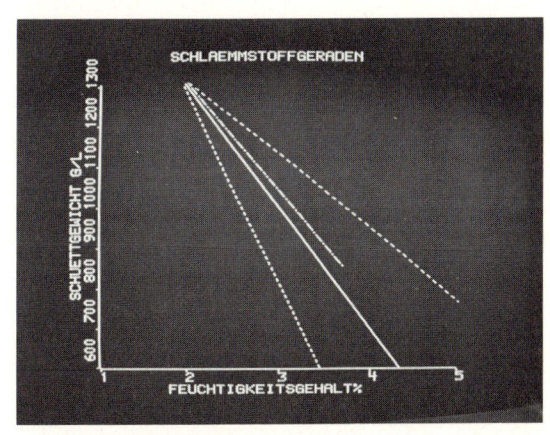

Zur Ermittlung der physikalischen Eigenschaften und Zustände werden die Einheiten des internationalen Einheitensystems (Système International d'Unités = SI-Einheiten) benutzt. Dieses System stützt sich auf sieben **Basiseinheiten** (Bild 4), alle anderen Größen, wie z.B. Druck oder Geschwindigkeit, sind **abgeleitete Größen**

3 Anzeige von ermittelnden physikalischen Größen im Rahmen der Formstoffüberwachung

Basisgröße	Basiseinheit	Einheitenzeichen
Länge	Meter	m
Masse	Kilogramm	kg
Zeit	Sekunde	s
Elektrische Stromstärke	Ampere	A
Thermodynamische Temperatur	Kelvin	K
Stoffmenge	Mol	mol
Lichtstärke	Candela	cd

4 Tabelle der SI-Basisgrößen und -einheiten

Physik | **Grundlagen der Physik und Chemie**

9.2.2 Allgemeine Eigenschaften der Körper

Volumen

Jeder Körper nimmt einen bestimmten Raum ein, der als Volumen bezeichnet wird. Die Einheit des Volumens ist das Kubikmeter (m^3).

Wo sich ein Körper befindet, kann sich gleichzeitig kein zweiter befinden.

Beispiel:

Formen müssen entlüftet werden oder gasdurchlässig sein, damit das Volumen des Gießmetalls das Volumen der in der Form befindlichen Gase verdrängen kann. Erfolgt dies nicht, so ist „nicht vollständiger Guß" oder Guß mit Gasblasen die Folge.

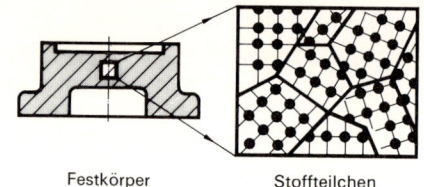

1 Festkörper — Stoffteilchen sind im festen Verband

Aggregatzustände

Der Aggregatzustand eines Körpers kann fest, flüssig oder gasförmig sein.

Beispiel:

– Beim Schmelzen, Gießen und Erstarren wechseln die Aggregatzustände fest-flüssig-fest.

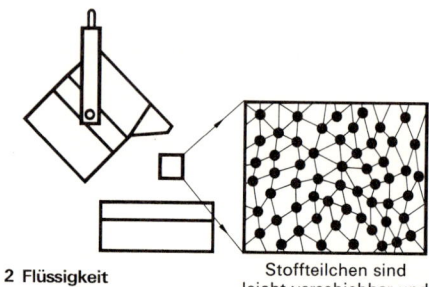

Wie die schematischen Darstellungen der Bilder 1 bis 3 zeigen, sind die Zustandsformen von der Bewegung der kleinsten Teile, der Atome oder Moleküle, abhängig.

2 Flüssigkeit — Stoffteilchen sind leicht verschiebbar und leicht trennbar

Masse und Gewichtskraft

Jeder Körper besitzt eine bestimmte **Masse** (Stoffmenge), sie ist unabhängig von der Erdanziehung. Die Masse ist eine Basisgröße mit der Basiseinheit Kilogramm (kg).

In der Gießerei wird die Masse am häufigsten in Zusammenhang mit den „Gußgewichten" genannt, eine Tonne sind 1000 kg. Die **Gewichtskraft** wird bei den Kräften benützt. Sie ist abhängig von der Erdanziehung, weshalb die Masse 1 kg die Gewichtskraft von 9,81 Newton ausübt.

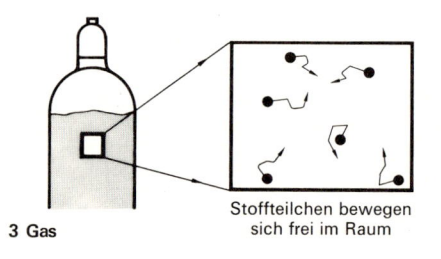

$$\text{Gewichtskraft} = \text{Masse} \times \text{Fallbeschleunigung}$$

$$G = m \cdot g = 1 \text{ kg} \cdot 9{,}81 \frac{m}{s^2} = 9{,}81 \frac{kgm}{s^2} = 9{,}81 \text{ N}$$

3 Gas — Stoffteilchen bewegen sich frei im Raum

Zusammenhang von Aggregatzustand, Volumen und Masse

Beim Übergang vom flüssigen in den gasförmigen Zustand ändert sich das Volumen eines Körpers, jedoch nicht seine Masse.

Beispiel:

– Wasser in tongebundenen Formen verdampft. Hierbei ist mit der Zustandsänderung fest-gasförmig eine Vergrößerung des Volumens verbunden. 1 m^3 Wasser ergibt 1760 m^3 Dampf. Der Formstoff muß deshalb gasdurchlässig sein.

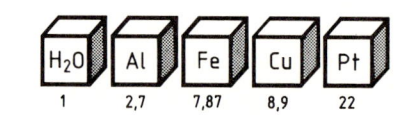

4 Dichte einiger Metalle $\left(\text{in } \frac{kg}{dm^3}\right)$

H_2O : 1 — Al: 2,7 — Fe: 7,87 — Cu: 8,9 — Pt: 22

Dichte

Die Dichte ist eine wichtige Werkstoffeigenschaft, sie gibt darüber Aufschluß, welche Masse eine bestimmte Einheit eines Volumens besitzt.

$$\text{Dichte} = \frac{\text{Masse}}{\text{Volumen}} = \varrho = \frac{m}{V} \qquad \text{Einheit in } \frac{kg}{m^3} \text{ oder } \frac{g}{cm^3} \text{ oder } \frac{kg}{dm^3}$$

Bild 5 zeigt Dichten verschiedener Metalle; Bild 6 veranschaulicht das Volumen gleicher Massen von Metallen.

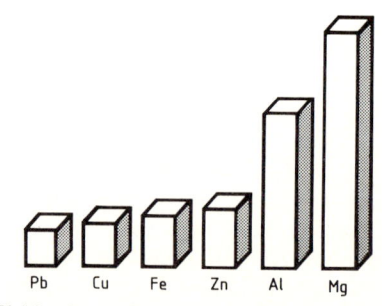

5 Gleich schwere Säulen verschiedener Metalle (Pb, Cu, Fe, Zn, Al, Mg)

Grundlagen der Physik und Chemie — **Physik**

Trennen und Teilen

Teilbarkeit und Trennbarkeit eines Körpers ist eine phsikalische Eigenschaft. In der Formerei und Gießerei kommen laufend die Vorgänge des Trennes und Teilens zur Anwendung. Beim Trennen werden meist **unterschiedliche** Bestandteile voneinander getrennt, während das Teilen sich auf **eine** Stoffmenge bezieht. Die mechanische Teilbarkeit hat ihre Grenze bei den kleinsten Stoffteilchen, den Atomen und Molekülen. Auf chemischem Wege lassen sich die Moleküle in Atome zerlegen, mit der Spaltung der Atome befaßt sich die Kernphysik.

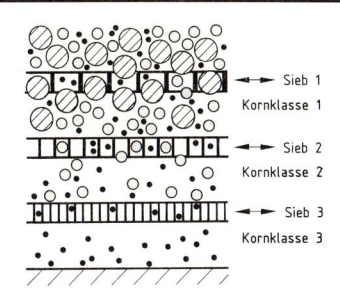

Beispiele für das Trennen:
- Beim Abkrammen werden Gießmetall und Schlacke voneinander getrennt.
- Durch die Siebanalyse werden Sandkörner verschiedener Kornklassen voneinander getrennt (Bild 1).
- Nach dem Strahlen der Gußteile können Strahlmittel und Formstoff durch Windsichtung wieder getrennt werden.

Beispiele für das Teilen:
- Zerstäuben von Trennmitteln und Schlichten (Bild 2)
- Zerkleinern von Bauxit im Backenbrecher
- Bearbeiten der Werkstoffe

1 Trennen von Formsand in Kornklassen

2 Zerstäuben von Schlichte bedeutet Teilen in kleinste Teilchen

Kohäsion, Adhäsion und Kapillarwirkung

Die bereits beschriebenen Aggregatzustände lassen sich durch die zwischenmolekularen Kräfte erklären. Der feste Zustand eines Körpers beruht auf dem Kräftegleichgewicht der Moleküle. Die Anziehungskräfte zwischen den Molekülen des **gleichen** Körpers nennt man Kohäsion. Die Anziehungskräfte zwischen den Molekülen **verschiedener** Körper Adhäsion.

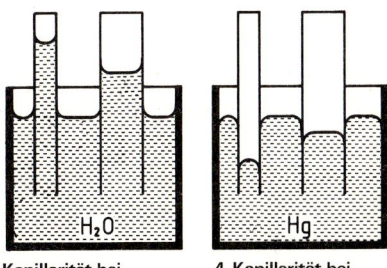

Beispiele für Kohäsion:
- Flüssige Metalle bilden wegen der Kohäsion keine scharfe Kanten. Dies ist bei Quecksilber oder bei Gußeisen, wenn es verschüttet wird, an den Oberflächen von Gießtrichtern und in den Kanten der Hohlräume zu sehen.
- Beim Zugversuch wird im Moment des Bruches die Kohäsion überwunden.

Beispiel für Adhäsion:
- Trennmittel am Modell
- Schlichte an der Gußform
- Zinn auf Kernstützen

Ebenfalls auf Adhäsion beruht die **Kapillarwirkung** von benetzenden Flüssigkeiten. Hierbei steigt die Flüssigkeit in engen Röhren oder Spalten auf. Je enger die Röhre oder der Spalt, um so höher steigt die Flüssigkeit auf. Bild 5 zeigt diesen Zusammenhang für das Löten.

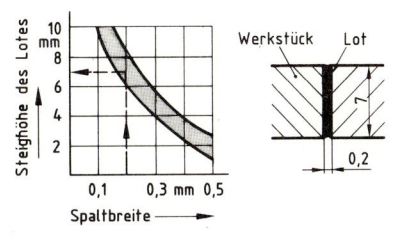

3 Kapillarität bei Wasser Adhäsion überwiegt

4 Kapillarität bei Quecksilber Kohäsion überwiegt

5 Zusammenhang zwischen Spaltbreite und Steighöhe des Lotes

Festigkeitseigenschaften

Wesentliche Eigenschaften eines Körpers sind seine Festigkeitseigenschaften. Die wichtigsten sind **Zugfestigkeit, Druckfestigkeit, Biegefestigkeit und Härte.** Auch bei diesen Eigenschaften sind die Ursache Molekülaufbau und zwischenmolekulare Kräfte (siehe Werkstoffprüfung und Formstoffprüfung).

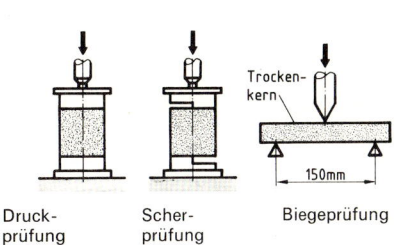

Druckprüfung   Scherprüfung   Biegeprüfung

6 Formstoffprüfungen

Physik — Grundlagen der Physik und Chemie

9.2.3 Kräfte

Kraftwirkungen

In der Gießerei gibt es zahlreiche Möglichkeiten Beobachtungen über Kräfte durchzuführen. Die Kräfte selbst sind nicht sichtbar, sondern nur an ihren Wirkungen erkennbar. Diese Wirkungen sind **Bewegungsänderungen** oder **Formänderungen**. Befindet sich der Körper im Ruhezustand, so ist die Kraft und Gegenkraft gleich, es herrscht **Kräftegleichgewicht**.

Beispiel für Formänderung als Kraftwirkung:
- Beim Herstellen einer Form durch Stampfen oder Pressen ist die Kraft die Ursache der als Verdichtung bekannten Formänderung (Bild 1).

Beispiele für Bewegungen als Kraftwirkung:
- Durch die Erdanziehung fließt das flüssige Gießmetall von der Pfanne in die Form.
- Beim Ausheben eines Modells kommt die Aushebebewegung zustande, wenn die Aushebekraft größer als die Haftreibung zwischen Modell und Formstoff ist (Bild 2).

Beispiel für Kräftegleichgewicht:
- Damit die Auftriebskraft keine unerwünschte Aufwärtsbewegung des Formkastenoberteils bewirkt, wird dieser beschwert oder verklammert.

Bestimmung und Darstellung der Kräfte

Die Einheit der Kraft ist 1 Newton (N) $= 1\,\frac{\text{kgm}}{\text{s}^2}$.

Kräfte können **errechnet** und auch **zeichnerisch dargestellt** werden. Hierbei stellt man die Kräfte durch Pfeile dar. Die Pfeillänge stellt entsprechend dem Kräftemaßstab die Größe der Kraft dar. Eine Kraft ist dann eindeutig festgelegt, wenn Größe, Richtung und Angriffspunkt festliegen. Entgegengesetzte Kräfte gleicher Größe und gleicher Wirkungslinie, wie beim Beispiel „Kastenauftrieb = Kastenbeschwerung", heben sich auf.

Die zeichnerische Ermittlung der Resultierenden aus Kräften, deren Wirkungslinien einen Winkel zueinander bilden, erfolgt mittels **Kräfteparallelogramm** (Bild 3) oder **Kräfteeck**.

Die Bilder 3 und 4 zeigen zeichnerisch, wie sich das Ausheben eines Gußteils mit zwei Kranen vorteilhafter mit einem Waagebalken durchführen läßt.

Schwerpunkt

Die Gewichtskraft eines Körpers ($G = m \cdot g$) hat ihren Angriffspunkt im Schwerpunkt eines Körpers. An Modellen werden Aushebevorrichtungen unter Berücksichtigung des Schwerpunktes angebracht, um das Beschädigen der Form zu vermeiden. Wird ein Formkastenteil am Krangehänge gedreht, so ist die Verlagerung des Schwerpunktes um den Drehpunkt besonders anschaulich zu sehen und wegen der Unfallgefahr zu berücksichtigen. Liegt der Drehpunkt im Schwerpunkt, dann ist der Formkasten in jeder Lage im Gleichgewicht, und die Unfallgefahr ist gering.

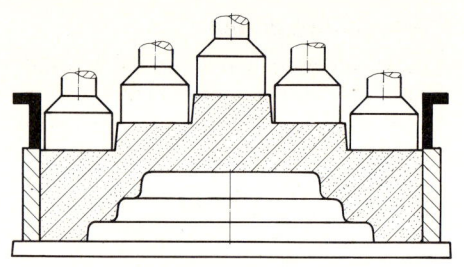

1 Kraftwirkung Formänderung am Beispiel Vielstempelpresse gezeigt

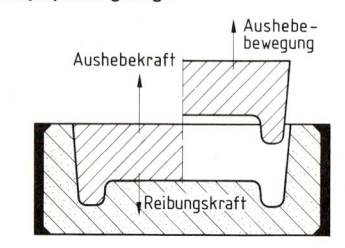

2 Kraftwirkung Bewegung am Aushebevorgang gezeigt

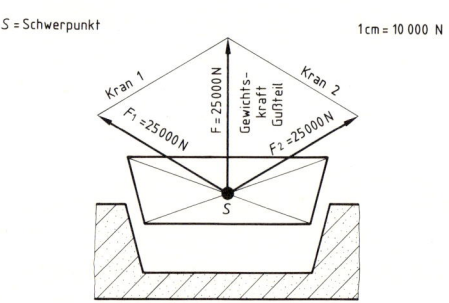

3 Kräfteparallelogramm zeigt, weshalb schräges Ausheben mit 2 Kranen nicht sinnvoll ist

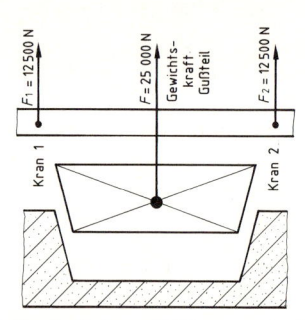

4 Sinnvolles Ausheben mit 2 Kranen unter Verwendung eines Waagebalkens (Tragbalken). Kräfte mit gleicher Wirkungslinie addieren sich

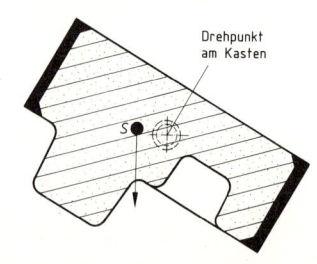

5 Gefahr beim Wenden einer Kastenform: Schwerpunkt liegt nicht im Drehpunkt

Grundlagen der Physik und Chemie Physik

9.2.4 Bewegungen

Bewegungen werden durch Kräfte erzeugt oder geändert. Ohne weitere Einwirkung einer Kraft bleibt die Bewegung erhalten. Die Zunahme einer Geschwindigkeit wird als Beschleunigung, die Abnahme einer Geschwindigkeit als Verzögerung bezeichnet. Bewegungen mit Beschleunigungen oder Verzögerungen werden als **ungleichförmige Bewegungen,** Bewegungen mit gleichbleibender Geschwindigkeit als **gleichförmige Bewegungen** bezeichnet. Nach der Bewegungsrichtung kann man vor allem geradlinige und Kreisbewegungen unterscheiden.

Bild 1 zeigt das Zusammenwirken verschiedener Bewegungen bei einer Muldenbandstrahlanlage.

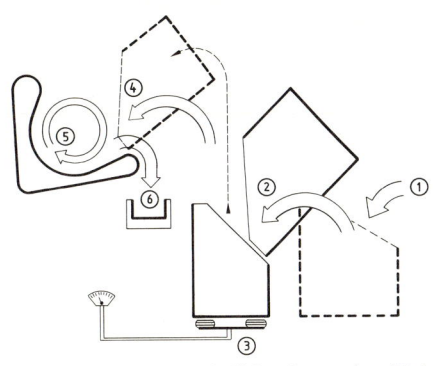

1 Bewegungen unterschiedlicher Art an einer Muldenbandstrahlanlage

Geradlinige Bewegung mit konstanter Geschwindigkeit

Ein Beispiel für diese Bewegung ist das Förderband für Formstoff, Gußteile u.a. Dabei werden in gleichen Zeitabschnitten gleiche Wegabschnitte zurückgelegt. Daraus ergibt sich die Berechnung der Geschwindigkeit.

$$\text{Geschwindigkeit } v = \frac{\text{Weg}}{\text{Zeit}} = \frac{\Delta s}{\Delta t} \left[\frac{m}{s} \quad \frac{m}{min} \quad \frac{km}{h} \right]$$

Geradlinige Bewegung mit konstanter Beschleunigung

Der Kran in der Gießerei wird an verschiedenen Arbeitsplätzen abwechselnd benötigt. Zu diesem Zweck wird der Kran häufig aus dem Stillstand auf die Fahrgeschwindigkeit beschleunigt. Bei der gleichmäßig beschleunigten Bewegung nimmt die Geschwindigkeit in gleichen Zeitabschnitten um gleiche Werte zu. Daraus ergibt sich die Berechnung der Beschleunigung.

$$\text{Beschleunigung } a = \frac{\text{Geschwindigkeitszunahme}}{\text{Zeit}} = \frac{\Delta V}{\Delta t} \frac{m/s}{s} = \frac{m}{s^2}$$

Freier Fall

Ein besonderer Fall der geradlinigen Bewegung mit konstanter Beschleunigung ist der freie Fall. In der Gießerei ist das Gießen das klassische Beispiel für den freien Fall. Die Kraft, die hierbei die Bewegungsänderung verursacht, ist die Erdanziehungskraft. Auf frei fallende Körper oder Flüssigkeiten wirkt eine Fallbeschleunigung von $g = 9{,}81$ m/s².

Der freie Fall ist wichtig bei der Berechnung des Eingußsystems.

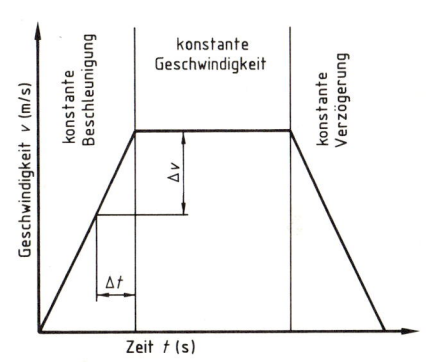

2 Zeichnerische Darstellung von gleichförmiger und ungleichförmiger Geschwindigkeit

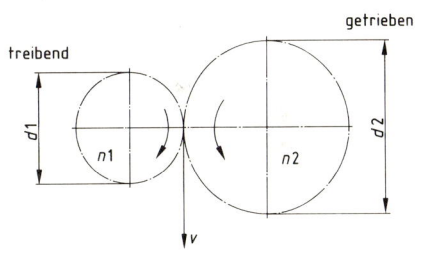

Drehbewegung mit konstanter Drehzahl

In sämtlichen Maschinen befinden sich Bauteile wie Zahnräder, Riemenscheiben u.ä., die eine drehende Bewegung ausführen. Bei gleichbleibender Drehzahl bleibt die Geschwindigkeit gleichförmig. Die Berechnung erfolgt hierbei nach der folgenden Formel:

$$\text{Geschwindigkeit } v = d \cdot \pi \cdot n$$

[V in m/s oder m/min, n in 1/s oder 1/min]

3 Drehbewegung am Zahnradtrieb

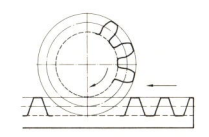

4 Umwandlung einer Drehbewegung in eine geradlinige Bewegung mit Zahnstange

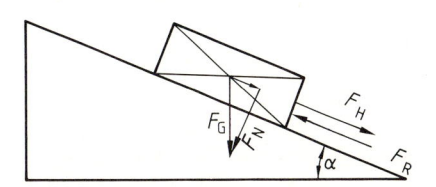

Bewegungen mit Verzögerungen

Eine Geschwindigkeit verringert sich oder kommt zum Stillstand, wenn Kräfte gegen die Bewegung gerichtet sind. Solche Kräfte sind vor allem Reibungskräfte, entweder Rollreibung oder Gleitreibung.

Sie werden meist bewußt als Bremskräfte eingesetzt.

5 Verzögerung der Bewegung
Durch die Gewichtskraft F_G entsteht je nach Winkel α eine größere oder kleinere Hangabtriebskraft F_H. Dieser wirkt die Gleitreibungskraft F_R entgegen. Ab einem bestimmten Winkel kommt der Körper zur Ruhe

271

9.2.5 Arbeit, Energie, Leistung, Impuls

Energie – Arbeit

Eine moderne Gießerei hat einen riesigen Energiebedarf. Mit der gelieferten Energie werden Metalle geschmolzen, Formsand verdichtet und viele andere Arbeiten ausgeführt.

Energie kann nicht erzeugt oder vernichtet werden, sondern immer nur in eine andere Energieform umgewandelt werden. Die Umwandlung von einer Energieform in die andere ist mit Verlusten verbunden, sie werden durch den Wirkungsgrad ausgedrückt. Ohne diese Verluste könnte z.B. der Energievorrat eines Stausees vollständig in elektrische Energie umgewandelt und mit dieser wieder gleichviel mechanische Arbeit verrichtet werden.

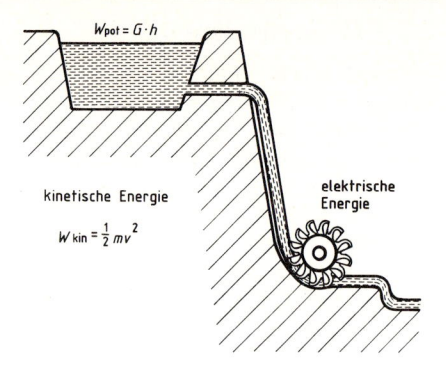

1 Umwandlung von potentieller Energie in elektrische Energie

Beispiel:

	zugeführte Energie	Nutzenergie	Verlustenergie
Generator	mechanische Energie	elektrische Energie	Wärmeenergie
Elektromotor	elektrische Energie	mechanische Energie	Wärmeenergie
Induktionsofen	elektrische Energie	Wärmeenergie	Wärmeenergie
Preßformmaschine	mechanische Energie	mechanische Energie	Wärmeenergie

Die mechanische Arbeit $W = \text{Kraft} \times \text{Kraftweg}$. Die Einheit von Arbeit und Energie ist das Joule (J) und die Wattsekunde

$$1 \text{ J} = 1 \text{ Ws} = 1 \text{ Nm}$$

Der Zusammenhang zwischen Energie und Arbeit ist besonders deutlich am Beispiel der Fallkugel (Bild 2) zu ersehen. Zunächst muß zum Heben der Kugel Hubarbeit verrichtet werden. Anschließend steht diese als potentielle Energie (Lageenergie) zur Verfügung. Durch den freien Fall wird die Lageenergie ($W = G \cdot h$) in kinetische Energie ($W = \frac{1}{2} m \cdot v^2$) umgewandelt und zur Zertrümmerung von Graugußausschuß verwendet.

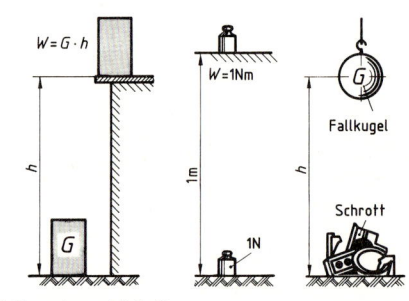

2 Energie und Arbeit

Leistung

Die Leistung ist die in der Zeiteinheit (z.B. in einer Sekunde) verrichtete Arbeit.

Mechanische Leistung $P_{\text{mech}} = \dfrac{\text{Arbeit}}{\text{Zeit}} = \dfrac{F \cdot \Delta S}{\Delta t} = F \cdot v$

Elektrische Leistung (Gleichstrom) $P_{\text{el}} = U \cdot I$

Die Einheit der Leistung ist das **Watt (W)**.

Durch Reibung und andere Verluste ist bei Maschinen die abgegebene Leistung immer geringer als die zugeführte ($P_{\text{ab}} < P_{\text{zu}}$). Hieraus ergibt sich der Wirkungsgrad $\eta < 1$ (siehe Bild 3).

Maschine	Wirkungsgrad η
Wasserturbine	0,9
Dampfturbine	0,23
Elektromotor	0,8
Ottomotor	0,26
Dieselmotor	0,33
Zahnradtrieb	0,95
Riementrieb	0,9
Rüttelformmaschine	0,3
Preßformmaschine	0,5
Drehmaschine	0,7

3 Wirkungsgrade von Maschinen

Stoß, Impuls

Durch die Erfindung des Impulsverfahrens (siehe Kap. 2.2) als moderne Formstoffverdichtung sind Begriffe wie Stoß und Impuls auch in der Gießerei auf Interesse gestoßen.

Bei dem Impulsverfahren wird durch schlagartiges Öffnen eines Druckbehälters oder Zünden eines brennbaren Gas-Luft-Gemisches eine Druckwelle erzeugt, die zunächst die oberste Schicht des aufgeschütteten Sandes beschleunigt. Wie bei einem **Stoß** pflanzt sich nun dieser **Impuls** von einer Sandschicht zur anderen fort, bis er am Modell jäh abgebremst wird und dort die höchste Verdichtung erhält.

Der Impuls ist das Produkt aus Masse mit ihrer Geschwindigkeit $\vec{p} = m \cdot \vec{v}$, mit der Einheit $1 \text{ kgms}^{-1} = 1 \text{ Ns}$.

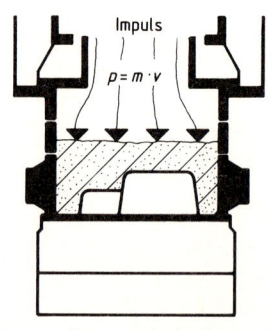

4 Verdichten von Formsand mittels Impuls

Grundlagen der Physik und Chemie Physik

9.2.6 Eigenschaften der flüssigen Körper

In Gefäßen, die mit der gleichen Flüssigkeit gefüllt und untereinander verbunden sind, steht die Flüssigkeit gleich hoch (Bild 1a). Die Gefäßform spielt hierbei keine Rolle. Auch Gießformen sind solche „kommunizierende Gefäße" (Bild 1b).

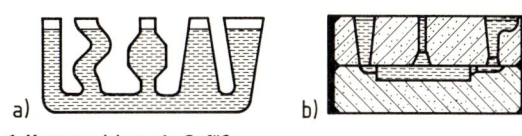

1 Kommunizierende Gefäße

Druckfortpflanzung

Wird auf eine allseitig abgeschlossene Flüssigkeit ein Druck ausgeübt, so pflanzt sich dieser durch die beweglichen Flüssigkeitsteilchen nach allen Seiten gleichmäßig fort (Bild 2a). Nach diesem Prinzip arbeiten die auch in der Gießerei verwendeten hydraulischen Pressen (Bild 2b).

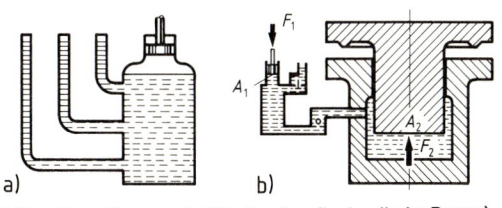

2 Druckfortpflanzung in Flüssigkeiten (hydraulische Presse)

Hydrostatischer Druck

Auch die Eigengewichtskraft einer Flüssigkeit erzeugt einen Druck. Mit einer Tauchsonde an einem Manometer (Druckmeßgerät) kann man diesen hydrostatischen Druck messen. Er steigt mit zunehmender Eintauchtiefe (Höhe). Bei gleicher Eintauchtiefe ist der Druck nach allen Seiten gleich (Bild 3). Messungen mit einer Druckdose zeigen, daß der hydrostatische Druck von der Dichte ϱ und von der Höhe h abhängig ist. Das zeigt sich auch, wenn man die Gewichtskraft der Flüssigkeit berechnet, die auf der Dosenmembrane lastet (Bild 4).

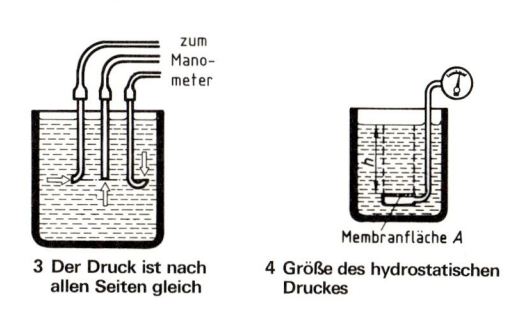

3 Der Druck ist nach allen Seiten gleich

4 Größe des hydrostatischen Druckes

Bestimmt man die Bodendruckkraft F_B bei Gefäßen mit gleicher Grundfläche A, aber unterschiedlichen Flüssigkeitsmengen, ergibt sich ein paradoxer (widersinniger) Sachverhalt (Bild 5). In den drei Fällen sind die Bodendruckkräfte gleich. Auf die Formböden der Platte und des Klotzes (Bild 6) wirken die gleichen Bodendruckkräfte $F_B = A \cdot h_B \cdot \varrho \cdot g$; die Deckeldruck- oder Aufdruckkraft F_D gegen den Oberkasten ist jedoch bei der Platte größer als bei dem Klotz, weil h_{D_1} größer ist als h_{D_2}.

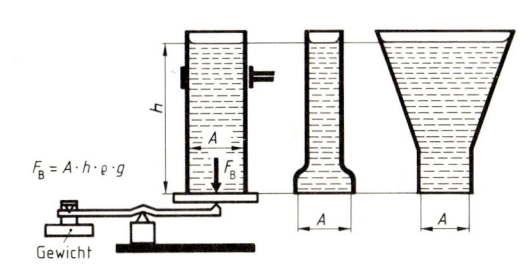

5 Das hydrostatische Paradoxon

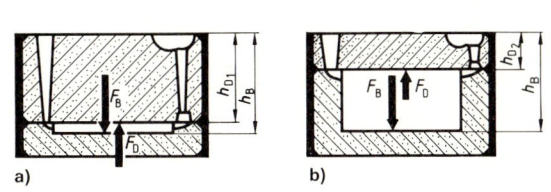

Auftrieb

Jeder in eine Flüssigkeit eingetauchte Körper verliert scheinbar an Gewichtskraft. Der abwärts gerichteten Gewichtskraft des Körpers wirkt eine Kraft, der Auftrieb, entgegen. Die Größe des Auftriebs kann gemessen werden (Bild 7). Dabei gilt der Satz der Archimedes (212 v. Chr.): **Der Auftrieb eines Körpers in einer Flüssigkeit ist gleich der Gewichtskraft der verdrängten Flüssigkeit.**

Bei einer Graugußform ist der Auftrieb eines Kerns oder Ballens immer größer als sein Gewicht. Ballen kommen deshalb fast immer in das Oberteil.

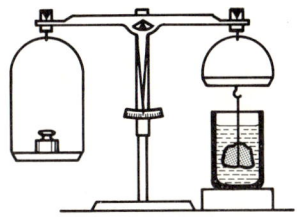

6 Druckkräfte in Gießformen: Platte (a) und Klotz (b)

7 Hydrostatische Waage

Grundlagen der Physik und Chemie

9.2.7 Eigenschaften der gasförmigen Körper

Im Gießereibetrieb spielen Gase eine wichtige Rolle, einige Beispiele sollen dies zeigen.

- Druckluft für das Schießen und Impulsverfahren
- Kohlenstoffdioxid für das Begasen von Kernen
- Stickstoff für das Durchmischen der Schmelze während des Entschwefelns
- Schwefeldioxid als Schutzgas beim Gießen von Magnesium

$p_1 = 1$ bar $\quad p_2 = 2$ bar
$V_1 = 1$ dm³ $\quad V_2 = 0,5$ dm³

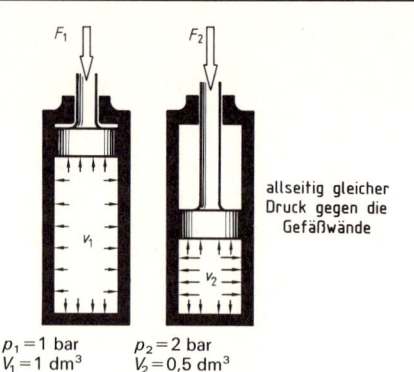

1 Beziehung zwischen Gasdruck und Volumen (bei gleichbleibender Temperatur)

Volumen – Druck

Die Moleküle gasförmiger Körper verteilen sich in jeden dargebotenen Raum, anderseits lassen sich Gase leicht zusammendrücken (Bild 1) und können in Druckbehältern zur Verfügung stehen. Der Zusammenhang zwischen Volumen und Druck ergibt sich aus dem Boyle-Mariotteschen Gesetz.

$$p_1 V_1 = p_2 V_2$$

Die SI-Einheit des Druckes ist das Pascal (Pa), $1\,Pa = 1\,N/m^2$, in der Praxis wird jedoch noch die Einheit bar verwendet.

$$1\,bar = 0,1\,MPa = 0,1\,N/mm^2 = 10^5\,Pa$$

Der Druck wird mit Manometern gemessen.

Eine Manometerbauart stellt das Röhrenfedermanometer (Bild 2) dar. Hierbei wird die Tatsache ausgenützt, daß der Druck auf der Außenseite der gebogenen Röhre eine größere Angriffsfläche besitzt und diese streckt. Über ein Zahnsegment wird die Bewegung auf den Zeiger übertragen.

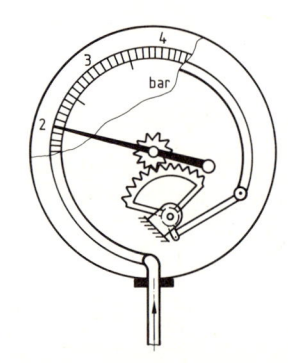

2 Luftdruckmessung mit Röhrenfedermanometer

Dichte der Gase

Die Dichte von Gasen wird in mg/cm³ oder in g/l angegeben. Sie wird auf 0 °C und 1,013 bar bezogen, da Druck auf eine abgeschlossene Gasmenge die Dichte erhöht und Erwärmung einer unbehinderten Gasmenge die Dichte verringert.

In der Formerei ist oft das Dichteverhältnis zu Luft (Bild 3) bei den Gasen wichtig. So wird z.B. beim Gießen von Magnesium die Form mit dem gegenüber Luft schwereren SO_2 gefüllt, ohne daß sich dieses verflüchtigt.

Stoff	Dichte g/dm³	Dichtevergleich bezogen auf Luft	Dichtevergleich bezogen auf Wasserstoff
Luft	1,293	1,000	~14,4
Chlor	3,220	2,940	~35,8
CO_2-Gas	1,977	1,530	~22,0
Wasserstoff	0,090	0,069	1,0
Stickstoff	1,251	0,967	~14,0
Sauerstoff	1,429	1,106	~16,0

3 Dichte von Gasen bei 0 °C und 1,013 bar

Atmosphärischer Druck – Unterdruck

Die Erde ist von einer ca. 500 km hohen Lufthülle umgeben, deren Gewichtskraft den atmosphärischen Luftdruck verursacht. Dieser Luftdruck ist wetterbedingten Schwankungen unterlegen; als Normalluftdruck wird 1,013 bar bezeichnet.

In der Formerei werden einige Formverfahren angewandt, die mit Unterdruck arbeiten (siehe Kap. 2.2). Wie Bild 4 zeigt, ist es jedoch der Luftdruck von ca. 1 bar, der die Verdichtungswirkung erzeugt, nachdem aus der mit einer Folie abgedeckten Form die Luft abgesaugt wurde.

Aus technischen Gründen wird kein vollständiges Vakuum erzeugt, für Formmaschinen genügt für eine gute Verdichtung z.B. ein 50%iges Vakuum.

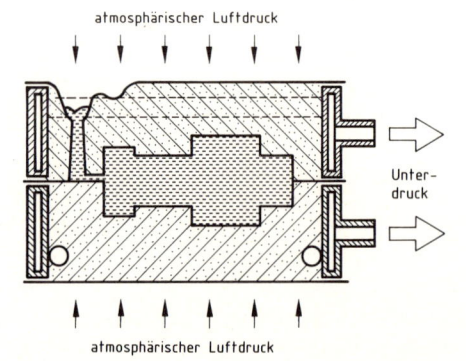

4 Anwendung von Unterdruck zur Formherstellung

Grundlagen der Physik und Chemie — Physik

9.2.8 Wärme

Wärme ist eine Energieform. Sie ist in der Gießerei von besonderer Bedeutung, da sie dort vorrangig zur Änderung des Aggregatzustandes notwendig ist.

Temperatur

Als Einheit für die Messung der Temperatur verwendet man den hundertsten Teil des Temperaturbereiches zwischen dem Gefrierpunkt und dem Siedepunkt des Wassers und bezeichnet diesen als Grad Celsius (°C). Neben dieser allgemein verwendeten Einheit verwendet man in der Physik die thermodynamische Temperatur T. Die Einheit ist hierbei das Kelvin (K), es entspricht einem Grad Celsius, jedoch liegt der Nullpunkt der Kelvinskala bei $-273\,°C$ (absoluter Nullpunkt).

Zur **Temperaturmessung** werden Temperaturmeßinstrumente mit unterschiedlichem Temperaturbereich verwendet. In der Gießerei werden zur Ermittlung der Temperatur der Schmelze Pyrometer verwendet. Bild 1 zeigt ein Strahlungspyrometer, das durch Vergleich der Schmelzfarbe mit der Glühdrahtfarbe zur Temperaturermittlung führt. Bild 2 zeigt das Prinzip des üblicheren Eintauchpyrometers. Bei diesem wird an einer Lötstelle von zwei hochschmelzenden Metallen (z.B. Platin-Rhodium/Platin) ein Strom, proportional zur Temperatur erzeugt. Der Strom, im mA-Bereich, wird in °C geeicht.

Ausbreitung der Wärme

Die Ausbreitung der Wärme erfolgt
— durch **Wärmeströmung** (z.B. Wasserkühlung einer Druckgußform)
— durch **Wärmeleitung** (z.B. Vorgang im Schmelzofen)
— durch **Wärmestrahlung** (z.B. Abstrahlung der Schmelze)

Im Gießereibetrieb spielt die Wärmeleitung eine besondere Rolle. Einerseits werden für Schmelzöfen isolierende Stoffe, also solche mit geringer Wärmeleitung, und andererseits bei Abschreckkörpern oder Kokillen besonders wärmeleitfähige Formstoffe verwendet. Die Tabelle 3 zeigt die Wärmeleitfähigkeit verschiedener Stoffe.

Wärmeausdehnung

Fast alle Körper dehnen sich mit zunehmender Erwärmung aus und ziehen sich umgekehrt bei Abkühlung wieder zusammen. Die Längenausdehnung fester Körper $\Delta l = l_0 \cdot \alpha \cdot \Delta T$ ist der gleiche Betrag, um den Gußteile bei Erkaltung schwinden. Da der Temperaturbereich vom Erstarren bis zur Raumtemperatur bei einem bestimmten Metall festliegt, kann die Schwindung in % angegeben werden. Zu beachten ist, daß durch Kerne, Ballen usw. die Schwindung behindert wird.

Bei der Volumenausdehnung $\Delta V = V_0 \cdot \gamma \cdot \Delta T$ ist der Volumenausdehnungskoeffizient dreimal so groß wie der Längenausdehnungskoeffizient ($\gamma = 3\alpha$). Die Ausdehnung von Flüssigkeiten ist größer als die von festen Stoffen. Wasser weicht in seinem Ausdehnungsverhalten von anderen Flüssigkeiten ab (Bild 4). Dies bezeichnet man als Anomalie des Wassers.

Gase dehnen sich bei gleichbleibendem Druck bei Erwärmung pro Grad um $\frac{1}{273}$ ihres Volumens aus, das sie bei $0\,°C$ einnehmen.

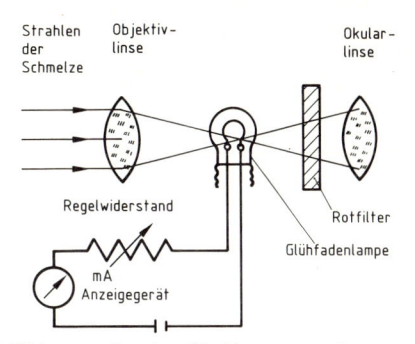

1 Wirkungsweise eines Strahlungspyrometers

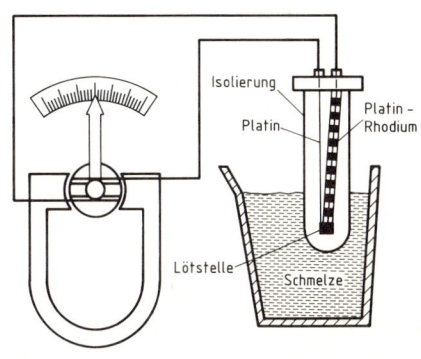

2 Wirkungsweise eines thermoelektrischen Pyrometers

Werkstoff	Längenausdehnungskoeffizient α (1/°K)	Wärmeleitfähigkeit (W/m·K)
Eisen	0,000011	50
Aluminium	0,0000239	220
Kupfer	0,0000168	395
Zink	0,00003	100
Glas	0,000008	0,81
Quarz	0,000001	9,9
Mauerwerk	0,000006	0,5…1,0
Naßgußsand	—	0,59

3 Tabelle für Wärmeleitfähigkeit und Längenausdehnung (0 bis 100 °C)

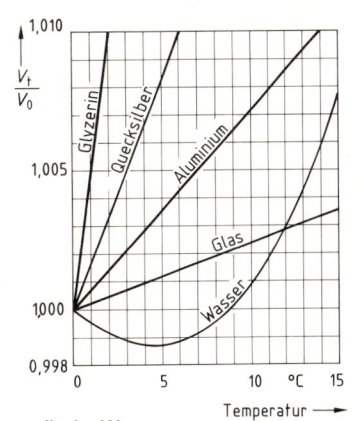

4 Anomalie des Wassers

Chemie

9.3 Chemie

9.3.1 Elemente – Chemische Verbindungen

Grundstoffe oder Elemente

Stoffe, die sich chemisch nicht weiter zerlegen lassen, werden als Grundstoffe oder Elemente bezeichnet.

Die kleinsten Teile der Elemente sind die Atome. Die Größe des Eisenatoms beträgt $2 \cdot 10^{-7}$ mm, d.h., 10 Millionen Atome aneinandergereiht ergeben eine Kette von 2 mm Länge. Eine Eisenkugel von 1 mm Durchmesser besteht aus 10^{20} Atomen; reihte man sie aneinander, so würde dies etwa 52mal die Strecke von der Erde zum Mond ergeben.

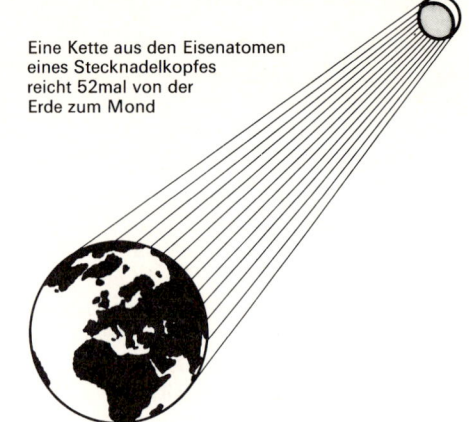

Eine Kette aus den Eisenatomen eines Stecknadelkopfes reicht 52mal von der Erde zum Mond

1 Größenvergleich

Aufbau der Atome

In der Mitte eines Atoms befindet sich der **Atomkern**. Er besteht aus den positiv geladenen **Protonen** und den elektrisch neutralen **Neutronen**. Der Durchmesser des Atomkerns beträgt etwa ein 10000stel von dem des Atoms, trotzdem vereinigt er in sich fast die gesamte Masse. Um den Atomkern bewegen sich die elektrisch negativ geladenen **Elektronen**. Die Atome der einzelnen Elemente unterscheiden sich durch die Anzahl der Protonen. Am einfachsten aufgebaut ist das Wasserstoffatom, es besitzt nur ein Proton und ein Elektron. Wird das Elektron abgegeben, so erhält man das positiv geladene Wasserstoffion (H^+).

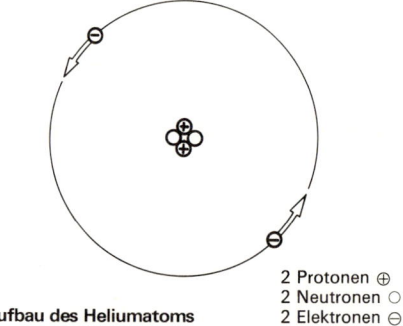

Chemische Verbindungen

Die meisten Stoffe sind chemische Verbindungen. Ihre kleinsten Teilchen setzen sich gesetzmäßig aus Atomen verschiedener Elemente zusammen und werden als Moleküle bezeichnet.

Chemische Verbindungen besitzen völlig andere Eigenschaften als die Grundstoffe oder Elemente, aus denen sie aufgebaut sind. So ist bei Normalbedingungen (Raumtemperatur und atmosphärischer Luftdruck) das Element Natrium (Na) ein Metall, das Element Chlor (Cl_2) ein Gas, die aus diesen Elementen zusammengesetzte Verbindung NaCl (Kochsalz) ist jedoch ein kristallines Salz.

Die Zusammensetzung eines Moleküls wird durch chemische Formeln ausgedrückt. Bei den chemischen Formeln unterscheidet man zwischen der Summenformel und der Strukturformel (Bild 3). Beiden läßt sich entnehmen, aus welchen Elementen eine Verbindung aufgebaut ist und wie viele Atome jeweils an der Verbindung beteiligt sind. Strukturformeln geben zusätzlich an, welche Elemente wie miteinander verbunden sind.

2 Aufbau des Heliumatoms

2 Protonen ⊕
2 Neutronen ○
2 Elektronen ⊖

Organische Verbindungen – anorganische Verbindungen

Unter der organischen Chemie versteht man die Chemie der Kohlenstoffverbindungen. Kohlenstoffverbindungen besitzen mindestens eine Bindung zwischen Kohlenstoff- und Wasserstoff- oder Kohlenstoff- und Stickstoffatomen. Die organischen Verbindungen wurden ursprünglich vor allem in den lebenden Organismen vorgefunden, daher auch die Bezeichnung Organische Chemie. Inzwischen kommen jedoch ständig neue, künstlich hergestellte (synthetisierte) Verbindungen dazu. Gegenüber ca. 100000 anorganischen Verbindungen sind heute bereits einige Millionen organischer Verbindungen bekannt. Die Formerei mit ihren organischen Bindern ist ein typisches Beispiel für den Einsatz solcher neuer Verbindungen.

Bezeichnung	Summenformel	Strukturformel
Methan	CH_4	H–C(H)(H)–H
Ethan	C_2H_6	H–C(H)(H)–C(H)(H)–H
Propan	C_3H_8	H–C(H)(H)–C(H)(H)–C(H)(H)–H
Wasser	H_2O	O(H)(H)
Schwefelsäure	H_2SO_4	O=S(=O)(O–H)(O–H)

3 Beispiele für die Darstellung von chemischen Formeln

Grundlagen der Physik und Chemie — Chemie

9.3.2 Chemische Umsetzungen

Darstellung der chemischen Umsetzungen

Bei den chemischen Umsetzungen, die auch als chemische Reaktionen bezeichnet werden, entstehen neue Stoffe mit neuen Eigenschaften. Damit die Umsetzungen kurz und exakt beschrieben werden können, benützt man **Reaktionsgleichungen**.

Beispiel: Entstehung des Fe_3C beim Hochofenprozeß

$$3Fe + 2CO \rightarrow Fe_3C + CO_2$$

In Reaktionsgleichungen werden die Ausgangsstoffe links, die Endprodukte rechts vom Pfeil geschrieben. Die Anzahl der im Molekül vorhandenen Atome eines Elementes wird durch einen tiefgestellten Zahlenindex rechts vom Elementsymbol ausgedrückt. Die Zahl und Art der Atome muß auf beiden Seiten der „Gleichung" identisch sein.

Analyse – Synthese

Die Zerlegung einer chemischen Verbindung in Elemente oder in einfache Verbindungen bezeichnet man als chemische Analyse. Die **quantitative Analyse** hat die Aufgabe, die Zusammensetzung auch mengenmäßig zu liefern.

Beispiel: Quantitative Analyse von Grauguß:

93,94% Fe (Eisen), 3,4% C (Kohlenstoff), 1,6% Si (Silicium), 0,6% Mn (Mangan), 0,4% P (Phosphor), 0,06% S (Schwefel)

Unter **Synthese** versteht man den chemischen Aufbau von chemischen Verbindungen aus Elementen oder einfachen Verbindungen.

Beispiel: Wassererzeugung aus Wasserstoff und Sauerstoff

$$2H_2 + O_2 \rightarrow 2H_2O$$

Synthesen spielen eine Rolle bei der Herstellung von Formstoffbindern, Lösemitteln, Benzin, Gummi u.a.

Exotherme Reaktionen – endotherme Reaktionen

Bei jeder chemischen Reaktion wird entweder Energie aufgenommen oder Energie abgegeben.

Wird Energie abgegeben, entsteht also Wärme, so handelt es sich um eine **exotherme Reaktion**.

Das typische Beispiel für eine exotherme Reaktion ist der exotherme Speiser, der ohne die üblichen Verzögerungsbeimischungen bis zu 2500 °C Temperatur entwickeln kann:

$$Fe_2O_3 + 2Al \rightarrow Al_2O_3 + 2Fe + Wärme$$

Dieser Vorgang ist ähnlich dem Thermitschweißen.

Auch das Abbinden der Kunstharzbinder ist eine exotherme Reaktion.

Endotherme Reaktionen verlaufen unter Energieaufnahme. Zu diesen Vorgängen gehören die bei der Metallgewinnung notwendigen Reduktionen, wie z.B. die Reduktion von Fe_3O_4 zu Fe oder die Reduktion von CuO zu Cu.

In chemischen Gleichungen wird die entstehende Wärme (exotherme Reaktion) rechts, die aufgenommene Wärme (endotherme Reaktion) links – bzw. rechts mit negativem Vorzeichen – vom Reaktionspfeil angegeben.

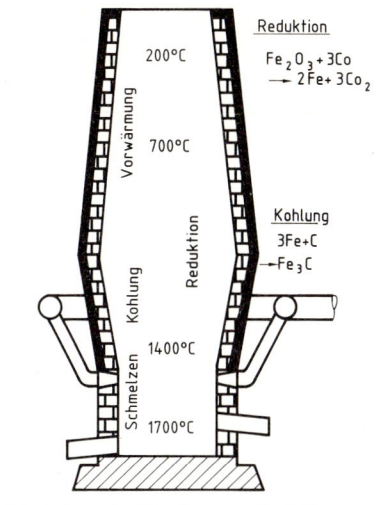

1 Darstellung der Vorgänge am Hochofen

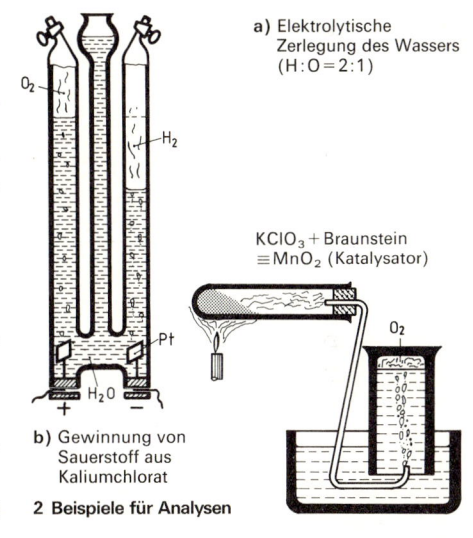

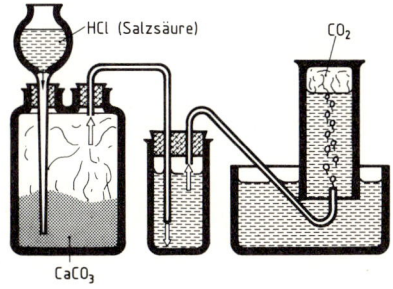

Reduktion: $Fe_2O_3 + 3CO \rightarrow 2Fe + 3CO_2$

Kohlung: $3Fe + C \rightarrow Fe_3C$

a) Elektrolytische Zerlegung des Wassers (H:O = 2:1)

b) Gewinnung von Sauerstoff aus Kaliumchlorat
$KClO_3$ + Braunstein $\equiv MnO_2$ (Katalysator)

2 Beispiele für Analysen

$2HCl + CaCO_3 \rightarrow CaCl_2 + H_2O + CO_2 \uparrow$

c) Darstellung von Kohlendioxid aus Calziumcarbonat ($CaCO_3$)

3 Beispiel für Umsetzung

Chemie — Grundlagen der Physik und Chemie

Oxidation — Reduktion

Chemische Reaktionen, bei denen sich Sauerstoff mit einem Element oder einer Verbindung vereinigt, bezeichnet man als **Oxidationen** (Verbrennungen). Nach der Reaktionsgeschwindigkeit kann man zwischen einer langsamen Oxidation, wie z.B. dem Rosten, und einer schnellen Oxidation, z.B. Verpuffung von Formgasen, unterscheiden. Weitaus die meisten Oxidationen sind exotherme Vorgänge, bei denen Wärme frei wird. Bei langsamer Oxidation, wie z.B. beim Rosten, ist die entstehende Wärme schwer feststellbar, weil sie sofort von der Umgebung aufgenommen wird.

Wasserstoff „verbrennt" nicht nur in Sauerstoffatmosphäre, sondern auch in einer Chloratmosphäre. Der Begriff der Oxidation kann deshalb auf solche Vorgänge erweitert werden.

Der chemische Vorgang, bei dem einer Verbindung Sauerstoff entzogen wird, bezeichnet man als **Reduktion.** Die Verhüttungsprozesse weisen alle als wichtigsten Verfahrensschritt eine Reduktion auf, bei der das Metall vom Sauerstoff getrennt wird. Die hierbei notwendige Energiezufuhr zeigt, daß es sich bei Reduktionen häufig um endotherme Vorgänge handelt.

Ebenso spricht man von einer Reduktion, wenn z.B. bei einer Metallverbindung an Stelle von Sauerstoff Schwefel entzogen wird.

Der Begriff Oxidation wird auch — abstrakter, aber allgemeingültiger — als Abgabe von Elektronen, der Begriff Reduktion als Aufnahme von Elektronen definiert. Da eine Elektronenabgabe immer eine gleichzeitige Elektronenaufnahme erfordert, laufen Oxidations- und Reduktionsreaktionen immer gleichzeitig ab, man spricht deshalb von **Redoxreaktionen.**

Auslösung und Beeinflussung chemischer Reaktionen

Jede Reaktion erfordert eine bestimmte Reaktionstemperatur, damit sie abläuft. Durch Erhöhung der **Temperatur** steigt die Reaktionsgeschwindigkeit. Kaltharzbinder härten z.B. am besten bei Raumtemperatur aus, bei Frost unterbleibt eine Aushärtung, während Hot-Box- und Croning-Binder eine Reaktionstemperatur von ca. 250 bis 350 °C benötigen.

Der **Flammpunkt** ist die Temperatur, bei der eine brennbare Flüssigkeit so viele Dämpfe entwickelt hat, daß diese bei Annäherung einer Zündflamme aufflammen.

Die **Selbstentzündungstemperatur** ist die Temperatur, bei der sich ein Stoff an der Luft von selbst entzündet.

Katalysatoren beschleunigen chemische Vorgänge durch ihre Anwesenheit. Dabei verbinden sich diese vorübergehend mit einem Reaktionspartner und werden anschließend wieder freigesetzt oder verbleiben fein verteilt im Reaktionsprodukt. Katalysatoren werden in der Formerei vorwiegend beim Cold-Box-Verfahren und bei Schnellharzverfahren eingesetzt (siehe Kap. 7.1.4).

Weiteren Einfluß auf die Auslösung chemischer Reaktionen haben außerdem der Aggregatzustand, die Beschaffenheit der Oberfläche und die Konzentration der Reaktionspartner.

Elektrochemische Reaktionen werden durch Strom ausgelöst und in Betrieb gehalten. Die Schmelzflußelektrolyse zur Gewinnung von Aluminium und von Magnesium ist als Beispiel hierzu in Kapitel 8.3 beschrieben.

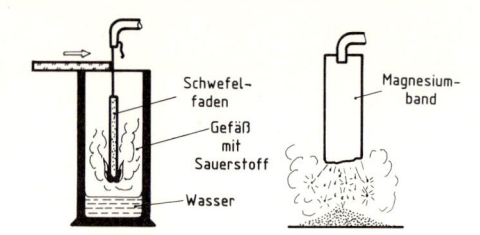

1 Oxidation
Verbrennen von Schwefel in Sauerstoff zu Schwefeldioxid
Verbrennen von Magnesium an der Luft zu Magnesiumoxid

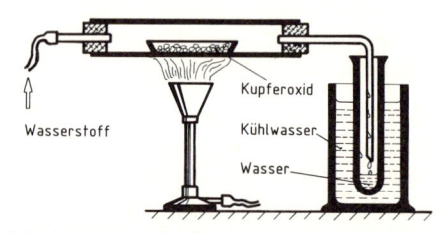

2 Reduktion von Kupferoxid durch Wasserstoff zu Kupfer, dabei bildet sich auch Wasser

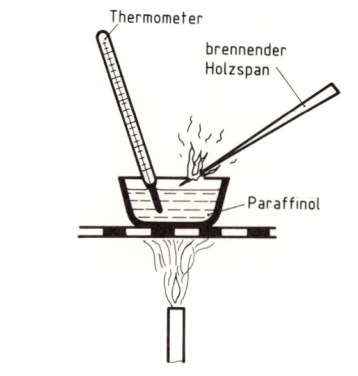

3 Ermittlung des Flammpunktes bei Paraffinöl

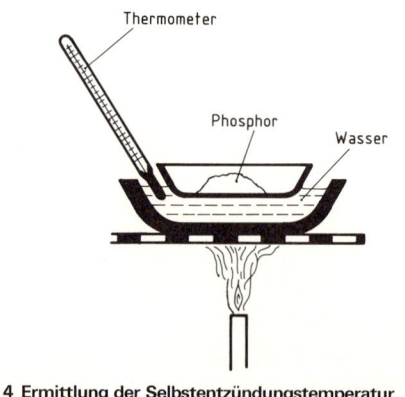

4 Ermittlung der Selbstentzündungstemperatur
(Phosphor entzündet sich bei 70 von allein)

Grundlagen der Physik und Chemie Chemie

9.3.3 Säuren – Basen – Salze

Säuren

Binden sich Nichtmetalloxide mit Wasser, so entstehen Säuren. So entsteht z.B. aus Schwefeldioxid und Wasser die umweltgefährdende schweflige Säure (Bild 1):

$$SO_2 + H_2O \rightarrow H_2SO_3$$

Säuren enthalten stets Wasserstoff und einen Verbindungsteil, den man als Säurerest bezeichnet. Es gibt auch Säuren, die sich nicht von Oxiden ableiten lassen. Dazu gehört z.B. die Salzsäure (HCl). Es gibt schwache und starke Säuren, die entsprechend ätzend wirken. Beim Umgang mit den Säuren als Formstoffhärtern in der Formerei sind deshalb Schutzbrille und Gummihandschuhe Vorschrift.

Säuren kann man durch die Rötung von Lackmuspapier feststellen.

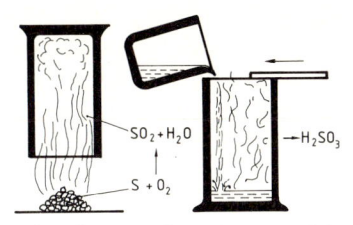

Basen

Binden sich Metalloxide mit Wasser, so entstehen Basen, auch Hydroxide genannt. Löst sich ein Hydroxid in Wasser, ergibt sich eine Lauge. So entsteht z.B. aus Natriumoxid (Na_2O) und Wasser die stark ätzende Natronlauge (NaOH) (Bild 2).

$$2Na + 2H_2O \rightarrow Na_2O + 2H_2\uparrow \quad Na_2O + H_2O \rightarrow 2NaOH$$

Viele Basen enthalten deshalb einen Metallrest und eine Hydroxyl(OH)-Gruppe. Basen färben rotes Lackmuspapier blau und greifen unedle Metalle an.

Unter der Einwirkung einer Lauge erweichen tierische und pflanzliche Stoffe, die Zellen quellen auf und werden teilweise zerstört. Dies kann beobachtet werden, wenn Zement als Formstoffbinder verwendet wird; wesentlich aggressiver und gefährlicher sind Natron- und Kalilauge.

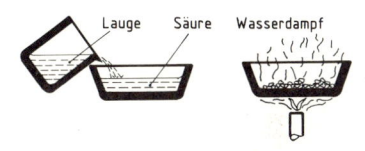

Salze

Salze setzen sich aus dem Basenrest (Metallrest) und dem Säurerest zusammen. Erfolgt die Verbindung dieser beiden Teile entsprechend den Atommassen, so tritt eine Neutralisation ein, das Lackmuspapier reagiert weder blau noch rot. So entsteht z.B. durch Neutralisation von Natronlauge und Salzsäure das Kochsalz und Wasser.

$$NaOH + HCl \rightarrow NaCl + H_2O$$

Salze können sauer reagieren, wenn die Säure stärker ist als die Lauge oder basisch, wenn die Lauge stärker ist als die Säure.

Säure kann abstrakter auch als Stoff definiert werden, der Wasserstoffionen (H^+-Ionen oder Protonen) abgeben kann, Base kann als Stoff definiert werden, der Wasserstoffionen – meist aus Wasser – aufnehmen kann. Da Wasserstoffaufnahme und -abgabe einander bedingen, spricht man von Säuren-Basen-Systemen. Die Wasserstoffionenkonzentration (H^+-Konzentration) ist ein Maß für die Säure- bzw. Basenstärke, sie wird meist als **pH-Wert** angegeben. Bei einem pH-Wert von 7 ist eine wässerige Lösung neutral, ein pH-Wert von 0 bedeutet eine sehr starke Säurewirkung und ein pH-Wert von 14 eine sehr starke Basenwirkung (siehe Tabelle).

1 Entstehen der schwefligen Säure aus Schwefeldioxid und Wasser

$$2Na + H_2O \rightarrow Na_2O + H_2\uparrow$$
$$Na_2O + H_2O \rightarrow 2NaOH$$

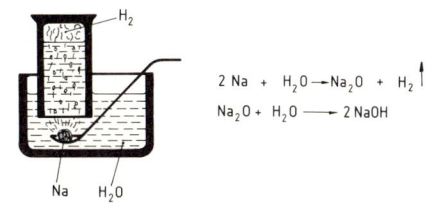

2 Laugenbildung aus Metall und Wasser

$$NaOH + HCl \rightarrow NaCl + H_2O$$
$$KOH + HCl \rightarrow KCl + H_2O$$
$$Ca(OH)_2 + H_2SO_4 \rightarrow CaSO_4 + 2H_2O$$

3 Neutralisation und Salzbildung

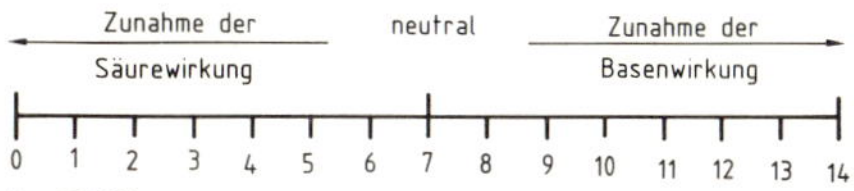

4 pH-Wert

Kupfersulfat	$CuSO_4$
Kaliumsulfit	K_2SO_3
Natriumphosphat	Na_3PO_4
Calciumphosphit	$Ca_3(PO_3)_2$
Silbernitrat	$AgNO_3$
Natriumnitrit	$NaNO_2$
Eisencarbonat	$FeCO_3$
Magnesiumsilikat	$MgSiO_3$

5 Namen einiger Salze

Wiederholungsfragen zu Physik und Chemie

1. Nennen Sie jeweils Beispiele für physikalische Vorgänge und chemische Reaktionen.
2. Welche Aggregatzustände haben Körper?
3. Nennen Sie zwei Beispiele für Bewegungen mit konstanter Beschleunigung.
4. Welcher Zusammenhang besteht zwischen Arbeit und Leistung?
5. Wie groß ist der Auftrieb eines Kernes in der Gießform?
6. Womit kann der Druck von Gasen gemessen werden?
7. Erklären Sie die Funktion eines thermoelektrischen Pyrometers.
8. Welcher Unterschied besteht zwischen einer Oxidation und einer Reduktion?
9. Welche Bedeutung hat der pH-Wert?

10 Steuer- und Regelungstechnik

Um wettbewerbsfähige Preise auch für Gußteile bei besten Qualitäten zu erhalten, werden viele Arbeitsgänge heute automatisch durchgeführt. Möglich wird dies durch die Steuer- und Regelungstechnik.

10.1 Steuern und Regeln

In Gießereien werden vor allem Formanlagen, Kokillengieß- und Druckgießmaschinen automatisch gesteuert. Durch Steuer- und Regeleinrichtungen werden optimale Betriebsabläufe erreicht. Wird z.B. das automatische Aufheizen und Kühlen einer Form nur nach einem festen Zeitplan durchgeführt, so kann die günstigste Formtemperatur nicht genau eingehalten werden. Umgebungseinflüsse, z.B. eine Änderung der Umgebungstemperatur, würden nicht in ausreichendem Maße berücksichtigt. Gleichmäßige Formtemperaturen werden deshalb mit Hilfe von Temperiergeräten (Bild 1) eingehalten: Über Temperaturfühler wird die Formtemperatur ständig gemessen (Istwert) und mit dem eingestellten Wert (Sollwert) verglichen. Bei Unterschieden wird entsprechend das Heiz- oder Kühlsystem in Gang gesetzt.

Unter **Steuern** versteht man den Vorgang in einem System, bei dem z.B. eine Eingangsgröße eine Ausgangsgröße durch die im System vorgesehene Gesetzmäßigkeit beeinflußt. Kennzeichen ist der **offene Wirkungsablauf**, d.h. die beeinflußte Ausgangsgröße hat keine Rückwirkung auf die Eingangsgröße (Bild 2). Darstellbar ist der Ablauf als **Steuerkette**.

Beim **Regeln** wird die zu regelnde Größe (die Regelgröße) ständig erfaßt und mit einem vorgegebenen Wert verglichen. Je nach Ergebnis dieses Vergleichs wird der Vorgang so beeinflußt, daß eine Angleichung von Istwert an den Sollwert erfolgt. Durch die ständige Rückmeldung ist der **Wirkungsablauf** in sich geschlossen (**Regelkreis**, Bild 4).

Aufbau einer Steuerung

Bei einer Steuerung kann nach der Funktion ein Steuer- und ein Arbeitsteil unterschieden werden. Der Steuerteil besteht aus **Signal-** und **Steuergliedern**, der Arbeitsteil aus **Stell-** und **Arbeitsgliedern**. Die Signale können in analoger, digitaler oder binärer Form erfolgen. Analog bedeutet ein gleichartiges Übertragen einer sich fortlaufend ändernden Größe, digital bedeutet ein schrittweises Übertragen einer sich fortlaufend ändernden Größe.

Steuerungsarten

Nach DIN 19226 werden verschiedene Steuerarten unterschieden. Wichtig sind die **Ablauf- oder Folgesteuerungen**, deren Ablauf zeit- oder wegabhängig sein kann. Bei der **Zeitplansteuerung** erfolgt der nächste Schritt nach einer vorbestimmten Zeit. Bei der **Wegplansteuerung** beginnt der nächste Schritt erst nach Beendigung des vorhergehenden Schrittes (Beispiel Druckgießmaschine: Der Formfüllhub (2. Phase) beginnt erst nach Beendigung des Vorlaufs (1. Phase)).

Nach der Art der Steuerelemente unterscheidet man **mechanische**, **pneumatische**, **hydraulische** und **elektrische** Steuerungen.

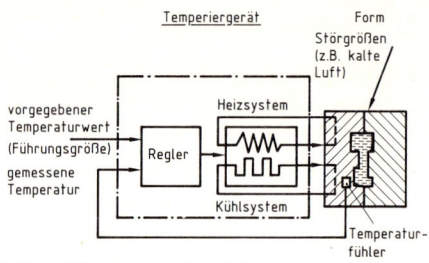

1 Formkühlung bzw. Formheizung

2 Blockdarstellung eines Steuergliedes

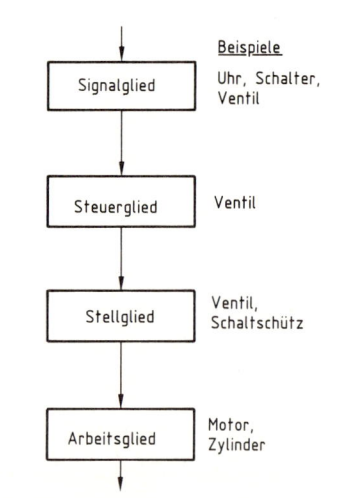

3 Geräte einer Steuerkette

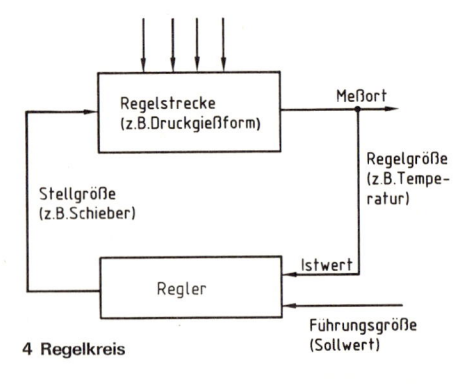

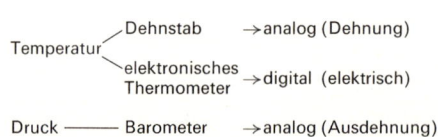

4 Regelkreis

5 Signalformen

Steuer- und Regeltechnik — Pneumatik

10.2 Pneumatik

Unter Pneumatik versteht man die technische Anwendung von Druckluft zum Betreiben und Steuern von Anlagen und Maschinen, z.B. bei Handschleifern und -schraubern.

Vorteile der Pneumatik:
— Druckluft steht praktisch in jedem Betrieb zur Verfügung, da die Betriebe über eigene Drucklufterzeugungsanlagen verfügen.
— Die Druckluft kann nach verrichteter Arbeit ins Freie geleitet werden.
— Luft ist nicht brennbar, was vor allem bei explosionsgefährdeten Arbeitsstellen (z.B. Bergwerken) wichtig ist.
— Die Luft ist zusammendrückbar (kompressibel) und dämpft deshalb Stöße.
— Durch den Einsatz von Druckluft als Betriebsmittel können hohe Geschwindigkeiten bei Zylindern und Motoren erreicht werden.
— Mit Druckluft betriebene Geräte besitzen ein günstiges Leistungsgewicht.

Nachteile:
— Der Betriebsdruck der Anlagen ist nach oben begrenzt (meist 6 bar). Bei großen erforderlichen Kräften führt dies zu großen Abmessungen bei den Arbeitsgliedern.
— Wegen der Kompressibilität des Arbeitsmittels sind genaue gleichförmige Geschwindigkeiten nicht einstellbar.
— Durch das schnelle Entweichen der Abluft ergeben sich starke Lärmentwicklungen, die den Einsatz von Schalldämpfern notwendig machen.

Bauelemente in Pneumatikanlagen

Hier können folgende Bereiche unterschieden werden:
Drucklufterzeugung — Druckluftaufbereitung — neumatische Steuerung

Drucklufterzeugung und -aufbereitung (Bild 1)

Über einen Ansaugfilter wird durch einen **Verdichter** Luft angesaugt und verdichtet. Die sich dabei erwärmende Luft wird in einem **Kühler** wieder abgekühlt. Dabei scheidet sich (kondensiert) Wasser aus, das über den Kondensatabscheider beseitigt wird. Danach strömt die Luft in den **Druckluftbehälter** (Druck- oder Windkessel), der als Vorratsbehälter dient und Druckschwankungen ausgleicht. Der Druckkessel ist mit einem Kondensatabscheider, einem Manometer und einem Druckbegrenzungsventil als Sicherheitsventil ausgestattet. Bevor die Druckluft in Steuerungen eingesetzt werden kann, muß sie nochmals gereinigt und aufbereitet werden. Dies geschieht in der **Wartungseinheit**. Sie besteht aus einem Filter, Druckregelventil und dem Öler. Der Filter befreit die Luft von Verunreinigungen, die in den Steuerelementen durch Schmirgeleffekte zu Störungen führen könnten. Über das Druckregelventil wird der Arbeitsdruck eingestellt und konstant gehalten. Der Öler reichert die Luft etwas mit Öl an, womit eine Schmierung der Steuerelemente erreicht wird. Über das Hauptventil wird die Druckluft in die Steuerung gebracht.

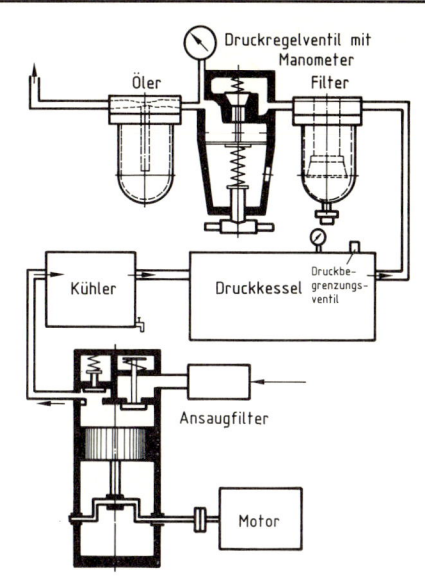

1 Drucklufterzeugung und -aufbereitung

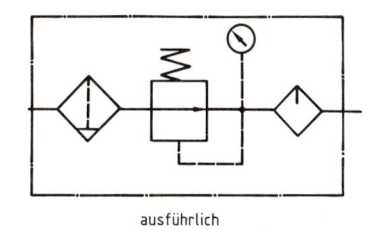

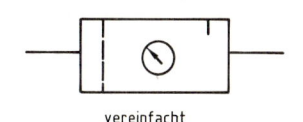

2 Bildzeichen Wartungseinheit

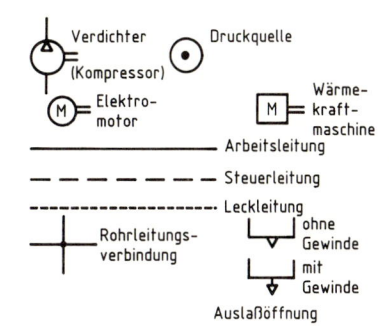

3 Bildzeichen für Energieübertragung und Aufbereitung (Pneumatik)

281

Pneumatik — **Steuer- und Regeltechnik**

Arbeitsglieder in pneumatischen Steuerungen

Dazu gehören Druckluftmotoren und -zylinder. In ihnen wird die pneumatische Druckenergie in mechanische Energie umgewandelt.

Druckluftmotoren

Sie können leicht ausgeführt werden (günstiges Leistungsgewicht) und besitzen ein hohes Anfahrmoment. Gegen Überlastung sind sie unempfindlich; außerdem sind sie explosionssicher. Anwendung finden sie bei Schraubern, Bohr- und Gewindeschneidmaschinen usw.

Druckluftzylinder

Sie werden entweder als Bewegungs- (z.B. zum Verschieben und Heben) oder als Spann- und Auswerfzylinder eingesetzt. Nach der Arbeitsweise unterscheidet man:

- **einfachwirkende Zylinder** (Bild 1 a). Bei ihnen wird nur eine Seite des Kolbens mit Druckluft beaufschlagt; die Gegenseite wird über eine Bohrung entlüftet. Die Rückholung des Kolbens erfolgt meist über eine Rückstellfeder; diese Bewegung kann unkontrolliert verlaufen. Vorteilhaft ist, daß der Luftbedarf gegenüber dem doppeltwirkenden Zylinder etwa halbiert wird, andererseits ist der Hub wegen der Rückholfeder begrenzt. Eingesetzt wird er meist zum Spannen, Auswerfen und Pressen.
- **doppeltwirkende Zylinder** (Bild 1 b). Beide Kolbenseiten werden wechselseitig mit Druck beaufschlagt, so daß in beiden Richtungen Arbeit verrichtet und eindeutige Bewegungen vorliegen. Um hartes Aufschlagen des Kolbens in den Endstellungen zu vermeiden, können Puffer bzw. Dämpfungen vorgesehen werden.

Wirkungsweise der Dämpfung (Bild 2). Ein Dämpfungskolben am normalen Kolben verhindert durch sein Einfahren in die Zylinderbodenbohrung bzw. in die Zylinderdeckelbohrung ein schnelles Entweichen der Luft. Über Drosselbohrungen wird ein langsames Fahren in die Endstellung möglich. Die Dämpfung wird einstellbar, wenn der Querschnitt der Drosselstelle verändert werden kann.

Sonderbauarten

Daneben gibt es **Sonderbauarten** von doppeltwirkenden Zylindern (Bild 3). Zweiseitige Kolbenstangen lassen bei Platzmangel die Betätigung von Endschaltern usw. auf der Gegenseite zu.

Tandemzylinder ermöglichen das Aufbringen großer Kräfte bei engen Platzverhältnissen.

Dreh- oder Schwenkzylinder wandeln über eine Anordnung Kolbenstange – Zahnstange eine geradlinige Bewegung in eine Schwenkbewegung um.

Schlagzylinder besitzen eine hohe schlagartige Ausfahrgeschwindigkeit. Hierbei ist eine Vorkammer im Zylinder vorhanden, in der sich der Luftdruck bis zu einer bestimmten Höhe aufbaut. Erst dann öffnet ein Dichtsitz, und der Kolben wird schlagartig mit dem hohen Druck beaufschlagt. Hierbei können Geschwindigkeiten bis zu 6 m/s erreicht werden.

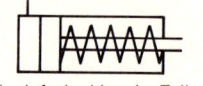

a) einfachwirkender Zylinder

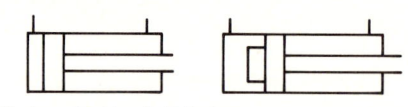

b) doppeltwirkende Zylinder ohne Dämpfung / mit einseitiger Dämpfung

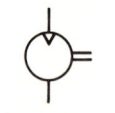

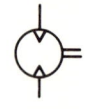

c) Motoren: eine Stromrichtung / zwei Stromrichtungen / veränderliches Verdrängungsvolumen

1 Bildzeichen von Zylindern und Motoren

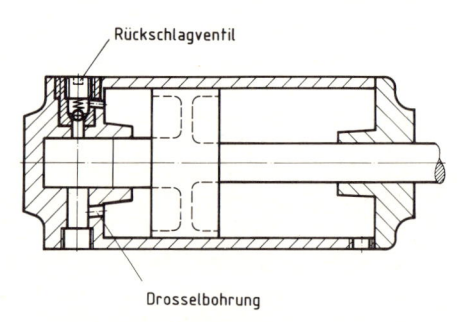

2 Zylinder mit Dämpfung (Prinzip) — Rückschlagventil, Drosselbohrung

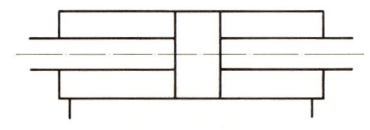

a) beidseitige Kolbenstange

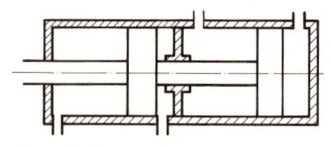

b) Tandemzylinder

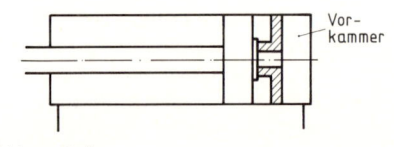

c) Schlagzylinder — Vorkammer

3 Sonderbauarten

Steuer- und Regeltechnik — Pneumatik

Ventile
Zum Betreiben der Arbeitsglieder werden Ventile benötigt, die das Druckübertragungsmittel z.B. auf die richtige Kolbenseite leiten. Außer der Richtung steuern die Ventile auch Beginn und Ende eines Vorganges sowie die Höhe des Druckes im System und die Durchströmmenge des Mediums. In Schaltplänen werden Ventile durch Sinnbilder angegeben.

Darstellung der Ventile
Genormte Bildzeichen in Schaltplänen geben die Funktion eines Ventils in der Steuerung an. Die verschiedenen Schaltstellungen eines Ventils werden durch aneinandergereihte Felder, Rechtecke bzw. Quadrate, angegeben; die möglichen Schaltstellungen ergeben die Anzahl der Rechtecke. Innerhalb der Felder zeichnet man die Leitungen als Linien ein. Die Durchflußrichtung wird durch Pfeile angegeben, Querstriche bedeuten, daß die betreffenden Leitungen gesperrt sind. Leitungsverzweigungen werden als Punkt angegeben. Die Anschlußleitungen an das Ventil werden an die Ruhestellung oder an die Ausgangsstellung angetragen. Die Ruhestellung gibt an, welche Schaltstellung das Ventil bei Netzabkopplung einnimmt. Die Ausgangsstellung bezeichnet die Schaltstellung, die nach Einschalten des Betriebsdruckes vom Ventil eingenommen wird. Beim Schalten eines Ventils verschiebt man gedanklich den Ventilblock so weit, bis die Anschlußleitungen mit den Feldanschlüssen in der neuen Schaltstellung übereinstimmen. Aus den Linien und Pfeilen innerhalb des Rechtecks ist die Auswirkung der neuen Schaltstellung für den Steuerungsablauf erkennbar. Die **Betätigung** eines Ventils kann auf verschiedene Art vorgenommen werden (Bild 1). Mechanische Betätigungselemente werden meist durch Nocken an den Kolbenstangen betätigt.

Bei Druckbetätigungen unterscheidet man das Umsteuern des Ventils durch Druckbeaufschlagung (positiv) oder durch Druckentlastung (negativ). Hierbei genügt meist ein kurzer Druckluftstoß (bei Impulsventil) bzw. ein kurzzeitiges Entlüften, um die gewünschte Schaltstellung des Ventils zu bekommen. Die Rückstellung erfolgt häufig über eine Feder.

Bezeichnung
Die Bezeichnung eines Wegeventils erfolgt durch zwei, durch einen Schrägstrich getrennte, Zahlen. Die erste Zahl gibt die Anzahl **der Anschlüsse** (ohne Steuerleitungen für die Betätigung) an, die **zweite Zahl** legt die möglichen **Schaltstellungen** fest.

Beispiel (Bild 3):

5/3-Wegeventil (gelesen Fünf Strich Drei-Wegeventil) bedeutet fünf Anschlüsse am Ventil und drei Schaltstellungen.

Bestimmte Ventile, z.B. Druckregelventile, nehmen im Betriebszustand eine Stellung zwischen geschlossen und vollständig geöffnet ein. Die genaue Schaltstellung ist nicht festgelegt. Derartige Ventile werden durch ein Rechteck sinnbildlich dargestellt. Der Pfeil an der Leitung im Innern des Rechtecks zeigt auf die Anschlußleitung, die ständig mit dem Ventil verbunden ist. Das andere Ende der Leitung erhält einen Querstrich. Bei Stellungsänderung verschiebt man gedanklich das Rechteck so zu den feststehenden Anschlußleitungen, bis Durchfluß gegeben ist.

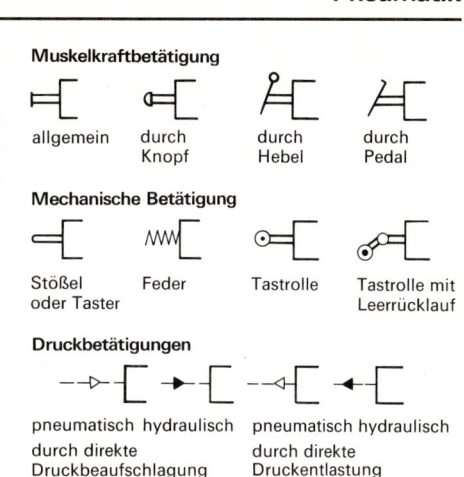

Muskelkraftbetätigung: allgemein, durch Knopf, durch Hebel, durch Pedal

Mechanische Betätigung: Stößel oder Taster, Feder, Tastrolle, Tastrolle mit Leerrücklauf

Druckbetätigungen: pneumatisch hydraulisch durch direkte Druckbeaufschlagung; pneumatisch hydraulisch durch direkte Druckentlastung

Rollenbetätigung mit pneumatischer Vorsteuerung

Elektrische Betätigung: Elektromagnet mit einer Wicklung; Betätigung durch Elektromotor

1 Bildzeichen für Betätigung von Ventilen (DIN ISO 1219)

Arbeitsanschlüsse	A, B ....
Druckanschlüsse	P, P1, P2 ....
Entlüftung, Abfluß	R, S, T
Leckanschluß	L
Steueranschlüsse	X, X1 .... Y, Y1 .... Z, Z1 ....

2 Bezeichnung der Anschlüsse

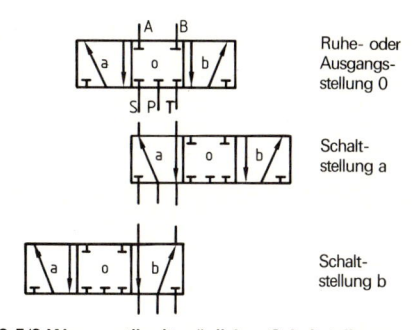

3 5/3-Wegeventil mit möglichen Schaltstellungen (Ruhe- oder Ausgangsstellung 0, Schaltstellung a, Schaltstellung b)

Pneumatik — Steuer- und Regeltechnik

Ventilarten
Nach ihrer Aufgabenstellung in Steuerungen unterscheidet man Wege-, Sperr-, Strom- und Druckventile.

Wegeventile
Sie steuern Beginn und Ende eines Vorganges sowie die Durchflußrichtung des Druckübertragungsmittels.

Nach ihrem **konstruktiven Aufbau** unterscheidet man:
- **Sitzventile** (Bild 1). Der Schließmechanismus kann als Kugel-, Kegel-, Platten- oder Tellersitz ausgeführt werden. Sie sind unempfindlich gegen Schmutz. Die Rückstellung in die Ventilnullstellung erfolgt meist über Federn.
- **Schieberventile** (Bild 2). Die Anschlüsse werden durch eine Axialbewegung des Steuerkolbens miteinander verbunden. An Bauformen unterscheidet man Kolbenschieber- und Flachschieberventile. Die Verstellung ist leicht durchführbar; es ergibt sich keine Überschneidung beim Schalten. Nachteilig sind die hohen erforderlichen Fertigungsgenauigkeiten.

Nach der **Funktion** des Wegeventils gibt es (Bild 3):
- 2/2-Wegeventile. Sie werden als Durchgangs-, Absperrventil, aber auch als Entlüftungsventil und Impulsgeber eingesetzt.
- 3/2-Wegeventile. Sie werden zum Steuern von einfachwirkenden Zylindern oder zum Steuern anderer Wegeventile verwendet. Von der Ausführung her kann in der Ruhestellung einmal absperren, im anderen Falle kann Durchfluß vorliegen.
- 4/2- und 5/2-Wegeventile. Damit werden doppeltwirkende Zylinder gesteuert.
- 4/3- und 5/3-Wegeventile. Sie lassen bei der Steuerung von doppeltwirkenden Zylindern eine Stillsetzung innerhalb des Hubes zu. Hierbei nehmen die Ventile entweder eine Sperr- oder eine Schwimmlage in der Ruhestellung ein.

Sperrventile
Sie steuern die Durchflußrichtung in Leitungen. Sie sperren in einer Richtung, die Gegenrichtung wird freigegeben.

Nach der Ausführung unterscheidet man:
- **Rückschlagventil**. Es handelt sich hierbei um ein Sitzventil (Schließelemente Kugel oder Kegel). Das Absperren erfolgt meist durch Druckkräfte.
- **Drosselrückschlagventil**. Es stellt die Kombination eines Sperr- mit einem Stromventil dar. In der einen Richtung wird die Strömung gedrosselt (z.B. um eine bestimmte Vorlaufgeschwindigkeit zu bekommen), in der Gegenrichtung erfolgt freies Durchströmen.
- **Schnellentlüftungsventil** (Bild 4). Es wird zwischen Zylinder und Wegeventil eingebaut. Die aus dem Zylinder ausströmende Luft wird beim Rücklauf durch das Ventil sofort ins Freie geleitet, ohne den Umweg durch das Wegeventil zu nehmen. Damit ergibt sich eine höhere Kolbengeschwindigkeit.

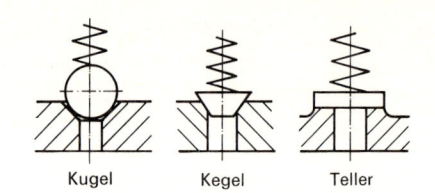

1 Möglichkeiten für Schließkörper bei Sitzventilen (Kugel, Kegel, Teller)

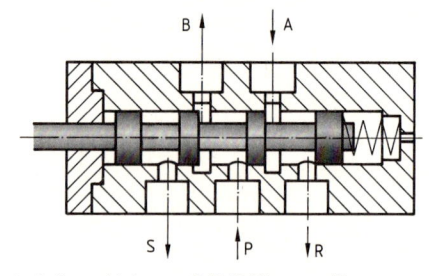

a) Kolbenschieberventil (5/2-Wegeventil) 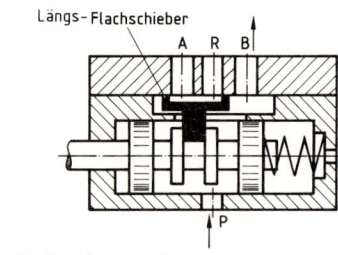
b) Flachschieberventil (Längs-Flachschieber)
2 Schieberventile

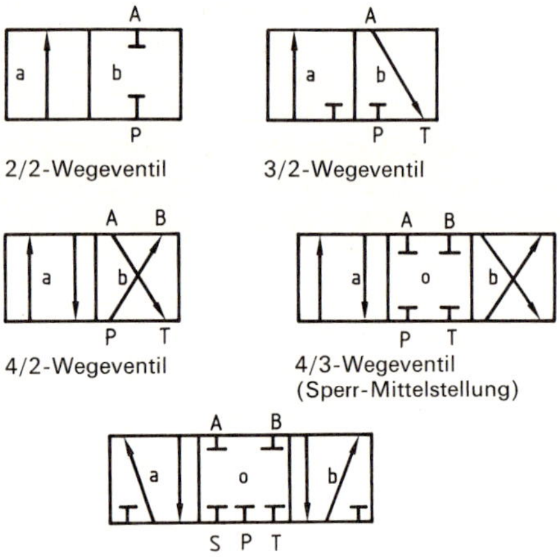

2/2-Wegeventil
3/2-Wegeventil
4/2-Wegeventil
4/3-Wegeventil (Sperr-Mittelstellung)
5/3-Wegeventil (Sperr-Mittelstellung)
3 Wegeventile

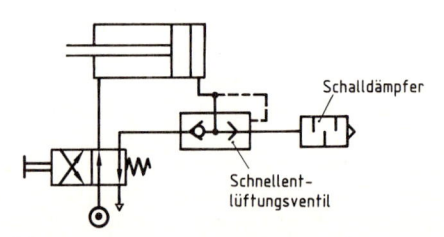

4 Steuerung mit Schnellentlüftungsventil (Schalldämpfer, Schnellentlüftungsventil)

Steuer- und Regeltechnik — **Pneumatik**

Sperrventile mit ODER- bzw. UND-Funktion

Für bestimmte Anwendungen werden spezielle Sperrventile benötigt.

- **Wechselventil** (Bild 1). Es besitzt zwei Eingangsanschlüsse P1 und P2 und einen Ausgang A. Durchgang kommt zustande, wenn entweder P1 oder P2 unter Druck steht. Der Anschluß mit der zuerst vorhandenen Druckluft wird mit dem Arbeitsanschluß verbunden, während der Sperrkörper den anderen Anschluß verschließt. Angewendet wird das Ventil bei der Steuerung von Arbeitsgliedern von verschiedenen Stellen aus. Das Wechselventil verhindert die Entlüftung über das zweite Signalglied.
- **Zweidruckventil** (Bild 2). Es besitzt ebenfalls zwei Eingänge und einen Ausgang. Um ein Durchströmen zu bekommen, müssen beide Eingänge (P1 und P2) unter Druck stehen. Im anderen Falle erfolgt Sperren. Anwendung findet das Ventil bei der Zweihandbedienung; allerdings müssen zusätzliche Vorkehrungen eine echte Zweihandsteuerung gewährleisten.

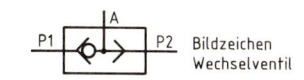

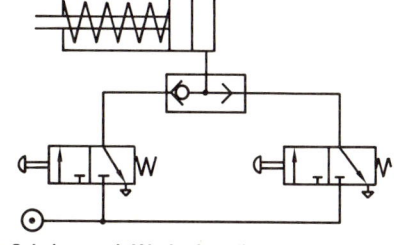

1 Schaltung mit Wechselventil

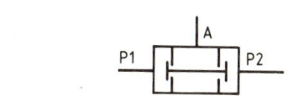

2 Zweidruckventil

Stromventile

Sie steuern die Durchflußmenge. Hauptvertreter dieser Ventilart ist das Drosselventil (Bild 3). Je nach Bauart unterscheidet man feste und verstellbare Drosseln. Eingesetzt werden Drosseln zur Geschwindigkeitssteuerung (siehe Anwendungsbeispiele).

Druckventile

Sie beeinflussen den Betriebsdruck von Steuerungen. Man unterscheidet:

- **Druckbegrenzungsventil** (Bild 4). Durch dieses Ventil wird der Druck in einem System auf einen bestimmten Höchstwert begrenzt. Steigt der Druck über diesen Wert, wird die Luft über das nun öffnende Ventil ins Freie geblasen (Sicherheitsventil). Das Ventil kann aber auch als Folgeventil eingesetzt werden, wenn die Druckluft statt ins Freie in ein anderes Steuersystem geleitet wird.
- **Druckregelventil**. Mit ihm wird ein höherer sich ändernder Eingangsdruck auf einen gleichbleibenden Betriebsdruck herabgesetzt. Typische Anwendungsbeispiele: Druckregelung an der Wartungseinheit einer Druckluftanlage, Druckeinstellung beim Gasschmelzschweißen.

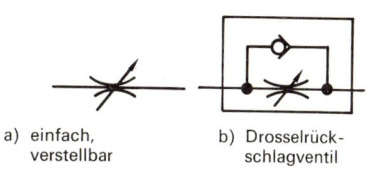

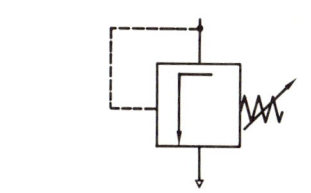

a) einfach, verstellbar   b) Drosselrückschlagventil

3 Drosselventile

4 Druckbegrenzungsventil

Schaltplan

Der Aufbau einer Steuerung wird in Schaltplänen dargestellt. Durch sie wird beim Vorliegen einer Betriebsstörung ein leichteres Auffinden des Fehlers möglich. Beim Aufbau des Schaltplanes für eine Gesamtsteuerung werden die einzelnen Steuerketten getrennt dargestellt. Die Steuerketten werden numeriert und die verschiedenen Bauglieder erhalten entsprechende Unternummern (Beispiel Bild 5). Die Ventile und Arbeitsglieder werden in Ausgangsstellung gezeichnet. Werden Wegeventile von Zylindern über Tastrollen oder ähnliches betätigt, wird dies durch senkrechte Striche an der betreffenden Kolbenstange mit der Ventilnummer angegeben. Zylinder und Wegeventile werden in der Regel waagrecht angeordnet; ihre tatsächliche Lage in der Anlage spielt keine Rolle im Schaltplan.

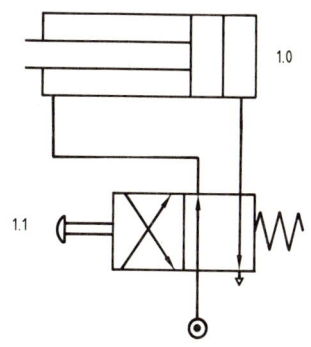

5 Steuerung eines doppeltwirkenden Zylinders

Pneumatik — **Steuer- und Regeltechnik**

Funktionsdiagramm (Weg-Schritt-Diagramm (Bild 1))

Der Ablauf einer Steuerung kann in einem Funktionsdiagramm dargestellt werden. In ihm wird das gegenseitige Beeinflussen der einzelnen Steuerglieder deutlich.

Für das Anfertigen derartiger Weg-Schritt-Diagramme werden Formblätter verwendet. Darin werden zunächst die Gerätenummern, ihre Bezeichnung und ihre Ausgangsstellung eingetragen. In einem Rasterfeld wird das eigentliche Weg-Schritt-Diagramm eingezeichnet. Die waagrechten Linien legen die Schaltstellung der einzelnen Elemente fest; die senkrechten stellen die Schritte beim Ablauf der Steuerung dar.

Die jeweilige Schaltstellung eines Gliedes wird durch eine dicke **Funktionslinie** wiedergegeben. Signale, die eine Änderung der Lage herbeiführen, werden durch dünne **Signallinien** dargestellt. Diese Linie beginnt bei dem Steuerelement, das den nächsten Schritt auslöst, und zeigt mit ihrem Richtungspfeil auf das Glied, das nunmehr seine Lage (Schaltstellung) ändert.

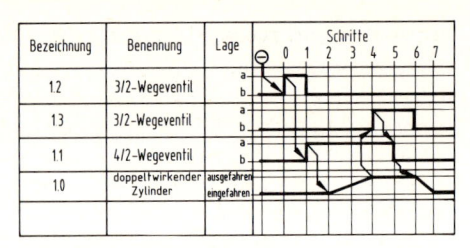

Beispiele für pneumatische Steuerungen

Geschwindigkeitssteuerung eines doppeltwirkenden Zylinders

Bedingung: Ausfahren mit verschiedenen Geschwindigkeiten, Einfahren ungedrosselt

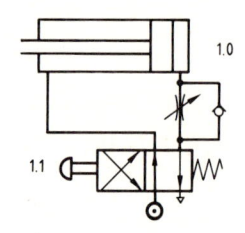

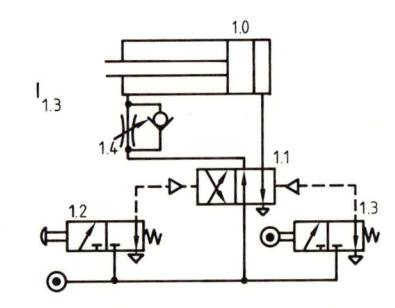

Zuluftdrosselung (Bild 2)

Ablauf der Steuerung: Durch Betätigen des 4/2-Wegeventils fährt der Zylinder je nach Drosseleinstellung langsam aus. Beim Loslassen der Betätigung wird durch die Federrückstellung das Wegeventil umgesteuert. Der Zylinder fährt ein, wobei die Luft durch das geöffnete Rückschlagventil und das Wegeventil ins Freie strömt. Der Nachteil gegenüber der Abluftdrosselung besteht darin, daß durch die langsam nachströmende Luft eine ungleichmäßige und ruckartige Kolbenbewegung entstehen kann.

Abluftdrosselung (Bild 3)

Das verstellbare Drosselrückschlagventil wird so eingebaut, daß die Abluft beim Ausfahren durch die Drossel strömt. Das 4/2-Wegeventil wird bei der Steuerung durch Druckimpulse bestätigt.

Manuelle und automatische Steuerung eines Zylinders (Bild 4)

Durch Betätigen von 0.1 wird der Hand- oder Automatikbetrieb vorgewählt. Stellung a bedeutet Automatik.

Zylinder 1.0 fährt mit gedrosselter Geschwindigkeit ein. Er betätigt 1.4. Durch das Umsteuern von 1.4 gelangt die Druckluft über das Wechselventil 1.01 zu 1.1, das 5/2-Wegeventil wird umgesteuert, der Zylinder fährt aus. Bei Erreichen von 1.5 wird dieses Ventil über die Rolle umgesteuert. Die Folge ist ein Umsteuern von 1.1. Der Zylinder fährt wieder ein. Dabei wird wieder 1.4 betätigt. Damit wiederholt sich der Vorgang.

Bei Handbetrieb wird der Vorlauf über 1.2, der Rücklauf über 1.3 ausgelöst.

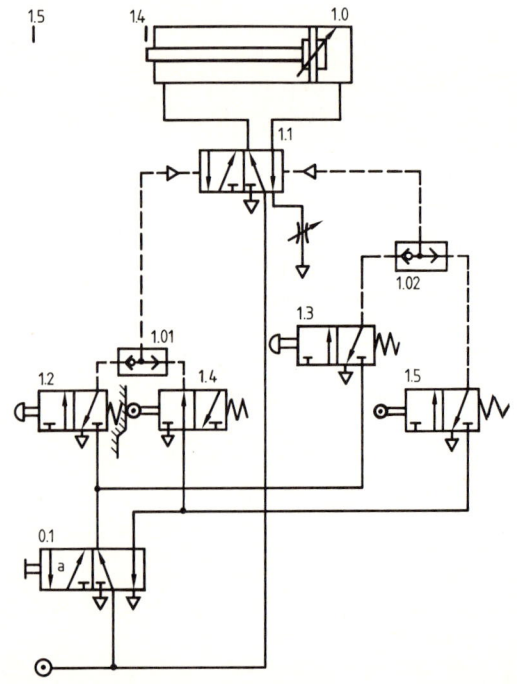

1 Weg-Schritt-Diagramm (Schema) zur Abluftdrosselung (Bild 3)

2 Zuluftdrosselung

3 Abluftdrosselung

4 Automatische Steuerung eines Zylinders

Steuer- und Regeltechnik   **Hydraulik**

Verknüpfung zweier Zylinder (Bild 1)

Ablauf: Durch gleichzeitiges Betätigen von 1.2 und 1.4 strömt die Druckluft durch das Zweidruckventil 1.01 und steuert 1.1 um — der Zylinder 1.0 fährt langsam aus. In seiner Endstellung betätigt er 2.2. Dadurch wird in der Steuerkette 2 das Stellglied 2.1 umgesteuert. Der Zylinder 2.0 fährt aus. In der ausgefahrenen Lage wird 2.3 betätigt. Dies bewirkt Umsteuern von 2.1 und damit Einfahren von 2.0. Dabei wird 1.3 betätigt. Durch Druckbeaufschlagung steuert nun 1.1 um, und der Zylinder 1.0 fährt in seine Ausgangsstellung zurück. Damit ist der Ablauf beendet.

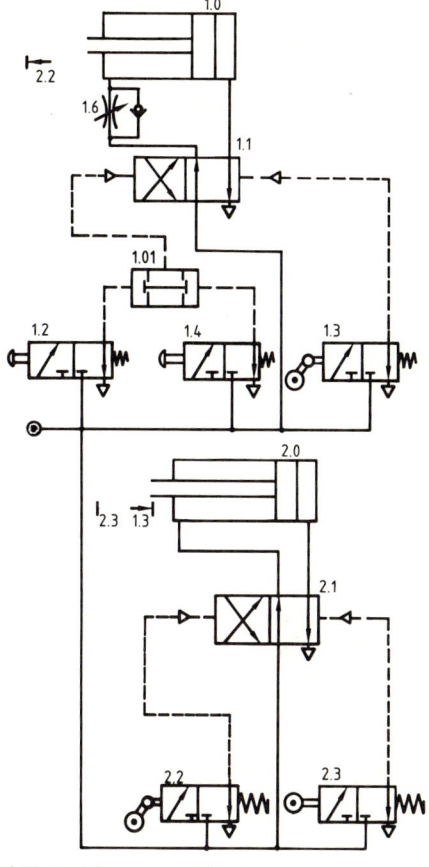

Wiederholungsfragen:

1. Welcher Unterschied besteht zwischen einer Steuerkette und einem Regelkreis?
2. Welche Vorteile besitzt die Pneumatik?
3. Warum können in der Pneumatik nur bedingt genaue Geschwindigkeiten eingestellt werden?
4. Erklären Sie die Wirkungsweise der Dämpfung bei einem doppeltwirkenden Zylinder.
5. Erklären Sie die Bezeichnung 4/2-Wegeventil.

1 Verknüpfung zweier Zylinder

10.3 Die Hydraulik

Darunter versteht man das Betreiben und Steuern von Anlagen mit Hilfe von Druckflüssigkeiten. Typische Anwendungsbeispiele sind bei Druckgießmaschinen das Betätigen der Kerne, die Schließ- und Öffnungsbewegung und der Gießantrieb:

Vorteile der Hydraulik gegenüber der Pneumatik:

- Die Drücke sind in der Hydraulik wesentlich höher (mehrere hundert bar). Damit besteht die Möglichkeit, große Kräfte aufzubringen.
- Der Einsatz von Schlauchverbindungen ergibt eine hohe Beweglichkeit.
- Das Druckübertragungsmittel (Flüssigkeit) ist praktisch inkompressibel (nicht zusammendrückbar). Damit lassen sich gleichmäßige Geschwindigkeiten einstellen.
- Schnelle Richtungswechsel sind durchführbar.

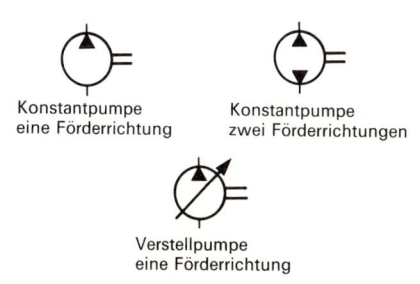

Nachteile

- Durch Temperaturänderungen ergeben sich Viskositätsschwankungen (Änderungen der Zähflüssigkeit) der Druckflüssigkeit.
- Durch die hohen Arbeitsdrücke treten Leckölverluste auf, da eine vollständige Abdichtung schwierig ist.

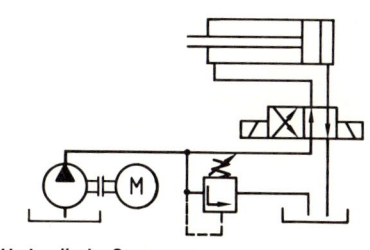

2 Bildzeichen von Pumpen

Konstantpumpe eine Förderrichtung

Konstantpumpe zwei Förderrichtungen

Verstellpumpe eine Förderrichtung

3 Hydraulische Steuerung

Hydraulik   **Steuer- und Regeltechnik**

Bauelemente in Hydraulikanlagen

Zur Aufnahme der Hydraulikflüssigkeit wird ein Tank benötigt. Über die Saugleitung einer Pumpe wird das Medium in den Druckteil der Steuerung gebracht. Dort findet man im wesentlichen die gleichen Bauelemente wie bei einer pneumatischen Steuerung: Ventile für die verschiedenen Funktionen (Druckhöhe, Richtung usw.), Arbeitsglieder (Zylinder oder Motoren), Vor- und Rücklaufleitungen, Filter und u.U. Kühler.

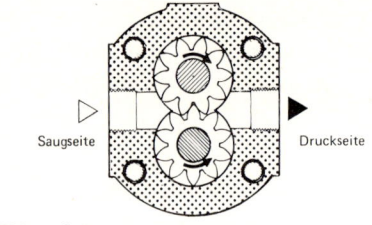

1 Zahnradpumpe

Pumpen

Sie wandeln mechanische in hydraulische Energie (Druck) um und arbeiten nach dem Verdrängerprinzip.

Folgende Bauformen können unterschieden werden:

— **Zahnradpumpen**. In den Zahnlücken zum Gehäuse zweier miteinanderlaufender Zahnräder wird die Flüssigkeit von der Saug- zur Druckseite befördert. Dort wird die Flüssigkeit durch die nun eingreifenden Zähne des Gegenrades herausgequetscht. Die Fördermenge hängt von der Drehzahl der Zahnräder ab. Die erreichbaren Drücke liegen bei etwa 200 bar. Vorteilhaft ist der einfache Aufbau dieser Pumpen, allerdings ergeben sich bei hohen Drehzahlen laute Betriebsgeräusche. Hier bringen innenverzahnte Zahnradpumpen eine größere Laufruhe.

— **Flügelzellenpumpen**. Sie kommen als Konstantpumpen (gleichbleibende Fördermenge) oder als verstellbare Pumpen vor. Ein Rotor trägt in radial verlaufenden Nuten sog. Flügel. Diese werden durch die Fliehkraft beim Drehen des Rotors bzw. durch Federn an die Gehäusewandung angedrückt. Der Rotor läuft exzentrisch gegenüber der Gehäusebohrung um. Auf der einen Seite ergibt sich dadurch eine Vergrößerung des Raumes zwischen zwei Flügeln (Ansaugen der Flüssigkeit), auf der Gegenseite wird der Raum verkleinert (Druckseite). Das Fördervolumen hängt von der Größe der Exzentrizität und von der Drehzahl ab.

Durch Stellschrauben läßt sich bei verstellbaren Flügelzellenpumpen der Rotor gegenüber dem Gehäuse verschieben.

Das Fördervolumen und die Förderrichtung werden dadurch beeinflußt.

Mit Flügelzellenpumpen lassen sich Drücke bis 175 bar erreichen.

— **Kolbenpumpen**. Nach der Ausführung unterscheidet man Radial- und Axialkolbenpumpen. Sie können als Konstant- oder als verstellbare Pumpen ausgeführt werden.

Bei der Axialkolbenpumpe sind an der Stirnseite einer Welle Kolben schwenkbar gelagert. Diese Kolben bewegen sich beim Umlaufen der Welle in den Bohrungen einer Trommel auf und ab. Die Trommel ist mit ihrer Achse gegenüber der Wellenachse geneigt. Die Größe des Neigungswinkels beeinflußt das Fördervolumen. Durch die Vergrößerung bzw. Verkleinerung des Zylinderraumes wird über eine feststehende Steuerplatte die Flüssigkeit angesaugt bzw. verdrängt. Bei einer Verstellpumpe läßt sich der Neigungswinkel von Grundkörper zur Welle verändern.

Bei diesen Pumpen sind Drücke bis etwa 400 bar möglich.

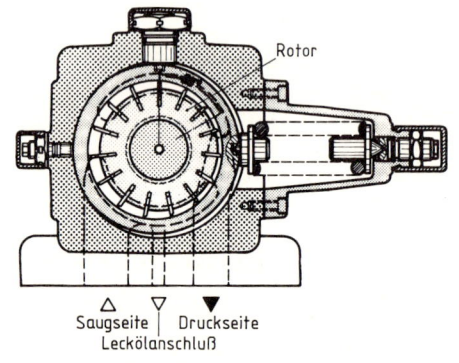

2 Flügelzellenpumpe

3 Axialkolbenpumpe

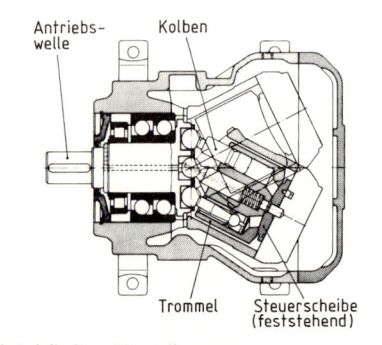

4 Axialkolben-Verstellpumpe

Hydraulik

Hydraulikflüssigkeiten

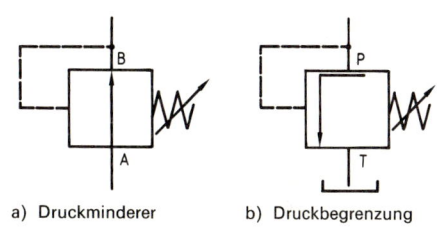

An sie werden bestimmte **Anforderungen** gestellt:
- möglichst nicht brennbar, bzw. hoher Flammpunkt
- gleichbleibende Viskosität
- nicht korrosiv wirkend
- hohe Schmierfähigkeit und Alterungsbeständigkeit
- gut wärmeabführend.

Meist werden Hydrauliköle auf Mineralölbasis eingesetzt, z.B. die Hydrauliköle **H-L**, die einen erhöhten Korrosionsschutz und eine bessere Alterungsbeständigkeit besitzen, oder die Öle **H-LP** mit verschleißmindernden Wirkstoffen. Außerdem gibt es **synthetische** Flüssigkeiten (siehe Bild 1).

Die Flüssigkeiten HSC und HSD werden heute bei neuen Druckgießmaschinen fast ausnahmslos verwendet, da hier bei Öl die Gefahr von Bränden beim Austritt des Druckmediums droht.

Die synthetischen Flüssigkeiten besitzen gegenüber den Mineralölen eine höhere Dichte und geringere Schmierwirkung. Die meist eingesetzte HSC-Flüssigkeit enthält deshalb Additive zur Verbesserung dieser Eigenschaften. Sie besitzt auch eine günstigere Viskosität als die HSD-Flüssigkeit. Durch den Wassergehalt bedingt, sollte die Betriebstemperatur im Hydraulikkreislauf durch Kühlen unter 50 °C gehalten werden, um ein Verdampfen zu vermeiden. Die Folge wäre eine Störung in der Anlage. Vorteilhaft ist bei den HSC-Flüssigkeiten, daß bei einer Umstellung von Mineralöl auf diese die Dichtungswerkstoffe nicht geändert zu werden brauchen. Wichtig ist jedoch, daß das System vollständig von der alten Flüssigkeit gereinigt wird.

Zylinder, Motoren, Ventile

Sie ähneln im Aufbau den entsprechenden pneumatischen Geräten. Durch die in der Hydraulik auftretenden wesentlich höheren Drücke wird eine kräftigere Bauweise notwendig. Die nicht immer erreichbare absolute Abdichtung der Teile macht Leckölleitungen zum Tank notwendig.

Ventile haben die gleiche Benennung, dasselbe Bildzeichen und die gleichen Betätigungsmöglichkeiten wie die entsprechenden pneumatischen Ventile

In jedem Hydraulikkreislauf ist ein **Druckbegrenzungsventil** (Bild 2b) zum Schutz der Anlage notwendig. Steigt der Druck über den zulässigen Betriebsdruck, wird die Arbeitsflüssigkeit durch dieses Ventil in den Tank zurückgeleitet.

Bei den Stromventilen gibt es als Möglichkeit für eine Geschwindigkeitssteuerung außer dem Drosselventil noch das **Stromregelventil** (Bild 3 und 4). Beim normalen Drosselventil ergibt sich an der Drosselstelle ein Druckabfall Δp. Die Durchflußmenge hängt vom Druck vor der Drosselstelle, vom Druck nach der Drosselstelle und dem eingestellten Durchflußquerschnitt ab. Bei Druckänderungen ändert sich die Durchflußmenge. Die Folge wäre eine veränderte Geschwindigkeit des Kolbens. Beim Stromregelventil wird z.B. durch eine vorgeschaltete Druckwaage (Steuerkolben) die Druckdifferenz an der Drosselstelle konstant gehalten. Damit ergibt sich auch bei Druckschwankungen eine gleichbleibende Durchflußmenge.

Art	Zusammensetzung	Besonderheiten
H	Mineralöl	p<100 bar
H-L	Mineralöl	p<250 bar
H-LP	Mineralöl	p>250 bar
HSA	Öl-Wasser	$H_2O \approx 90\%$
HSB	Wasser-Öl	$H_2O < 60\%$
HSC	Wasser-Glykol	$H_2O \approx 40\%$
HSD	Phosphatester	wasserfrei

1 Hydraulikflüssigkeiten

a) Druckminderer b) Druckbegrenzung
2 Druckregelventil

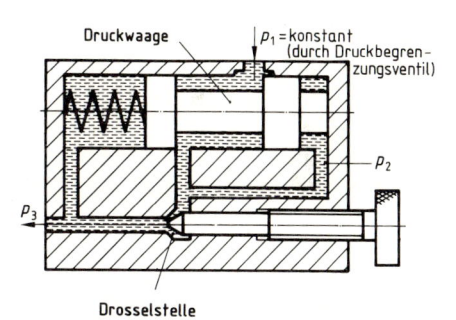

$P_3 - P_2 =$ Konstant
3 Stromregelventil (Schema)

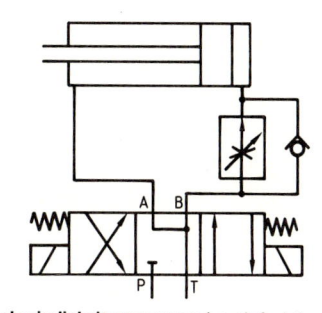

4 Geschwindigkeitssteuerung (vereinfacht) mit 2-Wege-Stromregelventil

Hydraulik   **Steuer- und Regeltechnik**

Proportionalventile (Bild 1 und 2)

Bei den Wegeventilen unterscheidet man nichtdrosselnde und drosselnde Ventile (**Schalt- und Stetigventile**). In hydraulischen Steuerungen werden immer häufiger drosselnde oder Proportionalventile eingebaut. Durch ein bestimmtes elektrisches Signal wird der Magnet, der die Betätigung des Ventils durchführt, erregt. Die Magnetkraft bewirkt eine Ventilverstellung. Es ergibt sich ein bestimmter Durchflußquerschnitt. Eine Änderung des elektrischen Impulses hat eine andere Ventilstellung zur Folge. Dadurch wird es möglich, fast beliebig viele Einstellmöglichkeiten zwischen Null und dem maximalen Durchfluß zu erreichen. Der Übergang von einer zur anderen Stellung findet stufenlos statt und kann während des gerade ablaufenden Vorganges durchgeführt werden. Ein Abbremsen bzw. Beschleunigen eines Kolbens kann jederzeit durch ein Proportionalventil bewirkt werden. Die Steuerung erfordert weniger Ventile (Wegfall von Drosselventilen).

Auch der Druck läßt sich über Proportionaldruckventile in einem hydraulischen System stufenlos steuern, wobei wiederum elektrische Signale in hydraulische Drucksignale umgesetzt werden.

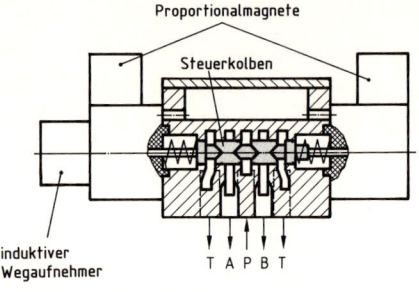

1 Proportionalventil (Schema)

2 Proportionalventil

Hydrospeicher (Druckspeicher)

Bei Druckgießmaschinen werden bei der Geschwindigkeitssteuerung des Gießkolbens und bei der Nachverdichtung durch einen Multiplikator Druckspeicher eingesetzt.

Aufgaben des Hydrospeichers:
- Ausgleich von Druckschwankungen und damit Dämpfung von Schwingungen in einem hydraulischen System.
- Verwendung als Speicher, der zugeschaltet wird, wenn für kurze Zeit große Flüssigkeitsmengen im System benötigt werden. Das im Speicher vorgespannte Gas (meist Stickstoff) drückt die Flüssigkeit bei geöffnetem Ventil in das Leitungssystem. Beim Druckgießen ist dies bei der Formfüllungsphase notwendig. Durch den Einsatz des Speichers kann mit kleineren Pumpen gearbeitet werden. Der Speicher wird durch die Pumpe wieder aufgefüllt, wenn der Ablauf des Vorganges dies zuläßt (z.B. beim Herausnehmen des Teiles und der Vorbereitung des Gießwerkzeugs für den nächsten Arbeitstakt).

Nach der Bauform unterscheidet man Kolben-, Blasen- und Membranspeicher. Bei Druckgießmaschinen werden meist Kolbenspeicher eingesetzt (Bild 3). Durch einen Kolben wird das Gas vom Druckübertragungsmittel getrennt.

Für die Inbetriebnahme und den Betrieb von Hydrospeichern gelten die Unfallverhütungsvorschriften (**UVV**) der gewerblichen Berufsgenossenschaften. Darin wird festgelegt, ob der Behälter TÜV-geprüft sein muß und welche Prüfungen (Bau-, Druck- und Abnahmeprüfung) durchgeführt werden. Grundsätzlich gilt, daß alle Sicherheitseinrichtungen auf ihre Funktion überprüft werden müssen, wenn der Speicher in Betrieb genommen wird.

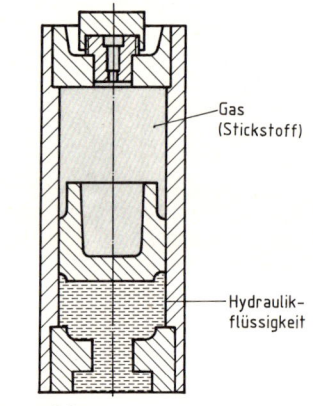

3 Kolbenspeicher

4 Druckgießmaschine mit Hydrospeicher und Gießantrieb

Steuer- und Regeltechnik Hydraulik

Beispiele für hydraulische Steuerungen

Vorschubsteuerung (Bild 1)

Bedingungen: Ausfahren zunächst schnell (Eilgang), dann langsamer Arbeitsgang. Das Einfahren soll rasch erfolgen.

Ablauf: Magnetventile 1.1 und 1.2 spannungslos.

Der Vorgang beginnt durch Umsteuern von 1.1 in Schaltstellung b. Der Zylinder 1.0 fährt zunächst langsam an, betätigt aber sofort den Endschalter 1.2. Damit ergibt sich eine höhere Vorlaufgeschwindigkeit, da das Öl über 1.2 schnell in den Zylinder einströmen kann. Bei Erreichen von s_a wird 1.2 spannungslos und geht in die Ausgangsstellung zurück. Der langsame Arbeitsgang beginnt. Bei Erreichen der Endstellung wird 1.1 in Schaltstellung a gebracht, und der Zylinder fährt schnell ein.

Multiplikatorsteuerung bei Druckgießmaschinen (vereinfacht, Bild 3).

Grundstellung: Ventile 1.1, 1.7, 1.10 spannungslos. 1.2 und 1.3 geschlossen.

1. Phase: Langsamer Vorlauf des Kolbens. Ventil 1.1 schaltet auf Schaltstellung a.

2. Phase: Rasche Formfüllung (hohe Kolbengeschwindigkeit). Der Druckspeicher 1.4 wird zugeschaltet über das Schußventil 1.2. Das Schußventil wird über 1.6 und 1.7 ausgelöst, wobei 1.7 über einen Endschalter an der Kolbenstange Spannung bekommt und umsteuert. Die Geschwindigkeit läßt sich durch 1.2 verstellen.

3. Phase: Nachverdichtung durch Multiplikator. Ein Endschalter beträgt 1.10. Über 1.9 wird das Ventil 1.3 geöffnet, und der Speicherdruck von 1.5 wird wirksam. Der Multiplikatorkolben fährt langsam vor, wobei das Rückschlagventil in seinem Innern geschlossen wird.

Rücklauf: 1.7 und 1.10 spannungslos. Nach Umsteuern von 1.1 fährt der Kolben in die Grundstellung zurück.

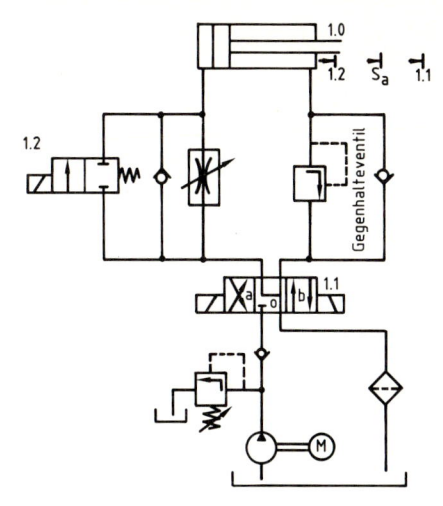

1 Vorschubsteuerung

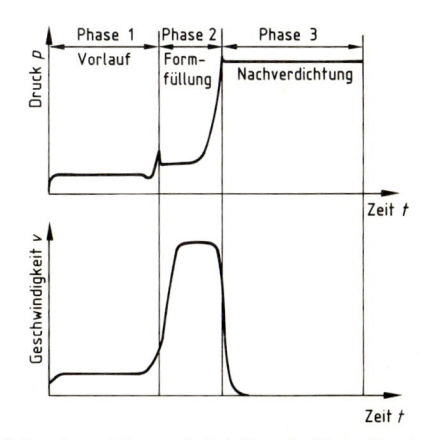

2 Druck- und Geschwindigkeitsverlauf beim Druckgießen (Antriebszylinder und Antriebskolben)

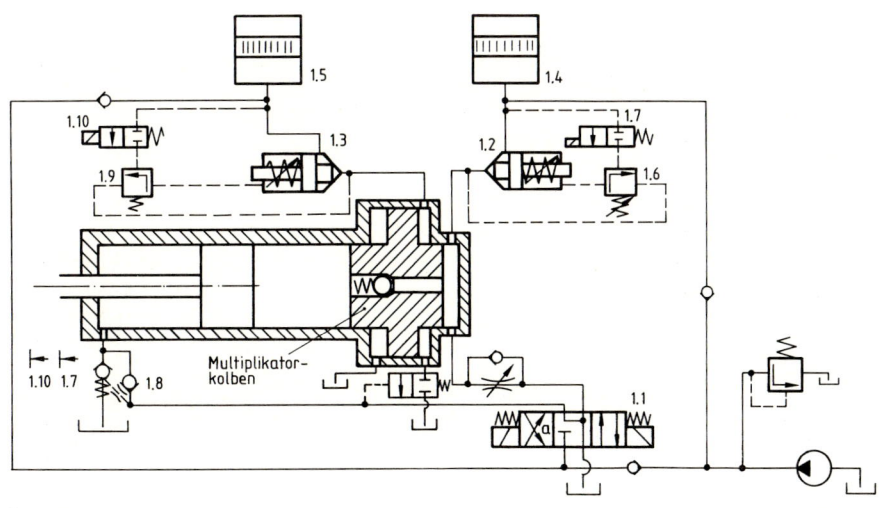

3 Multiplikatorsteuerung

11 Elektrotechnik

11.1 Grundlagen

Die Anwendung der elektrischen Energie für Elektromotoren und -werkzeuge, Schmelzöfen oder auch für Steuer- und Regelungsvorgänge ist heute allgemein üblich.

Strom I

Werden elektrisch geladene Teilchen (Elektronen oder Ionen) gezielt bewegt, spricht man vom Fließen eines elektrischen Stromes. Bei metallischen Werkstoffen sind es die sogenannten freien Elektronen an den Atomen, die leicht abgegeben bzw. ausgetauscht werden können (Bild 1).

Stoffe, die einen hohen elektrischen Ladungstransport zulassen, bezeichnet man als gute elektrische **Leiter**. Hierzu zählen der Kohlenstoff, die Metalle, Säuren und Basen sowie die Salzlösungen. **Nichtleiter** oder **Isolatoren** sind die Stoffe, bei denen bei normalen Temperaturen kein Stromfluß möglich ist, z.B. Glas, Gummi, Porzellan und die Kunststoffe.

Spannung U

Die elektrische Spannung bewirkt das Bewegen der elektrisch geladenen Teilchen in einem Leiter. Sie kann mit dem Druck in einer Wasserleitung verglichen werden, der z.B. durch eine Pumpe aufgebracht wird und die Flüssigkeit durch das Leitungssystem befördert. Geräte, die elektrische Spannung erzeugen, sind im allgemeinen Generatoren.

Beim Ladungstransport entsteht an einem Anschluß (Pol) ein Elektronenüberschuß, am anderen ein Elektronenmangel. Der Unterschied ist ein Maß für die Höhe der elektrischen Spannung. Die Ladungen (Elektronen) werden nach der **physikalischen Stromrichtung** vom Minus- zum Pluspol transportiert. Nach der **technischen Stromrichtung** fließt der Strom von Plus nach Minus.

Widerstand R

Dem Bewegen der Elektronen setzt der Leiter einen Widerstand entgegen. Ein Maß für die Größe dieses Widerstandes ist der **spezifische elektrische Widerstand** ϱ, der angibt, welcher Widerstand bei einer Drahtlänge von 1 m und einer Querschnittsfläche von 1 mm² bei einem bestimmten Werkstoff auftritt. Der Widerstand nimmt bei reinen Metallen mit steigender Temperatur zu.

Wirkungen des elektrischen Stromes

Der elektrische Strom zeigt folgende Wirkungen:

— **Wärmewirkung** wird ausgenützt bei Schmelzöfen, Heizöfen, Sicherungen, Kochplatten, beim Schweißen usw. Bei vielen anderen elektrischen Geräten ist sie unerwünscht.
— **Chemische Wirkung** wird ausgenützt bei der Elektrolyse (z.B. bei der Aluminiumherstellung).
— **Lichtwirkung** wird ausgenützt bei Leuchtstofflampen.
— **Magnetische Wirkung** wird ausgenützt bei Elektromagneten und -motoren.
— **Physiologische Wirkungen** äußern sich beim Menschen durch Verbrennungen, Herzflimmern usw.

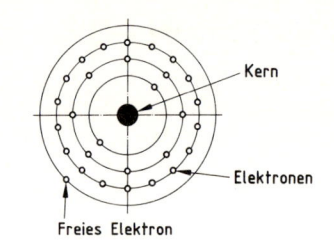

1 Cu-Atom

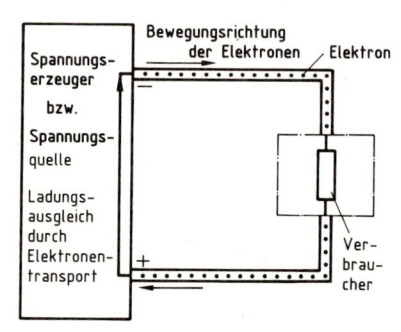

2 Fluß der Elektronen (physikalische Stromrichtung)

Stoff	$\varrho \frac{\Omega \cdot mm^2}{m}$	Stoff	$\varrho \frac{\Omega \cdot mm^2}{m}$
Aluminium (Al)	0,028	Magnesium (Mg)	0,044
Messing (CuZn)	0,05…0,07	Kupfer (Cu)	0,0179
Gußeisen (GG)	0,6 …1,6	Silber (Ag)	0,015
Stahl unleg.	0,14…0,18	St hochlegiert	0,7

3 Spezifische elektrische Widerstände ϱ (bei 20 °C)

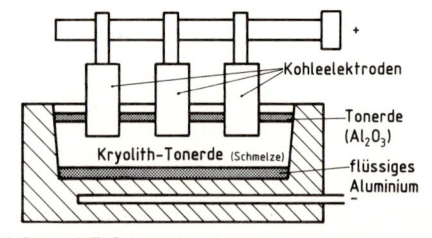

4 Schmelzflußelektrolyse (Aluminiumgewinnung) als Beispiel für chemische Wirkung des Stromes

Elektrotechnik · Der Stromkreis

11.2 Der Stromkreis (Bild 1)

Voraussetzung für das Fließen eines elektrischen Stromes ist das Vorhandensein einer Spannung und eines geschlossenen Stromkreises. Im einfachsten Falle besteht der Stromkreis aus einer Spannungsquelle bzw. einem Spannungserzeuger, der Zuleitung, dem Verbraucher und der Rückleitung zur Spannungsquelle. Der Verbraucher wandelt die elektrische Energie in andere Energien um, z.B. in Licht, Wärme oder mechanische Energie (Bewegungsenergie bei Motoren).

Eine Sicherung schützt vor Überlastung. Die Höhe der im Stromkreis vorhandenen Spannung kann durch einen Spannungsmesser, die Stromstärke durch einen Strommesser festgestellt werden. Der Spannungsmesser muß parallel zum Verbraucher, der Strommesser in Reihe zum Verbraucher geschaltet sein.

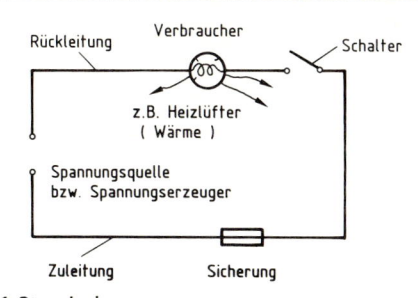

1 Stromkreis

Ohmsches Gesetz

Jeder Verbraucher in einem Stromkreis besitzt einen bestimmten elektrischen Widerstand.

Der Zusammenhang zwischen Stromstärke, Spannung und Widerstand wird durch das **Ohmsche Gesetz** beschrieben:

$$I = \frac{U}{R}$$

Der in einem Verbraucher fließende Strom ist um so größer, je höher die angelegte Spannung und je kleiner der Widerstand des Verbrauchers ist (Bild 2).

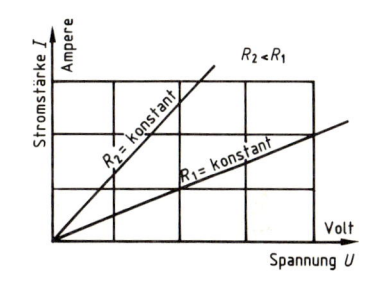

Jedes Gerät ist für eine bestimmte Betriebsspannung ausgelegt; bei zu hoher Spannung wird es durch den zu hohen Strom zerstört. Ist die vorhandene Spannung zu niedrig, reicht die auftretende kleine Stromstärke nicht zum Betreiben des Gerätes aus.

Die Verbraucher (Widerstände) können in einem Stromkreis auf verschiedene Weise zusammengeschaltet werden.

2 Zusammenhang zwischen Stromstärke und Spannung

Parallelschaltung (Bild 3)

Werden Geräte an verschiedene Steckdosen angeschlossen, sind sie parallel geschaltet. Die elektrische **Spannung** ist an jeder Stelle des Stromkreises **gleich** hoch. Der Strom verzweigt sich; der Gesamtstrom ergibt sich durch Addieren der Einzelströme.

$U = \text{constant}$

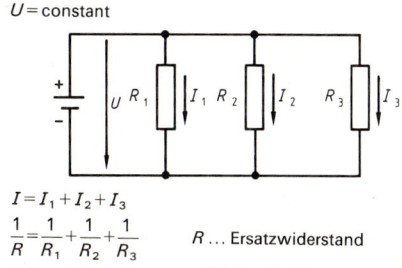

$I = I_1 + I_2 + I_3$

$\frac{1}{R} = \frac{1}{R_1} + \frac{1}{R_2} + \frac{1}{R_3}$ R ... Ersatzwiderstand

3 Parallelschaltung von Widerständen

Reihenschaltung (Bild 4)

Bei der Reihenschaltung geht man vom Ausgang des einen Verbrauchers zum Eingang des nächsten Verbrauchers. Für diese Art der Schaltung gilt, daß die **Stromstärke** I an allen Stellen des Stromkreises **gleich** groß ist. Durch die unterschiedlichen Widerstände der einzelnen Verbraucher ergeben sich unterschiedliche Spannungen an den einzelnen Verbrauchern. Die Gesamtspannung ergibt sich durch Addieren der Einzelspannungen; der Gesamtwiderstand läßt sich auf gleiche Weise ermitteln. Reihenschaltungen von Verbrauchern kommen verhältnismäßig selten vor (z.B. bei Lichterketten am Weihnachtsbaum). Wird der Stromfluß an irgendeiner Stelle (z.B. durch einen Defekt) unterbrochen, ist der Gesamtstromkreis nicht mehr geschlossen.

$I = \text{constant}$

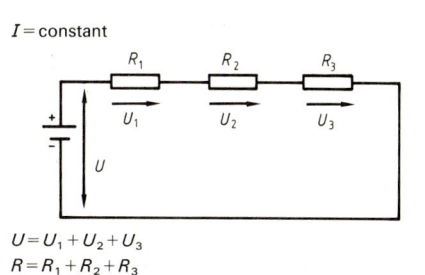

$U = U_1 + U_2 + U_3$
$R = R_1 + R_2 + R_3$

4 Reihenschaltung von Widerständen

Der Stromkreis | **Elektrotechnik**

Sicherungen

Damit die Stromstärken im Stromkreis und in den einzelnen Verbrauchern nicht zu groß werden, müssen Sicherungen eingebaut werden. Ansonsten würden Schäden (Erwärmung) in den Geräten und Leitungen auftreten, die zu Bränden führen können.

Vorgesehen werden Schmelzsicherungen oder Sicherungsautomaten.

1 Schmelzsicherung

Schmelzsicherungen

Im Innern eines Porzellankörpers befindet sich in einer Sandfüllung ein dünner Leiterdraht. Sein Durchmesser ist auf den Leitungsquerschnitt der abgehenden elektrischen Zuleitung zu den Verbrauchern abgestimmt. Über den Leitungsquerschnitt ist die höchste zulässige Stromstärke im Stromkreis festgelegt. Wird diese Stromstärke durch das Einschalten zu vieler Verbraucher überschritten, schmilzt der Sicherungsdraht durch die Wärmewirkung des elektrischen Stromes durch und unterbricht den Stromfluß. Um ein Ansprechen der Sicherung bei nur kurzzeitig vorhandenen Anlaufströmen auszuschalten, verwendet man sogenannte träge Sicherungen. Ein Flicken bzw. Überbrücken von Schmelzsicherungen ist unzulässig.

Nennstrom in A	6	10	16	20	25	35	50
Kennfarbe (Sicherungspatrone und Paßschraube)	grün	rot	grau	blau	gelb	schwarz	weiß

2 Sicherungen

Sicherungsautomaten

An Stelle der Schmelzsicherungen werden heute meist Sicherungsautomaten eingebaut. Sie sichern den Stromkreis in zweifacher Weise ab. Bei zu hohen Strömen wird der Stromkreis über einen magnetischen Auslöser unterbrochen. Durch Drücken des Sicherungsknopfes kann diese Unterbrechung beseitigt werden. Auf Überlastungen im Dauerbetrieb, z.B. durch unzulässig hohe Erwärmung, reagiert der Bimetall-Auslöser mit einem Abschalten des Stromkreises. Erst nach dem Abkühlen des Bimetallstreifens kann der Sicherungsautomat wieder eingeschaltet werden.

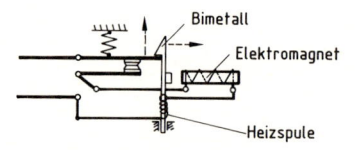

3 Sicherungsautomat (Prinzip) mit thermischer und elektromagnetischer Auslösung

Elektrische Arbeit und Leistung

Die elektrische Spannung bewegt Ladungen durch einen elektrischen Leiter hindurch. Hierbei muß Arbeit verrichtet werden.

Für die elektrische Arbeit gilt:

$W = U \cdot I \cdot t$

U ... elektr. Spannung in V
I ... elektr. Stromstärke in A
t ... Zeit in s

Die Einheit der elektr. Arbeit ist die Wattsekunde (Ws).

Üblicherweise wird die Arbeit in kWh (Kilowattstunden) angegeben und durch „elektrische Zähler" gemessen.

Für die elektrische Leistung gilt:

$$P = \frac{W}{t} = U \cdot I$$

Die Einheit der Leistung ist das Watt (W) bzw. Kilowatt (kW). Auf den Leistungsschildern der elektrischen Geräte (Verbraucher) befinden sich Angaben über deren Leistungsaufnahme.

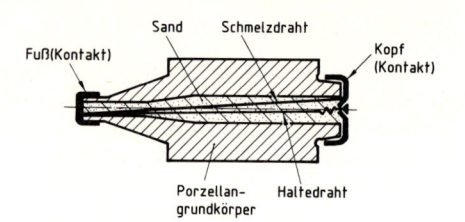

Beispiel:

Ein Warmwasserspeicher wird zwei Stunden bei einer Betriebsspannung von 220 V betrieben. Die Leistung beträgt 4 kW. Die elektrische Arbeit, die dem Elektrizitätswerk zu bezahlen ist, beträgt:

$W = U \cdot I \cdot t = P \cdot t = 4 \text{ kW} \cdot 2 \text{ h} = 8 \text{ kWh}$

Die Stromstärke I kann durch Umstellen der Leistungsgleichung ermittelt werden:

$$I = \frac{P}{U} = \frac{4000 \text{ W}}{220 \text{ V}} = 18{,}02 \text{ A}$$

Die Absicherung des Stromkreises muß mit einer 20-Ampere-Sicherung erfolgen.

Elektrotechnik Stromarten – Spannungserzeugung

11.3 Stromarten

Je nachdem, mit welchem Spannungserzeuger (z.B. Generator) der elektrische Strom bewirkt wird und wie sein zeitlicher Verlauf aussieht, unterscheidet man

- **Gleichstrom** (Bild 1). Hierbei fließt der Strom immer in der gleichen Richtung von Plus nach Minus (technische Stromrichtung). Die Pole ändern ihre Lage nicht. Benötigt wird Gleichstrom bei der Elektrolyse, beim Galvanisieren, bei der anodischen Oxidation von Aluminiumteilen und für Motoren an gesteuerten Maschinen. Gleichstrom liefern Batterien und Gleichstromgeneratoren.
- **Wechselstrom** (Bild 2). Die Stromrichtung und damit die Pole ändern sich ständig. Die Höhe der Stromstärke schwankt im zeitlichen Verlauf nach einer Sinuskurve (Schwingung). Die Frequenz ist ein Maß für die Anzahl der Schwingungen pro Sekunde. Die Einheit der Frequenz ist **Hertz** (Hz). In Deutschland beträgt die Wechselstromfrequenz 50 Hz. Ströme, wie sie zum Schmelzen von Metallen benötigt werden (Induktionsöfen), haben zum Teil weit höhere Frequenzen.
- **Drehstrom** (Bild 3), wird meist auch als Dreiphasen-Wechselstrom bezeichnet. Hierbei handelt es sich in Wirklichkeit um drei Wechselströme, die zeitlich um 120° versetzt ihre Maximalwerte erreichen. Drehstrom wird von Drehstromgeneratoren geliefert. Benötigt wird diese Stromart für Motoren und elektrische Anlagen.

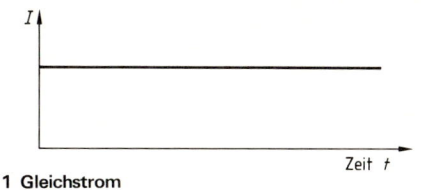

1 Gleichstrom

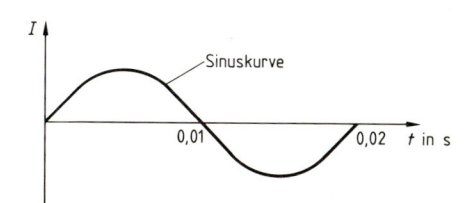

2 Wechselstrom ($f = 50$ Hz)

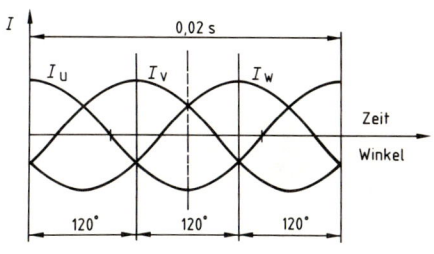

3 Drehstrom ($3\sim$)

11.4 Spannungserzeugung

Für die Erzeugung der elektrischen Spannung gibt es verschiedene Möglichkeiten:

- **Chemische Energie**, geliefert von einem galvanischen Element.
- **Wärmeenergie.** Anwendungsbeispiel: Thermoelemente, die zur Temperaturmessung eingesetzt werden.
- **Lichtenergie** bei Belichtungsmessern, und Lichtschranken.
- **Erzeugung durch Induktion.** Dies ist die am häufigsten angewandte Technik. Hierbei spielt der Magnetismus eine wichtige Rolle.

Magnetismus

Verschiedene Metalle (Eisen, Nickel und Cobalt) besitzen magnetische Eigenschaften. Sie besitzen im magnetischen Zustand ein Magnetfeld um sich, dessen **Feldlinien** durch Eisenfeilspäne sichtbar gemacht werden können. Bei jedem Dauermagnet läßt sich **Nord-** und **Südpol** unterscheiden (Bild 4). Die magnetischen Feldlinien (Kraftlinien) treten beim Nordpol aus und beim Südpol in den Magneten wieder ein. Sie sind in sich geschlossen, verlaufen also im Innern des Magneten weiter. Auch um einen stromdurchflossenen Leiter ist ein Magnetfeld vorhanden, dessen Feldlinien konzentrische Kreise um den Leiter bilden. Die Richtung ist im Uhrzeigersinn, wenn der Strom vom Betrachter weg fließt. Durch eine spulenförmige Anordnung der Leiter (Bild 5) läßt sich die Kraftwirkung des Magnetfeldes vervielfachen; wird außerdem noch ein Weicheisenkern in das Spuleninnere eingefügt, ergibt sich eine weitere Verstärkung.

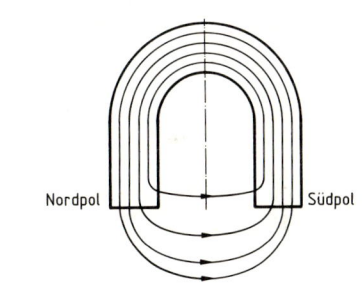

4 Magnetfeld (Dauermagnet)

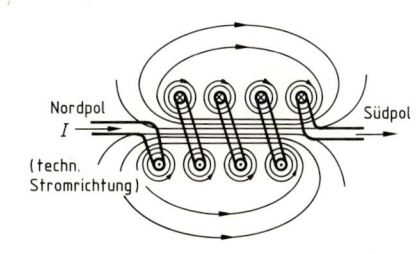

5 Magnetfeld eine Spule (Elektromagnet)

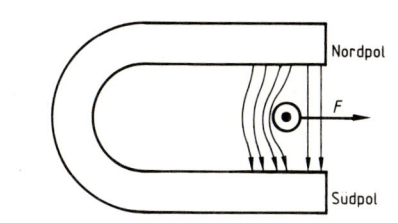

6 Kraftwirkung auf einen Leiter

Spannungserzeugung   Elektrotechnik

Spannungserzeugung durch Induktion

Die Erzeugung elektrischer Energie erfolgt in Kraftwerken durch Umwandeln von mechanischer in elektrische Energie über das Prinzip der **elektromagnetischen Induktion**.

Wird eine Leiterschleife so in einem Magnetfeld bewegt bzw. gedreht (Bild 1 und 2), daß magnetische Feldlinien geschnitten werden, wird im Leiter eine elektrische Spannung „induziert", damit fließt im geschlossenen Stromkreis ein elektrischer Strom. Die Richtung dieses Stromes ist so, daß die Feldlinien seines Magnetfeldes die Bewegung hemmen, die den Strom erzeugt hat (**Lenzsche Regel**).

Die erzeugte Spannung entspricht einer Wechselspannung.

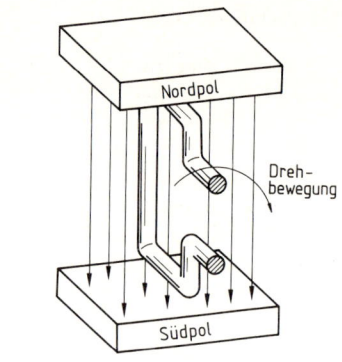

1 Leiterschleife im Magnetfeld

Generatoren

Die Hauptteile des Generators sind das Gehäuse (Ständer) und der sich im Ständer drehende Läufer.

Für die **Drehbewegung** von **Magnetfeld** und **Spule** gibt es zwei Möglichkeiten:

– Die Spule (Läufer) dreht sich innerhalb eines Magnetfeldes (Ständer). Man spricht dann von einer Außenpolmaschine.
– Das Magnetfeld (Läufer) dreht sich innerhalb der Spule (Ständer); es handelt sich dann um eine Innenpolmaschine. Diese werden heute meist eingesetzt. Nach der Art der erzeugten Spannung unterscheidet man:

– **Wechselstromgeneratoren.** Bei einer Umdrehung des Läufers erreicht die erzeugte Spannung einmal ihren Höchst- und Tiefstwert. Bei einer Wechselstromfrequenz von 50 Hz muß sich der Läufer bei einem zweipoligen Erzeuger 3000mal drehen.

– **Drehstromgeneratoren.** Der Ständer besitzt drei um 120° versetzte Induktionsspulen (Bild 3). Der Läufer trägt ein Polpaar. Beim Drehen des Läufers geben die drei Spulen Wechselströme ab, deren Maximalwerte um 120° versetzt sind. Für die Ableitung der Spannung werden vier Leiter vorgesehen (Bild 4). Die Rückleitung wird als Mittelleiter, die übrigen Leiter werden als Außenleiter bezeichnet. Die Spannung zwischen einem Außenleiter und dem Mittelleiter beträgt jeweils 220 V, zwischen zwei Außenleitern herrschen 380 V.

– **Gleichstromgeneratoren.** Im Prinzip handelt es sich um eine Außenpolmaschine mit einem Stromwender.

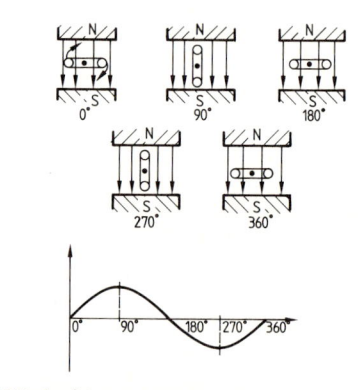

2 Wechselstromerzeugung
(Leiterschleife im Magnetfeld gedreht)

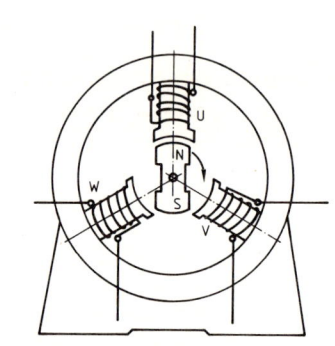

3 Drehstromerzeugung (Prinzip)

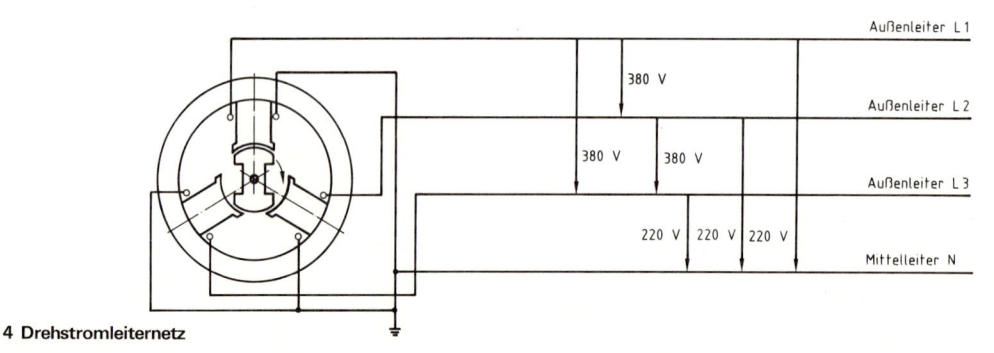

4 Drehstromleiternetz

11.5 Elektromotoren

In Elektromotoren wird die elektrische Energie zunächst in magnetische und dann in mechanische Energie umgewandelt. Um einen stromdurchflossenen Leiter bildet sich ein Magnetfeld aus (Bild 1). Befindet sich dieser Leiter im Magnetfeld eines Dauermagneten, so überlagern sich die beiden Magnetfelder. Auf der einen Seite des Leiters ergibt sich eine Feldverstärkung, auf der Gegenseite eine Schwächung des Feldes. Die Folge ist eine Kraftwirkung auf den Leiter in Richtung der Feldschwächung (Bild 2). Die Größe dieser Kraft hängt von folgenden Voraussetzungen ab:

— Stromstärke im Leiter und der magnetischen Flußdichte,
— Leiteranzahl und der wirksamen Leiterlänge.

Wird als Leiter eine stromdurchflossene Spule drehbar im Magnetfeld eines Dauermagneten angeordnet, ergibt sich durch die Kraftwirkung eine Drehbewegung. Steht die Spule senkrecht zu den Feldlinien, ist die Kraftwirkung Null. Bei einer Änderung der Stromrichtung ergibt sich eine Drehung in umgekehrter Richtung.

Durch die Stromzufuhr über Kohlebürsten und Stromwender wird erreicht, daß die Stromrichtung im Leiter unter einem Pol des Magneten stets gleich ist und damit die Drehung z.B. im Uhrzeigersinn erhalten bleibt.

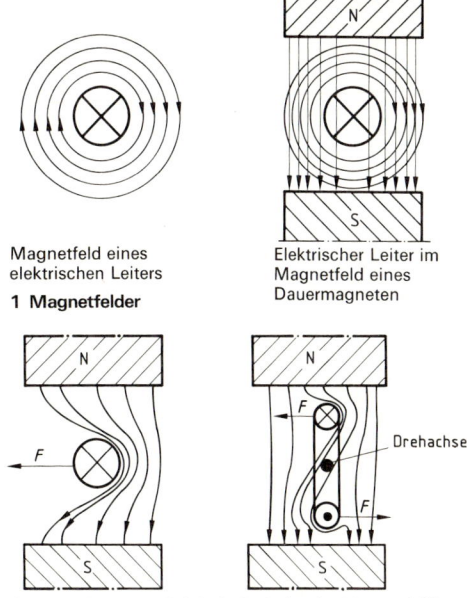

Magnetfeld eines elektrischen Leiters
1 Magnetfelder

Elektrischer Leiter im Magnetfeld eines Dauermagneten

2 Kraftwirkung auf elektrische Leiter im Magnetfeld

Gleichstrommotoren

Hauptbauteile des Motors sind der feststehende **Ständer** und der umlaufende **Läufer**. Der Läufer ist drehbar im magnetischen Feld des Ständers angeordnet (Hauptfeld oder Erregerfeld). Auf dem Läufer befindet sich eine aus mehreren Spulen bestehende Wicklung, die an die Kupferlamellen des Stromwenders angelötet ist.

Fließt ein elektrischer Strom durch die Spulen der Läuferwicklung, ergibt sich durch das mit dem Erregerfeld überlagerte Magnetfeld die Drehbewegung des Läufers.

Durch die Drehbewegung des Leiters in einem Magnetfeld wird nach dem Generatorprinzip eine Gegenspannung „induziert", die gegen die angelegte Netzspannung gerichtet ist und deren Wirkung herabsetzt. Je höher die Drehzahl des Läufers ist, desto größer wird diese Gegenspannung. Die Folge ist eine geringere Stromaufnahme des Motors. Beim Einschalten steht der Läufer still. Damit ist in diesem Zeitpunkt die Gegenspannung noch nicht vorhanden, die Stromaufnahme erreicht ihren höchsten Wert (hoher **Anlaufstrom**) (Bild 3). Damit die im Stromkreis eingebaute Sicherung nicht ausgelöst wird, muß der Strom begrenzt werden. Dies geschieht bei größeren Motoren durch einen **Anlaßwiderstand**.

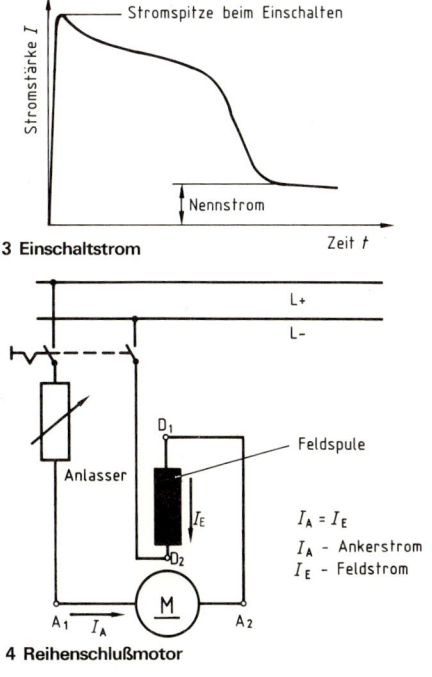

3 Einschaltstrom

$I_A = I_E$
I_A — Ankerstrom
I_E — Feldstrom

4 Reihenschlußmotor

Reihenschlußmotor (Bild 4)

Hier sind Ständer- und Läuferwicklung in Reihe geschaltet. Bei Leerlauf fließt ein kleiner Strom. Damit nur dieser kleine Strom fließt, muß eine hohe Gegenspannung vorhanden sein. Dies ist bei einer hohen Drehzahl der Fall. Der Motor sollte immer unter Last betrieben werden. Bei Belastung ist der durch die Wicklungen fließende Strom hoch, so daß ein kräftiges Magnetfeld auftritt. Ein hohes Anzugsdrehmoment ist die Folge (Bild 5).

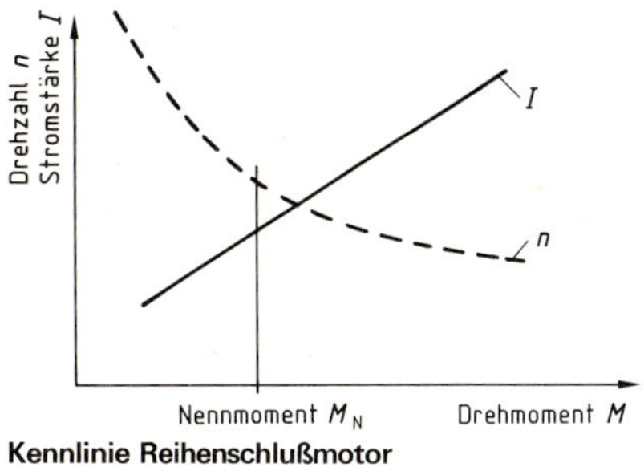

5 Kennlinie Reihenschlußmotor

Nebenschlußmotor (Bild 1)

Hier liegt eine Parallelschaltung von Ständer- und Läuferwicklung vor. Damit besteht keine Abhängigkeit zwischen dem Erreger- und dem Läuferfeld. Der Nebenschlußmotor zeigt bei Belastung nur einen geringen Drehzahlabfall (Bild 2). Er wird deshalb bei Werkzeugmaschinen eingesetzt, wo eine genaue Drehzahleinstellung notwendig wird.

Drehstrommotoren

Hauptvertreter ist der Drehstrom-Asynchronmotor mit Käfigläufer. Die Hauptbestandteile sind der feststehende Ständer und der drehbare Läufer. Die Ständerwicklung besteht aus drei um 120° versetzte Spulen; die Läuferwicklung aus einer **Kurzschlußwicklung**. Die Kupfer- oder Aluminiumstäbe sind an den Enden über einen Ring leitend miteinander verbunden.

Durch das Anschließen der drei Ständerspulen an ein Drehstromnetz entsteht ein Magnetfeld, das umläuft. Das Umlaufen dieses **„Drehfeldes"** ergibt sich dadurch, daß die in den Ständerwicklungen erzeugten Magnetfelder ihren höchsten Wert jeweils um 120° versetzt erreichen.

Im Läufer induziert das umlaufende Drehfeld eine elektrische Spannung, die einen hohen Strom in der Kurzschlußwicklung des Läufers hervorruft. Das Magnetfeld der stromdurchflossenen Läuferwicklung und das Drehfeld der Ständerwicklung überlagern sich. Die sich daraus ergebende Kraftwirkung versetzt den Läufer in Drehung.

Diese Drehbewegung hinkt dem umlaufenden Ständerdrehfeld etwas nach (asynchron). Beim Einschalten des Motors ergibt sich die höchste Stromaufnahme. Damit das Leitungsnetz nicht überlastet wird, schaltet man eine Anlaßeinrichtung vor. Diese kann aus einem **Stern-Dreieck-Schalter** bestehen. Hierbei werden die Ständerwicklungen in der Stellung Stern (Y-Stellung Bild 3) mit 220 V aus dem Drehstromnetz versorgt. Nach Erreichen der vollen Drehzahl erfolgt die Schaltung in Stellung Dreieck (Δ-Stellung Bild 4), wobei dann die volle Netzspannung von 380 V anliegt.

Durch Vertauschen von zwei Außenleitern kann die Drehrichtung geändert werden. Durch Motorschutzschalter wird eine länger andauernde Überlastung des Motors verhindert.

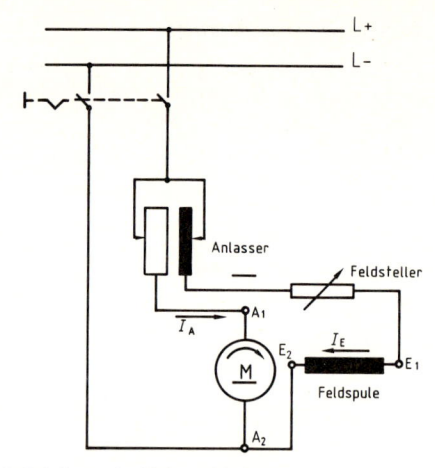

1 Schaltung des Nebenschlußmotors

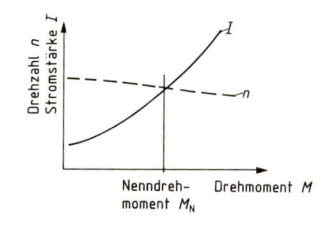

2 Kennlinie Nebenschlußmotor

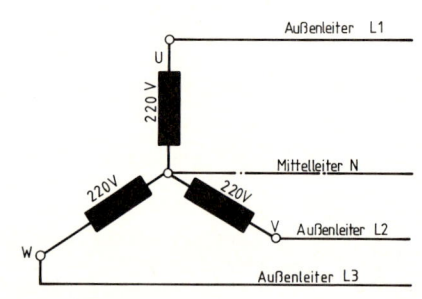

3 Sternschaltung

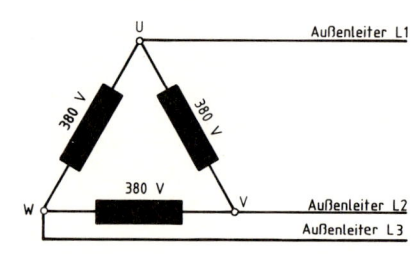

4 Δ-Schaltung

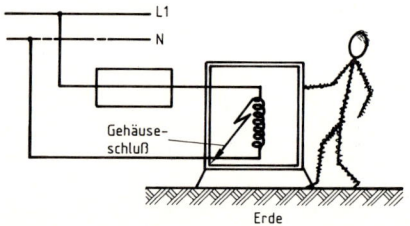

11.6 Elektrische Unfälle

Der menschliche Körper leitet den elektrischen Strom. Sein elektrischer Widerstand beträgt etwa 1400 Ω. Die Folgen eines Stromdurchflusses äußern sich in Verbrennungen, Muskelverkrampfungen, Versagen des Kreislaufs und des Herzmuskels sowie im Stillstand der Atmung. Deshalb ist schnellstens ärztliche Hilfe bei elektrischen Unfällen herbeizuholen. Elektrische Spannungen über 50 V und Stromstärken über 50 mA können Lebensgefahr bedeuten.

Elektrische Unfälle entstehen durch direktes Berühren eines stromführenden Leiters oder indirekt durch Berühren eines Teiles, das durch einen Fehler (z.B. defekte Isolierung) unter Spannung steht.

5 Gefahr durch Berührung

Elektrotechnik — Elektrische Unfälle

Schutzmaßnahmen

Um Unfälle beim Umgang mit elektrischen Geräten zu verhindern, sind vom Verband Deutscher Elektrotechniker (**VDE**) Sicherheitsvorschriften erlassen worden. Diese umfassen auch Schutzmaßnahmen gegen Berührungsspannungen.

Schutzisolierung

Alle Teile, die bei einem Fehler unter Spannung stehen könnten, sind dauerhaft isoliert. Die Geräte tragen das Zeichen für Schutzisolierung, das aus einem kleinen Quadrat in einem großen Quadrat besteht (Bild 1).

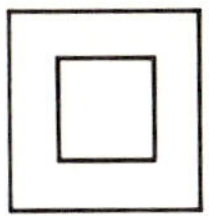

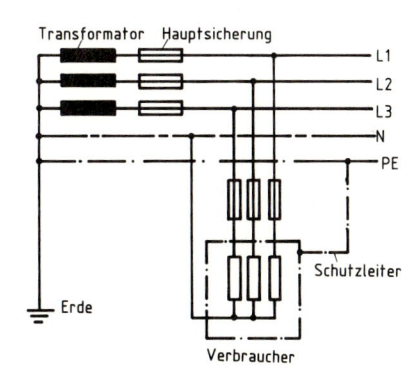

1 Zeichen für Schutzisolierung

Kleinspannung

Geräte, bei denen beim Umgang die Gefahr des Berührens leitender Teile gegeben ist, dürfen nur mit Kleinspannungen betrieben werden. Bei technischen Geräten sind die Spannungen auf höchstens 50 V begrenzt.

Schutzleiter (Nullung)

Der grün-gelb gekennzeichnete Schutzleiter (PE) verbindet das leitende Gehäuse eines angeschlossenen Gerätes mit der Erdung (Bild 2). Kommt das Gehäuse aus irgendeinem Grunde in Berührung mit einem stromführenden Leiter, löst der auftretende Kurzschlußstrom die Sicherung aus. Über den Schutzleiter fließt der Strom zur Erde.

Steckdosen und Stecker besitzen Schutzkontakte (**Schuko**), an die der grün-gelbe Schutzleiter angeschlossen ist (Bild 3).

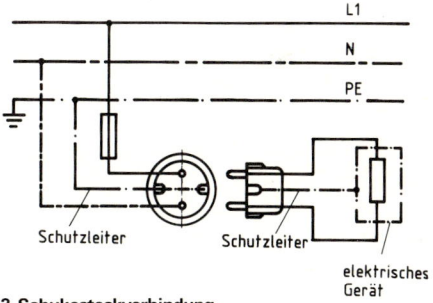

2 Nullung durch Schutzleiter

Fehlerstrom-Schutzschaltung (FI)

Bei dieser Schutzmaßnahme vergleicht man in einem Stromkreis den zufließenden mit dem abfließenden Strom. Dieser muß im Normalfall den gleichen Wert besitzen. Wird bei einem Fehler (z.B. Berührung einer defekten Isolierung) ein Teil des Stromes zur Erde geführt, ergibt sich eine Stromdifferenz. Diese führt zur Abschaltung des Stromkreises innerhalb von 0,2 Sekunden. Der Einbau einer Fehlerstrom-Schutzschaltung bietet größere Sicherheit als die häufig durchgeführte Nullung.

3 Schukosteckverbindung

Schutztrennung (Bild 4)

Hier wird durch einen Trenntransformator ein ungeerdeter Verbraucherstromkreis vom geerdeten Netz getrennt. Gefährliche Berührungsspannungen können damit nicht auftreten.

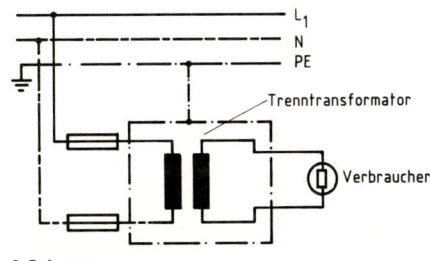

4 Schutztrennung

Wiederholungsfragen zu 11

1. Unter welchen Voraussetzungen fließt ein elektrischer Strom?
2. Was versteht man unter der technischen Stromrichtung?
3. Von welchen Größen wird der spezifische elektrische Widerstand beeinflußt?
4. Welche Einheit hat der elektrische Widerstand?
5. Welche Wirkungen hat der elektrische Strom auf den Menschen?
6. Wann treten in einem Stromkreis hohe Ströme auf, und welche Folgen hatten diese?
7. Vergleichen Sie die Parallel- und Reihenschaltung von Widerständen bezüglich der Spannungen und Stromstärken.
8. Warum müssen Stromkreise abgesichert werden?
9. Beschreiben Sie die Wirkungsweise eines Sicherungsautomaten.
10. Welche Stromarten gibt es?
11. Welche Aufgabe hat der Schutzleiter?
12. Wie funktioniert die Fehlerstrom-Schutzschaltung?

12 Regeln für gießereitechnische Zeichnungen

Zur Herstellung eines Gußteiles sind neben der Fertigungszeichnung, auch Werkzeichnung genannt, spezielle gießereitechnische Zeichnungen notwendig. Normen für diese Art von Zeichnungen gibt es nicht, jedoch die Möglichkeit, die DIN-Normen für das Technische Zeichnen und bewährte Regeln aus der Praxis sinnvoll miteinander zu verbinden. Im Unterricht müssen dabei anders als in der Praxis Normen über Ansichten und Schnitte, DIN 6 und über Linienarten, DIN 15, besonders beachtet werden. Unter diesen Voraussetzungen sind hier die folgenden Regeln für gießereitechnische Zeichnungen zugrunde gelegt und im vorliegenden Buch zur Anwendung gebracht worden.

12.1 Modellplanungszeichnung (Modellfertigungszeichnung)

Die Modellplanungszeichnung, auch Modellfertigungszeichnung genannt, ist die wichtigste Zeichnung der Arbeitsvorbereitung. Sie wird entweder in die Fertigungszeichnung oder auf ein besonderes Blatt gezeichnet.

Vom **Modellriß** unterscheidet sich die Modellplanungszeichnung durch:

- Aufzeichnen auf Papier
- Aufzeichnen ohne Schwindmaß
- Verwendung auch anderer Maßstäbe als 1:1

Wie beim Modellriß soll jedoch auch aus der Modellplanungszeichnung die gesamte Form- und Gießtechnik zu ersehen sein.

Definition

Damit sich die folgenden Regeln begründen lassen und die DIN-Normen für das Technische Zeichnen angewendet werden können, wird die Modellplanungszeichnung als **Darstellung eines Gußteiles mit Sandkernen** definiert.

Darstellung der Bearbeitungszugabe

Durch das Ineinanderzeichnen des Gußteiles im Rohzustand und im bearbeiteten Zustand wird die Bearbeitungszugabe sichtbar. Dargestellt werden die Körperkanten eines rohen und eines bearbeiteten Gußteiles. Alle diese **Körperkanten sind breite Vollinien!**

Wird die Bearbeitungszugabe im Schnitt dargestellt, erhält sie eine Kreuzschraffur, diese wird mit schmalen Linien gezeichnet. Die Dicke der Bearbeitungszugabe, nicht die Fläche, wird zur besseren Kennzeichnung häufig in Schnitt und Ansicht rot oder gelb angelegt.

Darstellung von Teilungen

Durch breite Strichpunktlinien werden Teilungen, wenn erforderlich, eingezeichnet: Formteilungen, Modellteilungen, Losteile und Kernkastenteilungen. Durch entsprechende Abkürzungen werden die verschiedenen Teilungen gekennzeichnet. Die breite **Strichpunktlinie** geht nur von der Körperkante bis Körperkante. Eine breite **Vollinie** wäre falsch, da die Modellplanung als Gußteil und nicht als Modelldarstellung definiert ist.

Text zur Modellplanung

Alle gießereitechnischen Angaben, wie Schwindmaß, Gußstückzahl, Güteklasse, Anzahl der Kernkästen, Modellart, sind in die Modellplanung einzuschreiben.

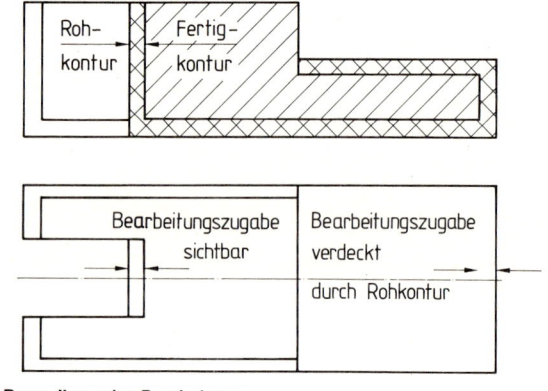

1 Darstellung der Bearbeitung

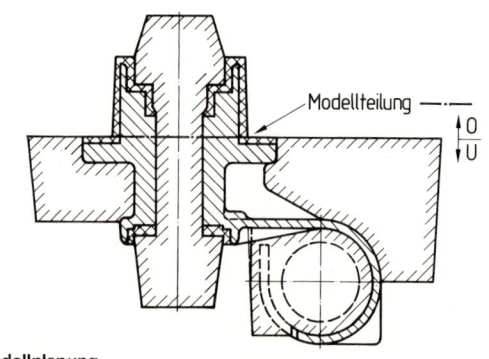

2 Modellplanung

Regeln für gießereitechnische Zeichnungen

Modellplanungszeichnung

Darstellung der Formschräge

In den Ansichten, die dem Formschnitt entsprechen, ist die Formschräge stets einzuzeichnen. In der Draufsicht ergeben sich durch die Projektion für jede Formschräge zwei Linien. Aus Gründen der Übersichtlichkeit wird bei Modellen nur die Linie der Modellteilung gezeichnet und die zweite vernachlässigt. Diese Vereinfachung gilt nicht, wenn sehr große Formschrägen, wie z.B. an Kernmarken, Aufstampfböden und Dämmteilen gezeichnet werden.

Darstellung von Kernen

Schnittdarstellung

Im Schnitt wird der **Sandkörper** unter 45° schraffiert. Zur besonderen Kennzeichnung als Kern wird diese Schraffur jedoch als **Randschraffur** von 5 bis 10 mm ausgeführt. Die Randschraffur ist eine **schmale Vollinie** in den Farben grün oder schwarz.

Kerndarstellung in Ansicht

Werden Modellplanungen als Ansicht dargestellt, so ist der Bereich der Kernmarke oder ein Durchbruch im Werkstück als Kern in Ansicht darzustellen. Auch im Schnitt kann der tieferliegende Teil eines Kernes als Ansicht erscheinen. Solche Kernansichten können leicht grau angelegt werden, damit sie nicht mit der Schnittdarstellung verwechselt werden.

Durch diese Regeln für die Kerndarstellung werden DIN 6 und DIN 15 eingehalten. So können z.B. **umlaufende Kanten** nicht in der Schnittdarstellung, aber in der Ansicht des Kernes vorhanden sein.

Sandleisten, Druckleisten, Dichtrillen und zusätzliche Formschrägen

In der Modellplanung wird der Kern als Körper abgebildet. Abweichungen der Kernmarken vom Kern müssen deshalb zusätzlich eingezeichnet werden. Am häufigsten unterscheidet sich die Kernmarke vom Kern durch Sandleiste und Druckleiste, Dichtrillen sind seltener. Diese können sowohl durch breite Vollinie, als auch durch schwarzes Anlegen gekennzeichnet werden. Auch wenn die Kernmarke eine Formschräge besitzt, die nicht am Kern vorhanden ist, wird diese zusätzlich eingezeichnet.

Aufstampfböden und -klötze

Aufstampfböden und -klötze werden als Holzteile eingezeichnet und dargestellt.

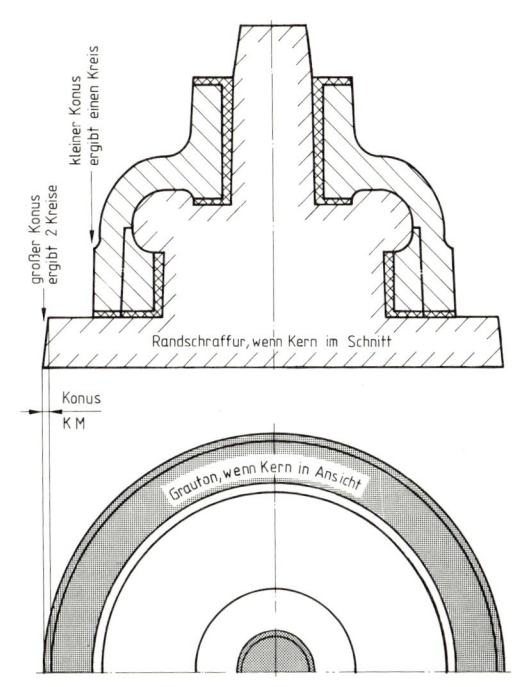

1 Darstellung von Kernen

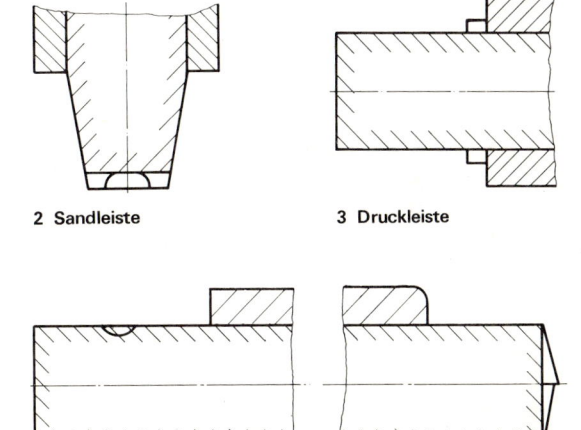

2 Sandleiste

3 Druckleiste

4 Dichtrille

5 zusätzliche KM-Schräge

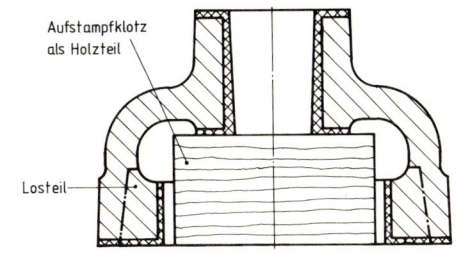

6 Aufstampfklotz

Die Modellaufbauzeichnung

12.2 Die Modellaufbauzeichnung

Die Modellaufbauzeichnung dient als Arbeitsvorbereitung für den Aufbau einer Modelleinrichtung. Aus der Zeichnung muß also ersichtlich werden, wie das Modell, die Modellplatte oder der Kernkasten aufgebaut ist. Um dies deutlich darzustellen, wird bei Holz der Holzfaserverlauf eingezeichnet. Dieser wird auch in die Schnittdarstellung anstelle der 45°-Schraffur eingezeichnet. Hirn- und Langholzdarstellung der verschiedenen Ansichten müssen entsprechend dem Modellaufbau zueinander passen. Bei Langholzdarstellung kann zwischen Fladerschnitt und Spiegelschnitt unterschieden werden. Wird Metall im Aufbau einer Modelleinrichtung verwendet, so werden Schnitt und Ansicht, wie von der Fertigungszeichnung (Werkzeichnung) her bereits bekannt, gezeichnet.

Rohteil-Modellaufbauzeichnung

Zur Erstellung einer Holzliste kann es zweckmäßig sein, das Modell in seiner Rohkontur zu zeichnen. Für diese Darstellung gibt es die DIN 919. Danach werden die Rohkontur des Modells mit einer breiten Vollinie und das eigentliche Modell mit einer schmalen Strichpunktlinie gezeichnet.

Fertigteil-Modellaufbauzeichnung

Wegen der besseren Übersichtlichkeit ist im Modellbau eine Aufbauzeichnung des fertigen Modells üblicher. Auch Zeichnungen von Kernkasten und Schablonen sind solche Fertigteil-Modellaufbauzeichnungen.

Allgemeine Regeln für die Modellaufbauzeichnungen

- Beim Modellaufbau sind Teilungen Flächen der gezeichneten Körper und deshalb, im Gegensatz zur Modellplanung, als breite Vollinie zu zeichnen.
- Körperkanten und umlaufende Linien sind breite Vollinien.
- Leimfugen sind Bestandteil eines Körpers, sie werden deshalb als schmale Vollinie gezeichnet.
- Der Holzfaserverlauf ist ebenfalls Bestandteil eines Körpers, er wird deshalb auch als schmale Freihandlinie gezeichnet. Diese Linie verläuft immer exakt von einer Körperkante zur anderen, bzw. bei Fladerung wieder zurück.
- Bei Kernkästen werden tieferliegende Konturen nicht mit Maserung gezeichnet, um die Zeichnung plastischer zu gestalten. Für Schnitte gilt das Entsprechende.
- Umlaufende Kanten von Leimfugen werden vernachlässigt.

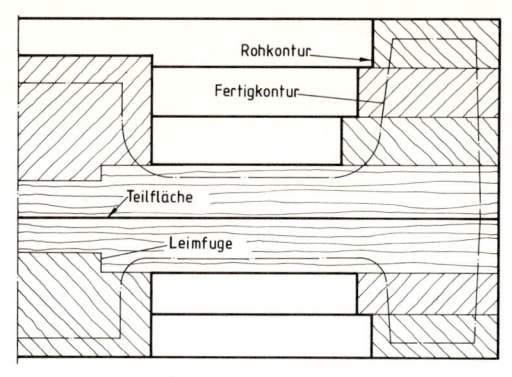

1 Rohteil-Modellaufbauzeichnung (Schnitt)

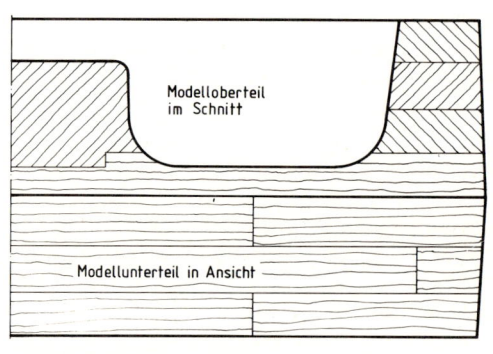

2 Fertigteil-Modellaufbauzeichnung

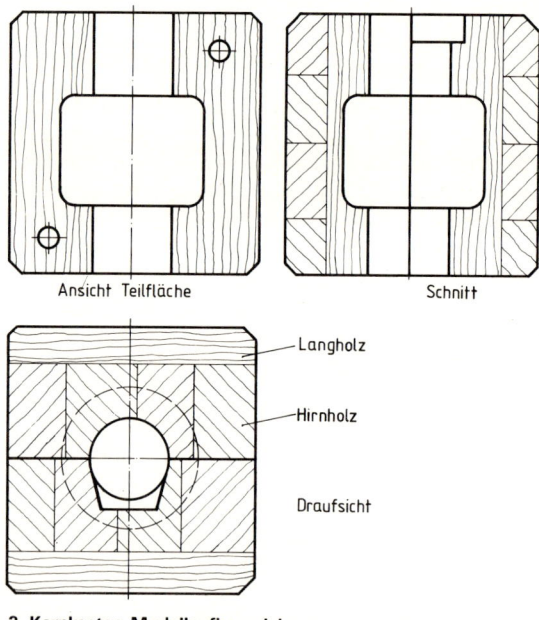

3 Kernkasten-Modellaufbauzeichnung

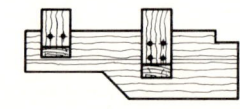

4 Drehschablone

Regeln für gießereitechnische Zeichnungen — Formzeichnung

12.3 Formzeichnung

Die Formzeichnung zeigt normal eine Form im Zustand vor dem Gießen (Bilder 1 bis 3).

Nur wenn Arbeitsgänge zu zeichnen sind, wird von dieser Regelung abgewichen. Die Arbeitsgänge beim Schablonieren sind ein solches Beispiel (Bild 4).

Sanddarstellung

Für Sand wird zur Kennzeichnung ein unregelmäßiges Punktraster verwendet. Damit **Formschnitt** (Bild 1) und **Formansicht** (Bild 2), voneinander unterschieden werden können, wird im Formschnitt noch zusätzlich eine 45°-Schraffur verwendet.

Bei Herdformen wird der Formereiboden durch die genormte Kennzeichnung für Erdreich nach Bild 4 gekennzeichnet.

Tieferliegende Flächen von Hohlräumen erhalten keine Sandkennzeichnung.

Kerndarstellung

Für die Darstellung des Kernes wird die Regelung der Modellplanung übernommen. Im Formschnitt wird daher der Kern mit Randschraffur und in der Formansicht mit Grauton dargestellt. Kerne in Ansicht werden im allgemeinen in der Formhälfte gezeichnet, in die sie in der Formerei eingelegt werden.

Formschnitt

Um möglichst viele Einzelheiten aus dem Formhohlraum, dem Einguß- oder dem Trichtersystem erkennen zu können, sind Schnitte häufig in mehreren Ebenen durchgeführt. Die Formteilung ist eine breite Vollinie. Sie wird ebenso wie umlaufende Kanten durch eingelegte Kerne oder andere Körper verdeckt.

Formansicht

Durch die Formansicht können besonders die eingelegten Kerne oder das Eingußsystem in der Ansicht einer Formhälfte gezeigt werden. In Bild 2 ist z.B. zu sehen, daß der Kern ausgespart ist und eine Kernmarkierung besitzt. Sollen darüber hinaus Teile aus dem Speisersystem des Oberkastens dargestellt werden, kann dies durch eine schmale Strichpunktlinie geschehen.

Besonderheiten

Sandhaken, Kernstützen u.ä. werden schwarz angelegt oder erhalten im Querschnitt Metallschraffur, wenn ihre Größe es zuläßt. Dasselbe gilt für Kühlkörper und Schreckplatten (Bild 1) im Formschnitt. In Ansicht werden sie gitterförmig schraffiert (Bild 2).

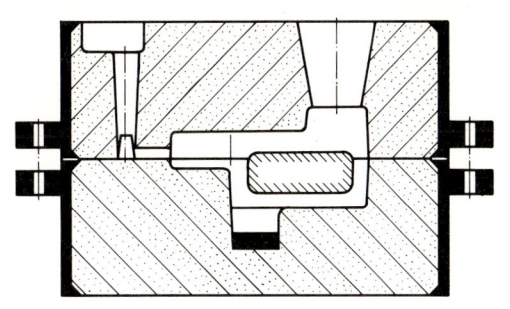

1 Formschnitt durch Ober- und Unterkasten

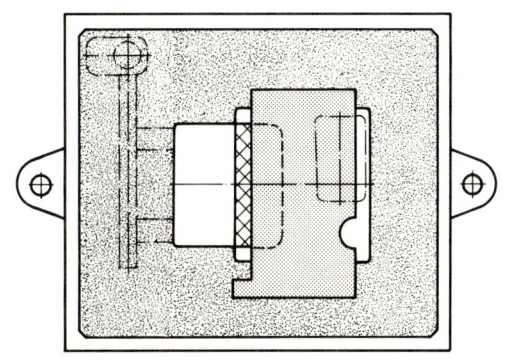

2 Formansicht auf Unterkasten

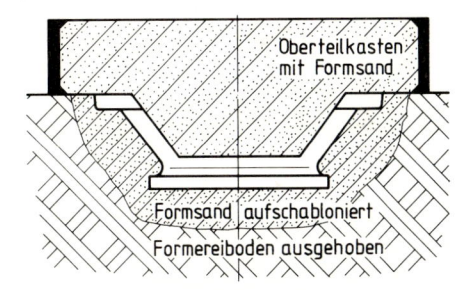

3 Formschnitt durch verdeckte Herdform

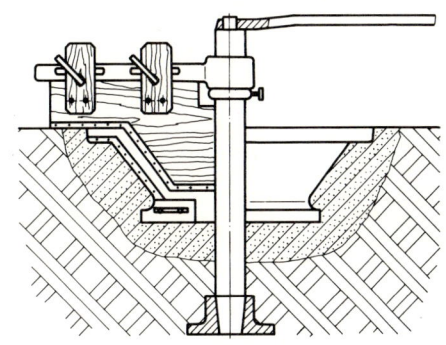

4 Formschnitt mit einem Arbeitsgang

Sachwortverzeichnis

Fettgedruckte Seitenzahlen verweisen auf Definition oder ausführliche Erklärung des jeweiligen Sachwortes.

Abballung	7
Abbrand	188
Abbrennen	207
Abdeckkern	**76** ff.
Abfallen des Sandes	256
Abgaswagen	183
Abgewandelte Naturstoffe	**221**
Abheben	**44** ff.
Abhebeformmaschine	44
Abhebestifte	45
Abkrätzen	248, 251
Abkrammen	162
Abkühlungskurve	226
Abriebfestigkeit	217
Abschlacken	162
Abschlagkern	170
Abschrecken	249
Abschreckkörper	10
Abschreckplatte	121
Abschreckung	244
Abschreckwirkung	125
Absenken	44
Abstreifkamm	53
Abziehen	44
Adhäsion	269
AFS-Kornfeinheitsnummer	204
Aggregatzustand	268, 278
Alkalisilicate	202
Alkane	220
Alkene	220
Alkine	220
Alkohol	207 f.
Alkoholschlichten	207 f.
Altformstoff	209 f.
Altsand	204, 209, 215
Altsandbunker	209, 212
Altsandprüfung	214
Aluminium	**246** ff.
Aluminiumbronze	254
Aluminiumgrieß	223
Aluminiumhydroxid	246
Aluminiumlegierung	126, 247
Aluminiumoxid	246
Anorganische Formstoffbinder	202
Ammoniumchlorid	203
Analyse	187, 277
–, chemische	261, 277
–, qualitative	277
Analysenkorrekturzuschlagstoffe	187
Anbrennen	207
Angebrannter Sand	258
Anlassen	244
Ansatzspeiser	170 ff.
–, Anordnung des	171
Anschnitt	**157**, 164 ff., 174
Anorganische Verbindungen	218
Anschnitt	165
–, Bleistift~	165
–, Connor-	165

–, Finger~	165
–, Horn~	165
–, Stufen~	165
Anschnittausführung	143
Anschnittberechnung	160
Anschnittdicke	160
Anschnittelement, keramisches	121
Anschnittgestaltung	134
Anschnittmöglichkeit	165
Anschnittsystem	132
Anschweißung	153
Anthrazit	265
Arbeit	**272**
–, elektrische~	294
Arbeitsablauf des Vakuumverfahrens mit Folie	42
Arbeitsfolge an der Formmaschine	46
Arbeitssicherheit	**191** ff.
Arbeitsvorbereitung	2
Argon	248
Argongas	248
Atemschutzgeräte	191
Atom	276
Atomkern	276
Aufbau	128, 132
Aufkohlen	245
Aufnagelkern	103
Aufsatzspeiser	170, 172
Aufschlagkern	84
Aufspritzen	264
Aufstampfboden	7, 77, 301
Aufstampfform	**24** f., 102
Aufstampfklotz	7, 67, **76** f., 301
Auftrieb	273
Auftriebskraft	18
Ausbringung	166, 173
Ausfall der Form	153 f.
Ausflußmenge	159
Ausgleichbunker	212
Aushärten	36 f., 85 f., 249
– durch Begasen	95
– durch Hitze	97
Aushärtestrecke	36
Aushärtungsverhalten	217
Aushärtungsverlauf	204
Aushärtungszeit	205
Ausheben	44, 270
Aushebeeinrichtung	64
Aushebeplatte	14
Aushebeschräge	64
Aushebevorgang	270
Aushebevorrichtung	14
Auskleidung, feuerfeste	180
Auslagern	249
Ausleerrüttler	194
Ausleertrommel	193 f.
Ausmauerung	231
Auspacken	4, **193** f., 267
Auspackrohr	193
Auspackstrahlen	193 f.
Ausschalen	108
Ausschalfestigkeit	204

Ausschalzeit	214
Ausschlagrost	193 f.
Ausschmelzen	73
Außenkern	7, 44, **76** f.
Außenlunker	176, 257
Außenpolmaschine	296
Ausspülung	256
Ausstoßplatte	86
Ausstoßvorrichtung	86
Austenit	230, 243 f.
Austenitisches Gußeisen	**241**
Austragtrommel	195
Auswaschung	153
Auswerfer	130
Auswerfereinheit	139
Auswerfeinrichtung	128
Auswerferstift	86, 114
Auswerfplatte	133
Auswerfung	142
Auswuchs, metallischer	256
Ausziehen	44
Automatisierung	47
Automatisierungsmöglichkeit	141
Ballen	18, 45, 56, 103
Ballenplatte	56
Bandförderanlage	47
Basen	**279**
Basiseinheit	267
Basiseisen	239
Basisgröße	267
Basizitätsgrad	188
Bearbeitungszugabe	13, 68
Baustahl	233
Becherwerk	209, 212
Begasen	85, 93 f.
Begasung, Verfahren mit	16
Begasungsplatte	96
Begasungsraum	96
Begleitelemente	232
Behälterwaage	213
Behandlung, kugelgraphitbildende	239
–, Wärme~	243
Beheizen	147
Beischiebekern	83
Bentone	202
Betonit	93, 201 f., **211**, 213, 217
Bentonitgebundene Formstoffe	201
Bentonitprüfungen	214
Benton-Öl-gebundene Formstoffe	**202**
Benzol	220
Benzolring	220
Betriebstemperatur	130, 148
Berechnung der Anschnitte	**160**
– der Speiser	**169**
– des Eingußkanals	**161**

– des Eingußsystems	**160**
– des Schlackenlaufs	**161**
Beryllium	246, 253
Beschichtung	64
Beschickungskübel	183, 187
Beschickungsöffnung	181
Beschleunigung	271
Bessemer-Verfahren	231
Bevorraten	209, **212**
Bewegung	**271**
–, gradlinige	271
Bewegungsänderungen	270
Biegefestigkeit	214, 216
Biegefestigkeitskurven	204
Biegeprüfung	269
Biegeversuche	261
Bildsamkeit	199, 202
Bindemittel	199, 202, 204 f., 207
Binder, selbsthärtend	203
Bindersysteme mit organischen Bindern	203
Bindetongehalt	201
Bindung, keramische	16
–, physikalische	16, 41
Bitumen	199, 206
Blasen	85, 86
Blaslunker	176
Blattrippen	206, 256
Blechbeschlag	23
Blechmantel	180
Blei	246, 253, **255**
Bleibronze	254
Bleistiftanschnitt	165
Bodenblasende Verfahren	231
Bodendruckkraft	273
Bodenform	17, 100
Bor	248
Borsäure	199, 206
Boyle-Mariottesches Gesetz	274
Brauneisenstein	227
Braunkohle	265
Brechgerät	198
Brechkern	177, 198
Brenner	210
Brennschneiden	198
Brennstoff	**265** f.
–, fester	265
Brinell	262
Bronzeguß	257
Bruchdehnung	240, 254
Bruchgefüge	248
Brücke	111
Bunker	212
Calciumalumosilicat	202
Calciumcarbid	239
Calcium-Montmorillonit	201
Calciumstearat	37

Sachwortverzeichnis

Calciumsulfat	202	
Carbidbildung	232	
Celluloseacetat	221	
Cellulosenitrat	221	
Celsius	275	
Charge	187	
Chargieren	251	
Chargiervorrichtung	183	
Chemie	**267**ff., **276**ff.	
Chemische Elemente	218	
– Prüfungen	261	
Chlor	248	
Chlorgas	248	
Chrom	232	
Chromit	200, 206	
Chromitsand	175, 199, 204	
Cobalt	232	
Cold-Box	36, 85, 203	
Cold-Box-Kern	76	
Cold-Box-Plus-Verfahren	98	
Cold-Box-Verfahren	93, **95**, 203, 205	
Computer-Rechner	187	
Connor-Anschnitt	165	
CO_2	93	
– -Verfahren	85, **95**, 202	
Cristobalit	188	
Croning	36, 85, 203	
Croningformverfahren	59	
Croning-Hohlkern	99	
Croningkern	76	
Croning-Kernform- verfahren	203	
Croning-Kernverfahren	**99**	
Croning-Maskenkern- verfahren	97, **99**	
Croning-Massivkern	**99**	
Croning-Massivkern- verfahren	97	
Croningverfahren	36, **37**, 203	
Croning-Vollkern	**99**	
Cyanid-Salz	245	
Dämmteil	10	
Dämpfungskurven	240	
Dauerform	5, 122, 124	
Dauerkern	84	
Dauerkernkasten	102	
Dauermodell	1, 16, 63	
Dehnung	240, 261	
Desoxidation	**189**	
Dichte	268, 274	
Dichtrillen	301	
Dichtungsschnur	121	
Diffundieren	264	
Diffusionsglühen	243	
Digitale Rechner	213	
Dimethylethylamin	95, 205	
DIN 1511	63, 67, 108, 229	
Direktreduktion	227	
Doppelquer-Scher- festigkeit	216	
Doppelumkehrlauf	134	
Dosieren	209, 213	
Dosierrechner	213	
Drehbewegung	271	
Drehkreuzstrahlanlage	197f.	
Drehmasse	**163**	
Drehschablone	9, 23	
Drehstrom	295	
Drehstromgenerator	296	
Drehstromleiternetz	296	
Drehstrommotor	298	
Drehtisch	51, 196	
Drehtischanlage	47	
Drehtischmaschine	39	
Drehtrommelofen	178, 183, 266	
Drehtrommel-Schmelz- ofenanlage	183	
Drehzahl	271	
Dreifachkernkasten	111	
Dreikomponenten- Systeme	**203**ff., 222	
Dreistationenanlage	47	
Druck	274	
–, atmosphärischer	274	
Druckfestigkeit	214, 216, 265, 267	
Druckfortpflanzung	273	
Druckgießen	138	
Druckgießmaschine	139	
Druckgießwerkzeug	**142**	
Druckgießverfahren	138	
Druckguß	247	
Druckhöhe	158	
Druck-Kokillengießen	131	
Druckkräfte	273	
Druckleisten	301	
Druckluft	193	
Druckluftaufbereitung	281	
Drucklufterzeugung	281	
Druckluftmotoren	282	
Druckluftzylinder	282	
Druckprüfung	269	
Druckregulierungs- methode	166	
Druckspeicher	140, 290	
Druckventile	285	
Druckversuche	261	
Düse	89, 180	
–, Keilschlitz~	88, 89	
–, Schlitz~	89	
–, Sieb~	88, 89	
Duplexverfahren	184	
Durchformung	9	
Durchlaufhängebahn- strahlanlage	196	
Durchlaufmischer	211	
Durchlauftrommel	194	
Durchlauftrommel- Strahlanlage	195	
Durchstrahlverfahren	263	
Durchziehmodell	61	
Durchziehteil	53, 61	
Duromere	221f.	
Duroplaste	221f.	
Edelstahl	233	
Eigenschaften	268	
Einfrieren	257	
Einführung	1 ff.	
Eingußkanal	**157**	
–, Berechnung des	**161**	
Eingußsiebe	**162**	
Eingußsystem	43, 79, 84, 198	
–, Berechnung des	160	
–, druckbeaufschlagtes	**163**	
–, druckloses	163f.	
Eingußtechnik	**157**ff.	
Eingußtümpel	**157**	
Einheiten	267	
Einheitenzeichen	267	
Einlage	105, 111	
Einlegering	110	
Einlegeteil	133	
Einlegevorrichtung	80	
Einsatz	173	
–, exothermer	173	
–, isolierender	173	
Einsatzbauweise	132	
Einsatzhärten	245	
Einsatzmaterial	235	
Einsatzstahl	244, 245	
Einsatzstoffe	182	
Einschlüsse	**259**ff.	
Einschußöffnung	92	
Einschußschlitz	91	
Einsetzen	**187**	
Einständerform- maschine	41, 51	
Einstationenanlage	47	
Ein-Stationen- Maschine	39	
Einströmgeschwindigkeit	135	
Eintauchpyrometer	275	
Einzelabguß	17	
Einzelmodell	68	
Einzieheinrichtung	62	
Einziehteil	62	
Einzugsteil	53	
Eisblumen	258	
Eisen	227	
Eisencarbid	228, 230	
Eisenerz	242	
Eisenerzpellets	227	
Eisen-Kohlenstoff- Diagramme	243	
Eisen-Kohlenstoff-Legie- rungen	227, 229, 232	
Eisen-Legierungen	224	
Eisenoxid	199, 202, 206, 228	
Eisenoxidrot	175	
Eisenschwamm	227	
Eisenstärke	23f.	
Eisentemperatur	188	
Eisenwerkstoffe	**227**ff.	
Eisen-Zementit- Diagramm	230	
Elastomere	222	
Elastoplaste	222	
Elefantenhaut	258	
Elektrische Unfälle	298	
Elektroheizung	114	
Elektrolyseofen	246	
Elektrolytkupfer	252	
Elektromagnet	235	
Elektromotoren	**297**f.	
Elektronen	276	
Elektroofenmassen	186	
Elektrotechnik	**292**ff.	
Elemente	276	
–, chemische	218	
Elektroofen	178f., 192, 235, 239	
Elektrolichtbogenofen	227	
Endfestigkeit	204	
Endogene Erstarrung	175	
Endzone	175	
Energie	272, 277	
–, elektrische	272	
Energie, potentielle	272	
Entformbarkeit	5	
Entformungsebene	6	
Entgasen	248, 251, 253	
Entgraten	193	
Entlüftung	88	
– der Form	144	
Entlüftungskanal	145	
Entlüftungsunter- lagen	**88**f., 91	
Entschwefelung	239	
Entschwefelungsmittel	239	
Entstauben	209f.	
Entwicklung, geschicht- liche	1	
Epoxidharz geschäumt	113	
Erdgas	227, 265	
Erodieren	124, 154	
Ersatzkörper	169	
Erstarren	226	
Erstarrung, endogene	175	
–, exogene	175	
–, gelenkte	166	
Erstarrungsgeschwindig- keit	**174**f.	
Erstarrungsintervall	236	
Erstarrungs- Schrumpfung	11, 166	
Erz	227	
Erzaufbereitung	252	
Etageneinguß	123	
Ethan	276	
Ethanol	207	
Ethin	220	
Ethylsilicate	73, 202	
Eutektikum	226, 234, 246	
Eutektisch	249	
Eutektoid	230, 243	
Evakuieren	145	
Exotherme Reaktion	173	
Expansionseffekt	171	
Fadenmoleküle	222	
Fächeranschnitt	143	
Fahrjochgehänge	196	
Farbkennzeichnung der Modelle	10	
Fassonspeiser	172	
Fayalit	188	
Federkernkasten	108	
Fehler beim Formen	259	
– am Modell	259	
Fehlerstrom-Schutz- schaltung	299	
Feingießen	1, 202	
Feingießverfahren	**71**f.	
Feinguß	16	
Feingußform	73, 202	
–, keramische	202	
Feinzink	255	
Ferrit	230, 240, 244	
Ferritische(s) Gefüge	235	
– Grundmasse	240	
Ferritisieren	243	
Ferromangan	228, 235	
Ferrosilicium	228, 234f.	
Feste Lösung	225	
Fertigsandbunker	212	
Fertigteil-Modellaufbau- zeichnung	302

305

Sachwortverzeichnis

Fertigungszeichnung 101, 112
Festkörper 268
Feuchte Massen 185
Feuerbeständigkeit 199
Feuerfestauskleidung 178, 182f.
Feuerfestformplatten 185
Feuerfestformsteine 185
Feuerfeststoffe **185**
Feuerfestmasse 182, 185f.
–, basische~ 186
–, neutrale 186
Feuerfestmaterial 182
Filter **162**, 164, 210
Fingeranschnitt 165
Fläche, nichtkühlende 169
Flammhärtung 233
Flammofen 252, 255
Flammpunkt 278
Fließlinien 258
Fließfähigkeit 199
Fließgeschwindigkeit 158
Fließvermögen 125, 215
Flotation 252
Flügelmischer 211
Flügelmühle 210
Flüssigkeit 268
Fluorkohlenwasserstoffe 207
Fördern 209, **212**
Förderrost 193
Folie 41
–, Arbeitsablauf des Vakuumverfahrens mit 42
Folienabsenkrahmen 51
Form, Dauer~ 5
– der Speiser 168
–, Pflege der 155
–, Temperierung der 148
–, verlorene 5, 122
Formänderungen 270
Formaldehyd 203, 221
Formanlage 16, 29, **47**, 82, 190
–, automatische 50
Formansicht 303
Formautomat 29, **47**ff., 57
Formballen 76
Formbeanspruchung 152
Formbeständigkeit 199
Formeinsatz 132
Formentlüftung 132, 144
Formen, Arbeitsablauf beim 7
– im Herd 17
–, kastenloses 48, 49
– mit aushärtenden Formstoffen 18
– mit bildsamem Formstoff 18
– mit Kern 76
Formenstrang 6, 48
Formerei 3
Formfestigkeit 176, 216
Formfestigkeitsprüfer 214
Formfestigkeitsprüfung **216**
Formführung 142
Formfüllung 127, 130, 138, 142
Formfüllungsvermögen 125, **126**

Formfüllzeit 127
Formgrube 18
Formgrundstoff **199**f., **200**ff., 204, 215
–, Prüfung des 215
Formhälften
–, Verklammerung der 132
Formhärte 214
Formherstellung **5**
Formhilfsmittel **121**
Formhilfsstoff **121**
Formimpfung 189
Formkammer 31, 48f.
Formkasten 17, 50
Formkastenwenden 47
Formkonus 64
Formlacke 207
Formmaschine 29, 47
–, Arbeitsfolge der 46
Formplatte 15, 53
Formpuder 121
Formrisse 153
Formsand 269
Formschließeinheit 139
Formschnitt 77, 303
Formschräge 13
Formspeiser 172
Formstahl 152
Formstift 121
Formstoff(e) 37, 116, 199ff., 206, 207ff., 211
–, aushärtender 16, 22
–, Benton – Ölgebundener 202
–, Formen mit aushärtendem 18
–, Formen mit bildsamem 18
–, kaltaushärtender **203**
–, Prüfung des harzgebundenen 217
–, Schablonierverfahren und 24
–, tongebundener 25, 30, 201
–, verdichtender 16
–, Verfahren mit aushärtendem 36
–, Verfahren mit heißaushärtendem 37
–, Verfahren mit kaltaushärtendem 36
–, warmaushärtender **203**
Formstoffaufbereitung 3, 209ff.
Formstoffbindemittel 201
Formstoffbinder 222
–, anorganische 202
Formstoffbindesysteme 201
Formstoff-Einwegsystem 209
Formstofflaboratorium 214
Formstoffprüfung **214**ff., 269
Formstoffsteuerung 213
Formstoffsystem 16
Formstofftechnik **199**
Formstoffüberwachung 267
Formstoff-Umlaufsystem 209
Formstoffzusatzstoffe **206**
Formsystem 57

Formtechnik 16ff.
–, Grundlagen der 5
Formteilarmierung 121
Formteilung **6**f., 77, 132, 142
–, horizontale 49
–, vertikale 48
Formverdichtung 49
Formverfahren 63
–, Einteilung der **16**
–, Luftstrom-Preß- **34**
–, spezielle **63**
Formwerkstoff 152
Formwerkzeug 2
Formzeichnung **303**
Formzusatzstoffe 199
Frechen 200
Freier Fall 271
Freifräsung 90
– in der Teilung 88
Friktionsmischer 211
Frischverfahren 231
Führungsstift 45, 53
Füllkern 76, 83
Füllrahmen 30
Füllsand 21
Füllvorgang 158
Funkenerodierung 154
Furanharz 36, 97, 199, **203**f., 222
Furanharzbasis 205
Furanharzbinder 98
Furanharzkern 76
Furanharzsand 102, 202
Furfurylalkohol 203
Furnierplatte 56, 91, **219**
Futterausbrand 185

Galvanisieren 264
Gammastrahlen 263
Gas 268
Gasbeheizung 115
Gasblasen 189
Gasdurchlässigkeit 199, 214
Gasdruckformverfahren **33**
Gaseinschlüsse 260
Gashärtung 203, 205
Gasharzverfahren **205**
Gasheizung 97
Gasporosität 257
Gattieren **187**
Gattierer 235
Gehängeförderung 196
Gefäße, kommunizierende 273
Gefügebild 230, 240
Gefügeumwandlung 244
Gegendruckgießen 131
Gegenplatte 53, 56
Gegenschablone 25
Gemeinsamer Kern 76
Gemischtkokille 132
Generatoren 296
Geschichte des Schmelzens 179
Geschlossenes System **95**f.
Geschwindigkeit 271
Geschwindigkeitssteuerung 286
Gestalt, ungenaue 256, 259

Gestell 180, 227
Gestellwender 45
Gewichtskraft 268, 270
Gichtbühne 180, 227
Gichtgas 227
Gießart **122**
Gießeigenschaft 125
Gießeinheit 139
Gießen 4, 47
–, Druck~ 138
–, Druck-Kokillen~ 131
–, Fein~ 1
–, Gegendruck~ 131
–, Hohlform~ 70
–, Kokillen~ 127, 137
–, ND- 130
–, Niederdruck~ 130
–, Niederdruck-Kokillen~ **130**
–, Schleuder~ 156
–, Schwerkraft~ 122
–, speiserlos 166
–, Strang~ **156**
–, Vollform~ 69
Gießform 1
Gießereikoks 265
Gießereimodell 8
Gießerei-Roheisen 228, 235
Gießgas 159
Gießhöhe 135
Gießkarussell 49, 131
Gießkeilprobe 236
Gießkern 162
Gießleistung 134, 160
Gießmaschinen 190
Gießöfen 129
Gießpfannen 190
Gießspirale 125
Gießsystem 143
Gießtechnik, Grundlagen der 5
Gießtemperatur **163**
Gießverfahren **122**ff.
Gießweise, fallende 132
Gießzeit 159f.
Gips 202
Gipsmodell 1
Gitter, kubisch-raumzentriertes 226
Gitterparameter 225
Gittertypen 225
Glanzkohlenstoffbildung 206
Glasfaser 223
Glasgewebe 223
Gleichstrom 295
Gleichstromgeneratoren 296
Gleichstrommotoren 297
Glühen 234, 243
Glühbehandlung 242
Glühtemperatur 243
Glühofen 243
Glühverlust 214
Glykol 199
Graphit 15, 207, 234ff., 243
Graphitausbildung 234ff., 241
Graphitexpansion 171, 176
Grat, starker 256
Grauguß **237**
Grobkornbildung 249

Sachwortverzeichnis

Größen	267
Größen, abgeleitete	267
–, physikalische	267
Großhochöfen	228
Gründruckfestigkeit	201
Grünsand	93
Grünsandform	30
Grünsandkern	76
Grünzugfestigkeit	**216**
Grünzugfestigkeitsprüfgerät	216
Grundstahl	233
Grundfarbe	10
Grundkern	80
Grundlagen der Form- und Gießtechnik	**5**
Grundmasse, ferritische	240
–, perlitische	240
Grundstoffe	207, 218, 276
Gummi	222
Gurtförderer	212
Guß, fallender	123, 164
–, getriebener	256
–, liegender	123
–, sandiger	260
–, schräg steigender	123
–, steigender	123
–, unvollständiger	256, 259
–, waagerechter	123
Gußeisen	235
–, austenitisches	**241**
– mit Kugelgraphit	234, **239**ff.
– mit Lamellengraphit	234, **237**
Gußfehler	207, **256**f.
Gußoberfläche, fehlerhafte	256, 258
Gußputzerei	4, 193
Gußteil(es), Ausheben des	133
–, Werdegang eines	2

Hämatitroheisen	228
Hängebahnanlage	196
Hängekern	76, **80**
Härte	237, 254, 262
Härten	85, 94, 243f.
Härteprüfung	262
Härter	36, 203f.
Härteprüfung	63, 214
Härtungsverhalten	214
Halbkokille	132
Halbmetalle	224
Haldern	200
Haltepunkt	226
Hammermühle	210
Handelsroheisen	228
Handform	**16**f., 19, 63
Handformerei	7
Handformverfahren	**52**
Handkernkasten	100, 104, 108, 116
Handkokille	127
Handmodell	8
Handpfanne	4
Handstampfen	16
Harnstoff	72
Harnstoffmodell	73
Hartblei	**255**
Harte Stellen	259

Hartguß	**241**
Hartholzfurnierplatte	108
Harz	203f.
–, Amino~	203
–, Epoxid~	223
–, Furan~	97, 199, 203f., 222
–, Gieß~	223
–, Harnstoff~	203
–, Kondensations~	199, 203, 222
–, Kunst~	199, 203, 206, 223
–, Laminier~	223
–, Modellier~	223
–, Natur~	206
–, Oberflächen~	223
–, Phenol-Formaldehyd~	221
–, Phenol~	37, 97, 199, 203ff., 222
–, Polyurethan~	95, 203, 222f.
–, Reaktions~	199, 203, 222
Harzprüfungen	214
Haupteinsatzmaterialien	187
Heißaushärtung	203
Heißhärtung	97
Heißharzverfahren	16
Heißkleber	121
Heißwindkupolofen	178, 180f., 185
Heißwindleitung	227
Heizeinrichtung	53, 62
Heizgerät	149
Heizkissen	171, 173
Heizpatronen	114
Heizwert	265
Herd, Formen im	17
Herdform	16
–, offene	6, 17
–, verdeckte	18
Herdguß, offener	120
Herdplatte	6
Heuversche Kreismethode	**172**
Hexamethylentetramin	99
Hinterfüllungen	223
Hinterschneidung	6, 77, 79, 102
Hitze	36
Hochfrequenz-Tiegelofen	182
Hochofen	227f., 277
Hochofen-Ferrolegierungen	228
Hochofenprozeß	277
Hochtemperaturbeständigkeit	199
Hohlbauweise	8, 219
Hohlformgießen	16, 70
Hohlformverfahren	63
Hohlkehle	10
Hohlkern	85, 99, 103, 111
Hohlräume	256f.
Holz	**219**
Holzaufbau	113
Holzkernkasten	104, 113
Holzmehl	199, 206
Holzmodell	9

Holzschwindung	219
Holzwerkstoffe, plattenförmige	**219**
Hornanschnitt	165
Hot-Box	36, 85, 203
Hot-Box-Furanharz-Verfahren	97
Hot-Box-Kern	76, 114
Hot-Box-Phenolharz-Verfahren	97
Hot-Box-Verfahren	**98**
Hüttenaluminium	246f.
Hüttenzink	255
Hydraulik	**287**ff.
Hydraulikflüssigkeiten	289
Hydraulikpumpe	140
hydraulische Steuerungen	291
Hydroklassierung	200
Hydromechanik	158
Hydrospeicher	290

Impfeffekt	**189**
Impfen	189
Impfung	234
Impuls	**272**
Impulsverdichten	16
Impuls, Verdichten durch	33
Impulsverfahren	33
Induktionshärtung	233
Induktionsofen	74, 178, **182**
Induktionsofenstampfmassen	186
Induktionsrinnenofen	182
Induktionstiegelofen	185
Induktor	181
Industriemanipulatoren	73
Injektionsverfahren	183
Innenkern	**76**
Innenkühlung	175
Innenlunker	257
Ionenbindung	225
Isocyanat	205
Isolierplatten	174
Isolierschale	172
Isolierung	298
Isopropanol	207f.

Jackets	49

Kästen, Formen mit	17
Kalk	228, 235
Kalkstein	239
Kaltaushärtung	203, 249
Kaltharzformen	194
Kaltharzverfahren	16, 36, 204, 205
Kaltkammer-Druckgießmaschine	140
Kaltkammermaschine	
–, senkrechte	140
–, waagrechte	140
Kaltkleber	121
Kaltrisse	260
Kaltschweißstellen	260
Kaltwindkupolofen	178, 180, 185
Kapillarität	269

Kapillarverfahren	263
Karussellanlage	128
Karussell-Kokillengießanlage	129
Karussellwender	36
Kastenform	6, 16
–, dreiteilige	6
Katalysator	36, 203, 205, 278
Kathodenkupfer	253
Keilschlitzdüse	88, 89
Keimzustand	189
Kelvin	275
Kennzeichnung eines Modells	10
Keramik	74, 122
Keramikfilter	177
Keramikrohr	162
Keramiksiebe	84
Keramikteile	162
Keramische Feingußformen	202
Keramischer Filter	162
Kerbschlagzähigkeit	240
Kern	3, 5, 26, 66, 67, 102, 105, 133, 142, 151
–, Abdeck~	76, 79, 80, 82
–, aufgenallter	103
–, Aufnagel~	103
–, Aufschlag~	84
–, Außen~	7, 76, 77
–, Beischiebe~	83
–, Cold-Box~	76
–, Croning~	76
–, Croning-Hohl~	99
–, Dauer~	84
–, Füll~	76, 83
–, Furanharz~	76
–, gemeinsamer	76, 82
–, Grund~	80
–, Grünsand~	76
–, Hänge~	76, **80**
–, Hohl~	85, 99, 103, 111
–, Hot-Box~	76
–, Innen~	76
–, Lager~	80
–, Maschinen~	94
–, Masken~	37, 40
–, Massiv~	85
–, Öl~	76, 85, 100
–, Phenolharz~	76
–, Sieb~	84
–, Spiral~	151
–, Spreng~	83
–, Stand~	76, 80
–, standardisierter	94
–, Trenn~	76, 82
–, Trocknen des~	100
–, verlorener	84
–, Wasserglas~	76
–, Zement~	76
Kernablageschale	118
Kernarmierung	17, 120
Kernarten	**76**
Kernaufbaulehren	118
Kernaufstampfform	27
Kernausstoßvorrichtung	86
Kernblasen	87
Kernblasmaschine	87
Kernbrett	102
Kerndarstellung	301
Kerndrehbank	102

307

Sachwortverzeichnis

Kerneinlegen	47
Kerneinlegelehren	118
Kerneinlegestation	129
Kerneisen	120
Kernentlüftung	119
Kernform	16, 76, 78
Kernformmaschine	85
Kernformwerkzeug	3, 104, 203
Kernherstellung	**85**, 93, 100
–, automatische	85
Kernherstellungsverfahren	116
Kernkasten	3, 85, 92, 102, **104**, 110, 113, 117
–, doppelter	111
–, dreiteiliger	107
–, halber	111
–, mehrteiliger	108
–, verlorener	102
–, zweiteiliger	107, 110
Kernkastenbau	117
Kernkastenbauweise	105
Kernkastenbeheizung	97
Kernkastenwerkstoff	113
Kernklebelehren	118
Kernlager	102, 208
Kernlehren	118
Kernmacherei	3
Kernmodell	8, 67, 76
Kernmontagelehren	118
Kernpaket	76, 80, 81, 118
Kernpressen	94
Kernschalen	118
Kernschießen	**87, 88**
Kernschießmaschine	85, 87
Kernschloß	82
Kernschnallen	103
Kernseele	102, 113
Kernstück	76, 79
Kernstützen	121
Kerntrockenschale	100, 118
Kernüberzugsstoffe	**207** ff.
Kernzieheinrichtung	133
Kernzug	128, 133, 139
Kieselerde	73, 202
Kippkonverter	239
Kleben der Maskenhälften	38
Klebepaste	121
Klebepresse	38
Kleber	**121**
Klebevorrichtung	80
Klebneigung	126
Klebstoff	121
Kleinspannung	299
Knetlegierung	247
Knotenpunkt	169, 171, 172, 173, 174, 257
Köpfe, verlorene	257
Körnungsanalyse	200
Körper	268
–, flüssige	272
–, gasförmige	274
Kohäsion	269
Kohleelektroden	183
Kohlensäureerstarrungsverfahren	95
Kohlenstaub	199, 213
Kohlenstoff	220, 232, 234, 236
–, freier	228

Kohlenstoffgehalt	188
Kohlenstoffhydride	220
Kohlenstoffmonooxid	227
Kohlenstoffstahl	233
Kohlenstoffverbindungen	276
Kohlenwasserstoffe	220, 231
Kohlenwasserstoffverbindungen	221
Kokille(n)	72, 132, 174, 175, 233
–, Wärmebilanz der	137
Kokillengießanlage	128
Kokillengießautomat	128
Kokillengießen	**127**, 137
–, Niederdruck–	130
Kokillengießmaschine	**128**
Kokillenguß	247
Kokillengußstück	257
Koks	227, 235, 265, 266
Koksfüllung	119
Koksloser Kupolofen	178, 180, 181
Kolbenschmiermittel	143
Kollermischer	211
Kombinationsmodell	63, 70
Kommunizierende Gefäße	273
Kompaktform	73
Komponentenkleber	121
Kondensationsharz	203, 222
Konstruktionsfehler	259
Kontaktkorrosion	264
Kontinuitätsgesetz	158
Kontinuitätsgleichung	134
Kontrastmittel	263
Konverter	183, 231, 252
Konverter-Verfahren	239
Koordinatenmodellplatte	53, **56**
Kopf, verlorener	10, 123
Korbmodell	8, 77
Kornfeinen	248, 251
Kornfeinheitsnummer	215
Kornform	215
Korngröße	202, 204, 214
Korngröße, mittlere	214, 215
Korngrößenverteilung	215
Kornklassen	200, 215
Kornoberfläche	215
Korrosion	**264** ff.
–, chemische	264
–, elektrochemische	264
–, interkristalline	264
Korrosionsbeständigkeit	241, 247
Korrosionsschutz	264
–, aktiver	264
–, passiver	264
Kräfte	**270**
Kräftedreieck	270
Kräftegleichgewicht	270
Kräfteparallelogramm	270
Kraftwirkungen	270
Kranpfanne	4
Kratzer	102
Kreislaufmaterial	235
Kristalle	225
Kristallgitter	225

Kristallstrukturen	225
Kristallisation	248
Kryolith	246
Kristallisationsbildung	175
Kristallisationskeime	234
Kubisch-raumzentriertes Gitter	226
Kühleinrichtung	212
Kühlelemente	150
Kühlen	47, 147, 209, 212
Kühlflüssigkeit	150
Kühlkörper	121, 175
Kühlkörper-Kennzeichnung am Modell	10
Kühlkokille	**121**
Kühlrippen	172
Kühlstrecke	49
Kühltrommel	194
Kühlung	130, 193
Kugelgraphit	234
Kugelgraphitbildende Behandlung	239
Kugelgraphitguß	239
Kugelmühle	210
Kunstgießerei	202
Kunstharz	203, 206, 223
Kunstharzbinder	36, 203, 208
Kunstharzdispersionen	64
Kunstharzmodell	9
Kunstharzoberflächenguß	114
Kunststoffe	220, 220 ff., 221, 222
Kunststoffkernkasten	104, 113
Kupfer	246, 247, 252 ff.
Kupfer-Aluminium-Legierungen	254
Kupfer-Blei-Zinn-Guß-Legierungen	254
Kupferkies	252
Kupferlegierung	126, **253**
Kupferstein	252
Kupfer-Zinn-Legierungen	254
Kupfer-Zinn-Zink-(Blei)-Gußlegierungen	254
Kupfer-Zinn-Zink-Gußlegierungen	254
Kupolofen	**178** ff., 184, 188, 235, 239
–, futterloser	180 f.
–, koksloser	178, 180 f.
– mit Sauerstoffanreicherung	180
– mit Sekundärluft	181
– mit Sekundärwind	180
– mit Vorherd	181
Kupolofenanlage	192, 235
Lackmuspapier	279
Längenausdehnungskoeffizient	275
Lagerkern	80
Lamellengraphit	234
laminar	158
Lanzette	20
Laugenbildung	279
LD/AC-Verfahren	231
LD-Verfahren	231

Ledeburit	230, 234, 243
Legierung	**224** ff.
–, Eisen~	224
–, Eisenkohlenstoff~	227, 229, 232
–, Hochofen-Ferro~	228
–, Leichtmetall~	224
–, Metall~	224
–, Nichteisen~	224
Legierungselemente	232
Legierungstypen	225
Lehm	201
Leichtmetalle	246
Leistung	**272**
–, elektrische	294
Lichtbogen	183
Lichtbogenofen	4, 178, **183** f.
Linz-Donawitz	231
Linz-Donawitz-Arbed-Centre	231
Liquidustemperatur	226
Lösemittel	203
Lösen	44
Lösung, feste	225
Lösungsglühen	249
Losschlagen	44
Losschlagplatte	14
Losteil	**6**, 14, 70, 77, 83, 110
Losteilart	110
Losteilen	104
Luftabführung	88, 119
Luftdruck	274
Luftdruckkern (Williamskern)	168
Luftdruckmessung	274
Luftdruckspeiser	168
Luftimpulsaggregat	33
Luftimpulsformverfahren	33
Luftimpulsverfahren	**33**
Luftspieß	119
Luftstechen	21, 119
Luftstrom	16, 34
Lufttrocknung	207
Lunker	174, 249, 257, 260
Lunkerarten	176
Lunkerform	176
Lunkerpulver	167
Lunkerverhalten	126
Lunkervermeidung, Konstruktive	174
Magnet	187
Magneteisenstein	227
Magnetfeld	295, 297
Magnetformverfahren	16, 63, 69
Magnesitschlichte	208
Magnesium	239, 246 f., 250 f.
Magnesiumchlorid	250
Magnesium-Gußlegierungen	250
Magnetismus	295
Magnetpulverprüfung	263
Makrolunker	176
Makromoleküle	221
Mangan	228, 232, 235, 241, 250
Manganoxid	228

Sachwortverzeichnis

Manganzusatzeisen 228
Manipulator 198
Manometer 216
Martensit 244 f.
Maschinenantrieb 139
Maschinenform 16, **51**
Maschinenformverfahren **29**
Maschinenkern 94
Maschinenkernkasten 104, 116
Maschinenkokille 127
Maschinenmodell 8
Maschinensteuerung 139
Maskenformherstellung 40
Maskenformmaschine 39, 40
Maskenformverfahren **37**
Maskenhälften, Kleben der 38
Maskenkern 37, 40
Maskenkernherstellung 40
Maskenkleber 121
Maßabweichung 67
Massen 268
–, feuchte 185
–, trockene 185
Massel 228
Masselgießmaschinen 227
Maßhaltigkeit 259
Massivbauweise 8, 219
Massivkern 85
Matrizen 72
Mechanisch-technologische Prüfungen 261
Mehrfachkernkasten 104, 111
Membrane, wasserhinterfüllte 32
Messen 209, 213
Messing 254
Metallabscheidung 209
Metallbindung 225
Metalle **224** ff., **246** ff.
Metallgewinnung 224
Metallgitter 225
Metallische Auswüchse 256
Metallkernkasten 104, 114 f.
–, dreiteiliger 86
Metallegierungen 224
Metallmodellplatte 59
–, beheizbar 59
Metallographische Prüfungen 261
Methan 265, 276
Methylenblauwert 214, **217**
Methylethylketon-Peroxid 205
Mikrolunker 176, 257
Mikrowellen 207 f.
Mikrowellen-Trocknungsofen 208
Mineral, feuerfestes 199
Mischen 209, **211**
Mischerbauarten 211
Mischersysteme 211
Mischkristall 225, 230, 234 f., 253
Mittelfrequenz-Tiegelofen 182
Mittlere Korngröße 214 f.
Modell(e), Ausheben der **14**
–, Dauer~ 1, 8, 16, 63
–, Durchzieh~ 61
–, Einzel~ 68
–, Farbkennzeichnung der **10**
–, Gießerei~ 8
–, Gips~ 1
–, Hand~ 8
–, Harnstoff~ 73
–, Holz~ 9
–, Kennzeichnung eines 10
–, Kern~ 8, 63, 76
–, Kombinations~ 63, 70
–, Korb~ 8, 77
–, Kühlkörper-Kennzeichnung am 10
–, Kunstharz~ 9
–, Maschinen~ 8
–, Metall~ 9
–, Natur~ 8, 76
–, Polystyrolschaumstoff~ 8, 9, 63
–, Serien~ 67, 69
–, Skelett~ 9, **28**
–, Teil~ 9, 16, 23
–, verlorenes 8, 16, 63, 70, 71
–, Voll~ 9, 16, 82
–, Vollform~ 65
Modellarten **8**
Modellaufbauzeichnung 302
Modellausschmelzverfahren 71
Modellbau 3, 223
Modelleinrichtung 3
Modellfertigungszeichnung 300
Modellack 64
Modelloberfläche 64, 67
Modellplanung 113, 300
Modellplanungszeichnung 300
Modellplatte 30, 53
–, doppelseitige 49, 53, 57, 82
–, einseitige 53, 57
–, massive 53, **56**
–, mit Abstreifkamm 60
–, mit Durchziehteil **61**
–, mit Einzugsteil **62**
–, mit Heizeinrichtung 62
–, mit zusätzlicher Funktion 60
–, montierte 53, 54, 55
–, unbestückte 54
Modellplattensystem 49
Modellplattenwechseleinrichtung 50
Modellriß 300
Modellschraube 14
Modellspitze 14
Modellteil 27
Modellteilung 6, 8
Modellzugabe **11**
Modul 169, 176
–, signifikanter 170 f.
Modulberechnung **169**
Molekül 222
Molekülbildung 203
Molybdaen 232
Monometer 221
Montmorillonit 201

Montmorillonitgehalt 217
Motoren 289
Muldenbandanlagen 196
Muldenbandstrahlanlage 271
Multiplikator 140

Nachkühlung 193
Naßentstauber 210
Naßguß 16
Naßgußsand 201
Naßputzen **193**
Naßzugfestigkeit 214
Natrium 249
– -Montmorillonit 201
Natriumveredelung 249
Naturmodell 8, 76
Natursand 201
Naturspeiser 173
Naturstoffe, abgewandelte **221**
ND-Gießen 130
ND-Kokillengießmaschine 131
Nebenschlußmotor 298
Negativ 3, 5, 79
Negativform 223
Netzfrequenz-Induktionstiegelofen 178
Netzfrequenz-Tiegelofen 182
Neusand 204, 209, 215
Neusandbunker 209, 212
Neusandprüfungen 214
Neutralisation 279
Neutronen 276
Newton 270
Nichteisenmetall-Legierungen 224
Nichteisenmetall **246** ff.
Nichtmetalle 224
Nickel 232, 241, 246, 253
Niederdruckgießen 130
Niederdruckgußteil 124
Niederdruck-Kokillengießen **130**
Nitrieren 245
No-Bake-Verfahren 36, 203
Normalglühen 243
Normalluftdruck 274
Normen 300
Normung 229, 237, **240** ff., 251
Nullung 299
Nutkernkasten 108

Oberflächenbeschichtung 154
Oberflächen-Haarrißprüfung 263
Oberflächenhärten 245
Oberlager 23
OBM-Verfahren 231
Ofen
–, Drehtrommel~ 178, 183
–, Elektrolichtbogen~ 227
–, Elektro~ 178, 192, 235
–, Kupol~, futterloser 180 f.
–, Heißwindkupol~ 178, 180 f., 185
–, Hochfrequenz-Tiegel~ 182
–, Hoch~ 227
–, Induktions~ 74, 178, **182**
–, Induktionsrinnen~ 182
–, Kaltwindkupol~ 178, 180, 185
–, Kupol~ **178** ff., 184, 188, 235
–, Kupol~, koksloser 178, 180, 181
–, Kupol~ mit Sauerstoffanreicherung 80
–, Kupol~ mit Sekundärluft 181
–, Kupol~ mit Sekundärwand 180
–, Kupol~ mit Vorherd 181
–, Lichtbogen~ 178, **183** f.
–, Mittelfrequenz-Tiegel~ 182
–, Mittelfrequenz-Induktionstiegel~ 178
–, Netzfrequenz-Tiegel~ 182
–, Schmelz~ 178 ff., 235
–, Tiegel~ 74, 178
–, Tiegelschmelz~ **184**
–, Trocken~ 100, 203, 207
–, Umschmelz~ 179
–, Vakuum-Induktions~ 74
–, Vakuumschmelz~ 184
–, Vergieß~ 184
–, Warmhalteinduktions~ 182
Ofenmauerung 227
Ofenzustellung 186
Offene Pfanne 190
Offenes System **95** f.
Ohmsches Gesetz 293
Öl 206
Ölkern 76, 85, 100
Ölsand 203
Ölsand, nichthärtender 16
Olivin 200, 206, 208
Olivinsand 199
Organisation 2
Oxidation 251, **278**
Oxidbildung 248
Oxideinschlüsse 259 f.
Oxygen-Basic-Maxhütte-Verfahren 231

Paradoxon, hydrostatisches 273
Parallelschaltung 293
Pascal 274
Pascalsches Gesetz 158
Pellets 227
Pendelschleifmaschine 198
Penetration 258
Perlit 230, 240, 243 f.
Perlitische Grundmasse 240
Perlitisches Gefüge 235
Peroxid 205
Petroleum 15
Pfanne, offen 190
Pflege der Form 155
Phenol 220 f.
Phenolharz 36, 97, 199, **203** ff., 222

309

Sachwortverzeichnis

Phenolharzkern	76
Phenolharzsand	202
Phenylalkohol	221
Phosphor	232, 235
Phosphorsäure	36, 203 f.
pH-Wert	279
Physik	**267** ff.
Physikalische Prüfungen	261
Pinholes	254
Pinholesbildung	206
Planung	107
–, formgerechte	101
Plaste	221
Plastomere	221 f.
–, amorphe	222
–, teilkristalline	222
Platin	275
Platin-Rhodium	275
Plattenbett	17
Plattenförmige Holzwerkstoffe	**219**
Plattenwender	45
Plattieren	264
Plattstampfer	19, 21
Plompfuß	20
Pneumatik	**281**
Polieren	19
Polierknöpfe	20
Polierlöffel	20
Polierschaufel	20
Polierschlängel	20
Poliertechnik	19
Polierwerkzeuge	19
Polyaddition	203, 205, 221 f.
Polyalkohol	205
Polygontrog	195
Polyisocyanat	95, 205
Polykondensation	203, 221 f.
Polymer	221
Polymerisation	221
Polystyrol	72
Polystyrol-Schaum	113
Polystyrolschaumkernkasten	102
Polystyrol-Schaumstoff	65, 102
Polystyrolschaumstoffmodell	9, **63**
Polyurethan	205
Polyurethanharz	203, 222 f.
Polyvinylchlorid	221
Poren	257
Porosität	174
Prallmühle	210
Prallreiniger	210
Presse	30, 46
–, hydraulische	273
Pressen	16, 35, 49, **85** f.
Preßdruck	30
Preßformmaschine	30
Preßformverfahren	32
Preßhaupt	30
Preßluftmeißel	193
Preßluftstampfen	16, 19
Primärschicht	73
Probekörper	216
–, Prüfung mit	216
Propan	276
Protonen	276
Proportionalventil	290
Prüfung	214
– bentonitgebundener Formstoffe	214
–, chemische	261
– der Formbestandteile	217
– des Formgrundstoffes	215
– harzgebundener Formstoffe	214, 216
– mechanisch-technologische	261
– metallographische	261
– mit Probekörpern	216
–, physikalische	261
–, zerstörungsfreie	261 f.
Pumpen	288
Putzgut	195
Putzhaus	193, 196
Putzkabine	193
Putztechnik	**193**
Pyrometer	190
Pyrometer, thermoelektrisches	275
Qualitätsstahl	233
Quarz	200, 206, 223
Quarzsand	199, 201, 204, 213, 242
Raffination	252, 255
Rahmenkernkasten	100, 108
Rationalisierung	85, 93
Rattenschwänze	258
Reaktiometer	217
Reaktionen	267
–, chemische	277
–, endotherme	277
–, elektrochemische	278
–, exotherme	173, 277
Reaktionsgeschwindigkeit	278
Reaktionsgleichung	277
Reaktionsharz	203, 222
Reaktivität	214
Rechner, digitale	213
Redoxreaktionen	278
Reduktion	227, 246, 252, 255, **277** f.
Regelkreis	280
Regeln	280
Regelungstechnik	**280** ff.
Regenerieren	209 f.
Reihenkernkasten	91
Reihenschaltung	293
Reihenschlußmotor	297
Reinaluminium	246 f.
Reinstaluminium	246 f.
Reinzink	253
Reinzinn	253
Reißrippen	172
Rekuperator	183
Reliefmodellplatte	53, 58
Reparatur	155
Resorcin	220
Reversieren	59
Reversiermodellplatte	53, **59**
Roboter	198
Rockwell	262
Röhrenfedermanometer	274
Röntgenröhre	263
Röntgenstrahlen	263
Rösten	252
Roheisen	227 f., 231
–, graues	228
–, weißes	228, 242
Roheisenabstich	227
Roheisenerzeugung	**227** ff.
Roheisenmassel	235
Rohkupfer	252
Rohstoff	218
Rohteil-Modellaufbauzeichnung	302
Rollenbahn	47, 51
Rollkäfig	196
Roteisenstein	227, 242
Rotguß	254
Rotkupfererz	252
Roto-Cleaner	210
Rotor	210
Rüttelmaschine	35
Rütteln	35, 49
Rüttel-Preß-Abhebe-Formmaschine	35
Rüttelpresse	46
Rüttelpreßformmaschine	35
Rüttelpreßwendeformmaschine	45
Rüttelrost	194
Rüttler	185
Sättigung	227
Sättigungsgrad	**236**
Sättigungsweite	**175**
Säuren	**279**
Salze	**279**
Salzbildung	279
Sand, Abfallen des	256
–, Alt~	209, 215
–, angebrannter	258
–, aushärtender	18, 24
–, Chromit~	175, 199, 204
–, feucht umhüllter	203
–, Füll~	21
–, Furanharz~	102, 202
–, Grün~	93
–, kalt aushärtender	63, 69
–, Natur~	201
–, Naßguß~	201
–, Neu~	204, 209, 215
–, Öl~	203
–, Phenolharz~	202
–, Quarz~	199, 201, 204
–, synthetischer	201
–, tongebundener	16, 19
–, trockenumhüllter	97, 99, 203
–, umhüllter	97
Sandausdehnungsspannungen	206
Sandblock	49
Sanddosiergerät	51
Sandeinschlüsse	259
Sandguß	247
Sandhaken	20
Sandkanteneffekt	176
Sandleisten	301
Sandprüfeinheit, pneumatisch-elektronische	214
Sandstift	120
Sandwich-Verfahren	239
Sauerstoff	253
Sauerstoffaffinität	189
Sauerstoffaufblasendes Verfahren	231
Sauerstoffaufblaskonverter	231
Sauerstoffspülung	146
Saugmasseln	257
Schablone	78
Schablonierarbeiten	202
Schablonieren	25, 82, 103, 202
Schablonierverfahren	25
– und Formstoff	24
Schacht	227
Schachtofen	252
Schale, exotherme	172
Schalenform	74
Schaltplan	285
Schamotte	199, 200, 206
Schamottesand	204
Scharnierkokille	132
Schaumgips	202
Schaumkreisel	162
Schaumstoff	63
Schaumstoffkernkasten	63, 104, 113
Schaumstofflosteil	70
Scherenpfannen	190
Scherfestigkeit	214
Scherprüfung	269
Schieber	23, 110, 114, 133
Schieberventile	284
Schießen	16, 49, 85, 86, 93, 94
–, Verdichten durch	31
Schießkopf	88, 90
Schießkopfausbildung	97
Schießkopfkühlung	97
Schießkopfplatte	90
– mit Schlitzdüse	88
Schießpreßformmaschine	45
Schlacke	162, 188, 189, 228, 231, 260
Schlackenbasizität	188
Schlackenbildner	188, 227
Schlackeneinschlüsse	259
Schlackenfang	**157**
Schlackenführung	**188**
Schlackenlauf	157, 162
–, Berechnung des	**161**
Schlackenschütz	157, 162
Schlackensieb	162
Schlackentümpel	162
Schlackenwolle	228
Schlämmer	210
Schlämmstoffe	214, 215
Schlagpanzer	180
Schleifen	193, **198**
Schleifmanipulator	198
Schleppkernmarken	83
Schleuderguß	74, 247
Schleudermischer	211
Schleuderrad	195
Schleuderradstrahlen	195
Schleuderstrahlanlage	210
Schlichten	67, 137, 207, 208
Schlicker	73

Sachwortverzeichnis

Schlieren	258	
Schließeinheit	128	
Schließen	85	
Schließkraft	139, 152	
Schliffbild	225, 235	
Schlitzanschnitt	134	
Schlitzdüse	31, 34, 62, 89	
Schmelzbehandlung	**189**, 248	
Schmelzbetrieb	192	
Schmelzen	4, 188, 226, 227, 248, 251	
–, Geschichte des	179	
Schmelzflußelektrolyse	246, 250, 278, 292	
Schmelzführung	178	
Schmelzkleber	121	
Schmelzofen	**178**ff., 235	
Schmelzofenbereich	192	
Schmelzprozeß	188	
Schmelzsicherung	294	
Schmelztechnik	178ff., 179	
Schmiermittel	143	
Schnallenkernkasten	103	
Schneckenförderer	212	
Schneckenmischer	211	
Schneckenwaage	213	
Schnellharzsand-Verfahren	203	
Schnellharzverfahren	205, 222	
Schnittdarstellung	301	
Schrägstift	133	
Schrott	188, 235	
Schrumpfung, Erstarrungs-	11	
–, flüssige	166	
Schrumpfungswerte	166	
Schülpe	198, 256	
Schüttdichte	215	
Schüttkernkasten	104, 105	
Schutzbrille	191, 192	
Schutzhandschuhe	191	
Schutzhelm	192	
Schutzisolierung	299	
Schutzleiter	299	
Schutzmaßnahmen	299	
Schutztrennung	299	
Schwalbenschwanzführung	6	
Schwefel	199, 206, 232, 239	
Schwefelgehalt	188, 265, 266	
Schwefelsäure	276	
Schwerkraftgießen	122	
Schwerkraftguß	157	
Schwermetalle	246, **252**ff.	
Schwermetall-Legierungen	224	
Schwerpunkt	270	
Schwindmaß(es)	11	
–, Größe des	12	
Schwindung, behinderte	12	
–, feste	11, 166	
–, flüssige	11	
Schwindungsbereich	11	
Schwingfließbettkühler für Altsand	212	
Schwingförderer	194, 267	
Schwing-Sieb	212	
Schwingtechnik	212	
Schwingtrommel	193, 194
Seigerverhalten	126
Selbstentzündungstemperatur	278
Selbstspeisungseffekt	166
Selen	250
Separieren	210
Serienmodell	67, 69
Shuttleanlage	47
SI-Basisgrößen	267
Sicherheit	192
Sicherheitsbereiche	191
Sicherheitseinrichtung	140
Sicherheitsmaßnahmen	150
Sicherheitsschuhe	192
Sicherheitsvorschriften	191
Sicherung	294
Sicherungsautomat	294
Siebanalyse	214, 215
Siebblech	88, 89
Siebdüse	88, 89
Sieben	210
Siebkern	84, **162**
„Signifikant"	170
Silicium	228, 232, 235, 247, 250
Siliciumkarbid	174
Siliciumoxid	228
Siliconkautschuk	222
Silikate	199
Silikose	193
Silos	212
Siphon	181
Siphonkessel	190
Sitzventile	284
Skelettmodell	9, 28
Slingern	35
SO_2-Formverfahren	205
Solidustemperatur	226
Sonderformkasten	58
Sonderroheisen	228
Sonderschmelzverfahren	184
SO_2-Verfahren	95
Spachtelmassen	223
Spaltfestigkeit	216
Spannung	292
Spannung-Dehnung-Diagramm	261
Spannungsarmglühen	243
Spannungserzeugung	295
Spannungsreihe	264
Spannvorrichtung	86, 107
Speicherbunker	212
Speiser	166, 167, 173, 174, 176, 257
–, geschlossener	167, 168
–, heißer	167
– mit Brechkern	170
–, offener	167
–, Wirkungsweise des Speisers	168
Speiserart	167
Speiserberechnung	169, 170, 171
Speisereingußverfahren	123
Speisereinsatz	167, 173
–, exothermer	171
–, exothermisolierender	173, 177
–, isolierender	171
Speiserformen	167, 168
Speisergröße	169
Speiserhals	170, 175
Speiserhalsberechnung	169, 170
Speiserschale, exotherme	167
–, isolierende	167
Speisersystem	43, 79, 198
Speisertechnik	**157**ff., 166ff.
Speisungslänge	175
Spektralanalyse	261
Sperrventile	284
Spezialroheisen	228, 239
Spezialschlichten	207
Sphäroguß	238, 239
Spiegel	103
Spiegeleisen	228
Spindel	23, 103
Spindelholz	25
Spitzstampfer	19
Sprengkern	**83**
Sprengköpfe	152
Sprengkraft	139
Spring-back-Effekt	31
Spritzgußmaschine	222
Spritzwerkzeug	72
Stabmühle	210
Stahl	230, **231**ff.
–, Bau~	233
–, Edel~	233
–, Eigenschaften des ~(s)	232
–, Einsatz~	244
–, Grund~	238
–, hitzebeständiger	233
–, hochlegierter ~	233
–, Kohlenstoff~	233
–, nichtmagnetisierbarer	233
–, nichtrostender	233
–, Qualitäts~	233
–, unlegierter ~	233
–, Vergütungs~	233
–, warmfester ~	233
Stahleisen	228
Stahlguß	**233**
Stahlsorten	233, 244
Stahlwerk	228
Stampfen	19
Standbahnanlage	128
Standfestigkeit	19, 199
Standkern	76, 80
Standzeit	152
Stapelguß	123
Starker Grat	256
Stationen-Drehtischformmaschine	51
Staufüllung	142
Stecker	110
Steigkanalschlitzanschnitt	134
Steinkohle	265
Steinkohlenstaub	206
Stellen, harte	259
Steuerkette	280
Steuern	280
Steuerung, elektronische	47
Steuerungen, hydraulische	291
Steuerungsarten	280
Steuerungstechnik	**280**ff.
Stickstoff	248
Stickstoffgas	248
Stiften-Abhebeformmaschine	46
Stiftenabhebemaschine	44, 45
Störelemente	239, 240
Stop	**272**
Stopfenpfanne	4, 164, 190
Strahlanlage	197
Strahlen	193, 195ff., 198
Strahlfüllung	142
Strahlkabinen	197
Strahlmittel	195, 197
Strahlputzen	193
Strahlturm	196
Strahlungspyrometer	275
Strahlwirkung	193
Strom	292
–, Wirkungen des elektrischen	292
Stromarten	295
Stromregelventil	289
Strömungsverlustfaktor	160
Strömungsvorgänge	158
Stromventile	285
Stromwender	296
Strontium	249
Strontiumveredelung	249
Strukturformel	276
Stückbauweise	9
Stückigkeit	265
Stützkörper	121
Stufenanschnitt	165
Stufeneinguß	123
Summenformel	276
Suspension	207
Synthese	277
synthetischer Sand	201
System Eisen-Graphit	**234**
–, stabiles	230
System Eisen-Zementit	230
–, metastabiles	230
Talkum	15
Tauchen	73, 264
Tauchpyrometer	190
Tauchverfahren	239
Teilaushärtung	249
Teilen	269
Teil, falsches	7
Teilmodell	9, 16, 23
Teilung, unebene	**7**
Tellurschlichten	208
Temperatur	275, 278
Temperaturmessung	**190**, 275
Temperaturwechselbeständigkeit	186
Temperguß	234
–, schwarzer	242
–, weißer	242
Temperiergerät	149
Temperierung der Form	148
Temperkohle	234, 242
Tempern	242f.
Temperrohguß	230, **242**
Thermische Analyse	236
Thermoelemente	190, 236
Thermoplaste	221f.
Thermoschockverfahren	**97**f.

Sachwortverzeichnis

Thomasverfahren	231
Thorium	250
Tiegelhaltbarkeit	188
Tiegelofen	74, 178
Tiegelschmelzofen	4
Tiegelschmelzofen	**184**
Tischlerplatten	**219**
Titan	246 ff.
Titrationsverfahren	217
Toluolsulfonsäure	36, 203 f.
Tone	199, 201
Tonerde	246
Torfmehl	199
Torricellische Gleichung	158
Trägerflüssigkeit	207 f.
Transporteinrichtung	47
Traubenhalte-Einrichtung	196
Trennen	44, 47, **198**, 269
Trennkern	76, 82
Trennmittel	**15**, **38**, **121**, 143
Trennschleifen	193
Trennvorgang	44
Trennvorrichtung	107
Trockenguß	16
Trichterstopfen	162
Trichterzinkung	105
Tridymit	188
Triethylamin	95, 205
Trockene Massen	185
Trockenofen	100, 203, 207
Trocknen	86
– der Kerne	100
Trommeln	193
Trommelpfanne	190
Trommelwender	45
Tüpfelmethode	217
Tundish-Cover-Verfahren	239
Turbinenmischer	211
Turbovibrator	185
turbulent	158
Turbulenz	158
Turmbauweise	212
Übereutektisch	243 f.
Übergießverfahren	239
Überhitzer	181
Überlauf	144
Überzüge	
–, anorganische	264
–, metallische	264
–, nichtmetallische	264
–, organische	264
Überzugsstoffe	207, 208
Ultraschallverfahren	263
Umkehrlauf	134
Umkristallisation	226
Umrollwender	45
Umschmelzlegierungen	246
Umschmelzöfen	179
Umschmelzverfahren	231
Umsetzungen, chemische	**277** ff.
Umwandlungstemperatur	226, 244
Unfälle, elektrische	298
Unfallverhütungsvorschriften	**191** ff.

Universalprüfmaschine	261
Unterbau	**7**
Unterbrechung des Zusammenhangs	256, 260
Unterdruck	41, 274
Unterdruckverfahren	16
Unterdruckvollformverfahren	63, 69
Untereutektisch	243 f.
Urethanreaktanten	199
Urmodell	72
VAC-Verfahren	202
Vakuum	31 f., 74, 93, 202, 251, 253
–, Verdichten durch	31
Vakuumabsaugung	145
Vakuumformanlage	41, **51**
Vakuumkasten	42
Vakuumformmaschine	41
Vakuumformverfahren	41
Vakuum-Induktionsofen	74
Vakuumschießen	31
Vakuumschmelzofen	184
Vanadium	232
VDG-Merkblatt	44, 63, 159, 201, 210, 214 f., 234
Ventil	283, 289
Ventilarten	**284** f.
Verbindungen	276
–, anorganische ~	218, 276
–, chemische ~	218, 276
– organische ~	218, 276
Verbundfutter	185
Verbundguß	133
Verdichtbarkeit	214, 216
Verdichten	19, 30 ff., 47, 93, 272
–, durch Impuls	33
–, durch Schießen	31
–, durch Kokille	31
Veredeln	224, 248 f.
Vererzen	207, 258
Verfahren	127, 130
– mit aushärtenden Formstoffen	36
– mit Begasung	16
– mit heißaushärtenden Formstoffen	37
– mit kaltaushärtenden Formstoffen	36
Vergießofen	184
Vergüten	244
Vergütungsstahl	233, 244
Verhüttung	224
Verklammern	47
Verklammerung der Formhälften	132
Verlorene Modelle für das Vollformverfahren	65
Vermiculargraphit	234
Verpuffung	278
Verriegelung	133
Verschleißfertigkeit	261
Verteilerzapfen	143
Verteilungsdichte	215
Verzögerungen	271
Vibrator	15, 36
Vibrationsmotoren	194
Vibrationsrinnen-Strahlmaschine	193

Vibrationstisch	51
Vibrieren	16, 42, 45 f., 48 f., 193
Vickers	262
Vielstempelpresse	30, 32, 270
Viskosität	214
Vitrier	20
Vollformgießen	16, 69
Vollformmodell	65
Vollform-Modellteile	70
Vollformverfahren	**66** ff.
Vollhartguß	230
Vollholz	219
Vollkokille	132
Vollmodell	9, 16, 82
Volumen	268, 274
Volumenausdehnung	275
Volumenveränderung	166
Vorherd	180
Vorlegierung	239
Vorrütteln	46
Vorschmelzaggregat	178
Vorstrahlen	193
Vorverdichten	93
V-Process	41
Waage, hydrostatische	273
Wachsausschmelzverfahren	**1**, 71
Wachslösung	15
Wachsschnur	119
Wachstraube	72
Wachs, synthetisches	72
Wärme	**275**
Wärmeausdehnung	206, 275
Wärmebehandlung	153, 242, 249, 253
Wärmebilanz	135
– der Kokille	137
Wärmedurchgangszahl	136
Wärmeisolierung	207
Wärmehaushalt	147
Wärmekonvektion	135
Wärmeleitzahl	136
Wärmeleitung	135, 275
Wärmestrahlung	135, 275
Wärmeströmung	135, 275
Wärmeübergangszahl	136
Wärmeaushärtung	249, 253
Warm-Box	85
Warm-Box-Verfahren	97, **98**
Warmfestigkeit	247
Warmhalteofen	130, 186
Warmhalteinduktionsofen	182
Warmkammer-Druckgießmaschine	140
Warmrisse	260
Warmrißneigung	126
Wartungseinheit	281
Wasser	276
–, Anomalie des	275
Wasserbedarf	201
Wasserglas	95, 199
– -Esterhärtung	94
– -Ester-Verfahren	202
– -Silicid-Verfahren	202
– -Zement-Verfahren	202

Wasserglasbinder	202
Wasserglaskern	76
Wasserglassandverfahren	95
Wasserionenkonzentration	279
Wasserschlichten	207, 208
Wasserstoff	253
Watt	272
Wechselrahmen	56
Wechselrahmen-Modellplatte	50, 53, 56
Wechselstrom	295
Wechselstromgenerator	296
Wegeventile	284
Wegplansteuerung	280
Weg-Schritt-Diagramm	286
Weichglühen	243
Weißeinstrahlung	172, 208
Weißerstarrung	230, 235, 236
Wenden	270
Wendeplattenformmaschine	57
Wendetrennen	44, 45
Wendevorgang	45
Werdegang eines Gußteils	**2**
Werkstoffbezeichnung	229
Werkstoffe	218
– für das Feingießverfahren	75
Werkstoffkunde	**218** ff.
Werkstoffkurzname	229
Werkstoffnummer	229
Werkstoffprüfung	**261** ff.
Werkzeug	
–, Druckgieß~	**142**
–, Form~	2
–, Kernform~	3, **104**
–, Polier~	19
Werkzeugstahl	244
Widerstand	292
Wiederaufbereitbarkeit	199
Wiegeband	213
Wiegen	209, 213
Williams-Kerbe	167, 168
Windleitung	181
Windring	180
Wirbelmischer	211
Wirbelwäscher	210
Wirkungen des elektrischen Stroms	292
Wirkungsgrade	**272**
Wirkungsweise des Speisers	**168**
Wolfram	232
Wüstit	188
Zahnradtrieb	271
Zahnstange	271
Zeichnungen	**300** ff.
Zeichnungen, Regeln für gießereitechnische	300
Zeitplansteuerung	280
Zement	199, 202
Zementit	230, 236, 244
Zementkern	76
Zementsand	26, 102, 202
Zementsandverfahren	16
Zentraleinguß	143

Sachwortverzeichnis

Zerfallfähigkeit 199
Zerfallkernkasten 100, 108
Zerfallseigenschaft 202
Zerstäuber 269
Zerstörungsfreie Prüfungen 261
Ziehband 8, 14
Ziehen von Losteilen 86
Ziehschablonen 9, 27, 102
Zink 246, 247, 250, 253, 255
Zinkblende 255
Zinklegierungen 126, **255**
Zinn 246, 253, 255
Zinnbronze 254
Zirconium 200, 206, 250
Zirconpulver 73
Zirconsand 175, 204
Zirconschlichte 208
Zugaben, maschinenbautechnische 13
–, Bearbeitungs~ 13
–, gießtechnische 13
Zugfestigkeit 240, 254, 261, 237
Zugversuche 261
Zusammenhang, Unterbrechung des 256, 260
Zusatzimpfung 189
Zusatzstoffe 199, 206
Zuschlagstoffe 235
Zustandsschaubild 125
– Al-Si 249
– einer Cu-Sn-Legierung 253
Zustellung 185
Zwangskühlung 148
Zweikomponentenharz 64
Zweikomponentensysteme 205, 222
Zweistationenanlage 47
Zyklone 210, 212
Zylinder 289
Zylinder-Großkern 103

Autoren und Verlag danken den genannten Firmen und Institutionen für die Überlassung von Vorlagen zu Abbildungen und für die Überlassung von Textmaterial:

Agotherm GmbH, Denkendorf S. 184.1 — Alusuisse Deutschland GmbH, Rheinfelden S. 247.4 — Arbed-Saarstahl, Völklingen S. 156.3 — ast Automation und Steuerungstechnik GmbH, Kassel S. 198.4 — Blomberger Holzindustrie B. Hausmann GmbH + Co KG, Blomberg S. 56.1, 3; 219.3 — BMD Badische Maschinenfabrik Durlach GmbH S. 3.3; 4.3, 4; 36.2, 3; 45.3; 47.3; 50.1, 2; 194.1, 2; 197.2; 211.2; 267.1 — Bildarchiv Preußischer Kulturbesitz, Berlin, S. 252.3 — Gebr. Böhringer, Göppingen S. 219.1 — Bohner u. Köhle GmbH & Co, Esslingen S. 3.1 — Emil Bucher GmbH, Eislingen S. 233.3; 247.5 — Buderus AG, Wetzlar S. 156.2 — Daimler-Benz AG, Stuttgart S. 124.1; 127.1; 128.3, 4; 129.1, 2, 3, 4, 5, 6, 7; 218.1 — Dansk Industri Syndikat A/S, Herlev/Dänemark S. 29.1; 85.2 — DEMAG AG, Duisburg S. 235.1 — Deutsche Edelstahlwerke, Krefeld S. 71.2 — Deutsches Kupferinstitut, Berlin S. 156.4; 253.2, 3 — Deutsches Museum, München S. 1.1, 2; 53.1, 2 — Karl E. Dietsche GmbH & Co Chemische Fabrik, Mannheim S. 207.2, 3 — Eisenwerke Fried. Wilh. Düker GmbH & Co Karlstadt/Main S. 181.1 — Gustav Eirich, Maschinenfabrik, Hardheim S. 210.1; 213.2; 267.3 — Eisengießerei Monforts GmbH & Co, Mönchengladbach S. 240.4; 241.2 — Eisengießerei M. Streichel, Stuttgart-Bad Cannstatt S. 232.3 — Escher Wyss GmbH, Ravensburg S. 9.4; 18.4; 22.5; 63.2; 67.4; 70.1, 2; 100.4; 102.1; 117.3; 219.2; 233.2; 254.3 — Georg Fischer AG, Schaffhausen/Schweiz S. 3.2; 4.2; 193.2, 3; 195.1, 2, 3; 196.1, 2, 3, 4, 6, 7; 214.1, 2; 216.8; 217.3; 237.2, 3; 240.3; 242.1, 5 — Oskar Frech Werkzeugbau GmbH & Co KG, Schorndorf/Württ. S. 122.2; 131.3; 140.2; 290.4 — Forma-Bühler GmbH, Augsburg S. 141.1, 2, 3; 144.4; 145.1; 146.1, 2, 3; 152.1; 154.2; 155.2, 3, 4 — Foseco GmbH, Borken S. 171.3; 173.2a, 2b, 3; 177.1, 2, 3, 4; 208.1; 257.1; 258.3; 259.5 — Gesellschaft für Hüttenwerksanlagen mbH, Düsseldorf S. 235.2, 3; (Foto 2 Rudolf Eimke Düsseldorf, Foto 3 Herrmann Weishaupt, Stuttgart) — Gießereifachschule (Wilhelm-Maybach-Schule) Stuttgart-Bad Cannstatt S. 127.2; 225.3; 230.2; 269.2 — Gießerei-Verlag GmbH Düsseldorf (Gußfehler-Atlas) S. 189.1; 256.4; 257.2; 258.1, 4; 259.1 — Grünzweig & Hartmann, Ludwigshafen S. 64.1, 2; 65.1, 2, 3; 66.1, 2; 67.3; 68.3; 69.1 — Hasco, Lüdenscheid S. 150.1; 151.1 — Hodler, Ternitet/Schweiz S. 145.2, 3 — Honsel-Werke, Meschede S. 124.2, 3, 4 — Adolf Hottinger, Mannheim S. 37.1, 2, 3 — Hüttenes-Albertus Chemische Werke GmbH, Düsseldorf S. 202.4; 204.1, 2, 3; 208.2; 211.3 — Industrieofenbau FULMINA, Darmstadt S. 243.1 — Foto Joos, Schorndorf/Württ. S. 141.7 — Otto Junker GmbH, Lammersdorf S. 4.1; 178.1; 184.2 — Kleine-Brockhoff GmbH, Bottrop-Kirchhellen S. 202.1 — Dr. Klingele, München S. 238.1 — Helmut Klumpf, Technische Chemie, Herten S. 263.5 — Krautkrämer GmbH, Köln S. 263.4 — Krämer + Grebe, Wallau S. 38.3; 59.4; 61.3; 114.5 — Franz Krepela + Sohn, Stuttgart S. 130.3; 131.1 — Kühner OHG, Reutlingen S. 154.3, 4 — Künkel-Wagner GmbH + Co KG, Alfeld S. 29.2; 35.2 — Küppersbusch, Gelsenkirchen S. 149.1 — Lechler Chemie GmbH, Stuttgart S. 223.1, 3 — Leeds & Northrup GmbH, Düsseldorf S. 190.1a, 1b — Le Magnésium Industriel / PUK Paris-Le Blanc-Mesnil/Frankreich S. 250.4 — Mahle GmbH, Stuttgart S. 247.2, 3; 250.3 — Mannesmann Rexroth, Lohr/Main S. 288.1, 2, 3, 4; 290.2 — Maschinenfabrik Gustav Eirich, Hardheim S. 3.4 — Maschinenfabrik Müller, Weingarten S. 139.1; 140.4 — Mikroforma Gießereigesellschaft Johannes Croning & Co KG, Wedel S. 38.1; 39.1 — Nordwestliche Eisen- und Stahl-Berufsgenossenschaft, Hannover S. 191.1, 2, 3; 192.1, 2 — Pfaff Industriemaschinen GmbH, Kaiserslautern S. 72.1, 2; 73.1, 2, 3, 4; 74.1, 2, 3, 4, 5, 6, 7, 8; 75.1 — Pierburg, Neuß S. 255.2, 3 — Quarzwerke Frechen S. 200. Tabellenbilder 1, 2, 3; 215.3, 4a, 4b — Rasching GmbH, Ludwigshafen S. 80.4; 98.4 — Regloplas, St. Gallen/Schweiz S. 147.1; 149.2, 3; 280.1 — Reis GmbH & Co Maschinenfabrik, Obernburg S. 141.5, 6 — Rheinische Maschinenfabrik & Eisengießerei Anton Röper GmbH & Co KG, Viersen-Dülken S. 85.3; 86.1, 3; 94.4; 99.1; 114.1, 2, 3, 4; 117.1; 118.3, 4 — Roheisenverband, Essen — Ruhrkohle AG, Essen S. 265.3; 266.1 — Carl Schenk AG, Darmstadt S. 194.3; 212.1 — Schlick-roto-jet, Metelen S. 196.5; 197.1; 198.1, 2 — Schubert & Salzer AG, Ingolstadt S. 72.3; 73.5; 122.1; 241.1 — Schwäbische Hüttenwerke, Wasseralfingen S. 1.3, 4 — C. Sensenbrenner Maschinenfabrik GmbH, Düsseldorf S. 190.2 — Maschinenbau Sprötze, Sprötze S. 128.2 — Staatliche Materialprüfungsanstalt, Stuttgart S. 235.4; 240.1; 244.1; 245.1; 248.3 — Stahlwerke Peine-Salzgitter, Salzgitter S. 233.1 — Süd-Chemie AG, München S. 201.1, 2; 217.1, 2; 267.2 — Süddeutsche Eisen- und Stahlberufsgenossenschaft, Mainz — Gebr. Sulzer AG, Winterthur/Schweiz S. 263.1 — Universal Maschinen- und Apparatebau GmbH & Co KG, Herzberg S. 49.1 — Verein Deutscher Gießereifachleute (VDG), Düsseldorf S. 159.1 — Vereinigte Aluminiumwerke, Bonn S. 246.4 — J.M. Voith GmbH, Heidenheim S. 17.1, 2, 3, 4; 18.1, 2, 3; 19.6; 28.1, 2, 3, 4, 5, 6; 78.3; 79.2; 100.2, 3; 103.1, 2; 117.2; 118.2; 202.2, 3 — Voka Maschinenbau, Dipl. Ing. Karl Vollbracht, Wien/Österreich S. 198.3 — Manfred Vollmer, Essen S. 71.1 — Heinrich Wagner Maschinenfabrik GmbH+Co, Laasphe S. 41.2, 3; 42.1, 2, 3, 4, 5; 43.1, 2, 3, 4, 5; 51.1 — J. Wizemann GmbH & Co KG, Stuttgart S. 241.3 — Gebr. Wöhr, Unterkochen S. 187.1, 2; 190.3 — Wollin, Lorch S. 141.4 — Gustav Zimmermann Maschinenfabrik GmbH, Düsseldorf S. 45.1, 2; 47.1, 2.

Autoren und Verlag danken den nachstehend genannten Herren für die Durchsicht von Manuskripten, Überlassung von Unterlagen oder für sonstige Hilfen, die für das Entstehen des Buches maßgebend waren:

W. Ankele, Deizisau
Dipl.-Ing. H. Arbenz, Heiligberg
K. Bachhofner, Guntramsdorf
Oberstudienrat i.R. P. Greiner, Stuttgart
Dr. F. Hofmann, Schaffhausen
Prof. Dr. Klein, Aalen
Dr. F. Schröppel, München
K. Trinkner, Bad Wildungen
Dipl.-Ing. Georg Vaas, Biberach
Prof. Dr. R. Weiss Frechen